高等学校生物工程专业教材

中国轻工业“十三五”规划立项教材

生物工艺学

贺小贤 主 编
张 雯 副主编

中国轻工业出版社

图书在版编目（CIP）数据

生物工艺学/贺小贤主编．—北京：中国轻工业出版社，2021．7
ISBN 978-7-5184-3334-6

Ⅰ．①生…　Ⅱ．①贺…　Ⅲ．①生物工程学　Ⅳ．①TB18

中国版本图书馆 CIP 数据核字（2020）第 258999 号

责任编辑：江　娟　靳雅帅
策划编辑：江　娟　　　责任终审：唐是雯　　封面设计：锋尚设计
版式设计：砚祥志远　　责任校对：吴大朋　　责任监印：张　可

出版发行：中国轻工业出版社（北京东长安街 6 号，邮编：100740）
印　　刷：三河市国英印务有限公司
经　　销：各地新华书店
版　　次：2021 年 7 月第 1 版第 1 次印刷
开　　本：787×1092　1/16　　印张：24．5
字　　数：540 千字
书　　号：ISBN 978-7-5184-3334-6　　定价：58．00 元
邮购电话：010-65241695
发行电话：010-85119835　传真：85113293
网　　址：http：//www．chlip．com．cn
Email：club@ chlip．com．cn
如发现图书残缺请与我社邮购联系调换
191456J1X101ZBW

前　言

21世纪，生物技术产业高速发展，与生物技术产业化紧密相关的生物工程学科也成为一门新兴的前沿学科。随着生物技术快速产业化，新的生物技术产品不断出现，已经涵盖轻工、医药等诸多领域和行业，为社会发展和人类生活提供巨大的社会效益和经济效益。生物工艺学是研究生物技术产品生产工艺原理以及技术的学科，在传统生物工艺的基础上，融入了分子生物学、系统生物学以及基因工程、代谢工程等新理论和新技术。结合现代生物过程控制理论以及生物产品分离技术的不断进步，生物工艺学的内涵不断扩大，显示出强大的生命力。特别是利用可持续再生的生物质资源经过细胞工厂的生物炼制，可生产生物基能源和生物基化学品，实现依赖于石油等化石资源向依赖于多样化生物资源转变，将有效避免化石资源的短缺对经济发展的制约以及环境问题等，从而实现世界经济的可持续发展。

本教材是根据生物工程专业国家标准以及培养目标，并结合课程团队多年的教学经验及科研实践，经逐年积累编写而成。在编写的过程中力求把握本学科领域发展前沿，强调采用现代生物技术改造传统生物产业，并结合本领域国内外研究成果和典型案例，形成较为完善的案例式教材内容体系，作为2019年陕西省一流课程的配套教材。

全书共分10章，以生物技术产品共性工艺技术为主线，按照单元操作归纳整理，全面介绍生物工程产品工艺原理和技术，教材内容翔实、新颖，理论和实践紧密结合，各章穿插相应的精选典型案例或者延伸阅读等，体现案例式教材的特点，突出工艺原理的实际应用，满足生物工程专业人才培养的新需求，每章后附有思考题和讨论题，便于读者学习。具体内容包括生物工业育种选育以及种子制备、原料的预处理及发酵培养基制备、代谢产物形成机制与调节控制、生物反应动力学及其生物反应器、生物工艺过程的检测与控制、基因工程菌发酵技术、固定化细胞发酵技术、生物物质分离与纯化技术以及微生物发酵工业清洁生产与污染治理。本书各章既独立成章，又相互联系，内容安排强调系统基础上的相互衔接，紧扣生物工程领域最具发展潜力的领域和方向，具有很强的时代感。通过本教材的学习，可使学生全面掌握生物工程产品的生产工艺技术原理，熟悉现代生物工艺学发展领域和方向，为学生今后从事生物工程相关的新产品、新工艺的研究和开发打下良好的理论和技术基础。

本教材具体编写分工如下：陕西科技大学张雯编写第一章第四节和第九章，并参与审稿；陕西科技大学刘欢编写第八章以及部分案例；陕西科技大学孙宏民编写第五章第五节；陕西科技大学王丽红编写第四章第三节部分内容；宁夏大学张惠玲编写第四章第二节部分内容；陕西国际商贸大学宇文亚焕编写第七章第一节；陕西科技大学贺小贤统稿、审稿，并编写其余全部内容。此外，感谢陕西科技大学刘筱霞、刘欢、刘江花以及学生王意、姚娇娇、张煜豪等为本教材图表制作、资料查阅整理、文字校对等所做的工作。

本教材得到中国轻工业联合会、陕西科技大学等以及相关单位的领导、专家和编审人员、同事的支持。

在编写的过程中，参考了国内外专家、学者、同行的研究成果或著作、论文，受益匪浅，在此一并致以衷心的感谢。

由于生物技术发展日新月异，许多新技术、新方法、新成果来不及编入本教材，加上作者水平有限，难免存在不妥之处，敬请读者批评指正。

编者

2021 年 3 月

目　录

第一章　绪论

生物技术（biotechnology），又称生物工艺学，是21世纪高新技术革命的核心内容，是指人们以现代生命科学为基础，结合其他基础学科的科学原理，采用先进的科学技术手段，按照预先的设计改造生物体或加工生物原料，为人类生产出所需产品或达到某种目的的技术方式。生物技术利用对微生物、动植物等多个领域的深入研究，用新兴技术对物质原料进行加工，从而为社会服务提供产品。因此，生物技术不仅是一门新兴的、综合性的学科，更是一个深受人们依赖与期待拓展的领域。由于其高度跨学科与跨行业的领域的特点，使人们对其的理解难免有所侧重，因此，强调准确理解生物技术就显得十分必要。

生物技术有时也称生物工程（bioengineering），是指“应用自然科学及工程学的原理，依靠生物催化剂（biocatalyst）的作用，将物料进行加工以提供产品或为社会服务”。对生命活动和生物系统的改造和利用，满足人类生活和社会发展需求的相关工程技术均属于生物工程技术的范围。微生物发酵工程是生物工程产业化的重要环节，微生物在生长、发育与繁殖过程中具有物质合成、降解和转化的能力，其依据和出发点是微生物本身的各种机能。一切类型生物的生物化学反应受细胞产生的各种各样的酶所催化，而不同酶的特异结构与功能又由特定的遗传基因决定。不同微生物的特点不同，对原料的利用、代谢途径以及目标产物的分泌均不同，因此构建微生物细胞工厂，充分利用细胞工厂的催化能力，实现生物质资源的合理化利用，获得生物炼制平台化合物以及各种产物，使产业化生产顺利发展，实现生物产业化效益的最大化。

当前，由于生命科学和生物技术的持续创新和重大突破，生物技术产业正在迅速崛起，并且成为21世纪科学技术发展的重要标志，由其引领和孕育的生物经济将引起全球经济格局的深刻变化和利益结构的重大调整。

第一节　生物工艺学研究的内容及特点

生物工程技术的运用是建立在多学科之上的，涉及微生物学、生物化学、分子生物学、化学工程等。生物技术的诸多内容已应用于生物工艺学中，并且取得良好的效果。现代生物工程技术的发展是与生物产品直接相联系的。生物工艺学目前没有统一的定义，有的专家认为生物工艺学就是生物技术；有的专家认为生物工艺学是生物过程技术，主要指生物产品加工过程中反应工程学，显然，这种定义无法涵盖现代生物工程技术的核心内容——基因重组技术。随着生命科学和生物工程技术的发展，不断有一些新的内容出现，特别是基因组学、蛋白质组学、代谢工程等重大技术的出现，使生物工艺学的内容不断地完善和提升，已经大大扩展了生物工艺学的涵盖范围，并且向个性化、精细化的趋势发展。

一、生物工艺学内容

一般认为生物工艺学是利用生物工程相关的技术，将生物原料加工生产成生物工程产品的一门学科，内容包含技术原理、生产方法、工艺流程甚至设备及工艺过程分析等。生物工艺学的发展直接与生物工程产品的发展、生物工程技术的发展相互联系、相互促进。生物工艺学主要研究微生物反应过程中具有普遍意义的工艺技术问题，以探讨生物产品生产过程中的共性为目的，探讨代谢产物与细胞培养条件之间的相互关系，为生产过程的优化提供理论依据。其内容包括工业生产对微生物菌种的要求、菌种的筛选（包括各种新的育种手段如基因工程育种）、代谢工程育种以及组合生物工程技术育种和种子的制备、生物工业发酵培养基的设计制备及灭菌、生物代谢产物合成机制、生物反应动力学、发酵过程工艺控制以及生产过程参数的检测与控制、基因工程菌和固定化细胞发酵、生物反应设备比拟放大、产品分离提取以及生物产品的清洁生产等。通过生物过程各个单元操作技术的优化，形成系统化的生物过程和工程技术体系，使工业生产实现低能耗、零排放、无污染的生物产品生产过程。

二、生物工艺学特点

生物技术是高新技术之一，高新技术凝结着人类早期的发明和现代的创造，代表着当今的社会文明。生物技术的渊源可以追溯到公元前的酿造技术，这种技术一直持续了两千多年，直到法国微生物学家巴斯德揭示了发酵原理，从而为发酵技术的发展提供了理论基础。20 世纪初，出现了化工原料丙酮-丁醇的发酵生产。20 世纪 50 年代在抗生素工业的带动下，发酵技术和酶技术被广泛应用于各个产业部门。20 世纪 70 年代初，分子生物学的某些突破使人们能够分离基因，并在体外进行重组，从而迎来了生物技术的新时代。生物工艺学是伴随着生物工程产业的发展而逐步发展起来，起源于古代，形成于近代，高速发展于现代。生物工艺学具有以下特点：①它是生物学、化学和工程学等多学科的交叉与综合，是一门复杂的综合性学科。②生产过程使用生物催化剂。生物催化剂在生化反应过程中起核心作用，具有催化选择性高、反应条件温和等优点。在上游工程中，引入分子育种等高新技术，所构建的工程菌运用于发酵生产，并针对工程菌发酵生产，优化单元操作，生产过程高效化。③采用可无限再生资源为主要原料，来源广泛，价格低廉，如利用可无限再生的纤维素资源，通过生物炼制，生产各种生物基产品。④与一般化工产品相比，设备比较简单，能耗较低。从生产原料到最后产品的获得，整个过程是一个完整的、清洁的产品生产体系。

第二节　生物工程产业发展简史

酿酒和制醋是人类最早通过实践所掌握的生物工程技术之一。在西方，苏美尔人和巴比伦人在公元前 6000 年就已开始用发酵法制作啤酒。古埃及人则在公元前 4000 年就开始用经发酵的面团制作面包，在公元前 20 世纪已掌握了用裸麦制作“啤酒”的技巧，古亚述人已会用葡萄酿酒。考古发掘证实，我国在龙山文化时期（距今 4200~4000 年）已有酒器出现。公元前 221 年，我国人民已经懂得制酱、酿醋、做豆腐。除食物外，人类祖先必须面对的另一项严峻挑战就是与疾病做斗争，公元10世纪，我国就有预防天花的活疫苗，到了明代，就已经广泛地种植痘苗以预防天花。属于古老的生物技术产品的实例还有酱油（sauce）、泡菜（pickled vegetables）、奶酒（milk liquor）、干酪（cheese）制作以及面团发酵（dough fermentation）、粪便（excrement and urine）和秸秆（straw）的沤制等，这个阶段属于天然发酵阶段。

一、第一代生物工程产业形成

1590年，荷兰人詹生（Z. Janssen）制作了世界上最早的显微镜，其后1665年英国的胡克（R. Hooke）也制作了显微镜，但都因放大倍数有限而无法观察到细菌和酵母，但胡克却观察到霉菌，还观察到了植物切片中存在的胞粒状物质，称为细胞（cell）。1680年，荷兰人列文虎克（Leenvenhoek）制成放大倍数300倍的显微镜，观察并描绘了杆菌、球菌、螺旋菌等微生物（microbe）细胞的图像，为人类进一步了解和研究微生物创造了条件，并为近代生物技术打下坚实的基础。此后尽管许多科学家，如细胞学的奠基人德国的施莱登（M J. Schlwiden）和施旺（T. Schwan）以及微耳和R. Virchow、托劳贝（Trauhe）等持续不断地研究，但由于人们的思想观念、习惯、经济实力、生产方式等因素的制约，食品、化工产品的发酵生产仍然是作坊式的生产。

1866年，微生物学之父——法国科学家巴斯德（L. Pasteur）首先证实酒精发酵是由酵母菌引起的，其他不同的发酵产物是由形态上不同的微生物作用而形成的，由此建立了纯种培养（pure culture）技术，从而为发酵技术的发展提供了理论基础，使发酵技术纳入科学的轨道。1874年丹麦人汉森（Hansan）在牛胃中提取了凝乳酶；1879年发现了醋酸杆菌；1876年德国的库尼首创了“enzyme”一词，意即“在酵母中”；1881年采用微生物生产乳酸。1897年，德国人毕希纳（E. Büchner）进一步发现磨碎的酵母仍能使糖发酵而形成酒精，并将此具有发酵能力的物质称为酶（enzyme），并于1907年因此发现而获得诺贝尔化学奖，发酵现象的本质才真正被人们所了解。

19世纪末德国和法国一些城市开始用微生物处理污水。细菌学的奠基人、德国科学家罗伯特·科赫（R. Koch）首先用染色法观察了细菌的形态；1881年他与助手们发明了加入琼脂的固体培养基并利用它在平皿中以接种针蘸上混合菌液在固体培养基表面上划线培养以获得单孢子菌落的方法，之后发现了结核菌，并于1950年获诺贝尔生理学或医学奖，1914年开始建立食品和饲料用酵母生产线；1915年德国开发面包酵母生产线。同年，由于第一次世界大战的需要，德国建立了大型的丙酮-丁醇发酵（acetone-butanol）以及甘油发酵生产线。19世纪末到20世纪20~30年代，除丙酮-丁醇之外，还陆续出现乳酸（lactic acid）、酒精（alcohol）、淀粉酶（amylase）、蛋白酶（proteinase）、污水厌氧处理等许多工业发酵过程。这一时期所生产的发酵产物以厌氧发酵（anaerobic fermentation）居多，主要是与细胞生长有关的产物，产物的化学结构比起原料来更为简单，属于初级代谢产物（primary metabolite）。

二、第二代生物工程产业发展

1928年，英国科学家弗莱明在做培养细菌的实验时偶然发现青霉素。1940年建立了从青霉菌培养液中提取青霉素的方法，青霉素才开始少量生产，用于治疗疾病，疗效显著。青霉素是第一个实现临床应用的抗生素，在医药发展史上具有重大意义，这一伟大的发现成为了医学领域的奇迹，弗莱明也因此获得1945年的诺贝尔生理学或医学奖。以青霉素的生产为标志，近代生物技术产业进入了一个全盛时期，1941年因第二次世界大战（1939—1945年）的爆发，为了获得比当时磺胺更安全有效的治疗外伤炎症及其继发性传染病的药物，美英科学家研究证明了弗莱明发现的青霉素毒性小且具有卓越的效能，并加速对青霉素的研制开发。最初采用表面培养法（surface cultures），以麸皮（wheat bran）为培养基（medium），发酵效价单位（fermentation titer unit）约为40U/mL，纯度20%，收率30%。1943年$5m^3$机械通风发酵罐深层通风发酵（submerged fermentation）获得成功，发酵效价单位提高到200U/mL，纯度60%，收率75%。青霉素发酵技术的发展，推动了抗生素工业乃至整个发酵工业的快速发展。以青霉素的生产为契机，不久其他抗生素（antibiotic），如链霉素（streptomycin）、新霉素（neomycin）和金霉素（chlorotetracycline）等相继问世。经过几十年的发展，不仅抗生素的种类在不断增加，发酵水平也有了大幅度的提高，如青霉素的液体的发酵效价单位已达到85000U/mL，产品纯度已达到99.9%。抗生素生产的经验有力地促进了其他发酵产品的发展。1957年，日本筛选谷氨酸生产菌，并进行了微生物发酵谷氨酸以及其他氨基酸的工业化生产，建立了代谢控制发酵的新技术，同时也促进了代谢控制理论的研究。随后的酶制剂（enzyme preparation）工业、有机酸（organic acid）工业、多糖工业等相继发展起来，形成了一个较完整的、利用微生物发酵的工业生产体系。这个时期产品种类多，数量大，既有初级代谢产物又有次级代谢产物（secondary metabolite），同时发酵技术日趋成熟，另外还有生物转化、酶反应等。发酵方式大多采用液体深层通风发酵，在发酵过程中要通入无菌空气，机械通风搅拌罐的容积可达到$500m^3$。在发酵生产菌种方面也有大的突破，其性能获得惊人的提高，在产品的品种更新、新技术及新设备的应用等方面均达到前所未有的程度，可以说，这一阶段是常规发酵工业的全盛时期。

三、第三代生物工程产业的崛起

第三代生物工程产业也称现代生物工程，其特点是运用了现代生物技术DNA重组技术（recombinant DNA technology）和原生质体融合技术（protoplast fusion）等的成果进行生产的产品。1953年，美国人詹姆斯·沃森（J. Watson）和英国人弗朗西斯·克里克（F. Crick）在*Nature*（《自然》）上发表《核酸的分子结构》一文，阐明了DNA的双螺旋（double-helices）结构。20世纪70年代，美国科恩（S. Cohen）领导的研究小组开创了体外重组DNA并成功转化大肠杆菌的先河。由于DNA双螺旋结构的发现和实验室基因转移的实现，使人们有可能按预定方案设计出新的生命体。基因工程就是按人们的意志把外源（目标）基因（特定的DNA片段）在体外与载体DNA（质粒、噬菌体等）嵌合后导入宿主细胞，使之形成能复制和表达外源基因的克隆（clone），这样，就可以通过这些重组体的培养而“借腹怀胎”地获得所需要的目标产品，即人为地制造人们需要的“工程菌”，并通过大规模的发酵生产，获得本来不能生产的物质，如胰岛素、干扰素、白细胞介素和多种细胞生长因子。通过基因工程和发酵工业的融合，生产自然界微生物不能合成的产物，大大地丰富了发酵工业的范围，使发酵技术发生革命性的变化。1975年英国的柯勒（Kohler）和米尔斯坦（Milstein）发明了杂交瘤技术，他们把淋巴细胞（来自脾脏，能产生抗体）与骨髓瘤细胞（能在体外无限繁殖）用原生质体融合技术进行细胞融合而获得在体外培养能产生单一抗体的杂交细胞，称为杂交瘤细胞，其产品是单克隆抗体（monoclonal antibody），可用作临床诊断试剂或生化治疗剂，在医学领域树起了一座新的里程碑。1969 年，日本首先将固定化酶（immobilization of enzyme）用于 DL-氨基酸的光学拆分。1973 年，日本首次在工业上成功地利用固定化微生物细胞连续生产 L-天冬氨酸，接着，固定化细胞技术受到广泛重视，并很快从固定化休止细胞发展到固定化增殖细胞。目前，用固定化异构酶（immobilization of isomerase）生产果葡糖浆（fructose-glucose syrup），用固定化酰化酶（immobilization of acylase）生产 6-氨基青霉烷酸（6-amino penicillanic acid），固定化酶以及酶生物传感器（biosensor）在临床诊断和治疗上获得广泛的应用。

1977 年波依耳首先用基因操纵（gene manipulation）手段获得了生长激素抑制因子（growth hormone inhibitor）的克隆。1978 年吉尔勃脱（Gilbert）接着获得了鼠胰岛素（mouse insulin）的克隆。1982 年第一个基因工程产品——利用重组体微生物生产的人胰岛素（human insulin）终于问世了，揭开了生物制药的序幕。

生物医药产业作为朝阳产业，市场前景广阔。数据显示，生物医药产业在全球发展近 40 年内，平均每年生物医药销售额以 25%~30%的速度增长，是最具成长性的产业之一。1983 年，日本利用紫草细胞培养工业化等生产紫草素，这也是世界上第一个利用植物细胞培养工业化生产次生代谢产物的例子。到 1989 年，达到 $72m^3$ 的培养罐内大规模培养植物细胞生产药物的植物种类已有 8 种。1985 年，商业化的一种生长激素获得了 FDA 认证。1986 年，第一个治疗型单克隆抗体药物（Orthoclone OKT3）获准上市，用于防治肾移植排斥。同年上市的还有第一个基因重组疫苗（乙肝疫苗，Recombivax-HB）和第一个抗肿瘤的药物 α-干扰素（Intron A）。1987 年，第一个用动物细胞（CHO）表达的基因工程产品 t-PA（人组织型纤溶酶原激活剂）上市。1989 年，重组人促红细胞生成素（EPO-alpha）成为销售额最大的生物技术药物。20 世纪 90 年代初，人源抗体制备技术建立起来，1994 年第一个基因重组嵌合抗体（Reopro）上市，1997 年用于肿瘤治疗的治疗性抗体问世。1998 年，世界上唯一的一个反义寡核苷酸药物上市，用于艾滋病（AIDS）病人由巨细胞病毒引起的视网膜炎的治疗，同年，主要用于预防化疗后免疫力下降病人的恶性感染的药物 Neupogen 成为生物技术药物中的第一个重磅炸弹。2002 年，治疗性人源抗体获准上市，2004 年中国批准了第一个基因治疗药物——重组人 P53 腺病毒注射液。近 20 年来，以基因工程、细胞工程、酶工程为代表的现代生物工程技术迅猛发展，基因组学、蛋白质组学等重大技术相继取得突破，生物医药产业化进程明显加快。2020 年，新冠疫情暴发，全球防疫措施持续推进，生物药成为抗击新冠肺炎的重要武器，生物药品中疫苗、检测试剂迎来了大的发展契机，使得生物医药产业迈入新的发展阶段，技术创新成为行业发展的驱动力。

第三节　生物产品生产过程及类型

不管是微生物培养，还是动植物细胞培养、污水的生化处理以及从天然物质中应用生物技术提取有效成分均为生物反应过程。以活细胞作为生物催化剂，一般称为细胞反应过程，这既包括一般的微生物发酵过程，也包括固定化细胞反应过程。

一、生物产品生产过程的组成与特点

生物产业过程的实质就是利用生物催化剂从事生物工程技术产品的生产过程。一般生物产品生产过程通常由四个部分组成，如图 1-1 所示。

1. 发酵培养基的制备

生物发酵工业原料是很丰富的，如纤维素类、薯类、谷类等，但对许多工业微生物来说，不能直接利用，需要将其进行预处理，使之成为微生物利用的成分。并根据不同微生物的类型、特点以及发酵产品配制成一定成分的培养基，并对其进行湿热蒸汽灭菌处理，冷却后以备接种培养，满足微生物生长和代谢产物形成的需要。

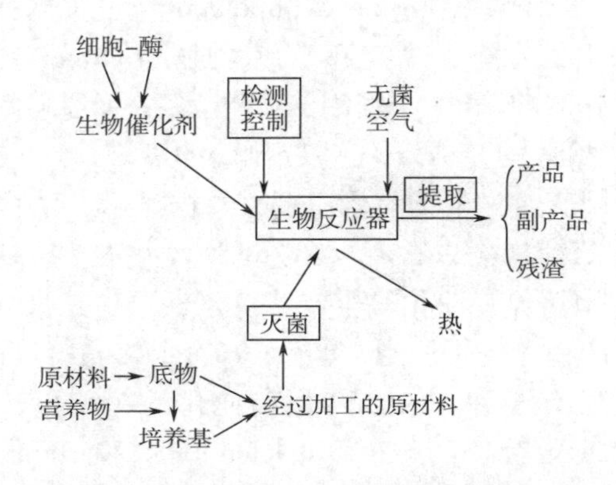

图 1-1　生物产品生产过程示意图

2. 生物催化剂（种子）的制备

所有的生物反应都是在生物催化剂的作用下完成的。因此，在微生物反应前需要对菌种进行多次扩大培养至足够数量、活力旺盛的种子，方可接种至生物反应器中，使微生物反应过程正常进行。

3. 生物反应器及反应条件的选择与控制

生物反应器是生化反应的核心设备，由于所需的产品不同，使用的生物类型不同，其代谢规律也不一样，因而对氧的需求、对反应器的要求以及反应条件也不同。同时反应参数的检测与控制对微生物生化反应过程的顺利进行也起着十分重要的作用，因此不管是好氧发酵还是厌氧发酵，均应根据菌种的特点、代谢规律和产品的特点，选择合适的生物反应器及反应条件，并进行有效的控制。

4. 产品的分离与纯化

分离与纯化的目的是选用适当的方法和手段，将含量甚少的目标产物从反应液或细胞中提取出来并加以精制以达到规定的质量要求。根据产品的类型、特点选择合适的下游技术（down stream processing）的操作组合，如吸附法、溶剂萃取法、离子交换法、沉淀法或蒸馏法、结晶法、双水相萃取法、色谱法等，提取、分离和纯化产品，得到符合要求的目标产品。

不管是哪类微生物进行反应，一般的反应过程均有如下特点：①原料一般以碳水化合物为主，不含有毒物质。②生产过程通常在常温、常压下进行，操作条件温和，不需考虑防爆问题。③反应过程是以生命体的自动调节方式进行的，数个反应像一个反应一样，可在单一设备中进行。通过改良生物体生产性能，可在不增加设备投资的条件下，利用原有的生产设备使生产能力增加。④能容易地进行复杂的高分子化合物的生产，如酶、光学活性体等。⑤能够高度选择性地进行复杂化合物在特定部位的反应，如氧化、还原、官能团的导入等。⑥生产产品的生物体本身也是产物，富含维生素、蛋白质、酶等；除特殊情况外，培养液一般不会对人和动物造成危害。⑦生产过程中需要注意防止杂菌污染，尤其是噬菌体的侵入，以免造成很大的危害。实际生产中，可以通过工艺改进和设备的改善，达到提高产品的质量和生产效益的目的。随着生物技术的发展，对生产过程提出了更高的要求，使工艺的研究和优化变得更加重要。

二、生物产业产品的类型

1. 生物量作为目标产品

以获得具有多种用途的微生物菌体细胞为目标产品，包括用于酒类生产的活性干酵母等；用于改善人肠道微生态环境的活性乳酸菌制剂以及生物防治剂，如苏云金杆菌、蜡样芽孢杆菌，其细胞中的伴孢晶体（parasporal inclusions）可杀死鳞翅目、双翅目的害虫；丝状真菌的白僵菌、绿僵菌，可制成新型的微生物杀虫剂等。其生产特点是细胞生长与产物的积累成平行关系，生长速率最大的时期也是产物合成速率最高阶段，生长稳定期细胞物质浓度最大，同时也是产量最高的收获时期。

2. 生物酶作为目标产品

因微生物种类多、产酶品种多、生产容易、成本低，目前工业应用的酶大多来自微生物发酵。从19世纪日本学者利用米曲霉生产淀粉酶以来，到1965年，我国建立了第一个专业酶制剂生产厂，利用微生物发酵法生产的各种酶已是当今发酵工业的重要组成部分。如氨基酰化酶（amino acylase）用于DL-氨基酸的光学拆分；青霉素酰化酶用于生产6-氨基青霉烷酸；葡萄糖异构酶生产果葡糖浆和高果糖浆；漆酶用于对造纸原料中的木素进行改性，并可提高纸浆白度。另外通过生物反应可生产的酶制剂还有纤维素酶（cellulase）、蛋白酶（proteinase）、果胶酶（pectinase）、脂肪酶（lipase）、过氧化氢酶（catalase）、药用酶（pharmaceuticals enzyme）等。

3. 代谢产物作为目标产品

以微生物代谢产物，不管是初级代谢物还是次级代谢物，作为目标产品是发酵工业中种类最多、最重要的部分。初级代谢产物是微生物在正常生长或培养过程中，通过新陈代谢产生的基本的、关键的中间代谢或最终代谢产物，是微生物的一种基本代谢类型。例如糖酵解中的丙酮酸、乳酸、乙醇；三羧酸循环中的α-酮戊二酸、富马酸、草酰乙酸、柠檬酸以及与此循环相关的衍生产物，如谷氨酸、丙氨酸、苹果酸及丁烯二酸等。在不同种类的微生物细胞中，初级代谢产物的种类基本相同。此外，初级代谢产物是维持生物生命活动和营养的必需物质，这些物质合成过程的某个环节上如果发生障碍，轻则引起生长停止，重则导致生物细胞发生突变或死亡。而次级代谢产物是指微生物生长到一定阶段（稳定期）才产生的化学结构十分复杂、以初级代谢产物为前体合成的对生物本身的生命活动没有明确功能的物质。据不完全统计多达几十类，其中抗生素的结构类型，按相似性也有十几类，如抗生素、生物碱、细菌素、植物生长因子、色素等。不同种类的微生物所产生的次级代谢产物不相同，它们可能积累在细胞内，也可能排到外环境中。

4. 生物转化物作为目标产物

微生物的生物转化作用是利用微生物细胞的一种或多种酶作用于一些化合物的特定部位（基团），使它转变成结构相类似但具有更大经济价值的化合物的生化反应，其显著的特点是特异性强，包括反应特异性、结构位置特异性和立体特异性。利用生物转化技术开发手性药物，一是进行药物关键中间体的制备，因为利用生物催化转化方法制备对映体纯化合物具有很大的吸引力；二是进行消旋化合物的生物拆分或转化，得到单一构型的药物分子。生物转化工业中最重要的就是甾体药物的转化，其研究包括激素类药物和非激素类药物，前者如性激素、皮质激素和蛋白同化激素等；后者有抗细菌和抗肿瘤药物等。由于其不可取代的用途及治疗适应证不断扩大，甾体药物越来越引起人们的重视。

5. 微生物特殊机能的利用

（1）环境治理与生物修复　科技的发展充分证明微生物技术是环境保护的理想武器。在处理环境污染方面，微生物具有速度快、消耗低、效率高、成本低、反应条件温和等特点。随着人们对自身健康的诉求以及环保意识的增强，人们已经越来越意识到现代生物技术的发展对解决环境问题提供了无限的希望。

由于人类对自然的不合理开发和利用，以及工农业生产发展带来的环境污染，导致生态平衡遭到破坏。目前微生物技术已是环境保护中应用最广的、最为重要的单项技术，其在水污染控制、大气污染的治理、有毒有害物质的降解、清洁可再生能源的开发、废物资源化和污染严重的企业的清洁生产等环境保护方面，发挥着极为重要的作用。应用微生物技术处理污染物时，最终产物大都是无毒无害、稳定的物质，如二氧化碳、水和氮气。利用微生物处理污染物通常能一步到位，避免了污染物的多次转移，因此它是一种消除污染安全而彻底的方法。特别是现代微生物技术的发展，尤其是基因工程、细胞工程和酶工程等生物高技术的飞速发展和应用，使微生物处理具有更高和更好的专一性，为微生物技术在环境保护中的应用展示了更为广阔的前景。利用微生物对环境进行监测，也就是根据微生物在污染环境中的分布、生长、发育状况及生理生化指标、生态系统的变化来判断环境污染状况，评价环境的质量及其变化、污染程度。各种生物传感器、基因芯片、核酸探针等，作为新的监测手段和检测方法实现快速连续在线分析，在环境监测领域有着广阔的应用前景。

利用生物转化或降解的方法来除去或消除有害污染物，改善环境质量就是生物修复（bioremediation）。未经处理的工业废水的排放污染了江河、湖泊；化肥、杀虫剂、农药、固体废弃填埋物等进入土壤系统，侵蚀农田和地下水；海上运输漏油事故造成海水污染等一系列事件，严重地损害着人类的生存环境，影响正常的食物链循环，直接危及人类健康。自然界中不少微生物对污染物具有生物降解和转化作用，可以依靠自然的生物作用将污染的环境恢复到原来的状态。通过调节污染地的环境条件（包括土壤 pH、湿度、温度、通气及营养添加）以促使原有微生物（土著微生物）或接种特殊驯化的微生物的降解作用迅速完全进行。自然环境中的微生物种群存在着一种动态平衡，可以通过改变环境条件（营养）有效地调节其数量和类群。一般作用于污染物分子的微生物均非单一菌株，而是一类相关的菌株。

（2）微生物冶金 微生物冶金是利用微生物的催化作用将矿物中的金属氧化，以离子的形式溶解到浸出液中加以回收的过程。由于冶金过程是在水溶液中进行的，因而属于湿法冶金，又称为微生物湿法冶金。地球上的金属矿藏很多，除了一些金属含量较高的富矿外，还存在大量的贫矿。随着富矿资源的不断减少，贫矿资源的利用已经摆上议事日程。我国数量庞大的废渣矿、贫矿、尾矿、废矿，采用一般的采矿技术已经无能为力，唯有利用细菌的浸矿技术才能对这类矿石进行提炼，可浸提金、银、铜、锰、锌、铀、钡、铊等金属。

由中南大学邱冠周教授为首席科学家的“微生物冶金的基础研究”项目针对我国有色金属矿产资源品位低、复杂、难处理的特点，围绕硫化矿浸矿微生物生态规律、遗传及代谢调控机制，“微生物-矿物-溶液”复杂界面作用与电子传递规律，微生物冶金过程多因素强关联 3 个关键科学问题开展研究，已获得国家“973”计划支持，该项目标志着我国微生物冶金技术进入突破性研究阶段。随着项目研究的深入，不仅将在冶金基础理论上取得突破，建立 21 世纪有色冶金的新学科——“微生物冶金学”；而且对解决我国特有的低品位、复杂矿产资源加工难题，扩大我国可开发利用的矿产资源量，提高现代化建设矿产资源保障程度，促进走可持续发展新型工业之路，实施西部大开发战略等都具有重要的作用。

（3）细胞工厂的生物炼制 生物炼制（biorefinery）是以可再生生物资源为原料生产能源与化工产品的新型工业模式。通过开发新的化学、生物和机械技术，大幅提高可再生生物资源的利用水平，使其成为环境可持续发展的化学和能源经济转变的手段，是降低化石资源消耗的一个有效途径。生物炼制是利用农业废弃物、植物基淀粉和木质纤维素材料为原料，生产各种化学品、燃料和生物基材料。美国国家再生能源实验室（U. S. National Renewable Energy Laboratory，NREL）将生物炼制定义为：以生物质为原料，将生物质转化工艺和设备相结合，用来生产燃料、电热能和化学产品集成的装置。

生物炼制过程的关键在于提高生物质的利用率与产品的定向合成能力。突破这一瓶颈的关键是设计、构建和改造具有定向转化和合成能力的细胞工厂。解决的方式是通过对细胞工厂的结构、调控与性能等方面的关键问题进行研究和分析，构建性能优良的细胞。系统生物技术可以对微生物的代谢能力有一个基本、全面的了解，推动生物炼制细胞工厂的设计、构建和优化，从而提高生物炼制的能力和效率。

系统生物技术不仅能鉴别细胞工厂生物炼制各种分子及其相互作用，还能解析代谢途径、模块、网络的功能和调控机制，最终完成整个微生物代谢活动的路线图。系统生物技术可以对微生物的代谢能力有一个基本、全面的了解，推动生物炼制细胞工厂的设计、构建和优化，从而提高生物炼制的能力和效率。

由木质素纤维制造工业乙醇的生物炼制工厂正在开发上述技术，乙醇将成为高级生物炼制的主产品。根据近来研究开发的不同情况，生物炼制分为 3 种系列：①木质纤维素炼制，用自然界中干的原材料如含纤维素的生物质和废弃物作原料；②全谷物炼制，用谷物作原料；③绿色炼制，用自然界中湿的生物质如青草、苜蓿、三叶草和未成熟谷类作原料。

第四节　生物工程产业的现状及发展前景

现代生物技术及其产业的兴起和发展，是20世纪人类科技史上的重大进步，并成为解决人类社会面临的人口、健康、食品和环境等重大挑战的最有潜力的技术手段。生物技术已经成为许多国家科技研发投入的重点，成为国际科技、经济竞争的焦点，以现代生物技术产业为核心的生物经济已经初露端倪，将成为继信息产业之后的又一个新的经济增长点。

生物产业是指将现代生物技术和生命科学应用于生产以及经济社会各相关领域，为社会提供商品和服务的统称，主要包括生物医药、生物农业、生物能源、生物制造、生物环保等新兴产业领域。生物产业从最初的雏形到20世纪末取得一系列的技术创新和学科发展，不断推动着现代生物技术以前所未有的速度向前发展，并成为解决人类所面临的人口、健康、食品、环境等重大问题的有效手段。

一、世界生物工程产业发展

随着科学研究的不断深入，进入21世纪以来，以分子设计和基因操作为核心的技术突破推动了生物产业深刻变革，生命科学领域呈现了一大批新的研究进展和科研成果，转基因技术、代谢工程、组学技术、RNA干扰、干细胞技术、基因治疗、基因编辑等众多具有突破性进展的生物技术手段对世界生物产业的发展产生了深远的影响，推动了以生物技术为依托的经济市场规模的扩大。全球生物产业进入了一个加速发展的新时期。从生物产业构成来看，治疗性疫苗和抗体、生物医药、生物基材料等生物技术新产品的推广应用，正在加速新一代生物产业多点突破，促使产业内涵日益丰富。精准医学模式正在推动药物研发革命，创新药物重心由化学方式、化学药物向生物方式、生物技术药物转变。传统诊断技术向分子诊断技术转变，生物技术与计算机、成像、网络、移动通信等新技术融合，正在改变疾病的诊疗模式，医疗器械开始走向智能化、网络化、标准化，为人们提供新型诊疗新手段，催生移动健康、个体化医疗合同研发、第三方检测、健康管理等新兴生物医药服务等新业态。生物产业外延不断扩展，传统的育种方法向工业化、规模化分子育种方式转变，并对全球微生物产品的生产和贸易产生重大影响。燃料乙醇、生物柴油等生物能源的规模化应用，对缓解能源短缺、促进能源消费结构调整起到积极的作用。

目前，世界生物产业呈现集聚发展态势，主要集中分布在美国、欧洲、日本、印度、中国等地区。在生物医药领域，美国、欧洲、日本等发达国家和地区占据主导地位，美国位居榜首，约占全球市场份额的36.1%；欧洲生物医药产业总体上呈现良好的发展势头，约占全球市场份额的27.4%；日本约占全球市场份额的11.2%；印度的生物医药产值则以年均14%~17%的速度迅猛增长，在全球市场所占份额逐年提高。随着加入生物研发行业领域的国家越来越多，技术、资源、市场份额的竞争也愈演愈烈，各国竞相开展生命科学技术研究，加大对生物技术的研发力度，生物产业正在以迅猛的势头在全球范围内兴起。生物产业众多细分领域中，生物医药仍将是发展最为强劲的领域之一。生物医药快速发展的过程中，基因工程药物所占市场份额在逐年增加，其中促红细胞生成素、人重组胰岛素、人重组干扰素、乙肝疫苗、葡萄脑苷脂酶、生长激素等的销售额每年都在5000万美元以上。纵观全球生物医药产业，以小分子药物为主体的传统药物仍然为占据主导地位的支撑产业，医疗器械是生物医药产业的发展方向，但未来十年的生物医药领域，以基因工程药物为代表的基因生物产业将是最闪耀的亮点。

生物产业是以生命科学理论和技术为依托发展起来的高新技术产业，科技理论背景悠久，技术含量高，与人类生活密切相关，具有广阔的发展前景，已经成为世界各国经济发展战略的重要核心内容，各国政府均给予了强大的资金支持和政策保护，为生物产业的发展营造了良好的发展环境。

现代生物技术发展迅猛，取得了一系列重要进展和重大突破，并加速向应用领域演进。在这一战略技术领域，以发达国家为主的各国政府纷纷制定国家战略，加速抢占生物技术的制高点，加快推动生物技术产业革命性发展的步伐。世界各国纷纷出台相关政策，加速生物技术产业化。印度近年出台的《生物技术产业伙伴计划》《中小企业创新研究计划》以及《国家生物技术发展战略》等政策都把建立国有与私有部门的合作机制、推动生物技术产业化发展列为其中一项重要政策内容。其中，《国家生物技术发展战略》计划到2025年印度生物技术产业产值达1000亿美元，并将印度打造为世界级的生物制造中心。瑞典在生物技术领域具有较强的优势，其在基础研究、应用研究和产业化方面都位居世界先进行列。瑞典政府先后制定发布了《瑞典生物经济研究与创新战略》《瑞典2050年能源展望——基于可再生能源技术和资源》等。瑞典生物技术主要研究领域包括药品/治疗、生物技术仪器、生物信息学、保健产品/功能性食品、医疗设备、工业生物技术、环保生物技术等。

在各国政策推动下，全球生物技术行业蓬勃兴盛，生物技术产业的销售额逐年增加，生物医药行业的市场规模呈逐年增长趋势。有关数据显示，全球生物药市场规模从2013年的1803亿美元增加到2017年的2402亿美元，年复合增长率为7.4%。2018年全球畅销的10种药物中，9种来自生物领域，当年生物药市场规模为2642亿美元；2019年全球研制中的生物药物超过2200种，其中1700余种进入临床试验阶段，全球生物技术公司总数已达4362家，生物药市场规模达到2864亿美元。世界各国尤其是新兴经济体对生物技术投资的增加，以及发达国家日益增长的老龄人口对生物技术药品的需求增加，进一步拉动了生物技术行业的商业化。2010—2020年，全球生物技术产业规模大约从3000亿美元增长至6000亿美元。

二、我国生物工程产业现状与发展前景

全球范围内生物技术的兴起，给我国的科技发展也带来了新的机遇和挑战。生物产业是21世纪创新最为活跃、影响最为深远的新兴产业，是我国战略性新兴产业的主攻方向，对于我国抢占新一轮科技革命和产业革命制高点，加快壮大新产业、发展新经济、培育新动能，建设“健康中国”具有重要意义。

我国生物产业的发展起步较晚，1983年建立起的生物工程开发中心，使我国的生物工程研发工作得到系统化、科学的管理。在国家相关政策和科技计划的支持下，我国生物产业发展势头强劲，与发达国家的差距不断缩小，目前已经处于发展中国家的领先位置，个别领域达到了国际领先水平，未来将有可能实现突破性进展。

1. 我国生物技术产业发展的现状

近年来，国内生物技术领域的基础研究蓬勃发展，技术创新不断突破，已连续5年在

生命科学论文发表量、生物技术专利申请量方面位居全球第2位，国际影响力大幅提升。进入21世纪以来，以生物技术为主导的生物产业正加速形成，其所涵盖的生物医药、生物医学工程、生物农业、生物能源、生物环保、生物制造、生物服务等产业领域，日益显现出旺盛的生命力，已经成为新的经济增长点，加快生物产业发展已成为我们国家重要的战略目标。2006年，我国生物技术产业仅占全球的9.5%，到2017年上升至15.8%。我们国家对加快推动生物产业成为国民经济支柱产业高度重视，生物技术和精准医疗正式纳入国家“十三五”规划。随着《“十三五”国家科技创新规划》《“十三五”国家战略性新兴产业发展规划》等的相继出台，生物技术产业发展的总目标、主要任务更加明确，在各项政策利好作用下，2010—2019年，我国生物技术产业规模稳步发展，2017年以后发展速度相对较快，从8585亿元增加到2019年的12716亿元，2020年国内生物技术产业规模超过1.5万亿元，约占全球的25%。如图1-2所示。

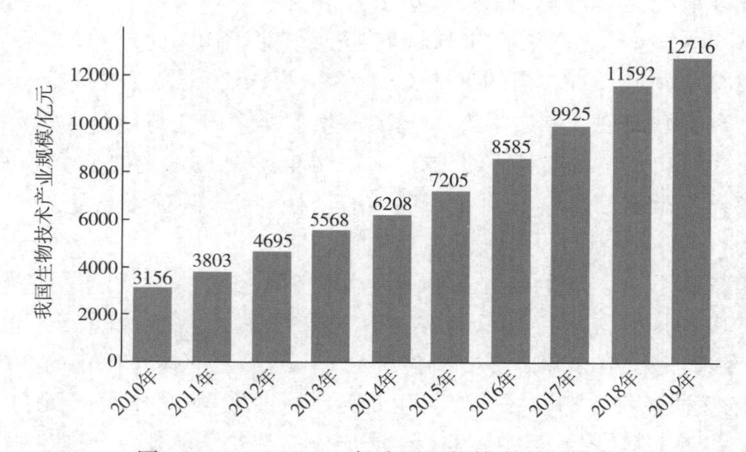

图1-2　2010—2020年我国生物技术产业规模

在生物医药领域，我国在抗肿瘤、艾滋病、病毒性肝炎、结核病等研究上取得了一批具有自主知识产权的阶段性创新成果；在基因生物领域，中国不论是基因资源，还是基因市场，都具有明显优势。基因产业是我国成为世界生物产业强国的重要契机。我国参与完成了1%国际人类基因组计划、10%国际人类基因组单体型图计划，主导了国际人类肝脏蛋白质组计划，在基础研究多个领域内达到国际先进水平。目前我国是国际公认的基因组测序能力较强的国家之一，已经开发成功一系列可应用于肿瘤、脑、心血管及其他难治疾病的基因工程药物，包括胰岛素、生长激素、干扰素、疫苗、生长因子、红细胞生成素等。国内基因治疗在临床上的试验和应用也越来越多，主要应用于癌症、组织修复、心血管疾病、脑缺血、肝纤维化和肝硬化等疾病。一批新兴企业发展势头迅猛，主要代表有华大基因、诺赛基因、达安基因、海正药业、中新药业。国务院印发的《生物产业发展规划》中，明确指出要发展细胞治疗、基因治疗等新技术与装备；构建重要农林生物基因库；促进新型基因工程疫苗产业化，推进动物基因工程疫苗与动物疫病诊断试剂的生产标准化；构建大规模和高通量基因组测序技术和装备。

近年来，我国相继建成了一批生命科技重大基础设施，治疗性疫苗与抗体、细胞治疗、转基因作物育种、生物能源作物培育等关键技术取得突破，产业化项目大幅增加，市场融资、外资利用和国际合作取得积极进展，生物产业产值以年均 22.9%的速度增长，生物产业产值以年均 22.9%的速度增长，生物医药、生物农业、生物制造、生物能源等产业初具规模，出现一批年销售额超过 100 亿元的大型企业和年销售额超过 10 亿元的大品种产业。我国在生物技术研发、产业培育和市场应用等方面已初步具备一定基础。突出表现为“四个持续”：①产业规模持续高增长。生物产业复合增长率超过 15%，远高于同期规模以上工业增长速度。2020 年，生物技术产业规模超过 1.5 万亿元。基因检测、第三方临床检验、智慧医疗等细分领域发展迅猛，近几年年均增速保持在 30%以上。②高成长企业持续涌现。在基因检测、合同研发、生物制造、智能诊疗等领域，产生了一大批具有国际影响力的知名企业，海内外上市的生物技术企业数量呈井喷式增长。③创新能力持续提升。大量自主研发的农作物新品种上市销售，国家基因库、转化医学、蛋白质科学等一批创新基础设施陆续建成并投入运营，我国生物产业的创新能力和国际竞争力不断提升，已经成为全球生物产业格局中不容忽视的重要力量。④产业创新生态环境持续改善。全面创新改革试验深入推进，药品上市许可持有人制度等改革举措加快试点和落实。行业内大量中小企业获得社会资本高度关注，天使投资、创业投资规模持续增长，生物产业融资规模仅次于互联网行业。

我国生物技术产业规模不断壮大，已成为中国经济一个重要的增长点，并形成了一批如上海张江、天津滨海、泰州医药城、本溪药都、武汉光谷、苏州生物纳米园等有代表性的专业化高新技术园区，以及以长三角地区、环渤海地区、珠三角地区为核心的生物医药产业聚集区。

2012—2020 年，我国生物医药行业销售收入不断增加，且保持了较快的增速。2015 年生物医药行业市场规模为 2978.83 亿元，较上年同比增长增速放缓，2016 年为 3299.28 亿元，而 2020 年为 3915.88 亿元，五年净增加近千亿元，如图 1-3 所示。

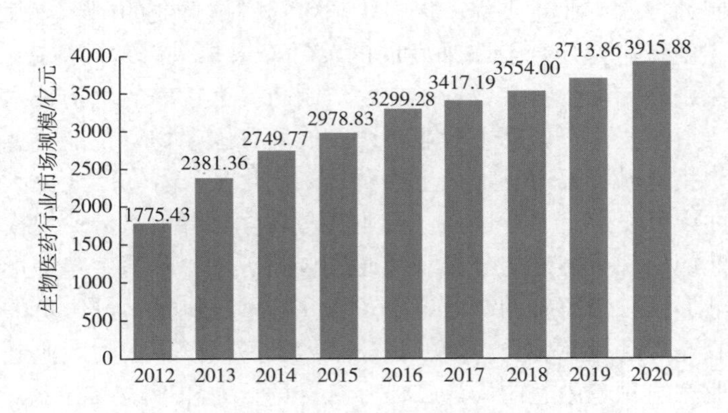

图 1-3 2012—2020 年中国生物医药行业市场规模走势

国家层面对加快推动生物产业成为国民经济支柱产业高度重视，2016 年 3 月，生物技术和精准医疗正式纳入国家“十三五”规划；《“十三五”国家科技创新规划》《“十三五”国家战略性新兴产业发展规划》等的相继发布，明确了生物技术产业发展的总目标、主要任务，为国内生物技术产业发展指明了方向。

当前，我国创新型国家建设体系正在加快成型，创新型企业加快发展，国家科技创新中心、国家实验室、国家技术创新中心建设发展有序推进，以政府主导、金融资本支持的产学研深度融合体系进一步成熟，全国多地密集建设生物产业园区。阿里巴巴斥资千亿人民币建立前沿科学研发机构“达摩院”，全球遗传学泰斗、美国哈佛医学院 George Church 教授受邀加入其十人咨询团队，并在复旦大学受聘为名誉教授。国际合成生物学产业化先驱、美国工程院院士、加州大学伯克利分校 Jay D. Keasling 教授受邀在中国科学院深圳先进技术研究院设立合成生物学实验室，并与韩国科学技术院 Sang Yup Lee 教授一同受聘为中国科学院天津工业生物技术研究所荣誉教授，看好中国合成生物技术创新发展。基因测序龙头企业华大基因成功上市，数家生物工业企业产值超 100 亿元，大学基础研究与技术创新成果显著攀升，研究机构促进科技成果转移转化工作取得成效，工业生物技术发展形成良好局面。

我国生物产业竞争格局已经形成，产业化项目大幅增加，生物产业产值以年均超过 22%的速度增长。生物医药、生物农业、生物制造、生物能源等产业初具规模，涌现了一批年销售额超过 100 亿元的大型企业和年销售额超过 10 亿元的大品种，生物产业正逐步发展成为国民经济新的支柱产业。目前中国生物科技产业主要形成长江三角洲、珠江三角洲和京津冀地区三个综合性生物产业基地，以及东北地区、中西部地区若干专业性生物产业基地的空间布局，集聚效应初步显现。生物基地、生物园区等聚集形式促进生物企业、资金、技术、人才等要素向优势地区集中，形成国家、地方、金融等共同推进生物产业的格局，有力促进生物产业创新能力的提升，加快技术产业化进程。当前，中国生物科技产业集聚布局初步形成，各细分领域发展势头迅猛。另外，现代生物技术进一步向化学工业、造纸工业、环保工业、能源工业等渗透和融合，生物化工、生物能源、生物环保等一批新兴产业群体正在形成，将会出现新的浪潮。生物科技产业在进入大规模产业化阶段的同时，出现了以下趋势特征。①技术突破将推动新一轮产业变革。当前，中国生物科技自主创新能力不足制约技术产业化进程，提高中国生物科技行业的国际竞争力，加强技术研发，提升行业自主创新能力是行业未来发展的关键。未来，以基因测序、合成生物技术、液体活检、细胞免疫治疗、生物大数据、生物仿制药等为代表的生物技术将推动新一轮产业变革。②融资渠道拓宽，资本助力行业持续发展。我国生物科技产业急需建立一套完善的风险投资机制来拓宽融资渠道，加快生物科技产业化步伐。③产业分工日益细化。生物产业链涉及技术面广且复杂，专业性强，行业壁垒高。随着生物产业规模的扩大，市场竞争日益激烈，产业链出现了明显的分工。可通过合同研发、合同生产等形式，生物产业分工日益细化，逐渐形成一个完整的产业链条。④并购重组将是不可避免的趋势。生物产业具有高投入、高收益、高风险、长周期的特征，需要高额投入作为产业进入和持续发展的条件。为应对行业竞争日趋激烈的局势，提升自身竞争力和市场占有率，越来越多有实力的企业通过并购重组的方式来获取新技术和新产品。并购和重组使得企业建立了全国性乃至全球性的生产与销售网络，提高企业抢占市场、垄断技术、获取超额利润的能力。随着生物产业的规模的增大，企业间并购重组将是不可避免的趋势。

2. 我国生物产业发展前景

“十三五”时期是我国生物产业加快发展、做大做强、提升国际竞争力的关键时期。2016 年 11 月，国务院关于印发“十三五”国家战略性新兴产业发展规划；2016 年 12 月，国家发改委印发《“十三五”生物产业发展规划》；2017 年 4 月国家科技部发布《“十三五”生物技术创新专项规划》等，强调把生物产业发展成为国民经济支柱产业的目标，形成一批具有较强国际竞争力的新型生物技术企业和生物经济集群，将生物经济加速打造成为继信息经济后又一重要新经济形态。

当前，现代生物技术的一系列重要进展和重大突破正在加速向应用领域渗透，展现出广阔市场前景。我国第十四个五年规划（2021-2025年）着眼于抢占未来产业发展先机，培育先导性和支柱性产业，推动战略性新兴产业融合化、集群化、生态化发展，战略性新兴产业增加值占GDP比重超过17%，国家“十四五”规划纲要关于生物医药产业的发展定位首先是构筑产业体系新支柱，聚焦信息技术、生物技术、新能源、新材料等战略性新兴产业，加快关键核心技术创新应用，增强要素保障能力，推动生物技术和信息技术融合创新，加快发展生物医药、生物育种、生物材料、生物能源等产业，做大做强生物经济。其次是前瞻谋划未来产业，在类脑智能、量子信息、基因技术、氢能等前沿科技和产业变革领域，组织实施未来产业孵化和加速计划，谋划布局一批未来产业。在事关国家安全和发展全局的基础核心领域，瞄准生命健康、脑科学、生物育种等前沿领域，实施一批具有前瞻性、战略性的国家重大科技项目。从国家急迫需要和长远需求出发，集中优势资源攻关新发突发传染病和生物安全风险防控、医药和医疗设备关键元器件零部件、基础材料等领域的关键核心技术。

随着我国经济的发展、生活环境的变化、人们健康观念的转变以及老龄化进程的加快等因素影响，我国生物技术产业特别是生物医药产业发展势头迅猛，产业技术不断获得突破。随着《“健康中国2030”规划纲要》等一系列政策的出台，我国生物医药市场将成为仅次于美国的全球第二大生物医药市场。

当前，我国面临日趋严峻的人口老龄化、食品安全保障不足、能源资源短缺、生态环境恶化等挑战。为保障人口健康和粮食安全，实现以人为本、绿色可持续增长，必须加快开发新药、新医疗装备，才能有效应对快速增长的健康新需求，提升生存质量；必须大力推广生物燃料和生物发电，才能为调整能源消费结构、降低传统能源依赖度开辟新途径；必须加快发展生物基产品，不断缓解对化石资源的依赖，实现绿色可持续发展。未来中国将重点发展新兴疫苗、小分子药、新兴中药、高产优质农作物、生物农药、生物制药业、生物能源、环境生物技术，同时，扩大生物技术产业链；必须加速培育作物新品种和发展绿色种植技术，才能有效支撑优质粮食的生产和现代农业的发展，保障粮食安全。相信通过原始创新性的工作，一定能够全面提升我国生物技术研究水平和生物产业的发展速度，为我国的国民经济发展做出应有的贡献。

全球生物科技产业已呈现出系统化突破性发展态势，生物及交叉应用领域不断涌现出颠覆性创新应用，新一轮科技革命和产业变革与我国加快转变经济发展方式形成历史性交会。生物技术领域的创新将一方面向健康和农业领域扩散与辐射，另一方面则向传统化工和医药领域渗透与嵌入，进一步推进农业工业化、工业绿色化、产业国际化的发展进程。随着我国国家创新驱动发展战略的深入实施，世界科技强国建设进程的加速和绿色发展理念的实践，我国对生物产业发展的重视已提升到空前的战略高度，并正在面临新的发展机遇。未来，关注前沿研究的交叉与融合，重视新技术应用的规划与监管，构建全链条互动的产业技术创新体系，完善产业集群建设和新业态的培育，鼓励高新技术的创新创业活动，繁荣技术交易与投资、融资市场，加强技术、产能与资本的国际合作，将有力提升我国生物产业的核心竞争力，通过提高供给体系质量增强我国经济质量优势，通过发展节能环保的生产系统为我国绿色低碳循环经济注入新动能，有力推进我国生物科技强国建设进程，促进我国生物产业迈向全球价值链的中高端，为全球生物经济繁荣发挥更加积极的作用。

思考题

1. 生物工艺学的内容包括哪些方面?
2. 生物反应过程有何特点? 应用在哪些方面?
3. 简要叙述微生物工程的应用领域。
4. 请查阅相关文献，简述我国生物产业的发展前景。

第二章　微生物工业菌种选育及种子的制备

菌种在生物发酵工业中起着十分重要的作用，它是决定发酵产品是否具有产业化价值和商业化价值的关键因素，是发酵工业的灵魂。自然界微生物资源非常丰富，早期工业生产使用的菌种都是从自然界中分离得到的，然后通过多年的选育，发酵性能稳步提高。当前发酵工业所用的菌种总趋势是从野生菌转向变异菌，自然选育转向代谢育种，从诱发基因突变转向基因重组的定向育种。由于发酵工程本身的发展以及遗传工程的介入以及分子生物学的发展，使人们可以在DNA的水平上为微生物进行有目的的改造，给微生物育种带来了一场技术革命，产生了一种全新的育种技术，包括基因工程技术、原生质体融合、代谢工程、基因定点突变、组合生物技术以及基因重排等，从而实现传统发酵产业的技术改造，并建立新型的发酵产业。

随着发酵规模的不断扩大，作为发酵工业的种子，其质量决定发酵成败的关键，只有将数量多、代谢旺盛、活力强的种子接到发酵罐中，才能获得需要的目标产物，因此，在发酵生产中不管是常规微生物，还是工程菌株，在发酵前首先对所选的优良菌种进行逐步扩培，制成符合要求的活力强、数量足够的旺盛种子，接入发酵罐中进行生长和代谢，才能实现规模化的发酵生产，达到积累大量目标产品的目的。

第一节　工业生产微生物菌种的来源及要求

自然界是微生物的大宝库，但人们认识的微生物只占自然界总量的10%左右；微生物的代谢产物据统计已超过1300种，而大规模生产的不超过100种；微生物酶有近千种，而工业利用的不过50种左右，可见进一步开发利用微生物资源的潜力是很大的。不同的产品生产对微生物有一定的需求，但在大规模工业生产中对于所使用的微生物有基本的要求。

一、工业生产微生物的来源

发酵工业生产菌种的来源有以下几个途径：①从自然界中分离筛选；②从生产过程中发酵水平高的菌种进行进一步的诱变选育；③通过现代新的育种手段如重组DNA技术、原生质体融合技术、定点突变技术以及代谢工程、组合生物技术等获得；④从菌种保藏机构直接购买。国内的有中国普通微生物菌种保藏管理中心（CGMCC）、中国典型培养物保藏中心（CCTCC）、中国工业微生物菌种保藏管理中心（CICC）等。国外的如美国典型菌种保藏中心（ATCC）、英国国家菌种保藏中心（UKNCC）、德国微生物菌种保藏中心（DSMZ）、荷兰微生物菌种保藏中心（CBS）等。

二、工业生产微生物菌种的要求

微生物的特点是种类多，分布广；生长迅速，繁殖速度快；代谢能力强；适应性强，容易培养。工业生产中，也可根据微生物的特点选择适宜的微生物。

目前，随着微生物工业原料的转换和新产品的不断出现，势必要求开拓更多新品种。尽管微生物工业用的菌种多种多样，但作为大规模生产，对菌种则有下列要求：①原料廉价、生长迅速、目标产物产量高。②易于控制培养条件，酶活性高，发酵周期较短。③菌种最好不是病原微生物，不产生任何有害生物活性物质和毒素，并且具有抗杂菌和噬菌体的能力。④菌种遗传性能稳定，不易变异和退化，保证发酵生产能够正常进行。⑤对放大设备的适应性强，能够满足工业大规模生产的需求。

第二节　工业生产常用的微生物

用于发酵工业生产的菌种几乎囊括了所有的微生物，包括原核微生物的细菌和放线菌以及真核微生物的酵母、霉菌等。不同的微生物有不同的特点，特定的目标产品需要特定的微生物，并满足微生物细胞代谢所需的条件，并进行有效的控制，才能发挥菌种的优良性能，达到大规模工业化生产的需求。

一、原核微生物

原核微生物是指一类细胞核无核膜包裹，只有称作核区的裸露 DNA 的原始单细胞生物，包括细菌、放线菌、立克次体、衣原体、支原体、蓝细菌和古细菌等。它们都是单细胞原核生物，结构简单，个体微小，一般为 1~10μm，仅为真核细胞的万分之一至十分之一。

1. 细菌

细菌（bacteria）是自然界分布最广、数量最多的一类微生物，属单细胞原核微生物（unicellular prokaryote），与人类生产和生活关系十分密切，也是工业微生物研究和应用的主要对象之一。

细菌是单细胞微生物，主要形态有球状、杆状、螺旋状，分别被称为球菌、杆菌、螺旋菌。以较典型的二分分裂方式繁殖。细胞生长时，环状 DNA 染色体复制，细胞内的蛋白质等组分同时增加 1 倍，然后在细胞中部产生一横段间隔，染色体分开，继而间隔分裂形成两个相同的子细胞。如间隔不完全分裂就形成链状细胞。革兰染色法在工业微生物发酵生产中具有重要的意义，通过这一染色，可把几乎所有的细菌分为两大类，可将细菌分为革兰阳性菌（G^+）和革兰阴性菌（G^-）。因此，它是分类鉴定菌种的一个重要指标。又由于这两大类细菌在细胞结构、成分、形态、生理生化以及遗传免疫等方面都呈现明显的差异，因此，任何细菌只要通过很简单的革兰染色，即可获得不少其他重要的生物学特征方面的信息。

工业生产中常用的细菌主要是下列几种：①芽孢杆菌。有枯草芽孢杆菌（*Bacillus subtilis*）、地衣芽孢杆菌、苏云金芽孢杆菌、梭状芽孢杆菌等。作为工业发酵的重要菌种之一，枯草芽孢杆菌常用于生产淀粉酶、蛋白酶、5′-肌苷酸酶、某些氨基酸和核苷。地衣芽孢杆菌（*Bacillus licheniformis*）用于生产耐高温的α-淀粉酶；苏云金芽孢杆菌（*Bacillus thuringiensis*）用于生产生物农药；梭状芽孢杆菌（*Clostridium*）中的一些菌种如丁酸梭菌可分解碳水化合物而产生各种有机酸（乙酸、丙酸、丁酸）和醇类（乙醇、异丙醇、丁醇）的产品。②醋酸菌涵盖醋酸杆菌属（*Acetobacter*）和葡萄糖杆菌属。前者包括醋化醋杆菌（*Acetobacter aceti*）、汉逊醋杆菌（*Acetobacter hansenii*）、液化醋杆菌（*Acetobacter liquefaciens*）和巴氏醋杆菌（*Acetobacter pasteurianuma*）；而后者只有一个种，即氧化葡萄糖杆菌（*Gluconobacter oxydans*）。这类菌重要的特征是能将乙醇氧化成醋酸，并可将醋酸和乳酸氧化成 CO_2 和 H_2O。有些菌株能够合成纤维素，其纤维素组成细胞壁外的基质，而细菌则埋置于纤维素微丝缠结的片层中，当这些种的细菌生长在静置的液体培养基中，它们就会在表面形成一层纤维素薄膜，称为“细菌纤维素”。醋酸杆菌能够利用葡萄糖、果糖、蔗糖、麦芽糖、酒精作为碳源，可利用蛋白质水解物、尿素、硫酸铵作为氮源，生长繁殖需要的无机元素有P、K、Mg。严格好氧，具有醇脱氢酶、醛脱氢酶等氧化酶类，因此除能氧化酒精生成醋酸外，还可氧化其他醇类和糖类生成相应的酸和酮。醋酸杆菌属在自然界分布较广，在发酵的粮食、腐败的水果、蔬菜和果汁、醋或酒精饮料中都有醋酸杆菌存在。食醋含有3%~6%的醋酸，由醋酸杆菌发酵产生，在发酵过程中，还能产生一些诸如乙酸乙酯一类的产物，带有一定香气。醋酸发酵液还可以经提纯制成一种重要的化工原料——冰醋酸。醋酸杆菌还能将山梨醇转化成山梨糖，虽然在自然界中少有，但却是合成维生素C的主要原料。而后者葡萄糖杆菌属只能把酒精氧化成醋酸。③乳酸菌（lactic acid bacteria，LAB），是一类能利用可发酵碳水化合物产生大量乳酸的细菌的统称。它在自然界分布广泛，至少包含18个属，共200多种。除极少数外，乳酸菌绝大部分都是人体内必不可少的且具有重要生理功能的菌群，广泛存在于人体的肠道中。乳酸菌不仅是研究分类、生化、遗传、分子生物学和基因工程的理想材料，而且在工业、农牧业、食品和医药等与人类生活密切相关的重要领域具有极高的应用价值。乳酸菌可分为乳杆菌属（*Lactobacillus*）、链球菌属（*Streptococcus*）、明串珠菌属（*Leucomostoc*）、双歧杆菌属（*Bifidobacterium*）和片球菌属（*Pediococcus*），共5个属。乳酸菌通过发酵产生的乳酸、特殊酶系、乳酸菌素等物质具有特殊生理功能。乳酸不仅是一种优良的食品工业原料，更作为一种重要的有机酸在化工工业中有着广泛的用途。通过淀粉、粮食、纤维素、工农业及民用废物等可再生资源，利用乳酸菌等微生物发酵法大规模生产乳酸，因其原料来源广泛、生产成本低、产品光学纯度高、安全性高等优点而成为生产乳酸的重要方法。另外，还可用于食品工业的酸奶、乳酸菌饮料、调味品等生产中。乳酸菌还可与酵母菌一起用于啤酒、葡萄酒及奶酒等的生产。乳酸菌被认为是世界公认安全的食品级微生物，由乳酸菌在代谢过程中合成产生并分泌到胞外的抗菌多肽或蛋白，称为乳酸菌素，可作为天然的食品防腐剂直接应用于食品工业。此外，假黄单胞菌（*Pseudoxanthomonas*）用于生产黄原胶；北京棒杆菌用于生产谷氨酸；大肠杆菌（*E. coli*）最早作为基因工程的宿主菌。工业上常用大肠杆菌生产谷氨酸脱羧酶、天冬酰胺酶和制备天冬氨酸、苏氨酸及缬氨酸、人的生长激素释放因子等。大肠杆菌也是食品工业和饮用水卫生检验的指示菌。

2. 放线菌

放线菌（actinomycetes）是一类介于细菌和真菌之间的单细胞微生物，因菌落呈放线状而得名。它是一个原核生物类群，在自然界中分布很广，尤其在含有机质丰富的微碱性土壤中较广。大多腐生，少数寄生。放线菌主要以无性孢子进行繁殖，也可借菌丝片段进行繁殖，后一种繁殖方式见于液体沉没培养（submerged culture）中，其生长方式是菌丝末端伸长和分支，彼此交错成网状结构，成为菌丝体。菌丝长度既受遗传的控制，又与环境相关。在液体沉没培养中由于搅拌器的剪应力作用，常常形成短的分支旺盛的菌丝体，或呈分散生长，或呈菌丝团状生长。

放线菌对人类最大的贡献就是它能生产大量的、种类繁多的抗生素（antibiotic）。到目前为止，在医药、农业上使用的大多数抗生素是由放线菌产生的。已经分离得到的放线菌产生的抗生素种类已达到4000种以上。有些放线菌还能用来生产维生素和酶制剂，放线菌在甾体转化、烃类发酵和污水处理等方面也有应用。抗生素中90%以上是由链霉菌属（*Streptomyces*）中的菌株产生，50%以上的链霉菌都能产生抗生素，著名的如链霉素、土霉素、博来霉素、丝裂霉素、制霉菌素、卡那霉素、井冈霉素等。有些链霉菌能产生一种以上的抗生素，而在化学结构上常常互不相关。而在世界上许多不同地区发现的不同种别，却可能产生同一种抗生素。小单孢菌属（*Micromonospora*）有30多种，能产生30多种抗生素，如庆大霉素，有些种能产生维生素B_{12}。诺卡菌属（*Nocardia*）的菌株能同化各种碳水化合物，有的能利用碳烃化合物和纤维素，在石油脱蜡、烃类发酵以及污水处理中分解腈类化合物。

二、真核微生物

凡是细胞核具有核膜、能进行有丝分裂、细胞质中存在线粒体或同时存在叶绿体等细胞器的微小生物，称为真核微生物（unicellular eukaryote），包括真菌中的酵母菌、霉菌、担子菌和显微藻类和原生动物。在生物发酵工业中应用的主要就是真菌界的酵母菌、霉菌和担子菌。

1. 酵母菌

酵母菌（yeast）是一类真核微生物的俗称，在自然界中个体一般以单细胞状态存在，主要分布于含糖较多的酸性环境中，如水果、蔬菜、花蜜和植物叶子上，以及果园土壤中，石油酵母较多地分布在油田周围的土壤中。酵母菌与人类关系密切，同时也是发酵工业常用的微生物，能够发酵糖类而产能。酵母菌常以单个细胞存在，以出芽方式进行繁殖，母细胞体积长到一定程度时就开始发芽，芽长大的同时母细胞缩小，在母、子细胞间形成隔膜，最后形成同样大小的母细胞，如果子芽不与母细胞脱离就形成链状细胞，称为假菌丝。在发酵生长旺期，常出现假菌丝。

工业生产中常用的酵母有以下几种。

(1) 酿酒酵母（*S. cerevisiae*）　利用其能分解碳水化合物、产生酒精和二氧化碳等性能，可用来酿酒、制作面包。除广泛应用在食品发酵工业之外，酿酒酵母还可用作基因工程中的受体。近年来，巴斯德毕赤酵母（*Pichia padtoris*）成为一种新型的基因表达系统，相比于大肠杆菌具有许多优点，其高表达、高稳定、高分泌、高密度生长及可用于甲醇严格控制表达系统，在科研和实际中获得广泛应用。

(2) 假丝酵母（*Candida*）　一些酵母菌能利用石油馏分中的正烷烃、正烯烃和环烷烃等碳烃化合物，可以进行石油脱蜡，即除去石油中正烷烃，降低其凝固点。特别是假丝酵母属既可以用于脱蜡，达到提高石油品质的目的，同时又可获得丰富的单细胞蛋白

（single cell protein，SCP）。除此之外，还可利用工业废水生产 SCP，如热带假丝酵母（*C. tropiculis*）可利用酒精废水生产 SCP；产朊假丝酵母（*C. utili*）可利用亚硫酸纸浆废液生产 SCP，这样，既处理了工业污染物，治理了环境，又获得了丰富的饲料蛋白 SCP。解脂假丝酵母（*C. lipolytica*）可以利用烷烃作为碳源，生产维生素 B_6，产量可达 400μg/L。

（3）异常汉逊酵母（*Hansenula anomala*）　能够产生乙酸乙酯，故在调节食品风味中有一定的作用。可用于酱油制造增加香味，还可用于白酒生产，提高白酒的风味特点。这类酵母还能以乙醇和甘油为碳源，发酵生产 L-色氨酸。

另外，从酵母细胞中可以提取丰富的 B 族维生素、核糖核酸、辅酶 A、细胞色素 c、麦角甾醇和凝血素等生化药物。干酵母片就是非常好的助消化药物。

2. 霉菌

霉菌（mould）与酵母菌同属于真菌界。凡在营养基质上能形成绒毛状、网状或絮状菌丝体的真菌统称为霉菌。霉菌在自然界分布很广，由于能形成孢子，漂浮在大气中，借助于风、水以及人类活动到处散布，大量存在于土壤、空气、水和生物体内外等处。它喜欢偏酸性的环境，大多数为好氧性，多腐生，少数寄生。霉菌的繁殖能力很强，它以无性孢子和有性孢子进行繁殖，多以无性孢子繁殖为主。其生长方式是菌丝末端的伸长和顶端分支，彼此交错呈网状。菌丝的长度既受遗传性的控制，又受环境的影响，其分支数量取决于环境条件，菌丝或呈分散生长，或呈菌丝团状生长。

霉菌与人类生活和生产活动关系密切，如传统的酱、酱油、豆腐乳、酒酿等都是由霉菌发酵生产的。霉菌具有较强的淀粉糖化和蛋白分解能力，在近代发酵工业中，黑曲霉用于生产柠檬酸；青霉菌用于生产青霉素；红曲霉用于生产红曲以及红色素；赤霉菌用于生产赤霉素；黑根霉菌和犁头霉菌用于生产甾体激素（steriod hormone）等。绝大多数霉菌能分解利用原料中的淀粉、糖类等碳水化合物、蛋白质等含氮化合物及其他种类的化合物进行转化，制造出多种多样的食品、调味品及食品添加剂。由于许多霉菌具有较强和完整的酶系，所以可利用霉菌生产糖化酶、蛋白酶、纤维素酶以及果胶酶等。工业上常用的霉菌有藻状菌纲的根霉、毛霉、犁头霉，子囊菌纲的红曲霉，半知菌类的曲霉、青霉等。

3. 担子菌

担子菌（basidiomycetes）就是人们通常所说的菇类（mushroom）微生物。担子菌资源的利用正引起人们的重视，如多糖、抗癌药物等的开发，利用担子菌生产真菌多糖必将是医药行业和保健品行业又一个新的增长点。目前人们已经证实担子菌中有很多种类可以分泌胞外多糖、胞内多糖，这些多糖物质对于增强人体免疫力、预防记忆力减退、辅助治疗癌症等具有积极的作用。据报道，美国得克萨斯州休斯顿医学院的一份报告显示，一种日本蘑菇提取物 AHCC（活性已糖相关化合物）可有效治疗人乳头瘤病毒（HPV）。AHCC 是一种从蘑菇中提取的葡萄糖聚合糖成分，能显著提高免疫反应，增强和维持正常的自然杀伤（NK）细胞活性，提高巨噬细胞和 T 细胞活性。最直接的效力就是抵抗癌细胞，减轻癌症患者化疗副作用。利用担子菌液体深层发酵制备功能性饮料和食品将成为另一个增长点。将有益担子菌发酵液经过适当处理，加入奶制品或饮料中，可以成为新的饮料食品，还可以加入调味品中增加鲜味和新的风味。有报道利用担子菌制备漆酶、纤维素酶，如果能都筛选到商业菌株，将对再生资源的利用十分有利。

三、其他微生物

第三类微生物广泛存在于自然界的各种环境中，在自然界微生物群落中占有比较高的比例，但是由于常规培养法还不能获得纯培养物，无论是其物种类群，还是新陈代谢的途径、生理生化反应、产物都存在着不同程度的新颖性和丰富的多样性，因而蕴藏着巨大的生物资源利用价值。典型的是极端微生物，由于存在于极地地区中，诸如油层、火山口、海底深处等环境，尽管已有的研究取得一些成绩，但成功应用的例子还不多，随着新技术、新的研究方法不断出现，将为极端微生物的开发利用开辟极为广阔的前景。

第三节　微生物工业育种技术

在正常生理条件下，微生物依靠其代谢调节系统，趋向于快速生长和繁殖，因此野生菌株生产能力、生产性能、特征等往往不能满足工业上的需要。在发酵工业生产中，需要采用种种措施进行育种，打破微生物的正常代谢，并对其进行调节控制，从而使菌体积累大量所需要的代谢产物。通过育种，抗生素、氨基酸、维生素、药用酶等产物的发酵产量提高了几十倍、几百倍，甚至几千倍，同时也提高了生产性能。

生物工业育种的目标包括几个部分：①提高目标产物的产量。这是菌种改良的重要标准，对于工业生产效益和效率至关重要。②提高目标产物的得率，降低副产物的形成。③改良菌种的性能，改善发酵过程。包括所利用的原料范围、菌种的生长速率、菌株生产形状的稳定性、耐不良环境的能力等。④改变生物合成途径，优化生产过程。

一、诱变育种技术

诱变育种是最常用的微生物育种技术之一，通常采用物理、化学诱变因素使微生物DNA的碱基排列发生变化，以使排列错误的DNA模板形成异常的遗传信息，造成某些蛋白质结构变异，而使细胞功能发生改变。微生物自发突变频率为$10^{-8}\sim10^{-5}$，而诱变剂处理细胞后，可大幅度提高突变频率，达到$10^{-6}\sim10^{-3}$。由于诱变育种是一类特殊的突变型的选育工作，能够提高突变频率和扩大变异谱，具有速度快、方法简便等优点，是当前菌种选育的一种主要方法，在生产中使用得十分普遍。

（一）常用的诱变剂

诱变剂可分为物理诱变剂、化学诱变剂和生物诱变剂三类。物理诱变剂主要为各种射线、微波或激光、离子束等，习惯上称为辐射育种，其中以紫外线应用最广，其光谱正好与细胞内核酸的吸收光谱相一致，因此在紫外线的作用下能使DNA链断裂、DNA分子内和分子间发生交联，从而导致菌体的遗传形状发生改变。化学诱变剂的种类较多，常用的有硫酸二乙酯（DES）、甲基磺酸乙酯（EMS）、亚硝基胍（NTG）、亚硝酸、氮芥（NM）等。它们作用于微生物细胞后，能够特异地与某些基团起作用，即引起物质的原发损伤和细胞代谢方式的改变，失去亲株原有的特性，并建立起新的表型。诱变剂亚硝基胍和甲基磺酸乙酯虽然诱变效果好，但由于多数引起碱基对转换，得到的变异株回变率高。电离辐射、紫外线和吖啶类等诱变剂，能引起缺失、码组移动等巨大损伤，则不易产生回复突变。生物诱变剂还有如噬菌体、质粒、DNA转座子等，太空空间特殊的物理化学环境，未知的诱变剂等均能诱发 DNA 突变，十几年来也常常被使用。菌种诱变常用的诱变剂见表 2-1。

表 2-1　　菌种诱变常用的诱变剂

诱变剂	诱发 DNA 突变的类型	对 DNA 作用的结果	相对效果
电离辐射：X 射线、γ 射线	DNA 单链或双链断裂、缺失	结构改变	高
短波长光纤：紫外线	DNA 嘧啶二聚体和交联	颠换、缺失、移码和转换	中
碱基类似物	碱基错配	AT 和 GC 相互转换	低
脱氨剂：羟胺	胞嘧啶脱氨	AT→GC 转换	低
脱氨剂：NTG	甲基化，高 pH	GC→AT 转换	高
脱氨剂：氮芥	C 和 A 烷基化	GC→AT 转换	高
脱氨剂：EMS（甲基磺酸乙酯）	C 和 A 烷基化	GC→AT 转换	高
嵌入剂：溴乙锭、吖啶类染料	在两碱基对间嵌入	移码、丧失质粒、微小缺失	低
生物诱变剂：噬菌体、质粒、DNA 转座子	碱基取代、DNA 重组	缺失、重复、插入	高

（二）诱变育种的程序

以合适的诱变剂处理大量而均匀分散的微生物细胞悬浮液（细胞或孢子），在引起绝大多数细胞致死的同时，使存活个体中 DNA 结构变异频率大幅度提高；用有效的方法淘汰负效应变异株，选出极少数性能优良的正变异株，以达到选育优良菌株的目的。

1. 选择出发菌株

用于育种的原始菌株，称为出发菌株，选用合适的出发菌株有利于提高育种效率。在许多情况下，微生物的遗传物质具有抗诱变性，这类遗传性质稳定的菌株用来生产是有益的，但作为诱变育种材料是不适合的。出发菌株的选择是诱变育种工作成败的关键，出发菌株的性能，如菌种的系谱、菌种的形态、生理、传代、保存等特性，对诱变效果影响很大。

挑选出发菌株（parent strain）应考虑以下几点。

（1）选择纯种，借以排除异核体或异质体的影响。从宏观上讲，就是要选择发酵产量稳定、波动范围小的菌株为出发菌株。如果出发菌株不纯，可以用自然分离或用缓和的诱变剂进行处理，取得纯种作为出发菌株。这样虽然要花一些时间，但效果更好。

（2）对诱变剂敏感的菌株，不但可以提高变异频率，而且高产突变株的出现率也大。生产中经过长期选育的菌株，有时会对诱变剂不敏感。在此情况下，应设法改变菌株的遗传型，以提高菌株对诱变剂的敏感性。杂交、诱发抗性突变和采用大剂量的诱变剂处理均能改变菌株的遗传型而提高菌株对诱变剂的敏感性。

（3）考虑其他因素。如产孢子早而多、色素多或少、生长速率快等有利于合成发酵产物的性状。特别重要的是，选择的出发菌株应当具有所需要的代谢特性。例如，适合补料工艺的高产菌株是从糖、氮代谢速度较快的出发菌株得来的。用生活力旺盛而发酵产量又不是很低的形态回复突变株作为出发菌株，常可收到好的效果。

2. 制备均匀一致的菌悬液

使用选择法或诱导法使待诱变的微生物同步生长，将细胞悬液经玻璃珠振荡打散，并用脱脂棉或滤纸过滤，使其成为生理状态一致的单细胞或孢子状态，这样诱变处理时所有细胞能均匀地接触诱变剂，减少分离现象的发生。一般采用生长旺盛的对数期，其变异率较高且重现性好。霉菌的孢子生理活性处于休眠状态，诱变时不及营养细胞好，因此最好采用刚刚成熟时的孢子，其变异率高。或在处理前将孢子培养数小时，使其脱离静止状态，则诱变率也会增加。

一般处理真菌的孢子或酵母时，其菌悬液的浓度大约为 10^6个/mL，细菌和放线菌孢子的浓度大约为 10^8个/mL。

为了提高诱变率，可在培养基中添加某些物质（如核酸碱基、咖啡因、氨基酸、氯化锂、重金属离子等）来影响细胞对 DNA 损伤的修复作用，使之出现更多的差错而达到目的。例如菌种在紫外线处理前在富有核酸碱基的培养基中培养，能增加其对紫外线的敏感性。紫外线诱变处理后，将孢子液分离于富有氨基酸的培养基中，则有利于菌种发生突变。相反，如果菌种在进行紫外线处理以前，培养于含有氯霉素（或缺乏色氨酸）的培养基中，则会降低突变率。

3. 诱发基因突变

许多环境因素可以影响基因突变的诱发过程，突变的诱发还和基因所处的状态有关，而基因的状态又和培养条件有关。在培养基中加入诱导剂使基因处于转录状态，可能有利于诱变剂的作用。通常认为在转录时，DNA 双链解开更有利于诱变作用。诱变剂可造成生物 DNA 分子某一位置的结构改变。例如紫外线照射可形成胸腺嘧啶二聚体，进而通过影响 DNA 复制而发生真正的突变，也可以经过修复重新回到原有的结构，即回复突变。

影响突变发生的原因主要有两方面：一是影响与 DNA 修复作用有关的酶活性；二是使目的基因处于活化状态（复制或转录状态），使之更容易被诱变剂所作用，从而提高基因突变效果。另外，菌种的生理状态与诱变效果有密切关系，例如有的碱基类似物、亚硝基胍（NTG）等只对分裂中的 DNA 有效，对静止的或休眠的孢子或细胞无效；而另外一些诱变剂，如紫外线、亚硝酸、烷化剂、电离辐射等能直接与 DNA 起反应，因此对静止的细胞也有诱变效应，但是对分裂中的细胞更有效。因此，放线菌、真菌的孢子诱变前经培养稍加萌发可以提高诱变率。

以紫外线诱变为例，说明诱变处理的过程。打开紫外灯（30W）预热 20min。取 5mL 菌悬液放于无菌的培养皿（9cm）中，放置在离紫外灯 30cm（垂直距离）处的磁力搅拌器上，照射 1min 后打开培养皿盖开始照射，同时打开磁力搅拌器进行搅拌，即时计算时间，照射时间分别为 15s、30s、1min、2min、5min，计算致死率和突变率。照射后，诱变菌液在黑暗中冷藏保存 1~2h，然后在红灯下稀释涂菌进行初筛。在计算某一诱变剂对微生物作用的最适剂量时，必须考虑到一切诱变剂都有杀菌和诱变的双重效应。当杀菌率不高时，诱变率常随剂量的提高而提高，剂量提高到一定的浓度后，诱变率反而下降了。如果以产量性状为标准，则诱变率的高低还有两种情况：一是产量提高的诱变率，称为正向突变；一是产量降低的诱变率，称为负向突变。因此，在使用诱变剂时要注意使用的剂量。紫外线诱变时，其剂量主要由紫外灯功率、照射时间、与紫外灯的距离决定。因此，可以通过调节紫外灯功率、照射时间和与紫外灯的距离来控制诱变剂的剂量，也就控制了诱变剂的诱变效果。

突变基因的出现并不等于突变表型的出现，表型的改变落后于基因型改变的现象称为表型迟延。表型迟延有两种原因：分离性迟延和生理性迟延。分离性迟延实际上是经诱变处理后，细胞中的基因处于不纯的状态（野生型基因和突变型基因并存于同一细胞中），突变型基因由于属于隐性基因而暂时得不到表达，需经过复制、分离，在细胞中处于纯的状态（只有突变型基因，没有野生型基因）时，其性状才得以表达。大肠杆菌在对数生长期含有2~4个核质体，当其中一个核发生突变时，这个细胞变成异核体。如果突变表型表现为某个基因所控制的产物的丧失，那么这一突变在异核体内就是隐性的。因为其他的核继续生产该基因控制的产物。一般需要经历1~2个世代，通过细胞分裂而出现同一细胞的两个核中都带有这一突变基因时，突变表型才出现。突变基因由杂合状态变为纯合状态时，还不一定出现突变表型，新的表型必须等到原有基因的产物稀释到某一程度后才能表现出来。而这些原有基因产物的浓度降低到能改变表型的临界水平以前，细胞已经分裂多次，经过了几个世代。例如某个产酶基因发生了突变，可是细胞中原有的酶仍在起作用，细胞所表现的仍是野生型表型。只有通过细胞分裂，原有的酶已经足够稀释或失去活性时，才出现突变型的表型。生理性迟延最明显的例子是噬菌体抗性突变的表达。用诱变剂处理噬菌体敏感菌，将存活菌体立即分离到含噬菌体的培养基上，其抗性菌株不立即出现；而将存活菌先在不含噬菌体的培养基中繁殖几代后，再分离后接到含有噬菌体的培养基中，则可得到大量抗性菌。

案例2-1　微生物太空育种技术

最近十几年来，随着航天航空技术的不断发展，人们对太空的了解越来越多，微生物的太空诱变技术取得了很大的成绩。20世纪70年代，美国宇航局提出开发利用空间微重力等资源进行空间制药，在世界范围内引起了广泛的重视。

微生物经过空间诱变后，突变率大大提高。专家根据空间实验和地面实验对照结果，测算验证其变异量高出地面现有手段几个数量级，这个优势是地面生物体自发突变及物理化学诱变无法比拟的。利用宇宙系列生物卫星、科学返回卫星、空间站及航天飞机等空间飞行器，进行搭载微生物材料的空间诱变育种。通过外层空间特殊的物理化学环境，引起菌种DNA分子的变异和重组，从而得到生物效价更高的高产菌种。

随着神舟系列载人飞船的陆续发射，以及其他可利用的空间探测手段的应用，我国空间生物搭载的步伐将会不断加快。总之，经过空间搭载的微生物变异幅度大，有益变异多，返回地面后经过科学的培养、筛选，可以从中获得在地面进行微生物诱变中较难得到的和可能有突破性影响的罕见突变，从而选育出优良的生物品系，产生巨大的社会效益。

太空育种也称空间诱变育种或航天育种，是指将微生物菌种、植物种子、试管种苗或其他生物种苗放在航天器上，送到太空，利用太空特殊的地面难以模拟的环境，即微重力、高真空、强宇宙高能粒子射线辐射、宇宙交变磁场、高洁净及大温差等方面的诱变作用，使种子基因产生遗传变异，再返回地面选育，培育新品种的育种技术，已成为动植物及微生物育种的新方向。

空间环境导致微生物遗传变异的原因尚不完全清楚，一般认为空间诱变的主要因素有以下几点：①微重力假说。在卫星近地面空间条件下，环境重力明显不同于地面，不及地面重力十分之一的微重力是影响飞行生物生长发育的重要因素之一，研究表明，微重力可能干扰DNA损伤修复系统的正常运行，即阻碍或抑制DNA断链的修复。②空间辐射假说。卫星飞行空间存在着各种质子、电子、离子、粒子、高能重粒子（HZE）、X射线、γ射线及其他宇宙射线。这些射线和粒子能穿透宇宙飞行器外壁，作用于飞行器内的生物，产生很高的生物效应和有效的诱变作用。③转座子假说。随着基因组研究的深入和发展，中国科学院遗传研究所的专家发现了新的诱变机制，即转座子假说。该假说认为，太空环境将潜伏的转座子激活，活化的转座子通过移位、插入和丢失，导致基因变异和染色体畸变。这一新的发现为航天诱变育种机制研究增加了新的内容，加速了航天诱变育种机制的研究进程。

国内一些科研单位先后利用卫星搭载了真菌、酵母菌、放线菌、细菌等30多种微生物菌种，从中选育出了一些能提高抗生素和酶产量的新菌种，现已投产应用。如天冠集团将纤维素酶、木聚酶和两种酵母菌搭载“神舟九号”遨游太空，经过7天缜密测试和对比得出结论，其耐受性、稳定性和酶活性进一步增强。天冠集团将从中筛选出最优质的微生物菌种进行培育和推广，进一步提高纤维素乙醇的经济效益和社会效益。东北制药总厂开展了卫星搭载育种研究，选出了5株高产菌，发酵转化率提高2.3%~4.7%，周期缩短9%~20%，并成功应用于生产实践。

中国科学院成都生物研究所将浓香型白酒酿造中的主要功能微生物己酸菌、芝麻香型白酒酿造中的主要功能微生物芽孢杆菌、酵母菌及河内白曲进行活化及扩大培养后进行菌种干燥，得到搭载样品。2011年11月1日由“神舟八号”飞船搭载，进行太空诱变育种，获得性能提高的突变菌株。其中，芽孢杆菌SL-1诱变后中性蛋白酶活性由249μg/（g·min）增加到536μg/（g·min）；SL-2诱变后酸性蛋白酶活性由107μg/（g·min）增加到250μg/（g·min），中性蛋白酶活性由252μg/（g·min）增加到481μg/（g·min），SL-3诱变后酸性蛋白酶活性由116μg/（g·min）增加到253μg/（g·min），中性蛋白酶活性由306μg/（g·min）增加到572μg/（g·min）。酵母菌SMY诱变后产酯能力达到8.08g/L，比出发菌株提高了70%以上；液体培养时达到旺盛生长期的时间由20~24h缩短到16~18h，菌体浓度由（4~6）$\times 10^9$CFU/mL增加到（8~9）$\times 10^9$CFU/mL。

河内白曲SMN经诱变后糖化酶活性由2090mg/g增加到3025mg/g，提高了50%以上；用于麸曲培养时，诱变后菌株比诱变前菌株升温幅度大，后期高温时间较长，生长旺盛。分别将其在浓香型白酒和芝麻香型白酒生产中进行了应用，取得了显著的效果。己酸菌SJ通过太空诱变育种后，产酸生长周期、浓度及代谢产物己酸含量均明显优于原始菌株，并且具良好的遗传稳定性。将该菌株应用于浓香型白酒生产，酒体中己酸乙酯含量大幅提高，口味醇厚绵柔，典型性更为突出，表明太空诱变育种菌株生产应用价值极高。

（三）变异菌株的分离筛选

通过诱变处理，在微生物群体中出现各种突变型的个体，为在短时间内获得好的效果，应采用效率较高的分离和筛选方案或筛选方法，才能从突变细胞中选出正突变的菌株。生物育种工作中常采用随机筛选和理化筛选这两种筛选方法。微生物的代谢产物不同，其筛选方法也有所不同。

根据代谢调控的机理，氨基酸、核苷酸、维生素等小分子初级代谢产物的合成途径中普遍存在着反馈阻遏或反馈抑制，这对于产生菌本身是有意义的，因为可以避免合成过多的代谢物，而造成能量的浪费。但是，在工业生产中，需要产生菌产生大量目标产物。因此，需要打破微生物原有的反馈调节系统。

营养缺陷型菌株指的是该菌失去合成某种生长因子的能力，只能在完全培养基或补充了相应生长因子的基本培养基中才能正常生长的变异菌株。在生产实践中，营养缺陷型可以用来切断代谢途径，以积累中间代谢产物；也可以阻断某一分支代谢途径，从而积累具有共同前体的另一分支代谢产物；营养缺陷型还能解除代谢的反馈调节机制，以积累合成代谢中某一末端产物或者中间产物；也可将营养缺陷型菌株作为生产菌株杂交、重组育种的遗传标记。营养缺陷型菌株广泛应用于核苷酸及氨基酸等产品的生产中。

营养缺陷型突变株的筛选见图 2-1。

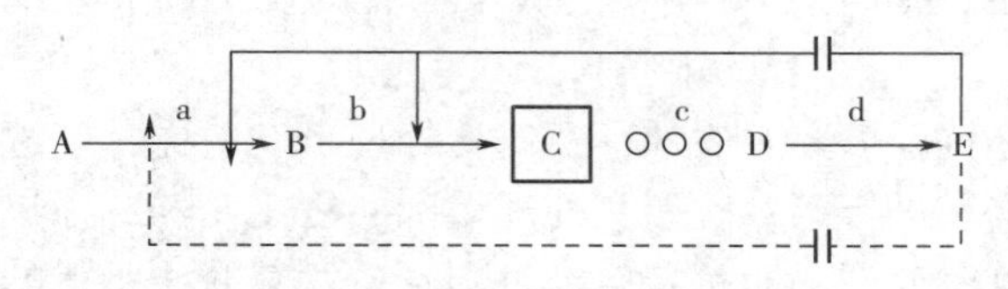

图 2-1　营养缺陷型突变株的筛选

在图 2-1 中，假设所需要的发酵产物是 C，而该生物合成途径的终产物是 E，则可筛选 E 的营养缺陷型。如果营养缺陷型是 C→D 的代谢被阻断，则可解除终产物 E 对发酵产物 C 生产的反馈阻遏或反馈抑制，而积累大量的发酵产物 C。

1. 筛选细胞膜透性改变的突变株

为了使菌株大量分泌排出终产物，以降低细胞内终产物浓度，避免终产物反馈调节，需要选育细胞膜渗透性强的菌株。例如，用谷氨酸棒杆菌（*Corynebacterium glutamicum*）的生物素营养缺陷型（biotin deficiency）进行谷氨酸发酵，生物素是合成脂肪酸所必需的，而脂肪酸又是组成细胞膜类脂的必要成分。该缺陷型在生物素处于限量的情况下，不利于脂肪酸的合成，因而使细胞膜的渗透性发生变化，有利于将谷氨酸透过细胞膜分泌至体外的发酵液中。如果使用油酸缺陷型菌株或者甘油缺陷型菌株，即使在生物素过量的条件下，也可使谷氨酸在体外大量积累。

筛选终产物营养缺陷型适合于下面三种情况：①发酵产物为某一直线合成途径的中间产物；②发酵产物为某一分支合成途径的中间产物；③发酵产物为某一分支合成途径的一个终产物时，可筛选该分支合成途径的另一终产物的营养缺陷型。

抗生素产生菌的营养缺陷型大多为低产菌株，但是如果某些次级代谢和初级代谢处于同一分支合成途径时，筛选初级代谢产物的营养缺陷型常可使相应的次级代谢产物增产。例如，芳香族氨基酸营养缺陷型可能增产氯霉素。芳香族氨基酸和氯霉素的生物合成途径中有一个共同的中间代谢物莽草酸，当诱变处理使其生物合成出现遗传性阻遏时，菌体不能够合成芳香族氨基酸，从而避免了芳香族氨基酸对莽草酸生物合成的反馈调节，使莽草酸得以大量合成，进而合成大量的氯霉素。同样的道理，脂肪酸和制霉菌素、四环素、灰黄霉素有共同的中间代谢物丙二酰 CoA，脂肪酸营养缺陷型可以增产上述的抗生素。

2. 筛选抗反馈突变株

用与代谢产物结构类似的化合物（结构类似物）处理微生物细胞群体，杀死或抑制绝大多数细胞，选出能大量产生该代谢物的抗反馈突变株。结构类似物一方面具有和代谢物相似的结构，因而具有和代谢物相似的反馈调节作用，阻遏该代谢物的生成；另一方面它不同于代谢物，不具有正常的生理功能，对细胞的正常代谢有阻遏作用，会抑制菌的生长或导致菌的死亡。例如，一种氨基酸终产物，在正常的情况下，参与蛋白质合成，过量时可抑制或阻遏它自身的合成酶类。如果这种氨基酸的结构类似物也显示这种抑制或阻遏，但却不能用于蛋白质的合成，那么当用这种结构类似物处理菌株时，大多数细胞将由于缺少该种氨基酸而不能生长或者死亡，而有那些对该结构类似物不敏感的突变株，仍然能够合成该种氨基酸而继续生长。某些菌株之所以能抵抗这种结构类似物，是因为被该氨基酸（或结构类似物）反馈抑制的酶的结构发生了改变（抗反馈抑制），或者被阻遏的酶的生成系统发生了改变（抗反馈阻遏）。由于突破了原有的反馈调节系统，这些突变株就可产生大量的该种氨基酸。

利用回复突变筛选抗反馈突变菌株，经诱变处理出发菌株，先选出对产物敏感的营养缺陷型，再将营养缺陷型进行第二次诱变处理得到回复突变株。筛选的目的不是要获得完全恢复原有状态的回复突变株，而是希望经过两次诱发突变，所得的回复突变株有可能改变了产物合成酶的调节位点的氨基酸的顺序，使之不能和产物结合，因而不受产物的反馈抑制。例如，谷氨酸棒杆菌的肌苷酸脱氢酶的回复突变株对其终产物鸟苷酸的反馈调节不敏感，从而提高了鸟苷酸的产量。

3. 筛选渗漏缺陷型

渗漏缺陷型（leaky mutant）是遗传性障碍不完全的营养缺陷型。基因突变使某一种酶的活性下降而不是完全丧失，所以这种缺陷型能够少量地合成某一代谢产物，能在基本培养基上少量地生长。由于渗漏缺陷型不会合成过多的终产物，所以不会造成反馈调节而影响中间代谢物的积累。大多数抗生素高产菌株的生长速率低于野生型菌株的生长速率，似乎可以认为它们在某种意义上属于渗漏缺陷型，生长速率降低可能有利于抗生素合成。

根据以上的推理，可设计如下筛选过程：先进行摇瓶发酵试验，选出对抗生素发酵产量有明显影响的初级代谢产物，据此诱变出相应的营养缺陷型，然后再诱发回复突变或将野生型菌株诱变成另一营养缺陷型，再与之杂交。如欲筛选渗漏缺陷型，则把营养缺陷型接种在基本培养基上，这上面出现的菌落是回复突变株，其中长得特别小的菌落可能是渗漏缺陷型。

4. 筛选去磷酸盐调节突变株

磷酸盐对许多抗生素的生物合成有抑制作用，筛选去磷酸盐调节突变株对于生产抗生素是很有意义的。因为要提高抗生素的产率，既要使产生菌生长到一定的量，又要使之产生较多的抗生素，这样培养基中必须加入一定量的磷酸盐，以供菌体生长的需要，但菌体生长所需要的磷酸盐浓度往往对抗生素有抑制作用，去磷酸盐调节突变株可消除或减弱这种抑制作用以获得高产。

筛选能在磷酸盐抑制浓度条件下，正常产生抗生素的突变株：将孢子悬浮液诱变处理后，将孢子接种于完全培养基上，使突变株得以表达，再由完全培养基上的菌落影印接种于发酵培养基（含正常浓度的磷酸盐，加琼脂），待菌落长出后，用打孔器把长有单个菌落的琼脂块转移到一张浸有高浓度磷酸盐的滤纸上培养、发酵，然后进行生物测定，抑菌活力（抑菌圈直径/菌落直径）明显大于其他菌落的可能就是去磷酸盐调节突变株，从影印平板挑取相应的菌落，摇瓶发酵测定抗生素产量。

5. 筛选磷酸盐结构类似物抗性突变株

磷酸盐结构类似物（如砷酸盐、钒酸盐）对菌体结构具有毒性，其抗性菌可能对磷酸盐调节不敏感。例如，钒酸钠是一种 ATP 酶的抑制剂，粗糙脉孢菌（*Neurospora crassa*）细胞内有两种磷酸盐转运系统。一是低亲和力的磷酸盐转运系统Ⅰ，二是高亲和力的磷酸盐转运系统Ⅱ，钒酸钠抗性突变株，缺失磷酸盐转运系统Ⅱ，因而避免了过多地吸收钒酸钠而导致菌的死亡，同时也避免了过多地吸收磷酸盐而导致磷酸盐抑制。

6. 筛选去碳源分解代谢调节突变株

能被菌快速利用的碳源在被快速分解利用时，往往对许多其他代谢途径中的酶（包括许多抗生素合成酶和其他的酶）有阻遏或抑制作用，成为抗生素发酵产率的限制因素，不利于发酵生产工艺的控制。筛选去碳源分解代谢调节突变株，对于提高抗生素发酵产率，简化发酵生产工艺具有重要意义。抗生素生产中最常见的碳源分解代谢调节是“葡萄糖效应”，葡萄糖被快速分解代谢，所积累的分解代谢产物在抑制抗生素合成的同时也抑制其他某些碳源、氮源的分解利用。例如，将菌在含有葡萄糖（阻遏性碳源）和组氨酸为唯一氮源的培养基中连续传代后，可选出去葡萄糖分解代谢调节突变株。正常的组氨酸分解酶类是被葡萄糖分解代谢物阻遏的，如果突变株能在这种培养基中生长，说明它具有能分解组氨酸而获得氮源的酶。这样的结果，可有两种解释：一是组氨酸分解酶发生了突变，不再受到原有的分解代谢物阻遏；二是葡萄糖分解代谢有关的酶发生了突变，不再产生或积累那么多的分解代谢阻遏物。第二种解释符合许多去葡萄糖分解代谢调节突变株的特性，因为同时有许多酶（受分解代谢调节的酶）的生成都不再受到葡萄糖分解代谢物阻遏。这种现象也是在抗生素育种工作中选择这种方法筛选去碳源分解代谢调节突变株的依据。

葡萄糖的毒性结构类似物也可用于筛选去碳源分解代谢调节突变株。例如，以半乳糖作为可供菌生长利用的唯一碳源，再于培养基中添加葡萄糖的毒性结构类似物，该毒性结构类似物不能为菌所利用，但可抑制菌利用半乳糖。所以，在这种培养条件下，只有去葡萄糖分解代谢调节突变株能够利用半乳糖进行生长，原始菌株由于不能利用半乳糖而不能生长，因而可筛选出去碳源分解代谢调节突变株。

筛选去碳源分解代谢调节突变株还应注意避免走向另一个极端，即片面追求葡萄糖分解代谢速率下降，因为保持合适的葡萄糖分解代谢速率是抗生素高产的关键。

此外，筛选淀粉酶活性高的突变株，以利于在发酵培养基中增加淀粉类物质作为补充碳源，也可以减弱碳分解代谢调节对抗生素生产的抑制作用。

7. 筛选前体或前体结构类似物抗性突变株

前体或前体结构类似物对某些抗生素产生菌的生长有抑制作用，且可抑制或促进抗生素的生物合成。筛选前体或前体结构类似物抗性突变株，可以消除前体结构类似物对产生菌的生长及其抗生素合成的抑制作用，提高抗生素产率。例如，灰黄霉素发酵使用氯化物为前体，筛选抗氯化物的突变株，提高了灰黄霉素的产率；以苯氧乙酸为青霉素前体，选用抗苯氧乙酸突变株，提高了青霉素 V 的发酵产量；以青霉素的前体缬氨酸、α-氨基己二酸或半胱氨酸、缬氨酸的结构类似物，筛选抗性菌株，提高了青霉素的发酵产率。

依据前体特性的不同，筛选抗性突变株的增产机制也有所不同。第一类前体是产生菌不能合成或很少合成的化合物，这一类前体通常需要人为地添加到发酵培养基中以促进提高抗生素产率或提高抗生素某一组分的产率。例如青霉素侧链前体苯氧乙酸、苯乙酸等，这一类前体通常对产生菌的生长具有毒性。对这些前体具有抗性的高产菌株可以通过高活性的酰基转移酶将前体掺入青霉素分子的侧链中，以合成青霉素，并解除前体对产生菌的毒性，使产生菌在高浓度的毒性前体存在时也能生长。筛选这一类前体的抗性突变株应注意避免那些由于细胞膜透性下降使前体吸收减少的低产突变株或那些由于加强了对前体氧化分解的低产突变株。第二类前体是产生菌能够合成但不能大量积累的初级代谢中间产物，发酵生产中需要在发酵培养基中补充这一类前体以提高抗生素产量。例如在红霉素发酵生产中添加丙醇以提高发酵产量。这一类物质过多会干扰产生菌的初级代谢而抑制菌的生长。抗性菌株的增产机制可能在于迅速将丙酸衍生物合成为红霉素，从而避免丙酸衍生物对初级代谢的干扰作用。第三类前体是初级代谢终产物，这一类前体一般对自身的合成有反馈调节作用，因而难以在细胞内大量积累。例如青霉素发酵生产中缬氨酸反馈抑制乙酰羟酸合成酶，从而抑制了缬氨酸的合成。筛选抗缬氨酸结构类似物抗性突变株，可使乙酰羟酸合成酶对缬氨酸的反馈抑制的敏感性减弱，促使细胞的内源缬氨酸的浓度增加而提高青霉素产量。

8. 筛选自身所产的抗生素抗性突变株

某些抗生素不同生产能力的菌株，对其自身所产的抗生素的耐受能力不同，高产菌株的耐受能力大于低产菌株。因此，可用自产的抗生素来筛选高产菌株。例如把金霉素产生菌多次移种到金霉素浓度不断提高的培养基中去，最后获得一株生产能力为原先 4 倍的突变株。此方法在抗生素高产菌株选育中有广泛应用，青霉素、链霉素、庆大霉素等抗生素的产生菌均有用此方法来提高产量的例子。此方法还适用于进一步纯化高产菌株。

用于菌种理性化筛选的还有各种类型的突变株，如组成型突变株、消除无益组分的突变株、能有效利用廉价碳源或氮源的突变株、细胞形态改变更有利于分离提取工艺的突变株、抗噬菌体的突变株等。这些突变株均有重大的经济价值，而且这些筛选目标虽然不以产量为唯一目标，但突变株所具有的优良特性却往往能使产量提高。例如红霉素生产中的抗噬菌体菌种，其红霉素产量表现出较大的变异范围，得到比原种产量高的突变株。这可能是由于发生了抗噬菌体突变后，动摇了菌种原有的遗传基础，使之更容易获得高产突变株。

真正优良性能的菌株，往往需要经过产量提高的逐步累积过程，才能变得越来越明显。所以有必要多挑选一些出发菌株进行多步育种，以确保挑选出高产菌株，反复诱变和筛选，将会提高筛选效率。菌种的发酵产率决定于菌种的遗传特性和菌种的培养条件。突变株的遗传特性改变了，其培养条件也应该做出相应的改变。在菌种选育过程的每个阶段，都需不断改进培养基和培养条件，以鉴别带有新特点的突变株，寻找符合生产上某些特殊要求的菌株。高产菌株被筛选出来以后，要进行最佳发酵条件的研究，使高产基因能在生产规模下得以表达。例如，诱变处理四环素产生菌得到的突变株，在原培养基上与出发菌株相比较，发酵单位的提高并不明显，但是在原培养基配方中增加碳、氮浓度，调整磷的浓度，该菌株就表现出代谢速度快、发酵产量高的特性。用该菌株进行生产，并采用通氨补料工艺来适应该突变株代谢速度快的特点，使产物量有了新的突破。

延伸阅读：高通量筛选技术及其应用

高通量筛选（high throughput screening，HTS）技术是指以分子水平和细胞水平的实验方法为基础，以微板作为实验工具载体，以自动化操作系统执行试验过程，以灵敏快速的检测仪器采集实验结果数据，以计算机分析处理实验数据，在同一时间检测数以千万的样品，并以得到的相应数据库支持运转的技术体系，它具有微量、快速、灵敏和准确等特点。简言之就是可以通过一次实验获得大量的信息，并从中找到有价值的信息。

一、微生物菌种的高通量筛选

用于微生物菌种高通量筛选的装置及相关技术不断发展和成熟。国外发明了多种全自动高通量筛选系统，可以进行培养基灭菌、倒平板、挑取单菌落、分装发酵培养基、接种、抽提、HPLC（高效液相色谱）分析和数据自动收集处理等过程，即组合成一套连续的自动化系统，实现高效自动化筛选，从而大大提高筛选效率。国际上菌种筛选技术正朝着高通量、微型化、自动化和仪器化方向发展，其中生物反应器微型化是当前发展的重要趋势。如美国马里兰大学和麻省理工学院、德国雷根斯堡大学、英国伦敦大学等都在加紧开发具备高通量特性的微型生物反应器。

二、药物的高通量筛选

1. 药物高通量筛选的特点

我国进行药物高通量筛选的优势首先是化合物来源广泛，且多为天然物质；其次是对化合物生物活性的筛选目的较明确，无目的合成的化合物较少；第三，我国传统药物为筛选研究提供了一个巨大的资源库，可从中药中提取分离筛选新的化合物。这些优势为药物的高通量筛选打下了坚实基础。

（1）充分利用了药物资源　由于高通量筛选依赖数量庞大的样品库，实现了药物筛选的规模化，较大限度地利用了药用物质资源，提高了药物发现的几率，同时提高了发现新药的质量。

（2）高度自动化操作　随着对高通量药物筛选重视程度的不断提高，用于高通量药物筛选的操作设备和检测仪器都有了长足发展，实现了计算机控制的自动化，减少了操作误差的发生，提高了筛选效率和结果的准确性。

（3）多学科理论和技术的结合　在高通量筛选过程中，不仅应用了普通的药理学技术和理论，而且与药物化学、分子生物学、细胞生物学、数学、微生物学、计算机科学等多学科紧密结合。这种多学科的有机结合，在药物筛选领域产生大量新的课题和发展机会，促进了药物筛选理论和技术的发展。英国学者 Alan D. 研究提示，一个实验室采用传统的方法，借助 20 余种药物作用靶位，1 年内仅能筛选 75000 个样品；高通量筛选技术发展初期，采用 100 余种靶位，每年可筛选 100 万个样品；高通量筛选技术进一步完善后，每天的筛选量就高达 10 万种化合物。

2. 微量筛选系统

由于高通量筛选采用的是细胞、分子水平的筛选模型，样品用量一般在微克级（μg），节省了样品资源，奠定了“一药多筛”的物质基础，同时节省了实验材料，降低了单药筛选成本。分子水平和细胞水平的实验方法（或称筛选模型）是实现药物高通量筛选的技术基础。由于药物高通量筛选要求同时处理大量样品，实验体系必须微量化，而这些微量化的实验方法应根据新的科研成果来建立。第四军医大学周四元研究认为，药物高通量筛选模型的实验方法，根据其生物学特点，可分为以下几类：受体结合分析法、酶活性测定法、细胞分子测定法、细胞活性测定法、代谢物质测定法、基因产物测定法。这些实验方法，均已广泛用于药物高通量筛选中。

药物高通量筛选工作在我国起步较晚，且不规范。1996 年中国医学科学院引进国内第一台 Bionek2000 型实验自动化工作站；1998 年又引进全国第一台 Topcount 微量闪烁计数器，使放射配基实验、放射免疫实验等技术微量化、自动化。上海药物研究所、北京军事医学科学院分别成立了药物筛选专门机构，开始从事大规模筛选工作。西安交通大学药学院贺浪冲教授首创的细胞膜色谱（CMC）为化合物的体外高通量筛选提供了高选择性、高特异性、高效率的筛选手段。CMC 已成功用于钙离子拮抗剂受体配体结合反应的研究，目前正在进行心血管化学合成药物的高通量筛选和中药有效部位及有效成分的寻找。

高通量筛选技术是目前药物筛选领域研究的重要课题，近年来，对它的研究应用虽然已取得了长足的发展，但仍然存在许多难题，如体外模型的筛选结果与整体药理作用的关系；对高通量筛选模型的评价标准以及新的药物作用靶点的研究和发现等。

药物筛选模型是发现新药的重要手段，随着细胞生物学、分子生物学等的发展，建立 HTS 模型可以在短时间内完成大量候选化合物的筛选，成为创新药物开发的主要方式，必将促进高新技术和科学研究成果在医药科学研究中的广泛应用，推动医药研究进程。随着医药学的进步，高通量筛选技术在创新药物的研发中，一定会开拓出更广阔的空间。

二、原生质体融合技术

原生质体无细胞壁，易于接受外来遗传物质，不仅可能将不同种的微生物融合在一起，而且可能使亲缘关系更远的微生物融合在一起。实践证明，原生质体融合能使重组频率大大提高。因此，通过此项技术能使来自不同菌株的多种优良性状，通过遗传重组，组合到一个重组菌株中。原生质体融合作为一项新的生物技术，为微生物育种工作提供了一条新的途径。

原生质体融合育种主要步骤如下：选择两个有特殊价值并带有选择性遗传标记的细胞作为亲本，在高渗透压溶液中，用适当的脱壁酶去除细胞壁，剩下的是由细胞膜包裹的原生质体。这时原生质体对溶液和培养基的渗透压非常敏感，必须在高渗透压或等渗透压的溶液或培养基中才能维持其生存，在低渗透压溶液中将会破裂而死亡。两种不同的原生质体在高渗透压条件下混合，在聚乙二醇（PEG）和 Ca^{2+} 作用下，发生细胞膜的结合，PEG 是一种脱水剂，由于脱水作用，原生质体开始聚集收缩，相邻的原生质体融合的大部分面积紧密接触。开始原生质体融合仅在接触部位的一小块区域形成细小的原生质桥，继而逐渐变大导致两个原生质体融合。Ca^{2+} 可提高融合频率，在融合时两亲本基因组由接触到交换，从而实现遗传重组，再生的细胞菌落中就有可能获得具有理想状态的重组菌株。图 2-2 为原生质体融合的基本过程示意图。

原生质体融合一般包括菌株标记、制备原生质体、融合与再生、融合菌株的选择等。

1. 菌株的遗传标记

供融合用的两个亲株要求性能稳定并带有遗传标记，以利于融合子的选择。一般以营

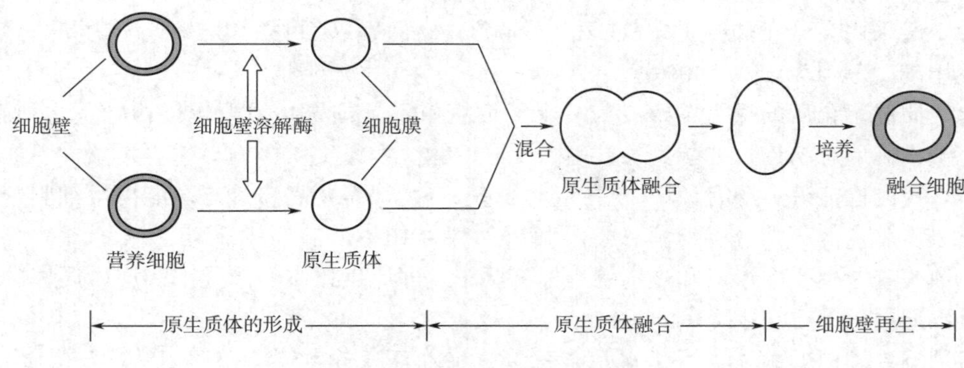

图 2-2　原生质体融合的基本过程

养缺陷型和耐药性等遗传性状为标记。当然，所需的目标基因并不一定与标记基因连锁，但它毕竟可以大大减少工作量，提高育种效率。通过采用多种抗生素及其他药物，以梯度平板法进行粗选，再用具有抗性的抗性生物制备不同浓度的平板，进行较细的筛选。

2. 制备亲本原生质体

获得有活力、去壁较为完全的原生质体对于融合和原生质体再生是非常重要的。对于细菌和放线菌，主要采用溶菌酶或青霉素处理；对于酵母菌和霉菌，则一般采用蜗牛酶和纤维素酶。为了获得完整的原生质体，在使用脱壁酶处理菌体以前，先用某些化合物对菌体进行预处理，例如用 EDTA（乙二胺四乙酸）、甘氨酸、青霉素或 D-环丝氨酸等处理细菌，增加菌体细胞壁对溶菌酶的敏感性。EDTA 能与多种金属离子形成配合物，避免金属离子对酶的抑制作用。甘氨酸可以代替丙氨酸参与细胞壁肽聚糖的合成，其结果干扰了细胞壁肽聚糖的相互交联，便于原生质体化。

制备原生质体需要注意以下几点：①选择对数生长后期的菌体进行脱壁酶处理。②选择合适的脱壁酶浓度，有研究者建议以使原生质体形成率和再生率之乘积达到最大时的酶浓度为最适酶浓度。③酶解温度与时间，一般控制在 20~40℃，时间以绝大多数的菌体细胞均已形成原生质体为最佳控制时间。④选择合适的渗透压稳定剂。原生质体对溶液和培养基的渗透压很敏感，必须在高渗透压或等渗透压的溶液或培养基中才能维持其生存。对于不同的菌种，采用的渗透压稳定剂不同。对于细菌或放线菌，一般采用蔗糖、丁二酸钠等为渗透压稳定剂；对于酵母菌则采用山梨醇、甘露醇等；对于霉菌则采用 KCl 和 NaCl 等。稳定剂的使用浓度一般为 0.3~0.8mol/L。一定浓度的 Ca^{2+}、Mg^{2+} 等 2 价阳离子可增加原生质膜的稳定性，所以是高渗透压培养基中不可缺少的成分。

3. 原生质体的融合与再生

把两个亲株的原生质体混合在一起，在融合剂 PEG 和 Ca^{2+} 的作用下，发生质配和核配，两个原生质体融合在一起，形成一个新的原生质体，然后细胞壁重新形成。为了提高原生质体的融合率，往往要加入融合剂聚乙二醇（PEG），其作用使原生质体的膜电位下降，通过 Ca^{2+} 交换而促进凝集。另外，PEG 的脱水作用，扰乱了分散在原生质体膜表面的蛋白质和脂质的排列，提高了脂质胶粒的流动性，从而促进了原生质体的相互融合。但是，PEG 对细胞尤其是原生质体具有一定的毒害作用，因此，作用的时间不宜太长。微生物的原生质体只需要与 PEG 接触一分钟，就应尽快加入缓冲液进行稀释。细菌原生质体融合中一般采用高分子质量的 PEG（PEG6000），而放线菌可采用各种分子质量的 PEG，一般使用浓度范围为 25%~40%。

原生质体融合后的重组子要成为一个无性繁殖系，首先必须再生，即能重建细胞壁，恢复完整细胞形态结构，并能生长繁殖。不同的微生物原生质体的最适再生条件不同，除了菌体自身的性能外，还有环境条件，但共同一点是都需要高渗透压。能再生细胞壁的原生质体只占总量的一部分。细菌一般再生率为 3%~10%。

一般检查原生质体形成和再生的指标有两个，即原生质体的形成率和原生质体的再生率，可以通过以下方法来求得。

将用酶处理前的菌体经无菌水系列稀释，涂布于完全培养基平板上培养，计出原菌数，设该数值为 A。

将用酶处理后得到的原生质体分别经以下两个过程的处理：①用无菌水适当稀释在完全培养基平板上培养计数，由于原生质体在低渗透压条件下会破裂失活，所以生长出的菌落数为未形成原生质体的原菌数，设该值为 B。②用高渗透压液适当稀释在再生培养基平板上培养计数，生长出的菌落数为原生质体再生的菌数和未形成原生质体的原菌数之和，设该数值为 C。

则：

$$\text{原生质体形成率} = \frac{A-B}{A} \times 100\%$$

$$\text{原生质体再生率} = \frac{C-B}{A-B} \times 100\%$$

以原生质体形成率和再生率为指标，可确定原生质体制备的最佳条件。

4. 选择优良性状的融合子

融合菌株的选择主要依靠两个亲本的选择性遗传标记，在选择性培养基上，通过两个亲本的遗传标记互补而得以识别。如两亲本的遗传标记分别为营养缺陷型 A^+B^- 和 A^-B^+，融合重组子为 A^+B^+ 和 A^-B^-。但是，由于原生质体融合后会产生两种情况，一种是真正的融合，即产生杂合二倍体或单倍重组体；另一种是暂时的融合，形成异核体。二者均可以在选择培养基上生长，一般前者较稳定，而后者不稳定，会分离成亲本类型，有的甚至可以异核状态存在几代。因此，要获得真正融合子，必须在融合体再生后，进行几代自然分离、选择，才能确定。另外，原生质体融合后，两亲株的基因组之间有机会发生多次交换，产生多种多样的基因组合，从而得到多种类型的重组子，而且参与融合的不限于两个，可以多至三、四个，这些都是杂交育种不可能达到的。

以上获得的还仅仅是融合重组子，还需要对它们进行生理生化测定以及生产性能测定，以确定它们是否是符合育种要求的优良菌株。

三、基因工程育种技术

基因工程（genetic engineering）又称基因拼接技术和 DNA 重组技术，是以分子遗传学为理论基础，以分子生物学和微生物学的现代方法为手段，将不同来源的基因按预先设计的蓝图，在体外构建杂种 DNA 分子，然后导入活细胞，以改变生物原有的遗传特性，获得新品种，生产新产品。随着 DNA 分子结构和遗传机制这一奥秘的揭示，特别是当人们了解到遗传密码通过转录表达和翻译成蛋白质以后，生物学家不再仅仅满足于探索揭示生命的奥秘，而是大胆设想在分子水平上控制生命。利用基因工程能够使任何生物的DNA插入某一细胞质复制因子中，进而引入寄主细胞进行成功表达。因而，在遗传学上开辟了一条崭新的研究DNA序列和功能的关系及基因表达调控机制的渠道，为工业微生物学提供了巨大的创造具有工业应用价值的生产菌株的潜力。

（一）基因工程菌构建的步骤

基因工程技术为基因的结构和功能的研究提供了有力的手段。基因的克隆和蛋白质的表达也称第一代基因工程。通过DNA片段的分子克隆，可以从复杂的DNA分子中分离出单独的DNA片段；可以大量生产高纯度的基因片段及其产物；可以在大肠杆菌中表达来自其他生物的基因；在高等动植物细胞中也可以发展和建立这种基因操作系统。

基因工程一般包括以下几个步骤：①目的基因的获得；②载体的选择与准备；③目的基因与载体连接成重组DNA分子；④重组DNA分子导入受体细胞；⑤重组体的选择与鉴定。

（二）基因工程育种实例

1. 抗生素生产菌株

随着已知抗生素数量的不断增加，用传统的常规方法来筛选新抗生素的概率越来越低。为了能够获得更多的新型抗生素和优良的抗生素产生菌，20世纪80年代人们就开始把重组DNA技术应用于结构比较复杂的次级代谢产物的生物合成上。利用重组微生物来提高代谢物的产量和发现新产物的研究和应用受到了更多的重视，目前克隆的抗生素合成基因已经有23种之多。

利用基因工程技术提高抗生素产量主要体现在以下几个方面：①将产生菌基因随机克隆至原株，直接筛选高产菌株。②增加参与生物合成限速阶段基因的拷贝数，增加生物合成中限速阶段酶系基因剂量，达到提高抗生素产量的目的。③强化正调节基因的作用。正调节基因可能通过一些正调控机制对结构基因进行正向调节，加速抗生素的产生。将正调节基因引入野生型菌株中，为获得目的基因的高效表达提供了最简单的方法。④增加抗性基因。抗性基因经常和生物合成基因连锁，而且其转录有可能也是紧密相连的，因此，抗性基因必须首先进行转录，建立抗性后，生物合成基因的转录才能进行。

随着对各种抗生素合成途径的深入了解以及基因重组技术的不断发展，应用基因工程方法可以定向地改造抗生素产生菌，获得只产生有效组分的菌种，简化下游分离工艺。还可以改进抗生素生产工艺，提高发酵产率。在抗生素产生菌中引入耐高温的调节基因或耐热的生物合成基因，可以使发酵温度提高，从而降低生产中温度控制的成本。

2. 氨基酸生产菌株

利用基因工程技术已得到了基因克隆的苏氨酸、组氨酸、精氨酸和异亮氨酸等生产菌种。氨基酸工程菌构建的主要策略如下：①借助基因克隆与表达技术，将氨基酸生物合成途径中的限速酶编码基因转入生产菌中，通过增加基因剂量提高产量。转入的限速酶基因既可以是生产菌自身的内源基因，也可以是来自非生产菌的外源基因。②降低某些基因产物的表达速率，最大限度地解除氨基酸及其生物合成中间产物对其生物合成途径可能造成的反馈抑制。③消除生产菌株对产物的降解能力，以及改善细胞对最终产物的分泌通透性。

3. 酿酒酵母菌株

啤酒酵母由于缺失淀粉酶系基因，不能分泌淀粉酶，因此不能直接利用淀粉，啤酒生产过程中，需要利用麦芽中的淀粉酶使谷物淀粉液化、糖化，提供啤酒酵母生长和代谢所需的营养物质。干啤酒具有纯正、爽口、低热值等特点，有益于人体健康。其发酵生产的特点是麦芽汁发酵度要高（75%以上）。要求提高麦芽汁可发酵性糖的比例，就必须外加糖化酶或异淀粉酶来解决，现在已有采用基因工程技术构建新的菌种，以期直接用于干啤酒的发酵生产。Lancashire 等把 *S. diastaticus* 的糖化酶基因导入啤酒酵母中表达和分泌，便可直接发酵生产干啤酒和淡色啤酒。研究者将霉菌的淀粉酶基因转入 *E. coli*，并将此基因进一步转入酵母单细胞中，使之直接利用淀粉生产酒精，省掉了高压蒸煮工序，可节约60%的能源消耗，缩短了生产周期。

利用基因工程手段将食品级醋化醋杆菌的 α-乙酰乳酸脱羧酶基因引入啤酒酵母中，使啤酒酵母获得编码此酶的基因并表达，检测到 α-乙酰乳酸脱羧酶的活性，获得一株性能优良的啤酒酵母工程菌。经测试，构建的工程菌与出发菌在生理、生化、发酵特性等方面无差异，但发酵液中双乙酰的峰值及还原时间较出发菌降低 1/3 左右。

4. 产酶菌株

近年来已有将 *A. niger* 糖化酶、*A. shirosamii* 糖化酶和 *Rhizopus* 糖化酶基因引入酵母中，并成功地得到表达的报道。同时，我国也对糖化酶的基因克隆、转化、表达进行了系列研究。有报道表明，从 *A. niger* 糖化酶高产菌株中克隆了糖化酶 cDNA，并对其序列进行分析，随后将合成的糖化酶 cDNA 的 5′端、3′端改造，然后克隆到酵母质粒 YFD18 上，再将其转化到酿酒酵母中，获得了能高效分泌胞外糖化酶的工程菌。

采用基因工程手段改良产酶菌株，近年来还应用于超氧化物歧化酶（SOD）。另外，还有报道将生产高果葡糖浆的葡萄糖异构酶基因克隆到大肠杆菌后，获得了比原来高好几倍的酶产率。利用基因工程菌发酵生产食品酶制剂如表 2-2 所示。

表 2-2　　基因工程菌发酵生产食品酶制剂

酶名称	基因供体	基因受体	用途
α-淀粉酶	*Bacillus*，*A. niger*	*Bacillus subtilis*	酿造、淀粉修饰
葡萄糖氧化酶	*Aspergillus*	*Saccharomyces cerevisiae*	葡萄糖酸的生产
葡萄糖异构酶	*Arthrobacter*，*A. niger*	*E. coli*	果葡糖浆的生产
转化酶	*A. niger*	*S. cerevisiae*	转化糖的生产
普鲁兰酶	*Klebsiella pneumoniae*	*S. cerevisiae*	淀粉的脱支
脂肪酶	*Rhizopus miehei*	*Aspergillus oryzae*	特种脂肪的生产
α-乙酰乳酸脱羧酶	*Bacillus brevis*	*Bacillus subtilis*	啤酒的生产
碱性蛋白酶	*A. oryzae*	*Zygosaccharumyces rouxii*	大豆制品的加工

5. 构建维生素 C 生产菌株

维生素是一类性质各异的低分子有机化合物，是维系人体正常生理生化功能不可缺少的营养物质，人和动物的组织不能合成，必须从外界食物摄取。维生素与人体的生长发育和健康有着密切的关系，缺乏不同类别的维生素，会引起相应的维生素缺乏症。例如，维生素 C 缺乏会得坏血病；维生素 A 缺乏会引起夜盲症等。目前，尤其在解决 21 世纪人类老龄化问题以及预防各种疾病方面，维生素将起着重要的作用。

构建能生产维生素 C 的基因工程菌，可使生产工艺大大简化。维生素 C 生产方法有“莱氏法”和“两步发酵法”，即以 D-葡萄糖为原料，经催化氢化生成 D-山梨醇，弱氧化醋酸杆菌（*Acetobacter suhoxydans*）转化 D-山梨醇为 L-山梨糖，以条纹假单胞菌为伴生菌和氧化葡萄糖杆菌为主要产酸菌的自然混合菌株进行第二步发酵，将 L-山梨糖转化成 2-酮基-L-古龙酸（2-keto-L-gulonic acid，2-KLG）。有研究发现，有些微生物直接把 D-葡萄糖经中间体 2，5-二酮基-D-葡萄糖酸（2，5-diketo-D-glucinic acid，2，5-DKG）转化成 2-KLG。Anderson 等和 Sonoyama 等分离纯化了棒状杆菌中的 2，5-DKG 还原酶，并证实了此酶在 C5 位置上立体专一性地将 2，5-DKG 还原为 2-KLG。Anderson 等克隆了 2，5-DKG 还原酶基因，构建了表达载体，分别转入草生欧文菌（*Erwinia herbicola*）和柠檬欧文菌（*Erwinia citreus*）中表达。新基因工程菌能使葡萄糖氧化成 2，5-DKG 以及 2，5-DKG 还原成为 2-KLG 的双重反应在同一菌株内进行，从而实现了从 D-葡萄糖到 2-KLG 一步发酵。

案例 2-2　发酵秸秆水解液产生物柴油基因工程菌的构建

作物秸秆是一种低廉普遍的废弃物，秸秆中含有纤维素、半纤维素等成分，水解成单糖后可以作为合成生物柴油所需的糖类来源。产油脂微生物可以利用甘油和糖蜜等作为碳源在胞内大量积累油脂，但进一步利用油脂得到生物柴油还需要体外的酯化反应，得到甘油三酯（TAG）和副产物甘油。如果能在菌体细胞内引入醇类的生产途径，将乙醇和油脂这两种物质在同一株菌中一步转化得到生物柴油，无需体外酸碱催化，可简化操作步骤，增加底物利用率。孙东昌等通过基因工程的手段，获得基因工程菌大肠杆菌 pET28a（+）-PAW。该工程菌株能发酵培养基中外源添加的脂肪酸和糖类（葡萄糖或木糖），一步法合成生物柴油，而且可以利用玉米秸秆和小麦秸秆水解液产生生物柴油。

1. *pdc-adh-dgat*（PAW）基因的克隆

利用 GenBank 数据库中已报道的运动发酵单胞菌的丙酮酸脱羧酶编码基因 *pdc* 和乙醇脱氢酶编码基因 *adh*，以及贝氏不动杆菌中以长链脂肪醇或二酰甘油作底物，催化蜡酯合成最后一步反应的关键酶蜡酯合成酶——酰基辅酶 A：二酰基甘油转移酶（acyl coenzyme A：diacylglycerol acyltransferase）的基因 *dgat* 序列设计引物，并以运动发酵单胞菌和贝氏不动杆菌基因组分别为模板，通过 PCR 扩增分别得到 *pdc*、*adh* 和 *dgat* 基因片段；随后通过 Overlap PCR 将上述三个基因片段进行重叠连接，得到 PAW 片段。

2. 工程菌大肠杆菌 pET28a（+）-PAW 的构建

将上述扩增得到的 PAW 片段通过 TA 克隆连接至 pMD-19T 载体，转化大肠杆菌 DH5α 感受态细胞，筛选得到阳性克隆菌株，并对其进行基因序列测序分析。随后对该重组质粒进行抽提和双酶切，将所得的酶切片段 PAW 连接至经相同酶切消化的表达质粒 pET28a（+）中，并转化大肠杆菌 BL21（DE3）感受态细胞，对所筛选的阳性克隆进行 PCR 验证分析，同时对所得菌株进行 SDS-PAGE 电泳，检测三个蛋白是否正常表达，从而获得含有 *pdc*、*adh* 和 *dgat* 基因片段的工程菌大肠杆菌 pET28a（+）-PAW。

3. 基因工程菌发酵秸秆水解液产生物柴油

接种2或3环工程菌到装有50mL LB培养基的250mL三角瓶中，于37℃、250r/min培养24h，再按1%接种量接入含有100mL秸秆水解液培养基的500mL三角瓶中，37℃培养3h后，加入0.1mmol/L诱导剂IPTG诱导蛋白表达，23℃、130r/min培养72h。

工程大肠杆菌pET28a（+）-PAW以小麦和玉米两种秸秆的水解液为糖类替代物发酵生产生物柴油时，小麦水解液培养基中所得最大生物量为8.2g/L，在发酵末期几乎检测不到残糖，糖消耗速率接近100%，合成的最大生物柴油量达到0.30g/L；在玉米水解液培养基中所得最大生物量为10.6g/L，糖消耗率为79.19%，最大生物柴油合成量为0.25g/L，且所得生物柴油的主要脂肪酸乙酯组分与植物油脂所得生物柴油的组分一致。结果表明，以秸秆水解液作为原料，利用基因工程菌合成生物柴油是可行的，有助于降低生物柴油的原料成本。

四、蛋白质工程育种技术

蛋白质工程最根本的目标之一是实现从氨基酸序列预测蛋白质的空间结构和生物功能，设计合成具有特定生物功能的全新的蛋白质。蛋白质工程的实践依据是DNA指导的蛋白质的合成，因此，人们可以根据需要对负责编码某种蛋白质的基因进行重新设计，使合成出来的蛋白质的结构符合人们的要求。由于蛋白质工程是在基因工程的基础上发展起来的，在技术方面有诸多同基因工程技术相似的地方，因此蛋白质工程也被称为“第二代基因工程”。

1. 定点突变技术

定点突变（site-directed mutagenesis）是蛋白质工程一项重要技术，也一直是人们向往的目标。过去都是对一个群体进行诱变，随后对某些表型特征进行筛选，由于突变是随机的，筛选的工作量非常大。但随着重组DNA技术、DNA测序技术以及寡核苷酸的快速合成技术的出现，在一个插入了外源DNA片段的质粒上，对该DNA片段在预定位置上进行结构的改变已经实现，应用也日益广泛。定点突变技术是以单链的克隆基因为模板，在一段含有一个或几个错配碱基的寡核苷酸引物存在下合成双链闭环DNA分子。将该双链闭环DNA分子转入宿主细胞，可解链成两条单链，各自可进行复制，合成自己的互补链，从而可得到野生型和突变型两种环状DNA，分离出突变型基因，并引入表达载体中就可经转化利用宿主细胞获得突变型的目的产物。例如人干扰素-p（IFN-β）有三个Cys，分别位于17、31和141位。天然的IFN-β中的Cys^{17}受糖基化保护，31位与141位两个Cys形成正常的二硫键。在工程菌中，常以大肠杆菌为宿主，但大肠杆菌无法进行糖基化，就会使链内的Cys^{17}与Cys^{31}或Cys^{141}形成二硫键，甚至与别的肽链上的Cys连接，其结果是产物活力下降，并且不稳定，因而有人将Cys^{17}的密码子TGT定向突变成AGT（Ser）。突变后菌株产生的IFN-β活力由3×10^7U/mg提高到2×10^8U/mg，而且稳定性大大提高。枯草杆菌蛋白酶是重要的工业用酶，但该酶很容易被氧化，氧化后的蛋白酶很快地失去活性。为了适应工业生产的需要，采用基因工程技术对它进行基因定点突变或随机突变结合表型筛选，可获得符合生产要求的蛋白酶突变体。如枯草杆菌蛋白酶的222位是易被氧化的Met，也是酶的活性中心。将Met222突变为Ala，得到了抗氧化能力较强并保留较高活性的突变体；在碱性蛋白酶 E 上引入 Ne 的相同突变也得到了相似的结果；Chen 等人用随机突变方法筛选到突变的碱性蛋白酶 E（Gln^{103}突变为 Arg，Asn^{60}突变为 Asn），发现此突变使酶的 K_{cat}/K_m值增加，稳定性也随之增加。朱榴琴等采用定点突变和随机突变的方法，对枯草杆菌碱性蛋白酶 E 基因进行改造，突变后的基因插入大肠杆菌-枯草芽孢杆菌穿梭质粒中，在碱性和中性蛋白酶缺陷型的枯草杆菌 DB104 中进行表达，得到突变的碱性蛋白酶，各种突变酶具有抗氧化和增加稳定性的特点，具备了工业用酶的条件。

定点诱变技术的成功，人们将可更自如地改造蛋白质、改造生物。有人设想通过蛋白质工程，有可能获得更加耐热、耐酸或耐碱、酶活力更高、专一性更强和空间结构更加稳定的酶，有可能研制出新一代的疫苗。有可能改变品种，如蚕丝基因经过改造，也许能产生出强度更高的纤维等。由于蛋白质工程可以使人们按照自己的意愿通过改造基因获得蛋白质，其发展前景非常广阔。

2. 定向进化技术

定向进化（directed evolution，DE）是改进蛋白功能与活性的有效手段，对研究蛋白质的结构与功能的关系具有重大意义，主要是在实验室里模拟自然进化过程，由易错 PCR、DNA 改组、随机引导重组和交错延伸技术等方法进行诱变与突变基因体外重组，设计高通量筛选方法来选出需要的突变株。定向进化是利用 Taq-DNA 聚合酶不具有 3′→5′校对功能的性质，并结合基因工程现有技术手段，在待进化蛋白的 PCR 扩增反应中，配合适当条件，以很低的比率向目的基因中随机引入突变，并构建突变库。凭借定向的选择方法，选出所需性质的突变体，从而排除其他突变体。定向进化的基本规则是："获取所筛选的突变体"。与自然进化不同，定向进化是人为制造特殊条件，模拟自然进化机制，使进化过程定向进行，整个进化过程完全是在人为控制下进行的，使蛋白质分子朝向人们期望的特定目标进化。简言之，定向进化=随机突变+正向重组+选择（筛选）。

分子定向进化的基本路线：在待进化基因的 PCR 扩增反应中，利用 TaqDNA 多聚酶不具有 3′→5′校对功能，并控制突变库的大小，使其与特定的筛选容量相适应，选择适当的条件以较低的比率向目的基因中随机引入突变，进行正向突变间的随机组合以构建突变库，凭借定向选择（或筛选）方法，选出所需性质的目标蛋白，从而排除其他突变体，也就是说，定向进化的基本规则是"获取所选择的突变体"。DE 常采用的建立突变体文库的手段有以下几种。

（1）易错 PCR 技术（error-prone PCR）　在扩增目的基因的同时引入碱基错配，导致目的基因随机突变。在采用 Taq 酶进行 PCR 扩增目的基因时，通过调整反应条件，例如提高 Mg^{2+}浓度、加入 Mn^{2+}、改变体系中四种 dNTP 的浓度等，改变 Taq 酶的突变频率，从而向目的基因以一定的频率随机引入突变构建突变库，然后选择或筛选需要的突变体。关键在于突变率需仔细调控，突变率不应太高，也不能太低，理论上每个靶基因导入的取代残基的个数在 1.5~5。易错 PCR 属于无性进化。一次突变的基因很难获得满意的结果，由此发展出连续易错 PCR。连续反复进行随机突变，使每一次小突变积累而产生重要的有益突变。

（2）DNA 改组（DNA shuffling）　美国的 Stemmer 于 1994 年首次提出一项体外重组技术，又称有性 PCR（sexual PCR），原理如图 2-3 所示。从正突变基因库中分离出来的 DNA 片段，用脱氧核糖核酸酶 I 随机切割，得随机片段经过不加引物的多次 PCR 循环，在 PCR 循环过程中，随机片段之间互为模板和引物进行扩增，直到获得全长的基因，这导致来自不同基因的片段之间的重组，该策略将亲本基因群中的优势突变尽可能地组合在一起，最终是目标产物某一性质的进一步进化，或者是两个或更多的已优化性质的结合。所以在理论和实践上，它都优于连续易错 PCR 等无性进化策略。

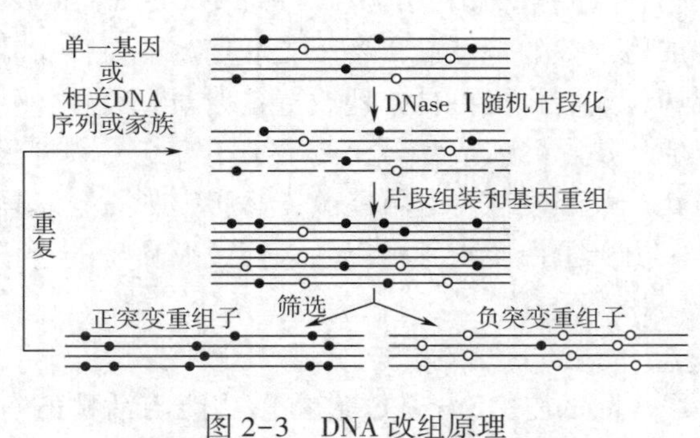

图 2-3　DNA 改组原理

○：负突变表型　●：正突变表型

(3) 交错延伸程序 (stagger extension process，StEP)　在 PCR 反应中，把常规的退火和延伸合并为一步，缩短其反应时间，从而只能合成出非常短的新生链，经变性的新生链再作为引物与体系内同时存在的不同模板退火而继续延伸。此过程反复进行，直到产生完整长度的基因片段，结果会产生间隔的含不同模板序列的新生 DNA 分子。这样的新生 DNA 分子中，含有大量的突变组合，有利于新产物性质的形成。

五、代谢工程育种技术

人对微生物细胞的改造是可以实现细胞生存和目的产物高产的双重目的的。在解除调控机制，引入目的产物合成途径的时候，微生物细胞“整体协调，维持生计”的经济管理原则既会限制干扰的幅度，又会促成新的代谢格局。为了提高工业发酵生产的效益，要对微生物的代谢流进行导向：强化细胞产能，关闭一些非必要途径，甚至启动特殊的途径，使能量和物质尽可能地用于目的产物的合成。细胞自身的代谢服从细胞经济管理原则，那么在代谢流的导向上，也应该注意（遵循和利用）其经济性，对它们的代谢进行合理的导向，使“细胞机器”高效地运转。细胞机器在本质上仍然是生命体，无视一个生命体生存的需要是无法实现其价值的，而细胞之所以可以升级为“细胞机器”是因为人类对它的利用和改造，所以微生物的生存利益和人类利用微生物进行发酵生产获得产品的经济利益这一对矛盾并不是完全对立的，找到其中可以相容之处，也许可以达到“双赢”的目的。

代谢工程是一门利用重组 DNA 技术对细胞物质代谢、能量代谢及调控网络信号进行修饰与改造，进而优化细胞生理代谢、提高或修饰目标代谢产物以及合成全新的目标产物的新学科，是一种提高菌体生物量或代谢物量的理性化方法。

代谢工程（metabolic engineering 或 pathway engineering）又称为“第三代基因工程”，由美国加州理工学院化学工程系教授 J. E. Bailey 首先提出的。代谢工程可以在以下几方面得到广泛应用：①改造由微生物合成的产物的得率和产率；②扩大可利用基质的范围；③合成对细胞而言是新的产物或全新产物；④改进细胞的普通性能，如耐受缺氧或抑制性物质的能力；⑤减少抑制性副产物的形成；⑥制备手性化合物的中间体；⑦整体器官和组织的代谢分析以及基因表达的分析和调节等。

1. 代谢工程遵循的原理

代谢工程是一个多学科高度交叉的新领域，其主要目标是通过定向性地组合细胞代谢途径和重构代谢网络，达到改良生物体遗传性状的目的。因此，它必须遵循下列基本原理。

（1）细胞物质代谢规律及途径组合的生物化学原理　提供了生物体的基本代谢图谱和生化反应的分子机制。

（2）细胞代谢流及其控制分析的化学计量学、分子反应动力学、热力学和控制学原理　这是代谢途径修饰的理论依据。

（3）途径代谢流推动力的酶学原理　包括酶反应动力学、变构抑制效应、修饰激活效应等。

（4）基因操作与控制的分子生物学和分子遗传学原理　阐明了基因表达的基本规律，同时也提供了基因操作的一整套相关技术。

（5）细胞生理状态平衡的细胞生理学原理　为细胞代谢机能提供了全景式的描述，因此是一个代谢速率和生理状态表征研究的理想平台。

（6）发酵或细胞培养的工艺和工程控制的生化工程和化学工程原理　将工程方法运用于生物系统的研究无疑是最合适的渠道，从一般意义上来说，这种方法在生物系统的研究中融入了综合、定量、相关等概念，为受限制速率过程的系统分析提供了独特的工具和经验，因此在代谢工程领域中具有举足轻重的意义。

（7）生物信息收集、分析与应用的基因组学、蛋白质组学原理　随着基因组计划的深入发展，各生物物种的基因物理信息与其生物功能信息汇集在一起，这为途径设计提供了更为广阔的表演舞台，这是代谢工程技术迅猛发展和广泛应用的最大推动力。

由此可见，代谢工程是一门综合性的科学，已成为生物工程领域的研究热点之一。

2. 代谢流（物流、信息流）的概念

代谢工程所采用的概念来自反应工程和用于生化反应途径分析的热力学，它强调整体的代谢途径而不是个别酶反应。代谢工程涉及完整的生物反应网络、途径合成问题、热力学的可行性、途径的物流及其控制。要想提高某一方面的代谢和细胞功能应从整个代谢网络的反应来考虑，其重点放在途径物流的放大或重新分配上。

（1）途径（pathway）　指的是催化总的代谢物的转化、信息传递和其他细胞功能的酶反应的集合。实际上微生物细胞的代谢网络一直处于对环境的变动的响应之中，因此代谢网络的概念是虚拟的网络概念。网络中的离心途径的终端又可能成为向心途径的起点；网络中的中心途径不止一条，而且有分支，也有多条向心途径和离心途径，而且也有汇合或分支。途径与途径之间还可能存在横向联系（包括还原力和代谢能的平衡）。停止生长的状态下的代谢途径（如次生代谢的途径）的延伸，以及不同细胞空间对各种代谢因子的选择性分隔，使代谢网络更加复杂化。由于人类对代谢远远没有完全了解，目前对代谢网络的认识只是相对的，对代谢的认识还有待深入。

（2）通量/物流（flux）　处于一定环境条件下的微生物培养物中，参与代谢的物质在代谢网络的有关代谢途径中按一定规律流动，形成微生物代谢的物质流。代谢物质的流动过程是一种类似“流体流动”的过程，它具备流动的一切属性，诸如方向性、连续性、有序性、可调性等，并且可以接受疏导、阻塞、分流、汇流等“治理”，也可能发生“干枯”和“溢出（泛滥）”等现象。可以采用代谢工程提供的方法来推算代谢网络中代谢流的流量分布。通量是底物分配在各代谢途径上的反应的量，通量反映的是产物的得率，而非速率。

（3）代谢网络（metabolic network） 细胞中的生物分子成千上万，但它们最终都与几类基本代谢相联系，进入一定的代谢途径，从而使物质代谢有条不紊地进行。不同的代谢途径又通过交叉点上的关键的共同中间代谢产物得以沟通，形成经济有效、运转良好的代谢网络。因此，代谢网络是由分解与组成代谢途径以及膜运输系统有机组成的，包括物质代谢、能量代谢，其组成取决于微生物的遗传性能与细胞的生理状况和所处的环境。

（4）节点（node） 微生物代谢网络中的途径交叉点（代谢流集散处）称为节点。在不同的条件下，代谢流分布变化较大的节点称为主节点，根据节点下游分支的可变程度，节点分为柔性、弱刚性和强刚性三种。柔性节点指流量分配容易改变并满足代谢需求的一类节点；如果一个节点流向某一分支或某些分支的代谢流分割率难以改变，则称为强刚性节点；若一个节点的流量分配由它的某一分支途径分支动力学所控制，则称为弱刚性节点。

（5）代谢物流分析（metabolic flux analysis） 一种计算流经各种途径的通量的技术，描述不同途径的相互作用和围绕支点的物流分布。

（6）代谢控制分析（metabolic control analysis） 通过一条途径的物流和物流控制系数来定量表示酶活之间的关系。物流控制被分布在途径中的所有步骤中，只是若干步骤的物流比其他的更大一些，其基础为一套参数，称为弹性系数，可用数学方程来描述反应网络内的控制机制。

（7）物流控制系数（flux control coefficient） 指物流的百分比变化除以酶活（该酶能引起物流的改变）的百分比变化，表示是系统的性质。

（8）推理性代谢工程（constructive metabolic engineering） 从对代谢系统的了解出发提出基因操纵的设想，以通过已知生化网络的改造达到目的，即确定代谢途径中的限速步骤，通过关键酶的过量表达解决限速瓶颈，对提出的问题用数学描述解答。

（9）逆代谢工程（inverse metabolic engineering） 一种采用逆向思维方式进行代谢设计的新型代谢工程，也称反向代谢工程。先在异源生物或相关模型系统中，通过计算或推理确定所希望的表型，然后确定该表型的决定基因或特定的环境因子，然后通过基因改造或环境改造使该表型在特定的生物中表达。

（10）弹性系数（elaseity coefficient） 表示酶催化反应速率对代谢物浓度的敏感性，弹性系数是个别酶的特性。

（11）物流分担比（flux spit ratio） 指途径 A 与途径 B 之比，如 6-磷酸葡萄糖节点上的物流分担比便是 EMP 途径物流与 HMP 途径物流之比。

（12）物流求和理论（flux summation theory） 将一条代谢系统中的某一物流的所有酶的物流控制系数加在一起，其和为 1。

（13）代谢流组（fluxomics） 研究细胞内分子随时间的动态变化规律，能更广泛、更系统地描述细胞内代谢流通量的平衡分析。目前常见的分析代谢流的方法是使用 ^{13}C 标记的底物（如葡萄糖）来分析代谢网络中的代谢流分布。生物合成代谢网络模型和中心碳代谢途径代谢流分析，为菌种改良提供了有用的信息，代谢流分析已经运用在系统水平上的菌种改造。

（14）代谢物组学（metabolomics）　对特定细胞过程遗留下的特殊化学指纹的系统研究，更具体地说，是对小分子代谢物组的整体研究，即对一个生物系统中所有的低分子质量的代谢物全面的、定性的和定量的分析。通过考察生物体系受到刺激或扰动（如某一特定的基因变异或环境变化）后，其代谢产物变化或随时间的变化来研究生物体系的代谢途径。代谢物组学是继基因组学和蛋白质组学之后新近发展起来的一门学科，是系统生物学的重要组成部分。通过代谢组学和转录组学数据（或其他组学数据）的关联分析，人们可以更加快速地解析参与代谢网络的基因功能。代谢物组定义为在一个生物体内所有的代谢物的集合，而这些代谢物是此生物体基因表达的终产物。因此，当信使 RNA 基因的表达数据和蛋白质组学的分析无法描述细胞体内的所有生理活动的时候，对代谢物组的表征是个非常重要的补充。

3. 代谢工程的内容

代谢工程研究的主要目的是通过重组 DNA 技术构建具有能合成目标产物的代谢网络途径或具有高产能力的工程菌（细胞株、生物个体），并使之应用于生产。其研究的基本程序通常由代谢网络分析（靶点设计）、遗传操作和结果分析三方面组成。代谢工程研究的内容主要有：①在微生物体内建立新的代谢途径以获得新的代谢物；②改进已经存在的途径；③生产异源蛋白（如人胰岛素、人血清白蛋白）。其研究的方法有生理状态研究、代谢流分析、代谢流控制分析、代谢途径热力学分析和动力学模型构建。目前代谢工程的研究工作主要集中在代谢分析上，其要素是将分析方法运用于物流的定量化，用分子生物技术来控制物流以实现所需的遗传改造。

代谢工程的代谢网络分析方法主要有：①1973 年 Kacser 等提出的重点研究对目标产物具有重大意义的关键代谢节点和关键酶的代谢控制分析（metabolic control analysis，MCA）；②Matsuoka 于 1979 年提出的通过测定细胞代谢物质的流量变化，以拟稳态假设为前提，应用数学模型推断细胞内代谢流分布的代谢流分析（metabolic flux analysis，MFA）；③1998 年 Edwards 和 Palsson 提出的基于生理与环境限制的流基分析（flux-based analysis，FBA）。

4. 代谢工程操作

代谢工程操作的设计思路主要体现为：①提高限制步骤的反应速率；②改变分支代谢流的优先合成；③构建代谢旁路；④引入转录调节因子；⑤引入信号因子；⑥延伸代谢途径；⑦构建新的代谢途径合成目标产物；⑧代谢工程优化的生物细胞；⑨创造全新的生物体。

代谢工程操作过程包括以下几部分。

（1）设计靶点　虽然所有物种改良程序的目的性都是明确的。但相对于随机突变而言，代谢工程的一个显著特点是工作的定向性，它在修饰靶点选择、实验设计以及数据分析方面占据绝对优势。然而，从自然界分离具有特殊品质的野生型微生物菌种以及利用传统诱变程序筛选遗传性状优良的物种，恰恰是途径设计和靶点选择的重要信息资源和理论依据。事实上，迄今为止，代谢工程应用成功的范例无一不是从这一庞大的数据库中获得创作灵感而产生的，这个过程称为“反向途径工程”。虽然单纯为了获取一个理想代谢途径而采取传统的分离诱变程序并非最佳选择，但这种操作所积累的大量信息却具有重大使用价值。代谢工程过程的基本流程如图 2-4 所示。

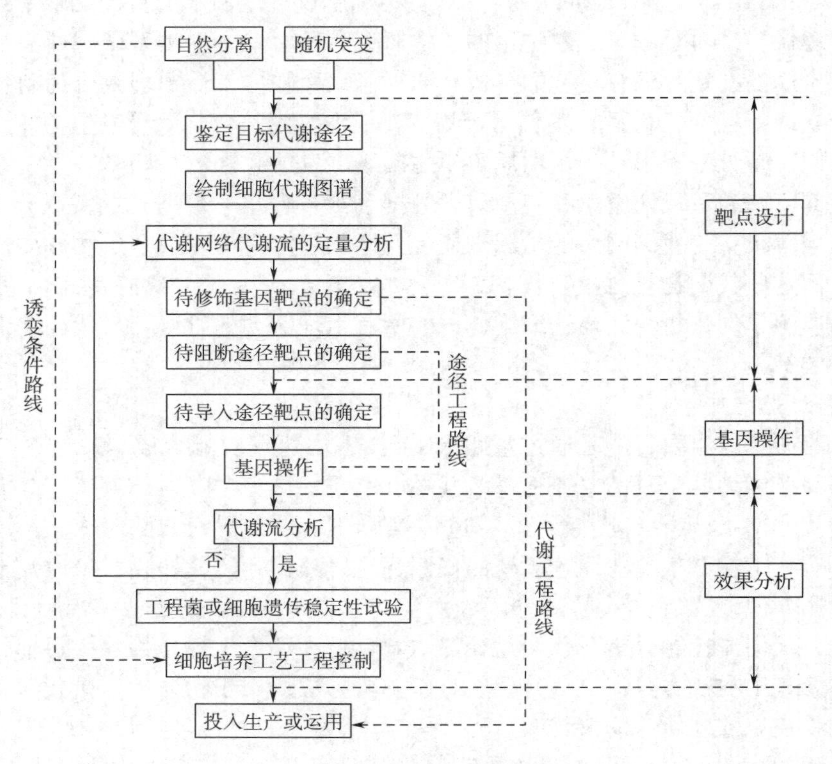

图 2-4　代谢工程过程的基本流程

生物化学家在长达数十年的研究中，已确定了相当数量的细胞代谢途径，并绘制出了较完整的代谢网络图，这为代谢工程的实施奠定了基础。然而，正确的靶点设计还必须对现有的代谢途径和网络信息进行更深入的分析。首先，根据化学动力学和计量学原理定量测定网络中的代谢流分布，即代谢流分析（MFA），其中最重要的是细胞内碳元素和氮元素的流向比例关系；其次，在代谢流分析的基础上研究其控制状态、机制和影响因素，即代谢控制分析（MCA）；最后，根据代谢流分布和控制的分析结果确定途径操作的合理靶点，通常包括拟修饰基因的靶点、拟导入途径的靶点或者拟阻断途径的靶点等。值得强调的是靶点设计对代谢工程的成败起着关键作用，任何精细的靶点选择都必须经得起细胞生理特性以及代谢网络热力学平衡的检验。

（2）基因操作　利用代谢工程战略修饰改造细胞代谢网络的核心是在分子水平上对靶基因或基因簇进行遗传操作，其中最典型的形式包括基因或基因簇的克隆、表达、修饰、敲除、调控以及重组基因在目标细胞染色体 DNA 上的稳定整合。后者通常被认为是代谢工程中最重要的特征操作技术，因为在以高效表达目标基因编码产物为主要目标的基因工程和以生产突变体蛋白为特征的蛋白质工程中，重组 DNA 分子一般独立于宿主细胞染色体而自主复制。

在代谢工程的一些应用实例中，代谢流的分布和控制往往可绕过基因操作，直接通过发酵和细胞培养的工艺和工程参数控制改变细胞代谢流，并胁迫代谢流向所期望的目标产物方向进行。在此过程中，改变反应体系内的溶氧、pH、补料等因素，在酶或相关蛋白因子水平上激活靶基因的转录（诱导作用）、调节酶的活性（阻遏、变构、抑制或去抑制作用），进而实现改变和控制细胞代谢流的目的。必须指出，虽然就提高目标产物的产量而言，上述非基因水平的操作与典型的途径工程操作在效果上也许没有显著的差异，但在新产物的合成尤其是遗传性状的改良方面，基因操作是不可替代的。因为只有引入外源基因或基因簇，才能从根本上改造细胞的代谢途径，甚至重新构建新的代谢旁路。

（3）效果分析　很多初步的研究结果显示，一次性的代谢工程设计和操作往往不能达到实际生产所要求的产量、速率或浓度，因为大部分实验涉及的只是与单一代谢途径有关的基因、操纵子或基因簇的改变。然而通过对新途径进行全面的效果分析，这种由初步途径操作构建出来的细胞所表现出的限制与缺陷可以作为新一轮实验的改进目标。正像蛋白质工程实验所采用的研究策略一样，如此反复进行遗传操作即有望获得优良物种。目前，通过这种代谢工程循环获得成功的范例已有不少，所积累的经验有助于鉴定和判断哪一类特定的遗传操作对细胞功能的期望改变是相对有效的。

延伸阅读：“基因打靶”技术

“基因打靶”技术是一种定向改变生物活体遗传信息的实验手段。通过对生物活体遗传信息的定向修饰包括基因灭活、点突变引入、缺失突变、外源基因定位引入、染色体组大片段删除等，并使修饰后的遗传信息在生物活体内遗传，表达突变的性状，从而可以研究基因功能等生命科学的重大问题，以及提供相关的疾病治疗、新药筛选评价模型等。基因打靶技术的发展已使得对特定细胞、组织或者动物个体的遗传物质进行修饰成为可能。

“基因打靶”技术是指利用细胞脱氧核糖核酸（DNA）可与外源性DNA同源序列发生同源重组的性质，定向改造生物某一基因的技术。借助这一技术，人们得以按照预先设计的方式对生物遗传信息进行精细改造。科学家可以瞄准某一特定基因，使其失去活性，进而研究该特定基因的功能。打个比方，使用“基因打靶”这个高精度瞄准镜，科学家们就能够精确瞄准任何一个基因，并对它进行深入研究。

陈相好等构建高效严谨型大肠杆菌Targetron基因打靶系统。他们将来源于Ll. LtrB的Ⅱ型内含子置于*T7-lac*操纵子控制之下，构建了IPTG诱导型Targetron质粒，并通过优化诱导剂浓度和诱导时间，在大肠杆菌中建立了诱导型Targetron体系，并通过优化诱导条件，提高了基因打靶的效率。利用克隆PCR，验证了其具有严谨表达的优点。

具体操作是将来源于pET28a的*T7-lac*操纵子与来源于pSY6的Ⅱ型内含子组装构建大肠杆菌IPTG诱导型Targetron质粒系统。以*lacZ*基因为例，选择*lacZ-635s*和*lacZ-1063a*两个位点为靶位点，利用构建的IPTG诱导型Targetron系统进行基因打靶，通过分析诱导前和诱导后Ⅱ型内含子在靶位点的插入效率，验证大肠杆菌IPTG诱导型Targetron系统严谨性和打靶效率。最后，通过优化诱导剂浓度及诱导时间，建立高效严谨的诱导型大肠杆菌Targetron基因打靶系统。在没有IPTG诱导时，Ⅱ型内含子在两个位点均不能插入，打靶效率均为0；当加入0.5 mmol/L IPTG诱导45min时，其在*lacZ-635s*位点的打靶效率提高到90.8%±5.5%，在*lacZ-1063a*位点的打靶效率提高到92.6%±2.4%。成功建立高效严谨型大肠杆菌 Targetron 基因打靶系统，为Ⅱ型内含子的机理研究及应用奠定了基础。

基因打靶的产生和发展建立在胚胎干细胞（embryonic stem cell，ESC）技术和同源重组技术成就的基础之上，并促进了相关技术的进一步发展。具体方法是：首先要获得 ES 细胞系，利用同源重组技术获得带有研究者预先设计突变的靶 ES 细胞。通过显微注射或者胚胎融合的方法将经过遗传修饰的 ES 细胞引入受体胚胎内。经过遗传修饰的 ES 细胞仍然具有分化的全能性，可以发育为嵌合体动物的生殖细胞，使得经过修饰的遗传信息经生殖系统遗传，最终获得的带有特定修饰的突变动物为研究者提供了一个特殊的研究体系，可以在生物活体中研究特定基因的功能。目前，对 ES 细胞进行同源重组已经成为一种在小鼠染色体组上任意位点进行遗传修饰的常规技术。通过基因打靶获得的突变小鼠已超过千种，并正以每年数百种的速度增加。通过对这些突变小鼠的表型分析，许多与人类疾病相关的新基因的功能已得到阐明，并促进了现代生物学研究各个领域中许多突破性的进展。

“基因打靶”技术现在还只是起步阶段，这项技术将被越来越频繁地使用，通过系统地剔除基因，人类能够了解自身和疾病机理，掌握更有效的治疗手段。

六、基因组重排技术育种

近年来，代谢工程技术改造工业菌株虽然较传统育种取得了一定成果，但是基因型和表型相应背景的欠缺限制其更广范围的利用。基因组重排技术（genome shuffling）是基于原生质体融合技术之上的多轮递归融合。递归融合意义在于进行第一轮融合后筛选的融合菌株作为出发菌株，必须进入下轮融合。多轮递归融合确保了不同细胞之间的基因高转移频率，还保持了基因组重排的高效性。基因组重排技术是在 DNA 改组/重排（DNA shuffling）的基础上发展起来的，它是 DNA 分子的体外重组，也是基因在分子水平上进行的有性重组（sexual recombination）。通过改变单个基因原有的核苷酸序列，创造新基因，并赋予表达产物以新功能。实际上，该技术是一种分子水平上的定向进化（directed evolution），因此也称为分子育种（molecular breeding）。在创造新基因的过程中，要设法产生各种变异。值得指出的是，DNA 改组的效果必须由改组后的基因表达产物的功能来验证。因此，灵敏可靠的选择或筛选方法是 DNA 改组技术成功与否的关键。这类方法的共同特点是不需要了解目标蛋白的结构信息，依赖基因随机突变技术，建立突变文库，辅以适当的高通量筛选方法，可简便快速地实现对目标蛋白的定向进化。而基因组重排的主要机制在于利用原生质体融合达到全基因组片段交换、重组，经过多轮亲本之间的递归融合后促使正向突变表型聚集，多轮融合极大地提高了基因交换的概率。基因组重排技术扩大菌株的基因型，加速菌株进化速度，无须了解相关微生物的代谢途径、关键酶的表达基因、转录调控等知识背景，尤其适合微生物代谢途径的遗传改造。微生物细胞的表型受代谢要求、能源利用、环境压力、全基因组水平表达而决定，所以通过几个特殊基因的定向改造很难达到菌株表型的优化。而基因组重排技术是全基因组工程策略，在无须知道基因组信息及代谢网络信息情况下，就可以运用于菌株改良。因此，它是一种典型的全面组合技术手段，也是全基因组代谢工程的延伸。基因组重排技术已经运用于改造弗氏链霉菌

(*Streptomyces fradiae*)，极大地提高了其合成泰乐菌素的能力。基因组重排技术具有菌株改造方面的优异表现，被认为是菌株选育和代谢工程上的一个重大里程碑。

基因组重排技术过程主要分为三步：①不同亲本原生质体的制备；②诱导原生质体递归融合，每轮筛选的目的菌进入下轮融合。③根据目的表型需要设计特殊的选择培养基。随着生命科学技术的不断发展，一些新的工具开始运用于诱导细胞融合，如用激光诱导红发夫酵母进行细胞融合、运用微流体芯片技术作为诱导细胞融合的技术平台，明显提高了融合效率。

延伸阅读：微流体芯片技术

中国科学院苏州纳米技术与纳米仿生研究所国际实验室的甘明哲博士设计开发了一种用于微生物平行悬浮培养的多通道微流控芯片，可以一次进行多个微生物培养实验。该芯片在（7~5）cm×5cm 面积上集成 32 个独立平行的微生物培养单元，每个单元的培养液需求量极少，仅为 50nL。在集成的气动微泵驱动下，培养单元内的液体能够循环流动，带动微生物在培养液中悬浮生长，且液体流速基本一致，适合进行平行实验。由于整个芯片材料透明，可以随时观察芯片内微生物的生长情况。在此芯片上，分别进行了大肠杆菌、枯草芽孢杆菌、施氏假单胞菌、运动发酵单胞菌等重要工业细菌的悬浮培养测试，证实了该芯片对于不同细菌培养的通用性。该芯片制作工艺简单、制作成本低，是一种高效的细菌悬浮培养解决方案。该芯片结构已申请专利，相关研究测试结果发表在期刊 *Lab on a Chip* 上。

在此基础上，研究人员进一步开发了第二代微生物悬浮培养芯片。与前代芯片相比，该芯片的集成度更高，在相同的面积上培养单元数量提高到 120 个，且单元内的液体循环流速更高，这拓展了该芯片的微生物适用范围。运用微流控技术，开发用于微生物菌种高通量筛选和条件优化的芯片化系统（高效菌筛选检测系统），为以后进行微生物代谢物微量快速检测模块的设计构建奠定了坚实的基础。

基因组重排技术充分结合了细胞工程和代谢工程的优势，不仅可以进行菌种表型快速高效优化，还可为不同种类的微生物复杂的代谢和调控网络提供信息来源。目前，基因组重排技术主要应用于提高微生物代谢产物产率，增强菌株对环境的耐受性以及底物的利用率等。

在微生物工业发酵过程中，产物的最终产量和产率直接决定着经济效益。基因组重排的对象是细胞内整套基因组，在许多情况下，参与次级代谢产物生物合成的结构基因在染色体上成簇排列，但控制结构基因表达的调节基因则位于生物合成基因簇外，因此将微生物整套基因组视作一个单元进行基因组重排更适合于微生物次级代谢产物产生菌的遗传改造。微生物在环境中的耐受力水平是极复杂的表型。环境耐受力的相关特征包括底物的耐受性、产物及副产物的耐受性、温度的耐受性、对 pH 和溶氧等因素的耐受性。已有的实例有乳酸杆菌对酸和葡萄糖的耐受性、始旋链霉菌（*Streptomyces pristinaespiralis*）对普纳霉素（Prisitinamycins）的耐受性以及酿酒酵母对热和乙醇的耐受性等均获得提高。底物利用效率和范围也是非常重要的目的表型，利用基因组重排技术对鞘氨醇杆菌（*Sphingobium chlorophenolicum*）表型改良，经过三轮基因组重排后，筛选的融合菌比野生菌具有对五氯苯酚的更高利用率和耐受性。

基因组重排技术可以快速达到改进细胞表型或优化代谢途径的目的，同时结合代谢工程中的各种分析工具对重排后所得到的进化产物（酶、代谢途径）进行比较分析，可以更好地阐明优化的原因或本质。基因组重排技术结合了细胞工程和代谢工程，通过循环的基因组重排筛选集多个改造基因于一体的细胞，这样可以极大地加快工程菌株的构建进程，减少对菌种进行多基因改造和组合的困难。基于基因组重排的代谢工程虽然处于刚刚起步的阶段，但它必将在功能基因组学的研究、揭示基因型和表型的关系以及工业微生物菌种的改进方面等发挥重要的作用。基因组重排技术的出现是细胞改良中的一个里程碑，将会进一步推动菌株育种工程的发展，更好地服务于生物经济产业。

七、组合生物合成技术育种

组合生物合成技术是在微生物次生代谢产物合成和酶学研究的基础上，通过异源表达活性产物的生物合成基因簇，或将不同生物合成基因簇亚单位进行重排，并经过翻译后修饰产生活性优于天然化合物的现代生物技术。通过组合生物合成技术，通过对目标产物生物合成基因簇进行敲除、重组、转换，可以精确地实现对产物的结构修饰。并且在此基础上，形成的结构类似物可以作为高通量筛选的分子文库来源，以期发现更有价值的先导化合物。

案例 2–3　紫杉醇在酵母中的组合生物合成

组合生物合成是通过对微生物代谢途径中一些酶的编码基因进行操作，从而获得许多新的“非天然”天然产物。由于分子遗传工程、基因工程的发展，以及基因组学和蛋白质组学等学科研究的不断深入，诸多与微生物代谢相关的生物合成基因和蛋白功能被认知与掌握。通过生物信息学和微生物遗传学手段可确定基因簇中的各模块或结构域的功能，如将这些模块或结构域进行多种“自由”组合就可能产生核心环合成和功能基团各异的新型“非天然”天然产物。紫杉醇是植物次级代谢产物中一种具有抗癌作用的萜类物质。但由于在自然界中含量低、难以获得，使其成本昂贵，临床应用受限。近年来，研究人员通过组合生物合成技术，已经建立了真核细胞酵母紫杉醇的表达体系。

紫杉醇的生物合成基本清楚，生物合成过程以异戊烯焦磷酸（isopentenyl pyrophosphate，IPP）和二甲基丙烯基焦磷酸（dimethylallyl pyrophosphate，DMAPP）为分界线，紫杉醇的生物合成过程可以人为地分为两个部分：上游途径和下游途径。紫杉醇生物合成机制的逐步明确，为紫杉醇在异源体系中的组合表达奠定了充分的基础。

酵母作为表达紫杉醇的宿主具有独特的优点：①酵母中有类异戊二烯途径——MVA途径（mevalonate，甲羟戊酸），可提供 GGDP 用于合成紫杉醇中间体；②能提供充足的 NADPH，参与代谢反应；③在发酵条件下容易生长，适应力强；④没有致病性；⑤不像细菌那样需要大量的蛋白质工程，因为酵母可以产生有功能的Ⅱ型 P450 单加氧酶，用于真核生物次级代谢的生物合成；⑥具有完整的细胞内膜系统，能确保与紫杉醇生物合成相关的羟化酶基因的共表达；⑦有多个营养缺陷型供选择，并有多个选择标记可供使用。酵母细胞中具有紫杉醇合成的 MVA 途径，大肠杆菌中有 MEP 途径，如图 2–5 所示。由于酵母细胞独特的优点，酵母被用作组合生物合成的宿主具有较强的应用前景。

利用酵母进行紫杉醇组合生物合成的研究主要集中在上游途经的关键酶 HMGR

(hydroxy-3-methylglutaryl-CoA reductase，3-羟甲基戊二酰辅酶 A 还原酶）和下游途径中的 GGDPS、TS、T5αH、TAT（Taxadien-5α-ol-O-acetyltransferase，紫杉烯 5α-氧-乙酰基转移酶）及 T10βH（Taxadien-10β-hydroxylase，紫杉烯 10β-羟基化酶）的改造。

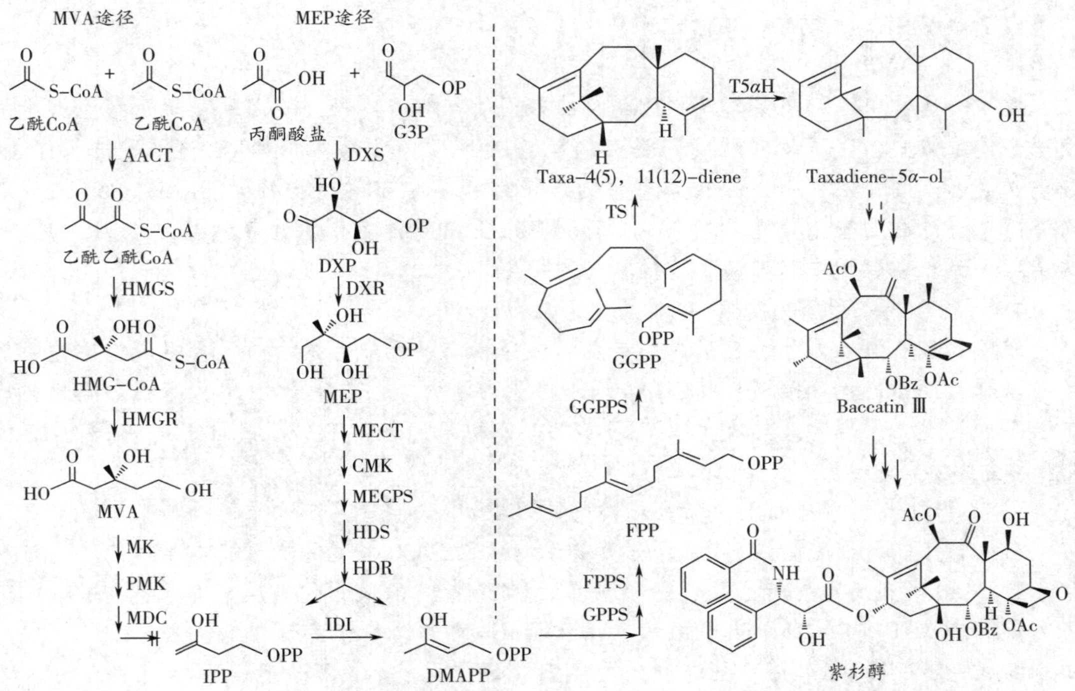

图 2-5　微生物细胞组合生物合成紫杉醇的 MVA 途径
MVA—酵母细胞的合成途径　MEP—大肠杆菌的合成途径

1. 启动子的优化

酿酒酵母内源性的 GGDP 水平较低，其合成途径中的 HMGR 将 HMG 催化还原成 MVA 是酿酒酵母内源性的类异戊二烯/固醇途径中的重要限速反应。王伟等利用组成型表达的乙醇脱氢酶基因启动子来启动 HMGR 基因的表达，从而消除了这一限速反应，增加了 MVA 途径的代谢流，使得 GGDP 的产量提高。从而为紫杉烯合酶提供更多的催化底物，并使其与中国红豆杉紫杉烯合酶基因共同表达，在酵母细胞中成功建立了一个合成紫杉烯的代谢途径。DeJong 等将紫杉醇生物合成中的 5 种酶 GGDPS、TS、T5αH、T10βH 和 TAT 共同转到酵母细胞中成功进行了功能性表达，试图建立紫杉醇生物合成途径中从 IPP 到紫杉二烯-5α-乙酰-10β-醇的组合生物合成途径。最终得到紫杉烯 1.0 mg/L，而 T5αH 催化作用的产物紫杉二烯-5α-醇的产量只有微量的 25 μg/L，没有检测到 TAT 和 T10βH 作用的产物。将 T5αH 基因的组成型启动子 *GPD* 换成可诱导的 *GAL*1 启动子，得到的 T5αH 约是之前的 5 倍。研究者预测如果将 T5αH 基因置于 *GAL*1 调控下，同时与红豆杉还原酶共表达将至少使 5α-羟基化步骤的代谢流增加 10 倍。

2. 流向甾醇代谢流的控制

Engels 等在研究中使用两种方法减少代谢流向甾醇，一是引入 HMGR 的一个同工酶

upc2.1 等位基因，它表达的转录因子 UPC2.1，可以使酵母在有氧条件下也从环境中吸收类固醇，从而抑制了类固醇的合成，使代谢流向紫杉醇途径；二是以嗜酸热硫化叶菌的 GGDPS 代替中国红豆杉的 GGDPS，前者以 IPP 和 DMAPP 为底物，后者以 FPP（farnesyl pyrophosphate，法尼基焦磷酸）为底物，通过连续添加 DMAPP 合成 GGDP，避免了与类固醇途径竞争 FPP，结果香叶基香叶醇增加较多。

3. 密码子的优化

提高表达常用的一个策略就是改变目的基因的稀有密码子，使之更接近于宿主细胞的密码子使用方式，而不改变所编码蛋白的氨基酸序列。研究发现对 TS 密码子进行优化，taxa-4（5），11（12）-diene 在酵母中的产量增加了约 40 倍，达到（8.7±0.85）mg/L，而香叶基香叶醇的表达量达到（33.1±5.6）mg/L，表明紫杉烯的表达量可以达到更高，这是迄今为止在酵母中紫杉烯表达量最大的报道。

4. 生物合成基因簇的构建

考虑到酿酒酵母等外源表达体系有限的选择标记以及染色体的插入会阻碍重建途径的后续修饰，Dahm 等应用 SOE-PCR 和体外同源重组的方法在酵母中建立了一个生物合成基因簇，实现了来自嗜酸热硫化叶菌的 GGDPS、酵母的 HMGR 以及优化了密码子的 TS 的 3 个蛋白的协同表达。

5. 与 T10βH 同源的细胞色素还原酶的同时表达

在生物体内，细胞色素 P450 还原酶是细胞色素 P450 氧化酶主要的电子供体，它与细胞色素 P450 氧化酶电子传递反应是细胞色素 P450 氧化酶氧化还原反应的限速步骤。CPR 将电子供体 NAD（P）H 的电子经过 FAD 和 FMN 两个辅基传递给细胞色素 P450 氧化酶，然后细胞色素 P450 氧化酶才能与底物发生氧化还原反应。有两个因素可能降低细胞色素 P450 氧化酶的催化效率，一是酵母 CPR 量的不足，另一个是酵母 CPR 和植物 P450 的电子传递效率不匹配，可能无法支持 P450 的最大催化活性。这种情况下，需要加入内源 CPR 来提高细胞色素 P450 氧化酶活性。将 T10βH 基因与红豆杉还原酶基因在酵母中共表达时，与只有内源性的酵母还原酶存在的情况相比，10βH 的催化活性增加了 6 倍，说明将红豆杉还原酶与同源的细胞色素 P450 紫杉烯羟基化酶共表达在微生物中重建紫杉醇合成途径是很重要的一步。

近年来，在利用组合生物合成获得新的化合物方面取得了相当大的进展。到目前为止，已经发现了 100 多种不同的模块，理论上由这些模块组合可能产生的化合物数量是巨大的。可以想象，这种有效的多模块酶有朝一日可以利用已有的模块和结构域构建出全新的合成途径，从而合成全新的化合物。伴随着对特殊生物合成机制的研究深入和异源表达系统的完善，定向克隆生物合成基因簇策略不断改进，认识更多的基因簇，阐明和理解更多的蛋白酶功能，从而掌握复杂天然产物生物合成机制，提高产物产量和纯度以及高表达全新的化合物，更多更广泛地用于药物筛选。

第四节　微生物菌株分离筛选和鉴定

微生物菌种的分离就是将混杂着各种微生物的样品按照实际需要和菌株的特性采取迅

速、准确、有效的方法将其进行分离、筛选出来，进而得到目标微生物的过程。分离筛选是获得目的菌株的重要环节，因此，设计选择性高的分离和筛选方法，可以大大提高工作效率。对于所获得的目标菌种，对其进行鉴定，以了解菌种的性能、特点以及类型，便于在生产过程中使菌种发挥最大的优良性能。

一般一个优良菌株的获得，包括以下步骤：

样品及预处理→目的菌株富集培养→分离→筛选→性能鉴定→保藏

一、微生物菌株的分离和筛选

1. 样品及预处理

自然界微生物极其丰富，土壤、枯枝落叶、空气以及海底、火山口以及极地地区等都含有大量的微生物，但总的来说，土壤样品含菌量最大，取材方便。采样地点要根据筛选的目的、微生物的分布概况及菌种的主要特征与外界环境关系等，进行综合、具体的分析来决定。一般的原则是样品来源广泛，获得新菌种的可能性就大，特别是一些如高温、高压、高盐等极端环境中，可找到能适应苛刻环境压力的微生物类群。另外，要了解目标产物的性质、可能产目标产物的微生物种类及其生理特征，这样就可以提高效率，事半功倍。自然选育一般从土壤中筛选，采样时要考虑到不同土壤的特点，如酸碱度、植被情况、土壤有机质的含量、通风情况。对于酵母类或霉菌类微生物，由于它们对碳水化合物的需要量比较多，一般又喜欢偏酸性环境，所以酵母类、霉菌类在植物花朵、瓜果种子及腐殖质含量高的土壤等上面比较多。而偏碱性的土壤，细菌和放线菌含量较为丰富。另外还要考虑季节、地理条件等因素，如南方土壤比北方土壤微生物含量丰富；春秋季土壤中微生物比冬夏季含量丰富。采样的方法多是在选好地点后，用小铲去除表土，取离地面5~15cm处的土壤几十克，盛入预先消毒好的牛皮纸袋或塑料袋中，扎好，记录采样时间、地点、环境情况等，以备考查。

另外对采用诱变剂处理后的微生物混悬液，也含有有益突变株，也能分离出目标微生物，因此也可采用这些样品进行分离和筛选。对于经过其他微生物育种方法，如基因工程、代谢工程、蛋白质工程以及组合生物技术等，同样需要进行筛选，因此，也可以采用这些样品。

分离之前对样品进行预处理，可以提高菌种分离的效率，通常使用的方法有物理法、化学法和诱饵法。如分离芽孢杆菌，可采用加热的方法，除去非芽孢杆菌，保留芽孢杆菌。由于芽孢杆菌耐热，不容易杀死，而一般微生物通过加热可以被杀死。

2. 目标菌株的富集培养

对于含有目标菌株较多的样品，可直接进行分离。如果样品含目标菌种很少，就要设法增加该菌的数量，进行富集（增殖）培养。所谓富集培养就是给混合菌群提供一些有利于所需菌株生长或不利于其他菌株生长的条件，以促使目标菌株大量繁殖，从而有利于分离它们。例如筛选纤维素酶产生菌时，以纤维素作为唯一碳源进行富集培养，使得不能分解纤维素的菌不能生长；筛选脂肪酶产生菌时，以植物油作为唯一碳源进行增殖培养，能更快更准确地将脂肪酶生产菌分离出来。除碳源外，微生物对氮源、维生素及金属离子的要求也是不同的，适当地控制这些营养条件对提高分离效果是有好处的。另外，控制富集培养基的pH，有利于排除不需要的、对酸碱敏感的微生物；添加一些专一性的抑制剂，可提高分离效率，例如在分离放线菌时，可先在土壤样品悬液中加10%的酚数滴，以抑制霉菌和细菌的生长；适当控制增殖培养的温度，也是提高分离效率的一条好途径。

3. 菌株分离

通过富集培养还不能得到微生物的纯种，因为生产菌在自然条件下通常是与各种菌混杂在一起的，所以有必要进行分离纯化，才能获得纯种。菌种分离方法有如下两种。

（1）平板划线法　将含菌样品在固体培养基表面做有规则的划线（有扇形划线法、方格划线法及平行划线法等），菌样经过多次从点到线的稀释，最后经培养得到单菌落，获得纯种。

（2）稀释法　该法是通过不断地稀释，使被分离的样品分散到最低限度，然后吸取一定量注入平板，使每一微生物都远离其他微生物而单独生长成为菌落，从而得到纯种。

划线法简单且较快，稀释法在培养基上分离的菌落单一均匀，获得纯种的概率大，特别适宜于分离具有蔓延性的微生物。采用单菌落分离法有时会夹杂一些由两个或多个孢子所生长的菌落，另外不同孢子的芽管间发生吻合，也可形成异核菌落。因此，在菌种分离时，制备单孢子或单细胞悬浮液就显得非常重要。对于细菌，因其在固体斜面培养基上常黏在一起，故要求接种到新鲜肉汤液体中进行培养，以取得分散且生长活跃的菌体；对放线菌和霉菌的孢子，采用玻璃珠或石英砂振荡打散孢子后，用滤纸或棉花过滤；对某些黏性大的孢子，常加入0.05%的分散剂（如吐温-80）以获得分散的单个孢子。

为了提高筛选工作效率，在纯种分离时，培养条件对筛选结果影响也很大，可通过控制营养成分、调节培养基pH、添加抑制剂、改变培养温度和通气条件及热处理等来提高筛选效率。平板分离后挑选单个菌落进行生产能力测定，从中选出优良的菌株。

4. 优良菌株的筛选

目的菌株的获得需要在菌种分离的基础上，进一步选择产物合成能力较高的菌种。有些菌可以在菌株分离的同时进行筛选，一般情况下，在平皿培养时，其产物可以与指示剂、显色剂或底物等反应而直接定性地检出。如筛选某一水解酶的菌株，可在培养基中加入该酶的底物作为唯一的碳源或氮源，适温培养后，可根据形成透明圈和菌落直径的大小来判断产酶活力的大小。但是并非所有的菌株产物都能用平板定性检出，因此就要使用常规的生产性能测定，即通过初筛和复筛方法确定，经过多次重复筛选，直到获得1~3株较好的菌株，这种直接从自然界分离得到的菌株称为野生型菌株，供摸索发酵条件和生产试验，进而作为育种的出发菌株。

（1）初筛　初筛是指从不同方式处理的大量的菌落中随机挑取进行摇瓶试验并通过检测得到的一些较优菌株。可采用摇瓶发酵法和生物图谱法，前者是将分离获得的单菌株分别进行液体振荡培养，然后再从液体培养物中检测有无目标产物生成，而后者是利用微生物法测定产物的原理与平板培养相结合，检出生成目标产物产量高的菌株。如粪链球菌及阿拉伯聚糖乳杆菌等一些菌种缺乏合成谷氨酸的能力，它们生长时必须供给谷氨酸，并且在一定范围内生长的数量与供给的谷氨酸量之间有比例关系，这些微生物可作为生物测定谷氨酸的菌株。其方法是将由原始分离培养基获得的菌落影印接种于氨基酸生产培养基上，影印好的菌株在30℃左右培养2~3d，使有足够的时间生长菌体、产生氨基酸并扩散于培养基中，长好的菌落用大剂量的紫外线照射，以杀死菌体细胞，防止测定过程中菌体过度生长。然后，将接种了氨基酸鉴定菌（氨基酸缺陷型）的氨基酸测定培养基10mL覆盖于琼脂平板上，在37℃培养16~24h，氨基酸鉴定菌就生长于产生该种氨基酸的菌落周围的区域，生长区域的大小和稠密度就可以作为该菌种释放氨基酸数量的相对量度。

（2）复筛　复筛是指将初筛得到的较优菌株再进行多次摇瓶实验，验证其产物形成的能力，从中得到少数几个最优的菌株，比较确定产物形成水平，对于有发展前途的优良菌株，可考察其稳定性以及菌种特征、最适培养条件，也可对同一菌株的各个培养因素进行优化，并进行进一步鉴定。通常采用摇床培养法，一般一个菌株重复3~5瓶，培养后的发酵液采用精确分析方法测定。经筛选挑出高出对照10%生产能力的菌株，制成冷冻管保藏，这一步很重要，可保证高产菌株不会得而复失。

二、微生物菌株的鉴定

筛选获得目标菌株后，一个重要的基础性工作就是对菌种进行鉴定，主要包括两个方面，一是测定一系列必要的鉴定指标，二是查找权威的鉴定手册，确定菌种类型。

不同的微生物往往有不同的重点鉴定指标。对形态特征较丰富、体型较大的真菌，常以形态特征作为主要指标。在鉴定放线菌和酵母菌时，往往形态特征和与生理特征兼用。细菌由于形态特征较少，则鉴定时需要使用较多的生理、生化和遗传等指标。

通常把微生物的鉴定技术分成四个不同的水平：①细胞形态和习性水平，如用经典的研究方法，观察细胞的形态特征、运动型、酶反应、营养要求和生长条件等。②细胞组分水平，包括细胞壁成分、细胞氨基酸库、酯类以及光合色素分析，除常用技术外，需要使用红外光谱、气相色谱和质谱分析等新技术。③蛋白质水平，包括氨基酸序列分析、凝胶电泳和血清学反应等技术。④基因或核酸水平，包括核酸分子杂交、碱基（G+C）含量测定、遗传信息的转化和转导，16S rRNA或18S rRNA寡核苷酸组分分析，以及DNA和RNA的核苷酸序列分析等。

三、微生物菌种的保藏

一个优良的菌株被分离筛选并鉴定后，要保持其生产性能的稳定、不污染杂菌、不死亡，这就需要对菌株进行保藏，以便后续作为菌种使用。菌种保藏主要是根据菌种的生理、生化特性，人工创造条件使菌体的代谢活动处于休眠状态。保藏时，一般利用菌种的休眠体（孢子、芽孢等），创造最有利于休眠状态的环境条件，如低温、干燥、隔绝空气或氧气、缺乏营养物质等，使菌体的代谢活性处于最低状态，同时也应考虑到经济、简便方法。由于微生物种类繁多，代谢特点各异，对各种外界环境因素的适应能力不一致，一个菌种选用何种方法保藏较好，要根据具体情况而定。

1. 斜面低温保藏法

利用低温降低菌种的新陈代谢，使菌种的特性在短时期内保持不变。将新鲜斜面上长好的菌体或孢子，置于4℃冰箱中保存。一般的菌种均可用此方法保存1~3个月。保存期间要注意冰箱的温度，不可波动太大，不能在0℃以下保存，否则培养基会结冰脱水，造成菌种性能衰退或死亡。

影响斜面保存效果的突出问题是培养基水分蒸发而收缩，使培养基成分浓度增大，造成“盐害”，更主要的是培养基表面收缩造成板结，对菌种造成机械损伤而使菌种死亡，为此，可采用橡皮塞代替棉塞。有人将2株枯草杆菌、1株大肠杆菌和1株金黄色葡萄球菌，分别接种在18mm×180mm试管斜面上，当培养成熟后将试管口用喷灯火焰熔封，置于4℃冰箱中保存12年后，启封移种检查，结果除1株金黄色葡萄球菌已死亡外，其余3株仍生长良好，这说明对某些菌种采用这种保藏方法，可以保存较长的时间。

2. 液体石蜡封存保藏法

选用优质纯净的中性液体石蜡，经121℃蒸汽灭菌30min，在150~170℃烘箱中干燥1~2h，使水分蒸发，石蜡变清，再在斜面菌种上加入灭菌后的液体石蜡，用量高出斜面1cm，使菌种与空气隔绝，试管直立，置于4℃冰箱保存。此法可保存约1年，适用于不能以石蜡为碳源的菌种。

3. 甘油管冷冻保藏法

在微量离心管中装入一定量的50%的甘油溶液（生理盐水或纯净水制备），于121℃，灭菌20min。同时将分离纯化的待保存菌接种于肉汤培养基中，以一定的温度培养18~24h，获得细胞悬液。将细胞悬液与甘油溶液以1：1的比例加入灭菌的小甘油离心管中（一般一个离心管装1mL，可以同时制备多个保藏管），贴上标签，置于-80℃冰箱中保存。此法操作简便，不需要特殊设备，效果好，可以保存菌种3年左右，无变异现象，而且此方法还可以保存一些要求较高的特殊菌种，适用范围广。

4. 冷冻干燥法

在低温下迅速地将细胞冻结以保持细胞结构的完整，然后在真空下使水分升华。这样菌种的生长和代谢活动处于极低水平，不易发生变异或死亡，因而能长期保存，一般为5~10年，此法适用于各种微生物。具体的做法是将菌种制成悬浮液，与保护剂（一般为脱脂牛奶或血清等）混合，放在安瓿瓶内，用低温酒精或干冰（-15℃以下）使之速冻，在低温下用真空泵抽干，最后将安瓿瓶真空熔封，低温保存备用。

5. 液氮超低温保藏法

将要保存的菌种（菌液或长有菌体的琼脂块）置于10%甘油或二甲基亚砜保护剂中，密封于安瓿瓶内（安瓿瓶的玻璃要能承受很大温差而不致破裂），先将菌液降至0℃，再以每分钟降低1℃的速度，一直降至-35℃，然后将安瓿瓶放入液氮罐中保存。液氮的温度可达-196℃，用液氮保存微生物菌种已获得满意的结果。

菌种保藏要获得较好的效果，需注意以下三个方面。

（1）保藏用的孢子或芽孢等要采用新鲜斜面上生长丰富的培养物。培养时间过短，保存时容易死亡，培养时间长，生产性能衰退。一般以稍低于生长最适温度培养至孢子成熟的菌种进行保存，效果较好。

（2）斜面低温保藏所用的培养基，碳源比例应少些，营养成分贫乏些较好，否则易产生酸，或使代谢活动增强，影响保藏时间。

（3）冷冻干燥时，冻结速度缓慢易导致细胞内形成较大的冰晶，对细胞结构造成机械损伤。冷冻干燥所用的保护剂，有不少经过加热就会分解或变性的物质，如还原糖和脱脂乳，灭菌时应特别注意。真空干燥的程度也将影响细胞结构，加入保护剂就是为了尽量减轻冷冻干燥所引起的对细胞结构的破坏。细胞结构的损伤不仅使菌种保藏的死亡率增加，而且容易导致菌种变异，造成菌种性能衰退。

第五节　微生物工业种子的制备

生物工业种子制备是发酵生产中很重要的工作，经过种子制备为工业发酵提供高质量的生产种子。在种子制备过程中，如何提供生产性能稳定、数量足够而且不被其他杂菌污染的生产菌种，是种子制备工艺的关键。

一、种子制备的目的和方法

现代发酵工业生产呈现两大显著特点，一是高附加值的基因工程发酵规模小，产值高；二是大宗生物基化学品发酵生产，其规模越来越大，发酵罐的容积可达到几百立方米。由于工业生产规模的扩大，每次发酵所需的种子就增多。要使小小的微生物在几十小时的较短时间内，完成如此巨大的发酵转化任务，那就必须具备数量巨大的微生物细胞才行。种子制备的目的就是要为每次发酵罐的投料提供相当数量的代谢旺盛的种子。因为发酵时间的长短和接种量的大小有关，接种量大，发酵时间则短。将足够数量的成熟菌体接入发酵罐中，有利于缩短发酵时间，提高发酵罐的利用率，并且也有利于减少染菌的机会。因此，种子制备不但要使菌种纯而壮，还要获得活力旺盛的、接种数量足够的培养物。

种子培养要求一定量的种子在适宜的培养基中，控制一定的培养条件和培养方法，从而保证种子正常生长。

工业微生物种子培养法分为静置培养和通气培养两大类型，其静置培养法即将培养基盛于发酵容器中，在接种后，不通空气进行培养。而通气培养法的生产菌种以好氧菌和兼性好氧菌居多，它们生长的环境必须供给空气，以维持一定的溶解氧水平，使菌体迅速生长和发酵，又称为好氧性培养。

1. 固体表面培养法

表面培养法是一种好氧静置培养法。针对容器内培养基物态又分为液态表面培养和固体表面培养。相对于容器内培养基体积而言，表面积越大，越易促进氧气由气液界面向培养基内传递。菌的生长速率与培养基的深度有关，单位体积的表面积越大，生长速率越快。固体培养又分为浅盘固体培养和深层固体培养，统称为曲法培养。它起源于我国酿造生产特有的传统制曲技术，其最大特点是曲种酶活力高。

2. 液体深层培养法

液体深层培养法是把菌种接种到培养罐中，使菌体细胞游离悬浮在液体培养基中，并进行生长的一种培养方法，深层液体培养通常需要通入无菌空气并进行搅拌，并控制最适生长条件，保证菌种正常生长和繁殖。液体深层培养基本操作的三个控制点如下。

（1）灭菌操作　发酵工业要求纯培养，因此在种子培养前必须对种子培养基进行加热灭菌，种子罐以及附属管道也应进行蒸汽灭菌，或者将培养基由连续加热灭菌器灭菌，并连续地输送到无菌的种子罐内。

（2）温度控制　培养基灭菌后，冷却至接种温度进行接种，之后在适宜的温度下进行种子培养，由于随着微生物的生长和繁殖会产生热量，搅拌也会产生热量，所以要维持温度恒定，需在夹套中或盘管中通冷却水循环。

（3）通气、搅拌　空气进入种子罐前先经过空气过滤器除去杂菌，制成无菌空气，而后由罐底部进入，再通过搅拌将空气分散成微小气泡。为了延长气泡滞留时间，可在罐内装挡板产生涡流。搅拌的目的除增加溶解氧以外，可使培养液中的微生物均匀地分散在种子罐内，促进热传递，并使基质混合均匀等。

二、实验室种子制备阶段

种子制备是将斜面菌株或固体培养基上的孢子逐级扩大培养，使其生长繁殖成大量菌丝或菌体的过程，制成的纯培养物称为种子。实验室种子制备常用培养箱、摇床等实验室设备，其培养基和其他工艺条件，都要有利于孢子发芽、菌丝繁殖和菌体生长。某些孢子发芽和菌丝繁殖速度缓慢的菌种，需将孢子经摇瓶培养成菌丝，作为种子罐种子使用，这就是摇瓶种子。摇瓶相当于微缩的种子罐，其培养基配方和培养条件与种子罐相似。

细菌的斜面培养基多采用碳源限量而氮源丰富的配方，牛肉膏、蛋白胨常用作有机氮源。细菌培养温度大多数为37℃，少数为28℃，细菌菌体培养时间一般1~2d，产芽孢的细菌则需培养5~10d。

霉菌的孢子培养，一般以大米、小米、玉米、麸皮、麦粒等天然农产品为培养基，农产品营养成分较适合霉菌的孢子繁殖，而且这类培养基的表面积较大，可获得大量的孢子。霉菌的培养一般为25~28℃，培养时间为4~14d。

放线菌的孢子培养一般采用琼脂斜面培养基，培养基中含有一些适合产孢子的营养成分，如麸皮、豌豆浸汁、蛋白胨和一些无机盐等，碳源和氮源不要太丰富（碳源约为1%，氮源不超过0.5%），碳源丰富容易造成生理酸性的营养环境，不利于放线菌孢子的形成，氮源丰富则有利于菌丝繁殖而不利于孢子形成。一般情况下，干燥和限制营养可直接或间接诱导孢子形成。放线菌斜面的培养温度大多数为28℃，少数为37℃，培养时间为5~14d。一般种子的培养过程：菌种→母斜面（孢子）→子斜面（孢子）→摇瓶种子（菌丝）→种子罐种子。

采用哪一代的斜面孢子接入液体培养，视菌种特性而定。采用母斜面孢子接入液体培养基有利于防止菌种变异，采用子斜面孢子接入液体培养基可节约菌种用量。菌种接入种子罐有两种方法。一种为孢子进罐法，即将斜面孢子制成孢子悬浮液直接接入种子罐。此方法可减少批与批之间的差异，具有操作方便、工艺过程简单、便于控制孢子质量等优点，孢子进罐法已成为发酵生产的一个方向。另一种方法为摇瓶种子（菌丝）进罐法，适用于某些生长发育缓慢的放线菌，此方法的优点是可以缩短种子在种子罐内的培养时间。

三、生产车间种子制备阶段

车间种子培养是在生产车间进行的，归属发酵车间管理，车间种子培养过程称为生产车间种子制备阶段。车间种子制备的目的是为发酵罐提供健壮的、一定数量和质量的菌体细胞，一般在车间种子罐中培养，保证种子正常生长。车间种子罐的级数主要决定于菌种的性质和菌体生长速度及发酵设备的合理应用。孢子发芽和菌体开始繁殖时，菌体量很少，在小型罐内即可进行。

车间种子制备的工艺过程，因菌种不同而异，一般可分为一级种子、二级种子和三级种子制备。实验室种子被接入体积较小的种子罐中，经培养后形成大量的菌丝或细胞，这样的种子称为一级种子。如果将一级种子接入体积较大的种子罐内，经过培养形成更多的种子液，这样制备的种子称为二级种子。把一级种子转入发酵罐内发酵，称为二级发酵；将二级种子转入发酵罐内发酵，称为三级发酵；同样道理，使用三级种子的发酵，称为四级发酵。种子罐级数减少，有利于生产过程的简化及发酵过程的控制，可以减少因种子生长异常而造成发酵的波动。

种子扩大培养的级数是指制备种子需逐级扩大培养的次数，这要根据菌体生长繁殖的速率、孢子发芽的速率以及发酵罐的容积综合而定。对于不同产品的发酵过程来说，必须根据菌种生长繁殖速度的快慢决定种子扩大培养的级数。如谷氨酸及其他氨基酸的发酵所采用的菌种是细菌，生长繁殖速度很快，所以采用一级种子扩培；有些酶制剂发酵生产采用二级种子扩培；而抗生素生产中，放线菌的细胞生长繁殖较慢，常常采用三级种子扩大培养，方能满足发酵的要求。

四、种子质量的控制措施

种子的质量是决定发酵能否正常进行的重要因素之一，其质量与菌种本身的遗传特性和培养条件有关，也就是说既要有优良的菌种，又要有良好的培养条件才能获得高质量的种子。影响种子质量的因素很多，如培养基、培养条件、种龄和接种量等，这些因素相互联系、相互影响，因此必须全面考虑各种因素，严格加以控制。

1. 培养基的组成分

种子培养基的营养成分要丰富和完全，pH 要比较稳定，适合种子培养的需要，有利于孢子发芽和菌丝生长。营养成分一方面要易于被菌体直接吸收和利用，使菌体生长健壮，活力强，另一方面，培养基的营养成分要尽可能和发酵培养基接近，这样的种子一旦移入发酵罐后也能比较容易适应发酵罐的培养条件。发酵的目的是为了获得尽可能多的发酵产物，其培养基一般比较浓，而种子培养基以略稀薄为宜。原材料产地、品种和加工方法的不同，会导致培养基中的微量元素和其他营养成分含量的变化。例如，由于生产蛋白胨所用的原材料及生产工艺的不同，蛋白胨的微量元素含量、磷含量、氨基酸组分均有所不同，而这些营养成分对于菌体生长和孢子形成有重要作用。琼脂的牌号不同，对实验室种子质量也有影响，这是由于不同品牌的琼脂含有不同的无机离子造成的。此外，水质的影响也不能忽视。为了避免水质波动对种子质量的影响，可在蒸馏水或无盐水中加入适量的无机盐，供配制培养基使用。例如在配制四环素斜面培养基时，有时在无盐水内加入0.03% $(NH_4)_2HPO_4$、0.028% KH_2PO_4、0.01% $MgSO_4$，确保孢子质量，提高四环素发酵产量。

2. 培养条件

种子培养应选择最适条件，培养温度、溶氧等均是很重要的，各级种子罐或者同级种子罐的各个不同时期的需氧量不同，应区别控制，一般前期需氧量较少，后期需氧量较多，应适当增大供氧量。一般来说，提高培养温度，可使菌体代谢活动加快，缩短培养时间，但是，菌体的糖代谢和氮代谢的各种酶类对温度的敏感性是不同的。因此，培养温度不同，菌体的生理状态也不同。不同的菌株要求的最适温度不同，需经实践考察确定。例如，龟裂链霉菌斜面最适温度为36.5~37℃，如果高于37℃，则孢子成熟早，易老化，接入发酵罐后，就会出现菌丝对碳氮利用缓慢、氨基氮回升提前、发酵产量降低等现象。培养温度控制低一些，则有利于孢子的形成。龟裂链霉菌斜面先放在36.5℃培养3d，再放在28.5℃培养1d，所得的孢子数量比在36.5℃培养4d所得的孢子数量增加3~7倍。在青霉素生产的种子制备过程中，充足的通气量可以提高种子质量。例如，将通气充足和通气不足两种情况下得到的种子都接入发酵罐内，其发酵单位可相差1倍。但是，在土霉素发酵生产中，一级种子罐的通气量小一些却对发酵有利。通气搅拌不足可引起菌丝结团、菌丝粘壁等异常现象。生产过程中，有时种子培养会产生大量泡沫而影响正常的通气搅拌，此时应严格控制，甚至可考虑改变培养基配方，以减少泡沫的产生。对青霉素生产的小罐种子，可采用补料工艺来提高种子质量，即在种子罐培养一定时间后，补入一定量的种子培养基，结果种子罐放罐体积增加，种子质量也有所提高，菌丝团明显减少，菌丝内积蓄物增多，菌丝粗壮，发酵单位升高。

3. 种龄与接种量

种子培养时间称为种龄。在种子罐内，随着培养时间延长，菌体量逐渐增加。但是菌体繁殖到一定程度，由于营养物质消耗和代谢产物积累，菌体量不再继续增加，而是逐渐趋于老化。由于菌体在生长发育过程中，不同生长阶段的菌体的生理活性差别很大，接种种龄的控制就显得非常重要。在工业发酵生产中，一般都选在生命力极为旺盛的对数生长期，菌体量尚未达到最高峰时移种，此时的种子能很快适应环境，生长繁殖快，可大大缩短在发酵罐中的适应期，缩短在发酵罐中的非产物合成时间，提高发酵罐的利用率，节省动力消耗。在土霉素生产中，一级种子的种龄相差2~3h，转入发酵罐后，菌体的代谢就会有明显的差异。最适种龄因菌种不同而有很大的差异。细菌种龄一般为7~24h；霉菌种龄一般为16~50h；放线菌种龄一般为21~64h。同一菌种的不同罐批培养相同的时间，得到的种子质量也不完全一致，因此最适的种龄应通过多次试验，特别要根据本批种子质量来确定。

接种量是指移入的种子液体积占接种后培养液体积的比值。发酵罐的接种量的大小与菌种特性、种子质量和发酵条件等有关。接种量的大小与该菌在发酵罐中生长繁殖的速度有关。有些产品的发酵以接种量大一些较为有利，采用大接种量，种子进入发酵罐后容易适应，而且种子液中含有大量的水解酶，有利于对发酵培养基的利用。大接种量还可以缩短发酵罐中菌体繁殖至高峰所需的时间，使产物合成速度加快。但是，过大的接种量往往使菌体生长过快、过稠，造成营养基质缺乏或溶解氧不足而不利于发酵；接种量过小，则会引起发酵前期菌体生长缓慢，使发酵周期延长，菌丝量少，还可能产生菌丝团，导致发酵异常等。但是，对于某些品种，较小的接种量也可以获得较好的生产效果。例如，生产制霉菌素时用1%的接种量，其效果较用10%的为好，而0.1%接种量的生产效果与1%的生产效果相当。不同的微生物其发酵的接种量是不同的，如制霉菌素发酵的接种量为0.1%~1%；肌苷酸发酵接种量1.5%~2%；霉菌的发酵接种量一般为10%；多数抗生素发酵的接种量为7%~15%，有时可加大到20%~25%。

近年来，生产上多以大接种量和丰富培养基作为高产措施。如谷氨酸生产中，采用高生物素、大接种量、添加青霉素的工艺。为了加大接种量，有些品种的生产采用双种法，即2个种子罐的种子接入1个发酵罐。有时因为种子罐染菌或种子质量不理想，而采用倒种法，即以适宜的发酵液倒出部分对另一发酵罐作为种子。有时2个种子罐中有1个染菌，此时可采用混种进罐的方法，即以种子液和发酵液混合作为发酵罐的种子。以上三种接种方法运用得当，有可能提高发酵产量，但是其染菌机会和变异机会增多。

五、种子质量要求

菌种在种子罐中的培养时间较短，使种子的质量不容易控制，因为可分析的参数不多。一般在培养过程中要定期取样，显微镜观察菌体形态以及测定其中的部分参数来观察基质的代谢变化，符合要求方可作为成熟种子。不同产品、不同菌种以及不同工艺条件的种子质量有所不同，况且判断种子质量的优劣还需要有丰富的实践经验。发酵工业生产上常用的种子质量要求，大致有以下几个方面。

1. 形态特征

种子培养的目的是获得健壮和足够数量的菌体。因此，菌体形态、菌体浓度以及培养液的外观，是种子质量的重要指标。菌体形态可通过显微镜观察来确定，对于单细胞菌体，要求菌体健壮、形态一致、均匀整齐，有的还要求有一定的排列。对于霉菌、放线菌等丝状微生物，则要求菌丝粗壮，对某些染料着色力强、生长旺盛、菌丝分枝情况和内含物情况良好。生产上菌体浓度常用离心沉淀法、光密度法（OD 值）和细胞计数法等进行测定。种子液外观如颜色、黏度等也可作为种子质量的粗略指标。

2. 生化指标

种子液的碳、氮、磷含量的变化和 pH 变化是菌体生长繁殖、物质代谢的反映，不少产品的种子液质量是以这些物质的利用情况及变化为指标的。

3. 产物生成量

种子液中产物的生成量是多种发酵产品发酵中考察种子质量的重要指标，因为种子液中产物生成量的多少是种子生产能力和成熟程度的反映。

4. 无菌检验

为了保证菌种的质量，在种子制备过程中，每一步均需进行杂菌检验。可采用镜检、肉汤以及琼脂平板培养等方法。无菌检验是判断杂菌污染的主要依据，种子应确保无任何杂菌污染。

5. 菌种的稳定性

生产中使用的菌种必须保持稳定的生产能力，因此定期检查菌种生产能力。采用琼脂培养基进行梯度稀释划线培养，挑选形态整齐、均匀一致的菌落进行摇瓶实验，测定其生产能力，以不低于原有的生产能力为原则，并取生产能力较高者备用。

6. 酶活力

测定种子液中某种酶的活力，作为种子质量的标准是一种较新的方法。如土霉素生产的种子液中的淀粉酶活力与土霉素发酵单位有一定的关系，因此种子液淀粉酶活力可作为判断该种子质量的依据。

六、种子制备过程出现的问题

在微生物种子制备过程中，由于各种各样因素的影响，种子容易出现一些问题，这样会给发酵带来很大的困难。种子异常往往表现在以下几个方面。

（1）菌种生长发育缓慢或过快　可能与实验室种子的质量以及种子罐的培养条件有关，也可能是由于通入种子罐的无菌空气的温度较低或者种子罐培养基灭菌条件导致的。

生产实际中，种子培养基灭菌后需取样测定其 pH，保证种子培养基的灭菌条件以及种子最适的培养条件以及车间种子的培养基组成。

（2）丝状真菌菌丝结团或者粘壁　在液体培养条件下，繁殖的菌丝并不分散舒展而聚成团状称为菌丝团，这时从培养液的外观就能看见白色的小颗粒，菌丝聚集成团会影响菌的呼吸和对营养物质的吸收，在摇瓶培养阶段这一问题更为突出。如果种子液中的菌丝团较少，进入发酵罐后，在良好的条件下，会逐渐消失，不会对发酵产生显著影响。如果菌丝团较多，种子液移入发酵罐后往往形成更多的菌丝团，在一定程度上阻碍了氧气以及营养物质的运输，使得菌团内部的菌丝处于缺氧状态以及营养不良，从而影响了菌体生长和产物的合成，影响发酵的正常进行。更为严重的是菌体形态的改变使得菌体的代谢途径发生改变，产物的合成量降低，甚至会产生一些有害的副产物。因此，菌丝结团问题一直是阻碍丝状真菌深层发酵的一个关键问题。菌丝结团和搅拌效果差、接种量小有关，一个菌丝团可由一个孢子生长发育而来，也可由多个菌丝体聚集一起逐渐形成。在种子培养过程中，由于搅拌效果不好，泡沫过多以及种子罐装料系数过小等原因，使菌丝逐步粘在罐壁上。其结果使培养液中菌丝浓度减少，最后就可能形成菌丝团。以真菌为产生菌的种子培养过程中，发生菌丝粘壁的机会较多。

思考题

1. 试举例说明微生物在工业上的应用。
2. 工业生产中对微生物有什么要求？
3. 简要说明诱变育种的步骤，诱变育种应注意哪些问题？
4. 原生质体融合技术和基因组重排有何不同？
5. 试举例说明现代育种技术有何优点？
6. 影响种子质量的因素有哪些？如何控制种子质量？
7. 以生产实际为例，说明种子异常的原因。
8. 什么是发酵级数？其影响因素有哪些？
9. 实验室种子培养和生产车间种子培养在培养基组成上有哪些不同？为什么？

第三章　生物质原料预处理及发酵培养基制备

微生物的代谢活动是依靠向外界分泌大量的酶，将周围环境中大分子蛋白质、糖类、脂肪等营养物质分解成小分子化合物，借助于细胞膜的渗透作用，吸收这些小分子营养物质来实现的。但有些微生物不能直接利用大分子物质，因此需要将其先行水解成小分子物质，才能被微生物利用。因此工业生产中，需要对粗原料进行预处理，以增加原料的接触面积，使大分子物质分解成可溶性小分子物质，满足微生物代谢活动的需要。微生物的生长和代谢需要各种各样的营养物质，只有提供营养丰富的培养基，才能保证微生物的正常代谢。培养基是提供微生物生长繁殖和生物合成各种代谢产物所需要的、按一定比例配制的多种营养物质的混合物。培养基组成对菌体生长繁殖、产物的生物合成、产品的分离精制乃至产品的质量和产量都有重要的影响。另外，现在发酵工业基本上都是纯种发酵，因此发酵培养基配制好以后，必须进行灭菌处理，杀灭培养基中杂菌，保证发酵按目标产物的合成方向进行。

第一节　生物质原料预处理以及降解

生物质原料包括淀粉类原料、蛋白质类原料、纤维素原料等，这些均是发酵培养基制备的适宜原料，为了将这些原料制备成适合微生物发酵的培养基，需要对其进行预处理，即通过物理的方法将天然原料在外观上或内在成分上变得均匀一致，便于后续进一步加工成微生物直接利用的营养物质。

由于有些微生物不能直接利用大分子物质，因此在制备发酵培养基之前，应先将大分子物质转化成微生物容易利用的大分子物质，提供培养基所需的营养成分，如淀粉水解糖的制备就是为微生物提供碳素营养。由于酶法水解条件温和，酶的专一性强，水解物质量好，该法已成为目前发酵工厂普遍采用的方法。

一、生物质原料的预处理

1. 机械处理

生物质原料大多是颗粒状农副产品，不能直接被微生物吸收和利用，因此，在发酵之前，需要一系列的处理，包括除杂、粉碎、筛分等工序。常用机械的方法进行，如谷物类原料除杂、粉碎。对于植物秸秆等纤维素类，也是先进行粉碎，然后再采用多种方法，破坏纤维素、半纤维素与木质素的结构，使之松散，便于后续纤维素酶的作用。原料粉碎的目的在于减少粒径、增大比表面积。通过粉碎，有利于提高难溶性成分的溶出度和生物利用度，并节约蒸煮时蒸汽的消耗，提高原料的利用率。原料粒径小，也有利于后续的液化和糖化。

2. 酶法水解

对于微生物不能直接利用的纤维素原料、淀粉原料，在生产生物产品前，必须要经过酶法水解使之变成可发酵性糖，才能被微生物利用。由于生物质原料中的大分子物质存在于植物细胞内，受细胞壁的保护，呈不溶解状态，不能被酶制剂直接作用。因此，将生物质原料进行蒸煮的第一个目的就是使原料吸水后，借助于蒸煮时的高温和高压作用，使原料植物组织破裂，使其内容物流出，呈溶解状态，转变成可溶性状态。蒸煮的第二个目的是借助蒸汽的高温和高压，把存在于原料中的大量杂菌杀死，并为后续工序打下基础。

二、纤维素原料的生物炼制

木质纤维素生物质（如稻草、木材、秸秆、芦苇等）是一种取之不尽的，而且是可再生的能源和各种化学品的资源。木质纤维素是由半纤维素和纤维素以及木质素组成的复合物，其中转化为糖的纤维素和半纤维素含量高达80%。人们利用生物炼制技术可从木质纤维素原料中生产出纤维素、半纤维素和木质素的产品链，为开发高附加值和经济、高效的生物基工业化生产开辟一条新途径。

（1）纤维素基产品　纤维素是最常见的有机化合物，它是工业生产最重要的原材料之一，被广泛用在多种行业，如造纸和纺织业、食品行业、医药业等，纤维素也是塑料制品、人造纤维（人造丝）、玻璃纸等的原材料。它的衍生物用于棉絮、火棉、纤维素基涂料、色谱用吸附材料。纤维素用作食品工业中的过滤介质、乳化剂、分散剂和过滤添加剂。通过纤维素化学转化成的产品有葡萄糖、山梨醇、葡糖苷、果糖、乙醇、羟甲基糠醛、乙酰丙酸等。

（2）半纤维素基产品　半纤维素的结构单元包括葡萄糖、木糖、甘露糖、半乳糖、阿拉伯糖和鼠李糖。为了充分发挥半纤维素在化学和生物技术领域的潜力，一般是将半纤维素水解为戊糖和己糖，然后将戊糖分离、纯化后，再通过氧化、还原或酯化反应生成所需的产品，如甘露糖/甘露糖产品链（甘露醇、甘露糖甲苷、甘露糖二硫化钠、甘露庚糖酸等）、木聚糖/木糖产品链（木糖醇、木糖酸、唾液酸等）、糠醛/糠醛基化学品（糠醇、呋喃、四氢呋喃、己二腈和呋喃酸等）。

（3）木质素基产品　木质素的应用潜力最大，更能广泛地发挥其重要作用。木质素的实际利用主要涉及四类工艺：①以聚合的形式加以利用，如作为木材粘合剂和耐低温水泥添加剂等；②作为聚合物的组分利用，作为聚合物和树脂的共反应物；③分离出低分子质量物质或单体，如从针叶材的木质素磺酸盐中生产香草醛；④通过热解将其完全降解为煤气、油和煤。木质素通过碱性水解、氧化、碱熔融、聚合、碱性脱甲基化、氢化等分离技术可得具体的产品为：香草酸、香草醛、紫丁香醛、酚类、羧酸、DMS、焦油、能量、甲烷、CO、炭、乙烷、苯、乙炔等。

案例 3-1　纤维素原料的生物炼制

根据我国生物质资源的特点和技术潜在优势，可以将燃料乙醇、生物柴油、生物塑料以及沼气发电和固化成型燃料作为主导产品。如果能利用全国每年50%的作物秸秆、40%的畜禽粪便、30%的林业废弃物，开发5%（约550万 hm^2）的边际性土地种植能源植物，建设约1000个生物质转化工厂，那么其生产能力可相当于5000万 t 石油的年生产能力，即一个大庆油田（年产 4800 万 t）。而且每增加 1000 万 hm^2 能源植物的种植与加工，就相当于增加 4500 万 t 石油的年生产能力，可见生物质产业的潜力之大。

利用生物法转化木质纤维素原料的工艺路线主要包括 3 个关键步骤：①原料预处理，获得易于降解的纤维素和半纤维素；②纤维素酶制备和酶水解，将纤维素和半纤维素降解成糖液；③糖液发酵获得目标产品。由于戊糖在水解糖液中占有较高比重，戊糖的高效利用已成为纤维素原料生物炼制的关键之一。

生物炼制的主要原料是生物质，五碳糖和六碳糖是生物质的主要成分，也是细胞工厂的基本原料，其成分的多样性导致很难被微生物完全利用，因此进一步发掘五碳糖和六碳糖合成特殊化合物的基因与蛋白质，阐明 $C_2/C_3/C_4$ 的平台化合物合成网络与流量关系的本质，逐步解决微生物代谢的分子基础及其相互关系的科学问题，有助于解析代谢网络结构，发现定向优化微生物功能中需要改变的因素，提高生物炼制细胞工厂的转化与合成能力，对于提高生物炼制的技术水平具有重要的意义。

植物纤维素材料水解液中，葡萄糖占 65%，木糖约占 25%，从纤维素水解液中将葡萄糖和木糖分别分离出来非常困难，操作成本昂贵，因此实现微生物对五碳糖的利用，尤其是实现对五碳糖、六碳糖的同步利用，将降低生物炼制过程的成本。

纤维素原料中的戊糖资源尚未得到同等的利用，原因是微生物对戊糖的分解转化速度慢，转化率低，高效利用木质纤维素的技术关键之一就是提高微生物对戊糖的利用能力，实现戊糖和已糖的同等发酵。只有充分利用原料中的多组分，才能降低生产成本。因而，当前把微生物改造成细胞工厂的研究正面临着从利用精细原料到复杂原料的挑战。美国和澳大利亚研究人员将五碳糖途径导入运动发酵单胞菌，实现不同糖代谢途径的重组，工程菌可利用木屑水解液生产乙醇。最近发现梭菌中存在与纤维素代谢关系密切的有两个属：一是 *Clostridium thermocellum*，分泌纤维素酶和半纤维素酶、木质素酶，将纤维素转变为纤维二糖、木糖和木二糖，利用纤维二糖生产乙醇；二是 *Clostridium thermosaccharolyticium*，不具有分解酶系，但能将纤维一糖、木糖转变成乙醇。如果将两者混合培养，乙醇产率明显提高。由于梭菌中同时存在乙酸、乳酸等其他重要的平台化合物的代谢途径，从长远看，梭菌可能是一个木质素生物炼制生产乙醇、乳酸等系列产品的潜在的细胞工厂。

荷兰科学家在酵母中引入外源的木糖异构酶，工程菌可以在合成培养基中利用木糖生长，达到与葡萄糖培养相当的产量。日本利用基因重组技术，即通过基因的导入使一种酵母就可以表达多种酶，利用这种酵母就可以直接将纤维素变成化工产品，这就是所谓的“超级酵母”的开发。稻草用水热处理后再用酶处理将其切断成纤维素，以这种纤维素为原料用基因重组的酵母发酵，取得 80g 乙醇/L 发酵液的成绩。

目前，国际上纤维素乙醇产业化仍存在三大瓶颈：①秸秆等木质纤维素类原料降解产生的木糖难以发酵生成乙醇；②纤维素酶生产成本仍然偏高；③原料要进行复杂的预处理。

三、淀粉质原料的液化和糖化

淀粉的水解目前广泛采用双酶法，即采用淀粉酶和糖化酶顺序作用的方法。不同糖化工艺糖液质量的比较见表 3-1。

表 3-1　　不同糖化方法糖液质量的比较

项目	酸法	酸酶法	双酶法
DE 值/%	90	93	97 以上
DX 值/%	88	91	93
糖酸转化率/%	48	50	60
糖液透光率/%	80	85	≥90
灰分/%	1.6	0.4	0.1
蛋白质/%	0.087	0.08	0.10
色度/%	0.30	0.008	0.003
羟甲基糠醛/%	10.0	0.3	0.2

由表 3-1 可以看出，双酶法制备的水解糖质量最好，目前已被大多数工厂采用。

1. 双酶法制糖的原理

双酶法制糖利用 α-淀粉酶和糖化酶共同作用，完成淀粉制糖的过程，称为淀粉的糖化。酶法糖化一般分两个阶段，液化阶段和糖化阶段，液化阶段由 α-淀粉酶作用，糖化阶段由糖化酶完成。α-淀粉酶（EC3.2.1.1）作用于淀粉时，是从淀粉分子内部进行的，故此酶属于内酶，水解中间地段的 α-1，4-糖苷键，不能切开支链淀粉分支点的 α-1，6-糖苷键，水解先后次序没有规律，断裂发生在 C_1—O 之间。水解产物随淀粉种类及作用时间而异，直链淀粉分子水解产物为葡萄糖、麦芽糖和麦芽三糖。支链淀粉最终产物除了前述的几种外，还有异麦芽糖及含有 α-1，6-葡萄糖苷键的低聚糖。有实用价值的 α-淀粉酶产生菌有枯草芽孢杆菌、地衣芽孢杆菌、嗜热脂肪芽孢杆菌、凝聚芽孢杆菌、嗜碱芽孢杆菌等。虽然这些微生物都能产生 α-淀粉酶，但不同菌株产生的酶在耐热性、作用 pH、对淀粉的水解程度以及产物的性质方面均有差异。α-淀粉酶通常在 pH5.5~8.0 时是稳定的，大多数淀粉酶的最适温度是 50~60℃，而耐热性的 α-淀粉酶在工业生产中大规模使用，如地衣芽孢杆菌、嗜热脂肪芽孢杆菌和凝聚芽孢杆菌等产生的 α-淀粉酶，可在 95~105℃下作用。

糖化是利用糖化酶（也称葡萄糖淀粉酶，EC3.2.1.3）将淀粉液化产物糊精及低聚糖进一步水解成葡萄糖的过程。糖化酶属于外酶，对底物的作用是从非还原性末端开始进行的，一个分子一个分子地切下葡萄糖单位，产生 α-葡萄糖。糖化酶对 α-1，4-糖苷键和 α-1，6-糖苷键都能进行水解，随着糖化过程的进行，葡萄糖含量逐渐增加。由于两种酶顺序作用，淀粉分子最终分解成以葡萄糖为主要成分的水解糖。

2. 淀粉糊化和液化

淀粉是以颗粒状态存在的，具有一定的结晶性结构，这种结构对酶作用的抵抗力非常强，淀粉酶不能直接作用于淀粉，如淀粉酶水解淀粉颗粒和水解糊化淀粉的速度比为 1∶20000，因此，必须先加热淀粉乳，使淀粉颗粒吸水膨胀，使原来排列整齐的淀粉层结晶结构被破坏，变成错综复杂的网状结构。这种网状结构会随温度的升高而断裂，加之淀粉酶的水解作用，淀粉链结构很快被水解为糊精和低聚糖分子，这些分子的葡萄糖单位末端具有还原性，便于糖化酶的作用。淀粉的糊化是指淀粉受热后，淀粉颗粒膨胀，晶体结构消失，互相接触变成糊状液体，即使停止搅拌，淀粉也不会再沉淀的现象。发生糊化现象时的温度称为糊化温度，一般来讲，糊化温度有一个范围，但不同的淀粉有不同的糊化温度。淀粉糊的老化与淀粉的种类、酸碱度、温度及加热方式、浓度等有关，"老化"是"糊化"的逆过程，"老化"过程的实质是已经溶解膨胀的淀粉分子重新排列组合，形成一种类似天然淀粉结构的物质。值得注意的是淀粉老化的过程是不可逆的，不可能通过糊化再恢复到老化前的状态，因此需要防止糊化淀粉的老化。

淀粉酶的液化能力与温度和 pH 有直接关系。每种酶都有最适的作用温度和 pH 范围，而且 pH 和温度是互相依赖的，一定温度下有较适宜的 pH。淀粉酶的活力与温度的关系如图 3-1 所示。

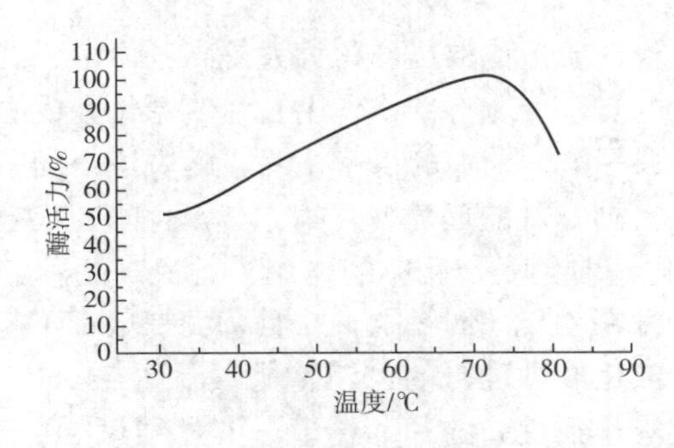

图 3-1　淀粉酶的活力与温度的关系

淀粉酶活力的稳定性还与保护剂有关，生产中可通过调节加入的 $CaCl_2$ 的浓度，提高酶活力稳定性。一般控制钙离子浓度 0.01mol/L。钠离子对酶活力稳定性也有作用，其适宜浓度为 0.01mol/L 左右。

淀粉液化的目的是为了给糖化酶的作用创造条件，由于不同原料来源的淀粉颗粒结构不同，液化程度也不同，薯类淀粉比谷类淀粉易液化。糖化酶水解糊精及低聚糖等分子时，需先与底物分子生成配位结构，然后才发生水解作用，使葡萄糖单位从糖苷键中裂解出来。这就要求被作用的底物分子有一定的大小范围，才有利于糖化酶生成这种结构，底物分子过大或过小都会妨碍酶的结合和水解速度。根据发酵工厂的生产经验，在正常液化条件下，控制淀粉水解程度在 DE 值为 10%～20% 为好（即此时保持较多量的糊精及低聚糖，较少量的葡萄糖）。而且，液化温度较低时，液化程度可偏高些，这样经糖化后糖化液的葡萄糖值较高。淀粉酶液化的终点常可以碘液显色来控制。

3. 液化淀粉的糖化

液化液的糖化速度与酶制剂的用量有关，糖化酶制剂用量决定于酶活力高低。酶活力高，则用量少；液化液浓度高，加酶量要多。生产上采用 30% 淀粉时，用酶量按 80～100U/g 淀粉计。糖化初期，糖化进行速度快，葡萄糖值不断增加，迅速达到 95%，以后糖化较慢，达到一定时间后，葡萄糖值不再上升，接着就稍有下降。因此，当葡萄糖值达到最高时，应当停止酶反应（可加热至 80℃，20min 灭酶），否则葡萄糖值将由于葡萄糖经 α-1，6-糖苷键起复合反应而降低。复合反应发生的程度与酶的浓度及底物浓度有关。

提高酶的浓度，缩短糖化时间，最终葡萄糖值也高；但酶浓度过高反而能促使复合反应的发生，导致葡萄糖值降低。而糖化的底物浓度（即液化液浓度）大，也使复合反应增强。因此，在糖化的操作中，必须控制糖化酶的用量及糖化底物的性质，才能保证糖液的质量。

糖化的温度和 pH 决定于所用糖化剂的性质。采用曲霉糖化酶，一般温度为 60℃，pH 4.0~5.0；根霉糖化酶一般在 55℃，pH 5.0。在大生产中，根据酶的特性，尽量选用较高的温度和较低的 pH，这样糖化速度快些，也可减少杂菌污染的可能性。采用较低的 pH 可使糖化液颜色浅，便于脱色。如应用黑曲霉 3912-12 的酶制剂，糖化在 50~64℃，pH 4.3~4.5 下进行；根霉 3092 糖化酶，糖化在 54~58℃，pH 4.3~5.0 下进行，糖化时间 24h，一般 DE 值都可达到 95%以上；采用 UV-11 糖化酶，在 pH 3.5~4.2，55~60℃温度下糖化，DE 值可达到 99%。

采用酶法糖化，糖化液的质量比酸法糖化大大提高，但由于糖化酶对 α-1，6-糖苷键的水解速度慢，对葡萄糖的复合反应有催化作用，致使糖化生成的葡萄糖又经 α-1，6-糖苷键结合成为异麦芽糖等，影响葡萄糖的得率。为了解决这个问题，国外曾报道，在糖化过程中加入能水解 α-1，6-糖苷键的葡萄糖苷酶，与糖化酶一起糖化，并选用较高的糖化 pH（6.0~6.2），抑制糖化酶催化复合反应的作用，可提高葡萄糖的产率，所得糖化液含葡萄糖可达 99%。而单独采用糖化酶时糖化液含葡萄糖一般都不超过 96%。

糖化是在一定浓度的液化液中进行的，调整适当温度与 pH，加入需要量的糖化酶制剂，保持一定时间，使溶液达到最高的葡萄糖值。液化结束后，迅速将液化液用酸调 pH 至 4.2~4.5，同时迅速降温至 60℃，然后加入糖化酶，60℃保温数小时后，用无水酒精检验无糊精存在时，将料液 pH 调至 4.8~5.0，同时加热到 90℃，保温 20min，然后将料液温度降低到 60~70℃时开始过滤，滤液进入贮罐，在 60℃以上保温待用。

4. 双酶法制糖的工艺流程

在配料罐内，将淀粉加水调制成淀粉乳，浓度控制在 17~25°Bx，用 Na_2CO_3 调 pH，使 pH 处于 5.0~7.0，加入 0.15%的 $CaCl_2$ 作为淀粉酶的保护剂和激活剂，再加入耐温 α-淀粉酶（0.5L/t 淀粉，相当于 10U/干淀粉），料液经搅拌匀后用泵打入喷射液化器，在喷射液化器中，料液和高温蒸汽直接接触，料液在很短时间内升温，控制出料温度 95~105℃。此后料液进入层流罐保温 30~60mim，温度维持在 95~97℃，然后进行二次喷射，在第二只喷射器内料液和蒸汽直接接触，使温度迅速升至 120~145℃，并在维持罐内维持该温度 3~5min，使淀粉进一步分散，蛋白质进一步凝固。然后料液经真空闪急冷却系统进入二次液化罐，将温度降低到 95~97℃，在二次液化罐内加入耐高温 α-淀粉酶，液化约 30min，用碘呈色试验合格后，结束液化。工业生产上，加入耐高温 α-淀粉酶，在较高的温度下液化，加速酶反应速率。但是温度升高时，酶活力损失加快。因此，在工业上加入 Ca^{2+} 或 Na^+，使酶活力稳定性提高。双酶法制糖的工艺流程如图 3-2 所示。

此工艺的特点是利用喷射器将蒸汽喷射入淀粉乳薄膜，在短时间内通过喷射器快速升温到要求的温度，完成糊化、液化，使形成的不溶性淀粉颗粒在高温下分散，从而使所得的液化液既透明又易于过滤，淀粉的出糖率也高，同时采用了真空闪急冷却，增大了液化液的浓度。从生产的情况可以看出，此法液化效果较好，蛋白质杂质凝结在一起，使糖化过滤性好，同时设备简单，便于连续化操作。

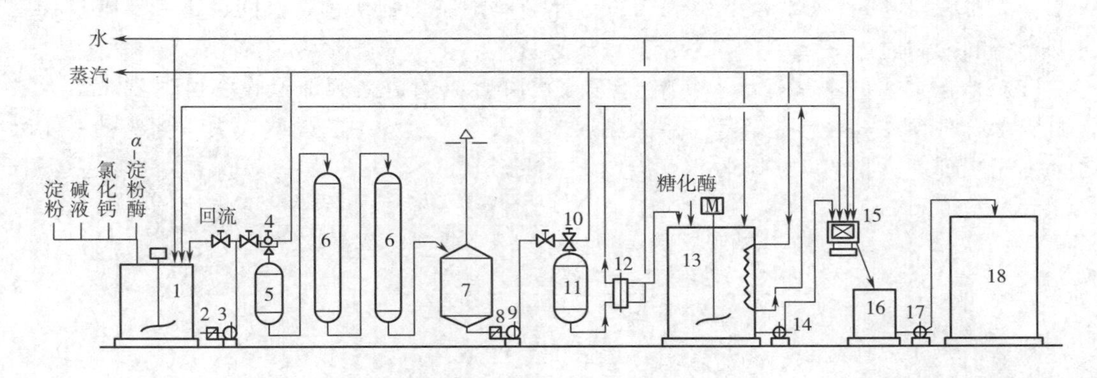

图 3-2　双酶法制糖工艺流程图

1—调浆配料槽　2，8—过滤器　3，9，14. 17—泵　4，10—喷射加热器　5—缓冲器
6—液化层流罐　7—液化液贮槽　11—灭酶罐　12—板式换热器　13—糖化罐
15—压滤机　16—糖化暂贮槽　18—贮糖槽

双酶法水解淀粉时，需要控制淀粉液化程度。淀粉经液化后，分子质量逐渐减少，黏度下降，流动性增强，给糖化酶的作用提供了有利条件。但是，假如让液化继续下去，虽然最终水解产物也是葡萄糖和麦芽糖等，但这样所得液葡萄糖值低；而且淀粉的液化是在较高的温度下进行的，液化时间加长，一部分已液化的淀粉又会重新结合成硬束状态，使糖化酶难以作用，影响葡萄糖的产率，因此控制淀粉液化程度有利于后续的糖化效果。在液化过程中，液化程度太低，液化液的黏度就大，难以操作，液化的淀粉也易老化，不利于糖化，特别是会使糖化液的过滤性相对较差。同时液化程度也不能太高，因为葡萄糖淀粉酶属于外酶，水解只能由底物分子的非还原性末端开始，且先与底物分子生成配位结构，而后发生水解催化作用，底物分子越小，水解的机会就越小，因此就会影响到糖化的速度。因此，液化超过一定程度，不利于糖化酶与液化淀粉生成配位结构，影响催化效率，使糖化液的最终 DE 值偏低。一般双酶法糖化，液化时控制葡萄糖值为 15%～20%比较合适。

5. 淀粉水解糖的质量对发酵的影响及考察的指标

淀粉水解糖液是生产菌的主要碳源，而且也是合成产物的碳架来源。它的质量好坏直接影响发酵生产，并关系到生产菌产率的高低。一般条件下应做到现用现制备，以保证水解糖液的新鲜、纯净。如果必须暂时贮存备用，糖液贮桶一定要保持清洁，防止酵母菌等浸入滋生。一旦浸入杂菌，便可利用糖产酸、产气、产酒精，使 pH 降低，糖液含量减少。有的厂在贮糖桶内设置加热管加热，使水解糖液保持 50～60℃，有效地防止酵母菌等的孳生。

（1）淀粉水解糖质量对发酵的影响　若淀粉水解不完全，有糊精存在，不仅造成浪费，而且糊精存在使发酵过程中产生大量泡沫，影响发酵正常进行，甚至引起染菌的危险。若淀粉水解过度，葡萄糖发生复合反应生成龙胆二糖、异麦芽糖等非发酵性糖；葡萄糖还会发生分解反应生成羟甲基糠醛，并进一步与氨基酸作用生成类黑素。这些物质不仅造成浪费，而且会抑制目标菌体生长。若淀粉原料中蛋白质含量多，当糖液中和、过滤时除去不彻底，培养基中含有蛋白质及水解产物时，会使发酵液产生大量泡沫，造成逃液和染菌。淀粉原料不同，水解工艺条件不同，水解糖液中生物素含量不同会影响发酵过程中生物素量的控制。

（2）水解质量的考察指标　淀粉经完全水解生成葡萄糖的理论收率可达到 111.1%，但由于水解时存在复合、分解等一系列副反应以及生产过程中的一些损失，葡萄糖的实际收率不能达到理论收率，实际收率可以用下式来表示。

$$实际收率=\frac{糖液量（L）\times 葡萄糖含量（\%）}{投入淀粉量（kg）\times 原料淀粉中含纯淀粉的含量（\%）}\times 100\%$$

$$淀粉转化率=\frac{糖液量（L）\times 糖液中葡萄糖含量（\%）}{投入淀粉量（kg）\times 原料淀粉中含纯淀粉的含量（\%）\times 1.11}\times 100\%$$

$$葡萄糖值=\frac{还原糖含量（\%）}{干物质含量（\%）}\times 100\%$$

葡萄糖值也称为 DE 值，表示淀粉水解程度或糖化程度。即在液化液或糖化液中，所测得的还原糖都当作葡萄糖来计，葡萄糖占干物质的百分含量。糖液中葡萄糖的实际含量稍低于葡萄糖值，因为有少量的还原糖性低聚糖存在，随着糖化程度的增高，二者差别减少。不管哪种方法制得水解糖，必须达到一定的质量指标，方能满足微生物生产产品的需要。

$$淀粉转化率=DE值=\frac{还原糖含量（\%）}{干物质含量（\%）}\times 100\%$$

淀粉水解糖是生产菌的主要碳源，其质量直接影响发酵的正常进行，关系到产品产率的高低。淀粉的水解过程中，淀粉的水解反应是主要反应，水解过程中还会发生副反应，即葡萄糖的复合和分解，形成色素和其他低聚糖，降低葡萄糖的收率，因此，淀粉制糖过程中，如何提高淀粉转化率，降低葡萄糖复合和分解反应的发生，提高葡萄糖的质量和得率，是淀粉制糖过程中要特别注意的问题。

第二节　工业培养基的成分来源及选择依据

在工业生产中，满足微生物生长和合成代谢产物的营养需求，提高代谢产物的合成效率，确定合理的发酵工业培养基是实现微生物产业化的关键。由于不同的微生物的生长情况不同或合成不同的发酵产物时所需的发酵培养基有所不同，但是一个适宜于大规模发酵的培养基应该具有以下几个共同特点：①培养基中营养成分的含量和组成能够满足菌体生长和产物合成的需求；②发酵副产物尽可能少；③培养基原料价格低廉，性能稳定，资源丰富，便于运输和采购；④培养基的选择应能满足总体工艺的要求。因此，在发酵工业生产中，了解发酵培养基成分及原辅材料的特性，科学合理地设计或制备发酵培养基，优化制备过程的单元操作，才能发挥菌种的优良性能，获得最大的产物得率。

一、发酵培养基的成分来源

从微生物的营养要求来看，所有的微生物都需要碳源、氮源、无机元素、水、能源和生长因子等，有的还需要前体、促进剂和抑制剂等，如果是好氧微生物则还需要氧气。碳源是供给菌体生命活动所需的能量和构成菌体细胞以及代谢产物的基础。氮源主要是构成菌体细胞物质和代谢产物，即蛋白质、氨基酸之类的含氮代谢物。微生物生长发育过程和生物合成过程也需要大量元素和微量元素，如镁、硫、磷、钾、锰等。一些特殊的微量生长因子如生物素、硫胺素、肌醇等，对营养缺陷型微生物是必不可少的。生物体内各种生化作用必须在水溶液中进行，营养物质必须溶解于水中，才能透过细胞膜被微生物利用。在实验室规模上配制含有纯化合物的培养基是相当简单的，虽然它能满足微生物的生长要求，但在大规模生产上往往是不适合的。一个过程从实验室放大到中试规模，最后到工业生产，由于放大效应还会产生各种各样的问题。比如实验室使用的培养基在大型发酵罐中使用，由于此时气液传递速率降低不是最理想的，高黏度的培养基显然要消耗更高的搅拌功率。

1. 工业上常用的碳源

在微生物发酵生产中，普遍以碳水化合物作为碳源。碳源是培养基的主要组成分之一，其主要功能有两个，一是提供微生物生长繁殖所需的能源以及菌体细胞成分；二是提供菌体合成目标产物所需的碳骨架。常用的碳源有糖类、有机酸、油脂和低碳醇等。

糖类是发酵培养基中应用最广泛的碳源，主要有葡萄糖、糖蜜和淀粉等。葡萄糖是最容易利用的碳源之一，几乎所有的微生物都能利用葡萄糖，所以，葡萄糖是发酵培养基的一种主要成分，而且是加速微生物生长的速效碳源（快速利用碳源）。但过多的葡萄糖会影响菌体的吸收和利用，导致 pH 下降，影响某些酶的活性，从而抑制微生物的生长和代谢产物的合成，这就是快速利用碳源的阻遏作用。蔗糖一般来自甘蔗或甜菜，在发酵培养基中常用的甜菜或甘蔗糖蜜是在糖精制作过程中留下的残液。淀粉常常被霉菌作为碳源使用。现在人们对简单的有机酸、烷烃等含碳物质在发酵过程中作为碳源越来越感兴趣，虽然它们的价格比相等数量的粗碳水化合物要昂贵得多，但由于纯度较高，便于发酵结束后产物的回收和精制。甲烷、甲醇和烷烃已经用于微生物菌体的生产，例如将甲醇作为底物生产单细胞蛋白，用烷烃进行有机酸、维生素等的生产。

2. 工业上常用的氮源

氮源主要用于构成菌体细胞物质和合成含氮代谢物。常用的氮源有两大类；有机氮源和无机氮源。有机氮源有黄豆饼粉、花生饼粉、棉籽粉、鱼粉、酵母浸出液、玉米浆（corn steep liquor，CSL）等，在微生物分泌的蛋白酶的作用下，水解成氨基酸，被菌体利用。有机氮源除丰富的蛋白质、多肽和游离氨基酸以外，往往还含有少量的糖类、脂肪、无机盐、维生素及某些生长因子，其功能包括：构成菌体成分，作为酶的组分或维持酶的活性，调节渗透压、pH、氧化还原电位等。无机氮源有氨水、铵盐或硝酸盐等，微生物对它们的吸收一般较快，尤其是铵盐和氨水，所以也称为速效氮源。但无机氮源的迅速利用常常会引起 pH 的变化，因此，无机氮源有生理酸性盐，如硫酸铵等；生理碱性盐，如硝酸钠等。正确使用生理酸性、碱性物质，对稳定和调节发酵过程的 pH 有积极的作用。

氨水在发酵过程中既是一种容易被利用的氮源，同时也可调节发酵液的 pH，在许多产品，如氨基酸、抗生素等生产中得到普遍使用。氨水碱性较强，在发酵生产中要注意防止局部 pH 过高造成发酵异常，因此氨水作氮源时，要少量多次加入，并且要加强搅拌。

3. 无机盐与微量元素

无机盐是微生物生命活动所不可缺少的物质。其主要功能是构成菌体成分，作为酶的组成部分、酶的激活剂或抑制剂，调节培养基渗透压、调节 pH 和氧化还原电位等。这些物质一般在低浓度时对微生物生长和产物合成有促进作用，但在高浓度时常表现出明显的抑制作用。不同的微生物以及同种微生物在不同的生长阶段，对无机盐的最适浓度要求均不相同。因此，在生产中，要了解菌种对无机盐的最适宜需求量，使之既能满足菌体需求，又不造成浪费。表 3-2 为培养基中无机盐成分的浓度参考范围。

表 3-2　　培养基中无机盐成分的浓度范围

成分	浓度/（g/L）	成分	浓度/（g/L）
KH_2PO_4	1.0~4.0	$ZnSO_4 \cdot 8H_2O$	0.1~1.0
$MgSO_4 \cdot 7H_2O$	0.25~3.0	$MnSO_4 \cdot H_2O$	0.01~0.1
KCl	0.5~12.0	$CuSO_4 \cdot 5H_2O$	0.003~0.01
$CaCO_3$	5.0~17.0	$Na_2MoO_4 \cdot 2H_2O$	0.01~0.1
$FeSO_4 \cdot 4H_2O$	0.01~0.1		

在培养基中，镁、磷、钾、硫、钙和氯等常以盐的形式加入，而锰、铜、钴、锌、铁等的缺少对微生物生长固然不利，但因需要量很小，除合成培养基外，一般在复合培养基中，由于含有动植物原料如黄豆饼粉、蛋白胨等，常常不再单独加入。但有些发酵工业，如维生素 B_{12}的生产（钴元素是维生素 B_{12}的组成成分），在培养基制备中要加入氯化钴以补充钴元素的不足。

（1）磷　磷是某些蛋白质和核酸的组分。腺苷二磷酸（ADP）、腺苷三磷酸（ATP）是重要的能量传递者，参与一系列的代谢反应。磷酸盐在培养基中作为缓冲物质，具有调节 pH 的作用。磷酸盐不仅是菌体生长的主要限制性营养成分，还是调节抗生素生物合成的重要参数。过量的磷酸盐对四环素、氨基糖苷类和多烯大环内酯类等几十种抗生素的生物合成产生抑制作用。工业生产中必须控制在亚适量的浓度，当磷酸盐浓度低时，明显促进菌体生长；浓度大于 10mmol/L 则对许多抗生素的合成产生抑制。因此，在抗生素的发酵生产中，要限制磷酸盐的浓度。磷含量对谷氨酸发酵影响也很大，磷浓度过高时，菌体转向合成缬氨酸；但磷含量过低，菌体生长不好。

（2）镁　镁是某些细菌的叶绿素的组分，虽并不参与任何细胞结构物质的组成，但它的离子状态是许多重要的酶（如己糖磷酸化酶、异柠檬酸脱氢酶、羧化酶等）的激活剂。如果镁离子含量太少，就会影响基质的氧化。一般革兰阳性菌对 Mg^{2+}的最低要求量是 25mg/L，革兰阴性菌为 4~5mg/L。$MgSO_4 \cdot 7H_2O$ 中含 Mg^{2+} 9.87%，发酵培养基配用 0.25~1g/L 时，Mg^{2+}浓度 25~90mg/L。

（3）钾、钠、钙　这些元素虽不参与细胞结构物质的组成，但仍是发酵培养基的必要成分。钾离子与细胞渗透压有关，还是许多酶的激活剂，如在谷氨酸发酵产物生成所需要的钾盐比菌体生长需要量高。菌体生长需钾量约为 0.1g/L（以 K_2SO_4计），谷氨酸生成需钾量为 0.2~1.0g/L。钾盐少长菌体，钾盐足够产谷氨酸。钠离子也与维持细胞的渗透压有关，在培养基制备时，常加入少量的钠盐，但过量会影响微生物生长。钙离子主要控制细胞透性，在培养基中常用的是碳酸钙。碳酸钙不溶于水，但它能与酸反应，因此，可调节发酵液的 pH。

（4）硫、氯　硫是含硫氨基酸的组成分，有些细胞的蛋白质中含有硫，硫还是某些辅酶活性基的成分，如辅酶 A、硫辛酸和谷胱甘肽等。在青霉素、头孢菌素等发酵产物的分子中，硫是其组成部分。所以，在含有硫组分产物的生产中，发酵培养基中需要加入硫酸盐等作为硫的来源。一般情况下，除一些嗜盐菌外，在培养基中氯离子不是作为营养物质，但对于一些含氯的代谢产物如金霉素、灰黄霉素等来说，培养基制备时，需要加入约0.1%的氯化钾以补充氯离子。

（5）锰、铁、锌　微量元素如锰、铁和锌等，在有些产物的合成中，发酵培养基制备时需要补充和添加。如锰是某些酶的激活剂，羧化反应必须有锰参与，在谷氨酸生物合成途径中，草酰琥珀酸脱羧生成 α-酮戊二醛是在 Mn^{2+} 存在下完成的，一般培养基配制用 2mg/L $MnSO_4 \cdot 4H_2O$。铁是细胞色素氧化酶、过氧化氢酶的成分，又是若干酶的激活剂，也是铁细菌的能源。锌是醇脱氢酶、乳酸脱氢酶、肽酶和脱羧酶的辅因子；钼是固氮酶的组分。

一般作为碳源、氮源的农副产物天然原料中，本身就含有某些微量元素，不必另加。必须指出，某些金属离子，特别是汞离子和铜离子，具有明显的毒性，抑制菌体生长和影响谷氨酸的合成，因此，必须避免有害离子加入培养基中。

4. 生长因子

从广义来说，凡是微生物生长不可缺少的微量有机物质，如氨基酸、嘌呤、嘧啶、维生素等均称为生长因子。其功能是构成细胞的组分，促进生命活动的进行。生长因子不是所有微生物都必需的，它只是对于某些自己不能合成这些成分的微生物才是必不可少的营养物。有机氮源是生长因子的重要来源，多数有机氮源含有较多的 B 族维生素、微量元素及一些生长因子。最有代表性的是玉米浆，另外还有麸皮水解液、糖蜜等。

（1）生物素（biotin）　生物素是一种 B 族维生素，又称为维生素 H 或辅酶 R。生物素存在于动植物的组织中，多与蛋白质呈结合状态存在，用酸水解可以分开。许多农副产品中含有生物素，如米糠中含量为 270μg/kg；酵母中含量为 600~1800μg/kg；豆饼水解液中含量为 120μg/kg；甘蔗废糖蜜（blacks trap）中生物素含量比甜菜糖蜜约高 20 倍，前者含量为 2700~3200μg/kg。

生物素主要影响谷氨酸产生菌细胞膜的通透性，同时也影响菌体的代谢途径。以糖质原料为碳源进行谷氨酸生产时，生物素缺陷型（biotin auxotroph）菌株以生物素为生长因子。使用该菌株进行谷氨酸生产时，生物素浓度对菌体生长和谷氨酸积累都有影响，大量合成谷氨酸所需要的生物素浓度比菌体生长的需要量低，即为菌体生长需要的“亚适量”。谷氨酸发酵最适的生物素浓度随菌种、碳源种类和浓度以及供氧条件不同而异，一般为 5μg/L 左右。菌体从培养液中摄取生长素的速度是很快的，远远超过菌体繁殖所消耗的生物素量，因此，培养液中残留的生物素量很低，在发酵过程中菌体内生物素含量由“丰富转向贫乏”过渡。有人试验得出结论，当菌体内生物素从 20mg/g 干菌体（即 DCW）降到 0.5pg/g 干菌体时，菌体就停止生长，继续发酵，在适宜条件下就大量积累谷氨酸。

有些菌株以硫胺素为生长因子，有些变异株如油酸缺陷型以油酸为生长因子。

（2）玉米浆（corn steep liquor，CSL）　玉米浆是玉米淀粉生产过程中的副产品。在玉米淀粉的生产中，须将玉米粒先用亚硫酸浸泡，浸泡液经浓缩即制成黄褐色的液体。它含有丰富的可溶性蛋白、氨基酸、生物素和一些前体物质，含 40%~50% 固体物质。玉米浆是微生物生长普遍使用的有机氮源，它还能促进青霉素等抗生素的生物合成，玉米浆各成分的含量如表3-3所示。

表3-3　　玉米浆中各成分的含量

总固形物/%		灰分/%		维生素/（mg/g）	
乳酸	15.0	K	20.0	硫胺素	41.0~49.0
还原糖	5.6	P	1.0~5.0	生物素	0.34~0.38
水解后的自由还原糖	6.8	Na	0.3~1.0	叶酸	0.26~0.6
总氮	4.0	Mg	0.03~0.3	烟酰胺	30.0~40.0
其中各种氨基氮占总氮含量		Fe	0.01~0.3		
Glu（8.0），Leu（6.0）		Cu	0.01~0.3		
Pro（5.0），Thr（3.5）		Ca	0.01~0.3		
Ile（3.5），Val（3.5）		Zn	0.03~0.8		
Phe（2.0），Met（1.0）		Pb	0.03~0.1		
Cys（1.0）		Si	0.03~0.1		
Ala（25），Arg（8）		Cl	0.03~0.1		

玉米浆的成分因玉米原料来源及处理方法而有差异。每批原料变动时均需进行小型试验，以确定用量。玉米浆用量还应根据淀粉原料不同、糖浓度及发酵条件不同而异。一般用量为0.4%~0.8%。虽然玉米浆主要用作氮源，但它含有乳酸、少量还原糖和多糖，含有丰富的氨基酸、核酸、维生素、无机盐等，因此常作为提供生长因子的物质。

甘蔗糖蜜和甜菜糖蜜均可代替玉米浆，但甘蔗糖蜜生物素含量高，氨基酸等有机氮含量较低。发酵时甘蔗糖蜜用量为0.1%~0.4%。

（3）麸皮水解液　可以代替玉米浆，但蛋白质、氨基酸等营养成分比玉米浆少。用量一般为1%（以干麸皮计）左右。麸皮水解条件为：干麸皮：水=1：20，用盐酸调pH 1.0，以0.25MPa（表压）加热水解20min。然后过滤取滤液，即为麸皮水解液。

事实上，许多作为碳源和氮源的天然成分，如麦芽汁、牛肉膏、麸皮、米糠、酵母膏、酵母浸出液或酵母粉、马铃薯汁等均可提供一定的生长因子。

5. 前体物质和促进剂

随着原料转换，目标产物的要求以及所使用菌种的不同，为了进一步大幅度提高发酵产率，在某些工业发酵过程中，发酵培养基除了碳源、氮源、无机盐、生长因子等几大成分外，考虑到代谢控制方面，还需要添加某些特殊功能的物质如前体物质、促进剂、代谢调节剂等。这些物质加入培养基中有助于促进产物的形成，而并不促进微生物的生长。添加这些物质往往与菌种特性和生物合成产物的代谢控制有关，目的在于大幅度提高发酵产率、降低成本。

（1）前体（precursor）　某些化合物加到发酵培养基中，能直接被微生物在生物合成过程结合到产物分子中去，而其自身的结构并没有多大变化，但产物的量却因加入而有较大的提高。有些氨基酸、核苷酸和抗生素发酵必须添加前体物质才能获得较高的产率。

在青霉素的生产过程中，人们发现加入玉米浆后，青霉素的产量提高，进一步研究发现产量增长的原因是玉米浆中含有苯乙胺和苯丙氨酸，这些组分显然也有青霉素G前体的作用，因此，在培养基中加入玉米浆能刺激青霉素的形成和增加青霉素G含量。前体物质的利用往往与菌种的特性和菌龄有关，如两种青霉素产生菌对苯乙酸的利用率不同，形成青霉素G的比例也不同，较老的菌丝对前体的利用较大。因此在发酵过程中，加入前体不但可使其青霉素G比例大为增加（占总青霉素量的99%以上），且使青霉素的产量有所提高。一般来说，当前体物质是合成过程中的限制因素时，前体物质加入量越多，抗生素产量就越高。但前体物质的浓度越大，利用率越低。前体物质越易被氧化，用于构成青霉素分子的比例就越少。在抗生素发酵中大多数的前体物质对生产菌体有毒，故一次加入量不宜过大。为了避免前体物质浓度过大，一般采取间隙分批添加或连续滴加的方法加入。抗生素发酵常用前体物质如表3-4所示。

表3-4　　抗生素发酵常用前体物质

抗生素	前体物质	抗生素	前体物质
青霉素G	苯乙酸、乙基酰胺	金霉素	氯化物
青霉素O	烯丙基巯基乙酸	溴四环素	溴化物
青霉素V	苯氧乙酸	红霉素	丙酸、丙醇、乙酸盐
链霉素	肌醇、精氨酸、甲硫氨酸	灰黄霉素	氯化物
		放线菌素C_3	肌氨酸

有些氨基酸发酵必须添加前体物质，才能获得较高的产率。例如丝氨酸、色氨酸、异亮氨酸及苏氨酸发酵时，培养基中分别添加其相应的前体物质如甘氨酸、吲哚、2-羟基-4-甲基硫代丁酸，α-氨基丁酸及高丝氨酸等，这样可避免氨基酸合成途径的反馈和抑制作用，从而获得较高的产率。又如5′-核苷酸可以由腺嘌呤或鸟嘌呤缺陷变异菌株直接发酵生成。不同氨基酸发酵的前体物质如表3-5所示。

表3-5　　不同氨基酸发酵的前体物质

发酵产物	菌株	前体物质	产率/%
丝氨酸	嗜甘油棒状杆菌（*Corynebacterium glycerophilus*）	甘氨酸	1.6
色氨酸	异常汉逊酵母（*Hansenula anomala*）	氨茴酸	0.8
色氨酸	麦角菌（*Claviceps purpurea*）	吲哚	1.3
甲硫氨酸	脱氮极毛杆菌（*Pseudomonas denitrificans*）	2-羟基-4-甲基硫代丁酸	1.1
异亮氨酸	黏质赛杆菌（*Serratia mucinosa*）	α-氨基丁酸	0.8
异亮氨酸	阿氏棒状杆菌（*Corynebacterium albicans*）	D-苏氨酸	1.5

续表

发酵产物	菌株	前体物质	产率/%
苏氨酸	谷氨酸小球菌（*Micrococcus glutamicus*）	高丝氨酸	2.0

（2）促进剂（promoter）　在氨基酸、抗生素和酶制剂发酵生产过程中，可以在发酵培养基中加入某些对发酵起一定促进作用的物质，称为促进剂或刺激剂。在酶制剂的发酵生产中，加入一些表面活性剂或其他产酶促进剂，可大大增加某些微生物酶的产量。常用促进剂有各种表面活性剂（洗净剂、吐温-80、植酸等）、乙二胺四乙酸（EDTA）、大豆油抽提物、黄血盐、甲醇等。如栖土曲霉3942生产蛋白酶时，在发酵2~8h添加0.1% LS洗净剂（即脂肪酰胺磺酸钠），就可使蛋白酶产量提高50%以上。添加培养基0.02%~1%的植酸盐可显著地提高枯草杆菌、假单胞菌、酵母、曲霉等的产酶量。在葡萄糖氧化酶发酵时，加入金属螯合剂乙二胺四乙酸对酶的形成有显著影响，酶活力随乙二胺四乙酸用量而递增。在酶制剂发酵过程中添加促进剂能促进产量增加的原因主要是改进了细胞的渗透性，同时增强了氧的传递速度，改善了菌体对氧的有效利用。

在不同的情况下，不同的促进剂所起的作用也各不相同。①起生长因子的作用。如加入微量的赤霉素“九二零”可以促进某些放线菌的生长，缩短发酵周期，提高抗生素的产量。②推迟菌体自溶。如巴比妥药物能增加链霉素产生菌的菌丝抗自溶能力。③调节代谢使之向目标产物合成途径转化。如在四环素发酵中加入硫氰化苄，可降低其产生菌在三羧酸循环中某些酶的活力，而增加戊糖代谢，有利于四环素的合成。④改变发酵液的物理性质。如加入合成消泡剂聚丙烯甘油醚等来改善通气条件，从而提高抗生素发酵单位。⑤与抗生素形成复盐，降低发酵液中抗生素浓度，有利于抗生素的持续合成。如四环素发酵过程中，添加N，N'-二苄基乙烯二胺碱土金属盐类，能与四环素形成复盐，从而促进产生菌继续合成四环素。

（3）代谢调节剂（metabolic modulator）　代谢调节剂包括抑制剂和诱导剂。当一种抑制剂加入发酵液中，它能抑制一种代谢途径而使另一种代谢途径活跃，因而使目标产物的产率提高。例如，在四环素发酵过程中，加入溴化物能抑制金霉素的形成，从而增加四环素的产量。

发酵过程中也会由于抑制剂的加入，而导致副产物增加。如在果酒的发酵过程中由于加入亚硫酸盐，从而使甘油含量较高。亚硫酸盐在果酒生产中起杀菌的作用，但它可以和乙醛结合形成乙醛亚硫酸加成物，这样，乙醛就不能成为酒精发酵中氢的受体，迫使糖酵解中的磷酸二羟丙酮接受氢而被还原，最终得到甘油。

在酶制剂的生产过程中，对于诱导酶来说常常需要加入诱导物以提高酶的产率，这在生产酶制剂新品种时尤为明显。一般的诱导物可以是酶作用的底物，也可以是底物类似物，这些物质可以“启动”微生物内的产酶机构，如果没有这些物质，这种机构通常是没有活性的，产酶是受阻遏的。不同的酶有不同的诱导物，有时可使用安慰性诱导物（gratuitous inducer），它能高效诱导酶的合成，但又不被所诱导的酶分解。如在大肠杆菌乳糖操纵子（*lac*）体系中，当有乳糖供应时，在无葡萄糖培养基中生长的lac^+细菌将同时合成半乳糖苷酶和透过酶。但是，培养基中的乳糖会被诱导合成的β-半乳糖苷酶催化降解，从而使其浓度不断发生变化。因此，实验室里常用两种含硫的乳糖类似物——异丙基巯基半乳糖苷（IPTG）和巯甲基半乳糖苷（TMG）作为安慰性诱导物。

二、发酵培养基成分选择依据

不同的微生物对营养物质的利用不同，培养过程对原料的要求也不一样，因此应根据具体情况，从微生物营养要求特点和生产工艺的要求出发，选择合适的营养物质以及培养基，使之既能满足微生物生长的需要，又能获得较高的产品得率，同时也要符合增产节约、因地制宜的原则。

1. 根据微生物的特点

用于大规模生产的微生物主要有细菌、酵母菌、霉菌和放线菌等四大类。它们对营养物质的要求不尽相同，有共性也有各自的特性。在实际应用时，要依据微生物的不同特性及营养需求来选择培养基的组成，对典型的培养基配方需根据微生物及代谢产物的特征做出必要的调整。例如，霉菌可利用淀粉，但酵母菌不分泌淀粉酶，不能直接利用淀粉，因此，利用酵母发酵生产时，必须将淀粉转变成葡萄糖，才能满足微生物生长和繁殖。

2. 根据不同目的

液体培养基和固体培养基各有不同的用途，也各有其优点和缺点。在液体培养基中，营养物质以溶质状态溶解于水中，这样微生物就能更充分地接触和利用营养物质，更有利于微生物的生长和更好地积累代谢产物。工业上，利用液体培养基进行的深层发酵具有发酵效率高，操作方便，便于机械化、自动化，降低劳动强度，占地面积小，产量高等优点，所以发酵工业中大多采用液体培养基培养种子和进行发酵，并根据微生物对氧的需求，分别做静置培养或通气培养。而固体培养基则常用于传统的白酒生产及部分酶制剂的生产，亦用于微生物菌种的保藏、分离、菌落特征鉴定、活细胞数测定等方面。此外，工业上也常用一些固体原料，如小米、大米、麸皮、马铃薯等直接制作成斜面或茄形瓶来培养霉菌、放线菌。

3. 根据不同要求

生产过程中，由于菌种的保藏、种子的扩大培养到发酵生产等各个阶段的目的和要求不同，因此，所选择的培养基成分配比也应该有所区别。一般来说，种子培养基主要是供微生物菌体的生长繁殖。为了在较短的时间内获得数量较多的强壮的种子细胞，种子培养基要求营养丰富、完全，氮源、维生素的比例应较高，所用的原料也应是易于被微生物菌体吸收利用。常用葡萄糖、硫酸铵、尿素、玉米浆、酵母膏、麦芽汁、米曲汁等作为原料配制培养基。而发酵培养基除需要维持微生物菌体的正常生长外，主要目的是合成预定的发酵产物，所以，发酵培养基碳源物质的含量往往要高于种子培养基。当然，如果产物是含氮物质，相应地增加氮源供应。除此之外，发酵培养基还应考虑便于发酵操作以及不影响产物的提取分离和产品的质量。

4. 根据经济效益分析

从科学的角度出发，培养基的经济性通常不被十分重视。而对于大工业生产过程来讲，由于配制发酵培养基的原料大多是粮食、农副产品等，且工业发酵消耗原料量大，因此，在工业发酵中选择培养基原料时，除了必须考虑容易被微生物利用并满足生产工艺的要求外，还应考虑到经济效益，必须以价廉、来源丰富、运输方便、就地取材以及没有毒性等为原则。

第三节　发酵培养基制备及应注意的问题

在确定发酵培养基组分之后，就要进一步决定各组分之间的最佳配比。培养基组分的配比、黏度、缓冲能力、灭菌效果以及原料杂质的含量等因素都会对菌体生长和产物合成有影响。因此，制备发酵培养基，除考虑基本原则外，从微生物生长和产物合成的角度，合理设计和配制，以保证发酵生产的正常进行。

一、发酵培养基成分选择的原则

虽然不同的微生物生长状况不同，且不同发酵产物所需的营养条件不同，但是，对于微生物工业来讲，其生长和代谢都需要各种营养物质。在工业发酵生产中，为保证最大可能积累代谢产物，提高生产效益，选择发酵培养基原料和成分需要遵循共同的基本原则，即目标明确、营养协调、理化条件适宜、经济节约。具体来讲，考虑以下几点：①必须提供合成微生物细胞和发酵产物的基本成分；②有利于减少培养基原料的单耗；③有利于提高培养基中产物的浓度，以提高单位容积发酵罐的生产能力；④有利于提高产物的合成速度，缩短发酵周期；⑤尽量减少副产物的形成，便于产物的分离纯化；⑥原料价格低廉，质量稳定，取材容易；⑦所用原料尽可能减少对发酵过程中通气搅拌的影响，利于提高氧的利用率，降低能耗；⑧有利于产品的分离和纯化，并尽可能减少产生“三废”的物质。

不同的微生物所需要的培养基成分是不同的，要确定一个合适的培养基，还需要了解生产用菌种的来源、生理生化特性和一般的营养要求，不同生产菌种的培养条件、目标产物的生物合成途径以及代谢产物的化学性质等。葡萄糖几乎是所有的微生物都能利用的碳源，因此在培养基设计或选用时优先考虑。对于快速利用的碳源如葡萄糖来讲，当菌体利用葡萄糖时产生的分解代谢产物会阻遏或抑制某些产物合成所需酶系的形成或酶的活性，即发生“葡萄糖效应”。因此在次级代谢产物发酵生产时，作为种子培养基所含的快速利用的碳源和氮源，往往比发酵培养基多，而发酵培养基需考虑慢速利用的碳源/氮源与快速利用的碳源/氮源的合理搭配。当然也可以考虑分批补料或连续补料的方式，以及在基础培养基中添加诸如磷酸镁等被称为“铵离子捕捉剂”的化合物，来控制微生物对底物合适的利用速率，以解除葡萄糖效应，生产更多的目标产物。微生物利用氮源的能力因菌种、菌龄的不同而有差异。多数能分泌胞外蛋白酶的菌株，在有机氮源（蛋白质）上可以良好地生长。常用的有大豆饼、花生饼粉。有些微生物，如大多数氨基酸生产菌，缺乏蛋白质分解酶，不能直接分解蛋白质，必须将有机氮源水解后才能被利用。同一微生物处于不同生长阶段时，对氮源的利用能力不同，在生长早期容易利用易同化的铵盐和氨基氮，在生长中期则由于细胞的代谢酶系已经形成，则利用蛋白质的能力增强。因此在培养基中有机氮源和无机氮源应当混合使用，应考虑以有机氮源（蛋白质类）为主。有些产物的合成会受到氮源的诱导或阻遏，例如黑曲霉生产酸性蛋白酶时，产物的合成通常受培养基中蛋白质或多肽的诱导，而受铵盐、硝酸盐、氨基氮的阻遏。另外，工业生产中还必须考虑成本因素。因此，制备发酵培养基尽可能选择廉价原料，在保证产物合成不受影响的前提下，“以粗代精”“以废代好”。

二、发酵培养基制备应注意的问题

1. 发酵培养基的碳氮比

发酵培养基中碳氮比对微生物生长繁殖和产物合成的影响极为显著。因此，在制备发酵培养基时，要注意快速利用的碳（氮）源和慢速利用的碳（氮）源的相互配合，发挥各自优势，避其所短，选用适当的碳氮比。碳源过多，则容易形成较低的 pH；碳源不足，菌体衰老和自溶。另外碳氮比不当还会影响菌体按比例地吸收营养物质，直接影响菌体生长和产物的形成。菌体在不同生长阶段，对其碳氮比的最适要求也不一样。由于碳既作碳架又作能源，所以用量要比氮多。氮源过多，则菌体繁殖旺盛，pH 偏高，不利于代谢产物的积累；氮源不足，则菌体繁殖量少，从而影响产量。从元素分析来看，酵母细胞中碳氮比为 100：20，霉菌约为 100：10。一般发酵工业中碳氮比为 100：（0.2～2.0），但在氨基酸发酵中，因为产物中含有氮，所以碳氮比就相对高一些。如谷氨酸发酵的 C：N=100：（15～21），若碳氮比为 100：（0.2～2.0），则会出现只长菌体，几乎不产谷氨酸的现象。碳氮比随碳水化合物及氮源的种类以及通气搅拌等条件而异，很难确定统一的比值，要视生产的具体情况确定。

2. 菌体的同化能力

由于微生物的种类和来源不同，所能分泌的水解酶系不同，因此，有些微生物只能利用简单的小分子物质，而有些微生物可以利用较为复杂的物质。因此，在培养基成分选择时，必须考虑微生物对营养物质的同化能力，从而保证所选用培养基成分都是微生物所能利用的。对于葡萄糖来说，所有的微生物均能利用，但是，工业生产中选用葡萄糖作为碳源成本相对较高，一般采用淀粉水解糖。但淀粉水解的糖液中，主要糖类是葡萄糖，尚还有少量的麦芽糖以及其他一些二糖、低聚糖等复合糖类，致使糖液的质量降低。为了保证发酵生产的正常进行，淀粉水解糖应达到一定的质量标准，方能用于发酵培养基的碳源。

有些微生物可以同化淀粉，但在使用淀粉时，如果浓度过高培养基会很黏稠，影响微生物的利用，所以培养基中淀粉的含量大于 2.0%时，应该先用淀粉酶糊化，然后再混合、配制、灭菌，以免产生结块现象。糊精的作用和淀粉极为相似，因其在热水中的溶解性，所以补料中一般不补淀粉而是补糊精。在红霉素摇瓶发酵中，提高基础培养基中的淀粉含量能够延缓菌丝自溶、提高发酵单位，但在工业生产中，由于淀粉含量过高不仅成本增加且发酵液黏稠影响氧的传质，进而影响红霉素的生物合成和后工段的处理。因此在发酵生产中往往偏向于所谓的“稀配方”，它既降低成本、灭菌容易，又使氧传递容易而有利于目的产物的生物合成。如果营养成分缺乏，则可通过中间补料方法予以弥补。

3. pH

微生物的生长和代谢除了需要适宜的营养环境外，pH 是极为重要的一个环境因子。设计培养基要注意生理酸、碱性盐和 pH 缓冲剂的加入和搭配，根据该菌种在现有工艺设备的条件下，其生长和合成产物时 pH 的变化情况以及最适 pH 所控制范围等，综合考虑选用何种生理酸、碱性物质及用量，从而保证在整个发酵过程中 pH 都能维持在最佳状态。培养基的碳氮比与培养基的 pH 密切相关，在选取培养基营养成分时，除了考虑营养的需求外，也要考虑其代谢后引起培养体系 pH 的变化，从而保证发酵过程中 pH 能满足工艺的要求。微生物在利用营养物质后，由于酸碱物质的积累或代谢，酸碱物质的形成会造成培养体系 pH 的波动。因此，在工业上，以改变培养基成分的配比使在发酵过程中的 pH 变化适合菌种的代谢要求，或者直接用酸或碱来进行调节。

4. 氧化还原电位

氧化还原电位反映水溶液中所有物质表现出来的宏观氧化还原性。氧化还原电位越高，氧化性越强，氧化还原电位越低，还原性越强。电位为正表示溶液显示出一定的氧化性，为负则表示溶液显示出一定的还原性。不同类型微生物生长发酵培养基的氧化还原电位（F）的要求不一样，一般好氧性微生物氧化还原电位 F 值为+0.1V 以上时可正常生长，一般以+0.3～+0.4V 为宜，厌氧性微生物只能在 F 值低于+0.1V 条件下生长，兼性厌氧微生物在 F 值为+0.1V 以上时进行好氧呼吸，在+0.1V 以下时进行发酵。F 值与氧分压和 pH 有关，也受某些微生物代谢产物的影响。在 pH 相对稳定的条件下，可通过增加通气量（如振荡培养、搅拌）提高培养基的氧分压，或加入氧化剂，从而增加 F 值；在培养基中加入抗坏血酸、硫化氢、半胱氨酸、谷胱甘肽、二硫苏糖醇等还原性物质可降低 F 值。

5. 原料来源

在发酵工业中，培养基用量很大，利用低成本的原料更体现出其经济价值。例如，在微生物单细胞蛋白的工业生产过程中，常常利用糖蜜（制糖工业中含有蔗糖的废液）、乳清（乳制品工业中含有乳糖的废液）、豆制品工业废液及黑废液（造纸工业中含有戊糖和己糖的亚硫酸纸浆）以及植物秸秆等都可作为培养基的原料。再如，工业上的甲烷发酵主要利用废水、废渣作原料，而在我国农村，已推广利用人畜粪便及禾草为原料发酵生产甲烷作为燃料。另外，大量的农副产品或制品，如麸皮、米糠、玉米浆、酵母浸膏、酒糟、豆饼、花生饼、蛋白胨等都是常用的发酵工业原料。

6. 灭菌操作

要获得微生物纯培养，必须避免杂菌污染，因此对所用器材及工作场所进行消毒与灭菌。对培养基而言，更是要进行严格的灭菌。对培养基一般采取高压蒸汽灭菌，一般培养基在 103kPa，121.3℃条件下维持 15～30min 可达到灭菌目的。在高压蒸汽灭菌过程中，长时间高温会使某些不耐热物质遭到破坏，如使糖类物质形成氨基糖、焦糖，因此含糖培养基常在 55kPa，112.6℃，15～30min 进行灭菌，某些对糖类要求较高的培养基，可先将糖进行过滤除菌或间歇灭菌，再与其他已灭菌的成分混合；长时间高温还会引起磷酸盐、碳酸盐与某些阳离子（特别是钙、镁、铁离子）结合形成难溶性复合物而产生沉淀，因此，在特殊情况下，常需在培养基中加入少量螯合剂，避免培养基中产生沉淀，常用的螯合剂为乙二胺四乙酸（EDTA）。

不适当的灭菌操作除了降低营养物质的有效浓度外，还会带来其他有害物质的积累，发酵时对微生物产生抑制作用，并影响产物的合成。所以有时为避免营养物质在加热的条件下相互作用，可以将营养物质分开灭菌。在使用碳酸钙时，要防止形成磷酸钙，降低培养基中可溶性磷的含量，因此，当培养基磷和钙均要求较高浓度时，可将两者分别灭菌或逐步加入，避免形成沉淀。有些物质由于挥发和对热非常敏感，就不能采用湿热灭菌方法。如氨水可用过滤除菌的方法进行灭菌。高压蒸汽灭菌后，培养基 pH 会发生改变（一般使 pH 降低），可根据所培养微生物的要求，在培养基灭菌前后加以调整。

三、发酵培养基的设计与优化

发酵培养基的设计对发酵生产十分重要，其方法主要有以下几种：①生态模拟法。在自然条件下，凡有某微生物大量生长、繁殖的环境，则可以认为该处一定是某微生物适宜的环境，因此就可以模拟此处该天然基质或直接取用该天然基质，经灭菌后来培养相应的微生物。②查阅文献法。通过查阅、分析和利用文献资料上的基本信息，对设计有自己特色的培养基配方有重要的参考价值。③设计比较法。在设计、试验新培养基时，常常需要进行各项因素的比较或反复试验，为提高工作效率，借助数学工具选择各种先进的试验方法，并进行比较和优化，从而确定培养基的组成和配比。

发酵培养基成分之间如何达到最佳的配比，对于发酵生产具有十分重要的意义。由于培养基的质量对菌体生长和产物形成有影响，但目前还不能完全从生化反应的基本原理来推断和计算出适合某一菌种的培养基配方，只能从生物化学、细胞生物学、微生物学等的基本理论，参照前人所使用的较适合某一类菌种的经验配方，再结合所用菌种和产品的特性，采用摇瓶、发酵罐等小型发酵设备，按照一定的实验设计和实验方法选择出较为适合的培养基。

1. 培养基设计在发酵过程优化中的作用与地位

任何一种培养基均需根据具体情况进行设计，抓主要环节，使其既满足微生物的营养要求，又能获得优质高产的产品，同时也符合增产节约、因地制宜的原则。为了获得预期的发酵产物，必须根据产物特点和菌体的特征来设计培养基，营养要适当丰富和完备，菌体迅速生长和健壮，整个代谢过程 pH 平稳；碳、氮代谢能完全符合高单位罐、批的要求，能充分发挥生产菌种合成代谢产物的能力；此外还要求成本降低。一个适宜的培养基首先必须满足产物合成最经济的要求，也就是说所配制的培养基中原材料的利用率要高，这就是一个转化率的问题。由于实际发酵过程中副产物的形成、原材料的利用不完全等因素的存在，实际转化率往往要小于理论转化率。因此如何使实际转化率接近于理论转化率是发酵控制的一个目标。

一个分批发酵（包括流加发酵）过程从开始到结束经历了不同的阶段，大多数产品的发酵过程可以分为生长期和产物生成期两个阶段。生长阶段表现为微生物快速生长，并很快积累到较高的浓度，而产物几乎不合成或仅少量合成；产物生成阶段一般在整个生产过程中占据较多的时间，在这一阶段微生物菌体的浓度仅有少量的变化，而产物浓度在快速地积累。因此对于分批发酵（包括流加发酵）过程的优化控制应当分为两个阶段，而且各个阶段的控制应当有所侧重。目的是使长好的菌体能够处于最佳的产物合成状态，即如何控制有利于微生物催化产物合成所需酶系的形成。这一阶段虽然占整个发酵过程中的时间较少，但却是发酵过程好坏和成功的关键，因为微生物酶系的形成往往是不可逆的。这一阶段的研究必须从产物合成的代谢调控机制入手，具体分析每个产品制约着产物合成的主要代谢调控机制，来分析发酵开始的营养条件（包括供氧）和环境条件（如温度、pH 等），找出主要的影响因素对其进行控制，从而保证菌体长好后，有利于产物合成和分泌的酶系开启，而不利于产物合成的酶系关闭，使之处于最佳的产物合成阶段。产物合成阶段由于微生物体内的酶系相对稳定，这就有可能从反应速率的研究入手，分析底物对反应速率的影响，找出对反应速率影响最显著的底物，以此建立动力学方程，进行优化控制，并保证其他底物浓度能维持在一个恰当的水平，使产物的合成过程最经济。

围绕上面发酵过程两个阶段的分析，对于一个分批发酵过程研究的重点和控制的目的应当是在菌体生长阶段找出影响产物分泌酶系的主要因素，并加以控制，为产物合成阶段奠定坚实的基础；在产物生成阶段找出影响反应速率变化的主要因素并加以进行调节和控制，使产物的生成速率处于最佳或底物的消耗最经济。这两个阶段由于控制本质不同，其关键控制因子常常是不一样的。

对于生长阶段的控制，适宜的培养基配制是最重要的手段，也可以说是成功的关键。正如前面分析指出，生长阶段控制的目的是使生长量好的菌体处于最有利于产物合成的状态。因而必须找出影响产物分泌最适酶系形成的关键因子加以控制。目前已经有一些非常成功的报道，最典型的是谷氨酸发酵中生物素的亚适量添加。但是由于微生物代谢调控机制的复杂性，对于大多数产品仍然要做相当细致的工作。由于这些关键控制因子常常是一些微量的物质，这在一般培养基的设计和优化过程中往往被忽略。这就造成了发酵前期控制的困难，发酵过程的控制常处于一种不确定的状态，如原材料产地的变化、原材料加工方法的变化等，都对发酵有着重要的影响。因此可以说目前培养基的设计对大多数产品仍处于一个较低层次的研究水平上，随着发酵过程动力学研究和计算机自动控制应用的深入，它越来越成为发酵过程优化控制研究中的瓶颈问题。而在实际生产中，培养基的优化通常和培养条件的优化紧密结合在一起，所以，微生物发酵培养基的优化需要同时注意两方面的内容：一是对培养基进行优化；二是对发酵环境，如温度、pH、通气量、搅拌速度等发酵条件进行优化和控制。

2. 发酵培养基优化的方法

选择培养基的成分，设计培养基配方虽然有一些理论依据，但最终的确定是通过实验的方法获得的。一般一个培养基设计的过程大约经过以下几个步骤：①根据前人的经验，确定可能的培养基成分；②通过单次单因素实验最终确定出适宜的培养基成分和浓度；③再通过多因子实验确定各成分最适的浓度，并进一步优化。由于培养基成分很多，为减少实验次数常采用一些合理的实验设计和优化方法，如正交试验、均匀实验、响应面分析等，确定最优的培养基组成和各成分的含量，并通过对实验结果的有效分析，了解哪些因素影响较大，以引起人们的注意。

（1）正交实验设计　正交实验设计是多因子实验安排的一种常用方法，通过合理的实验设计，可用少量的具有代表性的实验来代替全面实验，较快地取得实验结果。正交实验的实质就是选择适当的正交表，合理安排实验和分析实验结果的一种实验方法。具体可以分为下面四步：①根据问题的要求和客观的条件确定因子和水平，列出因子水平表；②根据因子和水平数选用合适的正交表，设计正交表头，并安排实验；③根据正交表给出的实验方案，进行实验；④对实验结果进行分析，选出较优的“实验”条件以及对结果有显著影响的因子。正交实验通过比较少的实验次数而得到较满意的结果，另外，对实验结果进行极差分析法或方差分析法，了解影响较大的因素，以便进行有效的控制。

（2）响应面分析　在科研工作中，试验设计与优化方法，都未能给出直观的图形，因而也不能凭直觉观察其最优化点，虽然能找出最优值，但难以直观地判别优化区域。为此响应面分析法应运而生。响应面分析法（response surhce analysis）是数学与统计学相结合的产物，采用了合理的实验设计，能以最经济的方式，用很少的实验数量和时间对实验进行全面研究，科学地提供局部与整体的关系，从而取得明确的、有目的的结论。它与“正交设计法”不同，响应面分析方法以回归方法作为函数估算的工具，将多因子实验中因子与实验结果的相互关系用多项式近似，把因子与实验结果（响应值）的关系函数化，依此可对函数的面进行分析，研究因子与响应值之间、因子与因子之间的相互关系，并进行优化。Box及其合作者于20世纪50年代完善了响应面方法学，之后广泛应用于化学、食品、生物、化工、农业、机械工业等研究领域。

响应面优化法的优点为：①考虑了试验随机误差；②将复杂未知的函数关系在小区域内用简单的一次或二次多项式模型来拟合，计算比较简单；③与正交试验相比，其优势是在试验条件寻求过程中，可以连续对试验的各个水平进行分析。其局限性是使用前应当确立合理的实验因素及水平。

响应面分析是一种最优化方法，它是将体系的响应（如产物的产率）作为一个或多个因素（如培养基中的碳源、氮源、无机盐等）的函数，运用图形技术将这种函数关系显示出来，以供凭借直觉的观察来选择试验设计中的最优化条件。

响应曲面设计方法（response surface methodology，RSM）是利用合理的实验设计方法并通过实验得到一定数据，采用多元二次回归方程来拟合因素与响应值之间的函数关系，通过对回归方程的分析来寻求最优化工艺参数，解决多变量问题的一种统计方法（又称回归设计）。

显然，要构造这样的响应面并进行分析以确定最优条件或寻找最优区域，首先必须通过大量的试验数据建立一个合适的数学模型（建模），然后再用此数学模型作图。

响应曲线法的使用条件有：①确信或怀疑因素对指标存在非线性影响；②因素个数为2~7个；③所有因素均为计量值数据，试验区域已接近最优区域；④基于两水平的全因子正交试验。

进行响应曲面设计的步骤为：①确定因素及水平，注意水平数为2，因素数一般不超过4个，因素均为计量数据；②创建“中心复合”或“Box-Behnken”设计；③确定实验运行顺序（display design）；④进行试验并收集数据；⑤分析实验数据；⑥优化因素设计水平。

案例3-2 响应面分析优化衣康酸发酵培养基

研究者以马铃薯淀粉为原料，利用土曲霉XL-6发酵生产衣康酸，并对发酵培养基组分进行优化。在单因素基础上，采用Plackett-Burman设计法从诸多因素中筛选出显著因素，通过响应面分析方法对其进行优化，建立衣康酸产率的二次多项式回归模型。

1. 确定因素及Plackett-Burman试验设计

试验对影响衣康酸发酵培养基中的碳源、氮源、无机盐等多种成分进行单因素试验，对碳源、玉米浆、NH_4NO_3、$MgSO_4 \cdot 7H_2O$、KH_2PO_4、$ZnSO_4 \cdot 7H_2O$、$CuSO_4 \cdot 5H_2O$、$FeSO_4 \cdot 7H_2O$、$CaCl_2$ 9个因素进行考察，以衣康酸的产率作为指标，选用试验次数$N=12$的Plackett-Burman试验设计，并余留2个因素作为虚拟变量用于误差分析，试验结果表明碳源（X_1）、玉米浆（X_2）、$MgSO_4 \cdot 7H_2O$（X_3）、KH_2PO_4（X_4）为显著因素，各因素的水平分别为：110、120、130；1.5、2.0、2.5；1、2、3；0.1、0.15、0.2。

2. 二次回归模型拟合

基于Box-Behnken试验结果，利用Design Expert软件试验数据进行多元回归拟合，获得响应值衣康酸产率对碳源、玉米浆、$MgSO_4 \cdot 7H_2O$、KH_2PO_4二次多项式回归模型：

$Y=6.62+0.43X_1+0.019X_2+0.071X_3+0.033X_4+0.058X_1X_2+0.007X_1X_3-0.075X_1X_4-0.073X_2X_3-0.073X_2X_4-0.002X_3X_4-0.031X_1^2-0.14X_2^2-0.16X_3^2-0.17X_4^2$，对模型进行分析，得出结果。

对该模型进行方差分析，结果见表 3-6。由回归模型方差分析可以看出，模型的 F 值为 21.06，$F>0.01$，$P<0.0001$，表明回归模型高度显著；失拟项 $P=0.077>0.05$，差异不显著，说明残差由随机误差引起；复相关系数 R 为 0.9770，表明实测值和预测值高度相关；R^2为 0.9547，拟合度>90%，说明该模型拟合程度良好，试验误差小，可以用此模型对衣康酸产率进行分析和预测。模型的一次项中 X_1、X_3 影响显著，二次项 X_2^2，X_3^2，X_4^2 影响极显著，其他项影响不显著。这表明各因素对衣康酸产率的影响不是简单的线性关系。综上，该回归方程为马铃薯淀粉发酵产衣康酸预测提供了一个合理的模型。

表 3-6　回归模型方差分析

模型系数	平方和	自由度	均方	F 值	P 值
X_1	0.004	1	0.004	239.52	<0.0001
X_2	0.06	1	0.06	0.49	0.4966
X_3	0.013	1	0.013	6.65	0.0218
X_4	0.013	1	0.002	1.47	0.2449
X_1X_2	0.0002	1	0.0002	1.46	0.2467
X_1X_3	0.022	1	0.022	0.025	0.8770
X_1X_4	0.021	1	0.021	2.49	0.1372
X_2X_3	0.021	1	0.021	2.32	0.1499
X_2X_4	0.00002	1	0.00002	2.32	0.1499
X_3X_4	0.0064	1	0.0064	0.0028	0.9588
${X_1}^2$	0.12	1	0.12	0.71	0.4144
${X_2}^2$	0.16	1	0.16	13.58	0.0024
${X_3}^2$	0.18	1	0.18	17.82	0.0009
${X_4}^2$	2.17	1	2.17	19.85	0.0005
模型	2.67	14	0.19	21.06	<0.0001
残差	0.13	14	0.009		
失拟项	0.12	10	0.012	4.63	0.077
误差项	0.01	4	0.002		
总和	0.28	28			
	$R=0.9770$			$R^2=0.9547$	

3. 响应曲面分析优化

模型的响应面分析图如图 3-3 所示，六组图直观地反映了各因素对响应值的影响。

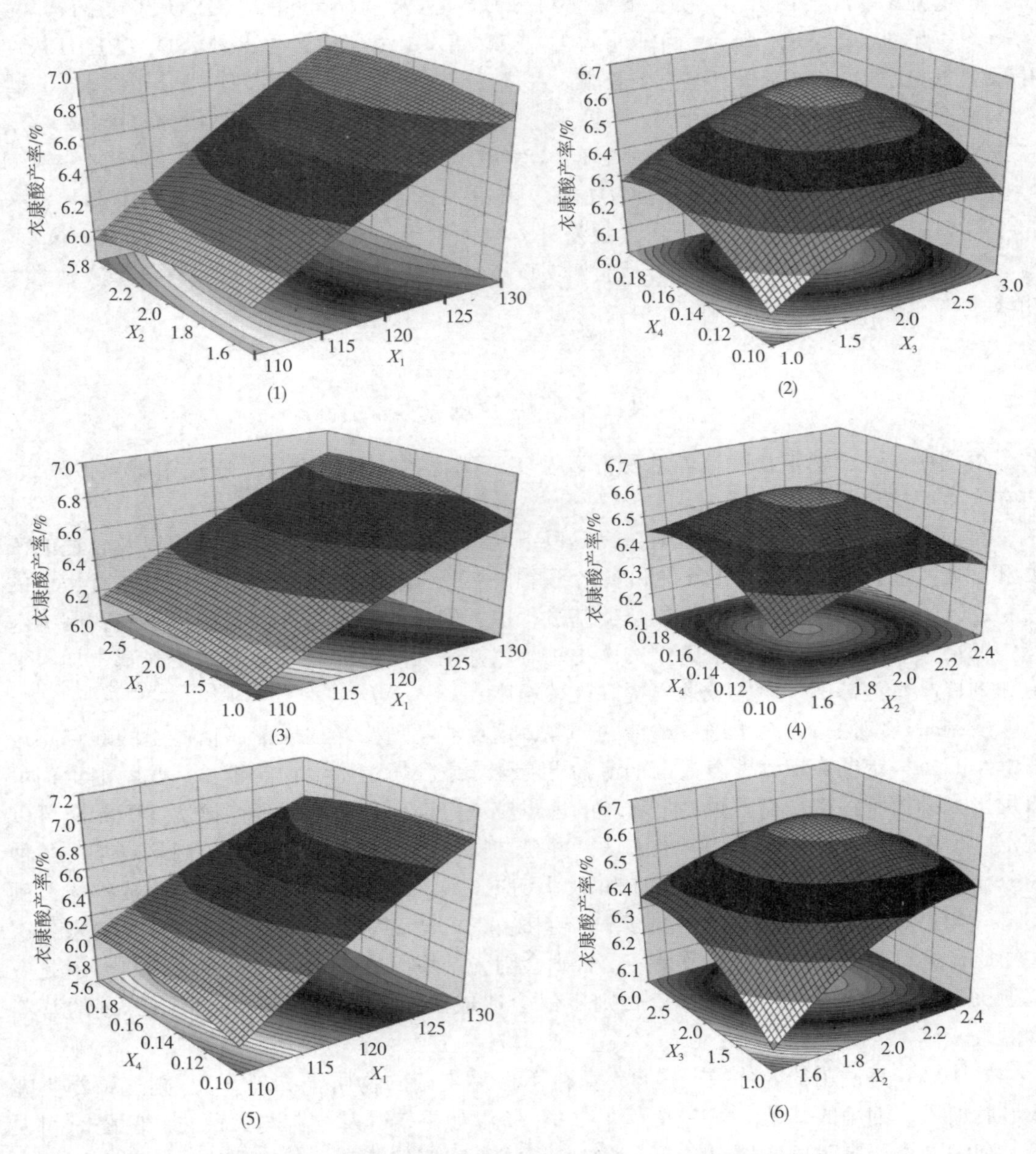

图 3-3　各因素间交互作用对衣康酸影响的响应面和等高线

（1）碳源与玉米浆　（2）$MgSO_4 \cdot 7H_2O$ 与 KH_2PO_4　（3）碳源与 $MgSO_4 \cdot 7H_2O$

（4）玉米浆与 KH_2PO_4　（5）碳源与 KH_2PO_4　（6）玉米浆与 $MgSO_4 \cdot 7H_2O$

从图 3-3（1）、（3）、（5）中可看出碳源浓度对衣康酸产率的影响最为显著，表现为曲面较陡。随着碳源浓度的增大，衣康酸产率不断提高，而为了保证较高的转化率，将碳源浓度限制在 130g/L 以下；另外三个因素间交互作用对衣康酸产率有影响。在 $MgSO_4 \cdot 7H_2O$

1.0~2.3g/L 与 KH_2PO_4 0.10~0.15g/L 的范围内，衣康酸产率不断增加，之后随着浓度的增加，衣康酸产率呈下降趋势，如图 3-3（2）所示；玉米浆与 KH_2PO_4 的交互作用不显著，表现为等高线接近圆形，如图 3-3（4）所示；玉米浆与 $MgSO_4 \cdot 7H_2O$ 对衣康酸产率的影响，如图 3-3（6）所示，可看出当玉米浆浓度处于 2.1g/L 左右，$MgSO_4 \cdot 7H_2O$ 浓度处于 2.2g/L 左右，衣康酸产率出现极值。

基于 Design Expert 软件的优化功能，获得最优发酵培养基组成为：碳源浓度 130g/L；玉米浆 2.14g/L；$MgSO_4 \cdot 7H_2O$ 2.19g/L；KH_2PO_4 0.14g/L；NH_4NO_3 3g/L；$FeSO_4 \cdot 7H_2O$ 0.10g/L，衣康酸产率最大预测值为 7.04%，转化率达到 54%。为检验模型的可靠性，采用上述最优发酵培养基组成进行衣康酸发酵，实际测得的衣康酸产率为（7.04±0.10)%，与预测值比较可知，该模型能较好地预测实际情况，本试验优化所得到的最优发酵培养基组成准确可靠，具有实用价值。

四、发酵培养基制备

根据所设计或选定发酵培养基配方以及实验优化各成分的含量，通过中试比拟放大，再在大生产中进行配制。

总而言之，配制发酵培养基应该满足以下几点：①选择适宜的营养物质以及合适的浓度和配比；②控制适当的 pH 条件和氧化还原电位（redox potential)；③尽可能选择廉价的原料；④适当的灭菌处理。在配制培养基过程中，泡沫的存在对灭菌处理极不利，因为泡沫中的空气形成隔热层，使泡沫中的微生物难以被杀死。因而有时需要在培养基中加入消泡沫剂以减少泡沫的产生，或适当提高灭菌温度。

配制时还应保持一个干净、整洁的环境，这点非常重要。如果配制培养基的地点靠近发酵车间，一定要意识到营养成分的泄漏可能会导致环境中微生物的生长。化学消毒剂可以用来帮助控制污染，而且配制培养基的地点应该定期用合适的消毒剂擦洗。配制时可以制定一个各个组分加入顺序的标准方法，并且在操作中严格遵守。因为配制培养基时各种成分相互之间会发生复杂的化学反应和物理反应，如沉淀反应、吸收反应、生成气体，例如将 $(NH_4)_2SO_4$ 和石灰混合会生成氨气，造成 pH 的改变等。许多培养基成分是粉末，这些物质在进行灭菌前都应该分散良好，否则会因为结块而影响灭菌过程中的传热，因此应单独灭菌后再加入发酵培养基中，否则不仅会造成染菌的可能，还会降低培养基的营养价值。

如果培养基使用的成分中有在自然条件下极易染菌的物质（如糖蜜），则这种物质应该最后加入。细菌的繁殖时间一般为 1~2 h，所以如果培养基配制与灭菌之间间隔时间太长，则污染物会有明显生长而降低灭菌效果，或者降低培养基的营养价值，甚至可能引入有毒物质。

第四节　发酵培养基灭菌

在工业微生物发酵过程中，只允许生产菌存在和生长繁殖，不允许其他微生物共存，在种子移植、扩大培养过程以及发酵过程中，如果杂菌侵入生产系统，就会在短期内与生产菌争夺养分，严重影响目标微生物正常生长和发酵作用，以致造成发酵异常。所以在整个发酵过程必须牢固树立无菌观念，严格无菌操作。除了设备应严格按规定保证没有死角，没有构成染菌可能的因素外，必须对培养基和生产环境进行严格的灭菌和消毒，防止杂菌和噬菌体的污染。

一、工业生产常用的灭菌的方法

灭菌是指利用物理和化学的方法杀灭或除去物料及设备中一切生命物质的过程。而消毒是指用物理或化学的方法杀死物料、容器、器具内外的病原微生物，一般只能杀死营养细胞而不能杀死芽孢。消毒不一定能达到灭菌的要求，而灭菌则可达到消毒的目的。在发酵工业生产中，为了保证纯种培养，在生产菌种接种培养之前，要对培养基、流加物料、设备、管道等进行灭菌，还要对生产环境进行消毒，防止杂菌和噬菌体的大量繁殖。只有不受杂菌污染，发酵过程才能正常进行。

根据灭菌对象和要求不同，可选用不同的方法，如湿热灭菌法、化学药剂灭菌法以及其他灭菌方法。

1. 湿热灭菌法

利用饱和蒸汽进行培养基灭菌的方法称为湿热灭菌法。其原理是借助于蒸汽释放的热能使微生物细胞中的蛋白质、酶和核酸分子内部的化学键，特别是氢键受到破坏，引起不可逆的变性，使微生物死亡。从灭菌的效果来看，由于蒸汽有很强的穿透能力，蒸汽来源方便，价格低廉，灭菌效果可靠，是目前最为常用的种子培养基、发酵培养基灭菌方法。一般的湿热灭菌条件为121℃、30min，湿热灭菌对耐热芽孢杆菌来说，温度升高10℃时，灭菌速率常数可增加8~10倍。

2. 化学药剂灭菌法

某些化学药剂能与微生物细胞物质发生反应而具有杀菌的作用。化学药剂适于生产车间环境的灭菌、接种操作前小型器具的灭菌等。根据灭菌对象的不同有浸泡、添加、擦拭、喷洒、气态熏蒸等。①高锰酸钾溶液：其作用是使蛋白质、氨基酸氧化，使微生物死亡，一般使用0.1%~0.25%的溶液。②漂白粉：漂白粉即次氯酸盐（次氯酸钠），它是强氧化剂，也是廉价易得的灭菌剂。它的杀菌作用是次氯酸钠分解为次亚氯酸，后者不稳定，在水溶液中分解为新生态氧和氯，使微生物细胞受强烈氧化作用而导致死亡，对细菌和噬菌体均有效。漂白粉是发酵工业生产环境最常用的化学杀菌剂。但应注意，并非所有的噬菌体对漂白粉都敏感，因此应该轮流用药。③75%酒精溶液：其杀菌作用在于使细胞脱水，引起蛋白质凝固变性，常用于皮肤和器具表面杀菌。对营养细胞、病毒、霉菌孢子均有杀死作用，但对细菌的芽孢杀死作用较差。④新洁尔灭：新洁尔灭在水溶液中以阳离子形式与菌体表面结合，引起菌体外膜损伤和蛋白变性。一般使用0.25%的溶液，10min能杀死营养细胞，但对细菌芽孢几乎没有杀灭作用。一般用于器具和生产环境的消毒，不能与合成洗涤剂合用，不能接触铝制品。⑤甲醛：甲醛（HCHO）是强还原剂，它能与蛋白质的氨基结合，使蛋白质变性。使用时可以将2份37%甲醛溶液与1份$KMnO_4$混合，或者将37%甲醛溶液直接加热，变为气态甲醛用于灭菌，其缺点是穿透力差。⑥过氧乙酸：过氧乙酸是强氧化剂，它是广谱、高效、速效的化学杀菌剂，对营养细胞、细菌芽孢、真菌孢子和病毒都有杀灭作用，一般使用0.02%~0.2%的溶液。⑦戊二醛：戊二醛是近几十年来广泛使用的一种广谱、高效、速效的杀菌剂。在酸性条件下，不具有杀死芽孢的能力，只有在碱性条件下（加入碳酸氢钠或碳酸钠），才具有杀死芽孢的能力，常用2%的溶液用于器具、仪器和工具等的灭菌。

3. 其他灭菌法

干热灭菌时，微生物细胞发生氧化，微生物体内蛋白质变性和电解质浓缩引起中毒等导致微生物死亡。由于微生物对干热的耐受力比对湿热强得多，故干热灭菌所需的温度要高，时间要长，一般160~170℃，1~1.5h。对一些要求保持干燥的实验器具和材料可以采用干热灭菌法。利用火焰直接杀死微生物的灭菌法称为火焰灭菌法。该方法简单，灭菌彻底，但使用范围有限，仅适用于接种针、玻璃棒、三角瓶口等的灭菌。利用电磁波、紫外线、X射线、γ射线或放射性物质产生的高能粒子进行灭菌，以紫外线最常用。紫外线对芽孢和营养细胞都能起作用，但细菌芽孢和霉菌孢子对紫外线的抵抗力强。紫外线的穿透力低，仅适用于表面灭菌和无菌室、培养间等空间的灭菌，对固体物料灭菌不彻底，也不能用于液体物料的灭菌。波长在250~270nm杀菌效率高，260nm左右灭菌效率最高。利用过滤方法阻留微生物，也可达到除菌的目的，此法仅适用于澄清液体和气体的除菌。工业上常用过滤法大量制备无菌空气，供好氧微生物培养过程使用。

二、培养基湿热灭菌的原理

在发酵工业中，对于大量发酵培养基和发酵设备的灭菌，最有效的方法是湿热灭菌法。衡量湿热灭菌的指标很多，而“热死时间”是最常用的，表示在规定的温度下杀死一定比例的微生物所需的时间。在培养基灭菌的过程中，杂菌死亡的同时，营养成分也遭到部分破坏。灭菌的要求是既要达到杀灭杂菌的目的，又要将营养成分的破坏降到最低程度，这是灭菌时特别要注意的问题。在灭菌时，掌握合理的加热温度与灭菌时间以及微生物死亡和营养成分破坏的关系，是灭菌工作的关键。

1. 微生物的热阻

每一种微生物都有对应的最适生长温度范围，如一些嗜冷菌的最适温度为5~10℃（最低限0℃，最高限20~30℃）；大多数微生物的最适温度为25~37℃（最低限为5℃，最高限为45~50℃）；另有一些嗜热菌的最适温度为50~60℃（最低限为30℃，最高限为70~80℃）。当微生物处于最低限温度以下时，代谢作用几乎停止而处于休眠状态。当温度超过最高限度时，微生物细胞中的原生质体和酶的基本成分——蛋白质发生不可逆的变化，即凝固变性，使微生物在很短时间内死亡。湿热灭菌就是根据微生物的这种特性进行的。

一般无芽孢细菌，在60℃下经过10min即可全部杀灭。而细菌的芽孢能经受较高的温度，在100℃下要经过数分钟乃至数小时才能被杀死。某些嗜热菌能在120℃温度下，耐受20~30min，但这种菌在培养基中出现的机会不多。一般来讲，灭菌的彻底与否以能否杀死产芽孢细菌为准。杀死微生物的极限温度称为致死温度。在致死温度下，杀死全部微生物所需的时间称为致死时间。在致死温度以上，温度越高，致死时间越短。由于一般微生物细胞、细菌芽孢、微生物孢子，对热的抵抗力不同，因此，它们的致死温度和致死时间也有差别。微生物对热的抵抗力常用“热阻”表示，它是指微生物在某一特定条件（主要是温度和加热方式）下的致死时间。相对热阻是指某一微生物在某条件下的致死时间与另一微生物在相同条件下的致死时间的比值，表3-7是几种微生物对湿热的相对抵抗力。

表3-7　　几种微生物对湿热的相对抵抗力

微生物名称	大肠杆菌	细菌芽孢	霉菌孢子	病毒
相对抵抗力	1	3000000	2~10	1~5

2. 湿热灭菌的对数残留定律

在一定温度下，微生物受热后，其死活细胞个数的变化如化学反应的浓度变化一样，遵循分子反应速率理论。在微生物受热失活的过程中，蛋白质变性，微生物死亡，活菌数不断减少。因此，微生物热死速率可以用分子反应速率来表示，即微生物个数减少的速度与任一瞬间残存的菌数成正比，数学表达式为：

$$-\frac{\mathrm{d}c\ (N)}{\mathrm{d}t}=kN \tag{3-1}$$

式中　N——为培养基中残留活菌数，个

t——受热时间，min

k——反应速率常数，也可称为比死亡速率常数，min^{-1}

$\frac{\mathrm{d}c\ (N)}{\mathrm{d}t}$——活菌数瞬间的变化率，即死亡速率

式（3-1）中的比死亡速率常数k是微生物耐热性的一种特征，随微生物的种类和灭菌温度而异。在相同的温度下，k值越小，则此微生物越耐热。细菌芽孢的k值比营养细胞小得多，即细菌芽孢耐热性比营养细胞大。同一种微生物在不同的灭菌温度下，k值不同，灭菌温度越低，k值越小；温度越高，k值越大。如嗜热脂肪芽孢杆菌FS1518在104℃，k值为0.0342mm^{-1}；121℃时k值为0.77min^{-1}；131℃时k值为15min^{-1}。因此，提高灭菌温度，k值增大，灭菌时间显著缩短。

若开始灭菌（$t=0$）时，培养基中的活菌数为N_0，经过t时间后活菌数为N_t，将式（3-1）积分后可得：

$$\int_{N_0}^{N_t}\frac{\mathrm{d}c(N)}{c(N)}=-k\int_0^t\mathrm{d}t,\ \ln\frac{N_t}{N_0}=-kt$$

$$t=\frac{2.303}{k}\lg\frac{N_0}{N_t} \tag{3-2}$$

式中　N_0——为开始灭菌时原菌数，个

N_t——为经时间t后残留菌数，个

式（3-2）即表示对数残留定律，可以据此计算灭菌时间。

从式（3-2）可见，灭菌时间取决于污染的程度（N_0）、灭菌的程度（残留菌数N_t）和k值。将存活率N_t/N_0对时间在半对数坐标上作图，可以得到一条直线，其斜率的绝对值为比死亡速率k。

在培养基中有各种各样的微生物，不可能逐一加以考虑。如果将全部微生物作为耐热

的细菌芽孢来考虑计算灭菌时间和温度，就得延长加热时间和提高灭菌温度。因此，一般只考虑产芽孢细菌和细菌的芽孢之和作为计算依据较为合理。另一个问题就是灭菌的程度，即残留菌数，如果要达到彻底灭菌，即 $N_t=0$，则 t 为∞，这在实际操作中是不可能的。因此，在设计时常采用 $N_t=0.001$，即在1000次的灭菌中，允许一次失败。

随时间的延长，加热灭菌后的残存菌数呈对数减少，且温度越高，死亡越快。通常必要的灭菌条件是110～130℃，5～20min。芽孢对热耐受力强，为此需要更高的温度并维持更长的时间。对细菌芽孢来说，并不始终符合对数残留规律，特别是在受热后很短的时间内，培养液中油脂、糖类及一定浓度的蛋白质会增加微生物的耐热性；高浓度盐类、色素能削减其耐热性。随着灭菌条件的加强，培养基成分的热变质加速，特别是维生素。因此培养液灭菌一般都采用高温短时间加热的方式，这样可以达到彻底灭菌和把营养成分的破坏减少到最低限度的目的。

实际过程中，由于某些微生物芽孢受热死亡的速率是不符合对数残存定律的，其热死亡动力学行为可以用最具代表性的"菌体循环死亡模型"来描述。该模型认为，在灭菌过程中，耐热性微生物芽孢的死亡不是突然的，而是渐进的，即耐热性芽孢转变成对热敏感的中间态芽孢，然后转变成死亡的芽孢。因此，培养基中如果含有大量的耐热性的芽孢，则按对数残存定律计算的灭菌时间往往低于杀灭这些微生物所需要的灭菌时间。

微生物比死亡速率常数 k 除了取决于菌体的抗热性能，还明显地受灭菌温度的影响。实验表明 k 与灭菌温度 T 的关系也可用阿累尼乌斯（Arrhenius）方程表征，即：

$$k=Ae^{\frac{-\Delta E}{RT}} \tag{3-3}$$

式中 A——频率因子，7.94×10^{38}，min^{-1}

ΔE——杀死微生物所需的活化能；J/mol

R——通用气体常数，8.314J/（mol·K）

T——热力学温度，K

在灭菌的过程中，伴随微生物的死亡，培养基中的营养成分也遭到破坏。

从式（3-3）可以看出：①活化能 ΔE 的大小对 k 值有重大的影响。在其他条件相同时，ΔE 越高，k 值越低，热死速率越慢。②不同微生物的孢子加热死亡所需的 ΔE 不相同，在相同 T 条件下灭菌，尚不能肯定 ΔE 低的孢子热死速率一定比 ΔE 高的快，因为 k 值并不是唯一地取决于 ΔE，还与 T 有关。③灭菌速率常数 k 是 ΔE 和 T 的函数，k 对 T 的变化率与 ΔE 有关。

对式（3-3）两边取自然对数，可得：

$$\ln k=-\frac{\Delta E}{RT}+\ln A \tag{3-4}$$

若以 $\ln k$ 对 $1/T$ 作图，可得一条直线，此直线的斜率为$-\frac{\Delta E}{R}$，截距为 $\ln A$，由此直线可求出 ΔE 和 A 值。

对式（3-4）两边取 T 的导数，得：

$$\frac{d\ln k}{dT}=\frac{\Delta E}{RT^2} \tag{3-5}$$

由式（3-5）得出重要的结论：反应的 ΔE 越高，$\ln k$ 对 T 的变化率越大，即 T 的变化对 k 的影响越大。

3. 高温瞬时灭菌的理论依据

在培养基灭菌的过程中，除微生物被杀死外，还伴随着营养成分的破坏。实验证明，在高压加热情况下，氨基酸和维生素极易破坏，仅 20min，就有 50%的赖氨酸、精氨酸及其他碱性氨基酸被破坏，甲硫氨酸和色氨酸也有相当数量被破坏。因此，必须选择一个既能达到灭菌的目的，又能使培养基中营养成分破坏至最小的灭菌工艺条件。

在培养基灭菌时，杂菌不断地死亡，杂菌死亡属于一级动力学类型，$\frac{dN}{dt}=-kN$，其比死亡速率常数 k 与灭菌热力学温度 T 的关系也可用阿累尼乌斯（Arrhenius）方程表征，即：

$$k=Ae^{\frac{-\Delta E}{RT}}$$

在灭菌的过程中，伴随微生物的死亡，培养基中的营养成分也遭到破坏。

由于大部分培养基的破坏为一级分解反应，其反应动力学方程式为：

$$\frac{dc}{dt}=-k'c$$

式中　c——培养基中营养成分（反应物）的浓度，mol/L

t——培养基中营养成分破坏的（反应时间），min

k'——（培养基中营养成分分解）化学反应速度常数，min^{-1}（随温度及反应类型而变）

在培养基灭菌的过程中，其他条件不变，则营养成分破坏的速度常数和温度的关系也可用阿累尼乌斯方程表示：

$$k'=A'e^{-\Delta E'/RT} \qquad (3-6)$$

式中　A'——比例常数

E'——营养成分破坏所需的活化能，J/mol

R——气体常数；8.314 J/（mol·K）

T——绝对温度，K

式（3-6）也可写成直线形式，$\ln k'=-\frac{\Delta E'}{RT}+\ln A'$，从此直线的斜率和截距中可求得 $\Delta E'$和 A'值。

在培养基灭菌时，当温度由 T_1 升高到 T_2，杂菌死亡的速率常数分别为：

$$k_1=Ae^{\frac{-\Delta E}{RT_1}}$$

$$k_2=Ae^{\frac{-\Delta E}{RT_2}}$$

两式相除得：

$$\ln\frac{k_2}{k_1}=\frac{\Delta E}{R}\left(\frac{1}{T_1}-\frac{1}{T_2}\right) \qquad (3-7)$$

同理，当温度由 T_1 升高到 T_2，培养基成分破坏的速率常数为 k'，同理，也可得类似的关系：

$$\ln\frac{k'_2}{k'_1}=\frac{\Delta E'}{\mathrm{R}}\left(\frac{1}{T_1}-\frac{1}{T_2}\right) \tag{3-8}$$

将式（3-7）和式（3-8）相除得：

$$\frac{\ln\frac{k_2}{k_1}}{\ln\frac{k'_2}{k'_1}}=\frac{\Delta E}{\Delta E'} \tag{3-9}$$

通过实际测定，一般杀灭微生物营养细胞的 ΔE 值为 2.09×10^5~2.71×10^5 J/mol，杀死微生物芽孢的 ΔE 值约为 4.48×10^5 J/mol，一般酶及维生素等营养成分分解的 $\Delta E'$ 值为（8.36×10^3）~（8.36×10^4）J/mol。

微生物细胞死亡的活化能 ΔE 大于培养基营养成分破坏的活化能 $\Delta E'$，因此，$\ln\frac{k_2}{k_1}>\ln\frac{k'_2}{k'_1}$，即随着温度升高，灭菌速度常数增加的倍数大于培养基中营养成分分解的速度常数的增加倍数。

当灭菌温度升高时，微生物死亡速率提高，且超过了培养基营养成分破坏的速率。据测定，每升高10℃速度常数的增加倍数为 Q_{10}，一般的化学反应 Q_{10} 为1.5~2.0，杀灭芽孢的反应 Q_{10} 为5~10，杀灭微生物细胞的反应 Q_{10} 为35左右。

在加热灭菌的过程中，发生两个过程即微生物死亡和培养基营养成分破坏，温度均能加速其过程进行的速度，当温度升高时，微生物死亡的速度更快。因此，可以采用较高的温度，较短的灭菌时间，以减少培养基营养成分的破坏，这就是通常所说的"高温瞬时灭菌法"的理论依据。

高温灭菌所得培养基的质量比较好，但不同培养基灭菌必须从工艺、设备、操作、成本核算以及培养基的性质等具体条件来考虑决定。

生产实践也说明：灭菌温度较高而时间较短，要比温度较低时间较长效果好。如对同样的培养基进行126~132℃、5~7min的连续灭菌，其所得的培养基质量要比采用120℃、30min的实罐灭菌好，可以得到较高的发酵水平。又如同一类培养基进行120℃、20min和120℃、30min的实罐灭菌对比，其所得培养基的发酵水平前者高于后者。不同灭菌条件下，培养基营养成分的破坏情况如表3-8所示。

表3-8　不同灭菌条件下培养基营养成分破坏情况

温度/℃	灭菌时间/min	营养成分破坏率/%	温度/℃	灭菌时间/min	营养成分破坏率/%
100	400	99.3	130	0.5	8
110	30	67	140	0.08	2
115	15	50	150	0.01	≤1
120	4	27			

三、培养基灭菌操作方式及影响因素

1. 分批灭菌

分批灭菌（batch sterilization）就是将配制好的发酵培养基打入发酵罐中，在罐内通入蒸汽加热至灭菌温度，维持一定时间，再冷却到接种温度。分批灭菌也称实罐灭菌时，发酵罐与培养基一起灭菌。分批灭菌不需要专门的灭菌设备，投资少，灭菌效果可靠，对蒸汽的要求也较低，一般（3~4）$\times 10^5$Pa（表压）就可以满足要求。分批灭菌是中小型发酵罐常用的灭菌方法。

开始灭菌前，应排放夹套或蛇管中的冷水。然后开启机械搅拌装置，使罐内物料均匀混合，转速50~100r/min。打开夹套蒸汽阀、排汽阀，对罐内培养基预热，当罐内温度升到90℃时，关闭夹套进汽阀，打开罐内所有进汽阀，通入蒸汽。当罐温上升到105℃时，缓缓打开排汽阀，将罐顶冷空气排掉，持续5min后，关闭排汽阀。当罐压升至0.12MPa，温度升到121~123℃时，控制蒸汽阀门开度，保持罐压不变，30min停止供汽。打开冷却水的进排阀门，在夹套内通水冷却，当罐内压力降至0.05MPa时，微微开启排气阀和进气阀，进行通气搅拌，加速冷却速度，并保持罐压为0.05MPa，直到罐温降至接种温度。

2. 连续灭菌

连续灭菌（continuous sterilization）就是将配制好的培养基向发酵罐等培养装置输送的同时进行加热、保温和冷却等的灭菌操作过程。连续灭菌也称为连消，其温度一般以126~132℃为宜，总蒸汽压力要求达到（4.4~4.9）$\times 10^4$Pa。培养基采用连续灭菌时，需在培养基进入发酵罐前，先直接用蒸汽对空发酵罐进行灭菌，然后用无菌空气保压，待培养基流入罐内。连续灭菌系统的其他设备如维持管、冷却器等也应事先进行蒸汽灭菌，保证与培养基接触的设备、管道呈无菌的状态。对培养基的加热可采用各种加热器，培养基的冷却方式有喷淋冷却式、真空冷却式、薄板换热器式几种方式。喷淋冷却优点是能一次冷却到发酵温度。真空冷却只能冷却到一定温度，需在发酵罐中继续冷却，但它可以减少冷却用水，占地面积也少。板式换热器效率高，且利用冷培养液作冷却剂，既冷却了热培养基，又预热了冷培养液，节约用水和蒸汽。连续灭菌采用连消塔时，可在20~30s达到预定灭菌温度，由维持罐来保持必需的杀菌时间。采用喷射杀菌设备，蒸汽直接喷入培养液，温度几乎立即上升到预定杀菌温度，由保温段管子的长度来保证必要的杀菌时间。采用板式换热器，可在20s内达到杀菌温度，经保温保持必要的杀菌时间，然后在板式热交换器另一段20s内冷却到发酵温度。

喷淋冷却连续灭菌流程如图3-4所示。培养基在配料罐预热后由底部放出，经连消泵送入连消塔的底部，料液被加热到灭菌温度（110~130℃）后，由顶部排出，进入维持罐，维持8~15min，再由维持罐上部侧面管道流出，经喷淋冷却器冷却到发酵温度，送入已灭菌的发酵罐。

3. 影响培养基灭菌的因素

影响培养基灭菌的因素除了所污染杂菌的种类、数量、灭菌温度和时间外，培养基成分、pH、培养基中颗粒、泡沫等对培养基灭菌也有影响。

（1）培养基成分　油脂、糖类及一定浓度的蛋白质增加微生物的耐热性，高浓度有机物会在细胞的周围形成一层薄膜，影响热的传递，因此在固形物含量高的情况下，灭菌温

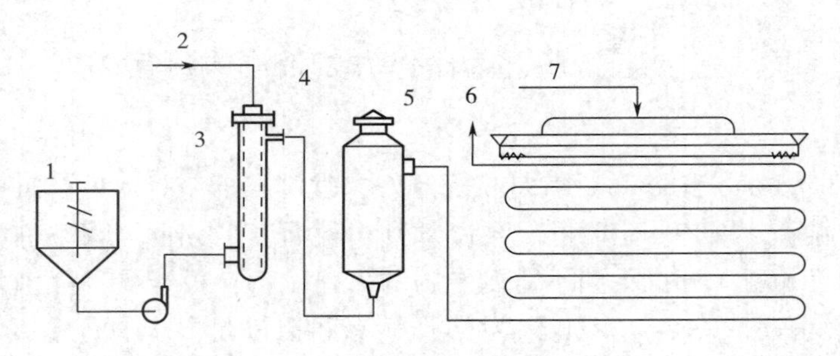

图 3-4 连续灭菌设备流程示意图

1—配料罐 2—蒸汽入口 3—连消塔 4—维持罐

5—培养基出口 6—喷淋冷却 7—冷却水

度可高些。例如，大肠杆菌在水中加热 60～65℃便死亡；在 10%糖液中，需 70℃，4～6min；在 30%糖液中需 70℃，30min。但大多数糖类在加热杀菌时均发生某种程度的改变，并且形成对微生物有毒害作用的产物。因此，灭菌时应考虑这一因素。

低质量分数（1%～2%）的 NaCl 溶液对微生物有保护作用，随着质量分数的增加，保护作用减弱，当质量分数达 8%～10%，则减弱微生物的耐热性。

（2）培养基中的颗粒 培养基中的颗粒小，灭菌容易；颗粒大，灭菌难。一般含有小于 1mm 的颗粒对培养基灭菌影响不大，但颗粒大时，影响灭菌效果，应过滤除去。

（3）培养基中微生物的数量 培养基中微生物的生理特征，也会影响培养基灭菌的效果。

（4）pH pH 对微生物的耐热性影响很大。pH6.0～8.0，微生物最耐热；pH<6.0，氢离子易渗入微生物细胞内，从而改变细胞的生理反应，促使其死亡。所以培养基 pH 越低，灭菌所需的时间越短。

（5）泡沫 泡沫对灭菌极为不利，因为泡沫中的空气形成隔热层，使传热困难，热难穿透进去杀灭微生物。对易产生泡沫的培养基在灭菌时可加入少量消泡剂。对有泡沫的培养基进行连续灭菌时更应注意。

四、培养基灭菌时间的计算

1. 分批灭菌时间的计算

分批灭菌过程包括升温、保温和降温三个阶段，如图 3-5 所示。灭菌主要是在保温过程中实现的，在升温的后期和降温的初期，培养基温度很高，因而，也有一定的灭菌效果。因此分批灭菌理论上应该包括三个阶段。

在培养基灭菌的过程中，在升温和降温两个阶段，由于温度的变化，比死亡速度常数 k 也不断变化。灭菌速率常数 k 与温度之间的关系可用阿累尼乌斯方程，根据对数残存定律来计算升温和降温阶段的灭菌效果十分复杂，需要根据热量衡算计算出时间与温度的变化关系，再求出残存的菌数。

当以某耐热杆菌的芽孢为灭菌对象时，此时 $A=1.34\times10^{36}\ s^{-1}$，$E=2.84\times10^{4}\ J/mol$，R=8.314 J/mol，因此，灭菌速率常数 k 与热力学温度 T 之间的关系可用阿累尼乌斯方程表示：即 $k=Ae^{\frac{-E}{RT}}$

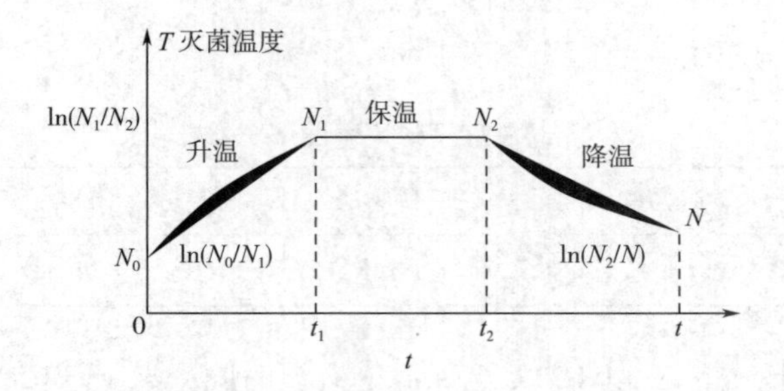

图 3-5　培养基分批灭菌的三个阶段

可写为：

$$\lg k=\frac{-E}{\mathrm{R}T}+\lg A$$

即：

$$\lg k=\frac{-14845}{T}+36.12 \tag{3-10}$$

利用式（3-10）可求得不同温度下的灭菌速度常数。

在工业化发酵生产中，由于升温和降温时间较短，通常不考虑培养基由室温升至121℃和由121℃冷却到发酵培养温度这两个阶段的灭菌效应，只是把保温维持阶段看作是培养基实罐灭菌的时间。这样就可以简便地利用式（3-13）和式（3-10）来求取灭菌所需时间。

案例 3-3　分批灭菌时间的计算

有一个发酵罐内装 $180\mathrm{m}^3$ 培养基，在 121℃下进行实罐灭菌。培养基含有芽孢细菌 2×10^5 个/mL，其他细菌 4.2×10^4 个/mL。求灭菌失败机率为 0.001 时所需要的灭菌时间。

解：$N_0=180\times10^6\times2\times10^5=36\times10^{12}$（个）

$N_t=0.001$（个）

以芽孢杆菌作为灭菌的对象，则灭菌速率常数可通过计算得到。

由公式（3-10）可知，

$$\lg k=\frac{-14845}{T}+36.12=-\frac{14845}{273+121}+36.12=-1.55$$

所以　$k=0.0281\ (\mathrm{s}^{-1})$

灭菌时间：$t=\frac{2.303}{k}\lg\frac{N_0}{N_t}=\frac{2.303}{0.0281}\times\lg(36\times10^{15})=1356.44\ (\mathrm{s})=22.6\ (\mathrm{min})$

若考虑培养基加热阶段的灭菌效应，这样保温阶段能维持多长时间呢?

由于 k 是温度的函数，欲求得升温阶段（如温度从 T_1 升至 T_2）的平均杂菌死亡速度常数，可以用下式计算：

$$k_m=\frac{\int_{T_1}^{T_2}k\mathrm{d}T}{T_2-T_1} \tag{3-11}$$

式（3-11）中的积分值可利用图解积分法求得。

不同温度下的灭菌速率常数如表 3-9 所示。

表 3-9　　不同温度下的灭菌速率常数

T/K	273	376	376	382	385	388	391	394
k/（$10^{-4}\times s^{-1}$）	2.13	4.42	9.08	18.4	37.0	73.6	145	281

若培养基加热时间（一般以 100℃至保温的升温时间）τ_p 已知，k_m已求得，则升温阶段结束时，培养基中残留菌数（N_P）可从下式求得：

$$N_P=\frac{N_0}{e^{k_m \cdot \tau_P}} \tag{3-12}$$

再由下式求得保温所需的时间：

$$t=\frac{2.303}{k}\lg\frac{N_P}{N_t} \tag{3-13}$$

2. 连续灭菌时间的计算

连续灭菌的时间，可由对数残存定律计算，但培养基中含菌数应为每毫升的含菌数计算，这时计算公式应为：

$$t=\frac{2.303}{k}\lg\frac{c_0}{c_s} \tag{3-14}$$

式中　c_0——单位体积培养基灭菌前的含菌数，个/mL

　　　c_s——单位体积培养基灭菌后的含菌数，个/mL

案例 3-4　连续灭菌时间的计算

若将案例 3-3 中的培养基采用连续灭菌，灭菌温度为 131℃，此温度下灭菌速率常数为 $15min^{-1}$，求灭菌所需的维持时间。

解：由题意可知，$c_0=2\times10^{-5}$（个/mL）

$$c_s=\frac{1}{180\times10^6\times10^3}=5.56\times10^{-12}\ （个/mL）$$

代入式（3-14），则 $t=\frac{2.303}{15}\times\lg\frac{2\times10^5}{5.56\times10^{-12}}=2.54\ (min)$

即连续灭菌需要维持 2.54min。

如果考虑加热升温阶段的灭菌效应，显然保温时间会缩短一些。目前发酵工业采用培养基实罐灭菌的发酵罐体积越来越大，这样培养基加热升温阶段时间很长，为了不使培养基受热时间过长，营养成分破坏过多，应该考虑加热升温阶段的灭菌效应。反之，发酵罐体积在 $40m^3$以下，可以不考虑升温阶段的灭菌效应，这样可以避免复杂的变温灭菌过程的计算。实际上，培养基在冷却阶段也有灭菌效应，所以在灭菌操作时，不要认为可以延长灭菌时间作为安全系数，这样会导致培养基成分破坏过大，导致发酵单位下降。

3. 分批灭菌与连续灭菌的比较

分批灭菌与连续灭菌各有不同的优越之处，但是比较起来，当生产规模大时，连续灭菌优点更为显著，主要体现在以下几方面：①可采用高温短时灭菌，培养基受热时间短，营养成分破坏少，有利于提高发酵产率；②发酵罐利用率高；③蒸汽负荷均衡；④采用板式换热器时，可节约大量能量；⑤适宜采用自动控制，劳动强度小。

但当培养基中含有固体颗粒或培养基有较多泡沫时，以采用分批灭菌为好，因为在这种情况下用连续灭菌容易导致灭菌不彻底。对于容积小的发酵罐，连续灭菌的优点不明显，而采用分批灭菌比较方便。

五、培养基与设备、管道灭菌条件

1. 发酵培养基实罐灭菌

从夹层或盘管进入蒸汽，间接加热至90℃，关闭夹层蒸汽，从取样管、进风管、放料管三路进蒸汽，直接加热至121℃，维持30min。

2. 种子培养基实罐灭菌

从夹层通入蒸汽间接加热至80℃，再从取样管、进风管、接种管等液面以下阀门通入蒸汽，进行直接加热，同时关闭夹层蒸汽进口阀门，升温121℃，维持30min。期间，所有液面以上的阀门保持一定时间的排气状态。

3. 发酵培养基连续灭菌

一般培养基采用连续灭菌，灭菌温度为130℃，维持5min。

4. 补料实罐灭菌

根据料液不同而异，淀粉料液为121℃，维持5min。消泡剂灭菌直接加热至121℃，维持30min。尿素溶液灭菌105℃，维持5min。

5. 种子罐、发酵罐、计量罐、补料罐等的空罐灭菌及管道灭菌

从有关管道通入蒸汽，使罐内蒸汽压力达0.147MPa，维持45min，灭菌过程从阀门、边阀排出空气，并使蒸汽通过达到死角灭菌。灭菌完毕关闭蒸汽后，待罐内压力低于空气过滤器压力时，通入无菌空气保持罐压0.098MPa。

6. 空气总过滤器和分过滤器灭菌

排出过滤器中的空气，从过滤器上部通入蒸汽，并从上、下排气口排气，维持压力0.174MPa灭菌2h。灭菌完毕，通入压缩空气吹干。

7. 杀菌锅内灭菌

固体培养基灭菌蒸汽压力0.098MPa，维持20~30min；液体培养基灭菌蒸汽压力0.098MPa，维持15~20min；玻璃器皿及用具灭菌，压力0.098MPa，维持30~60min。

思考题

1. 简述发酵培养基的配制原则。配制时应注意哪些问题？
2. 简述培养基的碳氮比对菌体的生长和产物生成的影响。
3. 简述酸法水解制糖的原理及步骤，并分析其影响因素。
4. 写出双酶法制糖的工艺，并说明应注意的问题。
5. 根据对数残留定律，如何确定培养基的灭菌时间？
6. 试根据阿累尼乌斯方程，说明工业生产中采用高温瞬时灭菌的理论依据。
7. 比较分批灭菌与连续灭菌的优点和缺点。

8. 计算题：

有一发酵罐，内装80t培养基，在121℃下进行实罐灭菌。设每毫升培养基中含有耐热菌的芽孢数为1.8×10^{7}个，试求灭菌失败概率为0.001时所需的灭菌时间。如果采用连续灭菌，灭菌时间又如何？

第四章　代谢产物形成机制与调节控制

微生物利用碳水化合物，通过糖酵解途径，以丙酮酸、草酰乙酸、乙酰辅酶A等关键中间代谢产物为分支节点，在复杂的代谢网络与调控网络中合成有机产物。微生物的代谢产物既有初级代谢产物，如乙醇、丙酮、乳酸、氨基酸等，又有次级代谢产物如抗生素、色素、黄原胶等。在这些产物中，乙醇、丙酮、乳酸等，微生物可以在特定的外部环境下生成；而有些产物诸如氨基酸、酶制剂等，正常的微生物不能在培养基中大量合成与积累，需要通过化学、物理、生物的方法人为地控制微生物代谢，使之能够分泌并积累特定的产物，这类发酵称为代谢控制发酵。但不管是哪类产物，都是微生物细胞工厂通过对生物质原料的生物炼制而生产出来的，因此，发酵生产中需要对细胞工厂的糖代谢以及产物合成进行调节和控制，强化工业催化技术，以期获得最大的产物得率，达到实现产业化生产的目的。

第一节　微生物代谢及其调节控制

随着两次石油危机的发生以及越来越严重的环境污染问题，尤其是全球环境变化所带来的严重后果，各国研究者普遍认为当前世界经济正处于由主要依赖石油等化石资源的化石经济时代向依赖多种资源的多样化经济时代的历史转折期，其特点是利用可持续再生的生物质资源生产生物基化学品和生物能源。生物炼制是开拓创新型技术，是生产能源、材料与化工产品的新型工业模式，其核心技术为工业生物催化技术。利用微生物卓越的合成能力以及调节控制，即对细胞工厂的合成能力的调控，强化工业催化技术，几乎能合成地球上所有的有机化学品，尤其是替代石油化工原料的关键平台化合物，如一碳平台化合物(甲烷等)、二碳平台化合物（乙醇等)、三碳平台化合物（乳酸、丙烯酸)、四碳平台化合物（富马酸、二丁醇等）等，进而与现代化工技术和产业相衔接，大规模生产各种化学品，从而构建出一条通往生物经济时代的现代化之路。

一、细胞工厂生物炼制的关键问题

生物炼制技术是以可再生的生物质为原料，生产出人类所需的产品，是实现零污染、零能耗的有效手段，通过生物、物理、化学法等多种加工转化途径获得平台化合物，并进一步加工成各种化工产品的过程，如生物炼制的基本原料葡萄糖，可以通过不同微生物加工成不同的产品，葡萄糖生物炼制的产品如图4-1所示。

1. 细胞工厂生物炼制的特点

生物炼制的特点如下。

(1) 生物炼制的原料主要成分是碳水化合物，具有多个羟基，而且具有可再生的特点，对农业经济和工业发展有利，还不受石油资源枯竭、国际油价等因素制约。石油等化石资源是碳氢化合物，没有氧分子，缺少官能团，因此是疏水性的。

（2）生物炼制生产过程基本是环境友好的，将可再生生物质资源贮存的光能与生物质进行深度加工和循环利用的过程、细胞工厂生产的乙醇、生物柴油等生物燃料燃烧后所排放的CO_2与生物质生长过程中吸收的CO_2同等，从生态循环角度分析生物炼制产品没有净CO_2增加，可减少温室气体CO_2的排放，有助于改善生态环境；另外微生物转化生物可再生资源所产生的化学品如聚羟基脂肪酸（PHA）、聚乳酸、聚赖氨酸等是生物可降解、环境相容性好的化学品，从根本上避免了有害垃圾的产生。

（3）技术发展空间大，低成本方式来生产不同种类大宗或特殊化学品。从产物立体选择性来说，手性是生物产品的属性，微生物转化合成的化合物，通常具有立体选择性，并可达到光学纯，因此可省去化工炼制过程昂贵的手性催化和复杂的合成路径。

基于以上的独特优越性，生物炼制越来越受到全世界研究者的关注。在生物经济时代，微生物细胞工厂（microbial cell factories）是推动生物炼制技术发展的核心，因此生物炼制细胞工厂已成为世界各国重点研究的战略方向。

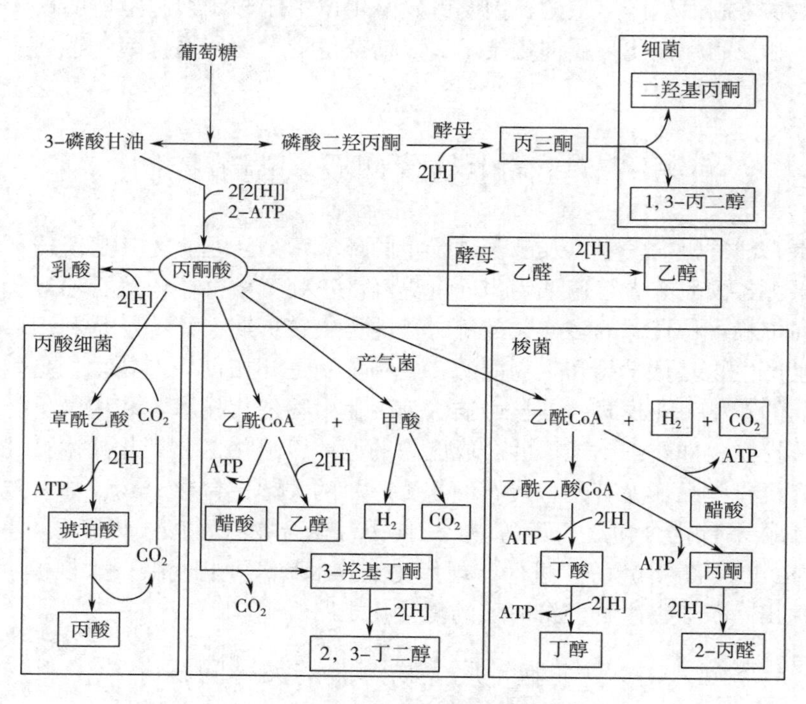

图 4-1　葡萄糖生物炼制的产品

2. 细胞工厂生物炼制原理

生物炼制的重要途径之一是生物化学转化途径，而细胞工厂则是该途径的基础。微生物是一个立体的细胞工厂，其代谢途径与产物的合成直接相关，而细胞内部的代谢途径往往不是独立的，而是存在复杂的代谢网络和精密的调控网络，并受到内外各种因素的影响。调控网络是控制细胞代谢功能的关键，微生物细胞工厂的调控系统如图 4-2 所示。

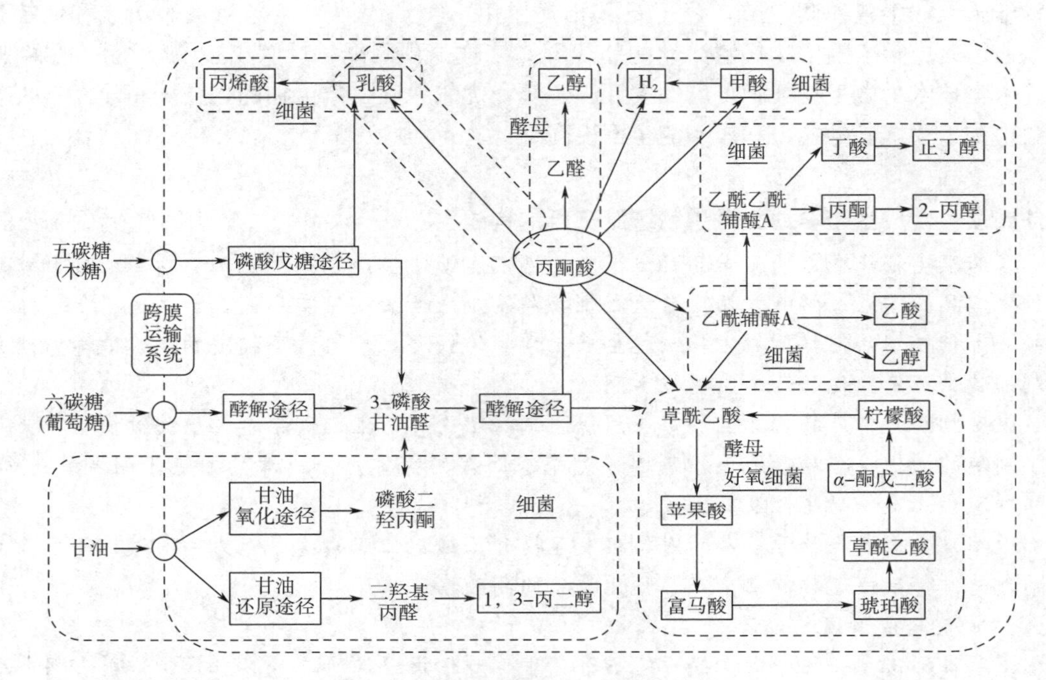

图 4-2　微生物细胞工厂的生物炼制

从内在因素来看，微生物基因型决定了自身代谢功能为其服务的本能，这是一个在转录、翻译水平和酶结构不同等级上精密的分子调控的网络过程，所以，不会过量积累不必要的代谢产物。为此，必须加深对分子水平上代谢途径关键酶调控机制的再认识，搞清楚微生物细胞基因型和功能表型之间的全面关系，弄清不同酶的调控机制以及对基质利用次序和能力，控制相应特定表型的关键调控元件等，才可能控制和改变微生物原有的调控系统，实现对细胞功能的理性调节，使微生物细胞能够定向高效地生产所需的目的产物。

从环境因素看，外界条件的变化也将引发细胞内调节网络的遗传变化，不同的环境条件对微生物代谢途径关键酶会产生不同程度的调控。因此掌握 DNA、mRNA、蛋白质和代谢物水平的变化情况，在理论上设计出具有针对性的代谢工程和细胞机能改变策略，从而促使微生物自身的生理和代谢功能调整来适应环境。构建高效的微生物细胞工厂，除了理解生物代谢调控机制的基础外，还要认识细胞的表达调控机制，重构基因的表达调控网络。

二、细胞工厂的糖代谢及其调节

1. 细胞工厂的调控系统

在复杂的生化网络系统结构中，具体目标产品的生化途径完全清楚的只是个别的，因而对转录组、蛋白质组、代谢组、通量组学等分析技术和计算生物学等系统生物技术研究显得更加重要。系统生物技术是研究一个生物系统中所有组成成分（基因、mRNA、蛋白质等）的构成，以及在特定条件下这些组成成分间的相互关系的学科。近些年来基因组学的快速发展为微生物细胞工厂的构建提供了必要的基础。通过系统生物技术可识别分析微生物细胞工厂中各种调控节点分子及其相互作用，解析代谢途径与网络的功能和调控机制，最终完成整个微生物代谢活动的路线图，使理论预测能够反映出生物系统的真实性。系统生物技术为微生物细胞工厂的设计、构建和优化展现了微生物的代谢网络全景，促进了微生物生物炼制的能力和效率的全面提高。

延伸阅读：合成生物学助力微生物细胞工厂的构建

自然微生物能生产的化学品种类很少，远不能满足生产能源、化工、材料和药物领域各种化学品的需求。另一方面，自然微生物即使能生产某些化学品，其产量也很低，不具备经济可行性。如何拓展微生物细胞生产化学品的种类？如何提高细胞的生产效率？这是限制细胞工厂产业化的两个关键技术问题。

微生物细胞工厂的构建主要是应用代谢工程理论提高生化代谢途径中关键调控节点处的限制酶的活性，全局性地调控基因或整个基因簇的操作，分析考察细胞代谢流的走向，增强细胞代谢产物耐受性及其合成途径。

近年来，合成生物学技术的发展极大地提升了细胞工厂的构建能力。通过以下四个方面的改造，可以快速构建出生产各种化学品的高效细胞工厂。

1. 最优合成途径的设计

生产目标化学品的合成途径可能不存在于单一生物中，通过计算机模拟设计，可以将不同的生化反应组装到一个细胞中，形成一条完整的合成途径。在此基础上，根据基因组代谢网络和调控网络模型，设计出目标化学品的最优合成途径，使其合成过程中能量供给充足、氧化还原平衡，碳代谢流最大程度地流入产品合成。另一方面，自然界中可能不存在某步关键的生化反应，导致合成途径不能被打通。通过计算机模拟设计，可以人工合成出一个全新的蛋白质，使其催化该步生化反应，从而进一步拓展化学品的合成种类。

2. 合成途径的创建

目标产品合成途径由一系列生化反应及相关的编码基因组成，其中某些基因是外源生物的。传统的PCR（聚合酶链式反应）扩增方法周期长，而且很多外源基因在宿主细胞中的表达及翻译效率很低。DNA合成技术的发展很好地解决了这一问题。

基于芯片的高通量、高保真DNA合成技术显著降低了合成时间、合成成本和错误率；单个酶的大量合成和高通量筛选相结合，能有效解决外源基因的表达和翻译问题。另外，标准化的结构元件和调控元件文库，如启动子、核糖体结合位点和信使RNA稳定区文库，为合成途径的创建提供了坚实的物质基础。多片段DNA组装技术，如酵母体内同源重组技术，则能快速高效地实现功能模块组装和合成途径创建。

3. 合成途径的优化

合成途径创建完之后，通常效率都很低，远远达不到产业化生产的要求，因此需要对合成途径进行优化，提高其效率。高效的合成途径很多时候不仅仅只受限于某个单一的限速反应步骤，而且需要多个酶的协同平衡。基于标准化调控元件文库，可以对合成途径各个基因的表达进行精确调控，从而获得多个基因协调表达的状态。多重基因组自动改造技术则可以同时对染色体上的多个基因进行改造，结合高通量筛选技术，可以快速高效地鉴定出最优的调控组合。另外，通过人工合成的蛋白质骨架，既可以使合成途径相邻的两个酶聚集在物理空间比较近的区域，提高两个生化反应的速率，也可以获得这些酶的最优组合比例。

4. 细胞生产性能的优化

合成途径优化完之后，可以获得一个初步的人工细胞。需要进一步提高人工细胞的生理性能和生产环境适应能力，才能将其转变为实际生产可用的细胞工厂。进化代谢和全局扰动等技术的发展可以有效地提高细胞的生产性能。在此基础上，使用各种高通量组学分析技术可以解析细胞性能提升的遗传机制，并可用于新一轮细胞工厂的构建。

使用上述的合成生物学技术，科学家们成功构建出一系列高效的细胞工厂。在大宗化学品方面，科学家们成功开发出生产 C_3（乳酸、聚乳酸、1，2-丙二醇、3-羟基丙酸、丙烯酸、丙氨酸）、C_4（丁二酸、苹果酸、富马酸、1，4-丁二醇、异丁烯、丁二烯）、C_5（异戊二烯、戊二胺、戊醇、木糖醇）和 C_6（己二酸、葡萄糖酸、甘露醇）等化学品的细胞工厂，其中很多已实现产业化生产，并被进一步用于塑料、纤维、尼龙、橡胶等一系列终端产品的生产。

目前最成功的细胞工厂为美国杜邦和杰能科公司构建的能够生产 1，3-丙二醇(1，3-PDO）的重组大肠杆菌（图 4-3）。将来源于酿酒酵母的 3-磷酸甘油脱氢酶和 3-磷酸甘油磷酸化酶的基因导入大肠杆菌后，宿主细胞能够产生甘油；继而将来源于肺炎克氏杆菌的甘油脱水酶和 1，3-丙二醇氧化还原酶的基因导入，所构建的重组大肠杆菌能够将葡萄糖高效转化为 1，3-丙二醇。整个研究过程中一共对 70 多个大肠杆菌的基因进行单个或组合的修饰，最后得到的工程菌中有 18 个基因被敲除或过量表达，经发酵优化，1，3-丙二醇的浓度高达 135g/L，生产强度为 3.5g/（L·h），使生物路线生产的 1，3-丙二醇完全具备了与石油路线产品竞争的能力。1，3-PDO 主要用于生产聚酯，也可用作合成增塑剂、洗涤剂、防腐剂、乳化剂等精细化工产品的原料。

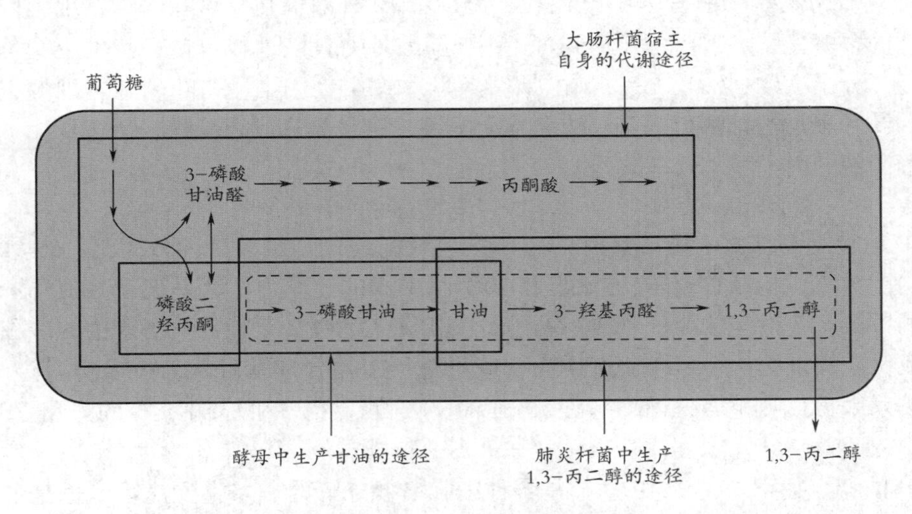

图 4-3　产 1，3-丙二醇的重组大肠杆菌示意图

根据生化代谢途径，在认识微生物代谢的分子基础、相互关系和调控机制的基础上，了解和掌握生物合成能力的重构与优化原理，就可以通过遗传操作来实现对微生物细胞代谢功能的改变、代谢途径的优化、途径的组装和拓展等，使微生物细胞利用原料过量积累

一种或多种产品。目前，在细胞工厂构建中的重要手段是转基因技术和基因敲除技术，它们能使生物合成能力重构，通过外源基因赋予细胞利用原料的能力，促使代谢中关键酶的表达，消除一些不必要的支路途径、敲除与代谢合成无关的基因，抑制其途径的酶活性，将细胞的物质流和能量流引向形成新的目的产物合成途径，同时，增强微生物细胞的抗逆性，最终达到特定目的产物合成途径的优化。

2. 细胞工厂糖代谢及其调节

微生物发酵是一个错综复杂的过程，尤其是大规模工业发酵，要达到预定目标，更需要采用和研究开发各式各样的发酵技术，并且通过对细胞工厂代谢活动的调节，达到积累大量发酵产品的目的。高等动物、植物和绝大多数微生物都能利用葡萄糖作为能源和碳源，在有氧和无氧的条件下进行葡萄糖的分解代谢，合成细胞成分以及各种代谢产品。

（1）EMP途径（embden-meyerhof-parnas pathway） 又称糖酵解（glycolysis）或己糖二磷酸途径，是将葡萄糖和糖原降解为丙酮酸并伴随着ATP生成的一系列反应，是一切生物有机体中普遍存在的葡萄糖降解的途径。糖酵解途径在无氧及有氧条件下都能进行，是葡萄糖进行有氧或者无氧分解的共同代谢途径。在生物体内ATP和ADP是有一定比例的，糖代谢受细胞内能量水平的控制。由于细胞内维持一定的能量，可对糖酵解进行有效调节。当体系中ATP含量高时，ATP抑制磷酸果糖激酶和丙酮酸激酶的活性，使酵解减少。当需能反应加强时，ATP分解为ADP和AMP，ATP减少，ADP、AMP增加，ATP的抑制作用被解除，同时ADP、AMP激活己糖激酶和磷酸果糖激酶，使6-磷酸葡萄糖、1，6-二磷酸果糖、3-磷酸甘油醛浓度增加，它们都是丙酮酸激酶的激活剂，使糖酵解加快。无机磷也是糖酵解的调节者，它解除6-磷酸葡萄糖对己糖激酶的抑制，使更多的葡萄糖酵解。柠檬酸、脂肪酸和乙酰CoA对糖酵解系统也有调节作用。

EMP途径分为三个阶段，10步反应，分别由10种酶催化。这些酶均在细胞内，组成了可溶性的多酶体系。①由葡萄糖到1，6-二磷酸果糖，该过程包括三步反应，是需能过程，消耗2分子ATP；②1，6-二磷酸果糖降解为磷酸二羟丙酮和3-磷酸甘油醛，包括两步反应；③3-磷酸甘油醛经5步反应生成丙酮酸，这是氧化产能步骤。

从葡萄糖到丙酮酸总反应式为：

$$C_6H_{12}O_6+2NAD+2Pi+2ADP \longrightarrow 2CH_3COCOOH+2NADH+2H+2ATP$$

EMP途径是多种微生物所具有的一条主流代谢途径，虽然产能效率低，但具有重要的生理功能。①供应ATP形式的能量和$NADH_2$形式的还原力；②是连接其他几个重要代谢途径的桥梁，包括三羧酸（TCA）循环、HMP途径和ED途径等；③产生的多种中间产物为合成反应提供原材料；④通过逆向反应可进行多糖合成。若从EMP途径与人类生产实践的关系来看，则它与乙醇、乳酸、甘油、丙酮、丁醇和柠檬酸等的发酵生产关系密切。

EMP的特点如下：① EMP途径是各种细胞单糖分解的一条重要途径，也是葡萄糖有氧、无氧分解的共同途径；②EMP途径的每一步都是由酶催化的，其关键酶有己糖激酶、磷酸果糖激酶、丙酮酸激酶；③当以其他糖类作为碳源和能源时，先通过少数几步反应转化为糖酵解途径的中间产物，然后继续沿着EMP途径代谢。EMP途径如图4-4所示，途径的特征性酶是1，6-二磷酸果糖醛缩酶，它催化1，6-二磷酸果糖裂解生成两个三碳化合物，即3-磷酸甘油醛和磷酸二羟丙酮。其中磷酸二羟丙酮在丙糖磷酸异构酶作用下转变为3-磷酸甘油醛。2个3-磷酸甘油醛经磷酸烯醇式丙酮酸在丙酮酸激酶作用下生成2分子丙酮酸。丙酮酸是EMP途径的关键产物，由它出发在不同的微生物中可进行多种发酵。

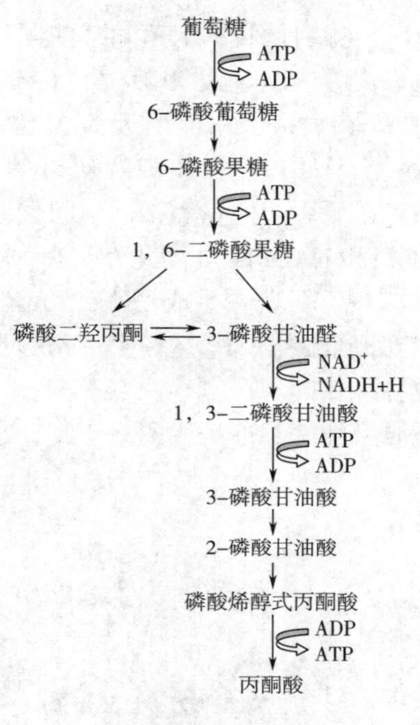

图4-4 EMP途径示意图

（2）HMP途径（hexose monophosphate pathway） 又称单磷酸己糖途径或磷酸戊糖支路。这是一条能产生大量$NADPH_2$形式还原力和重要中间代谢产物而并非产能的代谢途径。葡萄糖经HMP途径和TCA循环可以得到彻底氧化。HMP途径与EMP途径有着密切的关系，HMP途径中的3-磷酸甘油醛可以进入EMP途径。

HMP途径可概括为三个阶段。①葡萄糖分子通过几步氧化反应产生5-磷酸核酮糖和CO_2；②5-磷酸核酮糖发生同分异构化而分别产生5-磷酸核糖和5-磷酸木酮糖；③上述各种磷酸戊糖在没有氧参与的条件下，发生碳架重排，产生了磷酸己糖和3-磷酸甘油醛，后者可通过以下两种方式进行代谢。一种方式是进入EMP途径生成丙酮酸，再进入TCA环进行彻底氧化，许多微生物利用HMP途径将葡萄糖完全分解成CO_2和H_2O；另一种方式是通过二磷酸果糖醛缩酶和果糖二磷酸酶的作用而转化为磷酸己糖。

具有HMP途径的多数好氧菌和兼性厌氧菌中往往同时存在EMP途径。单独具有HMP途径的微生物少见，已知的仅有弱氧化醋杆菌（*Acetobacter suboxydans*）和氧化醋单胞菌（*Acetomonas oxydans*）和氧化葡糖杆菌（*Luconobacter oxydans*）。

（3）ED途径（enrner-doudoroff pathway） 又称为2-酮-3-脱氧-6-磷酸葡萄糖酸（KDPG）裂解途径。它是少数缺乏完整EMP途径的细菌所特有的利用葡萄糖的替代途径。在ED途径中，6-磷酸葡萄糖首先脱氢产生6-磷酸葡萄糖酸，继而在脱水酶和醛缩酶的作用下，产生1分子3-磷酸甘油醛和1分子丙酮酸。然后3-磷酸甘油醛进入EMP途径转变成丙酮酸。1 分子葡萄糖经 ED 途径最后生成 2 分子丙酮酸、1 分子 ATP、1 分子 $NADPH_2$ 和 $NADH_2$。

其总反应式为：

$$C_6H_{12}O_6+ADP+Pi+NADP+NAD \longrightarrow 2CH_3COCOOH+ATP+NADPH_2+NADH_2$$

ED 途径在 G^- 菌中分布较广，特别是假单胞菌和某些固氮菌中较多存在，如嗜糖假单胞菌（*Pseudomonas saccharophila*）、荧光假单胞菌（*Ps. fluorescen*）铜绿假单胞菌（*Ps. aeruginosa*）、林氏假单胞菌（*Ps. lindneri*）和运动发酵单胞菌（*Zymomonas mobilis*）等。由于 ED 途径可与 EMP 途径、HMP 途径和 TCA 循环等各种代谢途径相连接，因此，可以相互协调，以满足微生物对还原力、能量和不同中间代谢产物的需要。例如，通过与 HMP 途径连接可获得必要的戊糖和 $NADPH_2$ 等。此外，在 ED 途径中所产生的丙酮酸对微好氧菌（如运动发酵单胞菌）来说，可脱羧生成乙醛，乙醛进一步被还原为乙醇。此种由 ED 途径发酵产生乙醇的过程与酵母菌经 EMP 途径生产乙醇不同，称为细菌酒精发酵。不同细菌进行酒精发酵的途径也各不相同。

糖酵解产生的丙酮酸和还原型辅酶都不是代谢终产物，它们的去路因不同生物和不同条件而异，如图 4-5 所示。

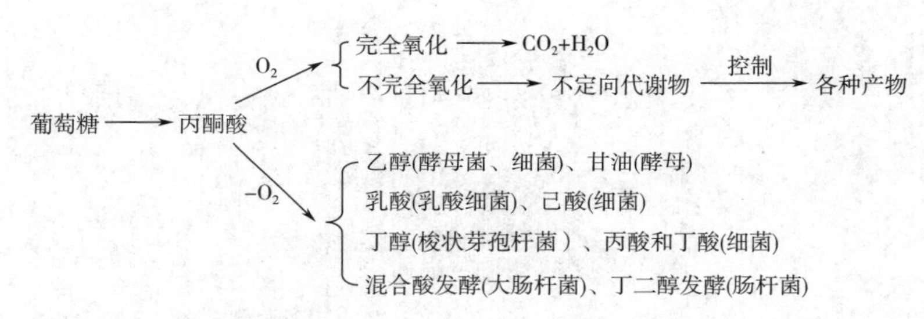

图 4-5　不同通风条件下不同微生物葡萄糖的代谢途径

在有氧条件下，细胞进行有氧代谢生成丙酮酸后，进入 TCA 循环，不完全氧化可得到柠檬酸、氨基酸及其多种产物，完全氧化生成二氧化碳和水，并释放 ATP，满足微生物合成的能量需求。

在缺氧条件下，细胞进行无氧酵解（即无氧呼吸），仅获得有限的能量以维持生命活动，丙酮酸继续进行代谢可产生酒精及其他厌氧代谢产品。

（4）TCA 循环即三羧酸循环（tricarboxylic acid cycle，TCA cycle）　又称柠檬酸循环（图 4-6），是指由丙酮酸经过一系列循环式反应而彻底氧化、脱羧，形成 CO_2、H_2O 和 $NADH_2$ 的过程。这是一个广泛存在于各种生物体中的重要生物化学反应，它在多数异氧微生物的氧化代谢中起关键作用。

TCA 循环除了产生提供微生物生命活动的大量能量外，还有许多生理功能。①循环中的某些中间代谢产物是一些重要的细胞物质。如各种氨基酸、嘌呤、嘧啶和脂类等生物合成前体物，例如乙酰 CoA 是脂肪酸合成的起始物质；α-酮戊二酸可转化为谷氨酸；草酰乙酸可转化为天冬氨酸，而且上述这些氨基酸还可转变为其他氨基酸，并参与蛋白质的生物合成。②TCA 环是糖类有氧降解的主要途径，也是脂肪、蛋白质降解的必经途径。例如脂肪酸经 β-氧化途径生成乙酰 CoA 可进入 TCA 环彻底氧化成 CO_2 和 H_2O；又如丙氨酸、天冬氨酸、谷氨酸等经脱氨基作用后，可分别形成丙酮酸、草酰乙酸、α-酮戊二酸等，它们都可进入 TCA 环被彻底氧化。因此，TCA 环实际上是微生物细胞内各类物质的合成和分解代谢的中心枢纽。

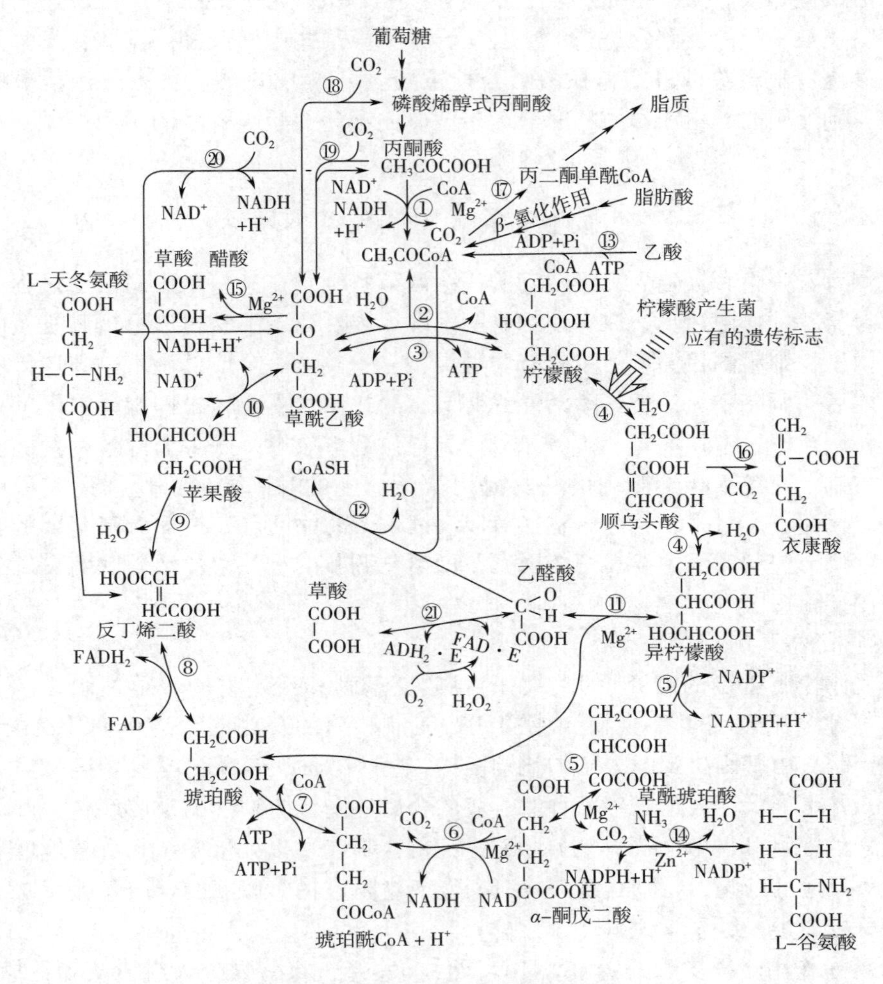

图 4-6　TCA 循环与乙醛酸循环

从图 4-6 可知，TCA 循环共分 10 步。三碳化合物丙酮酸脱羧后，形成 $NADH_2$，并产生二碳化合物乙酰 CoA（$CH_3COSCoA$），它与四碳化合物草酰乙酸经 TCA 循环的关键酶——柠檬酸合成酶作用缩合形成六碳化合物柠檬酸。

乙醛酸循环和三羧酸循环中存在着某些相同的酶类和中间产物。但是，它们是两条不同的代谢途径。乙醛酸循环是在乙醛酸体中进行的，是与脂肪转化为糖密切相关的反应过程。而三羧酸循环是在线粒体中完成的，是与糖的彻底氧化脱羧密切相关的反应过程。油料植物种子发芽时把脂肪转化为碳水化合物是通过乙醛酸循环来实现的。这个过程依赖于线粒体、乙醛酸体及细胞质的协同作用。

通过一系列氧化和转化反应，六碳化合物经过五碳化合物阶段又重新回到四碳化合物——草酰乙酸，再由草酰乙酸接受来自下一个循环的乙酰 CoA 分子。

TCA 循环的总反应式为：

$$CH_3COSCoA+2O_2+12\ (ADP+Pi) \longrightarrow 2CO_2+H_2O+12ATP+CoA$$

由于 EMP 途径和 TCA 环研究得比较清楚，在发酵工业中得到了广泛应用。用诱变育种等方法阻止某一代谢支路的进行，就必然异常积累某些中间产物。据此，发酵工业上已筛选出许多优良生产菌株进行柠檬酸、异柠檬酸、α-酮戊二酸、谷氨酸、苹果酸等的发酵。例如，利用黑曲霉生产柠檬酸时，由于菌体内顺乌头酸水解酶的活力极低，可积累大量柠檬酸。

三、微生物的代谢调控基本理论

微生物有着一整套极强大和极精确的代谢调节系统，在其整个生命活动过程中，约有上千种酶参与各种代谢活动，以保证细胞能准确无误、有条不紊地进行极其复杂的新陈代谢反应。微生物细胞的代谢调节主要有两种类型，一类是酶合成的调节，即遗传水平上酶蛋白合成之后的调节；另一类是酶活性的调节，酶化学水平上转录即翻译水平的调节。细胞内这两种调节方式密切配合和协调，以达到最佳调节效果。微生物的各种代谢及其代谢产物由酶控制，而微生物细胞内的酶又是由染色体上的基因控制，这样形成了基因决定酶，酶决定代谢；反过来，代谢产物又可以反馈调节酶的活性，进而调节基因的表达。在细胞中这种调节控制作用主要靠两个因素，即参与调节的有关酶的活性和酶量，也就是反馈抑制和反馈阻遏。

1. 酶合成的调节

根据代谢控制机制的研究证明，酶的合成受基因和代谢物的双重控制。一方面，从 DNA 的分子水平上阐明了酶生物合成的调节机制，酶的合成同普通蛋白质的合成一样，受基因的控制，由基因决定酶分子的化学结构；另一方面，是从酶学的角度探讨，仅仅有某种基因，并不能保证大量产生某种酶。酶的合成还受代谢物（酶反应底物、产物及其结构类似物）的控制和调节。当有诱导物时，酶的生成量可以几倍乃至几百倍地增加。相反地，某些酶反应的产物，特别是终产物，又能产生阻遏物，使酶的合成量大大减少。酶合成的机制可以通过操纵子学说解释。

（1）诱导作用　根据酶的生成与环境条件的关系，将酶划分为组成酶和诱导酶两类。组成酶是细胞固有的酶类，其合成是在相应的基因控制下进行的，它不因分解底物或结构类似物的存在而受影响，例如 EMP 途径的有关酶类。诱导酶则是细胞为适应外来底物或其结构类似物而临时合成的一类酶，例如 *E. coli* 在含乳糖培养基中所产生的 β-半乳糖苷酶和半乳糖苷渗透酶等。能促进诱导酶产生的物质为诱导物（inducer），它可以是酶的底物，也可以是底物结构类似物。有些底物类似物比诱导物的作用更强，如异丙基-β-D-硫代半乳糖在诱导 β-半乳糖苷酶生成方面比乳糖的诱导作用要大 1000 倍。

（2）阻遏作用　在微生物的代谢过程中，当代谢途径中某末端产物过量时，除可用反馈抑制的方式抑制该途径中关键酶的活性以减少末端产物的生成外，还可以通过阻遏作用阻遏代谢途径中包括关键酶在内的一系列酶的生物合成，从而更彻底地控制代谢和减少末端产物的合成。阻遏作用有利于生物体节省有限的养料和能量，防止浪费。阻遏的类型主要有末端代谢产物的阻遏和分解代谢产物的阻遏两种。

末端代谢产物的阻遏（end-product repression）是指由代谢途径末端产物的过量积累而引起的阻遏。在 *E. coli* 合成色氨酸中，色氨酸超过一定浓度，色氨酸合成有关的酶就停止合成，这也可以用色氨酸操纵子解释。色氨酸操纵子的调节基因能编码一种无活性的阻遏蛋白，色氨酸为辅阻遏物，色氨酸的浓度高时，色氨酸与之结合，形成有活性的阻遏蛋白并与操纵基因结合，结构基因不能转录，酶合成停止。

分解代谢物阻遏（catabolite repression）是指培养基中同时存在两种分解代谢物时，某些酶的合成往往被容易分解利用的碳源（如葡萄糖）所阻遏。大多数情况下，能使细胞生长最快的那一种物质被优先利用，而分解另一种底物的酶的合成被阻遏。例如，将 *E. coli* 培养在含有乳糖和葡萄糖的培养基上，发现该菌可优先利用葡萄糖，并于葡萄糖耗尽后才开始利用乳糖。其原因是葡萄糖的存在阻遏了分解乳糖酶系的合成，这一现象又称为葡萄糖效应。葡萄糖效应也可以用乳糖操纵子解释。mRNA 聚合酶结合到乳糖操纵子的启动基因上，需要 AMP 和 cAMP（环腺苷酸）受体蛋白的参与，两者结合后，mRNA 聚合酶才能结合到启动基因上。当 cAMP 缺少时，mRNA 聚合酶不能结合到启动基因上，mRNA 的转录就停止。分解代谢物阻遏的实质是由于细胞内缺少了环腺苷酸。当葡萄糖存在时，cAMP 就缺乏。如果加入了 cAMP，β-乳糖苷酶的合成速度就显著增加，外加的 cAMP 可解除分解代谢物的阻遏。因为 cAMP 是由 ATP 通过腺苷酸环化酶催化形成的，而葡萄糖的代谢产物对此酶有抑制作用；cAMP 在磷酸二酯酶的作用下转化为 AMP，葡萄糖的代谢产物对该酶有激活作用（图 4-7）。cAMP 可透过细胞膜分泌到外部介质中。葡萄糖调节 cAMP，可能是由于葡萄糖分解过程中的某种中间产物抑制了细胞内 cAMP 的形成；也可能是这种中间产物激活了 cAMP 的分解。

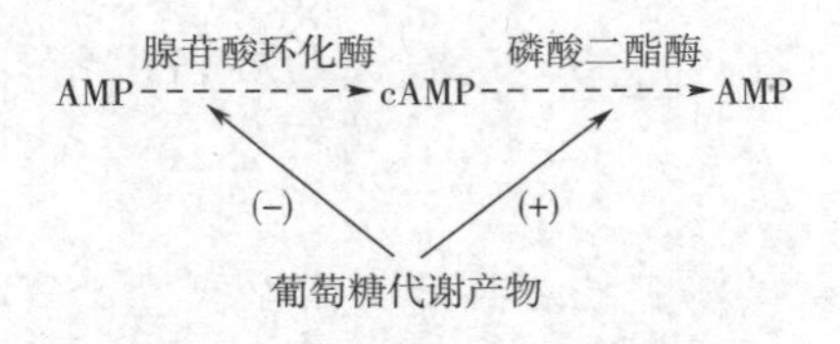

图 4-7　分解代谢物的阻遏作用示意图
（+）表示激活作用　（-）表示抑制作用

当细胞具有一种优先利用的底物（通常是葡萄糖，但并不总是葡萄糖）时，很多其他分解反应途径受到阻遏。值得注意的是分解代谢物的阻遏并不仅限于碳源，能被优先利用的氮源，如铵离子或各种酰胺也会阻遏降解其他含氮代谢物的酶系。这种阻遏机制对微生物很有利，只要有一个容易同化的底物存在，细胞就不必耗费能量去合成效率较低的途径的酶系，而使其代谢作用能更多地用于产生生长所必需的组分。

（3）酶合成的调节机制　酶合成的诱导和阻遏现象可以通过 J. Monod 和 F. Jacob（1961）提出的操纵子假说解释。操纵子由细胞中的操纵基因和邻近的几个结构基因组成。

结构基因能够转录遗传信息，合成相应的信使 RNA（mRNA），进而再转移合成特定的酶。操纵基因能够控制结构基因作用的发挥。细胞中还有一种调节基因，能够产生一种胞质阻遏物，胞质阻遏物与阻遏物（通常是酶反应的终产物）结合时，由于变构效应，其结构改变和操纵基因的亲和力变大，而使有关的结构基因不能合成 mRNA，因此，酶的合成受到阻遏。诱导物也能与胞质阻遏物结合，使其结构发生改变，减少与操纵基因的亲和力，使操纵基因回复自由，进而结构基因进行转录，合成 mRNA，再转译合成特定的酶。

酶的生物合成的调节和控制机制如图 4-8 所示。

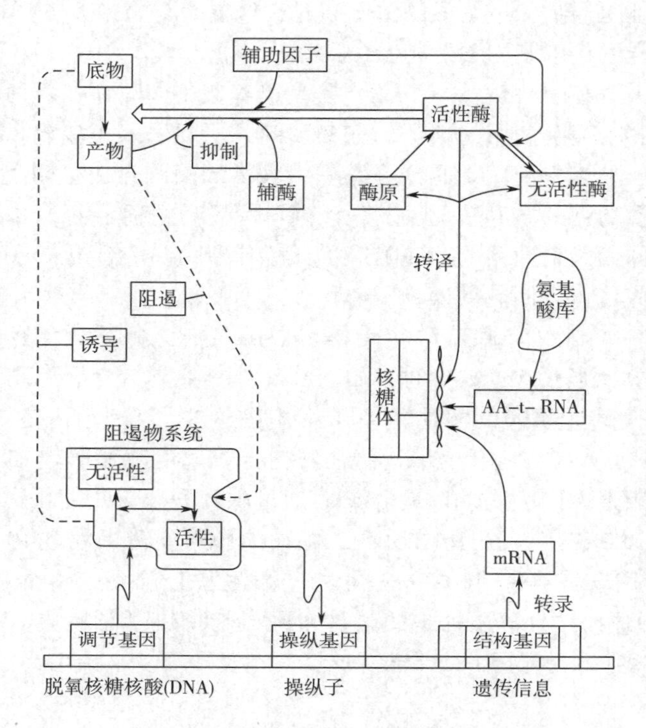

图 4-8　酶的生物合成的调节和控制

2. 酶活性的调节

酶活性的调节是一定数量的酶，通过其分子构象或分子结构的改变调节其催化反应的速度。调节酶活性比调节酶的合成及时、迅速和有效，这是微生物在饥饿情况下的经济调节方式。通过改变途径中一个或几个关键酶的活力，以影响代谢途径中各中间产物的流量。这种活力调节通常由一个特异的小分子代谢物（终产物等变构效应物）与酶的可逆结合进行。

（1）变构调节　近年来的研究认为，受反馈抑制的调节酶一般都是变构酶。酶活力调控的实质就是变构酶的变构调节。变构酶除了有与底物结合的活力中心（也称催化部位或活性部位）外，还有一个能与最终产物结合的部位，称为调节中心（或称变构部位），当它与最终产物结合后，就改变了酶分子的构象，从而影响了底物与活性中心的结合。最终产物与活性中心的结合是可逆的，因此当最终产物的浓度降低时，最终产物与酶的结合随之解离，从而恢复了酶蛋白原有的构象，使酶与底物结合而发生催化作用。在一个由多步反应组成的代谢途径中，能够在最终产物的影响下改变构象的酶，称为变构酶。在变构调节中，酶分子只是单纯的构象变化。凡是具有两个或两个以上结合部位的蛋白质，当其中一个部位与效应物结合后，蛋白质构象发生变化，称为变构蛋白，它是具有多亚基四级结构的蛋白质。

变构酶的作用程序：专一性的代谢物（变构效应物）与酶蛋白表面的特定部位（变构部位）结合→酶分子的构象变化（变构转换）→活力中心修饰→抑制或促进酶活性。

变构酶是一种变构蛋白，通常是某一代谢途径的第一个酶或是催化某一关键反应的酶。例如合成异亮氨酸的第一个酶是苏氨酸脱氨酶，这种酶被其末端产物异亮氨酸反馈抑制，从而减少中间代谢产物 α-酮丁酸，避免末端产物过多积累。

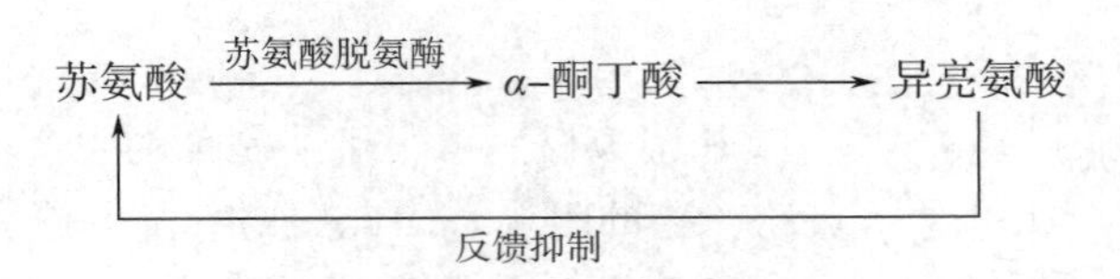

细胞内的糖酵解途径和三羧酸循环的调控也是通过反馈抑制进行的。

（2）修饰调节　修饰调节通过共价调节酶来实现。共价调节酶通过修饰酶催化其多肽链上某些基团进行可逆的共价修饰（酶分子共价键发生了改变，即酶的一级结构发生了变化），使调节酶处于活性和非活性的互变状态，从而导致调节酶的活化或抑制，以控制代谢的速度和方向。目前已知有多种类型的可逆共价调节蛋白：磷酸化/去磷酸化；乙酰化/去乙酰化；酰苷酰化/去酰苷酰化；甲基化/去甲基化等。例如：

原核细胞中：低活性状态⟵（腺苷酰化）酶⟵谷氨酰胺合成酶⟶（去腺苷酰化）酶⟶高活性状态。

真核细胞中：低活性状态⟵（去磷酸化）酶⟵丙酮酸脱氢酶⟶（磷酸化）酶⟶高活性状态。

修饰调节是体内重要的调节方式，有许多处于分支代谢途径，对代谢流量起调节作用的关键酶是共价调节酶。

3. 分支代谢途径的调节

在有两种或两种以上的末端产物的分支代谢途径中，调节方式较为复杂。其共同特点是每个分支途径的末端产物控制分支点后的第一个酶，同时每个末端产物又对整个途径的第一个酶有部分的抑制作用，分支代谢的反馈调节方式有多种。

（1）同工酶调节　同工酶（isoenzyme）是一类作用于同一底物，催化同一反应，但酶的分子构型不同，并能分别受不同末端产物抑制的一组酶。其特点是在分支途径中的第一个酶有几种结构不同的一组同工酶，每一种代谢产物只对一种同工酶具有反馈抑制作用，只有当几种终产物同时过量时，才能完全阻止反应的进行。这种调节方式的典型例子是 *E. coli* 的天冬氨酸族氨基酸合成的途径，天冬氨酸激酶是该合成途径中一个关键酶，有3种同工酶，即天冬氨酸激酶Ⅰ、Ⅱ和Ⅲ，催化途径的第一个酶分别受赖氨酸、苏氨酸、甲硫氨酸的反馈抑制。因此，*E. coli* 在生长过程中，某种末端产物积累可以通过各自的反馈抑制，使其代谢过程能平衡进行。

（2）协同反馈抑制　在分支代谢途径中，几种末端产物同时过量，才对途径中的第一个酶具有抑制作用。若某一末端产物单独过量则对途径中的第一个酶无抑制作用。这种需要各个末端产物同时过量才能引起反馈抑制的方式称为协同反馈抑制。例如，在多黏芽孢杆菌的天冬氨酸族氨基酸合成途径中存在协同反馈抑制，只有苏氨酸与赖氨酸在胞内同时积累，才能抑制天冬氨酸激酶的活性。

（3）累加反馈抑制　在分支代谢途径中，任何一种末端产物过量时都能对共同途径中的第一个酶起抑制作用，而且各种末端产物的抑制作用互不干扰。

（4）顺序反馈抑制　分支代谢途径中的两个末端产物，不能直接抑制代谢途径中的第一个酶，而是分别抑制分支点后的反应步骤，造成分支点上中间产物的积累，这种高浓度的中间产物再反馈抑制第一个酶的活性。因此，只有当两个末端产物都过量时，才能对途径中的第一个酶起到抑制作用。

4. 代谢控制的实际应用

（1）增加酶制剂的产量　酶合成和调节机制可用于酶制剂的生产中，以增加酶制剂的产量。酶的生成受终产物和分解代谢产物的阻遏。因此，培养基的成分对受阻遏的酶的生成非常重要。为了提高酶的产量，应当避免采用含有大量可迅速利用的碳源（如葡萄糖）的培养基或丰富的合成培养基。

利用具阻遏作用的酶的底物作为唯一碳源或氮源，可以筛选出不受分解代谢物阻遏的突变株。利用鉴别性培养基，可选出抗分解代谢物阻遏的突变株。

（2）增加抗生素的产量　在许多抗生素的发酵中都发现了抗生素的积累受分解代谢物阻遏的现象。葡萄糖的分解产物能抑制青霉素、头孢霉素 C、赤霉素、土霉素、新霉素、杆菌肽以及多肽抗生素等很多抗生素的合成。一般认为，这是由于葡萄糖分解产物的积累阻遏了次级代谢物合成酶，从而抑制了抗生素的产生。在青霉素发酵中发现，能迅速利用的葡萄糖并不利于青霉素的合成，虽然乳糖并不是合成青霉素的特异前体，但由于其缓慢的利用，却有利于提高青霉素的产量，但乳糖价格较高，应用受到限制。目前青霉素发酵已采用定时流加限量的葡萄糖液或糖蜜，代替价格较高的乳糖。由于限制了葡萄糖的浓度，就使分解代谢产物的浓度维持在较低的水平上，不至于产生阻遏作用。此外，在一些抗生素的生产中，使用混合碳源，定时流加麦芽糖液、液化淀粉等，解除分解代谢物的阻遏，增加抗生素的产量。

（3）增加氨基酸的产量　微生物细胞膜对细胞内外物质的运输具有高度选择性。细胞内的代谢产物积累到一定浓度，就会自然通过反馈阻遏限制了它们的进一步合成。采用提高细胞膜渗透性的各种方法，使细胞内的产物迅速渗透到细胞外，以解除末端产物的反馈抑制。在谷氨酸发酵中，通过控制生物素亚适量，达到提高细胞膜渗透性的目的。生物素是脂肪酸生物合成中乙酰辅酶 A 羧化酶的辅基，此酶可催化乙酰辅酶 A 羧化，并生成丙二酰单酰辅酶 A，进而合成细胞膜磷脂的主要成分——脂肪酸。采用温度敏感型突变株发酵时，可通过温度改变，提高细胞膜渗透性。因此，通过物理方法或化学方法均可改变细胞膜的成分，进而改变细胞膜的渗透性，增加谷氨酸向细胞外的分泌，提高谷氨酸的产量。

第二节　厌氧代谢产物的生物合成机制

葡萄糖经 EMP 途径，降解为丙酮酸是厌氧和兼性厌氧微生物进行葡萄糖的无氧降解的共同途径。在糖代谢过程中，丙酮酸是 EMP 途径的关键产物，它处在不同代谢的分支点上。由于不同微生物具有不同的酶系统，使它们具有多种发酵类型。例如，由酿酒酵母（*Saccharomyces cerevisiae*）进行的酵母型酒精发酵；由德氏乳杆菌（*Lactobacillus delbrueckii*）等进行的同型乳酸发酵；由谢氏丙酸杆菌（*Propimibacurium shcrmanii*）进行的丙酸发酵；由产气肠杆菌（*Enterobacter aerogenes*）等进行的2，3-丁二醇发酵；由丁酸梭菌（*Clostridium butyricum*）和丙酮-丁醇梭菌（*C. acetobutylicum*）等各种厌氧梭菌进行的丁酸型发酵等都属于厌氧发酵。通过这些发酵，微生物可获得其生命活动所需要的能量，还可以通过发酵手段大规模生产微生物的代谢产物。

一、酵母菌酒精发酵机制

酵母属于兼性厌氧微生物，在有氧和无氧条件下均能生活。在有氧的条件下，将糖类物质分解成二氧化碳和水，获得能量，细胞大量繁殖，如酵母的生产；而在缺氧的条件下，将糖类物质分解成二氧化碳和酒精，如酒精的生产。

1. 酒精发酵机制

在酵母细胞中，葡萄糖经酵解途径生成丙酮酸，在无氧条件下，由丙酮酸脱羧酶催化丙酮酸脱羧，生成乙醛，反应如下：

$$\text{丙酮酸} \xrightarrow[\text{NAD}^+ \rightarrow \text{NADH+H}^+]{\text{丙酮酸脱羧酶}} \text{乙醛} + CO_2$$

丙酮酸脱羧酶需要焦磷酸硫胺素为辅酶，并需要金属离子如 Mg^+ 作为辅助因子。所生产的乙醛在乙醇脱氢酶的作用下，被还原成乙醇，反应式如下：

$$\text{乙醛} \xrightarrow[\text{NADH+H}^+ \rightarrow \text{NAD}^+]{\text{乙醇脱氢酶}} \text{乙醇}$$

酵母菌在无氧条件下，通过十几步反应，1分子葡萄糖可以分解成2分子乙醇、2分子 CO_2 和2分子ATP，即酵母进行酒精发酵。由葡萄糖生成乙醇经历了三步不可逆反应，其总反应式为：

$$C_6H_{12}O_6 + 2ADP + 2H_3PO_4 \longrightarrow 2C_2H_5OH + 2CO_2 + 2ATP$$

则1mol葡萄糖生成2mol乙醇，理论转化率为：

$$\frac{2\times 46.05}{180.1}\times 100\% = 51.1\%$$

但在实际生产中，约有2.5%的葡萄糖用于合成酵母细胞，5%的糖用于合成少量的发酵副产物，另外还有0.5%的残糖，实际乙醇生产量约为理论值的95%，则乙醇对糖的转化率约为48.5%。

酵母菌乙醇的发酵过程可总结如下：①葡萄糖分解为乙醇的过程中，并无氧气参与，是一个无氧呼吸过程。②过程中有脱氢反应，脱下的氢由辅酶Ⅰ携带，但细胞中的辅酶量是极少的，已被还原的辅酶Ⅰ（$NADH+H^+$）必须经过某种方式将所带的氢除去，方能再接受脱氢反应中的氢。酵母菌在无氧的情况下，NADH是通过与乙醛反应而重新被氧化的。③葡萄糖到乙醇和 CO_2，用去了2分子ATP，生成了4分子ATP，所以净得2分子ATP。④葡萄糖无氧分解时有热量放出，这种热量虽然不能直接参与细胞的需能反应，但可以维持体温，使体内的反应速率加快，促进新陈代谢。⑤发酵过程的某些反应需要辅酶和辅因子参加。

（1）酵母的巴斯德效应　酵母菌在糖代谢时，在有氧气存在的条件下，酵母发酵能力降低，这个事实很早就被巴斯德发现，称为巴斯德效应。即当细胞中的能量水平较低时，酵母菌便加速对糖的分解，获得能量。当细胞中的能量达到一定水平时，酵母细胞从多个调节位点抑制对糖的吸收和代谢。

关于巴斯德效应的机制，很早就提出了许多学说，已经证实第一个调节点是磷酸果糖激酶，此酶是变构酶，它为 ATP、柠檬酸及其他高能化合物所抑制，受 AMP、ADP 激活。在有氧条件下，糖代谢产生的丙酮酸进入三羧酸循环（TCA），产生柠檬酸等，并通过氧化磷酸化生成大量 ATP，细胞内柠檬酸生成量增加，反馈阻遏磷酸果糖激酶的合成，这种阻遏作用由于 ATP 存在而加强，同时 ATP 反馈抑制此酶的活性。由于磷酸果糖激酶受抑制，导致6-磷酸果糖积累，由于6-磷酸葡萄糖到6-磷酸果糖反应达平衡时，醛糖与酮糖之比为7∶3，因此导致6-磷酸葡萄糖积累，6-磷酸葡萄糖反馈抑制己糖激酶，抑制葡萄糖进入细胞内，最终导致葡萄糖利用率降低。

（2）酵母克拉布特里（Crabtree）效应　酿酒酵母存在明显的克拉布特里效应，使碳代谢流向乙醇合成途径，而且基础碳源（如葡萄糖）浓度越高，克拉布特里效应强度也越强，溢流合成乙醇效应越大。当发酵基质中可发酵糖的含量丰富时，氧会抑制酵母的呼吸，转入发酵，即葡萄糖的抑制，因此，当葡萄糖浓度在5%以上时，即使有氧存在，也不能增加酵母的呼吸作用。葡萄糖浓度越低，呼吸作用占的比例越大，当糖浓度高时，发酵作用占主导作用。因此在以酵母菌体作为产品的生产中，需要基质糖含量远低克拉布特里效应。

巴斯德首先提出克拉布特里效应，并认为此效应涉及氧的作用，故也称为发酵过程中的氧效应。经后人研究后认为这是因为氧会降低糖酵解途径的运行速率，而有利于核酸和芳香族氨基酸的生成，从而增加细胞的生长速率。此外，还认为细胞生长中的呼吸与糖酵解之间存在着竞争磷酸和腺苷二磷酸（ADP）的事实，而在有氧情况下，酵解过程中的关键酶——磷酸果糖激酶（PFK）被抑制，从而有利于呼吸作用的增强。酵母的巴斯德效应和克拉布特里效应同为糖代谢中重要调节机制。

（3）酵母菌的葡萄糖效应　酵母菌在糖代谢过程中，葡萄糖优先被酵母利用进行发酵而抑制了果糖的发酵。酿酒酵母基本上是“嗜葡萄糖”的，非酿酒酵母则优先利用果糖。因此，在果酒酿造的过程中，果皮上的非酿酒酵母利用果糖优先触发酒精发酵，酿酒酵母随后进行了葡萄糖代谢，产生大量的乙醇，抑制了非酿酒酵母的继续代谢。

在实际发酵中，酵母菌同时进行呼吸和发酵作用，即一边进行有氧呼吸代谢，细胞生长，一边进行厌氧代谢，酒精发酵，它们的代谢途径相互关系见图4-9。

因此，在酿造酒的生产过程中，为了保证酿造酒的风味质量以及正常发酵，发酵控制上应满足酵母菌的兼性厌氧生活，应进行适当通风，使生成足够的酵母细胞，能够在一定的时间内，将糖转化成酒精和风味物质，否则，会由于通风过度而损失酒精。

细菌也能发酵糖类物质生成酒精。少数假单胞杆菌，如林氏假单胞菌（*Ps. lindneri*）能利用葡萄糖经 ED 途径进行酒精发酵，总反应式为：

$$C_6H_{12}O_6+ADP+H_3PO_4 \longrightarrow 2C_2H_5OH+2CO_2+ATP$$

在 ED 途径中生成的2分子丙酮酸脱羧生成乙醛，乙醛还原生成乙醇。ED 途径由部分

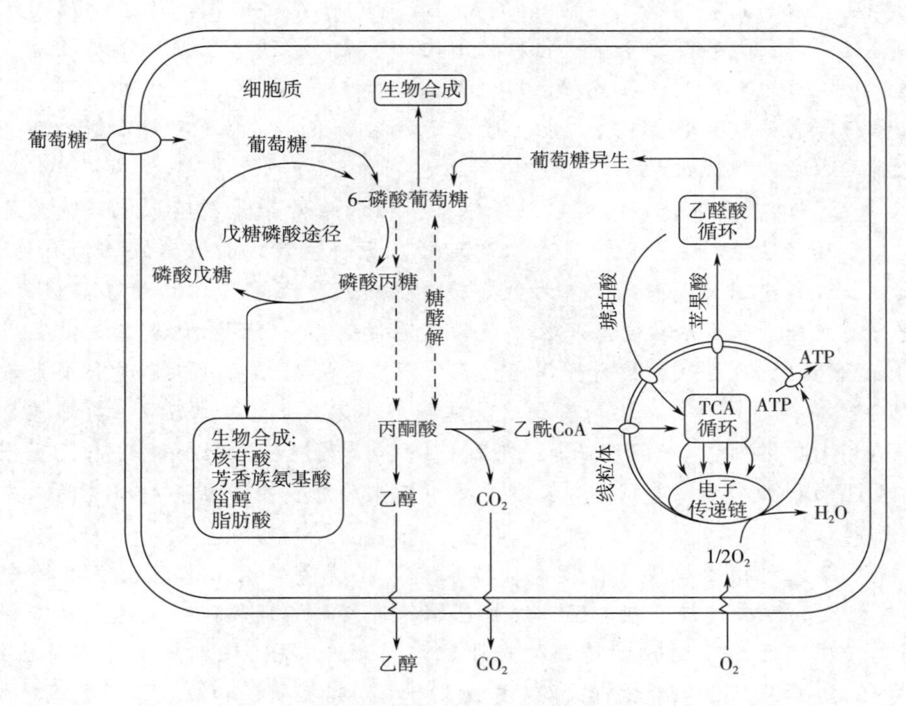

图 4-9　酵母菌糖代谢途径的相互关系

EMP、部分 HMP 和两个特有的酶组成。两个特征性酶分别为6-磷酸葡萄糖酸脱水酶和脱氧酮糖酸醛缩酶。

在末端假单胞菌中能使 2 分子丙酮酸脱羧，然后还原乙醛生成 2 分子乙醇和 2 分子 CO_2；而在其他假单胞菌中氢载体氧化后，生成 1 分子乙醇、1 分子乳酸和 1 分子 CO_2。

细菌酒精发酵是 20 世纪 70 年代出现的。其特点是代谢速率快、发酵周期短，比酵母菌的酒精产率高，该类菌具有厌氧和耐高温的特点，且能利用各种糖类，但目前处于实验阶段，并未进行工业化生产。

延伸阅读：纤维素原料生产燃料乙醇

燃料乙醇是指体积浓度达到 99.5%以上的无水乙醇，它不仅是优良的燃料，也是燃油的增氧剂。与汽油相比，燃料乙醇最突出的优点表现在清洁和可再生两方面。近年来，随着煤炭、石油能源危机和空气污染、全球变暖等环境问题日趋严重，燃料乙醇受到极大关注。

按照技术和工艺的发展进程，目前业界一般将燃料乙醇分为以下几类：以玉米、小麦等粮食作物为原料的第 1 代粮食乙醇（G1），通过生物酶降解生物质原料淀粉，再将淀粉通过微生物转化为乙醇，加以提纯分离，最终得到可以与汽油掺混的无水燃料乙醇。以木薯、甘蔗、甜高粱茎秆等经济作物为原料的第 1.5 代非粮乙醇（G1.5）；以玉米芯、玉米秸秆等纤维素物质为原料的第 2 代纤维素乙醇（G2）以及以微藻中碳水化合物为原料的第 3 代微藻乙醇（G3）。

G1和G1.5燃料乙醇均属于淀粉基乙醇。G2纤维素乙醇使用纤维素物质为原料，经预处理后通过高转化率的纤维素酶，将原料中的纤维素转化为可发酵的糖类物质，然后经特殊的发酵法制造燃料乙醇，在技术上同粮食乙醇和非粮乙醇存在较大的差别；利用玉米芯、玉米秸秆等农林废弃物，充分发掘生物质资源的价值，目前是燃料乙醇的新兴研究方向，且已有国内企业规模化量产。

G3燃料乙醇以微藻中含有的淀粉、纤维素、半纤维素等大量碳水化合物为原料。微藻具有远高于陆生植物的光合效率，生长周期短，原料生产方面较传统作物有巨大优势；同时微藻生长过程中以大气中的CO_2为主要碳源，对减少温室气体排放具备极大的价值。微藻乙醇目前还处于研发阶段，各项技术瓶颈在逐步攻克中，还未达到工业化生产水平。

美国自20世纪80年代初推行使用燃料乙醇以来，燃料乙醇的生产量和消费量逐年上升，2017年，美国在产的玉米燃料乙醇生物炼制厂共211家，在建6家，分布在28个州，生产能力达到162亿加仑（613亿升）。在2017年，美国燃料乙醇出口至35个国家，超过半数出口至巴西和加拿大。美国燃料乙醇主要以玉米为原料，现在全美40%的玉米都用于生产燃料乙醇。

由于美国玉米种植业规模化程度高、技术先进，使得美国玉米种植成本较中国低近40%，具有极大的发展优势。在美国，燃料乙醇的价格与石油相比，也已经具有一定的竞争力。另外美国、巴西等国的燃料乙醇产业已发展近40年，技术水平和市场已经成熟，而我国燃料乙醇产业从21世纪初开始仅发展十余年，尚有研发和应用等问题亟待解决。

玉米乙醇和纤维质原料燃料乙醇属于生物质发酵制燃料乙醇不同发展阶段的工艺，可归为生物质乙醇大类。现阶段生物质发酵制燃料乙醇仍是我国燃料乙醇产量的主要来源，生物发酵法制乙醇在我国主要有三个发展阶段，分别对应三代燃料乙醇产品，即G1、G1.5和G2。

G2产品主要是指纤维素制乙醇，更受国家和企业的青睐。纤维素制乙醇在美国属于应用最为普遍的工艺，其最大的优势在于原料易得便宜，但其对生物催化酶的要求较高。而目前我国酶生产水平较为落后，故成本仍相对偏高，根据测算，我国使用秸秆生产的燃料乙醇成本约在5600元/t。目前我国燃料乙醇整体生产水平处于从G1到G1.5过渡的阶段，现阶段生产燃料乙醇的主力仍为玉米等粮食制乙醇，但G2纤维素将会是未来生产燃料乙醇的主流。

生物质原料纤维素由于其成分的多样性导致很难被微生物完全利用。植物纤维素材料水解液中，葡萄糖占65%，木糖约占25%，从纤维素水解液中将葡萄糖和木糖分别分离出来非常困难，操作成本昂贵，因此实现微生物对五碳糖的利用，尤其是实现对五碳糖、六碳糖的同步利用，将降低生物炼制过程的成本。

纤维原料中的戊糖资源尚未得到同等的利用，其原因是微生物对戊糖的分解转化速度慢，转化率低，高效利用木质纤维素的技术关键之一就是提高微生物对戊糖的利用能力，实现戊糖和已糖的同等发酵。只有充分利用原料中的多组分，才能有效利用复杂原料降低生产成本。因而，当前把微生物改造成细胞工厂的研究正面临着从利用精细原料到复杂原料的挑战。

利用生物法转化木质纤维原料的工艺路线主要包括3个关键步骤：①原料预处理，获得易于降解的纤维素和半纤维素；②纤维素酶制备和酶水解，将纤维素和半纤维素降解成糖液；③糖液发酵获得目标产品。由于戊糖在水解糖液中占有较高比重，戊糖的高效利用已成为纤维原料生物炼制的关键之一。

美国和澳大利亚研究人员将 *E. coli* 的五碳糖途径基因导入运动发酵单胞菌，实现不同糖代谢途径的重组，工程菌利用木屑水解液生产乙醇。还有研究发现发酵梭菌（*Clostridia*）中存在纤维素代谢关系密切的两个属，其中之一是 *C. thermocllum*，该菌具有分泌纤维素酶、半纤维素酶和木质素酶的能力，将纤维素类物质转变为纤维二糖、木糖和木二糖，利用纤维二糖生产乙醇。其二是 *C. thermosaccharolyticum*，它不具有分解酶系，但能将纤维二糖、木糖和木二糖转变成乙醇。将此两属菌混合培养，乙醇产率明显提高。由于梭菌中同时存在乙酸、乳酸等其他重要的平台化合物的代谢途径，从长远看，梭菌可能是一个木质素生物炼制生产乙醇、乳酸等系列产品的潜在的细胞工厂。荷兰科学家在酵母中引入外源的木糖异构酶基因，构建的工程菌可以在合成培养基中利用木糖生长，达到与葡萄糖培养相当的产量。日本利用基因重组技术，即通过基因的导入使一种酵母就可以表达多种酶，利用这种酵母就可以直接将纤维素变成化工产品，这就是所谓的“超级酵母”的开发。稻草用水热处理后再用酶处理将其切断成纤维素，以这种纤维素为原料用基因重组的酵母发酵，取得 80g 乙醇/L 发酵液的成绩。国内中科院微生物研究所建立了一套评价转运蛋白活性的高通量筛选体系，对木糖转运蛋白进行了分子改造，得到的突变株在 20g/L 的葡萄糖浓度下，转运木糖底物类似物的能力比野生菌高。

发展生物燃料乙醇将会更好地促进粮食供需平衡，带动农村经济发展。国际经验表明，发展生物燃料乙醇可以为大宗农产品建立长期、稳定、可控的加工转化渠道，提高国家对粮食市场的调控能力。比如，美国用玉米总产量的 37% 生产燃料乙醇，维持了玉米价格；巴西通过甘蔗—糖—乙醇联产，保障了国内甘蔗和糖价稳定，维护了农民利益。我国生物燃料乙醇产业经过十多年发展，以玉米、木薯等为原料的 1 代和 1.5 代生产技术工艺成熟稳定，以秸秆等农林废弃物为原料的 2 代先进生物燃料生产技术已具备产业化示范条件。2017 年，国家发展改革委、国家能源局等十五部委联合印发了《关于扩大生物燃料乙醇生产和推广使用车用乙醇汽油的实施方案》，明确了扩大生物燃料乙醇生产和推广使用车用乙醇汽油工作的重要意义、指导思想、基本原则、主要目标和重点任务，燃料乙醇产业迎来了新的发展机遇和更广阔的发展空间。

2. 酒精发酵中主要副产物的生成

酵母菌的乙醇发酵已广泛应用于酿酒和酒精生产。酒精发酵副产物会随发酵基质、发酵条件变化而改变。在酒精发酵中，除乙醇和 CO_2 主要产物外，还伴随着生成多达几十种的副产物，主要为醇、醛、酸和酯等四大类。这些副产物生成一方面耗用了糖分，影响酒精得率，但另一方面一定量的副产物提供了重要的风味物质，提高了酒的质量，赋予成品的典型性。

在酿造酒的发酵生产中，酒精发酵的副产物是重要的风味物质。有些风味物质，其含量低时，对酒的风味起加成作用；而含量高时，则影响酒的质量。因此在生产中，应控制合理的发酵过程，尽可能促进和保留有益的风味物质。其中甘油、酯类和高级醇对发酵酒类品质影响很大，这里仅简单介绍酿造酒中几种重要的风味物质。

（1）甘油　甘油是酵母菌在发酵时必不可少的副产物。在酒精发酵时，酵母代谢过程中中间代谢产物磷酸二羟基丙酮在三磷酸甘油脱氢酶与三磷酸甘油酯酶的作用下形成甘油（图 4-10）。

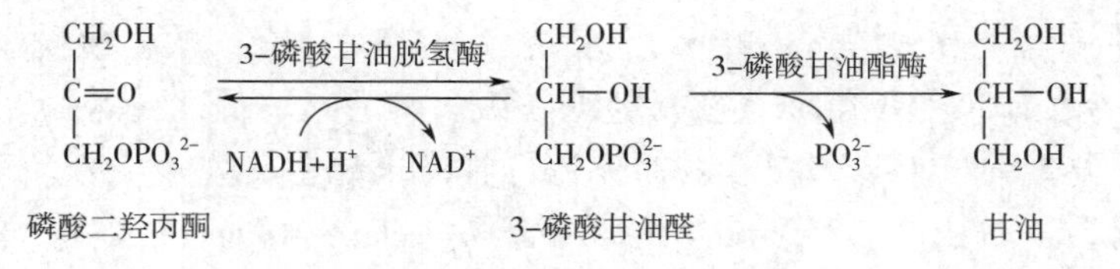

图 4-10　酵母细胞甘油的生成途径

当酵母发酵液中含有一定量的亚硫酸氢盐时，它可以和乙醛加成生成难溶性磺化羟基乙醛，这时，乙醛不能成为氢的受体，迫使磷酸二羟丙酮代替乙醛作为氢受体，生成 α-磷酸甘油。后者在 α-磷酸甘油脱氢酶的催化下，再水解去磷酸生成甘油，使乙醇发酵变成甘油发酵，称为酵母的第二型发酵，这也就是果酒酿造中甘油含量高的原因。

在发酵液偏碱性条件下（pH 7.6），乙醛不能作为氢受体被还原成乙醇，而是两个乙醛分子发生歧化发应，一分子乙醛氧化成乙酸，另一分子乙醛还原成乙醇，使磷酸二羟丙酮作为 $NADH_2$ 的氢受体，还原为 α-磷酸甘油，再脱去磷酸生成甘油，这称为碱法甘油发酵。这种发酵方式不产生能量，属于第三型发酵。

$$葡萄糖\longrightarrow甘油+乙酸+乙醇+CO_2$$

如果采用该法生产甘油，必须使发酵液保持碱性，否则由于酵母菌产酸使发酵液 pH 降低，使第三型发酵回到第一型发酵。由此可见，发酵副产物会随发酵基质、发酵条件变化而改变。

（2）高级醇的生成　高级醇是指大于两个碳的醇类物质，包括正丙醇、正丁醇、异丁醇、异戊醇（3-甲基丁醇）、正戊醇、活性戊醇（2-甲基丁醇）、辛醇、苯乙醇、色醇、酪醇等，这些物质是构成酒类风味的重要组成成分之一，在低浓度时，能使酒体丰满、香气协调；高浓度时，使品味不协调，出现高级醇味，如不愉快的后苦味、杂醇油味，这样的啤酒饮后容易“上头”等，从而影响啤酒的质量，饮后易“口干头痛”，因此，在酿造酒的生产中，应该进行控制。

啤酒中的高级醇种类繁多，它们是组成啤酒主要的风味物质之一，也是构成啤酒酒体的重要物质。啤酒中含适量的高级醇，能赋予啤酒丰满的香味和口感，并增加酒体的协调性。高级醇的含量通常控制在小于 90mg/L，如果超过正常含量范围或各组分组成不合理，就容易使啤酒产生风味变化。

酵母菌酒精发酵中高级醇的形成途径有以下几种：①氨基酸氧化脱氨作用。早在 1907 年，Ehrlish 提出了高级醇的形成来自氨基酸的氧化脱氨。后来 Sentheshani Nuganthan（1960）根据以啤酒酵母无细胞抽出液研究从氨基酸形成高级醇的机理，提出一定的氨基酸经过脱氨、脱羧，生成比原来碳链少一个碳原子的醇。试验证明转氨基是在 α-酮戊二酸间进行，同时证明了在天冬氨酸、异亮氨酸、缬氨酸、甲硫氨酸、苯丙氨酸、色氨酸、酪氨酸等均有此转氨作用。根据此机制，由缬氨酸产生异丁醇、异亮氨酸产生活性戊醇、酪氨酸产生酪醇、苯丙氨酸产生苯乙醇等。②由葡萄糖直接生成（图 4-11）。酵母通过糖代谢生成的中间产物酮酸，与活性乙醛缩合，再经过还原、异构、脱水作用形成相应的

α-酮酸，此酮酸脱羧、加氢形成少一个碳原子的高级醇，或者此α-酮酸经加氨形成缬氨酸、亮氨酸和异亮氨酸等，再进一步生成相应的醇。③正丙醇的形成是由苏氨酸在苏氨酸脱水酶作用下生成氨基-2-丁烯酸，经脱氨生成丁酮酸，经脱羧生成醛再还原而生成正丙醇的。

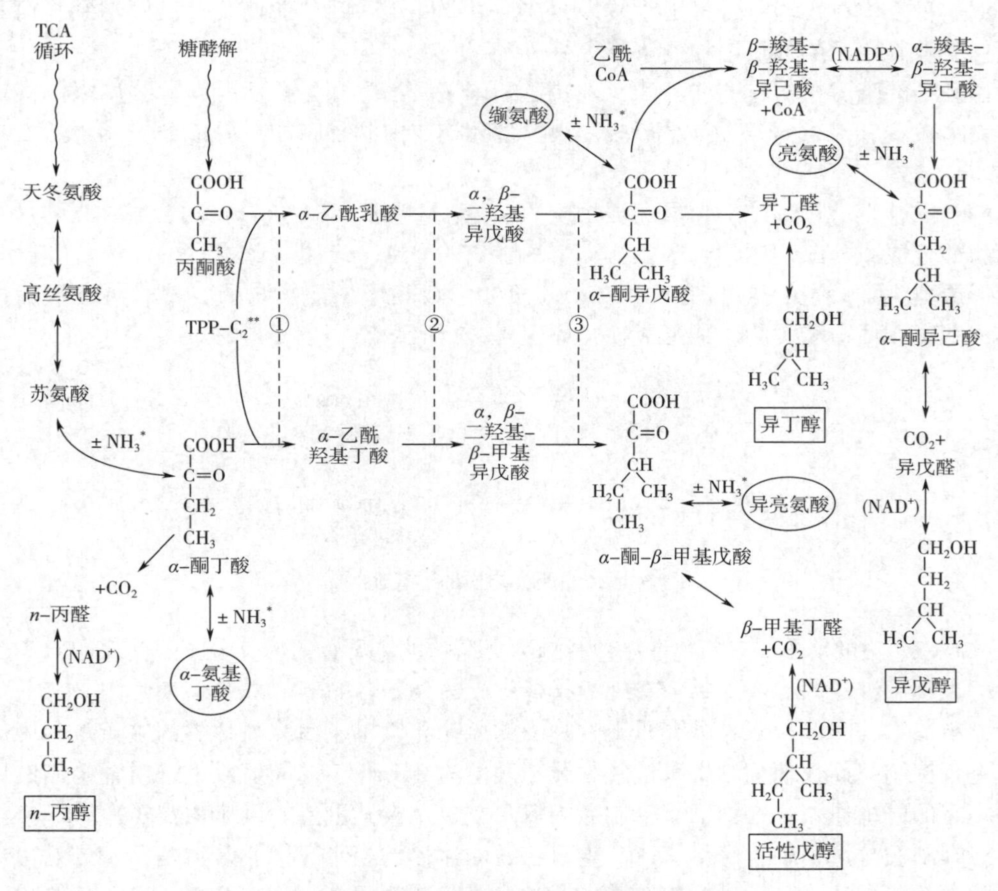

图 4-11 酵母细胞由葡萄糖形成高级醇的途径

高级醇 氨基酸

* 转氨：谷氨酸作氨基供体 α-酮戊二酸作氨基受体 **活性乙醛 ①②③作用于两个途径的三种酶

在酿酒过程中，影响高级醇生成的因素更多，主要是酵母菌种、培养基组成和发酵条件。在同样条件下，不同菌种的高级醇生成量相差很大，有人在白酒生产试验中发现，南阳酒精酵母高级醇产量比产酯球拟酵母高 3 倍多。酵母的高级醇生成量与醇脱氢酶活性关系密切，该酶活力高，高级醇生成量大。有人经过试验后提出，培养基中氮水平高，则形成高级醇量少，高级醇总形成量因氮水平高而降低。因为高级醇的形成与酮酸溢出机制有关系，酵母为自身的生长将葡萄糖降解为酮酸，在缺少氮源条件下，酮酸无法转变成氨基酸而积累，过量的酮酸经脱羧、还原而生成少一个碳原子的高级醇；当无机氮源丰富时，所生成的酮酸就转变成相应的氨基酸，用于合成蛋白质，使酮酸的量减少。高级醇的形成也与原料中蛋白质的氨基酸组成有关，如玉米蛋白质中异亮氨酸、亮氨酸含量高，因此玉米醪的异戊醇和活性戊醇含量比麦芽醪的高。培养基组成中支链氨基酸存在，高级醇（异戊醇、活性戊醇和异丁醇）的生成量相应提高。一般发酵温度高，高级醇生成量高。

（3）挥发性酯类的产生　酵母在发酵过程中形成的酯类称为生化酯类，生化酯类是由酵母代谢产生，酵母低温发酵会形成更多的酯类。在陈酿过程中形成的酯类称为化学酯类，但这种反应在常温条件下极为缓慢，往往需要几年时间才能使酯化反应达到平衡，且反应速度随碳原子的数量增加而下降。

白酒中的酯类主要有乙酸乙酯、乳酸乙酯、丁酸乙酯和己酸乙酯，称为四大酯类。酯类中大多数具有水果的芳香，是形成白酒香型和构成白酒香味的主要成分，其含量占总酯的 90%~95%。

酵母酒精发酵过程中，生成酯类物质的途径：①脂酰 CoA 化合物的合成。当酵母细胞的脂肪酸合成或分解代谢受到干扰，产生了游离的 CoA，产生了此途径的反应。②氨基酸代谢形成酯类。一定的氨基酸经过 Ehrlish 机制形成相应的醇类物质，然后再经过酯化反应形成酯类物质。酯类物质的形成途径如图 4-12 所示。

$$\underset{\text{脂肪酸}}{RCH_2CH_2COOH} + CoA\text{-}SH \xrightarrow[\text{ATP}\ \rightarrow\ \text{AMP}]{\text{脂酰CoA合成酶}} \underset{\text{脂酰CoA}}{RCH_2CH_2COSCoA}$$

$$\underset{\text{脂酰CoA}}{RCH_2CH_2COSCoA} + \underset{\text{乙醇}}{CH_3CH_2OH} \xrightarrow{\text{脂氧合酶}} \underset{\text{脂肪酸乙酯}}{RCH_2CH_2COOCH_2CH_3} + HSCoA$$

图 4-12　酯类物质的形成途径

（4）双乙酰的形成　双乙酰是一种影响酒类风味的主要物质，其分子式为$CH_3COCOCH_3$，是发酵过程中酵母的代谢产物。在啤酒指标中，0.1mg/L 的双乙酰就会使啤酒具有一种馊饭味，不适饮，因此，双乙酰严重影响啤酒的风味和口感，因此在啤酒的生产过程中需要对其进行控制。而在葡萄酒中双乙酰的风味阈值为 8mg/L，在阈值以下，对葡萄酒的风味起到一定的修饰作用。在白酒、乳制品中双乙酰也是极其重要的风味物质之一。

在啤酒发酵过程中，酵母代谢产生双乙酰的途径已经研究得非常清楚，一种是由羟乙基硫胺素的焦磷酸盐与乙酰辅酶 A 直接缩合得到，另一种是由 α-乙酰乳酸非酶氧化脱羧得到。当麦汁中 α-氨基氮含量低时，酵母为了自身生存，就会合成 α-氨基氮（缬氨酸），必须先生成中间物质 α-乙酰乳酸，而该物质在酵母中的合成代谢要快于分解代谢，这使得它在酵母细胞中逐渐积累，当积累量达到一定程度时，一部分被分泌到啤酒发酵液中，这部分 α-乙酰乳酸会进一步生产双乙酰，这无疑会给双乙酰含量的控制带来很多困难。因此，控制 α-乙酰乳酸生成量也成为控制双乙酰含量的一个重要因素。

双乙酰形成于酵母发酵的早期，与酵母的增殖生长相一致，随着发酵的进行，双乙酰含量因酵母的还原作用而降低。因此，成品啤酒中双乙酰的含量取决于生成量与消除量之间的平衡（图 4-13）。生产上，可以通过一系列的方法来控制啤酒中双乙酰含量，例如选育低产 α-乙酰乳酸菌株；改进生产工艺，使生成的 α-乙酰乳酸还原成乙偶姻；通过基因工程的方法，构建 α-乙酰乳酸脱羧酶活性强的菌株；利用反馈抑制作用提高麦汁中的 α-氨基氮；也可以在发酵过程中直接添加 α-乙酰乳酸脱羧酶（α-ALDC），可有效地分解 α-乙酰乳酸，降低双乙酰的含量；发酵后期，利用酵母的还原作用，使生成的双乙酰还原成

2，3-丁二醇。

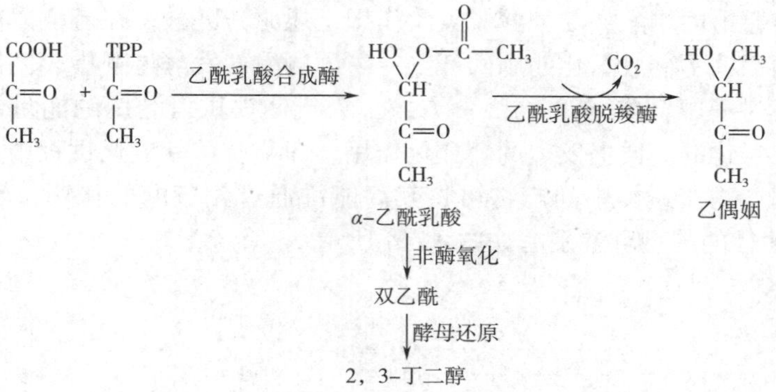

COOH—C=O—CH_3 + TPP—C=O—CH_3 →(乙酰乳酸合成酶) α-乙酰乳酸 [HO、O—C(=O)—CH_3 连于 CH，CH—C=O—CH_3] →(乙酰乳酸脱羧酶，$-CO_2$) 乙偶姻 [HO、CH_3 连于 CH，CH—C=O—CH_3]

α-乙酰乳酸 →(非酶氧化) 双乙酰 →(酵母还原) 2，3-丁二醇

图 4-13　啤酒中双乙酰的生成与消除

（5）氨基甲酸乙酯（ethyl carbamate，EC）　也称乌拉坦或尿烷（urethane），是发酵食品中的一种发酵副产物。早在 1943 年，EC 就被证实是一种致癌物质，2007 年氨基甲酸乙酯被国际癌症研究机构（IARC）从 2B 类（possibly carcinogenic to humans）提升为 2A 类（probably carcinogenic to humans）。氨基甲酸乙酯可以引起肺癌、淋巴癌、肝癌、皮肤癌等疾病，而且乙醇对其致癌性有促进作用。酵母发酵过程中利用的尿素大部分是由精氨酸通过精氨酸酶（arginase）分解产生的，而精氨酸是葡萄汁中含量最丰富的氨基酸之一，其含量过高时，由于酵母氮代谢的抑制作用，细胞不能将尿素进一步代谢，导致其在细胞内积累，到一定程度时，被酵母释放到葡萄酒中，然后与乙醇自发反应生成氨基甲酸乙酯；然而 Uthurry 等研究表明酵母对精氨酸的代谢不会被葡萄汁中过多的精氨酸抑制，因此酵母产生尿素的量会随着葡萄汁中精氨酸含量的增高而增加。这一途径是葡萄酒中的氨基甲酸乙酯合成的主要途径。

二、乳酸生物合成途径

乳酸菌（lactic acid bacteria，LAB）是一类能利用可发酵碳水化合物产生大量乳酸的细菌的通称。这类细菌在自然界分布极为广泛，具有丰富的物种多样性。在工业、农牧业、食品和医药等与人类生活密切相关的重要领域应用价值也极高。糖代谢主流分解途径为乳酸菌的正常生长繁殖提供能源、还原力和碳架。在乳酸菌中，很早就发现它们存在着两条有明显差别的乳酸发酵途径：其一是同型乳酸发酵途径，它只产生一种发酵产物——乳酸；另一种是异型乳酸发酵途径，除乙酸以外，还产生乙醇、乙酸和 CO_2 等发酵产物。这是因为进行同型乳酸发酵的乳酸菌都存在 EMP 途径，因此必然存在其中的关键酶——1，6-二磷酸果糖醛缩酶，可把 1，6-二磷酸果糖分解为 3-磷酸甘油醛和磷酸二羟丙酮；而进行异型乳酸发酵的乳酸菌则缺乏此醛缩酶，但却能经 HMP 途径把 6-磷酸葡萄糖转化成 6-磷酸葡萄糖酸，然后进一步使其脱羧形成磷酸戊糖，在进一步经此途径特有的关键酶——磷酸转酮酶分解成 3-磷酸甘油醛和乙酰磷酸。

1. 经 EMP 途径的同型乳酸发酵

在 ATP 与相应酶的参与下，一分子葡萄糖经两次磷酸化与异构化生成 1，6-二磷酸果糖，后者随即裂解为3-磷酸甘油醛和磷酸二羟丙酮，磷酸二羟丙酮转化成3-磷酸甘油醛后经脱氢作用而被氧化，其释放的电子传递至NAD，使之形成还原型$NADH_2$。后者又将其接受的电子传递给丙酮酸，在乳酸脱氢酶作用下还原为乳酸。在乳酸发酵中，作为最终电子受体的是葡萄糖不彻底氧化的中间产物——丙酮酸。发酵过程中，基质水平磷酸化生成ATP，是发酵过程中合成ATP的唯一方式，为机体提供可利用的能量。所谓基质水平磷酸化是指在被氧化的基质上发生的磷酸化作用。即基质在其氧化过程中，形成某些含高能磷酸键的中间产物，这类中间产物可将其高能键通过相应酶的作用，转给ADP，生成ATP。经EMP途径的同型乳酸发酵如图4-14所示。

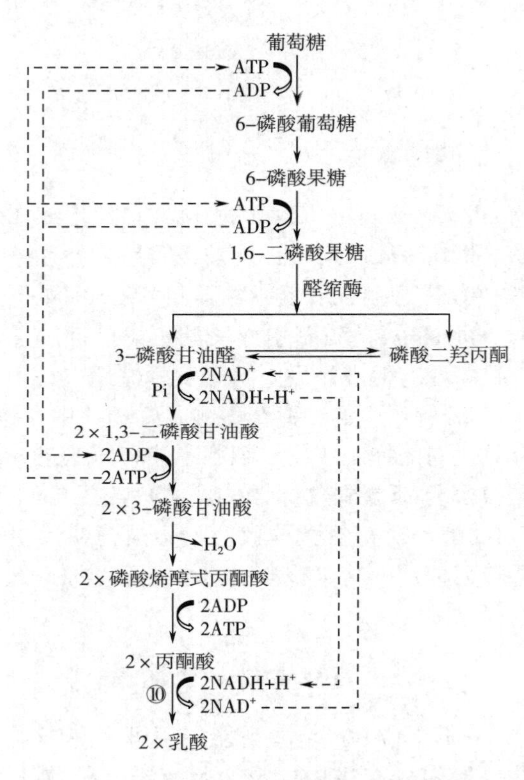

图4-14　经EMP途径的同型乳酸发酵

在一般的EMP途径中，终产物为丙酮酸，而在乳酸菌的同型乳酸发酵中，丙酮酸在乳酸脱氢酶的催化下，被$NADH+H^+$还原成乳酸。

从图4-15可以看出，1分子葡萄糖经EMP途径降解成2分子的丙酮酸，后者再直接作为氢受体而被还原为2个乳酸分子，并净产2个分子ATP，这种发酵方式称为同型乳酸发酵（homolactic fermentation）。此过程不需要氧气，不产生任何副产物，理论转化率为100%，但实际上，只能得到90%的乳酸，另有少量的乙酸、甲酸和甘油等产生。其总反应式为：

$$C_6H_{12}O_6+ADP+Pi \longrightarrow 2CH_3CHOHCOOH+ATP$$

进行同型乳酸发酵的微生物，如乳酸乳球菌乳酸亚种（*Lactococcus lactis* subsp. Lactis）、乳酸乳球菌乳脂亚种（*L. lactis* subsp. Cremoris）、嗜热链球菌（*Streptococcus thermophilus*）、

德氏乳杆菌保加利亚亚种（*Lactobacillus delbrueckii* subsp. Bulgaricus）、嗜酸乳杆菌（*L. acidophilus*）等。乳酸发酵广泛应用于食品和农牧业中。泡菜、酸菜、酸牛奶、乳酪以及青贮饲料等都是利用乳酸发酵的发酵制品。由于乳酸菌的代谢活动，积累乳酸，酸化环境，抑制其他微生物的生长，能使蔬菜、牛奶、青贮饲料等得以保存。近代工业多以淀粉为原料，经糖化和德氏乳酸杆菌（*L. delbrueckii*）进行乳酸发酵生产纯乳酸。

2. 经 HMP 途径的异型乳酸发酵

进行异型乳酸发酵的乳酸菌因缺乏 EMP 途径中的若干重要酶，如醛缩酶和异构酶，故其利用葡萄糖进行分解代谢和产能时，必须依赖于 HMP 途径。异型乳酸发酵（heterolactic fermentation）中，葡萄糖的分解产物除生成乳酸外，还生成 CO_2和乙醇或乙酸等多种副产物，产生的能量也仅为同型乳酸的一半。异型乳酸发酵因途径、产物和酶系的差别，又分为经典途径和双歧杆菌途径。

异型乳酸发酵的经典途径名称很多，例如磷酸转酮酶途径、PK 途径、WD 途径等。因入门发酵底物的不同，分为葡萄糖和核糖两条不同的代谢过程，虽然两种途径不同，但关键步骤都是磷酸转酮酶催化 5-磷酸木酮糖裂解为乙酰磷酸和 3-磷酸甘油醛的反应。其结果一方面使乙酰磷酸进一步反应后生成乙醇和乙酸，另一方面使 3-磷酸甘油醛有可能再按 EMP 途径的各步骤生成丙酮酸，最终被还原成乳酸。1 分子的葡萄糖经本途径发酵后，产生 1 分子乳酸、1 分子乙醇、1 分子 CO_2和 1 分子 ATP，乳酸对糖的理论转化率是 50%。若以核糖作底物则其产物为 1 分子乳酸、1 分子乙酸和 2 分子 ATP。

葡萄糖经 6-磷酸葡萄糖生成 5-磷酸核酮糖，再经差向异构作用生成 5-磷酸木酮糖。后者经磷酸解酮酶催化，分解为 3-磷酸甘油醛和乙酰磷酸。乙酰磷酸经磷酸转乙酰酶作用变为乙酰 CoA，再经乙醛脱氢酶和醇脱氢酶作用生成乙醇。而 3-磷酸甘油醛经 EMP 途径生成丙酮酸。后者经乳酸脱氢酶催化还原为乳酸。葡萄糖的异型乳酸发酵途径如图 4-15 所示。

这是一条磷酸转酮酶途径。肠膜明串珠菌（*Leuconotoc mesenteroides*）和葡聚糖明串珠菌（*L. dextranicum*）等通过该途径进行异型乳酸发酵。

异型乳酸发酵双歧途径是一条仅存在于两歧双歧杆菌（*Bifidobacterium bifidum*）中的特殊异型乳酸发酵途径。因途径中存在磷酸已糖转酮酶，故又称为 HK 途径。其特点是：①有两个磷酸解酮酶（PK）参与，其一为磷酸果糖磷酸转酮酶，催化果糖生成 4-磷酸丁糖（4-磷酸赤藓糖）和乙酰磷酸；另一为 5-磷酸木酮糖磷酸转酮酶，催化 3-磷酸木酮糖生成 3-磷酸甘油和乙酰磷酸；②在没有氧化作用和脱氢反应参与下，2 分子葡萄糖可产生为 3 分子乙酸、2 分子乳酸和 5 分子 ATP。

微生物代谢途径一般都不是单一的，因此不论是同型乳酸发酵还是异型乳酸发酵，实际代谢途径都不像理想途径中那样单纯，所以，两类乳酸发酵的产物并没有不可逾越的界限。同型乳酸发酵的微生物已经用于发酵生产乳酸，异型乳酸发酵的微生物，例如双歧杆菌，已经用于发酵生产活菌饮料，并越来越受到研究者和消费者的青睐。

3. 苹果酸-乳酸发酵

苹果酸-乳酸发酵（malolactic fermentation，MLF）指在乳酸菌作用下将 L-苹果酸脱羧形成 L-乳酸，并放出 CO_2的过程。苹果酸-乳酸发酵具有生物降酸作用，二元酸向一元酸的转化使葡萄酒总酸下降，酸涩感降低，但酸降幅度取决于葡萄酒中苹果酸的含量及其与

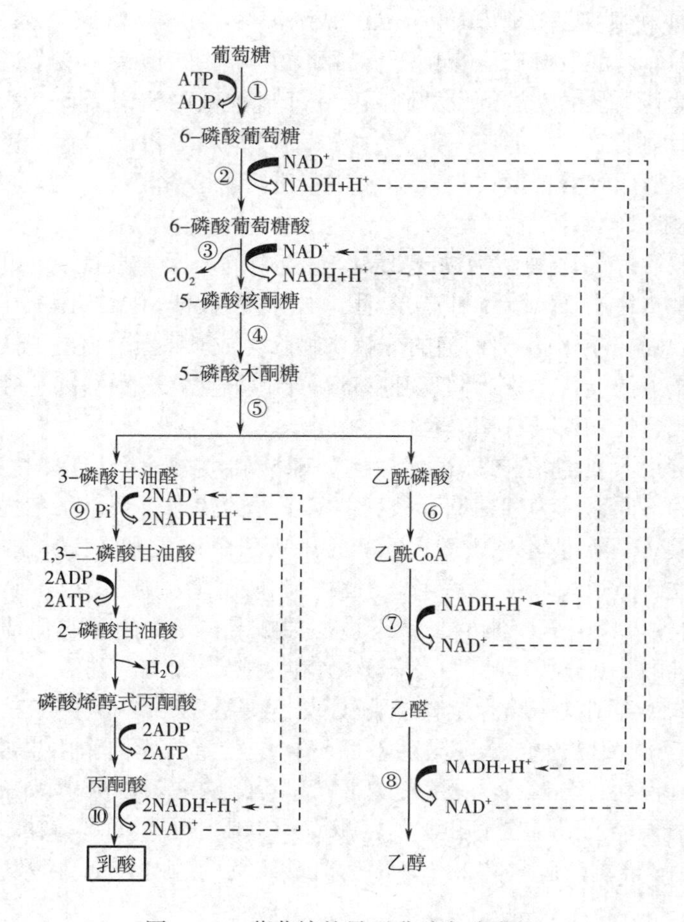

图 4-15　葡萄糖的异型乳酸发酵途径

① 葡萄糖激酶　② 6-磷酸葡萄糖脱氢酶　③ 6-磷酸葡萄糖酸脱氢酶
④ 5-磷酸核酮糖-3-差向异构酶　⑤ 5-磷酸解酮酶　⑥ 6-磷酸转乙酰酶
⑦ 乙醛脱氢酶　⑧ 醇脱氢酶　⑨ 3-磷酸甘油醛脱氢酶　⑩ 乳酸脱氢酶

酒石酸的比例。苹果酸-乳酸发酵还能增加葡萄酒的细菌学稳定性，具有风味修饰等作用，但控制不当也会引起葡萄酒的乳酸菌病害。苹果酸-乳酸发酵通过以下反应式进行。

$$\mathrm{HOOCCH(OH)CH_2COOH} \xrightarrow{\text{苹果酸-乳酸酶}} \mathrm{CH_3CH(OH)COOH + CO_2}$$

催化该反应的苹果酸-乳酸酶（malolactic enzyme，MLE）是一个诱导酶，只有当基质中含有苹果酸，乳酸菌才合成此酶。该酶与苹果酸脱氢酶、苹果酸酶具有相似的性质，依赖 NAD^+ 和 Mn^+，仅转化 L-苹果酸为 L-乳酸。有研究者提出假设，认为苹果酸-乳酸酶是由多个蛋白酶组成的复合体，活性形式的 MLE 是相同亚基的二聚体或四聚体，每个亚基的分子质量为 60~70ku，其中一部分像苹果酸酶一样催化 L-苹果酸转化成丙酮酸的反应，另一部分像 L-乳酸脱氢酶一样将丙酮酸转化成 L-乳酸，但是丙酮酸和 NAD^+ 并不被复合体释放。

在葡萄酒的酿造过程中，特别是红葡萄酒，在酒精发酵之后，应该启动苹果酸-乳酸发酵，以提高葡萄酒的感官质量和生物稳定性。所以，目前普遍认为，许多优质红葡萄酒甚至一些佐餐红葡萄酒都必须进行两次发酵，即酒精发酵和苹果酸-乳酸发酵，不仅可降低生葡萄酒的酸涩和粗糙感，使之柔和、圆润，同时还能提高葡萄酒的生物稳定性，改善葡萄酒的风味质量。

如果葡萄酒 pH 低于 3.5，LAB 的代谢活性可以升高 pH，从而使葡萄酒的酸度降低，改善葡萄酒的口感。MLF 可以提高葡萄酒中细菌的稳定性，MLF 发生时由于营养物质的消耗或细菌素的产生使其他微生物的生长受到抑制。MLF 发生的时间也很重要，如果发生在葡萄酒装瓶之前，就可预防其在瓶中的生长。LAB 在瓶中的生长或可引起葡萄酒浑浊、CO_2产生，产生多糖导致酒体变黏，或 pH 提高促使其他腐败微生物的生长等。葡萄酒经 LAB 发酵之后，不仅产生乳酸，也产生其他代谢产物，对葡萄酒的风味产生影响。在有限的通风条件下，酒类酒球菌倾向于产生乳酸和乙醇，欲产生更多乳酸则要求更多的通风。LAB 产生的另一个重要的化合物是双乙酰，双乙酰有特征性的奶油风味，葡萄酒种的双乙酰与乳酸的协调性较好，在阈值范围内（风味阈值为 8mg/L）对葡萄酒的风味质量有促进作用。双乙酰的形成取决于前体物质的出现，可由乙醛和乙酰 CoA 反应形成，或丙酮酸和乙醛反应产生五碳的乙酰乳酸，后者进而再形成四碳的双乙酰分子和一分子 CO_2。LAB 发酵过程中还产生乳酸乙酯、丙烯醛等，对葡萄酒的风味产生影响。

影响 MLF 最主要的因素是 pH，其影响除提供质子梯度外，还决定哪些种类的 LAB 会出现，影响生长的速率，当 pH 低至一定程度时就变为微生物的抑制剂。pH 也影响微生物的代谢，在 pH3.2 以下时许多 LAB 分解苹果酸，在 pH3.5 时则进行糖的分解。在 pH3.8 时 MLF 的速率高于 pH3.8 以下时的速率，在 pH3.2 时比在 pH3.8 时慢 10 倍。有的菌株对 pH 有高的耐受性。在 pH3.5 以下的葡萄酒中，酒类酒球菌是优势菌群，在较高的 pH 条件下乳杆菌和片球菌可以生存和生长。

4. 乳酸菌代谢副产物

生物胺（biogenic amines，BA）是一类脂肪族或杂环类的低分子含氮碱，具有特定的生物学活性。根据化学结构，生物胺可分为三类：脂肪族生物胺，包括腐胺、尸胺、精胺、亚精胺等，是生物活性细胞必不可少的组成部分，可调节核酸与蛋白质的合成，并对生物膜的稳定性有重要影响；芳香族生物胺，包括酪胺、苯乙胺等；杂环胺包括组胺、色胺等。生物胺普遍存在于各种发酵食品（葡萄酒、啤酒、酸奶、奶酪等）中。

发酵食品中的各种生物胺主要形成途径是氨基酸经过脱羧反应转化而来的，其中组氨酸脱羧成为组胺；色氨酸脱羧成为色胺；苯丙氨酸脱羧成为 2-苯乙胺；精氨酸脱羧成为胍基丁胺；赖氨酸脱羧成为尸胺（1，5-戊二胺）；鸟氨酸或精氨酸转化为腐胺，进一步转化成为亚精胺和精胺。按照生物胺上氨基氮数量，生物胺可以分为一元胺和多元胺两大类。有研究表明，葡萄酒中存在多种生物胺，酿酒葡萄品种不同，所酿葡萄酒中的生物胺含量不同。在从葡萄汁到酒精发酵以及苹果酸-乳酸发酵的过程中，生物胺含量多有不同程度的增加。葡萄酒中的腐胺最多，其次是亚精胺，然后是精胺。

生物胺是造成食品中毒的重要因素之一，乳酸菌是生物胺的主要贡献者，乳酸菌自身带有氨基酸脱羧酶基因，使基质中的氨基酸在氨基酸脱羧酶作用下使其脱羧形成生物胺。目前具有氨基酸脱羧能力的葡萄酒相关乳酸菌有酒球菌（*Oenococcus*）、乳杆菌（*Lactobacilluas*）、明串珠菌（*Leuconostoc*）和片球菌（*Pediococcus*）。

组胺是葡萄酒中最重要的生物胺之一，研究表明 *Oenococcus* 属有些菌株具有组氨酸脱羧酶活性，能够在MLF过程中产生组胺。特别是在pH低于3.5时，*Oenococcus* 属为MLF的主要菌株，而小球菌属（*Pediococcus*）处于潜伏状态。当MLF完成后，葡萄酒的pH上升，通常高于3.5，此时，*Pediococcus* 迅速繁殖，由于此时营养缺乏，该菌就分解酒中的氨基酸产生生物胺。如果在较高的pH条件下启动MLF，葡萄酒中的乳酸菌系非常复杂，如乳杆菌属（*Lactobacillus*）、明串珠菌属（*Leuconostoc*）以及其他乳酸菌，各种乳酸菌可能都会参与生物胺的形成过程，这就容易造成生物胺含量的升高。

乳酸菌对氨基酸脱羧产生生物胺需要两个基本的条件：①乳酸菌具有氨基酸脱羧酶活力，不同种或属的乳酸菌，其氨基酸脱羧能力差异很大。②基质中有足够量的氨基酸。葡萄酒中氨基酸丰度与葡萄汁或醪的营养成分同酒精发酵过程中酵母的代谢有关。酵母在酒精发酵过程中会改变葡萄汁（醪）中含氮化学物的组成，能够利用某些氨基酸，也能通过酵母的自溶作用释放一些多肽或氨基酸，进而被乳酸菌水解和脱羧，因此，葡萄酒与酒脚接触时间越长，生物胺的含量越高，因此，及时除去酒脚对提高葡萄酒的质量有积极的意义。

另外，在葡萄酒进行MLF时，乳酸菌会优先利用苹果酸和发酵性糖作为能源物质。当MLF结束后，乳酸菌缺乏可发酵的糖和苹果酸等发酵底物，就能利用氨基酸作为能源物质，这样生物胺的生产量就会增加。因此，在没有其他底物可供代谢需要时，乳酸菌对氨基酸的脱羧反应可以作为一条额外的能量产生途径，在MLF结束后，如果不及时除菌或抑菌，葡萄酒中的生物胺含量就会上升。

生物胺在生物细胞中具有重要的生理功能，但也有一定的毒性作用，各种生物胺毒性大小不同，其中组胺对人体健康影响最大，其次是酪胺、尸胺和腐胺。其他生物胺对组胺和酪胺的毒性具有加成作用。当人体吸收过量的生物胺时，可能会引起头痛、心悸、血压变化等过敏性反应，严重时可引起大脑出血，甚至死亡。因此在酒类、食品等生产中，减少生物胺的含量，才能生产安全健康的食品。如果食品中生物胺达到1000mg/kg时，会给人体造成极大的危害。美国FDA通过对暴发组胺中毒的大量数据的研究，确定组胺的危害作用水平为500mg/kg（食品）；欧盟规定不能超过100mg/kg（食品）；因此我国对食品中组胺和酪胺设定的安全性标准是每千克干物质产品中小于100mg。

食品安全已经成为社会关注的热点问题之一。目前，关于食品中生物胺的研究国内外均有报道，然而大多数研究关注于乳酸菌对生物胺含量的影响及生物胺的检测。根据这些研究，可以通过发酵原料的控制和微生物的选择对发酵食品中的生物胺进行有效控制，但是相应的控制限量却需要食品质检部门制定相关的标准。

三、丁醇发酵及调节控制

丁醇发酵一般是指丙酮-丁醇梭菌在厌氧的条件下，将碳水化合物转化为丙酮、丁醇和乙醇等溶剂，其相对含量一般是3：6：1，因此也称为ABE（acetone-butanol-ethanol）发酵。丙酮-丁醇梭菌合成丁醇的代谢途径如图4-16所示。

丙酮-丁醇发酵包括2个不同的时期，即产酸期和产溶剂期，也称为增酸期和减酸期。产酸阶段，细胞处于指数生长期，主要产生丁酸、乙酸、CO_2和H_2，大量的有机酸使发酵pH下降；当有机酸积累到一定程度时（pH达3~4），发酵开始进入产溶剂期，这个阶段细胞处于稳定期，之前产生的酸转变成丁醇、丙酮和乙醇。随着发酵的进行，丙酮-丁醇

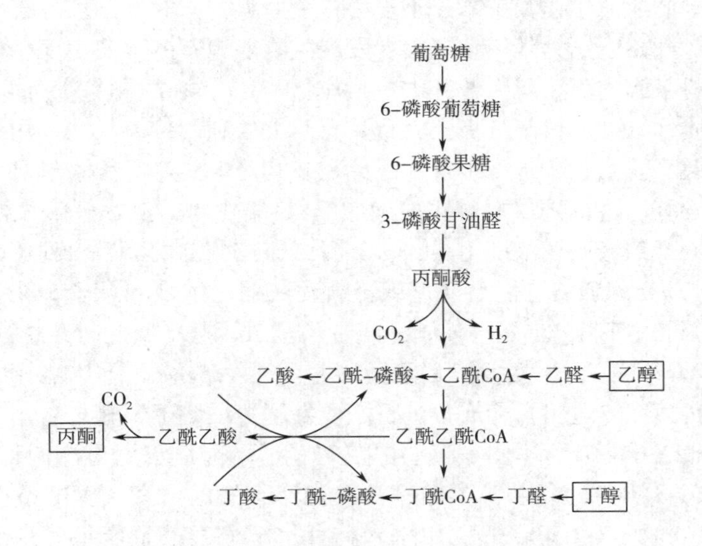

图4-16　丙酮丁醇梭菌合成丁醇的代谢途径

梭菌开始衰老，活力下降，再加上底物的消耗和溶剂的毒害作用，菌体自溶，发酵减慢，最终停止。由于ABE发酵代谢过程已十分清楚，溶剂的代谢过程都要先经过EMP途径，然后沿着不同的代谢方向得到不同的产物，所以可以通过阻断乙醇或丙酮的代谢途径来增强丁醇的代谢。Jiang Y. 等通过将实验菌株EA2018的丙酮合成途径的关键酶（乙酰乙酸脱羧酶）基因敲除，阻断了丙酮的合成，使丁醇的比率提升到85%以上。

强化丁醇合成途径，提高丁醇产率，国内外许多学者做了大量的工作。通过基因工程，可有效地对丁醇发酵过程中的一些酶进行强化，切断乙醇以及丙酮等代谢途径，提高菌株的丁醇耐受性，促进丁醇形成量与在溶液中的比例。研究人员根据RNA对乙酰辅酶A的转移酶活性的影响，对乙酰辅酶A的基因表达进行调控，使生物丁醇的生产量提升了2.9倍左右，丙酮的生成量明显降低。通过分批补料发酵模式也可提高丁醇产量，减少了底物的抑制作用。

由于高浓度底物的抑制、丁醇的毒性和菌体自身特性的限制，使得丁醇的产量受到很大的影响。要提高丁醇的产量，仍需要从以下几个方面着手：第一是选择非粮生物质原料及探索其预处理方法；第二，在菌株自身特性上，寻找丁醇耐受性高、丁醇产量高的菌株也是关键问题之一。通过分离、诱变、筛选获得优良菌株，还可以基因工程技术寻找控制丁醇耐受性的基因，并对其现有菌株的基因进行修饰，获得高产或高丁醇耐受性强的菌株，强化丁醇生产过程中的关键酶，以提高产量和对丁醇毒性的耐受性。第三，在生产工艺上，分批发酵的主要问题在于产物对细胞的毒性大，导致产物浓度低，以及由于发酵菌种的生产延迟期较长，使得生物丁醇的发酵产率较低，因此，可在不同的条件下分别采用补料发酵、连续发酵、同步糖化发酵、汽提发酵等技术，以提高生物丁醇的产量和设备利用率。第四，在产物分离工艺上，采用高效分离方法与发酵相耦联的方式，降低发酵过程中丁醇对细胞的毒性，以解除产物丁醇抑制作用。以此提高溶剂的效率，同时简化了后续分离回收步骤。

发酵法产丁醇的原料主要为玉米、小麦等粮食原料，同时，国家出于维护粮价稳定和粮食安全的考虑，开始限制大规模使用粮食发展生物能源丁醇。使用廉价的非粮生物质原料是生产生物燃料丁醇的出路所在，其中包括作物秸秆、菊芋、甘蔗、甜菜糖蜜、制糖工业的废液等。木质纤维素原料产量极大，且具有巨大的利用价值。在利用纤维素原材料进行生产时，由于菌不能直接分解纤维素，因此在发酵前需要对纤维素进行水解，水解的工艺会影响菌体的发酵，这也是需要解决的问题。LU 等对木薯渣水解液发酵产丁醇进行了研究，初始水解液葡萄糖质量浓度为 44.8g/L 时，通过分批发酵后得到丁醇的质量浓度为 9.71g/L，总溶剂为 15.41g/L，随后通过旋转蒸发浓缩水解液并耦合一个气提式补料分批发酵生物反应器，通过补料分批发酵使丁醇产量增至 76.44g/L，此时，总溶剂为 108.5g/L。LI 等使用木薯发酵产丁醇，分批发酵后丁醇产量为 11.85g/L。潘贺鹏等以工业废弃物小麦淀粉废水为辅料，补加适当营养成分进行丁醇发酵，最终丁醇和总溶剂产量最高可分别达到 14.72g/L 和 22.65g/L。程意峰等选用能较好利用甜高粱秸秆汁并且高产丁醇的菌株 *Bacillus acetobutylicum* Bd3 进行甜高粱秸秆汁发酵产丁醇的研究，发酵条件优化后得到丁醇的质量浓度为 10.29g/L。王云等利用玉米秸秆水解液发酵生产丁醇，经优化培养基成分，丁醇产量达到 8.5g/L。木质纤维质原料经水解后要进行脱毒处理，可有效地防止水解液中有害物质对菌株的抑制作用。Lalitha Devi Gottumukkala 等利用树脂对小麦秸秆水解液进行解毒，发现 Seralite-400 效果最好，可使丁醇产量由 3.3g/L 提高到 4.78g/L。此外，还可以寻找非粮淀粉质材料作为发酵底物，如庞宗文等利用鲜马铃薯发酵生产丁醇，优化之后丁醇产量可达 17.02g/L。此外，由于木质纤维质原料水解液中大量的木糖、阿拉伯糖等五碳糖残留，使资源浪费，同时，多数原料产丁醇浓度偏低，主要是由于底物（丁醇）的抑制作用。所以筛选或构建高产和高耐受丁醇的菌株及能兼用五碳和六碳糖作为碳源的菌株迫在眉睫。

传统的丙酮丁醇梭菌按照系统学、DNA 图谱和发酵性能等方面的比较和研究，可以分为四种类型即丙酮－丁醇梭菌（*Clostridium acetobulicum*）、拜氏梭菌（*Clostridium beijerinckii*）、糖丁酸梭菌（*Clostridium saccharobutylicum*）和糖乙酸多丁醇梭菌（*Clostridium saccharoperbutlacetonicum*），这些菌大都是专性厌氧的梭状芽孢杆菌。当丁醇质量浓度达到 13~14g/L 时对梭菌细胞有毒害作用，并抑制其生长代谢。由于产物丁醇浓度低是制约丁醇工业发展的瓶颈之一，所以筛选和构建高产丁醇的菌株是一种有效的解决办法。2010 年王风琴等分离获得一株产丁醇的兼性厌氧的芽孢杆菌（*Bacilus* sp. C2），拓宽了丁醇产生菌的范围，为高密度、高强度丁醇发酵提供了宝贵的菌种资源。

近年来，许多研究人员基于基因工程技术，构建了丁醇基因工程菌。例如 Tummala S. B. 等使用 asRNA 技术对丙酮-丁醇梭菌进行代谢工程修饰，将丁酸激酶活性降低 85%，从而使丁醇产量提高 35%。张艳等克隆了丙酮－丁醇梭状芽孢杆菌（*Clostridium acetobutylicum* ATCC824）丁醇合成途径关键酶基因，构建了产丁醇的大肠杆菌工程菌，在一定的培养条件下丁醇产量最大为 84mg/L。林丽华等通过克隆大肠杆菌乙酰转移酶基因 *ato*B 和丙酮-丁醇梭菌丁醇合成关键酶基因 *crt*、*hbd*、*adh*E 构建表达质粒 pSE380-*ato*B-*adh*E-*crt*-*hbd*，克隆齿垢密螺旋体（*Treponema denticola*）反式烯酰辅酶 A 还原酶基因 *ter* 构建表达质粒 pSTV29-*ter*，并将双质粒导入大肠杆菌，半厌氧发酵条件下丁醇产量为 80mg/L。一般产丁醇大肠杆菌工程菌的丁醇产量还是较低，后期还要攻克这个难点，从而提高产量降低成本。国外研究人员通过代谢工程技术改造菌株，使发酵时间降低到6h之内；另有研究者通过固定化细胞技术提高菌株对丁醇的耐受性达4%~5%，并采用膜分离技术对产物进行回收等。

综上所述，不管是在广泛应用上，还是在其燃烧特性以及其他方面，生物丁醇都将是一种拥有广泛用途的重要生物炼制产品，是具有很大潜力的生物燃料，需要加大研究力度。

案例4-1　丁醇-丙酮基因工程菌木质纤维素ABE发酵

丙酮-丁醇梭菌是重要的ABE发酵（acetone-butanol-ethanol fermentation）工业生产菌株，能发酵玉米等淀粉质原料或糖蜜等糖质原料生产丙酮、丁醇和乙醇，其中原料成本占总生产成本的30%以上。秸秆类农业废弃物廉价且来源广泛，用其作为发酵原料进行发酵可降低生产成本，实现废弃物的资源化利用。

丙酮-丁醇梭菌ATCC824的二型限制修饰系统Cac824I能识别-GCNGC-位点，降解侵入的外源DNA。大肠杆菌的质粒没有甲基化保护该识别位点，因此会被丙酮-丁醇梭菌的限制性内切酶切断。研究人员利用*Φ*3tI甲基化酶甲基化修饰大肠杆菌质粒，成功将大肠杆菌的质粒转化至梭菌。2018年林丽华等将甲基化的重组表达载体pSOS95-*cel9*电转化至丙酮-丁醇梭菌ATCC8224，成功构建了一株基因工程菌株ATCC824/pSOS95-*cel9*，通过荧光定量PCR检验到外源纤维素酶基因*cel9*在重组丙酮-丁醇梭菌中的转录，24h的相对表达量是12h的27.1倍。重组菌ATCC824/pSOS95-*cel9*发酵滤纸产丙酮0.05g/L、丁醇0.08g/L、乙醇0.71g/L，而发酵蔗渣水解液分别为0.78g/L、1.09g/L和0.97g/L，各溶剂产量均显著高于空质粒对照菌株。

重组菌能利用滤纸及蔗渣水解液进行ABE发酵，外源纤维素酶基因*cel9*的重组表达，提高丙酮-丁醇梭菌降解利用纤维素原料的能力。重组表达载体导入丙酮-丁醇梭菌ATCC824，能够表达重组纤维素酶蛋白，使重组菌株能利用纤维素底物进行ABE发酵。

四、生物制氢机制

化石原料的大量开发与利用，带来了严重的能源危机和环境危害，以氢气作为能源正日益受到人们的重视。生物制氢技术清洁、节能、不消耗矿物资源且成本低，过程可以在常温常压下进行，不仅对环境友好，而且可以废物回收利用，是一项符合可持续发展战略的新技术。生物制氢过程开辟了以一条利用可再生资源的新道路。

20世纪90年代，人们对由以化石燃料为基础的能源生产所带来的环境问题有了更为深入的认识，利用化石燃料不是长久之计，此时，人们再次把目光“聚焦”在制氢技术上。随着氢气用途的日益广泛，其需求量也迅速增加。传统的制氢方法（如电解水制氢、烃类水蒸气重整制氢、重油氧化制氢重整法等）均需消耗大量的不可再生能源，不适应社会的发展需求。随着全球性资源枯竭和能源不合理使用对环境的破坏加剧，无污染、可再生的氢能日益受到重视。微生物制氢（主要是固氮类微生物制氢）是氢能开发研究的热点之一，新型生物制氢技术作为一种符合可持续发展战略的课题，已在世界上引起广泛的重视。德国、以色列、日本、葡萄牙、俄罗斯、瑞典、英国、美国等都投入了大量的人力物力对该项技术进行研究开发。由于不同的生物制氢方法，产氢微生物不同，但目前认为发酵细菌产氢速度最高，而且条件要求最低，具有直接的应用前景。几种生物制氢的方法比较如表4-1所示。

表4-1　　几种生物制氢方法的比较

环境因子	产氢效率	底物类型	转化效率	环境友好程度
光发酵制氢	较快	小分子有机酸、醇类物质	较高	可利用各种有机废水制氢，制氢过程需要光照
暗发酵制氢	快	葡萄糖、淀粉、纤维素等碳水化合物	高	可利用各种废弃物制氢，发酵废液在排放前需处理
光发酵和暗发酵耦合制氢	最快	葡萄糖、淀粉、纤维素等碳水化合物	最高	可利用各种工农业废弃物制氢，在光发酵中需要氧气
光解水制氢	慢	水	低	需要光，对环境无污染

1. 光合微生物产氢机制

关于光合细菌产氢机制有两种观点：①光合产氢是非周期电子传递链功能化的结果，链中有反应中心的菌绿素参加；②具有色素系统的光合细菌，在光合作用中仅周期电子传递链起作用，伴随ATP形成，同化CO和其他构建过程所需的还原剂（首先是辅酶Ⅰ-NADH），在供氢体具有较NADH更良好的势能时，或直接在氧化起始基质时产生，或在可逆电子传递链消耗能量时产生。

光合细菌中的光合放氢过程由固氮酶催化进行，产氢过程需要提供ATP和还原力。光合细菌的光合作用以叶绿素分子充当PSⅠ的电子供体（还原态的叶绿素分子）和受体（氧化态的叶绿素分子）。捕光色素复合体上的细菌叶绿素BchⅠ和胡萝卜素吸收光子后，将之传递给PSⅠ光反应中心蛋白复合体，使之处于激发态并发射出电子，由于光合细菌只含有光合色素系统Ⅰ且电子供体不是水而是有机物或还原态硫化物，所以该高能电子经环式磷酸化产生ATP，也可经非环式磷酸化产生少量的ATP和NAD（P）H。在缺少含氮底物的条件下，光合细菌的固氮酶利用光合磷酸化产生的ATP及NAD（P）H所提供的H^+和e^-，在氢酶的协同作用下，将H^+还原为H_2。反应中e由有机物或还原性硫化物提供，H^+由有机物的碳代谢提供。

光合产氢的细菌主要集中于红假单胞菌属（*Rhodopseudomonas*）、红螺菌属（*Rhodospirillum*）、红微菌属（*Rhodomicrobium*）、绿菌属（*Chlorobium*）等几个属的20余个菌株，其中研究和报道最多的是红假单胞菌属，在该属中有7个种10多个菌株进行过产氢的相关研究。

光合细菌含有光合色素——细菌叶绿素、固氮酶，可以在厌氧、光照条件下生长，利用发酵产生的有机物和光能，通过TCA循环克服正向自由能反应生成氢气。通常以H_2S为电子供体，通过光合色素系统和电子传递系统，将电子传递给氢酶，催化氢气的生成。光合色素系统和电子传递系统存在于特定的光合结构中，如蓝细菌的类囊体、红螺菌的单位膜，不同的光合细菌光合结构也不相同。虽然，光合细菌在暗条件下也能生长，但是产氢气量远不如光照条件下高，这可能与吸氢有关。

某些光合细菌不仅具有光合放氢功能，而且在厌氧条件下，也能由葡萄糖、有机物、醇类物质产生氢气。这种暗发酵产氢的功能是由氢酶催化的而不是由固氮酶催化，其产氢机制被认为与暗发酵细菌类似。与固氮放氢相比，氢酶催化的产氢不需要能量，所以黑暗产氢技术在工艺上比光合产氢更简单。但由于黑暗条件下有机物分解不彻底和分解速率缓慢，产氢效率较低，光合产氢能将太阳能利用、氢气产生、有机物去除结合，显示出光合细菌制氢技术的巨大应用潜力。

2. 暗发酵制氢

厌氧微生物发酵产氢过程实际上是生物氧化的一种方式，由一系列的酶、辅酶和电子传递中间体共同参与完成。发酵产氢可以消耗掉生物氧化过程中多余的电子和还原力，从而对代谢进行调控。许多厌氧微生物在氮化酶或氢化酶的作用下能将多种底物分解而得到氢气。通常通过丙酮酸脱羧产氢途径、甲酸裂解产氢途径和辅酶Ⅰ（NADH 或 NAD^+）的氧化还原平衡调节作用产氢。在碳水化合物的发酵过程中，经过 EMP 途径产生的 NAD 和 H^+可以通过与一定比例的丙酸、丁酸、乙醇和乳酸等发酵过程相耦联而氧化为 NAD^+，以保证代谢过程中的 $NADH/NAD^+$的平衡，这样就产生了丁酸型和乙醇型发酵方式。可溶性的碳水化合物如葡萄糖、乳糖、淀粉以及甲酸、丙酮酸、CO 和各种短链脂肪酸等有机物、硫化物、纤维素等糖类均以丁酸型发酵为主。这些原料取材方便，有的广泛存在于工农业生产的高浓度有机废水和人畜粪便中。乙醇型发酵方式制氢是最近几年发现的一种新的制氢方法，这种方法不同于经典的乙醇发酵，主要是葡萄糖经糖酵解后形成丙酮酸，在丙酮酸脱羧酶的作用下，以焦磷酸硫胺素为辅酶，脱羧变成乙醛，继而在醇脱氢酶的作用下形成乙醇，在这个过程中，还原型铁氧蛋白在氢化酶的作用下被还原的同时释放出氢。

相对于光合微生物制氢，暗发酵体系具有较强的实际应用前景。最近几年，利用有机废水、固体废弃物为主的复杂底物进行生物制氢的研究得到一定的进展，在得到能源的同时还起到保护环境的作用。厌氧发酵细菌生物制氢的产率一般较低，能量转化率一般只有33%左右，但若考虑到将底物转化为 CH_4，能量转化率则可达 85%。为提高氢气的产率，除选育优良的耐氧且受底物成分影响较小的菌种外，还需开发先进的培育技术。目前以葡萄糖、污水、纤维素为底物并不断改进操作条件和工艺流程的研究较多。我国也在暗发酵制氢上取得了一定的成果，采用细胞固定化技术，可以实现稳定的产氢与储氢，但为保证较高的产氢速率，实现工业规模的生产，还必须进一步地完善固定化培养技术，优化反应条件，如培养基的成分、浓度、pH 等。

光发酵和暗发酵耦合制氢技术，比单独使用一种方法制氢具有很多优势，也是微生物产氢的一条新途径。将两种发酵方法结合在一起，相互交替，相互利用，相互补充，可提高氢气的产量。厌氧菌具有较强的降解较大分子的能力，其产氢依赖于氢酶，不受氨离子的抑制。厌氧菌发酵产氢的产物乙酸、乙醇和丙酸等，可以作为光合细菌产氢的底物。Miyake 固定化丁酸梭菌（*Clostridium butyricum*）和 *R. domons* sp. 混合培养，可将解葡萄糖产氢达 7mol H_2/mol 葡萄糖。

3. 微生物水气转换制氢

水气转换是 CO 与 H_2O 转化为 CO_2和 H_2的反应。以甲烷或水煤气为起点的制氢工业均涉及 CO 的转换，因此水气转换是工业制氢的一个基础反应。水气转换属放热反应，高温不利于氢的生成，然而高温有利于动力学速率提高。目前已发现两种无色硫细菌 *Rubrivivax gelatinosus* 和 *Rubrivivax rubrum* 能进行如下反应：

$$CO + H_2O \longrightarrow CO_2 + H_2$$

这两种无色硫细菌的优点是生长较快，在短时间内可达到较高的细胞浓度；产氢速率快，转化率高。其中 *Rubrivivax gelatinosus* 能够100%将气态的 CO 转成 H_2；对生长条件要求不严格，可允许氧气和硫化物的存在。然而，传质速率的限制、CO 抑制及相对的动力学速率较低使其在经济上还无法和工业上的水气转换过程竞争。

世界首例发酵法生物制氢生产线在哈尔滨启动。由哈尔滨工业大学任南琪教授承担的国家“863”计划项目“有机废水发酵法生物制氢技术生产性示范工程”，建立了日产 $1200m^3$ 氢气生产示范基地。任南琪教授带领科研小组开展了有机废水发酵法生物制氢技术的研究，并在国际上率先开发出利用生物絮凝体以废水为原料的发酵法生物制氢技术，历经十几年的不懈努力，终于将这一技术升级至工业化应用规模，并开发出成套设备，实现了实验室研究成果向现实生产力的转化。

目前生物制氢技术仍然存在一些问题，主要包括以下几个方面。

(1) 如何筛选产氢率相对高的菌株、设计合理的产氢工艺来提高产氢效率　无论是纯种还是混菌培养，提高关键菌株产氢效率都是最重要的工作。条件优化手段已经不能满足这一要求，需要运用分子生物学的手段对菌种进行改造，以达到高效产氢的目的。菌种改造可以涉及运用代谢工程手段等现代生物技术对产氢细菌进行改造，这方面工作是很值得深入研究的方向。对产氢过程关键酶——氢酶的改造，如同源、异源表达氢酶以强化产氢过程，通过基因敲除的方法也是一个可行策略。此外，通过蛋白质工程手段对氢酶进行强化，包括增加其活性、耐氧性也都是可行策略。在扩大底物利用范围方面，需要筛选能够降解不同底物的产氢菌株，通过基因工程手段在目标菌株中表达降解不同生物体高分子的酶，也是将来一个重要的手段。

(2) 高效制氢过程的开发　对高效制氢过程、反应器设计进行了很多卓有成效的工作，但是对其中的科学机理尚没有细致研究，仅依靠 pH、水力停留时间、接种来实现过程的控制。今后一个重要的研究方向是打开制氢过程的“黑箱”，研究不同菌间的相互作用关系，实现对过程的有效、智能控制。核心问题是不同细菌、不同菌群之间的代谢迁移机制。现代分子生物学的发展为研究这一问题提供了可能，已采用 PCR-DGGE 方法用于分析产氢污泥中的细菌分布，采用荧光原位杂交技术、荧光示踪技术分析菌群分布也将推动对这一问题的解析。目前代谢网络构建往往只集中在单一细菌中，如何研究和有效利用菌群的代谢网络也将是一个重要的科学问题。除此之外，产氢反应器的放大也是一个重要问题。目前采用载体固定化策略的高效产氢反应器最大体积仅为 3L，积极推动这类反应器在产业化规模上的研究，将是未来一段时间制氢反应器的重要研究课题。

(3) 发酵细菌产氢的稳定性和连续性　利用发酵型细菌产氢虽然在我国取得了长足的进步，但是产氢的稳定性和连续性问题一直是困扰产氢工业化的一个很大障碍。科学家们正试图通过菌种固定化、酶固定化技术来解决。特别是在产氢酶的固定化技术这方面的突破，必将加速产氢的工业化进程。

(4) 混合细菌发酵产氢过程中彼此之间的抑制、发酵末端产物对细菌的反馈抑制等
有机废水存在许多适合光合生物与发酵型细菌共同利用的底物，理论上可以实现在处理废

水的同时利用光合细菌和发酵细菌共同制取氢气，从而提高产氢的效率。但是，实际操作过程中发现，混合细菌发酵产氢过程中彼此之间的抑制、发酵末端产物对细菌的反馈抑制等现象的存在使得效果不明显甚至出现产氢效率偏低的问题。

相信随着废水处理技术和现代微生物技术的进一步发展，这些问题将会得到解决。研究资源丰富的海水以及工农业废弃物、城市污水、养殖厂废水等可再生资源，同时注重污染源为原料进行光合产氢的研究，既可降低生产成本又可净化环境。

由于氢是高效、洁净、可再生的二次能源，其用途越来越广泛，氢能的应用将势不可当地进入社会生活的各个领域。由于氢能的应用日益广泛，氢需求量日益增加，因此开发新的制氢工艺势在必行，从氢能应用的长远规划来看，开发生物制氢技术是历史发展的必然趋势。

五、甲烷发酵机制

甲烷（methane）气体又称沼气，是生物燃气的主要成员。甲烷产生菌在严格厌氧的条件下，利用CO、CO_2、乙酸或甲醇等物质产生甲烷。甲烷发酵（也称沼气发酵）是有机物厌氧分解过程中的主要过程，它在有机废物处理中起重要作用，此类微生物都是专性厌氧微生物，它们可以利用氢的厌氧氧化获取能量，以CO_2为电子受体，终产物为甲烷和水。

产甲烷菌为古细菌中最大的一个类群，现在甲烷菌的分类是根据核酸（DNA 和 RNA）、蛋白质、酶、脂类和糖类等这些生物大分子，尤其是16S rRNA 寡核苷酸序列比较揭示的亲缘关系，将甲烷菌分成不同的种、属、科和目。1979 年 Balch 等报道中将产甲烷菌分为3 目、4 科、7 属和13 种。随着人们认识水平的不断提高和培养技术的不断进步，截至2009 年产甲烷菌分类已发展为5 目、10 科、31 属、200 种。五目分别为甲烷杆菌目（Methanobacteriales）、甲烷球菌目（Methanococcales）、甲烷微菌目（Methanomicrobiale）、甲烷八叠球菌目（Methanosarcina）和甲烷火菌目（Methanopyrales）。各种甲烷菌之间在 RNA 排列顺序上都很相似，它们都具有嗜盐性，而且比典型的细菌耐温和耐酸。甲烷菌与细菌的一个主要区别在于它能抵抗破坏细菌细胞壁的抗生素的作用。

甲烷菌主要存在于无氧淤泥（如池塘、沼泽）中。有机物的甲烷发酵不是由单一的甲烷产生菌能完成的，而是由许多厌氧细菌和其他微生物一起协同发酵进行的产酸和产气的复合过程。甲烷发酵过程如图4-17 所示。甲烷发酵可分为产酸阶段和产甲烷阶段。产酸阶段分为两个过程，首先是有机聚合物水解生成单体化合物，进而分解成各种脂肪酸、CO_2和H_2。之后是各类脂肪酸进行分解，生成乙酸、CO_2和H_2。产酸阶段也称为液化阶段，参与这一阶段反应的微生物大部分是兼性厌氧细菌，如只有少量的原生动物、霉菌和酵母等，这些微生物为非甲烷菌。产甲烷阶段也称为产气阶段，由乙酸和CO_2及H_2反应生成甲烷，主要是由对基质特异性很强的、严格厌氧菌甲烷产生菌参与反应。发酵体系中非甲烷产生菌的数量大体上与甲烷产生菌相等，达$10^6 \sim 10^8$个/mL。

复杂的有机物受到各类微生物的作用，生成简单的可溶性有机物，可溶性有机物经产酸菌的代谢生成H_2、醋酸和其他脂肪酸（3~5 个碳），这些物质不能直接被甲烷菌转化生成甲烷，而先要有一种专性质子还原菌或醋酸菌将它们转化为醋酸和氢，甲烷菌再将H_2、HCO_3^-（生成碳酸盐）或醋酸转化为甲烷（CH_4），并产生 ATP。生成碳酸盐在溶液中和碳酸相平衡，后者与溶解态的CO_2平衡，液相CO_2又与气相CO_2平衡。最终的产物是生物气

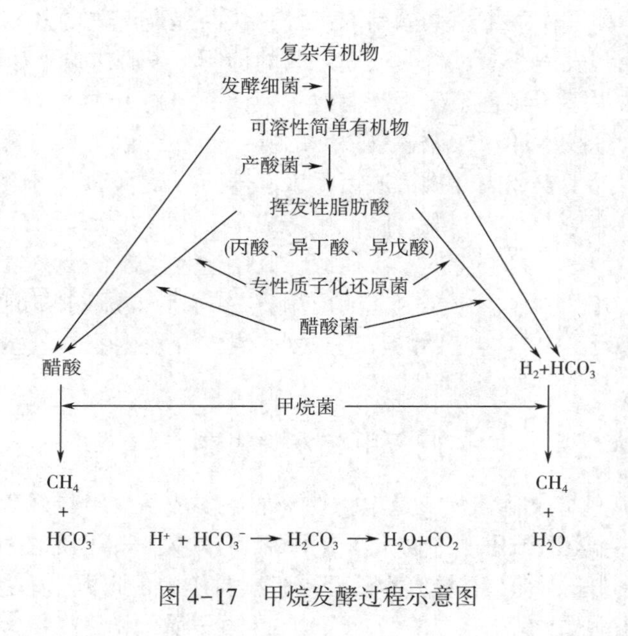

图 4-17　甲烷发酵过程示意图

体（CH_4+CO_2）。两者比例与基质、细菌分解途径、pH 和发酵液的缓冲能力有关，CH_4占的比例为 50%~90%。

甲烷发酵过程的甲烷菌和非甲烷菌均称为沼气菌（biogas producing bacteria）。甲烷发酵的两个阶段是相互依赖和连续进行的，并保持动态平衡。如果平衡遭到破坏，沼气发酵就受到影响，甚至停止。甲烷发酵属于厌氧消化处理，是利用厌氧菌将工厂废水、下水污泥、人畜粪便、城市工厂的有机废物、农村的作物秸秆、生活污水中等所含有的有机物进行分解，并使废物得到一定程度的处理。甲烷发酵（厌氧消化法）可发酵绝大多数的有机物，可采用混合菌培养，可以实现连续操作，不用对培养基进行灭菌、纯种培养和接种操作，作为好氧处理的前阶段处理。它的特点是动力消耗少，能回收甲烷作为燃料使用，节省处理费用。

第三节　好氧代谢产物的生物合成机制

葡萄糖经 EMP 或 HMP 生成丙酮酸，由丙酮酸经过一系列循环式反应而彻底氧化、脱羧，形成 CO_2、H_2O 和 $NADH_2$的过程称为三羧酸循环（tricarboxylic acid cycle，TCA），又称柠檬酸循环。TCA 循环是大多数动、植物和微生物在有氧条件下将葡萄糖完全氧化最终生成 CO_2和 H_2O 并产生能量的过程，该途径是由 H. A. Krebs 提出的。在不完全氧化的条件下，可生产多种产物。

一、柠檬酸合成调节与控制

1. 柠檬酸生物合成与 TCA 循环

黑曲霉可以由糖类、乙醇和醋酸发酵生产柠檬酸，这是一个非常复杂的生理生化过程。对柠檬酸的发酵机制长期以来基于假设，直到酵母菌酒精发酵机制被揭示以后，

Krebs 等许多科学家发现了黑曲霉中存在 TCA 循环所有的酶，柠檬酸发酵机制才被认识。

由于对 EMP 途径和 TCA 循环研究得比较清楚，每分子葡萄糖经 EMP 途径与 TCA 循环彻底氧化时，共产生 38 分子 ATP，可提供生物体利用的能量，是生物体生命活动能量的主要来源。EMP 途径和 TCA 循环中的一系列中间产物提供了合成其他生物物质的原料，用代谢控制的方法阻止某一代谢支路的进行，就必然异常积累某些中间产物。据此，发酵工业上已筛选出优良生产菌株进行柠檬酸、异柠檬酸、α-酮戊二酸、谷氨酸、苹果酸等的发酵。例如，利用黑曲霉生产柠檬酸时，由于菌体内顺乌头酸水解酶的活力极低，可积累大量柠檬酸。

TCA 循环除了产生提供微生物生命活动的大量能量外，还有许多生理功能。①循环中的某些中间代谢产物是一些重要的细胞物质，如各种氨基酸、嘌呤、嘧啶和脂类等生物合成前体物；α-酮戊二酸可转化为谷氨酸；草酰乙酸可转化为天冬氨酸，而且上述这些氨基酸还可转变为其他氨基酸，并参与蛋白质的生物合成。②TCA 循环是糖类有氧降解的主要途径，也是脂肪、蛋白质降解的必经途径。例如脂肪酸经 β-氧化途径生成乙酰 CoA 可进入 TCA 循环彻底氧化成 CO_2 和 H_2O；又如丙氨酸、天冬氨酸、谷氨酸等经脱氨基作用后，可分别形成丙酮酸、草酰乙酸、α-酮戊二酸等，它们都可进入 TCA 循环被彻底氧化。因此，TCA 循环实际上是微生物细胞内各类物质的合成和分解代谢的中心枢纽，不仅可为微生物的生物合成提供各种碳架原料，而且也与微生物大量发酵产物，例如柠檬酸、苹果酸、延胡索酸、琥珀酸和谷氨酸等的生产密切相关。

柠檬酸合成酶是 TCA 循环的关键酶，其活力受终产物 ATP 的抑制，ATP 降低此酶对乙酰 CoA 的亲和力，在某些细菌中该酶受 $NADH_2$ 的抑制，被 AMP 激活，催化草酰乙酸与乙酰 CoA 合成柠檬酸，TCA 循环的速度取决于该酶促反应的速度。柠檬酸合成酶是 TCA 循环的第一个限速酶，由乙酰 CoA 中的高能硫酯键水解释放大量能量，推动合成柠檬酸，其反应速度取决于两个底物的浓度和酶的活力。乙酰 CoA 可来自于 EMP 途径，脂肪酸的 β-氧化与其调节有关。

异柠檬酸脱氢酶和延胡索酸酶都受 ATP 抑制，为 AMP 激活，草酰乙酸抑制苹果酸脱氢酶的活力。顺乌头酸酶活力对柠檬酸发酵影响很大，该酶的抑制剂有单氟乙酸、三氟乙酸、邻二氮杂菲等，而 Fe^{2+} 对该酶有促进作用。丙二酸是琥珀酸脱氢酶的抑制剂。

2. 柠檬酸的生物合成途径

柠檬酸的合成被认为是葡萄糖经 EMP 途径生成丙酮酸，丙酮酸在有氧的条件下，一方面氧化脱羧生成乙酰 CoA，另一方面丙酮酸羧化生成草酰乙酸，草酰乙酸与乙酰 CoA 在柠檬酸合成酶的作用下缩合生成柠檬酸。

细胞的正常代谢途径都遵循细胞经济学原理并受调控系统的精确控制，中间产物一般不会超常积累。因此，在三羧酸循环中，要使柠檬酸大量积累，就必须解决两个基本问题。第一，设法阻断代谢途径，即使柠檬酸不能继续代谢，实现积累。第二，代谢途径被阻断之后的产物，必须有适当的补充机制，满足代谢活动的最低需求，维持细胞生长，才能维持发酵持续进行。图 4-18 为柠檬酸生物合成途径以及与 TCA 循环的关系。

柠檬酸产生菌可以在有氧的条件下大量生成柠檬酸。能够正常产生 ATP 的呼吸链称为标准呼吸链，标准呼吸链的存在使得菌体在代谢过程中产生了大量的 ATP，用于菌体自身的生长，这种现象，在生产上通常称之为只长菌不产酸，大量的葡萄糖被消耗了，却没

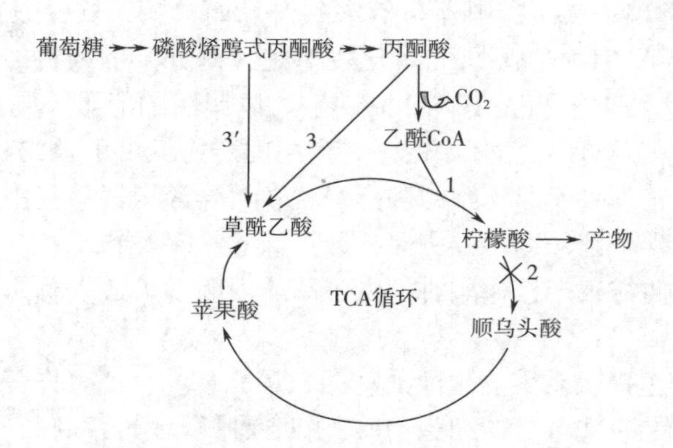

图 4-18　柠檬酸合成途径以及与 TCA 循环的关系

1 —柠檬酸合成酶　2—顺乌头酸酶　3—丙酮酸羧化酶　3′—磷酸烯醇式丙酮酸羧化酶

有生产出柠檬酸。设想：该菌体内存在一条侧呼吸链，NAD（P）H 经过该呼吸链，可以正常地传递 H^+，将其氧化为 H_2O，但是并没有氧化磷酸化生成 ATP。大量的实验证明，在柠檬酸发酵的黑曲霉中，确实存在一条这样的侧呼吸链，该侧呼吸链中的酶系强烈需氧。

在柠檬酸积累的条件下，三羧酸循环已被阻断，不能由此来提供合成柠檬酸所需要的草酰乙酸，必须由另外的途径来提供草酰乙酸。根据 Feri 和 Suzuki（1969）、Wongchai 和 Jenernon（1974）、Woronick 和 Johnson（1960）、Johnoson 和 Bloom（1962）等的研究证实，草酰乙酸是由丙酮酸（PYR）或磷酸烯醇式丙酮酸（PEP）羧化生成的。Johnoson 认为，黑曲霉有两种 CO_2固定酶系，两种系统均需 Mg^{2+}、K^+，其一是丙酮酸（PYR）在丙酮酸羧化酶作用下羧化，生成草酰乙酸，此酶催化的反应如下：

$$丙酮酸+CO_2+ATP\rightarrow草酰乙酸+ADP+Pi$$

其二是磷酸烯醇式丙酮酸（PEP）在 PEP 羧化酶的作用下羧化，生成草酰乙酸，其反应如下：

$$磷酸烯醇式丙酮酸+CO_2+ADP+Pi\rightarrow草酰乙酸+ATP$$

这两种酶中，其中丙酮酸羧化酶对 CO_2的固定反应作用更大，此酶已从黑曲霉中提纯获得，并证实该酶是组成型酶。在黑曲霉中不存在苹果酸酶，故不可能由此催化丙酮酸还原羧化。

葡萄糖经过 EMP 途经生成丙酮酸后，丙酮酸在丙酮酸脱羧酶的作用下生成了乙酰辅酶 A（$CH_3CO-CoA$），则合成一分子柠檬酸需要 3 分子的 $CH_3CO-CoA$，也就是需要 1.5 分子的葡萄糖，此时，柠檬酸的产率：

$$\frac{192}{1.5\times180}\times100\%=71.1\%$$

通过 CO_2固定反应提供四碳二羧酸，丙酮酸固定 CO_2生成一分子的四碳二羧酸，那么合成一分子的柠檬酸需要 1 分子的葡萄糖，产率可以大大提高。可见，CO_2固定反应对柠檬酸发酵的重要性。

根据柠檬酸的合成途径，由葡萄糖生成柠檬酸的总反应式如下：

$$2C_6H_{12}O_6+3O_2\rightarrow2C_6H_8O_7+4H_2O$$

柠檬酸对糖的理论转化率为106.1%，以含一个结晶水的柠檬酸计为116.7%。

3. 柠檬酸发酵的代谢调节

柠檬酸是微生物好氧代谢途径的中间产物，正常情况下并不积累。为了积累柠檬酸，柠檬酸合成酶、磷酸烯醇式丙酮酸羧化酶和丙酮酸羧化酶等酶系要强，而顺乌头酸水合酶、异柠檬酸脱氢酶、异柠檬酸裂解酶、草酰乙酸水解酶等与柠檬酸及其底物草酰乙酸分解有关的酶要弱。顺乌头酸水合酶失活是阻断TCA循环积累柠檬酸的必要条件之一。

黑曲霉生长时EMP与HMP途径比率为2∶1，生产柠檬酸时为4∶1。因此，EMP的调节对柠檬酸发酵非常重要。在EMP途径中，第一个调节酶是磷酸果糖激酶（PFK），无机磷、NH_4^+对PFK有活化作用，ATP对该酶有抑制作用，NH_4^+能有效解除ATP、柠檬酸对PFK的抑制。微生物体内的NH_4^+可以解除柠檬酸对PFK的反馈抑制作用，在较高的NH_4^+浓度下，细胞可以大量形成柠檬酸。柠檬酸生产菌黑曲霉如果生长在Mn^{2+}缺乏的培养基中，蛋白质的合成受阻，导致细胞内NH_4^+浓度足够高，可达到26mmol/L，从而解除了柠檬酸对PFK的反馈抑制，使得葡萄糖源源不断地合成大量的柠檬酸。第二个调节酶为丙酮酸激酶，该酶是四聚体变构蛋白，能使磷酸烯醇式丙酮酸的高能磷酸基团转移给ADP生成ATP和丙酮酸。这个底物水平磷酸化，需要Mg^{2+}、K^+或Mn^{2+}参与，乙酰CoA、ATP、丙酮酸是其变构抑制剂。另外由柠檬酸到异柠檬酸，即“柠檬酸—顺乌头酸—异柠檬酸”，两步反应均由顺乌头酸酶催化。该酶需要Fe^{2+}，若用配位剂除去反应液中的铁，则酶活性被抑制，造成柠檬酸积累。

CO_2固定反应对柠檬酸积累有重要的意义。CO_2固定反应可及时补充中间物，保证柠檬酸的积累。丙酮酸是糖代谢的重要分叉点，丙酮酸既可脱羧生成乙酰CoA，又可以固定CO_2生成草酰乙酸，保持反应的平衡是使柠檬酸高产的手段。

4. 提高柠檬酸产率的措施

黑曲霉在缺锰的培养基中培养时，可减少HMP和TCA循环中有关酶的活性；更重要的是可提高NH_4^+浓度，这种胞内高浓度NH_4^+可解除柠檬酸对PFK的抑制作用，使之增产。

在柠檬酸的发酵过程中，阻断柠檬酸向下的代谢是柠檬酸积累的关键，即阻断顺乌头酸酶的催化反应。可使用抑制剂，该酶是一个含铁的非血红素蛋白，以Fe_4S_4作为辅基，催化底物脱水、加水反应，因此，在菌体生长到足够菌数时，适量加入亚铁氰化钾（黄血盐），使铁硫中心的Fe^{2+}生成配合物，则该酶失活或活性减少，而积累柠檬酸。也通过诱变或其他方法，造成生产菌种顺乌头酸酶缺损或活力很低，同样可积累柠檬酸。另外可使用回补途径旺盛的菌种，保证草酰乙酸的及时补充；给发酵培养基中补加草酰乙酸也是一个经济可行的方法。在黑曲霉发酵生产柠檬酸时，要源源不断地给发酵液通入一定的溶解氧，保证足够的溶氧浓度水平，如果溶解氧在很低的水平维持一段时间，或者在这期间中断供氧一段时间，则这一侧系呼吸链不可逆地失活，其结果产生了大量的菌体，而柠檬酸的产率很低。

综上所述，提高柠檬酸产率的措施可概括如下：①由于锰缺乏抑制了蛋白质的合成，而导致细胞内的NH_4^+浓度升高和一条呼吸活性强的、不产生ATP侧呼吸链，这两方面的因素分别解除了对磷酸果糖激酶的代谢调节，促进了EMP途径畅通。②由组成型的丙酮酸羧化酶源源不断地提供草酰乙酸。③在控制Fe^{2+}含量的情况下，顺乌头酸水合酶活性低，从而使柠檬酸积累，顺乌头酸水合酶在催化时建立如下平衡，柠檬酸：顺乌头酸：异柠檬酸为 90：3：7。柠檬酸积累增多，pH 低，在低 pH 时，顺乌头酸水合酶和异柠檬酸脱氢酶失活，从而进一步促进了柠檬酸自身的积累。④丙酮酸氧化脱羧生成乙酰 CoA 和 CO_2固定两个反应平衡，以及柠檬酸合成酶不被调节，增强了柠檬酸合成能力。

二、氨基酸生物合成及其控制

氨基酸发酵是典型的代谢控制发酵，氨基酸发酵工业是利用微生物的生长和代谢活动生产各种氨基酸的现代工业。由发酵所生成的产物——氨基酸都是微生物的中间代谢产物，它的积累是基于对微生物正常代谢的调节，氨基酸发酵的关键取决于其自身控制机制是否能够被解除，是否能打破微生物的正常代谢调节，人为地控制微生物的代谢。氨基酸发酵的代谢控制方法依据菌株、氨基酸的种类、工艺控制等不同，所采用的控制方式和方法也不同。

1. 氨基酸发酵的代谢调控

目前，发酵法生产氨基酸已经形成一个完整的工业体系，已有 18 种氨基酸是由发酵法或酶法生产，尽管各种氨基酸的生物合成途径不同，但细胞内氨基酸的合成具有如下的特点：①某一类氨基酸往往有一个共同的前体；②氨基酸的生物合成与 EMP 途径、三羧酸循环等有十分密切的关系（图 4-19）；③一种氨基酸可能是另一种氨基酸的前体。要使细胞最大限度地合成目标氨基酸，首先必须解除氨基酸代谢途径中存在的产物反馈抑制；其次应该防止合成的目标氨基酸降解或用于合成其他细胞成分，若几种氨基酸有共同的前体，应该切断其他氨基酸的合成途径；再次是增加细胞的渗透性，使胞内合成的氨基酸能够及时释放到胞外，降低胞内的浓度。因此，在基因水平上对微生物进行改造以及在代谢控制上对细胞进行调控有非常重要的意义。

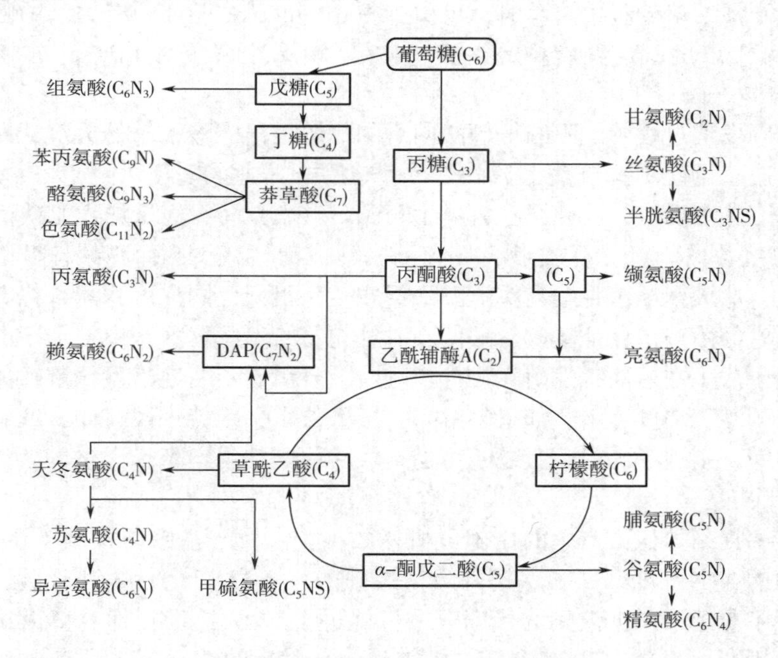

图 4-19 基于糖代谢的细胞内各种氨基酸生物合成途径

氨基酸发酵一般采取下列不同的措施进行调控。

（1）控制发酵的环境条件　氨基酸发酵受菌种的生理特征和环境条件的影响，对专性需氧菌来说后者的影响更大。例如谷氨酸发酵必须严格控制菌体生长的环境条件，否则几乎不积累谷氨酸，这也就是说氨基酸发酵是人为地控制环境条件而使发酵发生转换的一个典型例子。表 4-2 表示谷氨酸生产菌因环境条件改变而引起的发酵转换。

表 4-2　谷氨酸生产菌因环境条件改变而引起的发酵转换

环境因子	发酵产物转换
溶解氧	乳酸或琥珀酸⟷谷氨酸⟷α-酮戊二酸 （通气不足）　（适中）（通气过量，转速过快）
NH_4^+	α-酮戊二酸⟷谷氨酸⟷谷酰胺 （缺乏）　（适量）　（过量）
pH	谷酰胺，N-乙酰谷酰胺⟷谷氨酸 （pH5~8，NH_4^+过多）　（中性或微碱性）
生物素	乳酸或琥珀酸　⟷　谷氨酸 （过量）　（限量）
生物素、醇类、NH_4Cl	脯　氨　酸　⟷　谷氨酸 （生物素 50~100μg/L）　正常条件生物素亚适量 NH_4Cl　6% 乙醇　1.5%~2%

（2）控制细胞渗透性　代谢产物的细胞渗透性是氨基酸发酵必须考虑的重要因素。谷氨酸发酵中，生物素是谷氨酸发酵的关键物质，当细胞内的生物素水平高时，谷氨酸不能透过细胞膜，因而得不到谷氨酸。要使菌体大量积累谷氨酸必须采取各种措施，如通过添加表面活性剂或青霉素来增进细胞膜通透性，使细胞内的谷氨酸渗透到细胞外，解除胞内谷氨酸的反馈抑制，以利于大量积累谷氨酸。生物素是油酸生物合成所必需的物质，它使细胞膜通透性发生变化是在合成油酸以后才起作用的。对于生物素缺陷型菌种来说，必须通过限量控制生物素，增加细胞分泌，提高谷氨酸产量。影响谷氨酸产生菌细胞膜通透性的物质可分两大类：一类是生物素、油酸和表面活性剂，其作用是引起细胞膜的脂肪酸成分的改变，从而改变细胞膜通透性；另一类是青霉素，其作用是抑制细胞壁的合成，由于细胞膜失去细胞壁的保护，细胞膜受到物理损伤，从而使渗透性增强。使用生物素缺陷型菌株进行谷氨酸发酵时，生产中可通过控制培养基中生物素的亚适量（biotin suboptimal concentration）来达到提高谷氨酸产率的目的。图 4-20 是谷氨酸的积累与细胞膜渗透性的关系。

（3）控制旁路代谢　有些氨基酸发酵依赖于控制旁路代谢来进行。例如 L-异亮氨酸的生物合成，但是 L-苏氨酸脱氢酶受异亮氨酸的抑制，当异亮氨酸积累到某种程度时反应即停止。为了打破此调节机制，使之积累异亮氨酸，可采用黏质赛杆菌以 D-苏氨酸为底物进行发酵。L-苏氨酸在 L-苏氨酸脱氢酶作用下生成 α-酮基丁酸，进一步生成 L-异亮氨酸。如图 4-21 所示，D-苏氨酸脱氢酶不受异亮氨酸的抑制，故反应能顺利进行，并可大量积累异亮氨酸。

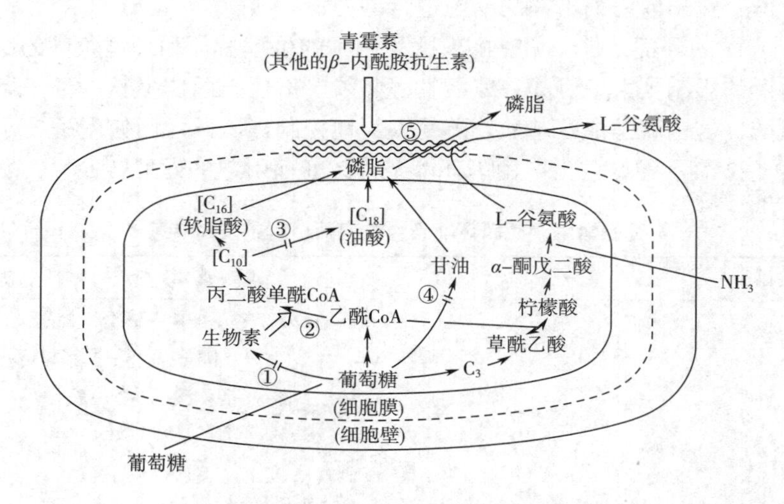

图 4-20　谷氨酸的积累与细胞膜渗透性的关系

①丧失生物素合成能力　②乙酰 CoA 缩化酶　③油酸缺陷型
④甘油缺陷型　⑤青霉素抑制细胞壁的合成

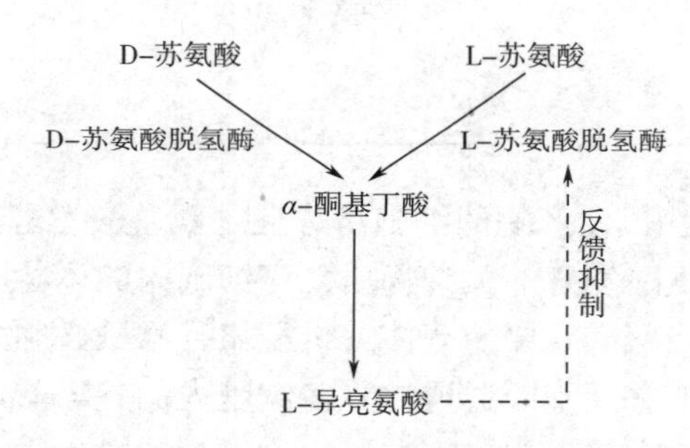

图 4-21　黏质赛杆菌由 D-苏氨酸生成 L-异亮氨酸的代谢机制

（4）降低反馈作用物的浓度　控制反馈作用物浓度是克服反馈抑制和阻遏，使氨基酸的生物合成反应能顺利进行的一种手段。大部分营养缺陷型突变株的氨基酸发酵就是通过这种方法来进行的。利用营养缺陷型突变株进行氨基酸发酵，必须限制所要求的氨基酸量，这样就将反馈作用物浓度控制在反馈机制的浓度之下。例如利用谷氨酸棒状杆菌（*Corynehacterium glutamicum*）（瓜氨酸缺陷型）进行的鸟氨酸发酵，由于此菌缺乏将鸟氨酸变为瓜氨酸的酶，限制培养液中的精氨酸浓度可解除精氨酸的反馈抑制，实现鸟氨酸的生物合成。

（5）消除终产物的反馈抑制与阻遏作用　消除终产物的反馈抑制与阻遏作用，是通过使用抗氨基酸结构类似物突变株的方法来进行的。许多氨基酸发酵采用这种方法，并得到较好的效果。例如 *S*-（β-氨基乙基）-L-半胱氨酸（即 AEC）是赖氨酸的结构类似物，当它单独存在时不抑制菌的生长，但是当其与 L-苏氨酸共存时，则强烈抑制菌的生长，而 L-赖氨酸可解除其抑制作用。实际上通过亚硝基胍处理，用含 AEC 和 L-苏氨酸各 1～5mg/mL 的平板分离抗性株，具有较强的赖氨酸生产能力。当从突变株中分离天冬氨酸激酶，并研究 L-赖氨酸和 L-苏氨酸的协同抑制效果时，发现突变株的酶不比原菌株敏感。因此采用抗氨基酸结构类似物突变株的方法，也是改变酶或酶的生物合成的方法。

（6）促进 ATP 的积累　氨基酸的生物合成需要能量，ATP 的积累可促进氨基酸的生物合成。有人研究将不进行脯氨酸发酵的原株细胞破碎后加入 ATP，并进行保温，可生成大量脯氨酸。

2. 谷氨酸的生物合成及调节控制

（1）谷氨酸生产菌的葡萄糖代谢途径　在谷氨酸发酵时，糖酵解经过 EMP 及 HMP 两个途径进行，生物素充足菌 HMP 所占比例是 38%，控制生物素亚适量的结果，发酵产酸期，EMP 所占的比例更大，HMP 所占比例约为 26%，生成丙酮酸后，一部分氧化脱羧生成乙酰 CoA，一部分固定 CO_2生成草酰乙酸或苹果酸，草酰乙酸与乙酰 CoA 在柠檬酸合成酶催化作用下，缩合成柠檬酸，再经下面的氧化还原共轭的氨基化反应生成谷氨酸。图 4-22 是谷氨酸的生物合成途径。

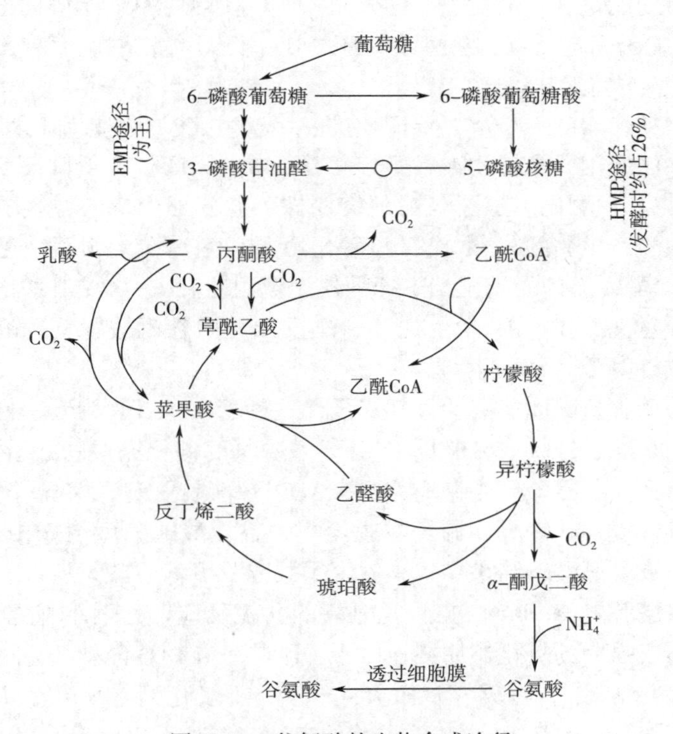

图 4-22　谷氨酸的生物合成途径

在糖质原料发酵法生产谷氨酸时，应尽量控制通过 CO_2固定反应供给四碳二羧酸，而在醋酸发酵谷氨酸或石油发酵谷氨酸时，却只能经乙醛酸循环供给四碳二羧酸，四碳二羧酸经草酰乙酸又转化成柠檬酸。由于三羧酸循环中的缺陷（丧失 α-酮戊二酸脱氢酶，即丧失 α-酮戊二酸氧化能力或氧化能力微弱），谷氨酸产生菌采用图 4-22 中所示的乙醛酸循环途径进行代谢，提供四碳二羧酸及菌体合成所需的中间产物等。因此，对异柠檬酸的两种竞争反应是很重要的。为了获得能量和产生生物合成反应所需的中间产物，在谷氨酸发酵的菌体生长期，需要异柠檬酸裂解酶反应，走乙醛酸循环途径。但是，在菌体生长期之后，进入谷氨酸生成期，为了大量生成、积累谷氨酸，最好没有异柠檬酸裂解酶反应，封闭乙醛酸循环。这就说明在谷氨酸发酵中，菌体生长期的最适条件和谷氨酸生成积累期的最适条件是不一样的。

（2）谷氨酸生产菌发酵生产谷氨酸的理想途径　在谷氨酸发酵中，理想的发酵按如下反应进行：

$$C_6H_{12}O_6+NH_3+1.5O_2 \longrightarrow C_5H_9O_4N + CO_2+3H_2O$$

1mol 葡萄糖可以生成 1mol 谷氨酸。理论收率为 81.7%，四碳二羧酸是 100%通过 CO_2 固定反应供给。倘若 CO_2 固定反应完全不起作用，丙酮酸在丙酮酸脱氢酶的催化作用下，脱氢脱羧全部氧化成乙酰 CoA，通过乙醛酸循环供给四碳二羧酸。反应如下：

$$3C_6H_{12}O_6 \longrightarrow 6\text{丙酮酸} \longrightarrow 6\text{乙酸}+6CO_2$$

$$6\text{乙酸}+2NH_3+3O_2 \longrightarrow 2C_5H_9O_4N+2CO_2+6H_2O$$

理论收率仅为 54.4%。实际谷氨酸发酵时，因控制的好坏，加之形成菌体、微量副产物和生物合成消费的能量等，消耗了一部分糖，所以实际收率处于中间值。换言之，当以葡萄糖为碳源时，CO_2 固定反应与乙醛酸循环的比率，对谷氨酸产率有影响，乙醛酸循环活性越高，谷氨酸生成收率越低。

谷氨酸产生菌糖代谢的一个重要特征就是 α-酮戊二酸氧化能力微弱。丧失 α-酮戊二酸脱氢酶的重要性已经用要求生物素和不分泌谷氨酸的大肠杆菌得以证明。甚至发现不要求生物素的一株丧失 α-酮戊二酸脱氢酶的突变株，能分泌少量的谷氨酸，而其亲株却什么也不分泌。谷氨酸产生菌的 α-酮戊二酸氧化力弱，尤其在生物素缺乏条件下，三羧酸循环到达 α-酮戊二酸时，即受到阻挡。把糖代谢流阻止在 α-酮戊二酸的堰上，对导向谷氨酸形成具有重要意义。在 NH_4^+ 存在时，α-酮戊二酸因谷氨酸脱氢酶的催化作用，经还原氨基化反应生成谷氨酸。

谷氨酸产生菌的谷氨酸脱氢酶活性都很强，这种酶以 NADP 为专一性辅酶，谷氨酸发酵的氨同化过程，是通过连接 NADP 的 L-谷氨酸脱氢酶催化完成的。沿着由柠檬酸至 α-酮戊二酸的氧化途径，谷氨酸产生菌有两种 NADP 专性脱氢酶，即异柠檬酸脱氢酶和 L-谷氨酸脱氢酶。曾发现，在丧失异柠檬酸脱氢酶的谷氨酸缺陷型菌株中，虽有 L-谷氨酸脱氢酶，却不能生成谷氨酸，结果导致积累丙酮酸或二甲基丙酸。所以，在谷氨酸的生物合成中必须有谷氨酸脱氢酶和异柠檬酸脱氢酶的共轭反应。在 NH_4^+ 存在时，两者非常密切地耦联起来，形成强固的氧化还原共轭体系，不与 $NADPH_2$ 的末端氧化系相连接，使 α-酮戊二酸还原氨基化生成谷氨酸，谷氨酸生产菌需要氧化型 NADP，以供异柠檬酸氧化用。生成的还原型 $NADPH_2$ 又因 α-酮戊二酸的还原氨基化而再生为 NADP。由于谷氨酸产生菌的谷氨酸脱氢酶比其他微生物强大得多，所以由三羧酸循环所得的柠檬酸的氧化中间物，就不再往下氧化，而以谷氨酸的形式积累起来。若 NH_4^+ 进一步过剩供给时，发酵液偏酸性，pH 在 5.5~6.5，谷氨酸会进一步生成谷氨酰胺。

（3）谷氨酸发酵的代谢调节　在谷氨酸生产菌的代谢中，谷氨酸比天冬氨酸优先合成。谷氨酸合成过量时，谷氨酸抑制谷氨酸脱氢酶的合成，使代谢转向合成天冬氨酸；天冬氨酸合成过量后，反馈抑制磷酸烯醇式丙酮酸羧化酶的活力，停止草酰乙酸的合成。所以，在正常情况下，谷氨酸并不积累。如图 4-23 所示。

谷氨酸产生菌大多为生物素缺陷型，谷氨酸发酵时通过控制生物素亚适量，发酵产酸

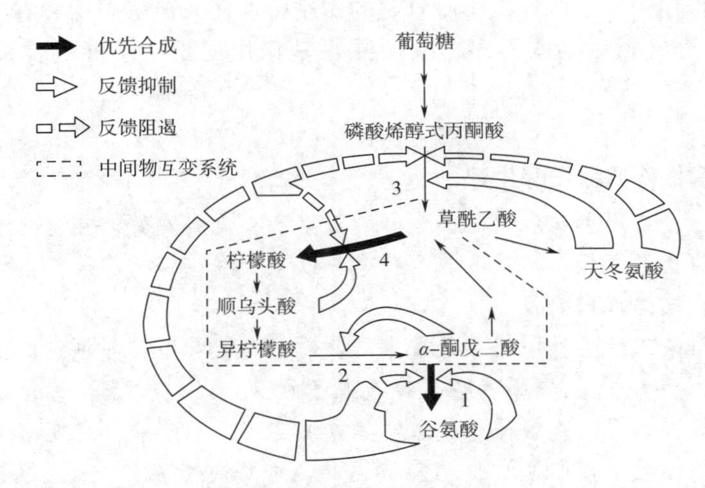

图 4-23　黄色短杆菌中谷氨酸与天冬氨酸生物合成的调节机制

1—谷氨酸脱氢酶　2—异柠檬酸脱氢酶　3—磷酸烯醇式丙酮酸羧化酶　4—柠檬酸合成酶

期，细胞变形、拉长，细胞膜的通透性增加，代谢失调，使谷氨酸得以积累。谷氨酸高产菌应丧失或仅有微弱的α-酮戊二酸脱氢酶活力，使α-酮戊二酸不能继续氧化。而 CO_2 固定反应的酶系强，使四碳二羧酸全部是由 CO_2 固定反应提供，而不走乙醛酸循环，以提高对糖的利用率。谷氨酸脱氢酶的活力很强，并丧失谷氨酸对谷氨酸脱氢酶的反馈抑制和反馈阻遏，同时 $NADPH_2$ 再氧化能力弱，这样就使酮戊二酸到琥珀酸的过程受阻，在有过量铵离子存在的条件下，α-酮戊二酸经氧化还原共轭的氨基化反应而生成谷氨酸，生成的谷氨酸不合成蛋白质，而分泌泄漏于菌体外。谷氨酸产生菌不利用体外的谷氨酸，谷氨酸成为最终产物。

（4）形成谷氨酸的主要反应　谷氨酸族氨基酸的生物合成涉及 EMP 途径、HMP 途径、TCA 循环、乙醛酸循环和 CO_2 固定反应。葡萄糖先生成谷氨酸，再从谷氨酸依次经鸟氨酸、谷氨酸生物合成精氨酸。

在谷氨酸发酵中，生成谷氨酸的主要酶反应有以下三种。

① 谷氨酸脱氢酶（GDH）所催化的还原氨基化反应：还原氨基化作用是在糖代谢生成的α-酮戊二酸存在下，在谷氨酸脱氢酶和足够氨的参与下，将酮基还原氨基化。

$$\alpha\text{-酮戊二酸}+NH_4^+ + NADPH_2 \longrightarrow \text{谷氨酸}+H_2O+NADP$$

谷氨酸脱氢酶的还原氨基化作用在有氧发酵条件下，需要有以 NADP 为辅酶的异柠檬酸的共轭作用才能顺利完成。

② 转氨酶（TA）催化的转氨反应：这一反应是利用已存在的其他氨基酸，经过转氨酶的作用，将其他氨基酸与α-酮戊二酸生成 L-谷氨酸。

$$\alpha\text{-酮戊二酸}+\text{氨基酸}\longrightarrow\text{谷氨酸}+\alpha\text{-酮酸}$$

③ 谷氨酸合成酶（GS）催化的反应：谷氨酸合成酶的作用在近几十年被发现，其作用是使α-酮戊二酸和谷氨酰胺还原生成两分子的谷氨酸。

$$\alpha\text{-酮戊二酸}+\text{谷氨酰胺}\xrightarrow{NADPH_2 \quad NADP} 2\text{谷氨酸}$$

在上述几种作用中，由于谷氨酸脱氢酶的作用特别强，转氨作用和谷氨酸合成酶的作用在谷氨酸生产菌内相对要弱得多，故还原氨基化作用处于主导的支配地位，起主要作用。

案例 4-2　温敏菌株谷氨酸发酵生产

氨基酸工业生产常用生物素缺陷型菌株进行生产谷氨酸发酵，在生产过程中需要控制发酵培养基中的生物素含量，即亚适量生物素，以调节细胞膜的渗透性，使胞内谷氨酸不断渗透到胞外，在发酵液中大量积累。

目前，在谷氨酸工业生产中，谷氨酸生产菌的温度敏感型突变株已广泛使用。用温度敏感型菌株发酵生产 L-谷氨酸不存在生物素亚适量问题。对于野生型出发菌株而言，在生物素过量的情况下，无论是否采用变温发酵方法都几乎不产酸，说明温度敏感突变株即使在生物素过量的情况下也能通过变温发酵诱导其合成并分泌产生 L-谷氨酸。因此，该方法在国际上被广泛使用。

1. 温度敏感型的谷氨酸生产菌的特点

通常采用诱变的方法获得温度敏感型菌株。以谷氨酸棒杆菌 CICC10226 为出发菌株，先克隆其 *lts*A 基因，然后通过基因敲除的方法构建了突变菌株 *Corynebacterium glutamicum* WTSL，该菌株同时具有温度敏感性和溶菌酶敏感性。经透射式电子显微镜观察发现，于 38℃培养的突变株细胞与在 30℃培养的同一种细胞相比，细胞明显增大，而出发菌株无该现象。

温度敏感型的谷氨酸生产菌，基因突变位点发生在与谷氨酸分泌有关的细胞膜结构基因上。由于突变导致 DNA 分子遗传密码的转换，由该基因译出的酶对温度的变化非常敏感，在高温下极易失活，在低温下保持正常的催化作用。因此，在低温时菌体大量生长，正常代谢，在高温时生长微弱。由于高温使突变菌株的酶失去活性，导致细胞膜结构的变化，转变成有利于谷氨酸渗透的样式，使细胞内产生的谷氨酸不断地排放到细胞体外，细胞内谷氨酸不能积累到引起反馈调节的浓度，而不断合成谷氨酸，在培养基中大量积累，谷氨酸浓度一般可达 17%以上。在根据菌种这一特性，依据不同的工艺条件来控制最适菌种生长的温度，大量培养菌株，在适当的时间提高温度，使菌株停止生长而开始产酸。

使用温敏菌株的优点，一是无需控制生物素亚适量，仅需要转换温度，即可完成谷氨酸生产菌由生长型细胞向产酸型细胞的转变，避免了因原来影响而造成产酸不稳定的现象，且发酵稳定，发酵周期短，设备利用率高。二是生物素可以过量，从而强化 CO_2 固定反应，提高糖酸转化率。

2. 种子培养

（1）培养基组成　淀粉水解糖 6%，豆粕水解液 4%，$MgSO_4$ 0. 1%，KH_2PO_4 0. 3%，$MnSO_4$ 0. 02%，$FeSO_4$ 0. 002%，玉米浆 20mL/L，生物素 500 μg/L，硫胺素 200 μg/L，pH 6. 7~7. 0。

（2）培养条件　培养温度 29℃~30℃，OD 值 1. 15~1. 2，时间 26~32h。

3. 发酵控制

（1）培养基组成　淀粉水解糖 3%，玉米浆 34mL/L，糖蜜 30mL/L，$MgSO_4$ 0. 3%，

KH_2PO_4 0.3%，$MnSO_4$ 0.02%，$FeSO_4$ 0.002%，生物素 500 μg/L，硫胺素 200 μg/L，消泡剂 0.1 mL/L，pH7.0~7.2。

（2）发酵工艺控制　采用温度敏感型突变株进行谷氨酸发酵时，当培养温度为最适生长温度时，菌体正常生长，当温度提高到一定程度时，菌体便停止生长而大量产酸，菌株生长到什么阶段进行温度转换是影响产酸的关键。温度转换之后要求有一定的剩余生长，剩余生长的多少将直接影响到菌株细胞的活性。剩余生长太少，将无法完成这种转变，剩余生长太多，则意味着菌体未能进行有效的生理变化。前一种情况可能使菌株受到严重的损害，而影响正常的产酸，后一种情况则说明菌体转变不充分，也无法达到理想的水平。

某厂温敏菌株谷氨酸发酵工艺：发酵初糖 3~6g/dL，接种量 15%，前期温度控制 32~33℃，OD 值 0.95~1.05 时提高温度到 36.5℃；OD 值 1.1~1.2 时提高温度到 37.5~38.5℃，产酸期温度可根据生产情况进行适当调整；培养基糖浓度在 1.0g/dL 左右时，连续流加 55%浓糖，在正常情况下，为了保证足够的氮源，满足谷氨酸合成的需要，发酵前期控制 pH7.3 左右，发酵中期控制 pH7.2 左右，发酵后期控制 pH 在 7.0，将近放罐时，为了便于后序工序提取谷氨酸的需求，可控制 pH6.5~6.8 为好，采用液氨控制发酵 pH。发酵产酸 15~17g/dL，转化率 63%~65%，发酵时间 22h，残糖 0.35%~0.5%。

发酵试验表明，在生物素过量的情况下，在发酵进入细胞产酸期后，通过将发酵温度从原来的 32~33℃提高到 37.5~38.5℃，温度敏感突变株的产酸量大幅度增加。如果在发酵培养基中添加适量的琥珀酸和乙酸，同样条件下培养，与对照相比，产酸量明显增加。

温度敏感型菌株产酸高，大幅度提高发酵强度，有效地降低了生产投入的电、气等能源的消耗，缓解当前能源紧张问题。温敏菌株的高转化率，凸显了主原料的成本优势。同时，温敏菌株具有很好的适应性，对于高生物素、高蛋白质、高黏度的环境条件，都有着较高的适应能力。生产过程能够最大限度地进行培养基的优化，达到原辅料的多样化，对降低原辅料的使用具有积极的意义。

3. 天冬氨酸族氨基酸的生物合成及调节控制

糖酵解产生的丙酮酸经 CO_2 固定反应生成四碳二羧酸，后经氨基化反应生成天冬氨酸；天冬氨酸在天冬氨酸激酶等酶的作用下，经几步反应生成天冬氨酸半醛。天冬氨酸半醛一方面可在二氢吡啶-2，6-二羧酸合成酶等酶的催化下经几步反应生成赖氨酸，另一方面可在高丝氨酸脱氢酶的催化作用下生成高丝氨酸。高丝氨酸一部分经 *O*-琥珀酰-高丝氨酸转琥珀酰酶等酶的催化下经几步反应生成蛋氨酸，另一部分经高丝氨酸激酶的催化生成苏氨酸。苏氨酸在苏氨酸脱氢酶的催化下经几步反应生成异亮氨酸。

（1）赖氨酸合成及代谢调节　在细菌中，赖氨酸生物合成途径是广泛存在的，经过二氨基庚二酸途径进行（图 4-24），而酵母和霉菌则是通过生成 2-氨基己二酸中间物的另一条代谢途径进行的。酵母菌只能生产胞内赖氨酸，不能分泌到发酵液中，故只能用于饲料生产。

赖氨酸代谢调节机制多种多样，即使是近缘的菌株之间也并非完全相同。有些细菌，如黄色短杆菌、谷氨酸棒杆菌和乳糖发酵短杆菌等，其赖氨酸生物合成调节机制比大肠杆菌简单得多。这些细菌只有一种天冬氨酸激酶，不存在像大肠杆菌那样的三种同工酶。在黄色短杆菌和谷氨酸棒杆菌中，AK 是一个变构酶，具有两个变构部位，可以与终产物结合，受终产物影响，当只有一种终产物时（赖氨酸或苏氨酸）与酶变构部位结合时，酶活性不受影响，当有两种终产物（赖氨酸和苏氨酸）同时过量存在，即两种终产物同时与酶两个变构部位结合时，酶活性受到抑制。这种终产物的反馈抑制称为协同反馈抑制。

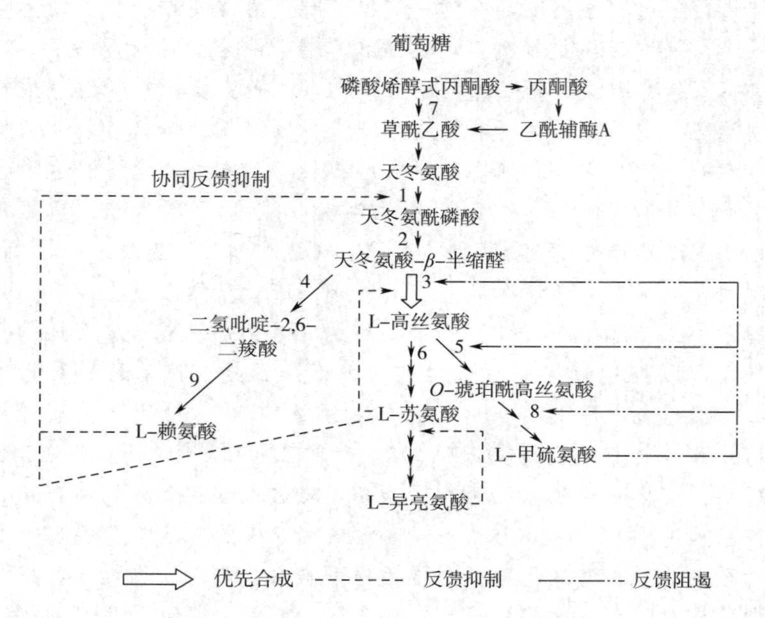

图 4-24　黄色短杆菌赖氨酸生物合成途径及调节机制

1—天冬氨酸激酶　2—天冬氨酸-β-半缩醛脱氢酶　3—高丝氨酸脱氢酶
4—二氢吡啶-2，6 二羧酸合成酶（DDP 合成酶）　5—O-琥珀酰高丝氨酸转琥珀酰酶
6—高丝氨酸激酶、苏氨酸合成酶　7—磷酸烯醇式丙酮酸羧化酶　8—半胱氨酸脱硫化氢酶　9—DDP 还原酶

赖氨酸生物合成可通过切断支路代谢，选育高丝氨酸缺陷型（Hom^-）突变株或者高丝氨酸渗漏缺陷型突变株，使代谢流转向合成赖氨酸；再遗传性解除赖氨酸和苏氨酸对天冬氨酸激酶的协同反馈抑制，选育抗赖氨酸结构类似物（LysHx、AEC）和抗苏氨酸结构类似物（ThrHx、AHV）等突变株，就会使赖氨酸大量积累。通过增加前体物的生物合成，如选育亮氨酸缺陷型、抗亮氨酸结构类似物突变株，解除代谢互锁，赖氨酸的产量还会增加。

在图 4-24 中，代谢途径的第一个分支点，由于高丝氨酸脱氢酶活性比 DDP 合成酶约高 15 倍，所以代谢优先向高丝氨酸进行。在第二个分支点，由于 O-琥珀酰高丝氨酸转琥珀酰酶活性比高丝氨酸激酶高，代谢优先向合成甲硫氨酸方向进行。当甲硫氨酸合成过剩时，阻遏 O-琥珀酰高丝氨酸转琥珀酰酶和半胱氨酸脱硫化氢酶的合成，代谢流转向合成苏氨酸方向。当异亮氨酸过剩时，反馈抑制苏氨酸脱氨酶，就积累苏氨酸。由于苏氨酸过剩，反馈抑制高丝氨酸脱氢酶，使代谢流转向合成赖氨酸。赖氨酸和苏氨酸同时过剩，协同反馈抑制天冬氨酸激酶，使整个途径停止进行。这两种菌的赖氨酸生物合成分支途径第一个酶（DDP 合成酶）和第二个酶（DDP 还原酶）均不受赖氨酸反馈抑制和阻遏。据报道，黄色短杆菌的磷酸烯醇式丙酮酸羧化酶的活性受天冬氨酸抑制，这种抑制作用因为 α-酮戊二酸存在而增强，而为乙酰辅酶 A 所逆转。

高丝氨酸渗漏缺陷型突变株（Hom^L）是由于高丝氨酸脱氢酶活性下降但不完全丧失，使得代谢流发生变化，由原来优先合成高丝氨酸（即合成苏氨酸和甲硫氨酸）方向转到合成赖氨酸方向，而甲硫氨酸和苏氨酸只是少量地合成，由于产生的苏氨酸量低，不足以与赖氨酸共同对天冬氨酸激酶起协同反馈抑制作用，就使赖氨酸得以积累。

草酰乙酸是赖氨酸合成的前体物，它的生产即可以由三羧酸循环生成，也可以由磷酸烯醇式丙酮酸或丙酮酸经 CO_2 固定生成。选育适宜的 CO_2 固定酶/TCA 循环酶活性比突变株，对于提高赖氨酸对糖的转化率有非常重要的意义。

草酰乙酸的生成方式不同，赖氨酸对糖的收率有很大的差异。根据草酰乙酸不同生成方式，赖氨酸合成中间代谢有以下两条途径。

①通过 TCA 循环提供草酰乙酸

葡萄糖 → 磷酸烯醇式丙酮酸(PEP) → Pyr → 乙酰CoA

Asp ← OAA

TCA

循环

Lys

反应平衡式：

$$2C_6H_{12}O_6+2NH_3+1.5O_2+7NAD+2ADP \longrightarrow C_6H_{14}N_2O_2+6CO_2+H_2O+2ATP+7NADH_2$$

②通过磷酸烯醇式丙酮酸或丙酮酸羧化反应提供草酰乙酸

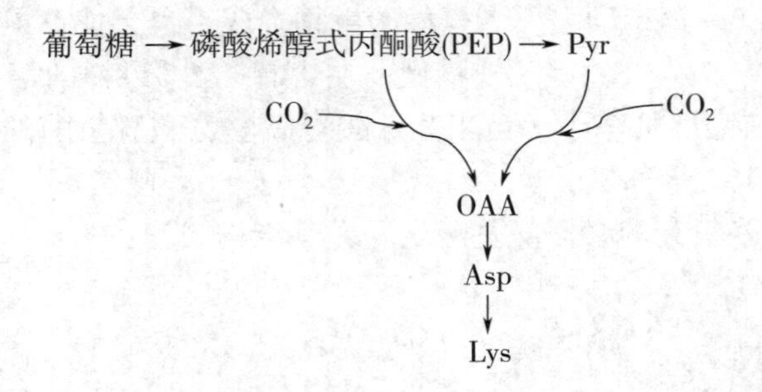

反应平衡式：

$$C_6H_{12}O_6+2NH_3+2\ NADH_2+2ATP \longrightarrow C_6H_{14}N_2O_2+2NAD+4H_2O+2ADP$$

从以上两个方程式可以看出，途径①每消耗 2mol 葡萄糖生成 1mol 赖氨酸。途径②每消耗 1mol 葡萄糖生成 1mol 赖氨酸。显然，途径②赖氨酸的产率比途径①高得多。但是完全按途径②进行，而缺失途径①是不可能的。因为，一方面途径②是耗能过程，必须供给能量才能进行。另一方面是 TCA 循环中 α-酮戊二酸脱氢酶和柠檬酸合成酶催化的反应是不可逆的，许多中间代谢产物需要 TCA 循环来提供。然而，若能使菌体的碳代谢以途径②为主，以途径①为辅，具有适宜的②/①途径比，赖氨酸的产率就大大提高。

根据赖氨酸的生物合成途径，由葡萄糖生成赖氨酸的化学反应式为：

$$3C_6H_{12}O_6+4NH_3+4O_2 \longrightarrow 2C_6H_{14}N_2O_2+6CO_2+10H_2O$$

赖氨酸对糖的理论转化率为：

$$\frac{2\times146.19}{3\times180}\times100\%=54.14\%$$

但是，赖氨酸产品一般以赖氨酸盐酸盐形式存在。因此，赖氨酸盐酸盐对糖的理论转化率为：

$$\frac{2\times182.65}{3\times180}\times100\%=67.65\%$$

（2）苏氨酸的合成及代谢调节　苏氨酸是人体必需氨基酸，苏氨酸缺乏能造成人体代谢紊乱而引起诸如体重下降等生长障碍，并且还可能引起肝功能紊乱。苏氨酸的化学名称为β-羟基-α-氨基丁酸，化学式为 CH_3-CHOH-$CHNH_2$-COOH，其化学结构有 4 种立体异构体，化学分离天然的 L-苏氨酸很容易。目前作为苏氨酸直接发酵生产的菌株都是具有营养缺陷型或抗性的突变株，主要有大肠杆菌（*Escherichia coli*）、黏质沙雷菌（*Serratia marcesens*）和短杆菌（*Bacterium brevis*）。在微生物中，苏氨酸生物合成的起始物如同赖氨酸一样，也是天冬氨酸。但苏氨酸的代谢控制比赖氨酸略复杂，不仅要解除终产物对关键天冬氨酸激酶的反馈调节，还必须解除终产物对关键酶高丝氨酸脱氢酶的反馈调节。由于微生物代谢调节作用，在正常微生物细胞内不会积累太多的苏氨酸。为了提高苏氨酸的产量，必须设法解除苏氨酸生物合成中反馈抑制和阻遏作用，使苏氨酸合成途径畅通。根据天冬氨酸族氨基酸的生物合成途径及代谢调节机制（图 4-24），首先要切断支路代谢，选育甲硫氨酸缺陷型（Met^-）、赖氨酸缺陷型（Lys^-）、异亮氨酸缺陷型（Ile^-）突变株，使天冬氨酸族氨基酸专一性地转向苏氨酸；再选育抗苏氨酸结构类似物（如 AHV、ThrHx）、抗赖氨酸结构类似物（AEC）等突变株，遗传性地解除苏氨酸对关键酶高丝氨酸脱氢酶的反馈调节及苏氨酸和赖氨酸对天冬氨酸激酶的协同反馈抑制，使苏氨酸得以大量生成和积累。同赖氨酸发酵机制一样，增强天冬氨酸的生物合成，也会使苏氨酸的产量增加。大肠杆菌 W（DAP^-、Met^-、Ile^-）的多重缺陷型，在含有 7.5%果糖的培养基中，能生成 14g/L 的苏氨酸。但在谷氨酸棒杆菌中，由于苏氨酸对高丝氨酸脱氢酶的反馈抑制，上述同样缺陷型突变株不能产生大量苏氨酸。

L-异亮氨酸是价格很高的必需氨基酸之一，其结构式为：

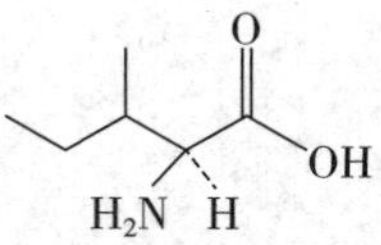

苏氨酸是异亮氨酸生物合成的前体物质，在苏氨酸之前两者有共同途径，苏氨酸在苏氨酸脱氨酶的催化下经几步反应生成异亮氨酸。因此，在代谢控制中，除与苏氨酸控制方法相同外，还需要解除苏氨酸对苏氨酸脱氨酶（TD）、天冬氨酸激酶的反馈抑制，方能获得较高的异亮氨酸产率。

苏氨酸的发酵有添加前体发酵法和以糖质或醋酸原料直接发酵法两种。添加前体物发酵生产异亮氨酸，以绕过反馈调节，是进行氨基酸发酵的典型例子。日本的椎尾等由黄色短杆菌选育抗 α-氨基-β-羟基戊酸（AHV）及抗 O-甲基-L-苏氨酸的突变株，由 10%葡萄糖直接发酵积累 14g/L 的异亮氨酸，又由同一菌种的苏氨酸生产菌株选育抗乙硫氨酸菌株，以10%的收率由乙酸积累34g/L异亮氨酸。之后中国科学院微生物研究所用北京棒杆菌AS1.299，通过添加溴丁酸以绕过反馈调节，在适宜条件下，产L-异氨酸23.0g/L，转化率为24%。Ikcda等以L-苏氨酸生产菌FAB3-1为亲株，通过诱变选育乙硫氨酸（Eth）抗性突变株，获得几乎不积累苏氨酸的L-异亮氨酸高产变异株，其产量达到33.5g/L，表明乙硫氨酸可以解除异亮氨酸对TD的反馈抑制，促进L-异亮氨酸的积累。另外，还需要切断或减弱异亮氨酸进一步向下代谢的途径，使积累的异亮氨酸不再被消耗。据报道，选育不能以异亮氨酸为唯一碳源生长，即丧失异亮氨酸分解能力的突变株，有助于异亮氨酸大量积累。

要大量积累甲硫氨酸，首先应切断支路代谢，即选育苏氨酸和赖氨酸缺陷型的突变株，同时切断甲硫氨酸向下的代谢途径，其次，解除甲硫氨酸自身的反馈调节，通过选育抗甲硫氨酸结构类似物（如乙硫氨酸）突变株，选育SAM结构类似物突变株，解除SAM对甲硫氨酸生物合成的反馈调节。解除苏氨酸和赖氨酸对天冬氨酸激酶的协同反馈抑制，选育AHV和AEC抗性突变株。再次就是增加前体物的合成，保证目标产物合成途径畅通，有助于大量积累目标产物。

4. 鸟氨酸、瓜氨酸、精氨酸生物合成

鸟氨酸作为生物体内尿素及精氨酸生物合成途径上的中间体而具有重要的意义。鸟氨酸发酵是1957年由木下祝郎等使用谷氨酸棒杆菌的瓜氨酸缺陷型变异株而开始的。由1mol葡萄糖能产生0.36mol（26g/L）的鸟氨酸。如果再选育精氨酸结构类似物抗性突变株，遗传性地解除精氨酸的反馈抑制，鸟氨酸产量还会提高。除了作为碱性氨基酸成为蛋白质的重要构成材料外，鸟氨酸还是合成肌苷酸所不可缺少的氨基酸，是人体中一种重要的氨基酸。

鸟氨酸、瓜氨酸和精氨酸的生物合成可认为是从谷氨酸出发，逐步合成出来的，从而形成以精氨酸为最终产物的不分支代谢途径。但是，如果精氨酸分解，放出尿素，就转变为鸟氨酸。瓜氨酸和鸟氨酸一样，是精氨酸生物合成的中间体，所以可由各种菌的精氨酸缺陷型变异株进行瓜氨酸发酵。近年来，从提高生产率和便于发酵管理出发，也有用精氨酸缺陷型、抗精氨酸结构类似物及抗嘧啶结构类似物相组合的突变株发酵瓜氨酸的报道。奥树等选育的枯草芽孢杆菌K的精氨酸缺陷菌株，在含有葡萄糖13%的培养基中，限量添加精氨酸，发酵3d，生成16.5g/L的瓜氨酸。

精氨酸是精氨酸生物合成途径的最终产物，精氨酸自身是其合成代谢的调节因子，并且精氨酸生物合成途径中没有分支，所以精氨酸发酵不能用阻断代谢流、营养缺陷型来进行，主要应用抗反馈调节突变株，选育L-精氨酸结构类似物抗性突变株等，以解除精氨酸对其关键酶的反馈调节，使精氨酸得以积累。

在谷氨酸棒杆菌、黄色短杆菌、枯草芽孢杆菌中，由谷氨酸生物合成鸟氨酸、瓜氨酸、精氨酸的代谢途径上，终产物精氨酸对催化*N*-乙酰谷氨酸生成*N*-乙酰谷氨酰磷酸的关键酶*N*-乙酰谷氨酸激酶有反馈抑制作用。如图4-25所示，切断鸟氨酸向下反应的途径，选育瓜氨酸缺陷型（Cit^-）菌株，这就解除了精氨酸的反馈抑制。在发酵培养基中，必须供应瓜氨酸或精氨酸，该缺陷型菌株才能生长。只要控制供给菌体生长的亚适量精氨酸或瓜氨酸，使菌体生长，但又不使精氨酸浓度高到引起反馈抑制的程度，才能大量生成积累鸟氨酸。在瓜氨酸缺陷型（Cit^-）的基础上，再选育精氨酸结构类似物抗性突变株，如抗精氨酸氧肟酸（ArgHx）和抗 D-精氨酸等，就能遗传性地解除精氨酸的反馈调节，使发酵控制更容易。瓜氨酸和鸟氨酸一样，也是精氨酸生物合成的中间产物，根据前述道理，切断瓜氨酸向下的反应，选育精氨酸缺陷型（Arg^-）的菌株，丧失精氨琥珀酸合成酶，即丧失瓜氨酸合成精氨琥珀酸的能力。在发酵过程中，控制精氨酸亚适量，就会积累瓜氨酸。如再选育精氨酸结构类似物的抗性突变株，也就会遗传性地解除精氨酸的反馈调节，使发酵控制更便利。

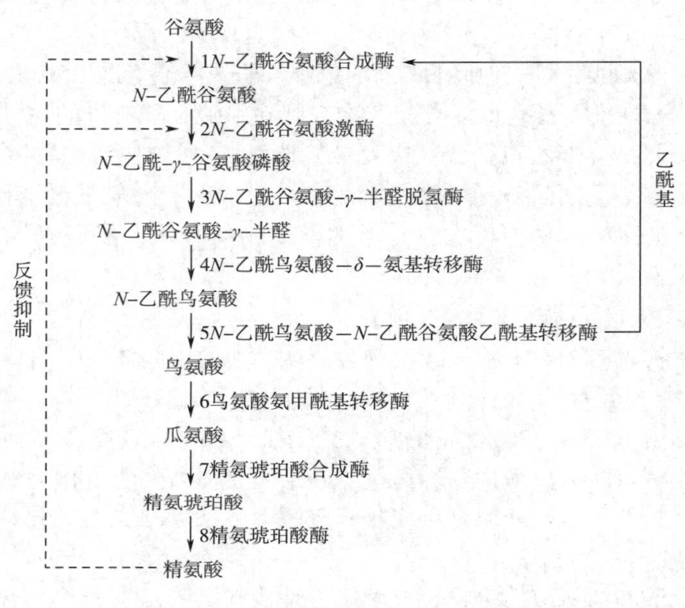

图 4-25　鸟氨酸、瓜氨酸及精氨酸的合成及调节

通过遗传学的研究发现，精氨酸生物合成酶系的控制，在一些细菌中，几种具有密切关系的酶的结构基因往往集中在 DNA 的某一范围内，且被同一个调节基因所控制。但大肠杆菌 K12 的精氨酸生物合成酶系，结构基因就分散于染色体的各种位置。即使这样，仍同时为精氨酸所阻遏，属协同阻遏。

5. 色氨酸和苯丙氨酸的生物合成

色氨酸和苯丙氨酸都是人体必需氨基酸，是制造输液的基本成分。苯丙氨酸和天冬氨酸组成的二肽甲酯是一种新型甜味剂，市场需求正在不断增长。我国色氨酸、苯丙氨酸均已有少量生产。可以用来作为色氨酸直接发酵生产的菌株有谷氨酸棒杆菌（*Corynebacterium glutamicum*）、黄色短杆菌（*Brevibacterium flavum*）、嗜氨小杆菌（*Microbacterium ammoniaphilum*）、枯草芽孢杆菌（*Bacillus subtilis*）和阴沟肠杆菌（*Enterobacter cloacae*）等各种营养缺陷型菌株和抗性菌株。这些菌株对色氨酸生物合成的调节不完全相同，但是从分支酸开始合成色氨酸这一点是相同的。

色氨酸、苯丙氨酸和酪氨酸是芳香族氨基酸，它们的合成是通过合成其共同的中间体莽草酸及分支酸，然后分别合成其氨基酸及其他代谢物。图 4-26 是黄色短杆菌芳香族氨基酸生物合成及调节机制示意图。其合成开始于糖酵解产生的磷酸烯醇式丙酮酸和磷酸戊糖途径产生的4-磷酸赤藓糖的缩合，产物为3-氧-D-阿拉伯庚酮糖-7-磷酸（DAHP），后者环化去磷酸产生5-脱氢奎宁酸，然后脱水并经NADPH还原形成莽草酸，莽草酸经磷酸化，然后与磷酸烯醇式丙酮酸缩合形成烯醇式丙酮酸莽草酸（EPSAP），EPSAP再经去磷酸形成分支化合物分支酸。

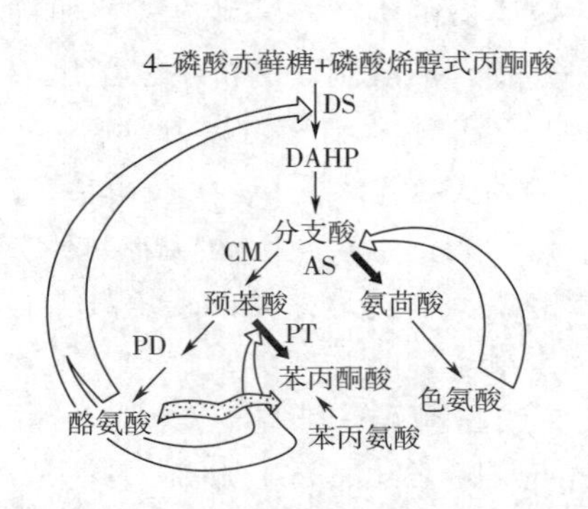

图4-26　黄色短杆菌芳香族氨基酸的生物合成及调节

⇨反馈控制　➡优先合成　⇨逆转反馈控制

在黄色短杆菌中，DAHP合成酶受酪氨酸、苯丙氨酸协同反馈抑制，而单个氨基酸的作用不大。预苯酸脱氢酶受苯丙氨酸和色氨酸的抑制，而酪氨酸则有刺激作用。分支酸变位酶有两个生理作用，一是控制通向L-苯丙氨酸和L-酪氨酸生物合成的代谢流；二是平衡分配L-苯丙氨酸、L-酪氨酸和L-色氨酸生物合成所需的分支酸。在上述途径中，L-色氨酸的生物合成比L-苯丙氨酸、L-酪氨酸优先进行，且L-色氨酸对分支酸变位酶有激活作用，部分解除了L-苯丙氨酸该酶的抑制以及L-苯丙氨酸、L-酪氨酸对共存的抑制作用，代谢转向合成L-苯丙氨酸和L-酪氨酸。当这两种氨基酸合成过量时，便会抑制分支酸变位酶，转而又合成L-色氨酸。也就是说，L-色氨酸通过激活分支酸变位酶的活性来平衡菌体内这三种氨基酸生物合成之间的比例。

总的来说第一个分支点处的分支酸变位酶所受的正、负控制机制调节这三种芳香族氨基酸的平衡合成，第二个分支点处的预苯酸脱水酶所受的正、负控制机制调节了L-苯丙氨酸和L-酪氨酸平衡合成，进而所产生的芳香族氨基酸又协同抑制了其生物合成途径的初始酶——3-氧-D-阿拉伯庚酮糖-7-磷酸合成酶的活性。

要想获得芳香族氨基酸的发酵高产，主要取决于芳香族氨基酸的代谢调节是否合理。对芳香族氨基酸代谢调节可从以下两个方面考虑。

（1）切断支路代谢　选育苯丙氨酸和酪氨酸双重缺陷型的突变株，然后遗传性地解除色氨酸自身的反馈抑制和阻遏及苯丙氨酸、酪氨酸和色氨酸对DAHP合成酶的反馈调节，选育色氨酸、苯丙氨酸和酪氨酸多重结构类似物抗性突变株，在发酵过程中限量添加苯丙氨酸和酪氨酸，就可以大量生成色氨酸。

（2）切断芳香族氨基酸生物合成向酪氨酸和色氨酸的代谢支路　选育色氨酸和酪氨酸双重缺陷型突变株，然后遗传性地解除苯丙氨酸自身的反馈抑制和阻遏及苯丙氨酸、酪氨酸和色氨酸对DAHP合成酶的反馈调节，选育苯丙氨酸、酪氨酸和色氨酸多重结构类似物抗性突变株，在发酵过程中限量添加色氨酸和酪氨酸，使苯丙氨酸大量积累。

三、抗生素的生物合成及调节控制机制

抗生素是指由微生物（包括细菌、真菌、放线菌属）或高等动、植物在生活过程中所产生的具有抗病原体或其他活性的一类次级代谢产物，能干扰其他生活细胞发育功能的化学物质。根据其种类的不同，抗生素的生产有多种方式，如青霉素由微生物发酵法进行生物合成。半合成抗生素，是将生物合成法制得的抗生素用化学、生物或生化方法进行分子结构改造而制成的各种衍生物。按照化学结构可以分为β-内酰胺类抗生素、大环内酯类抗生素、氨基糖苷类抗生素、四环类抗生素等以及喹诺酮类抗生素。按照用途可以分为抗细菌抗生素、抗真菌抗生素、抗肿瘤抗生素、抗病毒抗生素、畜用抗生素、农用抗生素及其他微生物药物（如麦角菌产生的具有药理活性的麦角碱类有收缩子宫的作用）等。这里仅介绍微生物发酵法生产的抗生素。

（一）抗生素生产菌的主要代谢调节机制

研究生物的代谢调节（metabolic regulation）机制，可从DNA水平研究酶合成的调节机制和从酶化学观点研究酶活性的调节机制两方面着手。对微生物来说，细胞的通透性与代谢调节的关系也是很密切的。因此，微生物的代谢调节机制可分为：①受DNA控制的酶合成调节机制，包括酶的诱导和酶的阻遏（有终点产物的阻遏和分解产物的阻遏）；②酶活性的调节机制，包括终产物的抑制或活化，利用辅酶的酶活调节、酶原的活化和潜酶的活化；③细胞膜透性的调节。现就影响抗生素形成的主要代谢调节机制概述如下。

1. 诱导调节

在抗生素生物合成过程中，参与次级代谢的酶，有些是诱导酶，需要有诱导物存在才能形成。如甘露糖链霉素酶，需要有α-甲基甘露糖苷、甘露聚糖等诱导物的作用。在顶芽孢菌的头孢菌素C生物合成中，甲硫氨酸具有促进抗生素生产的作用。

2. 碳、氮及其分解代谢物的调节

在抗生素的生物合成途径中，一方面抗生素本身的积累就能起反馈调节作用；另一方面初级代谢产物的形成受到反馈调节，也必然影响抗生素的合成。如缬氨酸是合成青霉素的前体，其生物合成受到反馈调节，必然对青霉素合成的次级代谢产生影响。

碳分解代谢产物调节是指能迅速利用的碳源（葡萄糖）或其分解代谢产物，对其他代谢中的酶（包括分解酶和合成酶）的调节，可分为分解产物阻遏和抑制两种。葡萄糖是菌体生长良好的碳源和能源，但对青霉素、头孢菌素、卡那霉素、新霉素、丝裂霉素等都有明显降低产量的作用。葡萄糖对泰乐菌素的抑制作用最为明显，而长链脂肪酸能促进泰乐菌素的合成，这是由于脂肪酸能提供大环内酯合成所需的前体。葡萄糖抑制脂肪酸的降解，从而抑制泰乐菌素的合成。2-脱氧葡萄糖可被菌体吸收和磷酸化，但不被进一步代谢，对泰乐菌素的合成有抑制作用。

氮分解代谢产物调节是指可迅速利用的氮源（氨）对一些酶，如蛋白酶、硝酸盐还原酶、酰胺酶、脲酶、组氨酸酶等合成的抑制作用。在抗生素生产中使用慢速利用氮源黄豆饼粉就是由于它的缓慢利用降低了氮分解代谢产物阻遏作用的结果。

3. 磷酸盐的调节

磷酸盐不仅是菌体生长的主要限制性营养成分，还是调节抗生素生物合成的重要因素。其机制按效应剂来说，有直接作用（即磷酸盐自身影响抗生素合成）和间接作用

[即磷酸盐调节胞内其他效应剂（如 ATP、腺苷酸能量负荷和 cAMP），进而影响抗生素合成]。磷酸盐的耗竭被看作是生产菌的初级代谢转向次级代谢的信号，实际上不是磷酸盐的缺乏启动次级代谢，而是由于添加 cAMP 或腺苷环化酶激活剂（如氟化钠），可逆转已启动的抗生素合成作用。抗生素生产中无机磷酸盐所需的浓度如表 4-3 所示。

表 4-3　　抗生素合成时无机磷酸盐的正常浓度

微生物	抗生素	允许浓度/（mmol/L）
灰色链霉菌（*S. griseus*）	链霉素（streptomycin）	1.5~15
	杀念珠菌素（candicidin）	0.5~5
金霉素链霉菌（*S. aureofaciens*）	金霉素（chlorotetracyclin）	1~5
	四环素（tetracyclin）	0.14~0.2
雪白链霉菌（*S. niveus*）	新生霉素（novobiocin）	9~40
龟裂链霉菌（*S. rimosus*）	土霉素（oxytetrocycline）	2~10
东方链霉菌（*S. orientalis*）	万古霉素（vancomycin）	1~7
地衣芽孢杆菌（*B. licheniformis*）	杆菌肽（bccitracin）	0.1~1
抗生素链霉菌（*S. antibioticus*）	放线菌素（actinomycin）	1.4~17
卡那霉素链霉菌（*S. kanamyceticus*）	卡那霉素（kanamycin）	2.2~5.7
短小芽孢杆菌（*B. pumilus*）	短杆菌肽 S（gramicidin S）	10~60
结节链霉菌（*S. nodosus*）	两性霉素 B（amphotericin B）	1.5~2.2
诺尔斯链霉菌（*S. noursei*）	制霉菌素（nystatin）	1.6~2.2

磷酸盐是一些次级代谢的限制因素，已发现过量磷酸盐对四环素、氨基糖苷类和多烯大环内酯类等 32 种抗生素的合成产生抑制作用。例如，磷酸盐浓度从 5mmol/L 提高到 10mmol/L 会减少泰乐菌素 80%的合成，但不影响菌体的生长。这是由于磷酸盐使甲基丙二酰 CoA 羧基转移酶的活性降低（对照 60%~70%）所致。磷酸盐对螺旋霉素生物合成的抑制作用的敏感性比其他抗生素差一些。磷酸镁具有捕集氨的作用，使发酵液中的 NH_4^+ 浓度降低，从而解除易利用氮源对抗生素合成的抑制作用，用这种办法可提高螺旋霉素的发酵单位。磷酸盐过高固然不利于螺旋霉素的合成，发酵过程中补入适量的磷能显著提高菌的生产能力。根据静息细胞实验结果推测，适量的磷酸盐能减少螺旋霉素对其自身合成的反馈阻遏，提供产物合成时所需的 ATP，促进已糖和大环内酯的合成以及它们之间的连接。

4. 细胞膜透性的调节

外界物质的吸收或代谢产物的分泌都需经过细胞膜出入细胞，如有障碍，则胞内合成代谢物不能分泌出来，影响发酵产物收获，或胞外营养物不能进入胞内，也影响产物合成，使产量下降。如在青霉素发酵中，生产菌细胞膜输入硫化物能力的大小影响青霉素发酵单位的高低。如果输入硫化物能力增大，硫供应充足，合成青霉素的量就增多。

5. ATP 的调节

ATP 是生物体内的“通用货币”，不仅为细胞物质的合成提供能量，同时，对细胞积累代谢产物有重要的影响。有人研究了 ATP 对次生代谢产物的调节作用，结果表明：①ATP 是启动寡聚酮化合物合成的关键因素，如在金霉素合成期，高产菌株胞内 ATP 浓度比低产菌株低得多。②ATP 可调节初级代谢的某些酶，进而影响次级代谢。如 ATP 对柠檬酸合成酶和 PEP 羧化酶的活性有变构抑制作用。低浓度的 ATP 促进 PEP 羧化成草酰乙酸，并由此形成丙二酰辅酶 A。③ATP 浓度降低与 ATP-二磷酸酯酶活性增加有关。金霉素高产菌株的腺苷酸合成能力低，故其能量代谢活性较低。

（二）几种抗生素的生物合成机制

1. β-内酰胺类抗生素的生物合成

这类抗生素是氨基酸的衍生物，至少分为 6 族，都包含一个四元内酰胺环，其中青霉素族和头孢菌素族是临床上最重要的抗生素。如图 4-27 所示。

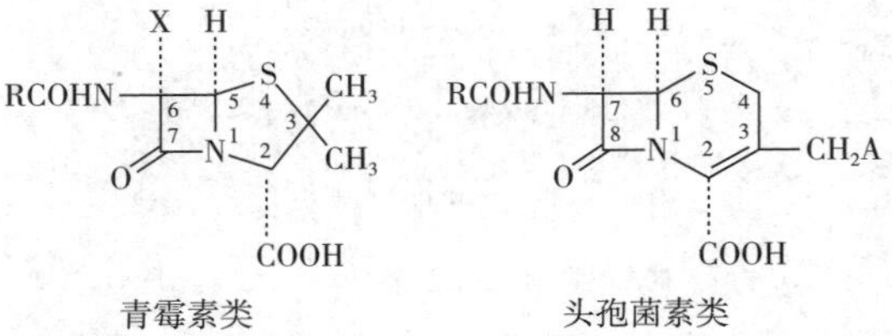

X H
RCOHN
S
CH_3
CH_3
O
N
COOH
青霉素类

H H
RCOHN
S
CH_2A
O
N
COOH
头孢菌素类

图 4-27 不同的 β-内酰胺类抗生素的结构组成

自从发现产黄青霉和头孢菌的菌体含有少量的由 α-氨基己二酸、L-半胱氨酸和 L-缬氨酸构成的三肽以来，这种三肽一直是 β-内酰胺类抗生素合成的关键中间体，属 LLD 构型。此三肽是头孢菌发酵中青霉素 N 和头孢素 C 合成的前体，而异青霉素 N 是青霉素的前体。产黄青霉所产生的天然青霉素随提供的前体侧链不同而有青霉素 G、青霉素 V、青霉素 X、青霉素 F 和青霉素 K 等。

青霉素的化学结构由两部分组成，即带酰基的侧链和 6-氨基青霉烷酸（6-APA，即青霉素的母核）。可作为青霉素 G 的侧链前体有苯乙酸、苯乙胺、苯乙酰胺和苯乙酰甘氨酸等。这些化合物经少许改动或直接掺入青霉素分子中，它们还具有促进青霉素生成的作用。前体浓度较高时，对菌体的生长和产物的合成有影响。苯乙酸除被用于青霉素的合成外还可能被氧化，其氧化速度随菌龄、发酵液的 pH 提高而增加。

青霉素的生物合成主要涉及两种酶：一种是三肽合成酶，另一种是青霉素环化酶。对三种氨基酸（赖氨酸、半胱氨酸和缬氨酸）的调节直接影响青霉素的合成。研究发现，赖氨酸对三肽合成酶有直接的抑制作用，同时对青霉素合成的间接作用是夺走青霉素合成的前体——α-氨基己二酸，因此，筛选对赖氨酸抑制不敏感的突变株是提高青霉素生产能力的办法之一。硫代谢也影响青霉素的生物合成，高产菌株比野生型菌株从培养基吸收更多无机硫。高产突变株体内无机硫浓度至少是亲株的 2 倍。

头孢菌素 C 也是由两部分组成的，即 α-氨基己二酸侧链和 7-氨基头孢霉烷酸（α-7-ACA）母核。它们都有相同的 β-内酰胺环。头孢菌素生物合成异青霉素 N 的前面几步和青霉素一样，此后，经头孢菌素霉产生的异构酶的作用，将异青霉素 N 转化为青霉素 N，再由扩环酶（脱乙酰氧头孢菌素 C 合成酶）催化扩环生成脱乙酰氧头孢菌素 C，最后通过羟化和转乙酰基反应得到头孢菌素 C。扩环和羟化是头孢菌素 C 生物合成中的关键反应和限速反应阶段。在头孢菌素生物合成过程中具有青霉素合成相同的中间体（α-氨基己二酰、半胱氨酰、缬氨酸），所不同的是组成青霉素母核的另一个环是噻唑环，而头孢菌素的另一个环是双氢噻唑环。

研究头孢菌素的氮代谢调节发现，氯化铵具有抑制头孢菌素合成的作用，其原因可能在于抑制了头孢菌素合成酶或与此有关的其他步骤。甲硫氨酸，尤其是D-异构体，对头孢菌素C和青霉素N合成有明显的促进作用。甲硫氨酸可通过逆向转流作用为头孢菌素C的合成提供硫的中间体——高半胱氨酸，这种作用不能用其他化合物代替。亮氨酸是甲硫氨酸的非硫结构类似物，可代替甲硫氨酸促进头孢霉素C的合成。

青霉素G（苄青霉素）、青霉素N生物合成的推测途径如图4-28所示。

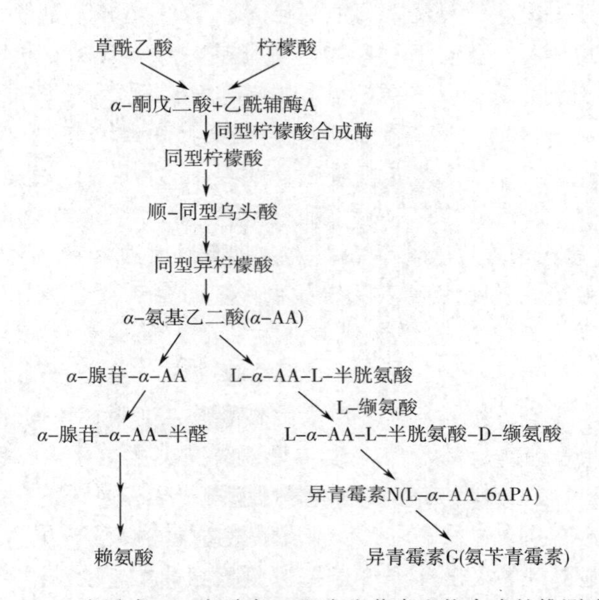

图4-28　青霉素G、青霉素N和头孢菌素生物合成的推测途径

青霉素G生物合成的化学计量式为：

$$1.5G+2NH_3+H_2SO_4+2NADH_2+PAA+5ATP \rightarrow 青霉素G$$

案例4-3　青霉素的生产工艺

1. 菌种

常用菌种为产黄青霉（*Pen. chrysogenum*）。目前，生产能力可达30000~60000U/mL。按其在深层培养中菌丝的形态，可分为球状菌和丝状菌。生产种子的制备是将沙土孢子用甘油、葡萄糖和胨组成的培养基进行斜面培养后，移植到大米或小米固体培养基上，于25℃培养7d，孢子成熟后进行真空干燥，并以这种形式低温保存。

产黄青霉发酵过程如下：将孢子悬液接种到一级种子罐内，27℃培养40 h，通风比为1∶3m^3/（m^3·min），搅拌转速为300~350r/min。一级种子长好后，按10%的接种量移种二级种子罐内，培养二级种子时，通气量为（1∶1）~（1∶5）m^3/（m^3·min），搅拌转速为250~280r/min，于25℃培养10~40h便可作为发酵罐的种子。

2. 发酵培养基

发酵培养基碳源如乳糖、蔗糖、葡萄糖等，目前普遍采用淀粉水解糖（糖化液DE值50%以上）进行流加。氮源可选用玉米浆、花生饼粉、精制棉籽饼粉或麸皮粉，并补加无机氮源。在发酵过程中少量多次加入前体如苯乙酸或苯乙酰胺，每次加入量不能大于0.1%。无机盐包括硫、磷、钙、镁、钾等盐类，铁离子对青霉菌有毒害作用，应严格控制发酵液中铁含量在30μg/mL以下。

3. 发酵条件

目前，青霉素大规模生产是用三级发酵，其目的主要是使青霉菌菌体数量逐步扩大和适应发酵，发酵罐连续使用、缩短发酵周期。一级发酵通常在小罐进行，主要使孢子萌芽形成菌丝；二级发酵主要是大量繁殖青霉菌菌丝体；三级发酵除了继续大量繁殖菌丝体外主要是产生青霉素。由于每级发酵目的不同，因此要对培养基配方和培养条件进行控制。

青霉素产生菌生长过程可分为不同时期。I期为分生孢子发芽期，孢子先膨胀，再形成小的芽管，此时原生质未分化，具有小空胞。II期为菌丝繁殖期，原生质嗜碱性很强，在II期末有类脂肪小颗粒。III期形成脂肪粒，积累储藏物。IV期脂肪粒减少，形成中、小空胞，原生质嗜碱性减弱。V期形成大空胞，其中含有一个或数个中性红染色的大颗粒，脂肪粒消失。VI期在细胞内看不到颗粒，并出现个别自溶的细胞。其中I~IV期称菌丝生长期，产生青霉素较少，而菌丝浓度增加很多。Ⅲ期适于作发酵用种子。IV~V期称青霉素分泌期，此时菌丝生长趋势逐渐减弱，大量产生青霉素。VI期即菌丝自溶期，菌体开始自溶。

青霉素发酵中，通常采用补料方式对容易产生阻遏、抑制和限制作用的底物（葡萄糖、氨、苯乙酸等）进行缓慢流加，以维持最适浓度，提高发酵效率。比如，丝状菌发酵45~50h时，处于合成青霉素能力最旺盛的时期，这时基础培养基内原有的前体已经消耗，此时补入含有花生饼粉、苯乙酰胺和尿素的混合料能够提高发酵单位产量。另外，为了使发酵前期易于控制，可以从基础料中抽出部分培养基另行灭菌再在菌丝长稠时加入，称为前期补料。青霉素发酵过程要求延长分泌期，缩短菌丝生长繁殖期，并通过工艺控制自溶期尽量推迟。影响青霉素发酵产率的因素包括环境因素和生理因素两个方面，前者如温度、pH、培养基种类及浓度、溶解氧饱和度等；后者包括菌体浓度、菌体生长速度、菌丝形态等。

补料量根据残糖量及发酵过程中的pH确定，最好是根据排气中CO_2及O_2量来控制。一般在残糖降至0.6%左右，pH上升时开始加糖。补氮是指加硫酸铵、氨或尿素，使发酵液氨氮控制在0.01%~0.05%。补前体以使发酵液中残存乙酰胺浓度为0.05%~0.08%。pH的要求视不同菌种而异，一般为6.4~6.6，通过计算机在线控制。温度控制一般前期25℃~26℃，后期23℃，以减少后期发酵液中青霉素的降解破坏。抗生素深层培养需要通气与搅拌，一般要求发酵液中溶解氧量不低于饱和溶解氧的30%。通风比一般为1：0.8m^3/（m^3·min）。搅拌转速在发酵各阶段应根据需要进行调整。使用天然油脂如豆油、玉米油等或用化学合成消泡剂“泡敌”来消泡。应当控制其用量并少量多次加入，尤其在发酵前期不宜多用。否则，会影响菌的呼吸代谢。

4. 提取分离

采用转鼓式真空过滤机除去菌体，清液用醋酸丁酯提取青霉素，粗提液加活性炭进行脱色，并过滤。以丁醇共沸结晶法所得产品。

2. 大环内酯类抗生素的生物合成

大环内酯类抗生素是以一个大环内酯（也称糖苷配基）为母核，通过糖苷键与糖分子连接的一类有机化合物，如红霉素、螺旋霉素、麦迪霉素等。依据结构分为大环内酯抗生素和多烯大环内酯抗生素。

红霉素族抗生素含有一大环内酯和两种糖——脱氧氨基己糖和红霉糖。红霉素是由红霉内酯环、红霉糖和红霉糖胺 3 个亚单位构成的十四元大环内酯抗生素。内酯的生物合成是由丙酰 CoA 作为引物开始的，1 个丙酰 CoA 与 6 个甲基丙二酰 CoA 是通过丙酸盐头部（—COOH）至中部（C2）的共价键相连接缩合而形成的。红霉素族抗生素的结构如图 4-29 所示。

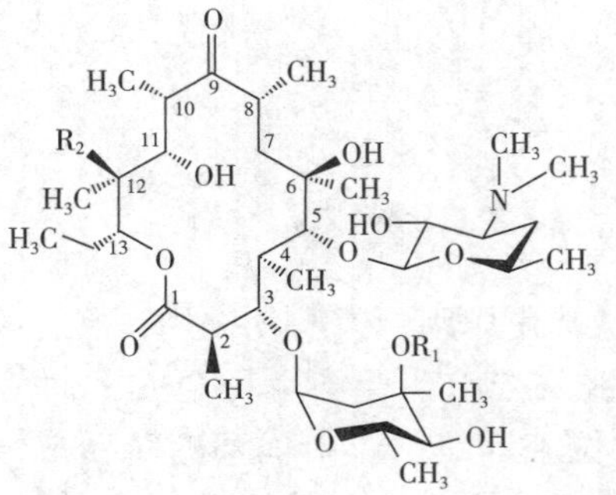

红霉素A　R_1=CH_3　R_2=OH

红霉素B　R_1=CH_3　R_2=H

红霉素C　R_1=H　R_2=OH

图 4-29　红霉素族抗生素的结构及组成

红霉素族有 5 种天然组分，红霉素 A、B、C、D 和 E，红霉素 A 是临床使用的抗生素。红霉素 A 对红霉素转甲基酶（把红霉素 C 转化为红霉素的酶）有强烈的抑制作用。表明可能存在对转甲基酶的反馈抑制作用。选育对固有的代谢调节不敏感的突变株，例如，甲硫氨酸营养缺陷型的回复突变株或分离甲硫氨酸结构类似物抗性变异株，可能有助于筛选红霉素高产菌株。工业菌株不积累红霉素 C，说明其转甲基酶对红霉素 A 的反馈作用不敏感，向红霉素发酵生产期的发酵液添加黄豆粉会显著降低抗生素的合成速率，标记丙酸掺入红霉素分子中的量减少。

螺旋霉素的十六元大环内酯由 6 个乙酸、1 个丙酸和 1 个丁酸前体构成。研究者采用静息细胞培养系统测试含有这些有机酸的洗脱液对螺旋霉素生物合成的影响时发现，螺旋霉素的生物合成均有明显的提高，除丙酮酸和草酰乙酸外，螺旋霉素生物效价的增长幅度随添加量的增加而提高，但对生长物的影响不明显，浓度过高，丙酮酸的促进作用不那么明显，草酰乙酸反而对合成不利。

3. 氨基糖苷类抗生素的生物合成

链霉素是由链霉胍、链霉糖和 *N*-甲基-L-氨基葡萄糖组成的三糖，其分子结构见图 4-30。

链霉素属于氨基糖苷类抗生素，分子中的 3 个亚单位的碳架直接来源于 D-葡萄糖，胍基碳原子来自 D-葡萄糖的降解产物。其合成途径功能包括：①链霉胍的生物合成：从链霉素的分子结构可知，链霉胍部分是由 2 个胍基和环己六醇组成的。利用同位素试验证明环己六醇是由 D-葡萄糖经 6-磷酸酯环化生成环己六醇-1-磷酸酯，再经脱磷酸生成肌

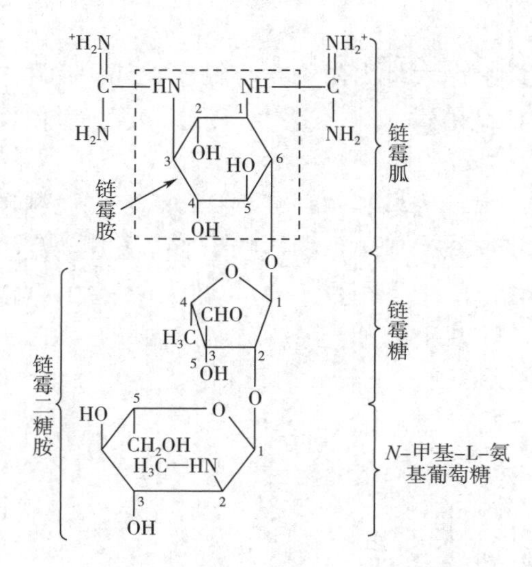

图 4-30 链霉素的分子结构

环已六醇，肌环已六醇经过氧化作用、氨基化作用、磷酸化作用、胍化作用和去磷酸化作用生成链霉胍。②链霉糖的生物合成：链霉糖由葡萄糖生物合成，葡萄糖 1 位、2 位、3 位和 6 位碳提供了链霉糖 1 位、2 位、3 位和 5 位碳。由葡萄糖转变成链霉糖是经过分子中碳-碳重排，并涉及脱氧胸腺核苷 5′-2P-G（dTDP-葡萄糖），它被转化为 4-酮-4，6-二脱氧葡萄糖，最后转化为二氢链霉糖和鼠李糖。③*N*-甲基-L-氨基葡萄糖的生物合成：利用不同位置的带有 ^{14}C 标记的 D-葡萄糖试验证明了 *N*-甲基氨基葡萄糖的各个碳来自 D-葡萄糖相对的碳原子，并且 D-氨基葡萄糖-1-^{14}C 也可以进入甲基-L-氨基葡萄糖的相应部分，用同位素证明了其甲基来自甲硫氨酸。

L-链霉糖和 *N*-甲基-L-氨基葡萄糖分别从它们的核苷二磷酸衍生物输送至链霉胍的 6-磷酸，接着输送到 *O*-2-L-链霉糖（1→4）-链霉胍-6-磷酸，形成 6-磷酸链霉素，经过脱磷酸作用生成链霉素。

4. 四环类抗生素的生物合成

四环素类抗生素是放线菌产生的一类广谱抗生素，包括金霉素（chlortetracycline）、土霉素（oxytetracycline）、四环素（tetracycline）及半合成四环素类抗生素，如多西环素（doxycycline）、米诺环素（minocycline）等。它们的化学结构极为相似，含有十二氢化四并苯基结构，具有共同的 A、B、C、D 四个环的母核，仅在 5 位、6 位、7 位上有不同的取代基，见图 4-31。

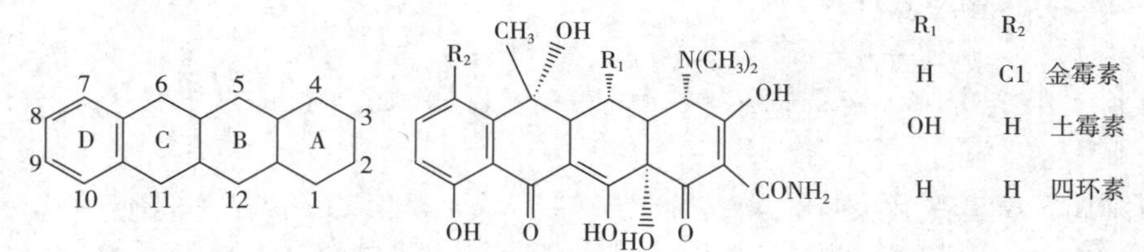

图 4-31 四环素类抗生素的结构

四环类抗生素的四并苯母核是由乙酸或丙二酸单位缩合形成的四联环，其氨甲酰基和*N*-甲基分别来自CO_2和甲硫氨酸。其生物合成可认为是由糖代谢产生的乙酰CoA与8个丙二酰辅酶A重缩合脱羧，形成一个直链化合物——β-多酮次甲基链（β-polyketomethylene chain），然后经过重复闭环等反应，最后形成四环素。

丙二酰辅酶A可能有两种合成途径，“经典”的说法认为丙酮酸经氧化脱羧生成乙酰辅酶A，再经乙酰辅酶A羧化酶催化，进行羧化反应，即可形成丙二酰辅酶A；另外根据金色链霉菌乙酰辅酶A羧化酶的活性变化，即在培养前期活性达到最大值，在生产期中活性很低，推测可能有另外的合成途径——磷酸烯醇式丙酮酸经羧化反应形成草酰乙酸，再经氧化脱羧，就形成丙二酰辅酶A。研究者认为，后者的可能性大一些。

四环素生物合成过程复杂，从葡萄糖开始，有二十多步酶反应，还有其他的中间体和辅因子参与反应过程。糖酵解对四环素类抗生素的合成有重要的意义，提供四环素合成的前体。四环素合成的头几步反应的完整性（形成丙二酰CoA）是四环素高产的先决条件。四环素生物合成的最后几步反应是通过利用四环素生产菌株的无细胞酶体系，催化四环素合成途径中的中间产物转化成四环素。高产菌株的糖酵解速率低于低产菌株，这是由于后者在糖酵解中形成大量乙酰CoA，随后在三羧酸循环中被氧化生产ATP，而不能为四环素合成提供前体。

有关四环素在实际生产中的控制可以通过以下两个方面实现。

①添加抑氯剂：四环素主要由金色链霉菌（*Streptomyces aureofaciens*）产生，金霉素比四环素只多一个氯原子，所以在发酵中要控制发酵向四环素合成的方向进行。一般在发酵液中添加竞争性的抑氯剂溴化钠和M-促进剂（2-巯基苯并噻唑），阻止氯离子进入四环素分子，抑制金霉素合成，从而促使菌种产生较多的四环素。但是抑氯剂对改变金霉素合成方向有一定作用，但浓度较大对菌体有不同程度的毒性，使用时要注意添加量。

②降低糖酵解活性：丙二酰辅酶A是四环素合成的重要前体物质，同时也是脂质合成的基本物质，但脂质的合成只在菌体大量繁殖的指数期内进行，因而不与四环素合成竞争同一前体，细胞中唯一与四环素合成竞争前体的代谢系统是三羧酸循环。在金色链霉菌中，磷酸烯醇式丙酮酸羧化酶受ATP和乙酰CoA的变构调节，高产菌株三羧酸循环的酶类比较低，因此形成的草酰乙酸随后被氧化生成丙二酰CoA，提供四环素合成前体。因此适当降低糖酵解速率可以提高四环素产量，如添加酵解抑制剂硫氰酸苄酯等。

有人发现，硫氰酸苄酯在一定条件下，具有促进金霉素走向戊糖循环的作用，并能加快金霉素合成速度。糖酵解途径的抑制剂，如氟化物、碘化物，也能产生与硫氰酸苄酯相似的结果。总之，戊糖循环活性增加，就能促进金霉素的形成；相反，糖酵解途径增强，就会减少金霉素的合成。这可能是由于四环素类以及其他抗生素的碳架是由乙酰辅酶A、丙二酰辅酶A合成的，这些前体物质，不仅可供抗生素之用，还可以进入三羧酸循环等初级代谢途径而被消耗。乙酰辅酶A既可与草酰乙酸反应形成柠檬酸，进入三羧酸循环而被氧化，又可以反应形成脂肪酸和聚酮体（如四环类抗生素），因而成为代谢途径的三岔路口，随着菌体代谢机能的差异而调节它的代谢途径。有人比较金霉素低产菌株和工业用生产菌株的三羧酸循环的酶活性，发现低产菌株的三羧酸循环中5个酶的活力都比高产菌株的高。这5个酶是柠檬酸合成酶、顺乌头酸水化酶、异柠檬酸脱氢酶、延胡索酸水化酶和苹果酸脱氢酶。低产菌株合成抗生素能力所以较低，可能是其三羧酸循环的酶活力高，而使乙酰辅酶A前体物质大多消耗在三羧酸循环中的缘故。又有人发现金霉素的生产菌株，在发酵48h之后，顺乌头酸水化酶和异柠檬酸脱氢酶的活力降低。硫氰化苄对低产与高产菌株的酶活力有同样的抑制作用。若加入一定量的硫氰化苄，则低产菌株三羧酸循环中5种酶的活力都明显下降，金霉素合成增加；对高产菌株，酶活力降低不如低产菌株显著，金霉素单位也有所增加。在这些条件下，可能会引起柠檬酸部分堆积，乙酰辅酶A羧化酶的活性提高，因而使丙二酰辅酶A浓度增加，为生成四环类抗生素的缩合反应创造有利条件。

实际生产中发现发酵后期控制磷酸盐的浓度也可以降低糖酵解活性。在抗生素的发酵过程中，不同时期的糖代谢途径是不同的，从菌体生长期转为抗生素的分泌期，糖代谢的途径也发生变化。当培养基中磷酸盐浓度增加时，金霉素的合成受到抑制，同时糖代谢途径发生变化，转向糖酵解途径，戊糖循环受到抑制，显然磷酸盐与抗生素的合成有一定的关系。然而磷酸盐是通过什么机制来控制产抗生素基因的表现，至今尚未完全清楚。

（三）次级代谢产物及其合成特征

1. 次级代谢产物的特点

抗生素是一种典型的次级代谢产物。不同种类的生物所产生的次级代谢产物不相同，它们可能积累在细胞内，也可能排到外环境中。由于次级代谢产物大多具有生物活性，而且是在微生物生长期之后的稳定期产生。这里仅介绍微生物产生的代谢产物的特点：①种类繁多，结构特殊，含有不常见的化合物，如，抗生素、毒素、色素和生物碱等。②含有少见的化学键，如，吩嗪、吡咯、喹啉、聚乙烯和多烯的不饱和键等。③一种微生物所含有的次级代谢产物往往是一组结构相似的化合物。④一种微生物的不同菌株可以产生分子结构迥异的次级代谢物，而不同种类的微生物也能产生同一种次级代谢物。⑤一般都同时产生结构上类似的多种副产物。

2. 次级代谢产物生物合成的特征

微生物代谢类型有分解代谢与合成代谢两类：分解代谢是指菌体把培养基中的大分子物质变成小分子物质的过程；与其相反，合成代谢是指菌体把吸收到细胞内的一种或数种物质合成为相对分子较大、较复杂的物质（如蛋白质、核酸、多糖和抗生素等）的过程。菌体合成代谢的产物又可根据它们与菌体生长、繁殖的关系分为初级代谢产物和次级代谢产物。初级代谢产物是指微生物产生的、生长和繁殖所必需的物质，如蛋白质、核酸等；次级代谢产物是指由微生物产生的、与微生物生长和繁殖无关的一类物质，其生物合成至少有一部分是由与初级代谢产物无关的遗传物质（包括核内和核外的遗传物质）控制，同时也与这类遗传信息产生的酶所调控的代谢途径有关。抗生素是从糖代谢或氨基酸合成代谢途径中分支出来形成的。次级代谢产物的生物合成具有明显特征。

3. 次级代谢与初级代谢的关系

（1）次级代谢产物的来源　次级代谢产物是由微生物产生的，不参与微生物的生长与繁殖，其生物合成至少有一部分是与初级代谢产物无关的遗传物质（核内和核外的遗传物质）有关。大多数是基于菌种的特异性来完成的，次级代谢酶的底物特异性在某种程度上说是比较广的。因此，如果供给底物类似物，则可以得到与原有产物不同的次级代谢产物。次级代谢产物的合成过程是一类由多基因（基因簇）控制的代谢过程；这些基因不仅位于微生物的染色体中，也位于质粒中，且后者的基因在次级代谢产物的合成过程中往往起主导作用。如初级代谢的特异性很高，而次级代谢合成所涉及的酶的特异性在某种程度上说是比较广的。若提供底物结构类似物，则可得到与天然物不同的次级代谢物。

（2）次级代谢产物的生产特点　次级代谢产物发酵经历两个阶段，即营养增殖期（trophophase）和生产期（idiophase）。在菌体活跃增殖阶段几乎不产生抗生素；接种一定时间后细胞停止生长，进入恒定期才开始活跃地合成抗生素，称为生产期。在细胞生长阶段，负责次级产物合成的酶处于抑制状态，不生成产物，一旦生长接近尾声，这些酶便开始被激活或被合成。在生长期，RNA 聚合酶只能启动生长基因的转录作用，它不能附着在生产期操纵基因的促进子的位置，结果使次级代谢途径酶的合成受到阻碍，当停止生长后，酶的结构改变，RNA 聚合酶启动基因的转录作用，负责抗生素合成的酶开始生成。因此，一般次生代谢物都不在菌体生长期产生，而是在菌体生长到达相对静止期才产生，由细胞生长转到产物合成，称为生产期。由生长期向生产期过渡时，菌体形态会有所变化。抗生素、毒素、色素是与初级代谢产物（氨基酸、核酸）相对应的次级代谢产物。次级产物的形成是在某些营养成分从培养基中耗竭时开始的。易利用的糖、氨（NH_3）或磷酸盐的消失使次级代谢物阻遏作用解除。次级代谢产物的形成出现较迟，这也许是抗生素产生菌避免自杀的主要机制之一。次级代谢的差错对细胞的生长无关紧要，而初级代谢的差错却会致命。

（3）次级代谢物形成的影响因素　次级代谢产物是在菌体生长之后的稳定期产生的，其合成比生长对环境更敏感。如菌体生长，磷酸盐为 0.3～300mmol/L；产物合成，磷酸盐浓度为 0.1～10mmol/L。生产能力受微量金属离子（Fe^{2+}、Fe^{3+}、Mn^{2+}、Co^{2+}、Zn^{2+}、Ni^{2+}等）和磷酸盐的影响。培养温度过高或菌种移植次数过多，会使抗生素的生产能力下降，其原因可能是参与抗生素合成菌种的质粒脱落有关。在多数条件下，增加前体是有效的。一种产物可由多种中间体和途径来获得。生成的抗生素中各组分的多少取决于遗传因素和环境因素，因此，在次生代谢产物的生产过程中，控制好环境条件，充分发挥菌种的优良性能，才能达到提高产率的目的。

次级代谢中与一个酶相对应的底物和产物也可以成为其他酶的底物。也就是说在代谢过程中不一定都按每个阶段固有的顺序进行，一个生产物可由多种中间体和途径来取得，因此也可通过所谓“代谢纲目”或“代谢格子”这一系列途径来完成。

总之，微生物次级代谢目标产物的生物合成途径取决于微生物的培养条件和菌种的特异性。

（四）生物合成抗生素与初级代谢的关系

（1）从菌体生化代谢方面分析　许多抗生素的基本结构是由少数几种初级代谢产物构成的，所以次级代谢产物是以初级代谢产物为母体衍生出来的，次级代谢途径并不是独立的，而是与初级代谢途径有密切关系的，如图 4-32 所示。

糖代谢中间体，既可用来合成初级代谢产物，又可用来合成次级代谢产物，这种中间体称为分叉中间体。如丙二酰 CoA，它可由葡萄糖经 EMP 或 HMP 途径生成的乙酰 CoA 进一步羧化生成，在初级代谢中经脂肪酸合成酶系的催化作用可合成脂肪酸，而在次级代谢中则经重复缩合、环化或闭环等生化反应，形成四环类或其他抗生素。类似的分叉中间体见表 4-4。

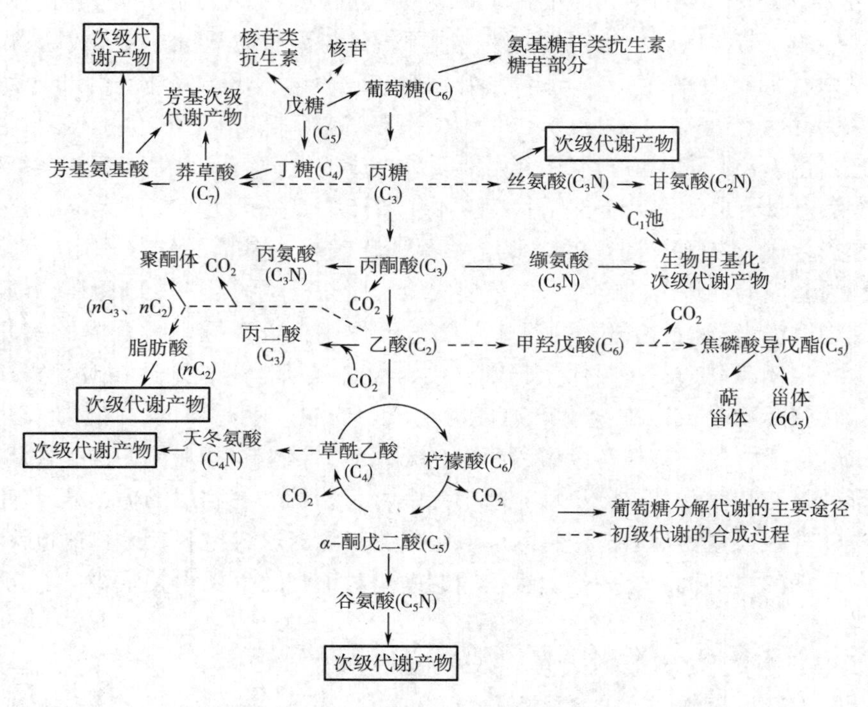

图 4-32 由初级代谢衍生的次级代谢

表 4-4 初级代谢和次级代谢的分叉中间体

分叉中间体	初级代谢终产物	次级代谢终产物
α-氨基己二酸	赖氨酸	青霉素、头孢菌素
丙二酰 CoA	脂肪酸	利福霉素族、四环素族
乙酰 CoA	有机酸、氨基酸	大环内酯族、多烯族抗生素、灰黄霉素、棒曲霉素
	对氨基苯丙氨酸	氯霉素
莽草酸	苯丙氨酸	绿脓菌素
	酪氨酸、对氨基苯甲酸、色氨酸	新生霉素

由初级代谢产物衍生的次级代谢产物的基本途径有 7 种，见表 4-5。

表 4-5 次级代谢产物及合成途径

生物合成途径	次级代谢产物
葡萄糖碳架掺入途径	氨基糖苷类抗生素（链霉素、卡那霉素等）
莽草酸途径	氯霉素，新生霉素，绿脓菌素，灰藤黄菌素
与核苷有关的途径	杀结核菌素，蛹虫草菌素

续表

生物合成途径	次级代谢产物
聚酮糖和聚丙酸途径	四环素，制霉菌素，灰黄霉素，展青霉素，环己酰亚胺
由氨基酸衍生的途径	青霉素类，头孢菌素类，杆菌肽，短杆菌肽 S
甲羟戊酸途径	赤霉素，蜡黄酸，梭链孢酸
其他复合途径	博来霉素、大环内酯抗生素

（2）从遗传代谢方面分析　初级代谢与次级代谢同样都受到核内 DNA 的调节控制，而次级代谢产物还受到与初级代谢产物合成无关的遗传物质的控制，即受核内遗传物质（染色体遗传物质）和核外遗传物质（质粒）的控制。

图 4-33 表示有一部分代谢产物的形成，取决于由质粒信息产生的酶所控制的代谢途径，这类物质称为质粒产物。由于这类物质的形成直接或间接受质粒遗传物质的控制，因而产生了质粒遗传的观点。当然也有只由染色体 DNA 控制的抗生素产物。

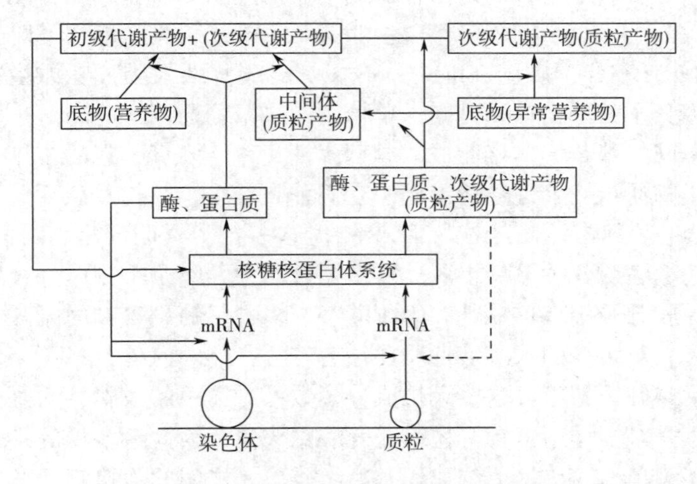

图 4-33　次级代谢产物生物合成的遗传基础

注：括号内的与核内遗传物质有关

（3）次生代谢产物的合成步骤　由于次生代谢物是由次级代谢物衍生而来的，因此，要合成次生代谢物，必须首先形成初级代谢物。因此次生代谢物合成步骤为：①养分的摄入。②小分子构建单位的形成：通过中枢代谢途径（初级代谢）将营养物质转化成中间体：即次级代谢的前体物质。中间体是对初级代谢而言的，而前体是对次级代谢而言的，这两种物质有时相同，有时候前体在中间体的基础上略有改变。③前体进入次级代谢途径，即前体的聚合作用，此作用是次级代谢特有的、普遍的合成机制。通过前体的聚合作用，乙酰 CoA 与几个丙二酰 CoA 或甲基丙二酰 CoA 线性聚合生成聚酮（polyketide）代谢物，如四环素簇、大环内酯和多烯大环内酯骨架、肽类、聚醚以及聚异戊二烯类抗生素等。前体一旦形成，便流向次级代谢生物合成的专用途径，形成次生代谢物的主要骨架。④修饰：在次级代谢的主要骨架形成后，要进行氧化、氯化、氨化、羟基化、甲基化等，成为产物。

四、微生物多糖的合成与调节

微生物多糖是细菌、真菌和藻等微生物在代谢过程中产生的对微生物有保护作用的生物高聚物，根据在细胞内不同存在形式，通常被分为3种类型：①构成微生物细胞成分的胞内多糖；②黏附在细胞表面上的胞壁多糖；③分泌到培养基中的胞外多糖，包括微荚膜、荚膜、黏液层和菌胶团等。胞内多糖有糖原（glycogen）和淀粉（starch），具有贮存能量的作用，含量较少。细胞壁多糖是维持细胞形态的结构性多糖，有些多糖与蛋白质、脂类物质结合，含量也不多。胞外多糖的生物学功能多种多样，对微生物本身来说，它具有保护功能，可以用来抵抗外界不良环境。被多糖包裹着的菌体，能使细胞保持一定的温度和湿度，并有抵抗噬菌体入侵的作用。有些胞外多糖有增进人体免疫功能、提高人体的抗病能力和抗菌抗肿瘤作用。胞外多糖的含量大、安全无毒、理化性质独特、用途广泛、分离容易，是目前工业上大规模生产的微生物多糖产品。

1. 微生物多糖生物合成的途径及调控

微生物的多糖与多糖衍生物都是由单糖或单糖衍生物通过糖苷化作用合成的。微生物的多糖种类很多，根据组成多糖的糖基不同，可以将它们分为同型多糖（homopolysaccharide）和异型多糖（heteropolysaccharide）两大类。在微生物多糖中，同型多糖是指组成多糖分子的单糖单元是同一单糖，如多聚葡萄糖（dextran）和纤维素，它们均由葡萄糖通过不同的糖苷键连接而成。异型多糖又称杂多糖，它的多糖分子由两种以上的不同单糖或衍生物通过糖苷键连接形成，它们种类繁多，结构复杂，分子大小、合成途径都各不相同，如黄原胶（xanthan）、肽聚糖、脂多糖、透明质酸等。黄原胶是由葡萄糖、甘露糖和葡萄糖醛酸3种单糖组成。在多糖分子中，除了单糖以外，还有一些非糖的成分。例如，黄原胶分子中有乙酰基和丙酮酸基。多种多糖中含有丙酮酸，以缩酮形式连接在单糖残基上，它对多糖的水溶液性质往往有较大影响。此外，有些多糖还含有无机成分，如磷、硫、钙、钾、钠等。这些无机成分多数不是简单的吸附，而是多糖基团上的一个组成成分。尤其是杂多糖中常含有糖醛酸等非糖成分，因此杂多糖的结构更为复杂。组成微生物多糖的单糖单元、单糖上的取代基、组成单元之间的连接键及所有这些因子的立体化学结构在性质和比例上的不同，决定了它们具有多种多样的物理属性。通过遗传修饰或培养条件的改变对微生物多糖组成的调节，能增强它们已有的优良属性或产生具有新特征的全新聚合物。

多糖合成途径的研究主要集中在细菌多糖，对真菌多糖的合成途径研究非常少。现有的研究表明，尽管多糖的结构千差万别，但它的合成途径却相对一致。多糖的合成是以一种核苷糖为起始物，接着糖单位逐个地添加在多糖链的末端，促进多糖合成的能量是由核苷糖中高能糖-磷酸键水解中得到。多糖的合成是靠转移酶类的特异性来决定亚单位在多聚链上的次序，并且在合成的起始阶段需要引物作为添加单位的受体，另外还需要糖核苷酸作为糖基载体，将单糖分子转移到受体分子上，使多糖链逐步加长。主要包括4个步骤：①前体核苷酸糖（单糖的活化形式）的合成；②合成的起始反应；③重复单元的延伸、翻转和聚合；④多糖的输出。

随着对微生物多糖生物合成途径的研究不断深入，在多糖合成的代谢工程方面的研究逐渐展开。微生物多糖合成的代谢工程的研究可以分为两个目标：一个是提高多糖的产量，另外一个是改变多糖的结构。主要通过以下策略实现：①通过调控涉及糖核苷酸合成途径的酶水平来提高胞外多糖的产量；②增加多糖合成基因簇基因在微生物中的表达，产生更高的多糖合成代谢流。研究发现用高拷贝载体 pIL253 进行 *L. lactis* NIZO B40 *eps* 基因簇的拷贝，结果发现虽然细胞生长速率由此而降低，多糖的产量却提高了 4 倍。

2. 微生物多糖的生物合成

按照微生物多糖的来源看，可分为细菌多糖、酵母多糖、小型丝状真菌多糖和大型真菌（担子菌）多糖。

（1）细菌多糖　能够产生胞外多糖的细菌很多，其中被普遍使用的细菌多糖是黄原胶。20 世纪 50 年代，Jeanes 等在系统研究有用生物多聚物的过程中发现了黄原胶。美国农业部北方应用研究和发展部（NRRL）从细菌、霉菌和酵母菌等大量的微生物培养物中筛选，发现一株野油菜黄单胞菌（*Xanthomonas campestris*）可以发酵产生黄原胶。1964 年开始了真正意义上的商业性生产。1969 年美国 FDA 批准黄原胶可用于食品中。今天黄原胶已被广泛应用于食品、制药、农业、石油、化妆品和其他工业领域。黄原胶是目前微生物多糖中用途最广、最先进行大规模商业化生产的多糖。

黄原胶的一级结构如图 4-34 所示。黄原胶是以淀粉为主要原料，经黄单胞菌好氧发酵合成的一种生物高聚物。与纤维素一样，黄原胶骨架由 β-1，4-糖苷键连接的 D-葡萄糖组成，交替性葡萄糖单体单元的 3-位置携带有三糖侧链，该侧链由一个葡萄糖醛酸和两个甘露聚糖残基组成。在非末端 D-甘露糖单元 6-位置上携带有乙酰基团，丙酮酸通过一个酮缩醇键和末端 D-甘露糖残基 4 和 6-位置相连。乙酰化和丙酮酸缩醇浓度因培养条件和菌株的改变而变化，黄原胶也结合阳离子。在溶液中，黄原胶形成微晶体，相对分子质量在 200 万~1500 万。

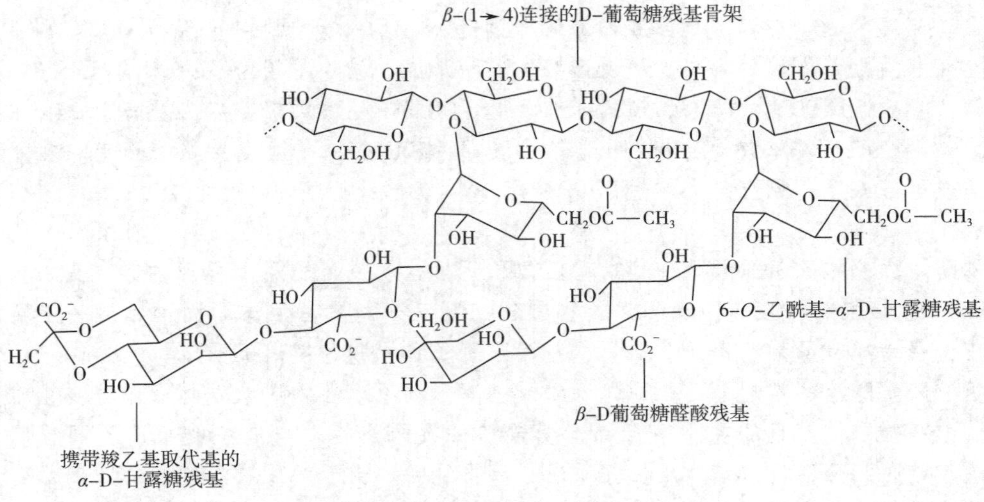

β-(1→4)连接的D-葡萄糖残基骨架

6-*O*-乙酰基-α-D-甘露糖残基

β-D葡萄糖醛酸残基

携带羧乙基取代基的
α-D-甘露糖残基

图 4-34　黄原胶的一级结构

黄原胶的生物合成与肽聚糖和脂多糖之类的普通细菌多糖的生物合成途径相似，在逐级构建多糖和跨膜运输过程中，主要利用 C_6 类异戊二烯脂质载体——细菌萜醇，完成其合成和分泌过程。黄原胶的五糖重复单体通过从二磷酸核苷酸上连续转移糖的过程而装配。每步受专一性糖基转移酶催化，用乙酰 CoA 作乙酰基团供体，专性乙酰基转移酶催化完成重复单位的位置专一性乙酰化作用。用磷酸烯醇式丙酮酸作为辅基，专一性酮缩醛酶催化完成末端甘露糖的丙酮酰化（羧乙基化），乙酰化和羧乙基化不必按顺序完成。然后仍通过焦磷酰键和细菌萜醇连接的已完成的黄原胶构件，通过“头尾”聚合反应，转移至另一个类脂连接的重复单位上。下一步，焦磷酸细菌萜醇载体从逐渐增大的黄原胶分子上释放出来，并水解得到单磷酸，为聚合反应贡献能量和为合成下一个重复单位再生类脂载体。当多糖最终释放到培养基时，附着在延长的黄原胶链的脂质载体保留下来。

案例 4-4　黄原胶的发酵生产

黄原胶工业化生产用菌主要有甘蓝黑腐病黄单胞杆菌、菜豆黄单胞菌、锦葵黄单胞菌和胡萝卜黄单胞菌等。

1. 发酵培养基

发酵培养基的碳源一般为蔗糖、葡萄糖，氮源有蛋白胨、硝酸铵、尿素、鱼粉蛋白胨、大豆蛋白胨、豆饼粉、谷糠等，其中鱼粉蛋白胨最好。$CaCO_3$、NaH_2PO_4、$MgSO_4$ 对黄原胶的合成有明显的促进作用。碳源起始浓度为 2%~5%，发酵接种量为 5%~8%。发酵培养基组成为：蔗糖 5%，蛋白胨 0.5%，碳酸钙 0.3%，磷酸二氢钾 0.5%，硫酸镁 0.25%，硫酸亚铁 0.025%，柠檬酸 0.25%。

2. 发酵条件

黄单胞杆菌生长过程中需要氧气，且产物积累导致发酵培养基黏度较高，因此发酵过程需要较高的通风量，一般为 0.6~1m^3/（m^3·min），并需不断进行搅拌，转速为 200~300r/min。发酵温度不仅影响黄原胶的产率，还能改变产品的结构组成。研究表明，较高的温度可提高黄原胶的产率。在发酵过程中，细胞生长的最适温度在 24~27℃，黄原胶产生的最适温度为 30~33℃。黄原胶发酵培养的起始 pH 一般控制在 6.5~7.0，有利于初期细胞生长和后期黄原胶的合成。随着产物的不断形成，酸性基团增多，pH 降至 5.0。黄原胶发酵周期为 50~90h，发酵液浓度从 5%下降到 0.3%时为反应终点。发酵前 24h 主要是菌体生长期，不产黄原胶，24h 以后进入产胶期，50h 左右多糖产量趋于稳定。在发酵过程中，发酵液黏度急剧上升并超过 10Pa·s，表明黄原胶已经完成生物合成。

3. 黄原胶提取

发酵培养基中除黄原胶外，还有菌丝体、无机盐、残留的碳水化合物等，其中黄原胶 20~50g/L，细胞 1~10g/L，残余营养物质 3~10g/L，如果菌丝体等固形物混杂在黄原胶成品中，会造成产品的色泽差、味臭，从而限制了黄原胶的使用范围。

黄原胶发酵液的常规分离是通过离心或抽滤，把不溶性物质从发酵液中分离出来。黄原胶的分离提取，其目的在于按产品质量规格的要求，将发酵液中的杂质不同程度地除去，通过纯化、分离、浓缩和干燥等手段，获得纯品。由于发酵液黏度很大，产品含量较低，因此必须先用水稀释，然后再采用硅藻土过滤法和酶降解法处理发酵液，除去菌体等固形物杂质，对液体进行超滤以提高产物的浓度，再用有机溶剂沉淀法提取黄原胶。其中乙醇法就是在发酵液中先加一定量的盐酸调节 pH，使其呈酸性，再加入乙醇后搅拌至絮状黄原胶沉淀，这种方法可得到更好的产品质量和很高的收率，但由于乙醇与水形成共沸物，回收乙醇的能量消耗很大。异丙醇法和乙醇法类似，调 pH 至 3.0 后加入异丙醇，在搅拌条件下加入少量的 $CaCl_2$和 NaOH，即出现黄原胶絮状沉淀。

（2）酵母和其他真菌多糖　能够产生真菌多糖的微生物有酵母、霉菌、担子菌等，其产生的真菌多糖种类较多，生理功能各异。某些真菌多糖，如香菇多糖（lentinan）、茯苓多糖（hyman）、裂褶菌多糖（schizophyllan）、小核菌多糖（sciorogluan）等，具有显著的免疫促进性和抗肿瘤、抗病毒的能力，在医药领域日益受到重视。

真菌多糖的分子结构是由 3 股单糖链构成的一种无序形的螺旋状三维立体结构的复杂多糖，螺旋层之间主要以氢键固定，高级结构通过次级键来维持。初级结构真菌多糖主要有葡聚糖、甘露糖、杂多糖、糖蛋白和多糖肽等几种类型；高级结构包括骨架链间以氢键结合形成的各种聚合体、聚合体盘曲折叠而形成的空间构象、多聚链间非共价键结合形成的聚合体。

多糖的高级结构分为 4 种类型：A 型为可拉伸带状；B 型为卷曲螺旋状；C 型为皱纹状；D 型为不规则卷曲状。经研究表明，不同种类的多糖其生理活性有差别，真菌多糖的生理活性与其三维空间的立体构型有密切关系。由于多糖的单糖组成、构成方式与空间构象的不同，导致其不同的生理活性。分支度、分子大小等因素皆可影响其活性，若其分子立体构型改变，活性将会丧失。B 型结构的多糖有突出的增强免疫功能的作用；A 型免疫活性不显著；C 和 D 型一般无活性。常见的真菌多糖及其产生菌如表 4-6 所示。在这些真菌多糖中，应用较为广泛的主要有茁霉多糖和小核菌多糖。

表 4-6　常见的真菌及其多糖

生产菌	真菌多糖	生产菌	真菌多糖
出芽短梗霉（*Aureobasidium pullulan*）	茁霉多糖	猪苓（*Polyporus umbellatus*）	猪苓多糖
葡聚糖小核菌（*Sclerotium glucanicum*）	小核菌多糖	茯苓（*Poria cocos*）	茯苓多糖
酿酒酵母（*Saccharomyces cerevisiae*）	酵母多糖	灵芝（*Ganoderma lucidum*）	灵芝多糖
云芝菌（*Trumetes versicolor*）	云芝多糖	银耳（*Trwmella fuciformis*）	银耳多糖
香菇（*Tentinula edodes*）	香菇多糖	木耳（*Auricularia aurcular*）	木耳多糖

短梗霉多糖也称茁霉多糖、普鲁兰多糖、出芽短梗孢糖，由出芽短梗霉产生的一种黏性同型胞外多糖。短梗霉多糖的研究工作起始于德国，英国人在理论方面也做了不少工作。20 世纪 70 年代中期日本进行了研究并开始生产，并取得大量专利，至今仍垄断着国际市场。我国于 20 世纪 80 年代开始做相关研究，目前也已取得可喜成绩。

短梗霉多糖主要是由 α-1，6-糖苷键连接的聚麦芽三糖，分子中 α-1，4-糖苷键和 α-1，6-糖苷键的比例为 2∶1，聚合度为 100~5000，平均相对分子质量为 2×10^5（大约由 480 个麦芽三糖组成）。短梗霉多糖可由淀粉水解物、蔗糖或其他糖类直接发酵，经提取纯化干燥而得。国内已有不同规格的短梗霉多糖产品应用，但并未投入大规模生产，大部分尚处于实验室或中试阶段，所需产品只能通过进口得到。不同的出芽短梗霉的发酵条件、培养基组成以及发酵处理不同，最终产率也不同。国内外对普鲁兰多糖发酵进行多年的研究，在菌种选育、培养基优化、发酵动力学、发酵过程控制等方面均有文献报道，但焦点集中在提高糖的转化率、降低生产成本等方面。董学前研究了出芽短梗霉突变株在16L自动发酵罐中进行的发酵实验，结果表明溶解氧和pH对发酵过程影响比较大，发酵温度一般为28℃，pH为6左右，发酵周期为60h，普鲁兰多糖达到6%，发酵转化率达到60%，并且在发酵过程中不产生色素。众多的研究表明，各种铵盐都可以作为氮源供短梗霉生长，其用量影响到糖的转化率。K^+和磷酸能促进普鲁兰多糖的产生。为降低生产成本，积极寻找合适的工业废料作为原料也将是普鲁兰多糖研究的热点。

茁霉多糖也可由出芽暗色孢（*Demantium pullulans*）产生，但出芽短梗霉是主要生产菌。这种小型丝状真菌俗称黑酵母，是具有酵母型和菌丝形态的二态性真菌。可利用蔗糖、果糖、葡萄糖、麦芽糖、乳糖、半乳糖等糖类合成茁霉多糖。以蔗糖为碳源时，多糖产率可达70%~75%。其生物合成机制目前尚不十分清楚。

五、生物质色素的微生物合成

微生物能产生种类繁多的天然色素，通过微生物发酵生产色素不受资源、环境和空间的限制，是一种有效的天然色素生产途径。目前通过基因工程技术来改变微生物色素的组成和含量，构建色素高产工程菌将是未来微生物色素生产和发展的主要方向。与天然产物合成的基因一样，微生物的色素基因也具有成簇分布的特性，因此可通过遗传控制的方式调节色素代谢，从而提高色素的产量，实现色素的生物合成。

1. 类胡萝卜素

微生物色素合成是类异戊二烯代谢体系中的一个分支（图4-35）。细菌与酵母、霉菌的类胡萝卜素合成途径的主要区别在于八氢番茄红素的合成和番茄红素的环化方面，在细菌中由2个酶（CrtB和CrtY）起作用，而在酵母和霉菌中仅需1个双功能酶（酵母中为CrtYB，霉菌中为CarRA或CarRP）即可完成。番茄红素是类胡萝卜素进一步代谢合成的分支点，番茄红素经氧化、氢化、脱氢、环化以及碳架重排、降解衍生等形成一系列的类胡萝卜素。

近年来，国际上对微生物类胡萝卜素形成的相关基因进行了较深入的研究。Armstrong等首次从荚膜红细菌（*Rhodobacter capsulatus*）中分离出类胡萝卜素生物合成基因*crt*。很多细菌*crt*都成簇存在，如橙黄土壤杆菌（*Agrobactrium aurantiacum*）*crt* BIYZW虾青素合成基因簇、噬夏孢欧文菌（*Erwinia uredovora*）*crt* EBIYZX玉米黄素二糖苷合成基因簇。Misawa等利用全新“颜色互补”基因技术，把从噬夏孢欧文杆菌克隆的类胡萝卜素基因簇在大肠杆菌中成功表达，首次在大肠杆菌中阐明了噬夏孢欧文杆菌类胡萝卜素的生物合成途径。微生物的类胡萝卜生物合成途径基因簇被完整地克隆，为代谢工程技术构建类胡萝卜素工程菌种和优化类胡萝卜素合成代谢网络提供了基础。

大肠杆菌中含有类胡萝卜素合成的前体物质IPP、DAMPP和GGPP，因此在大肠杆菌中更容易表达类胡萝卜素合成酶基因。但是一方面大肠杆菌只能提供少量的IPP，另一方面大肠杆菌类胡萝卜素承载力有限，导致了重组大肠杆菌的类胡萝卜素含量较低，仅为10~1000 μg/g（干重）。若能通过基因组合和定向进化克服以上代谢瓶颈，将有望获得高产类胡萝卜素的新工程菌，从而使应用大肠杆菌生产番茄红素具有诱人的商业前景。在明确已有生物合成途径、相关基因以及各步反应的分子机制后，通过对相似代谢途径的比

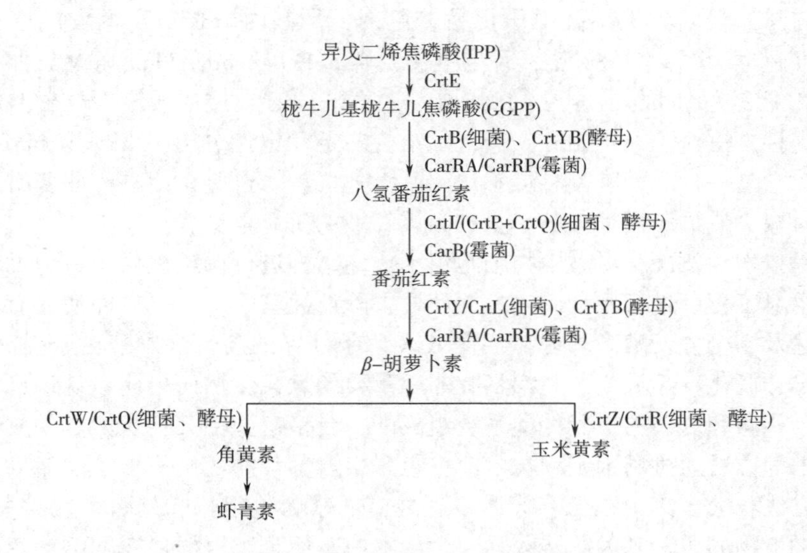

图 4-35　类胡萝卜素的微生物合成途径

CrtE—GGPP 合成酶　CrtB、CrtYB、CarRA、CarRP—八氢番茄红素合成酶

CrtI、CrtP、CrtQ、CarB—脱氢酶　CrtY、CrtL、CrtYB、CarRA、CarRP—番茄红素 β-环化酶

CrtW、CrtQ—β-胡萝卜素酮化酶　CrtZ、CrtR—β-胡萝卜素羟化酶

较，使利用多基因间的协同作用构建新的代谢途径成为可能。Schmidt 等采用在大肠杆菌中对来自不同微生物的八氢番茄红素去饱和酶基因进行重组和引入番茄红素环化酶基因的方法，产生了新类胡萝卜素四氢番茄红素和环状类胡萝卜素——鲨烯（toru lene）。Albrech 等在引入番茄红素 5 步脱氢酶的前提条件下，将欧文菌或荚膜红杆菌的不同 *crt* 进行组合，合成了 8 种抗氧化性更强的无环和有环羟基类胡萝卜素。

可以通过导入微生物色素合成酶基因来改变代谢途径，获得需要的色素。产朊假丝酵母（*Candida utilis*）体内积累大量的麦角固醇（和类胡萝卜素有共同的前体物质 FPP），Yutaka 等把克隆自欧文杆菌的类胡萝卜素合成基因经重组后转入产朊假丝酵母中，合成了番茄红素、β-胡萝卜素和虾青素，并且虾青素的产量达 0.4mg/g。Papp 等将 *crt*W 和 *crt*Z 基因导入能产生 β-胡萝卜素的卷枝毛霉（*Mucor circinelloides*）细胞内，获得了具有较大价值的虾青素和角黄素。

大肠杆菌正调控基因主要是转录因子，而负调控基因功能缺失可提高类胡萝卜素合成所需的前体或辅因子的含量。William 等利用经改造的大肠杆菌调控系统 NTR 对番茄红素合成代谢进行调控，控制番茄红素合成途径两个关键酶的表达，该调控子极大地促进了番茄红素的合成，同时减少了因代谢失衡造成的负面影响。美国研究者应用基因敲除技术并结合转基因技术，通过不同的途径获得了番茄红素含量高达 18mg/g 的新菌种。

2. 红曲色素

红曲菌（*Monascus*）是一种丝状真菌，能够合成丰富的次级代谢产物，如红曲色素、莫纳可林（Monacolin K）、γ-氨基丁酸等，被广泛应用于食品、医药、化工等行业。红曲色素属于聚酮类色素，是红曲霉（*Monascus purpureus*）代谢过程中产生的一系列聚酮化合物的混合物。其中，红曲色素作为一种天然微生物色素，以其稳定性高、着色效果好、生产不受原料与季节限制等优势被用作食品着色剂，是国内增长最快的食品着色剂品种之一，年产量已超过 1 万 t。1981 年，香港中文大学的 Hinchuang Wang 等从红曲中分离出一种抑菌因子，命名为 Monascidin A。1995 年，法国 Blank 教授用质谱、核磁共振、紫外及荧光分析等多种方法对 Monascidin A 进行了结构测定和定性分析，发现 Monascidin A 的实质是橘霉素，它是一种对肾脏具有毒害作用的真菌毒素。自此，促进红曲菌有益代谢产物的产生，同时减少或抑制橘霉素的产生成为该领域的研究重点。

基因工程技术的发展，对微生物细胞色素代谢结构进行调整提供了有力的工具。应用代谢工程技术对工程菌进行改良，一方面使之去除毒性基因，另一方面使之有利于外源基因的高效表达及高密度发酵。外源基因高效表达条件下的高密度发酵对于提高生产效率、降低生产成本、简化产品纯化工艺都具有非常重要的意义。然而也应该认识到，代谢网络是由至少上千种酶和复杂的信号传递系统组成的、受精密调控又互相协调的复杂系统，目前应用代谢工程方法通过基因工程技术改良色素生产菌种的实例虽多，然而大多是采用经验性的定性方法，大多集中在已有代谢途径之间的基因重组，或是引入色素关键酶基因，或是将某种微生物的色素基因簇转入另一微生物中，而真正根据代谢网络构建的数学模型来分析生物体的代谢过程，采用定量方法优化微生物色素代谢网络，根据需要人为地设计及构建代谢工程菌来为人类服务的实例却很少。这表明以上方法还没有完全包含微生物色素代谢系统的复杂性，今后微生物色素研究工作中需要投入精力深入研究色素合成与代谢机制。

虽然红曲色素一直是国内外学者研究的焦点，但是其合成机制尚未研究清楚。有学者考察了不同氨基酸和短链脂肪酸等对色素合成的影响，结果表明缬氨酸、异亮氨酸、甲硫氨酸、谷氨酸以及乙酸、丙酸等具有前体的作用，能够刺激色素的生产，而且它们都具有转化为聚酮合成前体的共同特征。所以聚酮途径被认为是红曲色素合成的主要途径。也有学者考察了红曲霉的代谢途径，认为其代谢包括初级代谢和次级代谢。初级代谢主要产生不饱和脂肪酸、醇、酯等芳香化合物；次级代谢的产物主要有红曲色素、Monacolin K、降血脂药物——氨基丁酸、橘霉素、天然抗氧化剂——黄酮酚等。

红曲色素从结构上看包括脂肪酸和多聚酮两部分，其合成也主要包括多聚酮合成途径和脂肪酸合成途径，前者产生生色团，后者产生中长链脂肪酸，经转酯化作用连接到生色团上。红曲色素、Monacolin K 和橘霉素均为聚酮类化合物，由红曲菌聚酮体代谢途径产生。红曲色素合成的起始阶段与橘霉素共用一条途径，两者均由 1 分子乙酰 CoA 和 3 分子丙二酰 CoA 在 I 型聚酮合酶（polyketide synthase，PKS）的催化作用下经反复缩合和延伸形成四酮体（tetraketide），随后分开两条途径。一条路径继续与丙二酰 CoA 缩合，形成红曲色素的中间产物（Ⅱ）——己酮（Hexaketide）生色团，与脂肪酸合成途径产生的中链脂肪酸，如辛酸或己酸，发生转酯化反应生成橙色色素；橙色素还原生成黄色素；橙色素与氨基酸发生加氨反应生成红色素。另一条途径是四酮体继续与乙酰 CoA 缩合，形成另一种中间化合物（Ⅰ）然后再通过甲基化、缩合、还原、氧化和脱水等多个步骤最终形成不需要的副产物橘霉素。

红曲菌产生的红曲色素、Monacolin K 和橘霉素都属于聚酮类次生代谢产物，该类物质生物合成途径中的关键酶为聚酮合酶（PKS）。由于 PKS 中存在多个保守结构域，因此，红曲菌次生代谢产物合成相关结构基因的克隆，基本是从 *pks* 基因开始，可能的合成途径如图 4-36 所示。

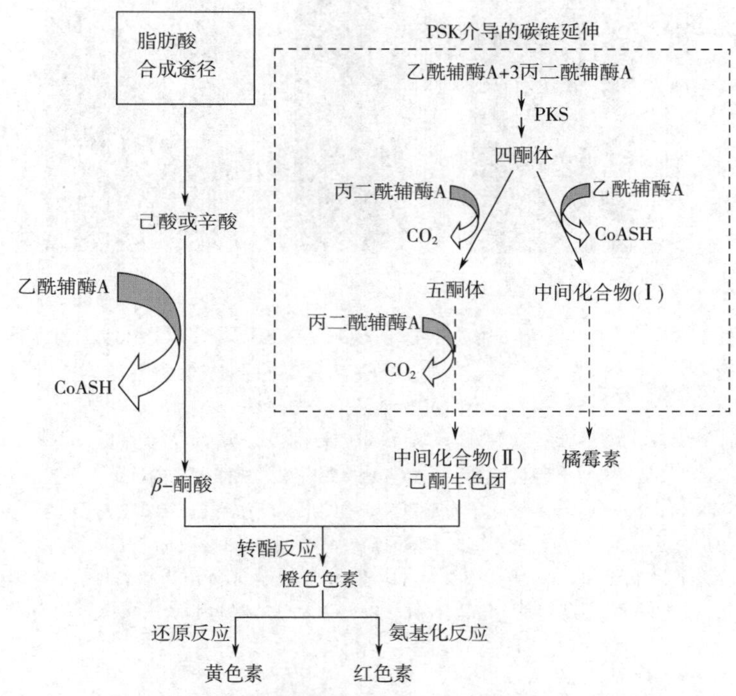

图 4-36　红曲色素和橘霉素可能的生物合成途径

注：虚线箭头表示由多个未知反应步骤完成

李琦等筛选获得一株高产红曲色素的紫色红曲菌（*Monasucs purpureus*）J01，在马铃薯葡萄糖肉汤（potato dextrose broth，PDB）培养基中培养 13d，色价可达到 265U/mL，但该菌株也能产生一定量的橘霉素。首先分析了菌株 J01 中橘霉素合成基因的转录情况，并采用根癌农杆菌介导的转移脱氧核糖核酸（transfer deoxyribonucleic acid，T-DNA）转化技术敲除紫色红曲菌（*Monasucs purpureus*）J01 的橘霉素合成关键基因 *pks*CT，构建一株缺失了橘霉素合成关键基因 *pks*CT 的红曲菌株 J42，如图 4-37 所示。

通过菌落形态观察和生物量测定得出，菌株 J42 与菌株 J01 的菌落形态及生物量无显著性差异（$P>0.05$）；经高效液相色谱（HPLC）与液相色谱串联质谱（LC-MS/MS）分析得出，菌株 J01 的橘霉素含量为 5.1mg/kg，*pks*CT 基因敲除菌株 J42 菌丝体中未检测到橘霉素；菌株 J42 的黄色素，橙色素和红色素色价分别为 1877U/g、773U/g、1068U/g，显著高于菌株 J01（$P<0.01$），并且菌株 J42 的红曲色素总色价为 415U/mL，是原始菌株的 1.56 倍，成功构建了一株不产橘霉素高产红曲色素的生产菌株 J42，如图 4-38 所示。

现有微生物色素的生物转化主要依赖于所分离到的关键酶，而代谢工程菌中酶的稳定性和辅助因子再生等仍是没有攻克的重大难题。如何构建和选用合理的酶系与高效的工程菌（株），优化发酵参数等，大幅度降低生产成本和提高生产效益，仍然有待进一步研究与开发。

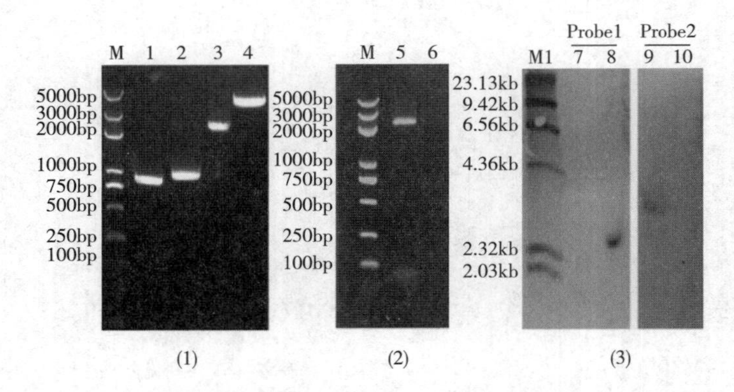

图 4-37　紫色红曲菌（*Monasucs purpureus*）J01 的橘霉素合成关键基因 *pks*CT 的敲除以及缺失菌株菌株 J42 构建

（1）*pks*CT 基因敲除载体 PCR 扩增验证

M 为 Trans 2K plus Marker；1 为 5′同源臂区域；2 为 3′同源臂区域；3 为 *hph* 抗性基因；4 为 *pks*CT 基因敲除盒。

（2）紫色红曲菌 *pks*CT 基因缺失菌株 J42 的 PCR 验证

M 为 Trans 2K plus Marker；5 为转化子 *hph* 基因扩增结果；6 为转化子 *pks*CT 基因 orf 区扩增结果。

（3）紫色红曲菌 *pks*CT 基因缺失菌株 J42Southern blot 验证

M1 为 λDNA/HindIII Marker；7 和 9 为经 *Xho*I 酶切的紫色红曲菌 J01 基因组；8 和 10 为经 *Xho*I 酶切的紫色红曲菌 J42 基因组。Probe1 为抗性基因 *hdh* 探针，Probe2 为 *pks*CT 基因 orf 区探针。

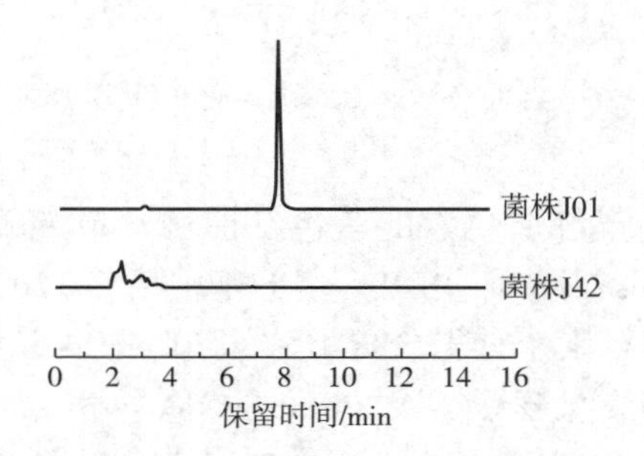

图 4-38　紫色红曲菌 J01 和 J42 橘霉素产量的 HPLC 分析结果

六、微生物的生物转化

“生物转化”即利用微生物细胞的一种或多种酶作用于一类化合物的特定部位（基团），使之转变成结构类似，但具有更大经济价值的化合物的生化反应。生物转化的最终产物并不是微生物利用营养物质经细胞代谢产生的，而是微生物细胞的酶或酶系作用于底物的某一特定部位进行氧化、羟化、还原以及官能团的导入等化学反应而形成。与化学转化相比，生物转化不仅条件温和、反应速率快、效率高，而且具有高度的专一性。这种专一性表现在对底物的高度选择性、严格的区域选择性、面选择性和对映体的选择性。微生物转化作用中，酶的专一性是其与一般催化剂最突出的差别，它能完成各种立体异构体的化学反应，包括化学法难以进行的反应，如甾体类化合物 C_{11} 上的加氧反应。

1. 生物转化的背景

甾体化合物又称类固醇化合物，广泛存在于动植物组织或某些微生物中，甾体激素药物对机体起着非常重要的调节作用，被誉为“生命的钥匙”。比较常见的有肾上腺皮质激素、性激素、薯蓣皂素、麦角固醇等。许多甾体结构的天然药物都具有很强的生理活性，在临床治疗上占有非常重要的地位。例如，甾体激素中的睾丸甾酮和黄体酮、强心甾体中的洋地黄毒苷、甾体皂苷中的人参皂苷和甾体生物碱中锥丝碱等。工业生产中甾体类药物的生产主要通过改造天然甾体而获得，然而单一应用化学方法往往存在合成步骤繁多、得率低、价格昂贵等缺点。例如，可的松类抗炎激素所具有的抗炎活力，主要与母核 11 位上所导入的氧原子有关，然而此反应很难通过化学方法实现。化学家塞拉塔（Sarett）曾采用 576kg 脱氧胆酸作为原料，经历 2 年时间通过 30 余步化学反应最终合成了 938mg 醋酸可的松，由于得率过低，经济效益几乎为零。1950 年 Murray 和 Peterson 利用微生物一步在孕酮 11 位上导入羟基，引起了生物学家、有机化学家和药物学家们的极大兴趣。从此开展了大量微生物转化甾体的研究工作，至今已阐明微生物对甾体几乎每个位置都能进行反应。

近年来，随着现代生物技术的发展，酶抑制剂、生化阻断突变株和细胞膜透性改变等生物技术综合应用甾体类药物关键中间体的制备，使复杂的天然资源经过几步就能够合成各类性激素和皮质激素。

甾体化合物是具有共同的环戊烷多氢菲核（C_{17}）的化合物，骨架上各环分别以 A、B、C、D 表示，各环编号的方向不同，其结构通式和编号见图 4-39。在此核的第 10 位和第 13 位一般为—CH_3，个别为—CH_2OH 及—CHO 基团；第 13 位、第 11 位及第 17 位可有羟基或酮基；A 环及 B 环可有双键；第 17 位还可有长短不同的侧链。空间位置以 α 和 β 表示取代基在分子平面上方。在化学结构式中，β 与核上碳原子相连是实线，α 则为虚线。

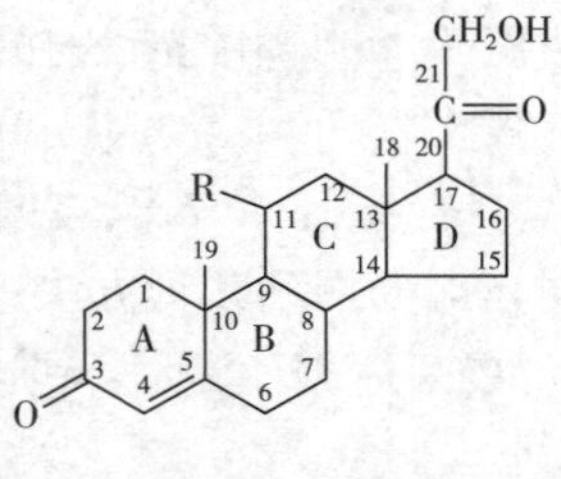

图 4-39　甾体化合物母核的基本结构及功能基团

甾体激素药物对机体起着非常重要的调节作用，是仅次于抗生素的第二类药物，具有很强的抗感染、抗过敏、抗病毒和抗休克等药理作用。微生物对甾体化合物的转化反应是多种多样的，它们对甾体每一位置（包括甾体母核和侧链）上的原子或基团都有可能进行生物转化。

2. 生物转化的过程

随着现代生物技术的不断发展，特别是固定化细胞、诱变和基因重组等重要生物技术的发展，生物转化技术已广泛应用于医药、化工、能源、环保等领域。生物转化反应目前已广泛地用于激素、维生素、抗生素和生物碱等各类药物的研制。生物转化反应的应用主要有如下几方面。

（1）手性药物的对映体拆分　在手性对映体药物的拆分过程中，对映体选择性越高，产物的光学纯度越高，对手性药物的拆分越有利。由于生物酶有很高的对映体选择性，因此可得到纯度很高的单一对映体药物。

（2）不对称化合物的合成　目前，选择性生物催化合成已成为合成手性药物最有意义的方法，如固定化细胞、固定化酶以及双水相转化等技术，使选择性生物催化能适用于各种规模的工业生产。此外，应用选择性生物催化不会产生有毒的副产物，在环境污染方面比化学合成具有更大优势。

（3）化学合成反应　对于有些很难进行甚至不能进行的化学反应，如羟基化反应、胺化反应、酰基化反应、脱水反应等，生物转化反应可以承担此任。在医药工业上比较成熟的技术是采用微生物细胞进行难以进行的手性药物等的化学合成。

微生物的生物转化可分为两个阶段。第一阶段是菌体生长和产酶阶段，需供给菌体细胞丰富的营养，提供最适生长条件使其充分繁殖并大量产酶。为提高转化酶的活力，有时可以采取添加诱导剂、减少代谢阻遏物或抑制有害酶的形成等方法。第二阶段是甾体转化阶段，被转化的底物直接加入培养液中进行生物转化。这一阶段需要控制好转化反应的条件，如最适 pH、温度、搅拌和通风量，有利于转化反应的进行，而且还可以减少副反应的产生，提高收率。必要时可以加入酶的激活剂和抑制剂，提高转化酶的活力，降低其他杂酶的作用。由于大多数转化底物都是非极性化合物，难溶于水，所以添加时一般先将底物溶解在丙酮、乙醇、丙二醇、二甲基甲酰胺（DMF）、二甲基亚砜（DMSO）等极性较大的有机溶剂内，然后再加到发酵液中进行转化。以这种方式进行投料时，投料浓度受两个因素制约，一是溶剂对细胞的毒性，二是底物在发酵液中的浓度。为使发酵过程更经济，目前国外的生物转化工艺趋向于高浓度底物转化。高浓度底物转化一般要求采用固体投料方式，将底物研磨成很细的粉末直接加入发酵液中进行转化。国内高浓度底物转化的例子有醋酸可的松的脱氢，投料浓度为 4%。由于底物的疏水性，在浓度较高时产物在发酵液中呈结晶析出，属于“拟结晶发酵”。

3. 甾体药物生物转化方法

根据转化时微生物状态的不同，可分下列几种方法进行反应。

（1）由生长细胞进行的转化　在菌体繁殖的适当阶段（中期或后期）添加底物，继续培养细胞，同时进行转化反应。

（2）由静态细胞进行的转化　菌体细胞培养阶段完成后，过滤或离心分离菌体，将收集到的菌体悬浮在水或适当的缓冲液中，加入底物，使其进行反应。该方法能自由调整反应液中底物和菌体细胞比例，同时转化产物中杂质较少，分离纯化比较容易。一次制成的静态菌液能够在低温下保持活性，故可简化操作。如诺卡菌氧化胆固醇时，湿菌体的酶活性可在-20℃以下长时间保持稳定。

（3）混合培养一步转化　将多步转化所需菌体细胞混合培养，一步转化底物得到目标产物。如有人在研究强的松龙（PLN）的生产中，以 17α，21-二羟基-4-孕甾烯-3，20-二酮为原料，利用新月弯孢霉（*Curvularia lunata*）和具有 1，2-脱氢能力的球形芽孢杆菌（*B. sphaerious*）混合培养一步转化得到产物脱氢氢化可的松，即 PLN，可简化中间产物化合物氢化可的松的分离过程，缩短生产周期，如图 4-40 所示。童望宇等在实验室应用蓝色犁头霉和简单节杆菌进行混合培养，从奥氏氧化物直接得到霉菌脱氢物。

（4）固定化菌体或固定化酶转化　利用固定化菌体或固定化酶对底物进行转化，已被应用于底物的单步和多步生物转化。该技术具有菌体细胞抗剪切能力强、固定化菌体或固定化酶可重复使用、转化过程可实现连续式反应以及转化产物易于分离纯化等优点。例如将简单节杆菌固定于骨胶原中，可长期保持菌体细胞稳定的催化活性。甾体化合物转化酶类大多为氧化还原酶，在酶反应时需要辅助因子，并需连续再生。因而，利用固定化酶转化甾体化合物时，必须首先考虑外加辅助因子及其再生方法，而外加辅助因子的固定化酶活力很低。例如，采用固定化酶催化可的松为脱氢皮质醇时，需外加辅酶，催化活性只有游离酶的7%。由于辅助因子的再生是一个复杂的难题，这就使固定化酶在甾体转化中的应用受到了限制。

（5）双水相系统转化法　该技术中成相介质的选取至关重要，它直接影响到底物和产物在两项中的分配。Flygare采用聚乙二醇、葡聚糖和聚乙烯吡咯烷、葡聚糖及Brij 35组成的双水相体系，利用分枝杆菌降解胆固醇侧链制备4-烯-3，17-二酮-雄甾（AD）和1，4-二乙烯-3，17-二酮-雄甾（ADD）的研究，菌体在上层的聚乙二醇或聚乙烯吡咯烷（富集）相有较高的转化活力，转化率最高达1.0mg/（g · h）。

（6）有机介质转化法　有机介质中微生物转化技术是近年来研究的热点，其优点在于转化产物易于分离。由于甾体化合物在有机介质中的溶解度与在水相中相比大大提高，因此可提高投料浓度，减少基质和产物对酶的抑制作用，从而提高转化率。两相体系由有机介质/发酵液或有机介质/缓冲液组成，体系中不同介质对菌体和酶活力的保留有很大的影响。

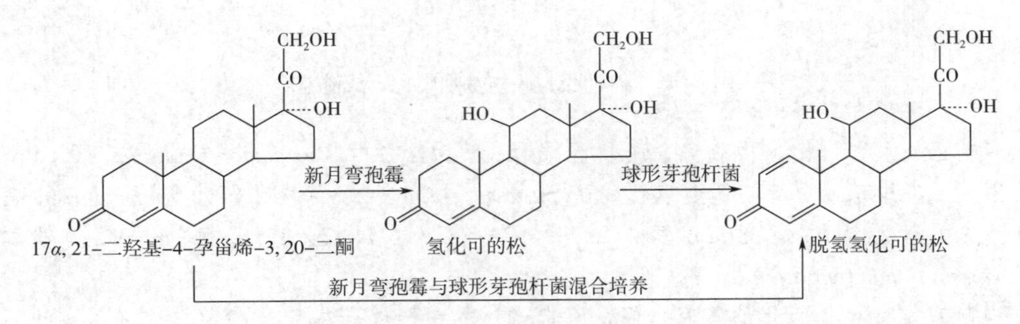

图4-40　新月弯孢霉菌（羟化）与球形芽孢杆菌（脱氢）的混合培养

甾体药物微生物转化不同于常规的发酵过程。甾体化合物在水相的低溶解性使传质成为影响转化率的重要因素。近年来还涌现出许多新的应用技术，如超临界技术、微乳化技术、超声波技术等，对增加底物溶解性、强化传质和提高过程转化率等有一定的效果。特别是新兴的有机介质中甾体药物微生物转化技术，有望解决转化过程中酶与底物“两相相处”难以有效接触转化的难题，因而更具有应用前景。但是要真正实现工业化应用，还需要发酵过程、化学过程、生化工程以及酶工程等技术的综合应用。

案例4-5　生物质色素的微生物转化

微生物生物合成是利用微生物细胞工厂的作用，在细胞内外酶系的作用下，实现前体物质的转化或通过从头合成制备目标产物的过程。微生物合成从本质上看是一系列生物催化过程。

靛蓝类色素是人类最早使用的色素之一，其生产方法一直是提取或化学合成。随着生物技术的发展，人们开始探索利用微生物生物合成靛蓝，以实现靛蓝的清洁生产。

微生物法转化吲哚合成靛蓝起始于20世纪初，1983年Ensley等发现，吲哚可被双加氧酶转化成3-羟基吲哚（吲哚酚），而3-羟基吲哚在接触空气后被氧化成靛蓝，如图4-41所示。由此，初步阐明了靛蓝生物转化的机制。

与靛蓝生物转化有关的酶主要是单加氧酶和双加氧酶。有的单加氧酶，通过参与甲苯和1-萘酚的代谢，形成靛蓝；有的单加氧酶，将吲哚催化为3-羟基吲哚，然后二聚化为靛蓝。在生物转化靛蓝过程中，其催化机制为催化吲哚形成双羟基酚，然后脱水形成吲哚酚，最后在空气中氧化聚合形成靛蓝。

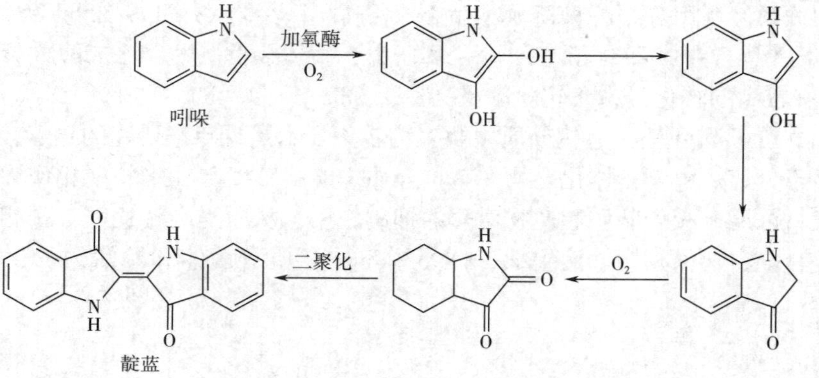

图4-41　以吲哚为底物生物转化合成靛蓝

目前已发现多种微生物能够合成靛蓝，如以萘为碳源的*Pseudomonas putida*菌株PpG7、降解甲苯、二甲苯或甲苯其他衍生物的*P. putida*菌株mt-2、降解甲苯的*P. mendocina*菌株KR1、降解苯乙烯的*P. putida*菌株S12和CA-3、以1，2，3，4-四氢化萘为碳源的*Sphingomonas macrogolitabida*等。

当前，靛蓝生物转化的研究已经从筛选自然界中能够合成靛蓝的菌株，发展到进行工程菌的构建，并从实验室研究开始进入工业化生产。但是在构建高效工程菌株、优化发酵参数、简化靛蓝提取过程等方面，仍然有待进一步的研究与开发。

4. 甾体生物转化工艺

甾体药物种类众多，但其生产工艺中微生物转化过程却有共同的特点，自然界中的多种微生物均能在化合物S的C_{11}位直接引入β-羟基合成氢化可的松，不同菌种的转化率如表4-7所示。

表4-7　　**不同菌种导入β-羟基的转化率**

菌种名称	氢化可的松（表氢化可的松）/%
Absidia orchidis	51~63（18~22）

续表

菌种名称	氢化可的松（表氢化可的松）/%
Gongronella urceolifera	50
Gumiinghamells blakesleana	70
Staclylidium bicolor	68（15）
Curvuiaria Lunata	64.5~74.2
Absidia orchidis（国内）	46（14）

氢化可的松为皮质激素类药物，又称皮质醇，化学名为11β，17α，21-三羟基孕甾-4-烯-3，20-二酮，它能影响糖代谢，并具有抗炎、抗毒、抗休克及抗过敏等作用，临床用途很广泛，主要用于肾上腺皮质功能不足、自身免疫性疾病（如肾病性慢性肾炎、系统性红斑狼疮、类风湿性关节炎）、变态反应性疾病（如支气管哮喘、药物性皮炎），以及急性白血病、眼炎及霍奇金淋巴瘤，也用于某些严重感染所致的高热综合治疗。作为天然皮质激素类药物，氢化可的松在临床上具有重要作用。皮质激素类药物按其疗效可分为三类：氢化可的松与醋酸可的松等属于短效药物；泼尼松龙与泼尼松等属于中效药物；地塞米松与倍他美松等属于长效药物。

目前国内外均采用醋酸化合物S，经犁头霉菌（*Absidia orchidis*）氧化合成氢化可的松的工艺路线。其中有副产物Cllα-羟基表氢化可的松产生，其比例一般为氢化可的松的1/3。制备过程如图4-42所示。

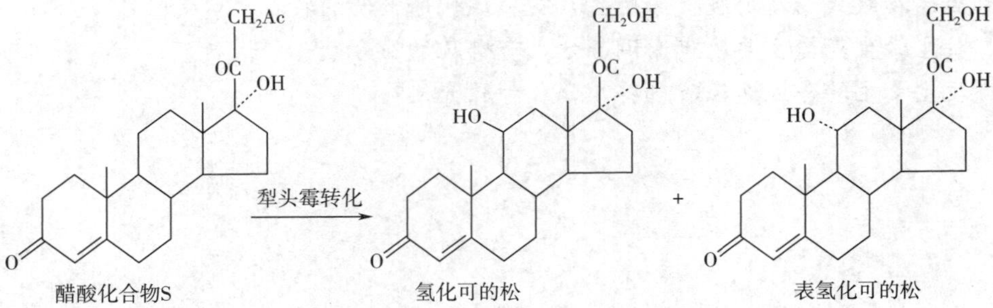

图4-42　氢化可的松生物合成示意图

图4-43中进行转化反应的微生物为犁头霉。先将该菌于26~28℃下培养7~9d，待菌丝生长丰满、孢子均匀、无杂菌生长，储存备用。在发酵培养基中，接入犁头霉菌孢子悬液，维持罐压5.88×10^4Pa，27~28℃通气搅拌条件下培养28~32h。加氢氧化钠溶液调pH至5.5~6.0，投入发酵液体积0.15%的转化底物（醋酸化合物S乙醇溶液），调节通气量，转化8~14h，再投入发酵液体积0.15%转化底物，继续转化40h，取样做比色试验，到达终点后，取转化发酵液滤除菌丝，滤液用醋酸丁酯多次萃取，合并萃取液，减压浓缩至适量，冷却至0~10℃，过滤、干燥得氢化可的松粗品。母液浓缩分离可得表氢化可的松。将粗品加入16~18倍8%甲醇-二氯乙烷溶液中，加热回流使其溶解，趁热过滤，滤液冷

至0~5℃，过滤、干燥，得氢化可的松（含表氢化可的松约3%）。上述分离物再加入16~18倍甲醇及活性炭脱色，加热回流使其溶解，趁热过滤。滤液冷至0~5℃，析出结晶、过滤、干燥、得氢化可的松，收率44%~45%。此工艺氢化可的松总收率约18.4%（对双烯醇酮质量计）。

我国利用犁头霉菌转化醋酸化合物S制备氢化可的松的转化率仅45%左右，而国际上已达87%~90%。底物投料浓度低是当前工艺存在的主要问题。有报道采用诱导羟化酶的方法能提高氢化可的松的收率，即在犁头霉菌培养初期，添加一定量底物作诱导剂对羟化酶进行预诱导，氢化可的松收率可由48.5%提高到68.6%。

思考题

1. 简述EMP途径的意义和特点。
2. 比较酵母菌酒精发酵和细菌酒精发酵的异同。
3. 简述同型乳酸发酵与异型乳酸发酵的区别。
4. 说明酒精发酵过程中产生甘油的原因。
5. 酒精发酵有哪些副产物?
6. 简述甲烷发酵的应用。
7. 如何控制柠檬酸发酵，使之大量积累?
8. 柠檬酸发酵中，生产菌的侧系呼吸链起什么作用?
9. 氨基酸发酵有何特点?
10. 为什么说谷氨酸发酵是建立在容易变动的代谢平衡上的?
11. 试从代谢途径说明如何控制谷氨酸发酵。
12. 简述初级代谢与次级代谢的关系及次级代谢产物的特征。
13. 抗生素生产菌主要的代谢调节方式有哪几种? 分别如何进行?
14. 抗生素生物合成途径有哪些? 合成步骤如何?

第五章　微生物反应动力学及生物反应器

微生物反应动力学研究微生物反应的规律。微生物反应过程中，菌体生长、基质消耗、产物生成等均具有内在联系，微生物反应动力学就是研究这些反应动力学参数特征、微生物生长过程中质量的平衡及环境因素对三者的影响，并建立相应的发酵动力学过程的数学模型，从而达到认识发酵过程规律、优化发酵工艺、提高发酵产量和效率的目的。另外设计合理的发酵过程，也必须以发酵动力学模型作为依据，利用计算机进行程序设计、模拟最合适的工艺流程和发酵工艺参数，从而使生产控制最优化。发酵动力学的研究还在为试验工厂比拟放大，为分批发酵过渡到连续发酵提供理论依据。微生物反应是在生物反应器中进行的，生物反应器是生物技术产品开发的关键设备，每一种生物反应获得的产品都离不开它，因此，生物反应器在生物产品的生产过程中起着非常重要的作用。20 世纪 70—80 年代，有人提出生化反应器（biochemical reactor）和生物学反应器（biological reactor）的概念，并逐渐被人们接受和大量运用。其含义除包括原有的厌氧和有氧传统的发酵罐外，还增加了酶反应器、废水生物处理反应器等。

第一节　微生物反应的基本原理

由于微生物代谢途径错综复杂，众多组分参与反应过程，并且在微生物生长的同时还伴随着代谢产物生成，因此要用标以正确系数的反应方程式表示反应组分转化为生成物的反应几乎是不可能的，并且微生物反应也不能完全用摩尔-摩尔的对应关系来表示其计量关系。

若把微生物反应视为生成多种产物的复合反应，将所有产物分为细胞本身和代谢产物两大类，则微生物反应可定性地表示为：

营养物————→细胞+代谢物

（C 源、N 源、无机盐等）　（目的产物、CO_2、细胞、其他副产物）

上式只表示物质变化的情况，但对于由 C、H、O 构成的碳源与以含氮物质作为氮源组成的培养基，通过需氧微生物反应，只生成 CO_2、H_2O 和另外一种产物时，只能建立关于化学元素的平衡方程式。用元素平衡的方法来寻求其计量关系将是十分复杂的。因此，在微生物的生长和产物的形成过程中，发酵培养基中的营养物质被微生物细胞所利用，生成细胞和形成代谢产物，人们提出了一种简单的方法，通过引入基本的概念、方式、模型等，用于描述微生物生长过程计量关系以及微生物代谢活动的过程。

一、微生物反应的本质和特征

在微生物反应过程中，极小的微生物却扮演着重要的角色。微生物是反应过程的生物催化剂，它通过细胞膜摄取发酵培养基中的营养物质，通过体内的特定酶系进行复杂的生化反应，把基质转化为有用的产品。同时，所有的生物化学反应都是在细胞内进行的，反应产物又通过细胞膜被释放出来。因此，微生物的特征及其在反应过程中的变化，将是影响微生物反应过程中的关键因素。

1. 微生物反应是酶催化的反应体系

微生物体内所进行的一切反应，统称为微生物代谢作用。在微生物反应过程中，一方面在体内经过各种化学反应把从外界摄取的营养物质转化为微生物自身的组成物质，即同化作用；另一方面微生物体内的组成物质不断分解成代谢物而排出体外，即异化作用。从简单的小分子物质转化为较复杂或较大物质的合成过程是需要能量的；而分解作用所形成的小分子物质又可作为合成细胞的原料，同时伴随着能量的释放。因此，通过分解与合成作用，可以使生物体内保持物质和能量的自身平衡。生物体内的代谢作用正是由这种无数错综复杂的反应组成的，而且生物体内的一切反应几乎都是在酶的催化作用下进行的，没有酶生物反应就无法进行。但是微生物反应与酶反应有着明显的不同，酶催化反应如同化学催化反应一样，仅为分子水平的反应，而且在酶催化反应过程中，酶本身不能进行再生产；而微生物反应为细胞与分子之间的反应，并且在反应过程中，细胞能自己进行再生产，在反应进行的同时，细胞也得到了生长。

2. 微生物反应过程复杂

在微生物反应体系中，有细胞生长、基质消耗和产物形成三个方面，这三者的动力学规律既有联系，又有明显的差别，它们各自有自己的最佳反应条件。如青霉素生产中，菌体生长的最适温度为30℃，而产物合成的最适温度为24.7℃，因此，在发酵过程中应分别控制温度，满足微生物不同时期的需求。在微生物反应过程中，由于存在多种代谢途径，因而在不同的条件下，会得到不同的产物，这对菌种的选择和培养、反应条件的确定等都提出了苛刻的要求，增加了反应过程的复杂性。此外，在微生物反应中，细胞的形态、组成、活性都处在一动态变化过程。从细胞的组成分析，它包含有蛋白质、脂肪、碳水化合物、核酸等，这些成分的含量也随着环境条件的变化而发生变化。

3. 微生物反应的动力学特征

微生物细胞进行的反应与一般物理和化学过程不同，它具有其独特的动力学特征，主要特征有下述几点。

（1）胞内反应是一个非常复杂的反应体系。细胞内具有复杂的代谢系统，反应具有多样性和复杂性。细胞生长的同时，还向环境释放各种代谢产物，这些导致了细胞反应过程产品的多样性，反应过程中既有目标产物又有代谢副产物，反应过程的调控困难，产物分离过程复杂。

（2）细胞反应是典型的自催化反应。细胞是该反应的主体，细胞既是催化反应的催化剂，同时又是一个微反应器。细胞生长、繁殖代谢是一个复杂的生物化学过程，既包括细胞内的生化反应，也包括胞内与胞外的物质交换，还包括胞外的物质传递及反应。

（3）细胞反应过程为一动态过程。细胞的培养和代谢还是一个复杂的群体的生命活动，通常1mL培养液中含有$10^4 \sim 10^6$个细胞，每个细胞均经历生长、成熟直至衰老的过程，同时还伴随退化、变异；细胞在生长的过程中，其胞内各种成分的含量又是不断变化的。因此，细胞的生长反应特征及其变化是影响细胞反应过程的主导因素。

（4）细胞反应体系具有多相、多组分特点。多相是指反应体系有气相、液相以及菌体（固）相，相间存在复杂的传递现象；多组分是指培养液中有多种营养物质和代谢产物，胞内又有不同生理功能的物质。

（5）细胞反应动力学模型呈现高度的非线性和强烈的时变性。非线性是指其动力学模型很难用线性方程来描述；时变性是指其动力学模型参数或在反应进行时，或随着反应批次不同而常变化不定，同时细胞反应过程中，大多数变量，如生物量、营养物质浓度、代谢产物的浓度等目前还难以实现精确的在线测量，并且存在响应速率慢的时间滞后特征。

二、微生物反应过程基本概念

得率系数（Y）即生成的细胞或产物与消耗的营养物质之间的关系。在实际工作中，最常用的是细胞得率系数（$Y_{X/S}$）和产物得率系数（$Y_{P/S}$），分别定义为消耗 1g 营养物质生成的细胞的质量（g）和生成产物的质量（g）。

1. 得率系数

细胞反应的得率系数，常用 $Y_{i/j}$ 来表示，是指在细胞反应中，细胞利用基质所产生的细胞物质和代谢产物与基质消耗量之间的一种数量比值。利用细胞得率系数，不仅能对细胞消耗基质并将其转化为细胞自身的代谢产物的能力进行评价，还可以将细胞生长、基质消耗和产物之间形成动力学关联。因此，得率系数是描述细胞反应过程的一个重要参数。对于特定的微生物而言，得率系数是一个常数，有的情况下，可以明确说明是对于某种特定的参数而言的，因此，不同得率系数的意义不同。

（1）细胞生长的得率系数　以基质消耗为基准的细胞生长的得率系数，可表示为 $Y_{X/S}$，单位为 g/g 或 g/mol（细胞/基质）：

$$Y_{X/S}=\frac{\text{生成细胞的量}}{\text{消耗基质的量}}=\frac{\Delta c(X_m)}{-\Delta c(S_m)}$$

分批发酵时，发酵液中的细胞浓度和基质浓度随着反应时间而变化，$Y_{X/S}$ 一般不为常数，在某一瞬间的得率系数为瞬时得率系数（或称为微分得率），可表示为：

$$Y_{X/S}=\frac{dc(X_m)}{-dc(S_m)} \tag{5-1}$$

总的细胞得率可以表示为：

$$Y_{X/S}=\frac{c_t(X)-c_0(X)}{c_t(S)-c_0(S)} \tag{5-2}$$

式中　$c_0(X)$、$c_t(X)$ ——反应开始和结束细胞的浓度，g/L

$c_0(S)$、$c_t(S)$ ——反应开始时和结束时基质的浓度，g/L

$Y_{X/S}$ 值与微生物和基质的种类以及反应条件等因素有关。在不同的培养环境下，对于相同的菌种、同一培养基，好氧培养的 $Y_{X/S}$ 值往往大于厌氧培养；同一菌株在复合培养基中所得的细胞得率值最大，其次是合成培养基，最小为基本培养基。

一些微生物的得率系数如表 5-1 所示。

表 5-1　　一些微生物的得率系数

微生物	碳源	$Y_{X/S}$/（g/g）	$Y_{X/O}$/（g/g）
产气杆菌（*Aerobacter aerogenes*）	麦芽糖	0.46	1.50
	甘露糖醇	0.52	1.18
	果糖	0.42	1.46
	葡萄糖	0.40	1.11
	核糖	0.35	0.98
	琥珀酸	0.25	0.62
	甘油	0.45	0.97
	乳酸	0.18	0.37
	丙酮酸	0.20	0.48
	醋酸	0.18	0.31
产朊假丝酵母菌（*Candida utilis*）	葡萄糖	0.51	1.32
	醋酸	0.36	0.70
	乙醇	0.68	0.61
产黄青霉菌（*Penicillium chrysogenum*）	葡萄糖	0.43	1.35
荧光假单胞菌（*Pseudomonas fluorescens*）	葡萄糖	0.38	0.85
	醋酸	0.28	0.46
	乙醇	0.49	0.42
红假单胞菌属（*Rhodopseudomonas* sp.）	葡萄糖	0.45	1.46
酿酒酵母（*Sacharomyces cerevisiae*）	葡萄糖	0.50	0.97
克雷伯菌属（*Klebsiella* sp.）	甲醇	0.38	0.56
甲基单胞菌（*Methylomonas* sp.）	甲醇	0.48	0.53
	甲烷	1.01	0.29
假单胞菌属（*Pseudomonas* sp.）	甲醇	0.41	0.44
	甲烷	0.80	0.20
甲烷假单胞杆菌（*Pseudomonas methanica*）	甲烷	0.56	0.17

当培养基为碳源时，不管培养条件如何，一部分碳源被同化为细胞的组成成分，其余被异化分解为 CO_2 和代谢产物。如果从碳源到菌体的同化作用来看，可用 Y_G 表示以碳源的消耗为基准的细胞得率，即：

$$Y_G=\frac{\text{细胞生产量}\times\text{细胞含碳量}}{\text{基质消耗量}\times\text{基质含碳量}}=\frac{\Delta c\ (\mathrm{m_x})\ \sigma_x}{-\Delta c\ (\mathrm{m_s})\ \sigma_s}=Y_{S/X}\frac{\sigma_x}{\sigma_s} \tag{5-3}$$

Y_G值一般小于1，其中σ_x和σ_s分别表示单位质量细胞和单位基质中所含碳元素的量。由于Y_G定义式中细胞的生成与基质的消耗都是对于同一种基准物质碳源而言的，因此，Y_G要比$Y_{X/S}$更加合理。

类似的还有以氧的消耗为基准的菌体生长的得率系数，可表示为$Y_{X/O}=\dfrac{\Delta c(X)}{\Delta c(O_2)}$或$Y_{GO}=\dfrac{\Delta c(X)}{\Delta c(O_2)}$。

微生物进行细胞合成、物质代谢和能量输送等活动中，所需能量是由基质的氧化而获得的，但这些能量并不能全部被利用，在基质氧化所产生的自由能中仅以ATP形式回收的能量才可作为生命活动的能量，其余作为反应热（代谢热）排出反应系统。因此，以基质异化代谢产生ATP为基准生成的细胞量的细胞得率可表示为$Y_{ATP}=\dfrac{\Delta c(X)}{\Delta c(ATP)}$。通过$Y_{ATP}$，则能把细胞生长得率与细胞内的代谢相关联。在复合培养基进行厌氧培养，以葡萄糖为能源，氨基酸为氮源，则基于葡萄糖的细胞得率为21g/mol葡萄糖。若经葡萄糖糖酵解途径（EMP），每分子葡萄糖可得2ATP，即：

$$Y_{ATP}=\frac{21\text{g（细胞）/mol（葡萄糖）}}{2\text{ATP/mol（葡萄糖）}}=10.5\text{（细胞）/ATP}$$

有关研究发现，许多微生物的Y_{ATP}值大致相同，即Y_{ATP}值与微生物、底物种类无关，可认为$Y_{ATP}\approx 10$g细胞/molATP，并将该值视为细胞生长的普遍特征值，因此，$Y_{X/S}=Y_{ATP}\dfrac{dc(ATP)}{dc(S)}=10Y_{ATP/S}$。在这种条件下，可以认为细胞生长与能量代谢相耦联，即ATP的生长速率为细胞合成的限制因素。而在另一些条件下，如培养基中缺乏维生素或微量元素或存在有毒物质的积累，则ATP的消耗与细胞生长之间不需耦联，Y_{ATP}将低于10g/mol。

好氧反应中，除底物水平磷酸化生成ATP外，还通过氧化磷酸化生产大量的ATP。氧化磷酸化反应的速率常采用其被酯化的无机磷酸分子数和此时消耗的原子数之比（简称P/O）来表示，即每消耗1个氧原子生成ATP分子数的数量来表示。一般酵母的P/O约等于1.0，细菌为0.5~1.0。

在微生物发酵过程中，可以用Y_{kj}表示微生物对能量的利用情况，以能量的消耗为基准的菌体生长的得率系数。

$$Y_{kj}=\frac{\Delta c(X)}{\Delta c(E)}=\frac{\text{细胞的生产量}}{\text{细胞储存的自由能（}E_a\text{）+分解代谢所释放的自由能（}E_b\text{）}}\tag{5-4}$$

其中E_a采用干细胞的燃烧热，其值ΔH_a为-22.15kJ/g，E_b可采用所消耗的碳源和代谢产物各自的燃烧热之差来计算。多数微生物在好氧培养时的Y_{kj}值为0.028g/kJ，在厌氧培养时为0.031g/kJ。

（2）产物形成的得率系数　以基质消耗为基准的产物形成的得率系数，可表示为$Y_{P/S}$，$Y_{P/S}=\dfrac{\Delta c(P)}{-\Delta c(S)}$，在某一瞬间的产物得率称为瞬时得率（或称为微分得率），其定义式：$Y_{P/S}=\dfrac{dc(P)}{-dc(S)}$，总的产物得率可以写成：$Y_{P/S}=\dfrac{c_t(P)-c_0(P)}{c_t(S)-c_0(S)}$，$c_0(P)$、$c_0(S)$分别为发酵开始时产物和基质的质量浓度，$c_t(P)$、$c_t(S)$分别为反应结束时细胞和基质的质量浓度。由于发酵开始时没有产物，因此 $c_0(\mathrm{P})$ 为零，产物形成的得率系数可表示为：

$$Y_{\mathrm{P/S}}=\frac{c_t(\mathrm{P})}{c_t(\mathrm{S})-c_0(\mathrm{S})} \tag{5-5}$$

如果以碳源的消耗为基准评价得率系数，Y_{P} 可以写成：

$$Y_{\mathrm{P}}=\frac{\text{产物生产量}\times\text{产物含碳量}}{\text{基质消耗量}\times\text{基质含碳量}}=\frac{\Delta c(\mathrm{P})}{-\Delta c(\mathrm{S})}\frac{\delta_{\mathrm{P}}}{\delta_{\mathrm{S}}}=Y_{\mathrm{P/X}}\frac{\delta_{\mathrm{P}}}{\delta_{\mathrm{S}}} \tag{5-6}$$

δ_{P} 和 δ_{S} 分别为单位质量产物和单位基质中所含碳元素的量。

产物形成的得率系数是对碳源等基质消耗后生成产物的潜力进行定量评价的重要参数。若以细胞的生长为基准，则得率系数可表示为：

$$Y_{\mathrm{P/X}}=\frac{\Delta c(\mathrm{P})}{\Delta c(\mathrm{X})} \tag{5-7}$$

同理，以基质消耗为基准的 CO_2 形成的得率系数，可表示为：

$$Y_{\mathrm{CO_2/S}}=\frac{\Delta c(\mathrm{CO_2})}{-\Delta c(\mathrm{S})} \tag{5-8}$$

2. 维持因子

维持指细胞没有实质性的增长和胞外代谢产物的合成情况下的生命活动。用于“维持”的物质代谢称为维持代谢，代谢释放的能量称为维持能，此时没有物质的净合成。维持因子（m）是微生物的一种特性，指单位质量的干菌体在单位时间内因维持代谢消耗的基质量，单位为 mol/（g·h）。对于特定条件，m 是一个常数，其值越低，微生物的能量代谢效率越低。维持因子可表示为：

$$m=\frac{1}{c(\mathrm{X})}\left[-\frac{\mathrm{d}c(\mathrm{S})}{\mathrm{d}t}\right]_m \tag{5-9}$$

三、微生物反应速率的描述

对一个微生物反应过程进行动力学描述，其有关变量必须是可测量的，如基质量、耗氧量、细胞量、产物量、CO_2以及反应热等。要描述其消耗速率和积累速率，常用两种速率的概念：绝对速率和比速率。绝对速率表示在恒温和恒容的情况下，这些组分的生长、消耗和生成的绝对速率值。而比速率是为了对不同反应的动力学进行比较而定义的。

1. 菌体比生长速率

微生物进行生物反应，其动力学描述常采用群体来表示。微生物群体的生长速率反映了群体生物量的生长速率。因此，菌体量的生长概念是生产速率的核心。菌体量一般指其干重，在液体培养基中的群体生长速率通常用单位体积来表示，指单位体积、单位时间里生长的菌体量。在表面上的群体生长，其生长速率应以单位表面积来表示，生长的微生物群体存在着细胞大小的分布。由于单细胞的生长速率与细胞的大小直接相关，因此也存在生长速率分布。

下面所讨论的微生物生长速率是指具有这种分布的群体平均值。群体的繁殖速率是群体的各个新单体的生长速率。微生物群体的生长速率可表示如下：

$$r_{\mathrm{X}}=\frac{\mathrm{d}c(\mathrm{X})}{\mathrm{d}t} \tag{5-10}$$

式（5-10）即瞬时微生物的增量。微生物的生长速率 r_{X} 与微生物的浓度的变化率成正比，单位为 g/（L·h）。

若以比生长速率表示单个菌体的变化，则在平衡条件下，比生长速率 μ 的定义式为：

$$\mu=\frac{1}{c(\mathrm{X})}\frac{\mathrm{d}c(\mathrm{X})}{\mathrm{d}t} \tag{5-11}$$

由式（5-11）可得 $\frac{\mathrm{d}c(\mathrm{X})}{\mathrm{d}t}=\mu c(\mathrm{X})$，可见比生长速率 μ 除受细胞自身遗传信息支配外，还受环境因素的影响。

2. 基质比消耗速率

以菌体得率系数为媒介，可确定基质的消耗速率与生长速率的关系。基质的消耗速率 r_{S} 可表示为：

$$-r_{\mathrm{S}}=\frac{\mathrm{d}c(\mathrm{S})}{\mathrm{d}t}=\frac{r_{\mathrm{X}}}{Y_{\mathrm{X/S}}} \tag{5-12}$$

式中　$Y_{\mathrm{X/S}}$——菌体得率系数，g/mol

基质的消耗速率常以单位菌体来表示，称为基质的比消耗速率，以 r 来表示：

$$r=-\frac{r_{\mathrm{S}}}{c(\mathrm{X})}=-\frac{1}{c(\mathrm{X})}\frac{\mathrm{d}c(\mathrm{S})}{\mathrm{d}t} \tag{5-13}$$

根据式（5-11）和式（5-13），可得菌体比生长速率和基质比消耗速率之间的关系：

$$-r=\frac{\mu}{Y_{\mathrm{X/S}}} \tag{5-14}$$

当以氮源、无机盐、维生素等为基质时，由于这些成分只能构成菌体的组成成分，不能成为能源，$Y_{\mathrm{X/S}}$ 近似一定，所以上式能够成立。但当基质既是能源又是碳源时，就应考虑维持能量。

碳源总消耗速率=用于生长的消耗速率 + 用于维持代谢的消耗速率

$$-r_{\mathrm{S}}=\frac{1}{Y_{\mathrm{G}}}r_{\mathrm{X}}+m\cdot c(\mathrm{X}) \tag{5-15}$$

式中　m——基质维持代谢系数，mol/（g 菌体·h）

$-r_{\mathrm{S}}$——碳源总消耗速率，mol/（L·h）

r_{X}——菌体生成速率，g/（L·h）

Y_{G}——消耗碳源用于菌体生长的得率系数，g/mol

两边同除以 $c(\mathrm{X})$，则：

$$-r=\frac{1}{Y_{\mathrm{G}}}\mu+m \tag{5-16}$$

式（5-16）作为连接 r 和 μ 的关联式，可看作是含有两个参数的线性模型。r 对 μ 的依赖关系可一般化为：

$$-r=g(\mu) \tag{5-17}$$

式（5-17）也间接表明了 r 对环境的依赖关系。

氧是微生物细胞成分之一，同时也是一种基质，氧的消耗速率与生长速率有如下关系：

$$r_{\mathrm{O_2}}=\frac{\mathrm{d}c(\mathrm{O_2})}{\mathrm{d}t}=\frac{r_{\mathrm{X}}}{Y_{\mathrm{X/O}}} \tag{5-18}$$

式（5-18）中，$\mathrm{d}c(\mathrm{O_2})$ 为溶解氧浓度。在好氧微生物发酵过程中对氧的衡算式为：

$$\frac{dc(O_2)}{dt}=k_La\ (c^*-c_L)\ -Q_{O_2}c(X) \tag{5-19}$$

式中 k_L——液膜氧传质系数，m/h

a——比表面积，m^2/m^3

c^*——氧在水中的饱和浓度，mmol/L

c_L——发酵液中氧浓度，mmol/L

Q_{O_2}——氧的比消耗速率，也称比呼吸速率或呼吸强度

Q_{O_2}可以用下式表示：

$$Q_{O_2}=\frac{\mu}{Y_{GO}}+m_O \tag{5-20}$$

式中 Y_{GO}——相对氧的生长得率系数，g/mol

m_O——氧维持常数，h^{-1}

3. 代谢产物的比生成速率

由微生物反应生成的代谢产物种类很多，并且微生物细胞内的生物合成途径与代谢调节机制各有特色，因此很难用统一的生成速率模式来表示。代谢产物有的分泌于培养液中，也有的保留在细胞内，因此讨论代谢生成速率时有必要区分不同的情况。

与生长速率与底物消耗速率相同，代谢产物的生成速率，可记为 r_P；当以单位质量为基准时，称为产物的比生成速率，记为 Q_P，相关式为：

$$Q_P=\frac{r_P}{c\ (X)} \tag{5-21}$$

CO_2不是目的代谢产物，但是，在微生物反应中是一定会产生的。CO_2的 Q 值，常表示为 Q_{CO_2}。好氧微生物反应中，CO_2相对于氧的消耗，又称为呼吸商 RQ。

$$RQ\equiv\frac{\Delta CO_2}{(-\Delta O_2)}\equiv\frac{r_{CO_2}}{(-v_{O_2})}\equiv\frac{Q_{CO_2}}{(-Q_{O_2})} \tag{5-22}$$

四、微生物生物反应模式

1. 根据细胞生长与产物形成之间的关系分类

（1）生长耦联型　产物生成速率与细胞生长速率有紧密联系，合成的产物通常是分解代谢的直接产物，如葡萄糖厌氧发酵生成乙醇，或者好氧发酵生成中间代谢物（氨基酸或维生素）。这类初级代谢产物的生产速率与生长直接有关。

（2）非生长耦联型　在生长和产物无关联的发酵模式中，细胞生长时，无产物，但细胞停止生长后，则有大量产物积累，产物生成速率只与细胞积累量有关。产物合成发生在细胞生长停止之后（即产生于次级生长），故习惯上把这类与生长无关联的产物称为次级代谢产物，但不是所有次级代谢产物一定是与生长无关联的。大多数抗生素和微生物毒素的发酵都是非生长耦联的例子，其生产速率只与已有的菌体量有关，而比生产（产物）速率为一常数，与比生长速率没有直接关系。因此，其产率和浓度高低取决于细胞生长期结束时的生物量。

（3）混合型　生长与产物生成部分相关，这种情况往往是培养基中可能存在某种阻抑物，当菌体生长一段时间后，阻遏解除了，产物才能开始积累，许多产物合成都是以该种

模式进行的。

需要说明的是，菌体生长与产物合成的模式不是一直不变的，在培养基成分发生变化的情况下，可能会由于某种物质的作用，而使模式发生转换。

2. 根据产物生成与基质消耗之间的关系分类

（1）类型Ⅰ　产物的形成直接与基质（糖类）的消耗有关，产物合成与糖类的利用之间有准确的化学计量关系，糖提供了生长所需的能量。糖耗速度与产物合成速度是直接相关的，如酵母菌在厌氧条件下，酵母菌生长和产物合成是平行的过程；在通气条件下培养酵母时，底物消耗的速度和菌体细胞合成的速度是反向平行的，这种形式也称为有生长联系的培养。

（2）类型Ⅱ　产物的形成间接与基质（糖类）的消耗有关，例如柠檬酸、谷氨酸发酵等。即基质的消耗与产物合成是部分相关的。糖既满足细胞生长所需能量，又充作产物合成的碳源。但在发酵过程中有两个时期对糖的利用最为迅速，一个是最高生长时期，另一个是产物合成最高的时期。如在用黑曲霉生产柠檬酸的过程中，发酵早期糖被用于满足菌体生长，直到其他营养成分耗尽为止，然后代谢进入使柠檬酸积累的阶段，产物积累的数量与利用糖的数量有关，这一过程仅得到少量的能量。

（3）类型Ⅲ　产物的形成显然与基质（糖类）的消耗无关，例如青霉素、链霉素等抗生素发酵。即产物是微生物的次级代谢产物，其特征是产物合成与利用碳源无准量关系，产物合成在菌体生长停止时才开始。此种培养类型也称为无生长联系的培养。图 5-1 所示为一个典型产物的分批发酵中反应速率随时间变化的情况。

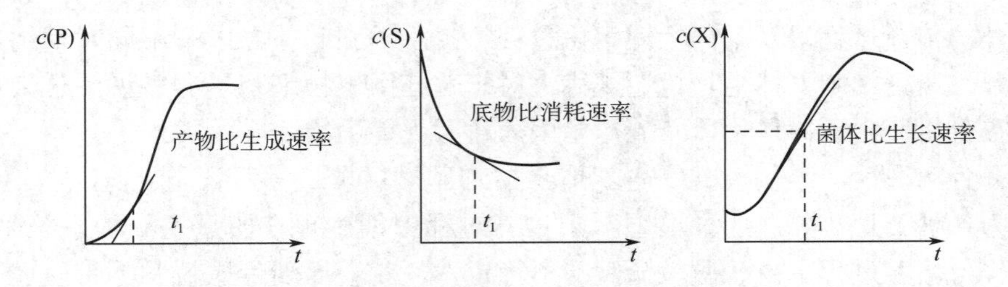

图 5-1　发酵过程产物比生成速率、底物比消耗速率和菌体比生长速率的变化

五、微生物反应动力学模型分类

1. 微生物生命活动的基本假设

微生物生命活动的基本假设包括代谢能支撑假设、代谢网络假设和细胞经济假设以及以它们为前提做出的推理，它们构成了一个完整的思想体系。第一假设反映了微生物生命活动的前提，即代谢能的持续供应，从生物能学和代谢能对生命活动的支撑的角度认定微生物细胞是代谢能转换器；第二假设体现了微生物生命活动的内容，即能量、物质的转化关系，从生物化学和代谢的角度认定微生物细胞是生化反应器和生物材料加工器；第三假设揭示了微生物生命活动的法则，从生物信息学的角度认定微生物细胞是生物信息编码器、信息传感器和信息处理器。这三个基本假设从三个不同的角度来分析同一个问题——微生物的生命活动的问题，体现了三者的相互联系和相互协调。能量代谢需借助代谢网络

来实现，代谢网络的运行需要代谢能的支撑，能量代谢和物质代谢相互交叉，并且都受细胞经济规律的规范和制约。代谢网络中代谢物的流动依赖于代谢能支撑，受制于细胞经济规律；而对代谢能支撑和细胞经济的研究，又必须借助于它们的载体-代谢网络。三个假相互支持、相互制约、相互补充，构成为一个有机整体，完成不同的生命活动。

2. 微生物反应动力学模型的分类

根据上述的分析，要对这样一个复杂的体系进行精确的描述几乎是不可能的。在建立微生物细胞反应动力学模型时，为了工程上的应用，需要进行合理的简化，在简化的基础上建立过程的物理模型，再据此推出数学模型。

对细胞群体进行的简化多基于是否考虑细胞内部复杂的结构和是否考虑细胞之间的差别两个方面的考虑。通过简化，得到如图 5-2 所示的四种模型。

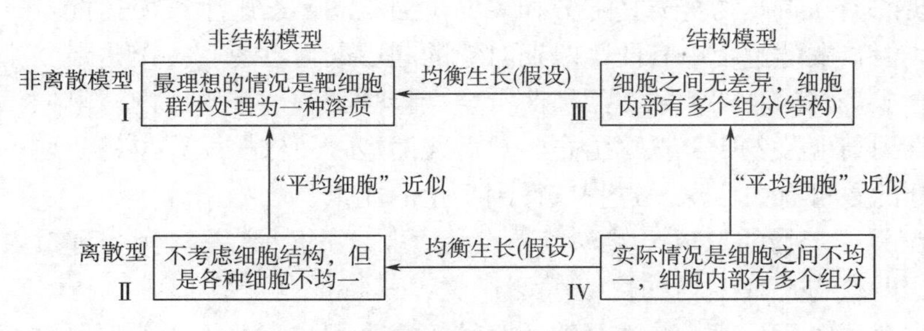

图 5-2　微生物反应动力学模型描述

模型Ⅰ为非离散非结构模型，即均衡生长模型，基本依据是平衡生长的假设。模型回避细胞内外的传递过程以及胞内生理生化过程，忽略细胞间差异以及不同时期组成与代谢特征的差异，研究细胞群体生长代谢规律。对于普通微生物细胞培养来说，这类模型已经足够，但在分析胞内诱导作用以及外源基因表达时无能为力。

模型Ⅱ为离散而非结构模型。培养体系中细胞被区分成多种不同形态、功能的类型，细胞总量为各种类型总和。这种模型对于培养过程中细胞存在明显差异的系统是适合的。例如，工程菌培养过程中由于质粒分配的不稳定性，就会出现带质粒和不带质粒的两种细胞类型，其生理行为存在较大的差异。

模型Ⅲ为结构而非离散型。细胞被分隔成多个不同功能部分，各部分相互协调作用，完成细胞的各种生理功能。由于考虑到胞内不同功能部分的代谢和相互作用，这类模型对分析细胞代谢调控很有应用价值。基因工程菌由于携带外源基因，通过分析外源基因与宿主的相互关系，对工程菌培养过程的优化控制具有指导作用。

模型Ⅳ是离散结构模型，是细胞培养过程中的实际情况。目前这类模型主要是模拟单个细胞内的生化反应体系，进而通过单细胞模型的不同组合来建立高层次的离散结构模型，用来描述细胞群体的生长过程。

在发酵过程中，微生物反应体系复杂，模型需合理的简化内容有几点。第一，微生物反应动力学是对细胞菌体的动力学行为的描述，而不是对单一细胞。所谓细胞群体是指细胞在一定条件下的大量聚集在一起组成的群体。第二，不考虑细胞之间的差别，而是取其性质上的平均值。在此基础上建立的模型称为确定论模型，否则为概率论模型，目前一般取前者。第三，细胞组成复杂，含有蛋白质、脂肪、碳水化合物、核酸、维生素等，而且成分的含量随环境发生变化，如果考虑这些因素建立模型，则称为结构模型，能够从机制上描述细胞的动态行为，一般选取RNA、DNA、糖类及蛋白质的含量作为过程变量，将其表示为细胞组成的函数。但是，由于微生物反应过程极其复杂，加上检测手段的限制，以致缺乏可直接用于在线确定反应系统状态的传感器，给动力学研究带来了困难，致使结构模型的应用受到了限制。

如果把菌体视为单组分，则环境的变化对菌体组成的影响可被忽略，在此基础上建立的模型称为非结构模型。它是在实验研究的基础上，通过物料衡算建立起经验或半经验的关联模型。在细胞生长的过程中，如果细胞内各种成分均以相同的比例增加称为均衡生长。如果由于细胞各组分的合成速度不同而使各组分增加的比例也不同，则称为非均衡生长。从模型的简化考虑，一般采用均衡生长的非结构模型。

六、微生物发酵操作方式

微生物发酵过程复杂，操作方式多样，分类较多。根据微生物对氧的需求不同可分为好氧发酵、厌氧发酵和兼性厌氧发酵；根据培养基的形态可分为固态发酵、液态发酵和半固态发酵；按照培养基的装载方式有薄层发酵和深层发酵。其中研究和应用较多的是液体深层发酵，在这种发酵过程中，依据操作方式不同可分为分批发酵、补料分批发酵和连续发酵。

1. 分批发酵

发酵工业中常见的分批发酵（batch fermentation，BF）是单罐深层分批发酵。分批发酵又称为间歇发酵，是指将一定量的培养基一次性地加入发酵罐中，接种后发酵一段时间，一次性地排出成熟发酵液的培养方式。因此每一个分批发酵过程中微生物都经历接种、生长繁殖、菌体衰老直至结束发酵，最终提取出发酵产物。这一过程在某些培养液的条件支配下，微生物经历着由生到死的一系列变化阶段，在各个变化的进程中都受到菌体本身特性的制约，也受周围环境的影响。只有正确认识和掌握这一系列变化过程，才有利于控制发酵生产。

分批发酵有如下的特点：①微生物经历不同的生长阶段，各阶段生理、代谢特征明显；②微生物所处的环境是不断变化的；③发生杂菌污染能够很容易终止操作，当运转条件发生变化或需要生产新产品时，易改变处理对策；④对原料组成要求较粗放，但原料的利用率较低；⑤每一批发酵都要进行设备的清洗、培养基灭菌等操作，拉长了非生产时间，降低了设备利用率低和发酵效率。

分批发酵是一个封闭的发酵过程，初始限制量的基质在系统中不断被消耗，使生物细胞处于一个典型的非稳态过程。根据菌体浓度随发酵时间的变化情况，微生物生长过程经历典型的四个阶段，同时，细胞代谢过程也产生一定规律的变化。从产物形成来说，代谢变化反映菌体生长、发酵参数和产物形成这三者之间的关系，如果把它们随时间的变化过程绘制成图，就成为所谓的“代谢曲线”。

2. 补料分批发酵

补料分批发酵（fed-batch fermentation，FBF）是指在分批培养过程中，间歇或连续地补加新鲜培养基的方式，可在获得较高的产品得率的同时有效地利用培养基组分，是分批发酵和连续发酵之间的一种过渡性操作，又称半连续发酵或半连续培养。补料分批发酵现已成功用于氨基酸、抗生素、有机酸、酶以及激素等产品的生产中。补料分批发酵兼有分批发酵和连续发酵的优点，并克服了两者的缺点，已有研究结果表明，FBF 对微生物发酵有下列几个基本作用。

（1）可以控制抑制性底物的浓度　在微生物发酵中，要想得到高密度的生物量，需要投入几倍的基质。有的基质是合成产物必需的前体物质，但微生物的生长受到基质浓度的影响，基质浓度过高，就会影响菌体代谢或产生毒性，使产物产量降低。有的是受到溶解度小的限制，达不到应有的浓度而影响转化率，如甾类化合物转化中，因它们的溶解度小，使基质的浓度低，造成转化率不高。

按 Monod 方程，当营养物浓度增加到一定量时，生长就显示饱和型动力学，再增加营养物浓度，就可能产生基质抑制作用，导致停滞期延长，比生长速率减小，菌体浓度下降等。所以高浓度营养物对大多数微生物生长是不利的，可能有多种原因：①有的基质过浓使渗透压过高，细胞因脱水而死亡；②因某种或某些基质对代谢关键酶或细胞组分产生抑制作用，如高浓度苯酚（3%～5%）可凝固蛋白质，乙醇浓度高于 10%时，抑制细胞生长；③由于高浓度基质还会改变菌体的生化代谢而影响生长等。

为了在分批培养中获得高浓度菌体或产物，必须在基础培养基中防止有过高浓度的基质或抑制性底物，采用 FBF 方式，就可以控制适当的基质浓度，解除其抑制作用，又可得到高浓度的产物。

（2）可以解除或减弱分解代谢物的阻遏　在微生物合成初级或次级代谢产物中，有些合成酶受到易利用的碳源或氮源的阻遏，特别是葡萄糖，它能够阻抑多种酶或产物的合成，如纤维素酶、赤霉素、青霉素等。已知这种阻遏作用不是葡萄糖的直接作用，而是由葡萄糖的分解代谢产物所引起的。通过补料来限制基质的浓度，就可解除酶或其产物的阻遏，提高产物得率。如缓慢流加葡萄糖，纤维素酶的产量几乎增加 200 倍；将葡萄糖浓度控制在 0.02%水平，赤霉素浓度可达 905mg/L；采用流加葡萄糖的技术，可明显提高青霉素的发酵单位等。这都是利用发酵技术解决分解产物阻遏的实际应用。在植物细胞培养中，也采用该技术来提高产量。

利用 FBF 技术，就可以使菌种保持在最大生产力的状态。随着 FBF 补料方式的不断改进，其为发酵过程的优化和反馈控制奠定了基础。随着计算机、传感器等的发展和应用，已有可能用离线方式计算或用模拟复杂的数学模型在线方式实现最优化控制。

3. 连续发酵

连续发酵（continuous fermentation）过程是当微生物培养到对数生长期时，在发酵罐中一方面以一定速度连续不断地流加新鲜液体培养基，另一方面又以同样的速度连续不断地将发酵液排出，使发酵罐中微生物的生长和代谢活动始终保持旺盛的稳定状态，而 pH、温度、营养成分的浓度、溶解氧等都保持一定，并从系统外部予以调整，使菌体维持在恒定生长速率下进行连续生长和发酵，这样就大大提高了发酵的生长效率和设备利用率。

连续发酵有诸多优点：①提供了一个微生物在恒定状态下高速生长的环境，便于进行微生物的代谢、生理、生长和遗传特性的研究；②在工业生产上可减少分批培养中每次清洗、装料、消毒、接种、放罐等的操作时间，提高生产效率；③中间及最终产物的生产稳定，产物质量比较稳定；④可以作为分析微生物的生理、生态及反应机制的有效手段；⑤所需的设备和投资较少，可以节省人力、物力，降低生产费用，便于实现自动化。但连续发酵也存在诸多不足，如在长时间的培养过程中，微生物菌种容易发生变异，发酵过程易染菌；加入的培养基与原有的培养基不易完全混合，影响培养和营养物质的利用；对设备和其他元件要求较高，从而增加投资成本；收率及产物浓度比分批法稍低等。

在工业生产中，对连续发酵存在的不足很难解决，严重影响了其在工业上的普遍应用，目前，连续发酵主要在科学研究中得到较广泛的应用，特别是在基因工程菌遗传稳定性的研究方面，如基因工程菌质粒的稳定性、载体-宿主系统对质粒稳定性的影响等。

4. 耦合发酵

在微生物发酵过程中，随着代谢产物的逐渐积累，当某些代谢产物的浓度达到一定程度时，会对菌体的生长或产物的形成产生抑制作用，影响目标产物的进一步提高。这种影响在目标产物本身具有抑制作用时更为严重，提高产物的得率，就有一定的困难，如乳酸发酵、乙醇发酵、水杨酸发酵等。一些代谢产物还可能产生消极作用，如基因工程大肠杆菌在培养中产生乙酸，当乙酸浓度达到一定程度时，不但抑制大肠杆菌的生长，而且影响目标基因的表达。如果能在发酵过程中除去有毒代谢产物，就可以改善细胞生长环境条件，最大可能地保证目标产物的大量形成。发酵过程中及时分离产物，还可避免其降解。因此，培养与分离耦合的发酵方法就成为研究的热点，下面简单介绍几种方法。

（1）透析与培养的耦合　用透析膜将发酵液与透析液隔开，随着培养的进行，小分子代谢产物通过透析膜进入透析液，从而降低了在发酵液中的浓度，有利于解除产物抑制作用。如果在透析液中加入营养物质，则营养物质可以从相反的方向进入发酵液，供菌体利用。图 5-3 是透析与培养的耦合装置。

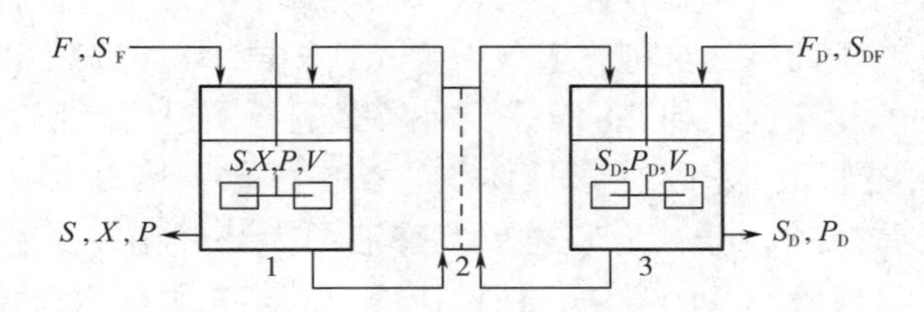

图 5-3　透析与培养的耦合装置

1—反应器　2—透析器　3—透析液贮罐

根据反应器和透析器的操作方式，可以分为连续培养-连续透析、分批培养-分批透析（$F=0$，$F_D=0$）、分批培养-连续透析（$F=0$）、连续培养-分批透析（$F_D=0$）以及补料分批培养-连续透析等多种操作方式。

延伸阅读：透析发酵

透析发酵是通过透析膜有效地去除发酵液中产物或有害的低分子质量代谢产物，同时向发酵系统提供充足营养物质的发酵方式。透析膜为半透膜，它的通透性是比较复杂的，不仅取决于膜孔径的大小，而且还和膜中所含液体的性质、膜本身的化学性质、粒子的被吸收性以及所带的电荷等因素有关。

透析发酵反应器有两种类型：一种是将透析袋置于发酵罐内，两者用透析膜分隔；另一种是发酵系统和透析系统分隔，二者通过外在的透析组件相连。后者又存在两种形式：

用于悬浮细胞培养的标准发酵罐和用于固定化细胞培养的固定床。

户红通等对谷氨酸透析发酵进行研究，采用膜耦联间歇透析发酵工艺，解除了胞内谷氨酸的反馈调节作用及有害副产物的抑制作用，促使谷氨酸代谢流增加，产酸率提高。在30L发酵罐上普通发酵单罐产酸2.688kg，透析发酵单罐产酸5.232kg，单罐谷氨酸产量提高了94.64%，产酸周期延长16h左右。普通发酵总糖酸转化率为66.3%，而透析发酵总糖酸转化率为69.8%，提高了3.5%。主要代谢副产物乳酸的代谢流平均降低了28.1%，丙氨酸的代谢流平均降低了20.0%，而目的产物谷氨酸的代谢流由73.47%提高到76.45%，提高了4.1%。另外，发酵液的质量同时得到了改善，有利于发酵过程控制，降低发酵废液处理的费用。

作为一类重要的生物研究对象，能在高温、极端pH和高压环境下生长的极端环境型微生物日益受到重视。但至今它们仍只能依靠发酵培养少量制备，这就对这类生物及其酶的进一步研究造成困难。

利用透析技术可以提高极端环境微生物的产率。Krahe等对几种极端环境下生存的微生物进行透析培养，嗜高温的*P. furious*（激烈热球菌，生长在深海火山口热水环境中，90℃）、*Sulfolobus shibatae*（75℃，pH3.5）、嗜盐的*Marinococcus* M52（35℃，pH7.5，10%NaCl），培养的结果分别为：2.6gDCW/L、114gDCW/L和132gDCW/L。

据报道，透析发酵还可用于哺乳动物细胞生产病毒、毒素以及酶制剂；产气荚膜梭菌孢子以及杂交瘤细胞生产单克隆抗体。

将补料分批发酵与透析操作耦合起来，可以实现高密度发酵。另外，透析也可以直接在反应器中进行，这样做的好处是可以避免外置式透析器中可能发生的供氧限制问题，但也增加了反应器结构的复杂性。如Fuchs采用外置式透析器进行大肠杆菌的透析培养，发酵罐工作体积为2L，透析液体积为发酵液体积的0.5~5倍，培养方式为补料分批培养-分批透析，由于采用外置式透析器，为了避免发酵液中大肠杆菌在透析器中发生缺氧的现象，采用向透析罐中透析液充氧的方法，使透析液中的溶氧水平达到80%，因而在透析器中透析液可以通过透析膜向发酵液的菌体供氧。当培养的大肠杆菌不诱导外源基因的表达，且透析液体积与发酵液体积之比为5时，菌体浓度可达到210~220g/L，而不进行透析操作时，菌体浓度只能达到45g/L。当发酵中用IPTG诱导外源基因表达时，菌体浓度只能达到140g/L，但外源蛋白表达量为不透析时的370%。

（2）培养与过滤的耦合　在发酵进行过程中，将发酵液进行过滤，此时，发酵液中的培养基成分和溶解的胞外产物都随滤液排出，同时发酵液的体积减小。为了有效降低发酵液中的产物浓度，应保持较高的过滤速率，同时补充培养液和营养物质的损失，因而需要不断添加培养基。

（3）原位分离耦合发酵　近年来，不少科学家研究了树脂吸附的原位分离耦合微生物发酵法生产高附加值的生物产品，包括酶、色素、抗生素等。例如，Millitzer等研究*Staphylococcus carnosus*发酵生产胞外酯酶的过程中，通过在摇瓶发酵3h后添加疏水性的吸附树脂，最后酯酶的回收率达到85%以上，纯度有很大的提高。吸附树脂的添加不仅能起到提高抗生素产量的作用，还能优化抗生素的组成。例如，Lam等发现在*Micromonospora chersina*发酵生产抗肿瘤抗生素时，通过添加1%的HP-20树脂或XAD-5树脂可使其中有效A组分的含量分别提高4.7倍、6.9倍，并能抑制其他生物活性较差的结构类似物的合成。

除了采用在发酵液中直接加入树脂的这种原位耦合方式外，研究人员还在探索另外一种更为复杂的耦合模式-异位耦合模式，即将发酵液先引入装有吸附剂的“吸附器”内，使目标产物被吸附在吸附剂上，而发酵液则返回至生物反应器内。例如，Wang等将5%的XAD-5树脂装填于层析柱中，并将黏质沙雷菌发酵20h的发酵液通过蠕动泵从5L发酵罐中引出，然后从下而上进入层析柱内，使发酵液与树脂充分接触后再返回发酵罐。这种耦合工艺不仅将灵菌红素的回收率从50%提高到83%，同时还大大简化了分离、纯化步骤。

采用树脂吸附原位分离技术在解决生物反应过程中常见的产物抑制问题等方面具有令人满意的效果，可以实现高效连续的生物反应，同时又不影响产物回收。虽然国内在树脂吸附耦合发酵方面的研究起步较晚，但已呈现出研究的热潮。我们相信随着研究的深入，我国科学家在这方面一定会取得满意的研究效果。

第二节 微生物生长代谢过程的平衡

微生物在生产代谢过程中，利用培养基中的各种营养物质合成自身细胞和积累目标产物，因此发酵培养基中必须提供足够的营养物质，以满足微生物的需要，如果营养物质缺乏，细胞代谢就会出现异常。为了使发酵过程按照需要的方向进行，应保持营养物质、能量以及热量的平衡，使其不成为菌体生长代谢的限制因素，最大可能地积累目标产物。另外，建立微生物发酵的数学模型就是将数学基础知识应用于发酵生产的实际中，从而达到认识发酵过程规律、优化发酵工艺、提高发酵产量和效率的目的。

一、质量平衡

1. 基质与产物之间碳元素平衡

碳源是微生物生长代谢利用的重要物质，通常作为能源和构成细胞的骨架材料。微生物生长代谢过程中碳源与产物之间、碳源与菌体之间都存在碳元素的平衡。根据对各类微生物细胞物质成分的分析，发现微生物细胞的化学组成和其他生物没有本质上的差别。从元素上讲，都含有碳、氢、氧、氮和各种矿物质元素。微生物的元素成分是相对稳定的，产物确定后，其组成碳元素是固定的，表5-2是酵母和细菌的元素组成。

表5-2 酵母和细菌的元素组成

微生物	C/%	N/%	O/%	P%	S/%	Mg/%	H/%	总灰分*/%
细菌	53	12	20	3.0	1	0.5	7	7
酵母菌	47	7.5	30	1.5	1	0.5	6.5	8

注：*总灰分包括Cu、Co、Fe、Mn、Zn、Ca、K、Na。

根据基质（S）、菌体（X）、产物（P）和二氧化碳元素的数量可以写出微生物生长代谢过程碳元素的平衡关系：

$$\left[-\frac{dc(S)}{dt}\right]\alpha_1=\left[\frac{dc(X)}{dt}\right]\alpha_2+\left[\frac{dc(P)}{dt}\right]\alpha_3+\left[\frac{dc(CO_2)}{dt}\right]\alpha_4+\cdots\cdots \tag{5-23}$$

或

$$r\alpha_1=\mu\alpha_2+Q_P\alpha_3+Q_{CO_2}\alpha_4+\cdots$$

式中　Q_{CO_2}——二氧化碳的比生成速率，$Q_{CO_2}=\frac{1}{c\ (X)}\frac{dc(CO_2)}{dt}$，mol（$CO_2$）/（g 菌体·h）

α_1——1mol 基质中碳的含量，如 $\alpha_1=72$g（碳）/mol（葡萄糖）

α_2——1g 干菌中碳的含量，如以 $\alpha_2=0.5$g（碳）/g（菌体）

α_3——1mol 产物内碳的含量，如 $\alpha_3=24$g（碳）/mol（乙醇）

α_4——1mol 二氧化碳内碳的量，如 $\alpha_4=12$g（碳）/mol（CO_2）

2. 碳源的平衡

以糖为碳源的微生物生长代谢过程中，总的碳源主要用于：①满足菌体生长的消耗，可用［$\Delta c(S)$］表示；②维持菌体生存的消耗（如微生物的运动、物质的传递，其中包括营养物质的摄取和代谢产物的排泄，用［$\Delta c(S)$］$_m$表示）；③用于代谢产物形成的消耗，用［$\Delta c(S)$］$_p$表示。

$$\Delta c(S)=[\Delta c(S)]_G+[\Delta c(S)]_m+[\Delta c(S)]_p+\cdots\cdots$$

或者

$$-\frac{dc(S)}{dt}=\left[-\frac{dc(S)}{dt}\right]_G+\left[-\frac{dc(S)}{dt}\right]_m+\left[-\frac{dc(S)}{dt}\right]_P+\cdots \tag{5-24}$$

若以 Y_G 表示以碳源为基准的菌体生长的得率系数，Y_P 表示碳源对代谢产物的得率常数，m 表示碳源维持系数，不考虑能量消耗的基质时，则有：

$$-\frac{dc(S)}{dt}=\frac{1}{Y_G}\frac{dc(X)}{dt}+mc(X)+\frac{1}{Y_P}\frac{dc(P)}{dt} \tag{5-25}$$

式（5-25）表示基质浓度随着时间的变化，也可变换成式（5-26）。

即

$$r=\frac{1}{Y_G}\mu+m+\frac{1}{Y_P}Q_P \tag{5-26}$$

式（5-26）阐明了基质的比消耗速率与以碳源为基准的菌体比生长速率、维持系数以及产物比形成速率之间的关系。

在以生产细胞物质为目的的发酵过程中（如面包酵母生产和单细胞蛋白生产及污水处理等），在代谢产物的积累可以忽略不计的情况下，式（5-26）可简化为：

$$r=\frac{1}{Y_G}\mu+m \tag{5-27}$$

显然式（5-27）是一直线方程。通过实验求得微生物比生长速率，并与所对应的基质比消耗速率 r 的关系进行作图时，可以得到一直线。如图 5-4 所示，直线在纵坐标上的截距即为维持常数 m，其斜率即为碳源对菌体生长得率常数 Y_G 的倒数。

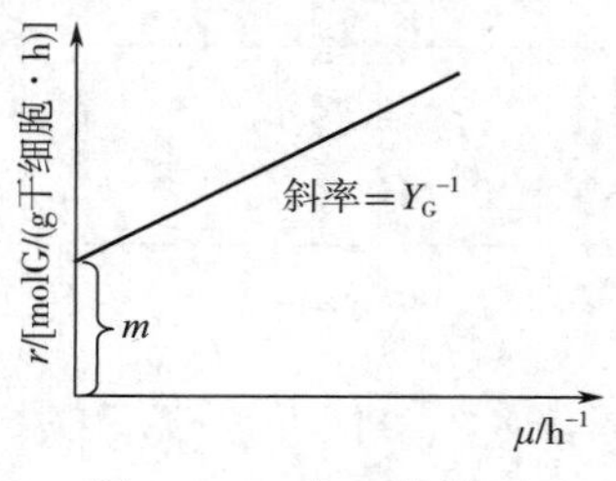

图 5-4　μ 与 r 的关系

对于一般的发酵过程，往往可以用菌体生长速率、产物形成速率和基质消耗速率进行描述。而碳源平衡所得的方程就是其中之一。碳源平衡的意义有以下几点。

（1）碳源是微生物生长和代谢过程必不可少和最重要的物质，无论哪一种发酵，碳源的利用情况或碳源对产物的转化率都是一项极为重要的经济指标。通过碳平衡可以了解碳源在微生物生长和代谢过程中的动向，通过实验和理论计算得到碳源对产物的最大得率，为生产水平不断提高提供可靠的依据。

（2）对于一般发酵过程，可以用菌体的生产速率、产物的积累速率和基质的消耗速率三个模型进行描述。基质消耗的数学模型就是以碳平衡得到的方程式为依据的。

（3）对于生产细胞物质为目的的微生物培养过程，由于代谢产物可以忽略不计，而二氧化碳的生成速率可以通过发酵废气分析得到，再根据基质（碳源）的消耗速率，通过碳平衡，就可计算出微生物细胞的生成速率。但这一项目前还没有有效的变送器，可直接自培养液内进行测量得到。

案例 5-1　细胞物质生产过程中碳源的化学平衡

面包酵母与单细胞蛋白工业是典型的细胞物质生产。以葡萄糖为碳源通风培养面包酵母时可建立下列化学平衡：

$$\underset{200}{6.6C_6H_{12}O_6} + \underset{67.2}{2.1O_2} \rightarrow \underset{84.6}{C_{3.92}H_{6.5}O_{1.94}} + \underset{121}{2.75CO_2} + \underset{61.6}{3.42H_2O}$$

从上式可以看出，100g 葡萄糖可以得到 42.3g 的酵母菌体，如果计入酵母菌体内除碳、氢、氧三元素以外的其他元素如磷、氮以及其他灰分，则每 100g 葡萄糖约可得到 50g 干酵母，这就是说在酵母生产中若葡萄糖浓度控制适当，通风供给充足，保证溶解氧的情况下，葡萄糖消耗对酵母的得率是 $Y_{X/S}=0.5$。实际上在不同情况下，$Y_{X/S}$ 有很大的不同。众所周知，当限制性基质浓度较高时，微生物的比生长速率较大，这时基质的维持消耗相对要小得多，$m \ll \frac{1}{Y_G}\mu$，于是有：

$$r=\frac{1}{Y_G}\mu;\ Y_{X/S}=\frac{\mu}{r}\approx Y_G$$

可见，酵母菌体生长、繁殖时首先是利用葡萄糖。实际酵母生产过程中，为了充分利用发酵设备的生产潜力，在补料方式下以较高碳源浓度培养酵母，在这种情况下酵母对碳源的得率系数 $Y_{X/S}\approx Y_G=0.5$g/g，此结论与实验结果是一致的。

3. 氮平衡

基质中可同化的氮在发酵中的转移可用下式描述：

基质中的氮→菌体中的氮+产物中的氮+……

或

$$\sum_{i=1}^{n}\beta_{iS}(N)\frac{-\mathrm{d}c(\mathrm{S})}{\mathrm{d}t}=\beta_X\frac{\mathrm{d}c(\mathrm{X})}{\mathrm{d}t}+\sum_{j}^{m}\beta_{jP}(N)\frac{\mathrm{d}c(\mathrm{P})}{\mathrm{d}t} \tag{5-28}$$

式中　$\beta_{iS}(\mathrm{N})$ ——第 i 项基质含氮量，g/mol

$\beta_X(\mathrm{N})$ ——干菌体含氮量，g/g

$\beta_{jP}(\mathrm{N})$ ——第 j 项产物含氮量，g/g

在分批发酵中，菌体含氮量一般随发酵时间推移而下降。这是由于培养基中的氮源被消耗，使细胞摄入的氮减少；或者由于生长速率的下降，使细胞老化，造成蛋白质丢失。加强补氮，维持菌体的生长繁殖，维持一定比生成速率和稳定的摄氧率，可使含氮量稳定。

二、氧的平衡

基质的产能是依靠生物氧化过程释放的，因此生物氧化是微生物生长代谢的关键。在生物氧化过程中，具体的每一步反应不一定有氧参与，氧往往在一系列反应中最终作为电子的受体。有机物完全氧化被分解成二氧化碳和水，每摩尔葡萄糖生物氧化时所释放的自由能生成38mol 的 ATP。根据单一碳源培养基内微生物生长代谢的基质和产物完全氧化的需氧量，可建立下列平衡：

$$A[-\Delta c(\mathrm{S})]=B[\Delta c(\mathrm{X})]+\Delta c(\mathrm{O_2})+C\Delta c(\mathrm{P}) \quad (5-29)$$

式中 A——基质完全氧化的需氧量，如葡萄糖 $A=61$mol 氧/mol 葡萄糖

B——菌体完全氧化需氧量，一般可取 $B=0.042$mol 氧/g 菌体

C——代谢产物完全氧化需氧量，如 $C=2$mol 氧/mol 醋酸；3mol 氧/mol 乙醇；3mol 氧/mol 乳酸

式（5-29）中 $\Delta c(\mathrm{O_2})$ 是指微生物生长代谢的消耗氧量。它由两部分组成，一部分用于微生物维持生命活动的耗氧，若以 $c(\mathrm{X})$ 为菌体的浓度，m_0为氧的维持常数，它在时间 Δt 内维持耗氧量应为 $[c(\mathrm{X})\ m_0\Delta t]$，另一部分为菌体生长的消耗，若用 Y_{GO}表示以氧的消耗为基准的菌体生长的得率系数，则菌体生长相应的耗氧量为 $\Delta c(\mathrm{X})/Y_{\mathrm{GO}}$，则有：

$$\Delta c(\mathrm{O_2})=c(\mathrm{X})\cdot m_0\cdot\Delta t+\frac{\Delta c(\mathrm{X})}{Y_{\mathrm{GO}}} \quad (5-30)$$

在好氧发酵中，氧的消耗可分为菌体生长的消耗，维持菌体的消耗和产物合成的氧消耗三部分，即：

$$-\frac{1}{c(\mathrm{X})}\frac{\mathrm{d}c(\mathrm{O_2})}{\mathrm{d}t}=\frac{1}{Y_{\mathrm{GO}}}\frac{\mathrm{d}c(\mathrm{X})}{\mathrm{d}t}+m_{\mathrm{O}}+\frac{1}{Y_{\mathrm{PO}}}\frac{\mathrm{d}c(\mathrm{P})}{\mathrm{d}t}$$

即

$$Q_{\mathrm{O_2}}=\frac{1}{Y_{\mathrm{GO}}}\mu+\frac{1}{Y_{\mathrm{PO}}}+m_{\mathrm{O}} \quad (5-31)$$

式中 $Q_{\mathrm{O_2}}$——氧的比消耗速率，$Q_{\mathrm{O_2}}=\frac{1}{c(\mathrm{X})}\frac{\mathrm{d}c(\mathrm{O_2})}{\mathrm{d}t}$ mol/（g 菌体·h）

Y_{GO}——以氧消耗为基准的菌体生长的得率系数，g/mol

Y_{PO}——以氧消耗为基准的产物形成的得率系数，g/mol

当无产物时，式（5-31）变为式（5-32），当在实验中求得微生物的比生长速率 μ 所对应的 Y_{GO}后作图，可得一条直线，此直线在纵坐标上的截距即为微生物生长代谢过程中的维持系数 m_{O}，其斜率即为微生物生长的得率系数 Y_{GO}的倒数。

$$Q_{\mathrm{O_2}}=\frac{1}{Y_{\mathrm{GO}}}\mu+m_{\mathrm{O}} \quad (5-32)$$

三、能量 ATP 与 Y_{ATP}平衡

ATP 在微生物生长代谢过程中起到贮存能量的作用。但在微生物生长过程中只有 ATP 还是不够的，应为它仅仅是能量的来源，还必须有合成细胞的原料。

在微生物生长过程中可能出现两种情况。一种是合成细胞所需要的材料大量存在，而分解碳源所生成的 ATP 为限制因素，这时生物合成的情况取决于 ATP 的数量，这种状态为能量耦联型生产过程。若用 Y_{ATP} 表示每消耗 1mol ATP 所生成的菌体的质量（g），则称为以 ATP 消耗为基准的菌体得率系数。对于能量耦联型生长 Y_{ATP} 约等于 10g 菌体/mol ATP。表 5-3 所示为不同碳源与菌体生长对应的 ATP 消耗。

表 5-3　某些微生物与基质对应的 $Y_{X/S}$、Y_{ATP}

微生物	基质（碳源）	$Y_{X/S}$/（g/mol）	Y_{ATP}/（g/mol）
产气杆菌（*Aerobacter aerogenes*）	葡萄糖	26.1	10.3
	果糖	26.7	10.7
两歧双歧杆菌（*Bifidobacterium bifidum*）	葡萄糖	37.4	13.1
	乳糖	52.8	10.4
大肠杆菌（*Escherichia coli*）	葡萄糖	24.0	9.4
植物乳杆菌（*Lactobacillus plantarum*）	葡萄糖	18.8	9.4
运动发酵单胞菌（*Zymomonas mobills*）	果糖	9.2	9.2

另一种情况是 ATP 过量存在，而合成细胞材料为限制因素，或存在其他阻遏物质致使生物合成不能顺利进行。当微生物缺乏合成细胞材料（如氨基酸、维生素或酵母膏等）时，Y_{ATP} 比较低，ATP 不能充分和有效地用于生物的合成，过量的 ATP 将会被相应的酶分解，能量以废热的形式放出，这种情况微生物的生长为非能量耦联型，ATP 对细胞的得率 Y_{ATP} 将大大低于 10g 菌体/mol ATP，有时只有 1~2g/mol。与此同时，细胞的生长速率与菌体内 ATP 数量无关。例如当微生物缺乏合成细胞所必需的物质——泛酸时，菌体比生长速率取决于泛酸的数量。若基质的比消耗速率 r 变化不大时，ATP 的生成速率变化也不大，当比生长速率由于泛酸增加而加快时，需要消耗较多的 ATP，故使细胞内 ATP 含量下降。

微生物以非能量耦联型生长时，ATP 在细胞内积累，最终被相应酶所分解，能量被释放，这种情况对细胞物质生产显然不利，但对污水生物处理很有价值，污水内的有机污染物可以以废物热的形式被消耗，以此来减少污泥的产量。

对于微生物生长代谢过程的 ATP 平衡可以用氧平衡和碳平衡相似的形式表示：

$$[\Delta N_S(\mathrm{ATP})]_S = [\Delta N_S(\mathrm{ATP})]_G + [\Delta N_S(\mathrm{ATP})]_m \tag{5-33}$$

式中　$[\Delta N_S(\mathrm{ATP})]_S$——基质分解所生成的 ATP 数量

$[\Delta N_S(\mathrm{ATP})]_G$——用于菌体生长相应 ATP 的消耗

$[\Delta N_S(\mathrm{ATP})]_m$——微生物维持生活需消耗 ATP 的数量，设 m_A 为 ATP 的维持常数，则菌体 $c(X)$ 在 Δt 时间内 ATP 的维持消耗应为 $m_A c(X)\ \Delta t$

在通风培养微生物时，氧的消耗与基质氧化生成 $(\mathrm{ATP})_S$ 的数量之间存在一定的关系。设氧消耗对 ATP 得率 $Y_{A/O} = \dfrac{[\Delta N_S(\mathrm{ATP})]_S}{\Delta c(O_2)}$（mol ATP/mol 氧），此外氧的消耗与生成

ATP之间关系也常用P/O（mol ATP/g原子氧）表示。细胞进行的氧化磷酸化作用，一个氧原子接受两个电子与两个质子结合生成1mol水的同时，形成了3mol的ATP，因此P/O=3，这是在哺乳动物肝脏细胞中才能达到。对于酵母菌大致P/O=1，对于一般微生物P/O=0.5~1。这两种得率之间的关系为：

$$P/O=\frac{1}{2}Y_{A/O} \tag{5-34}$$

P/O比值不仅在发酵动力学研究工作中有用，在微生物的生物化学研究方面也很有用，它是一个特征常数，目前还没有直接测定的方法，但是可以通过推导计算得到。

若用Y_{ATP}^{max}表示微生物生长能量耦联型ATP对菌体的最大得率常数，单位为g菌体/mol ATP，即有：

$$Y_{ATP}^{max}=\frac{\Delta c(X)}{[\Delta N_S(ATP)]_G} \tag{5-35}$$

由于 $Q_{ATP}=\frac{1}{c(X)}\frac{[\Delta N_S(ATP)]_S}{\Delta t}=\frac{1}{c(X)}Y_{A/O}\Delta N(O_2)$ [mol ATP/（g菌体·h）]

因此：

$$Q_{ATP}=Q_{O_2}Y_{A/O} \tag{5-36}$$

式（5-36）表示ATP比形成速率与比氧气消耗速率以及ATP的得率系数之间的关系。

四、热量的平衡

（1）微生物代谢过程热量变化的因素　在发酵过程中，既有产生热能的因素，又有散失热能的因素，因而引起发酵温度的变化。产热的因素有生物热（$Q_{生物}$）和搅拌热（$Q_{搅拌}$）；散热因素有蒸发热（$Q_{蒸发}$）、辐射热（$Q_{辐射}$）和显热（$Q_{显}$）。产生的热能减去散失的热能，所得的净热量就是发酵热［$Q_{发酵}$，kJ/（m^3·h）］，即：

$$Q_{发酵}=Q_{生物}+Q_{搅拌}-Q_{蒸发}-Q_{辐射}-Q_{显} \tag{5-37}$$

在发酵过程中，生产菌在生长繁殖过程中产生的热能，称为生物热（$Q_{生物}$）。这种热的来源主要是培养基中的糖、脂肪和蛋白质被微生物分解成二氧化碳、水，或者发酵生成其他物质时释放出来的。发酵培养基中营养物质被菌体分解代谢产生大量热能，部分用于合成高能化合物ATP，供给合成代谢所需要的能量，多余的热量则以热能的形式释放出来。

生物热包括呼吸反应热和生物反应热，如葡萄糖完全氧化的呼吸反应热为2817.2kJ/mol；谷氨酸生产中发酵反应热为891.kJ/mol（葡萄糖）。在发酵过程中，呼吸反应热和生物反应热在整个生物热中各自会占一定的比例，具体比例多少可以通过葡萄糖转化为产物的转化率计算出来。生物热的大小，随菌种和培养基成分不同而变化。一般来说，对某一菌株而言，在同一条件下，培养基成分越丰富，营养被利用的速度越快，产生的生物热就越大。生物热的大小还随培养时间不同而不同：当菌体处于孢子发芽和停滞期，产生的生物热是有限的；进入对数生长期，就释放出大量的热能，并与细胞的合成量成正比；对数期后，就开始减少，并随菌体逐渐衰老而下降。因此，在对数生长期释放的发酵热最大，常作为发酵热平衡的主要依据。例如，四环素发酵在20~50h的发酵热最大，最高值达

29330kJ/（m^3·h)，其他时间的最低值约为8380kJ/（m^3·h)，平均为16760kJ/（m^3·h)。生物热的大小与菌体的呼吸强度有对应关系，呼吸强度越大，所产生的生物热也越大。在四环素发酵中，这两者的变化是一致的，生物热的高峰也是碳利用速度的高峰。有人已证明，在一定条件下，发酵热与菌体的摄氧率成正比关系，即 $Q_{发酵}=0.12Q_{O_2}$。另外还发现抗生素高产量批次的生物热高于低产量批次的生物热，这说明抗生素合成时菌的新陈代谢十分旺盛。

好氧发酵中，搅拌器转动引起的液体之间、液体与设备之间的摩擦所产生的热量，即搅拌热（$Q_{搅拌}$)。搅拌热可根据下式近似算出来。

$$Q_{搅拌}=3600\frac{P}{V}\xi$$

式中　P/V——通气条件下单位体积发酵液所消耗的功率，kW/m^3

3600——热功当量，kJ/（kW·h)，即每千瓦搅拌功率所产生的搅拌热，kJ/kW

ξ——功热转化效率，经验值为 $\xi=0.92$

好氧发酵通入无菌空气进入发酵罐与发酵液广泛接触后，尾气排出时引起水分蒸发所需的热能，即为蒸发热（$Q_{蒸发}$)。水的蒸发热和废气因温度差异所带的部分显热（$Q_{显}$）一起散失到外界。由于进入的空气温度和湿度随外界的气候和控制条件而变化，所以 $Q_{蒸发}$ 和 $Q_{显}$ 是变化的。

蒸发热的计算公式为：

$$Q_{蒸发}=G\ (I_1-I_2) \tag{5-38}$$

式中　G——干空气的流量，kg/h

I_1、I_2——进、出发酵罐空气的焓值，kJ/kg 干空气

空气的焓要根据空气的压力、温度、湿含量等参数进行计算。

由于罐外壁和大气间的温度差异而使发酵液中的部分热能通过罐体向大气辐射的热量，即为辐射热（$Q_{辐射}$)。辐射热的计算公式：

$$Q_{辐射}=Fat\ (T_1-T_2) \tag{5-39}$$

式中　F——设备散热面积，m^2

a——散热表面向周围介质的联合给热系数，kJ/（m^2·h·℃)

t——过程持续的时间，h

T_1——器壁向四周散热的表面温度，℃

T_2——周围介质的温度，℃

辐射热的大小取决于设备的表面积、罐内温度与外界气温的差值，差值越大，散热越多。

显热（$Q_{显}$）是进入和排出发酵罐的空气，因温度差而带走的热量，在蒸发热的已将显热计算在内。

由于 $Q_{生物}$、$Q_{蒸发}$ 在发酵过程中是随时间变化的，因此发酵热在整个发酵过程中也随时间变化，引起发酵温度发生波动。为了使发酵能维持适当的温度，就必须采取温度控制措施。

（2）发酵热的测量和计算　根据冷却水流量和温度进行计算。选择主发酵期产生热量的最大时刻，测量一定时间内冷却水的流量和冷却水的进出口温度，则最大的发酵过程放

热可用下式计算：

$$Q_{发酵}=\frac{q_v c\ (T_2-T_1)}{V} \tag{5-40}$$

式中　$Q_{发酵}$——发酵热，kJ/（m^3·h）

q_v——冷却水的流量，kg/h

c——水的比热容，kJ/（kg·K）

T_1、T_2——进、出水的温度，℃

V——发酵液的体积，m^3

根据化合物的燃烧值近似计算。根据 Hess 定律，热效应取决于系统的初态和终态，而与变化的途径无关。有机化合物的燃烧值可直接测定，反应的热效应等于作用物的燃烧值总和减去生产物的燃烧值总和，可用下式表示：

$$\Delta H = \sum(\Delta H)_{作用物} - \sum(\Delta H)_{生成物} \tag{5-41}$$

虽然发酵是一个复杂的生化变化过程，作用物和生成物很多，但是可采用主要物质，即在反应中起决定作用的物质近似地进行计算。

案例 5-2　谷氨酸发酵过程中生物热的近似计算

某谷氨酸厂 50m^3 发酵罐，培养基中的碳源为葡萄糖，其燃烧热为 1.566×10^4kJ/kg；氮源为尿素，燃烧热为 1.063×10^4kJ/kg；生产过程使用玉米浆（燃烧热为 1.231×10^4kJ/kg）作为生长因子，发酵时间 30h，在谷氨酸发酵的旺盛期第 12~18h，谷氨酸 15.4（kg/m^3）（热值为 1.545×10^4 kJ/kg），期间耗糖 24.0（kg/m^3），尿素 6.0（kg/m^3），玉米浆 0.6（kg/m^3），形成菌体 1.2（kg/m^3）（热值为 2.094×10^4kJ/kg），计算此期间（6h）的生物热。

根据发酵过程的热平衡，按照式（5-89）计算。

$Q_{生物}$=（消耗葡萄糖的热值+消耗尿素的热值+消耗玉米浆的热值-形成谷氨酸的热值-产生菌体的热值）/6

$=(24.0\times1.566+6.0\times1.063+0.6\times1.231-15.4\times1.545-1.2\times2.094)\times10^4/6$

$=3.07\times10^4$　（kJ/m^3·h）

第三节　微生物生长代谢过程的数学模型

微生物生长代谢过程中的变量关系可以通过数学模型反映出来。一个合理、精确的数学模型能够从本质上反映过程中各变量之间的动态关系。建立微生物反应过程的数学模型，除了需要有关的基础理论外，主要还是依赖实验方法去探求和掌握生物反应过程的规律。从基本概念出发，建立微生物细胞或者工程细胞生长代谢规律的数学模型，对于控制生物反应过程，优化生产工艺具有重要的意义。

一、不同操作方式微生物生长的数学模型

为了保证发酵的正常进行，菌种均应逐级扩大培养，使菌体生长繁殖到一定数量才能

接入发酵罐，方可满足发酵生产的需要。

1. 分批培养微生物生长的数学模型

设某产品的发酵生产是由细菌细胞进行的，种子罐开始接入细胞浓度为$c_0(\mathrm{X})$，在1h内有部分细胞分裂，一分为二。设分裂细胞的分率为μ，则1h分裂的细胞数为$\mu c(\mathrm{X})$，而未分裂的细胞应为（$1-\mu$）$c(\mathrm{X})$，即经过1 h后细胞浓度为$c_1(\mathrm{X})$：

$$c_1(\mathrm{X})=2\mu c_0(\mathrm{X})+(1-\mu)c_0(\mathrm{X})=(1+\mu)c_0(\mathrm{X})$$

经过2 h后细胞浓度为$c_2(\mathrm{X})$：

$$c_2(\mathrm{X})=c_1(\mathrm{X})(1+\mu)=c_0(\mathrm{X})(1+\mu)^2$$

依次类推，经过t h后细胞浓度为$c_t(\mathrm{X})$：

$$c_t(\mathrm{X})=c_0(\mathrm{X})(1+\mu)^t$$

若将1 h分为ξ个无穷小的单位时间，则此无穷小的时间内分裂细胞的分率应为$\varepsilon=\mu/\xi$，则有：

$$c_1(\mathrm{X})=c_0(\mathrm{X})(1+\varepsilon)^t;$$
$$c_t(\mathrm{X})=c_0(\mathrm{X})[(1+\varepsilon)^{\xi}]^t=c_0(\mathrm{X})(1+\varepsilon)^{\xi t}$$

若用μ/ε代替ξ，可得：

$$c_t(\mathrm{X})=c_0(\mathrm{X})(1+\varepsilon)^{\mu t/\varepsilon}=c_0(\mathrm{X})[(1+\varepsilon)^{\frac{1}{\varepsilon}}]^{\mu t}$$

ε为无限小的单位时间内分裂细胞的分率，亦为无限小，所以：

$$\lim_{\varepsilon\to 0}(1+\varepsilon)^{\frac{1}{\varepsilon}}=e$$

因此得到种子罐内对数生长期菌体浓度与培养时间的关系式：

$$c_t(\mathrm{X})=c_0(\mathrm{X})\mathrm{e}^{\mu t}$$

由此可得到对数生长期细胞的生长速率：$\dfrac{\mathrm{d}c(\mathrm{X})}{\mathrm{d}t}=c_0(\mathrm{X})\mu$

为了排除原始菌浓度这个因素，描述真正生长速率，引出相对生长速率，即前面提到的比生长速率，则有：$\dfrac{1}{c_0(\mathrm{X})}\dfrac{\mathrm{d}c(\mathrm{X})}{\mathrm{d}t}=\mu$。从这里可以得出微生物比生长速率的另一含义是单位时间内分裂细胞的分率，单位为h^{-1}。

但是在种子罐内（或分批培养情况下），培养基内营养物质供应不是无限的，实际上在这种情况下，比生长速率将随菌体浓度的增加有所降低，故应该存在下列关系：

$$\text{实际比生长速率}=\mu-kc(\mathrm{X})\ \text{或}\ \frac{1}{c(\mathrm{X})}\frac{\mathrm{d}c(\mathrm{X})}{\mathrm{d}t}=\mu-kc(\mathrm{X}) \tag{5-42}$$

式中　k——常数

要想得到种子罐培养时间与对菌体浓度的表达式，必须解微分方程。

设
$$u=\frac{1}{c(\mathrm{X})}$$

所以
$$\frac{\mathrm{d}c(\mathrm{X})}{\mathrm{d}t}=\frac{\mathrm{d}c(\mathrm{X})}{\mathrm{d}u}\frac{\mathrm{d}u}{\mathrm{d}t}=-\frac{1}{u^2}\frac{\mathrm{d}u}{\mathrm{d}t}$$

则式（5-42）化为：
$$u\left(-\frac{\mathrm{d}u}{u^2\mathrm{d}t}\right)=\mu-k\frac{1}{u}$$

对其求解
$$\frac{\mathrm{d}u}{\mathrm{d}t}+\mu u=k$$

$$u = e^{\int \mu dt}\left[A + \int k e^{\int \mu dt} dt\right] = e^{-\mu t}[A + k^{\mu dt} dt] = Ae^{-\mu t} + \frac{k}{\mu}$$

即

$$\frac{1}{c(X)} = Ae^{-\mu t} + \frac{k}{\mu} \tag{5-43}$$

确定边界条件求出积分常数 A。

当 $t=0$，$c(X) = c_0(X)$，则求得：

$$c(X) = \frac{\frac{\mu}{k}}{1+\left[\frac{\frac{\mu}{k} - c_0(X)}{c_0(X)}\right]e^{-\mu t}} \tag{5-44}$$

式（5-44）即为种子罐内培养时间对菌体浓度的数学表达式。实际上此表达式不只是适合于所有微生物的分批培养，同时还符合动植物的生长过程，因此它描述了生物生长的共同规律。

根据式（5-44）绘制生长曲线，如图 5-5 所示，图中 $c_0(X)$ 为培养液中菌体的原始浓度。此曲线的形式正好是分批发酵过程菌体的生长曲线。

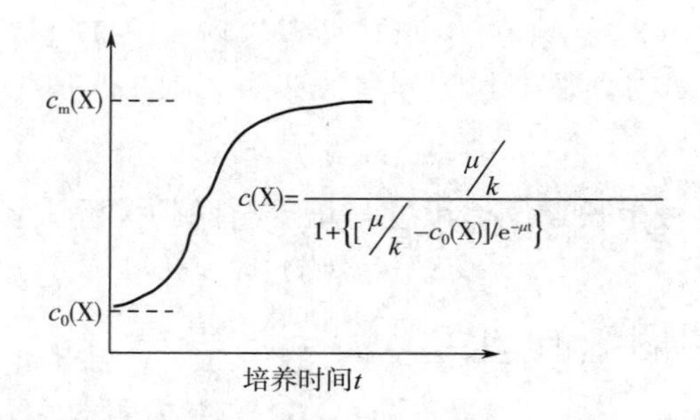

图 5-5　分批培养过程中培养时间与菌体浓度之间的关系

对于任何分批发酵，菌体浓度随时间变化都是遵循这个形式的，不同的微生物，不同的培养基以及不同的培养条件下，常数 μ 和 k 有所不同。在生产中随时取样测定所培养微生物的浓度，在大量数据的基础上，可以作出正常情况下种子罐（或发酵罐）的生长曲线，从而求出常数 μ 和 k。

2. 连续培养微生物生长的数学模型

目前，虽然对培养基内的基质如葡萄糖如何通过细胞膜进入细胞内部的机制还不是十分清楚，但以细胞内已糖催化葡萄糖的磷酸化反应来看，服从米氏方程：

$$v = \frac{v_m c(S)}{K_m + c(S)}$$

在微生物连续培养时，以葡萄糖作为生长的限制性基质，不同的葡萄糖浓度，就得到相应的葡萄糖被利用的比消耗速率 r。将 $\frac{1}{c(S)}$ 对 $\frac{1}{r}$ 作图，所得到的图形与米氏方程的非线性函数关系经置换后成为具有线性函数关系的莱因威尔-伯克方程 $\frac{1}{v} = \frac{1}{v_m} + \frac{K_m}{v_m}\frac{1}{c(S)}$ 图形是一致的，此方程是一条直线。

因此得到限制性基质浓度与比消耗速率的关系式：

$$r=\frac{r_{\mathrm{m}}c(\mathrm{S})}{K_{\mathrm{S}}+c(\mathrm{S})} \tag{5-45}$$

式中　r_{m}——葡萄糖最大的比消耗速率

K_{S}——饱和常数

由基质消耗对细胞得率 $Y_{\mathrm{X/S}}$ 的定义得：

$$\frac{\mathrm{d}c(\mathrm{X})}{\mathrm{d}t}=Y_{\mathrm{X/S}}\left[-\frac{\mathrm{d}c(\mathrm{S})}{\mathrm{d}t}\right]$$

$$\left[\frac{\mathrm{d}c(\mathrm{X})}{\mathrm{d}t}\right]_{\max}=Y_{\mathrm{X/S}}\left[-\frac{\mathrm{d}c(\mathrm{S})}{\mathrm{d}t}\right]_{\max}$$

则微生物细胞比生长速率 μ 与基质比消耗速率 r 之间存在下列关系：

$$\mu=\frac{1}{c(\mathrm{X})}\frac{\mathrm{d}c(\mathrm{S})}{\mathrm{d}t}=\frac{1}{c(\mathrm{X})}Y_{\mathrm{X/S}}\left[-\frac{\mathrm{d}c(\mathrm{X})}{\mathrm{d}t}\right]=Y_{\mathrm{X/S}}r$$

相应地，$\mu_{\mathrm{m}}=Y_{\mathrm{X/S}}r_{\mathrm{m}}$，将此关系代入式（5-98），得：

$$\mu=\mu_{\mathrm{m}}\frac{c(\mathrm{S})}{K_{\mathrm{S}}+c(\mathrm{S})} \tag{5-46}$$

式（5-46）便是 Monod 在 1942 年根据微生物细胞比生长速率与限制性基质浓度有关这个事实提出的微生物生长与限制性基质浓度之间关系的数学模型，称为 Monod 方程。

当用同一种微生物在不同浓度的限制性基质下测定它们的比生长速率，发现 $c(\mathrm{S})$ 在低浓度时，μ 随 $c(\mathrm{S})$ 的增加而增加，呈线性关系；而当 $c(\mathrm{S})$ 为高浓度时，μ 则趋近于纵坐标为 μ_{m} 的一水平线，如图 5-6 所示。

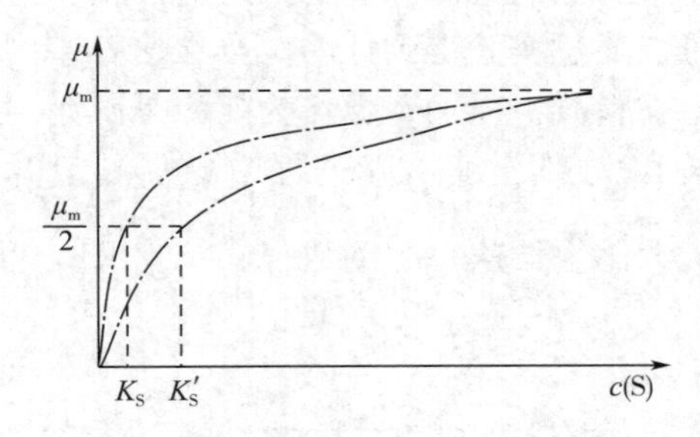

图 5-6　限制性基质浓度与微生物比生长速率之间的关系

在纵坐标 $\frac{1}{2}\mu_{\mathrm{m}}$ 处生长曲线对应的横坐标，即为饱和常数 K_{S}。不同限制性基质，有不同的生长曲线，其所对应 K_{S} 的大小表示微生物对基质的亲和力，K_{S} 越大，则微生物对基质的亲和力越弱，这时具体生长对基质浓度变化较不敏感。当采用 $\frac{1}{c(\mathrm{S})}$ 对 $\frac{1}{\mu}$ 作图时，所得的图形与图 5-10 完全一致，可以准确求得 μ_{m} 和 K_{S}。

在葡萄糖作为限制性基质连续培养酵母时，加入不同浓度的山梨醇，在每一种山梨醇浓度 $c(\mathrm{I})$ 条件下分别测定限制性基质浓度 $c(\mathrm{S})$ 对基质比消耗速率 r 之间的关系，并将 $\frac{1}{c(\mathrm{S})}$ 对 $\frac{1}{r}$ 作图，如图 5-7 所示。

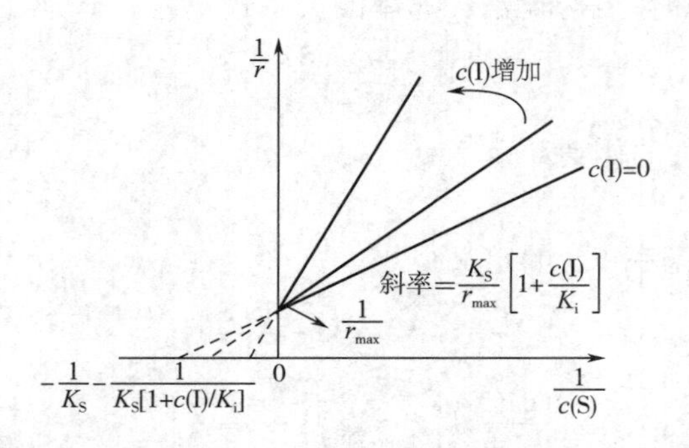

图 5-7　不同山梨醇浓度下连续培养酵母，限制性基质浓度与基质比消耗速率之间的关系

如图 5-7 所示，这个图形与酶反应的竞争性抑制图形是一致的，则有：

$$v=\frac{v_m c(S)}{K_m\left[1+\frac{c(I)}{K_i}+c(S)\right]}$$

式中　K_i——山梨醇抑制反应的平衡常数

根据为微生物比生长速率与限制性基质比消耗速率之间的关系可得：

$$\mu=\frac{\mu_m c(S)}{K_s\left[1+\frac{c(I)}{K_i}+c(S)\right]} \tag{5-47}$$

式（5-47）便是微生物生长竞争性抑制的数学模型。

微生物生长也存在非竞争抑制的情况。在酵母进行酒精发酵时，产物酒精对酵母菌体生长就是非竞争性抑制，可以通过实验得到证明。当在培养基内添加酵母膏、维生素以及低分子核酸作为组成细胞的材料时，以葡萄糖作为能源是限制性基质。在加入不同量的酒精情况下（浓度为 10~50g/L），在连续培养过程中分别测定酵母的最大比生长速率 μ_m，将酒精浓度 $c(P)$ 对酵母最大比生长速率的倒数（$\frac{1}{\mu_m}$）作图，得到一直线。相应的直线方程为：

$$\frac{1}{\mu_m}=\frac{1}{\mu_m^*}+\frac{c(P)}{\mu_m^* K_P} \tag{5-48}$$

式中　μ_m——当 $c(P)=0$ 时，酵母的最大比生产速率

由式（5-48）可得：

$$\mu_m=\frac{\mu_m^*}{1+\frac{c(P)}{K_P}} \tag{5-49}$$

将式（5-48）代入式（5-46），可得：

$$\mu=\frac{\mu_m c(S)}{K_S+c(X)}=\frac{\mu_m^* c(S)}{[K_S+c(X)]\left[1+\frac{c(P)}{K_P}\right]} \tag{5-50}$$

式（5-50）即为微生物非竞争性抑制数学模型，与酶反应非竞争性抑制动力学模型的形式一样，若将此实验过程中所得的数据换算成 $\frac{1}{c(S)}$ 对 $\frac{1}{\mu}$ 作图，结果如图 5-8 所示，其

中 K_P 为酒精抑制反应的平衡常数。

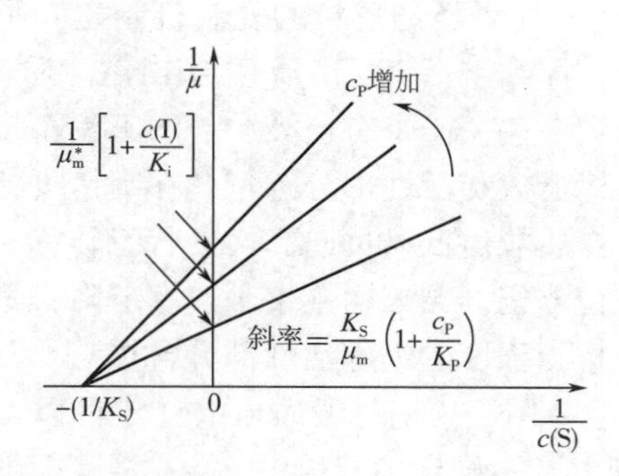

图 5-8 不同酒精浓度下，限制性基质浓度与酵母比生长速率之间的关系

二、基因工程菌培养过程的动力学模型

在基因工程菌的培养过程中，宿主、外源基因以及外界环境之间的相互作用是广泛的，构建一个完整的描述模型相当困难。目前的研究多分散于培养过程的各个方面，随着实验现象和实验数据的积累，提出的动力学模型越来越完善。

1. 外源基因表达和控制机制

外源基因在宿主内的表达可以由组成型基因或构建质粒时加入的 *Lac*、*Trp* 以及 P_L、P_R启动子控制。对于这些表达控制系统的建模，有助于了解它们在工程菌中的调控行为，从而能够合理地构建表达系统，并根据其控制规律在生产中采取相应的控制措施。

Yap 等研究了色氨酸（trp）操纵子在阻遏控制过程中的行为。模型包含了辅阻遏物以及活性阻遏物复合体在结合位点上的动力学过程。Liu 等也研究了大肠杆菌（*E. coli*）中 *trp* 操纵子对色氨酸合成过程的代谢调控规律，并用于指导大肠杆菌（*E. coli*）工程菌生产色氨酸的实际过程。Laffend 等由 Cornell 单细胞模型出发，给出一个结构化程度很高的控制模型。该模型以野生的和带有 Core1 质粒的 *E. coli* B/rA 为对象，把启动子控制行为与细胞其他代谢过程紧密关联起来，将结构基因的转录、翻译以及诱导物的吸收、运输等局部过程纳入模型体系中，使模型的描述更为精确。

构建一个好的表达系统并非易事，需经过多次改变基因结构来提高表达效率，工作量庞大。因此近年来也有不少研究者利用数学模型来模拟，评估各种构建组合，从而减少攻坚工作的盲目性。Bailey 等分别利用 *lac* 和 λP_R启动子的结构模型研究了 8 种不同阻遏结合对克隆基因调控的有效性。相信随着外源基因表达控制系统动力学模型的不断完善，构建一个合理的表达系统不再是一个盲目随机的过程。

2. 质粒的行为规律

质粒的生物学行为与宿主以及质粒本身、外界环境等有密切的关系。工程菌培养过程中经常会发现质粒变异或质粒丢失现象，从而严重影响外源基因产物的产量和质量。其主要原因有质粒分配不稳定、质粒结构不稳定以及质粒不同拷贝状态对宿主细胞生理的影响等。因此，对培养过程中以质粒行为规律建立合理的动力学模型将有助于描述控制质粒的稳定性，确定质粒复制速率和表达产物合成的有利条件。

基于便于控制的目的，目前质粒多构建为温度敏感型，在不同的温度条件下，质粒出现不同的拷贝状态。Nilsen 等对这种类型质粒的复制机制建立了结构模型。该模型的基本假设是细胞被分为四个部分，即细胞活性部分、质粒 DNA、质粒基因产物和细胞结构遗传部分。通过模型的分析可得到一些关于带有这类质粒的工程菌培养过程的基本规律：外源蛋白的合成速率取决于质粒拷贝数和活性部分含量，在高拷贝状态下基本结构物质如氨基酸的供应成为限制性因素；当质粒由低拷贝向高拷贝状态转移时，宿主的代谢活力会在宿主自身酶系和外源产物上进行分配，导致宿主生长速率下降；最佳诱导时机的选择将降低获得最大拷贝的质粒和维持相当程度的细胞活性部分含量。

Shuler 提出一个预测模型，用于描述一般质粒的稳定性以及复制机理，预测大肠杆菌（*E. coli*）中质粒的分配机制以及不稳定性程度，而 Agrawal 等则提出一个用于估计细胞内质粒含量的模型，对控制质粒基因的表达过程有指导作用。

3. 环境条件对工程菌生长及产物表达的综合影响

基因工程菌的培养工艺多采用二阶段培养，先在一定时间内提高菌体密度，然后改变条件促使目的基因产物表达。最常见的手段就是添加诱导物，但不同的宿主系统对不同的诱导物、不同的诱导强度以及诱导时机会有不同的反应。必须综合评价其对工程菌生长以及产物合成的影响来确定最佳诱导条件。改变温度是另一种常见的诱导手段，建立合理的模型将有利于对这些条件的快速有效评估。

在 Raminez 的模型中，基因工程菌在添加诱导物后，根据比生产速率的变化，其反应分三类：①μ 基本不变；②μ 受到冲击，适应一段时间后恢复到适当水平；③μ 单调下降。该模型主要描述第二种影响，包括诱导物冲击和宿主恢复两个过程。研究对象为 *E. coli* 工程菌，外源目的产物为 β-半乳糖苷酶。在不同浓度底物葡萄糖和添加诱导物的情况下，模型均能很好地描述诱导物对于细胞的影响。细胞在添加诱导物之后，代谢活力在宿主蛋白和外源蛋白的合成酶系之间进行分配，从而表现出一个适应过程，而过程的长短与诱导物的强度、浓度有关。改变冲击和恢复过程机制可以解释不同的生长速率的抑制机理。利用模型可以确定最佳的诱导物添加时间和添加量，并可以通过研究最佳添加方式来降低诱导物对受体细胞的毒害作用。

Kompla 的模型结果同上述描述吻合，而且由于在模型中引入了诱导物的运动过程，在外源基因的合成过程中还考虑到 RNA 和阻遏物作用的影响，模型得出的细胞变化曲线与实际情况更接近。

在类人胶原蛋白基因工程菌发酵过程中，生长期的补料速率对目标蛋白的产率有显著性影响，补料速率过低将降低生产效率；补料速率过高则导致乙酸等副产物大量积累，致使基因工程菌的生长受到抑制，目标产物的产率随之大幅度降低。为优化生长期的补料操作，骆艳娥等应用元素衡算和代谢衡算（element and metabolism balancing）方法，建立类人胶原蛋白基因工程菌生长期的动力学模型，并利用线性规划法对动力学模型参数进行估算预测，该模型能较好地预测重组大肠杆菌生长期的宏观反应速率，且确立了葡萄糖的流加方程，并解释了发酵过程呈现出的代谢行为和特征。元素衡算又称质量衡算，此法视代谢反应为一个整体，并对其做了综合考虑，但是它没有考虑反应过程中的一些具体情况，如中间代谢物、能量反应等对代谢的影响。代谢反应衡算方法则弥补了元素衡算方法的不足。将这两种方法结合起来就形成元素衡算和代谢衡算方法的综合衡算法，建立描述各个宏观反应速率之间关系的动力学方程，对研究工程菌反应过程有重要的意义。

目前基因工程菌培养过程的动力学模型大多只能描述一些成熟、经典的工程菌株。如何把握各种外源基因和宿主细胞关系的共性，建立应用范围广泛的动力学模型，以适应基因工程菌发酵的飞速发展将是今后研究的方向，对于基因工程菌代谢调控具有现实的意义。

第四节 微生物反应动力学

发酵生产水平高低除了取决于生产菌种本身的性能外，同时要受到发酵条件、工艺等的影响。只有深入了解生产菌种在合成产物过程中的代谢调控机制以及可能的代谢途径，弄清生产菌种对环境条件的要求，掌握菌种在发酵过程中的代谢变化规律，才能有效控制各种工艺条件和参数，以使生产菌种能始终处于生产和产物合成的优化环境之中，从而最大限度地发挥生产菌种的合成产物的能力，进而取得最大的经济效益。

微生物反应动力学是研究生物反应过程中菌体生长、基质消耗、产物生成的动态平衡及其内在规律。研究内容包括了解发酵过程中菌体生长速率、基质消耗速率和产物生成速率的相互关系，环境因素对三者的影响，以及影响其反应速率的条件。

根据微生物的生长和培养方式即分批发酵（培养）、连续发酵（培养）和补料分批发酵（培养）三种类型，分别介绍其反应动力学。

一、分批发酵动力学

1. 分批发酵的不同阶段

（1）菌体生长期　生产菌接种后，在合适的培养条件下，经过适应期，菌体就开始生长和繁殖，直至菌体生长达到恒定。适应期是微生物细胞适应新环境的过程。此时，系统的微生物细胞数量并没有增加，处于一个相对停止生长的状态。但细胞内却在诱导产生新的营养物质运输系统，可能有一些基本的辅因子会扩散到细胞外，同时参与初级代谢的酶类在调节状态以适应新的环境。实际上，接种物的生理状态和浓度是停滞期长短的关键。如果接种物处于对数生长期，那么就缩短适应期甚至可能不存在适应期，微生物细胞立即开始生长。反之，如果接种物本身已经停止生长，那么微生物细胞就需要有更长的适应期，以应对新的环境。在发酵工业生产中，一般使用的种子要求处于对数生长期，因此接种到发酵罐新鲜培养基时，几乎不出现适应期，这样可在短时间内获得大量生长旺盛的菌体，有利于缩短生产周期。在研究和生产中，常需延长细胞对数生长阶段。图 5-9 是分批培养过程中典型的细菌生长曲线。处于对数生长期的微生物细胞的生长速率大大加快，单位时间内细胞的数目或质量的增加维持恒定，并达到最大值。在对数生长期，随着时间的推移，培养基中的成分不断发生变化。在此期间，细胞的生长速率基本维持恒定，比生长速率 μ 不变。

（2）稳定期　在微生物的培养过程中，随着培养基中营养物质的消耗和代谢产物的积累或释放，微生物的生长速率也就随之下降，直至停止生长。当所有微生物细胞分裂或细胞增加的速率与死亡的速率相当时，微生物的数量就达到平衡，微生物的生长也就进入了稳定期。在稳定期，细胞的质量基本维持稳定，但活细胞的数量可能下降。

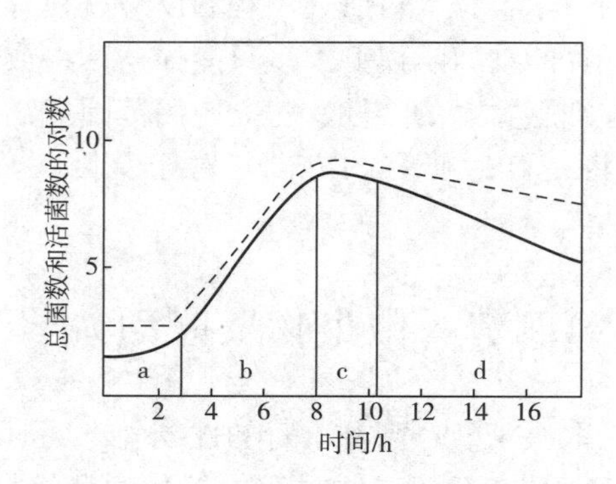

图 5-9　分批培养过程中典型的细菌生长曲线

—— 活菌数　---- 总菌数

稳定期也是次级代谢产物的合成阶段，此时，产物的产量逐渐增多，直至达到高峰。生产速率达到最大，直至产物合成的能力衰竭。生产菌的呼吸强度一般无明显变化，菌体物质的合成仍未停止，使菌体的质量有所增加，但菌体基本不进行繁殖。此阶段代谢变化是以碳源和氮源的分解代谢和产物的合成代谢为主。碳、氮源等营养物质不断被消耗，产物不断被合成。外界环境的变化很容易影响这个阶段的代谢，碳源、氮源和磷酸盐的浓度以及发酵条件必须控制在一定的范围内，才能促使产物不断地被合成。如果营养物质过多或发酵条件控制不当，则菌体就要进行生长繁殖，抑制产物的合成，使产量降低；如果营养物质浓度过低，则菌体易衰老，产物合成能力衰竭，产量减少。

由于部分细胞的自溶作用，一些新的营养物质，诸如细胞内的一些糖类、蛋白质等被释放出来，又作为细胞的营养物质，从而使存活的细胞继续缓慢地生长，出现通常所称的二次或隐性生长。

（3）菌体自溶阶段　在此阶段中菌体衰老，微生物细胞内所贮存的能量已经基本耗尽，细胞开始在自身所含的酶的作用下自溶，氨氮含量增加，产物合成能力衰竭，生产速率大幅度下降，发酵到此阶段必须结束，否则会因菌体自溶而使发酵液在过滤和提取等后续工艺中操作困难，也可能会使产物被自身分泌的酶所降解，影响产物得率。

需要注意的是，微生物细胞生长的各个阶段时间长短取决于微生物的种类和所用的培养基。

2. 分批发酵的动力学方程

（1）菌体生长动力学　分批培养过程中，虽然培养基中的营养物质随时间的变化而变化，在对数生长期，细胞的生长速率基本维持恒定，其生长速率和比生长速率可分别用数学方程表示如下：

$$\frac{\mathrm{d}c(\mathrm{X})}{\mathrm{d}t}=\mu c(\mathrm{X}) \tag{5-51}$$

$$\mu=\frac{1}{c(\mathrm{X})}\frac{\mathrm{d}c(\mathrm{X})}{\mathrm{d}t}=\frac{\mathrm{d}\ln c(\mathrm{X})}{\mathrm{d}t} \tag{5-52}$$

式中　μ——比生长速率，h^{-1}

$c(\mathrm{X})$——菌体浓度，g/L

$\frac{dc(X)}{dt}$——细胞生长速率，g/（L·h）

比生长速率是分批发酵过程时间 t 的函数，当 $t=0$ 时，细胞的浓度为 $c_0(X)$，式（5-24）积分后就为：

$$\ln\frac{c(X)}{c_0(X)}=\mu t \tag{5-53}$$

如在半对数坐标上用细胞数目或细胞质量的对数值对培养时间作图，将可得到一条直线，该直线的斜率就等于 μ。

微生物的生长有时可用“倍增时间”（t_d）来表示，定义为微生物细胞浓度增加一倍所需要的时间。

$$t_d=\frac{\ln 2}{\mu}=\frac{0.693}{\mu} \tag{5-54}$$

微生物细胞比生长速率和倍增时间因受遗传特性及生长条件的控制，有很大的差异。表 5-4 列出了几种不同的微生物受培养基和碳源综合影响时的比生长速率和倍增时间。应该指出的是，并不是所有微生物的生长速率都符合上述方程。如当用碳氢化合物作为微生物的营养物质时，营养物质从油滴表面扩散的速率会引起对生长的限制，使生长速率不符合对数规律。某些丝状微生物的生长方式是顶端生长，营养物质在细胞内的扩散限制也使其生长曲线偏离上述规律。

表 5-4　微生物比生长速率和倍增时间

微生物	碳源	比生长速率/h^{-1}	倍增时间/min
大肠杆菌	复合物	1.2	35
(*E. coli*)	葡萄糖+无机盐	2.82	15
	醋酸+无机盐	3.52	12
	琥珀酸+无机盐	0.14	300
中型假丝酵母	葡萄糖+维生素+无机盐	0.35	120
(*Candida intermedia*)	葡萄糖+无机盐	1.23	34
地衣芽孢杆菌	葡萄糖+水解酪蛋白	1.2	35
(*Bacillus licheniformis*)	葡萄糖+无机盐	0.69	60
	谷氨酸+无机盐	0.35	120

自 20 世纪 40 年代以来，人们提出了许多描述微生物生长过程中的比生长速率和营养物质浓度之间的关系，其中 1942 年，Monod 提出了在特定温度、pH、营养物类型、营养物浓度等条件下，微生物细胞的比生长速率与限制性营养物质的浓度之间存在如下的关系式：

$$\mu=\frac{\mu_m c(S)}{K_S+c(S)} \tag{5-55}$$

式中　μ_m——微生物的最大比生长速率，h^{-1}

$c(S)$ ——限制性营养物质的浓度，g/L

K_S——饱和常数，mg/L

在 Monod 方程式中，K_S 的物理意义为当比生长速率为最大比生长速率一半时的限制性营养物质浓度，它的大小表示了微生物对营养物质的吸收亲和力大小。K_S 越大，表示微生物对营养物质的吸收亲和力越小；反之就越大。对于许多微生物来说，K_S 值是很小的，一般为 0.1~120mg/L 或 0.01~3.0mmol/L，这表示微生物对营养物质有较高的吸收亲和力。一些微生物的 K_S 值见表 5-5。

Monod 方程为典型的均衡生长模型，其基本假设如下：①细胞生长为均衡式生长，因此描述细胞生长的唯一变量是细胞浓度；②培养基中只有一种基质是生长限制性基质，而其他组分为过量，不影响细胞生长；③细胞的生长为简单的单一反应，细胞得率为一常数。

表 5-5　一些微生物的 K_S 值

微生物	限制性营养基质	K_S 值/（mg/L）	微生物	限制性营养基质	K_S 值/（mg/L）
产气肠道细菌	葡萄糖	1.0	多形汉逊酵母	核糖	3.0
	氨	0.1		甲醇	120
	硫酸盐	3.0			
大肠杆菌	葡萄糖	2.0~4.0	啤酒酵母	葡萄糖	25

微生物最大比生长速率 μ_m 随微生物的种类和培养条件的不同而异，通常为 0.09~0.65h^{-1}。一般来说，细菌的 μ_m 大于真菌。而就同一细菌而言，培养温度升高，μ_m 增大；营养物质发生改变，μ_m 也要发生变化。通常容易被微生物利用的营养物质，其 μ_m 较大；随着营养物质碳链的逐渐加长，μ_m 则逐渐变小。

微生物比生长速率 μ 与底物 $c(S)$ 之间有一定的关系，如图 5-10 所示。

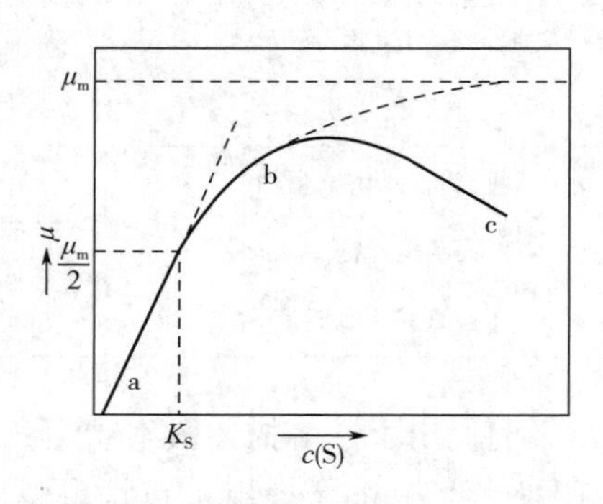

图 5-10　比生长速率 μ 与基质之间 $c(S)$ 的关系

图中线段 a 表示营养物质浓度很低，即 $c(S) \ll K_S$ 时，则 Monod 方程可写为：

$$\mu=\frac{\mu_m}{K_S}c(S) \tag{5-56}$$

微生物的比生长速率与营养物质的关系为线性关系。线段 b 为适合 Monod 方程段；线段c表示营养物质浓度很高，即 $c(S) \gg K_S$ 时，微生物以最大比生长速率生长，此时与营养物质的浓度无关。正常情况下，$\mu=\mu_m$，但这也正是由于营养物质浓度过高或代谢产物导致抑制作用的区域，目前尚没有相应的动力学方程描述此区域的情况，但有时可按式（5-57）表达：

$$\mu=\frac{\mu_m c(X)}{K_I+c(X)} \tag{5-57}$$

式中　K_I——抑制常数

因此，实践上为了避免发生营养物质的抑制作用，分批培养不应在高营养物质浓度下进行。

Monod方程纯粹是基于经验观察得出的。在纯培养情况下，只有当微生物细胞生长受一种限制性营养物质制约时，Monod方程才与实验数据相一致。而当培养基中存在多种营养物质时，Monod方程必须加以修改，才能与实验数据相符合。

$$\mu=\mu_m\left[\frac{K_1(S)}{K_1+c(S)}+\frac{K_2(S)}{K_2+c(S)}+\cdots\cdots+\frac{K_i(S)}{K_i+c(S)}\right]\frac{1}{\sum_{i=1}^{n}K_i} \tag{5-58}$$

如果所有的营养物质过量时，$\mu=\mu_m$，此时细胞处于对数生长期，生长速率达到最大值。

除Monod方程外，还有其他一些类似的微生物生长速率方程式，但在大多数情况下，实验数据与Monod方程较为接近，因此Monod方程的应用也更为广泛。

（2）分批培养时基质的比消耗速率　在微生物的生长和产物的形成过程中，发酵培养基中的营养物质被微生物细胞所利用，生成细胞和形成代谢产物，发酵培养基中基质的减少是由于细胞和产物的形成。

用于生长细胞的基质消耗可表示为：

$$-\frac{dc(S)}{dt}=\frac{\mu c(X)}{Y_{X/S}} \tag{5-59}$$

用于产物形成的基质消耗可表示为：

$$-\frac{dc(S)}{dt}=\frac{1}{Y_{P/S}}Q_P c(S) \tag{5-60}$$

如果限制性的基质是碳源，消耗掉的碳源中一部分形成细胞物质，一部分形成产物，还有一部分维持生命活动，即有：

$$-\frac{dc(S)}{dt}=\frac{\mu c(X)}{Y_G}+mc(X)+\frac{1}{Y_P}Q_P c(S) \tag{5-61}$$

式中　Y_G——碳源为基准的菌体生长的得率系数，g/g

m——维持因子

Y_P——碳源为基准的产物形成的得率系数，g/g

$Y_{X/S}$、$Y_{P/S}$——分别是对总基质消耗而言的

Y_G 和 Y_P——分别对用于生长和产物形成所消耗的碳源而言的

Q_P——产物比生成速率，g/g

如果用比速率来表示总的基质的消耗，则有：

$$r=-\frac{1}{c(X)}\frac{dc(S)}{dt} \tag{5-62}$$

式中　r_S——基质比消耗速率，mol/（g·h）

如果用比速来表示基质碳源的消耗，则有：

$$r_c = -\frac{\mu}{Y_G} + m + \frac{1}{Y_P}Q_P \tag{5-63}$$

式中　r_c——碳源的比消耗速率，mol/（g·h）

对于细胞生产来讲，产物可忽略，则上式可写成：

$$\frac{1}{Y_{X/S}} = \frac{1}{Y_G} + \frac{m}{\mu} \tag{5-64}$$

可以看出，式（5-64）是一个直线方程。由于 Y_G、m 很难直接测定，只要得出细胞在不同比生长速率 μ 下的 $Y_{X/S}$，由直线的斜率和截距，可用图解法求 Y_G、m 的值，从而可得到基质消耗的速率。

（3）分批培养产物的比形成速率　在分批培养中，细胞生长与产物的形成关系有生长耦联型、混合型和非耦联型，如图 5-11 所示。

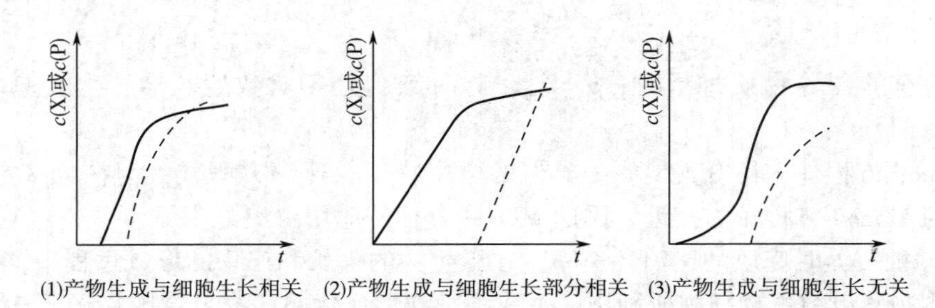

图 5-11　分批发酵中菌体生长与产物形成的模式

对于耦联型：即产物的形成与菌体生长相关，则产物形成速率和比产物形成速率分别可表示为：

$$\frac{dc(P)}{dt} = Y_{P/X}\frac{dc(X)}{dt} = Y_{P/X}\mu c(X) \tag{5-65}$$

或

$$Q_P = \mu Y_{P/X} \tag{5-66}$$

式中　$Y_{P/X}$——以菌体细胞量为基准的产物生成系数，g/g 细胞

$c(P)$——产物浓度，g/L

$c(X)$——菌体浓度，g/L

μ——比生长速率，h^{-1}

$\frac{dc(P)}{dt}$——产物生成速率，g/(L·h)

Q_P——产物比形成速率，g/g

$\frac{dc(X)}{dt}$——细胞生长速率，g/(L·h)

对于非耦联型：即产物的形成与菌体生长无关，许多次级代谢产物的发酵生产属于这种模式，产物生成速率可表示为：

$$\frac{dc(P)}{dt} = \beta c(X) \tag{5-67}$$

式中　β——非生长耦联的比生成速率，g/（g 细胞·h）

对于混合型：即产物的形成与菌体生长部分相关，如乳酸、柠檬酸、谷氨酸等的发酵，则产物形成速率可表示为：

$$\frac{dc(P)}{dt}=\alpha\frac{dc(X)}{dt}+\beta c(X) \tag{5-68}$$

式中　α——与生长耦联的产物生成系数，g/g 细胞

β——该情况下的产物比生成速率，g/g（细胞·h）

该复合模型复杂的形成是将常数 α、β 作为变数，它们在分批生长的 4 个时期分别具有特定的数值。

3. 分批培养的生产率

评价分批发酵过程的成本、效率时，应利用生产率（P）这个概念。以细胞的生产为例，发酵过程总的生产率可表示为：

$$P=\frac{\text{产物浓度}}{\text{发酵时间}}\times 100\% \tag{5-69}$$

上式中生产率单位为 g/（h·L），产物浓度单位为 g/L，发酵时间单位为 h。

生产率是个综合指标，在讨论分批培养时，必须考虑所有的因素。在计算时间时，不仅包括发酵时间，还包括放罐、清洗、装料和消毒时间以及延滞所消耗的时间。如图 5-12 表示整个过程所经历的时间的典型分析，并显示出了平均生产率和最大生产率。

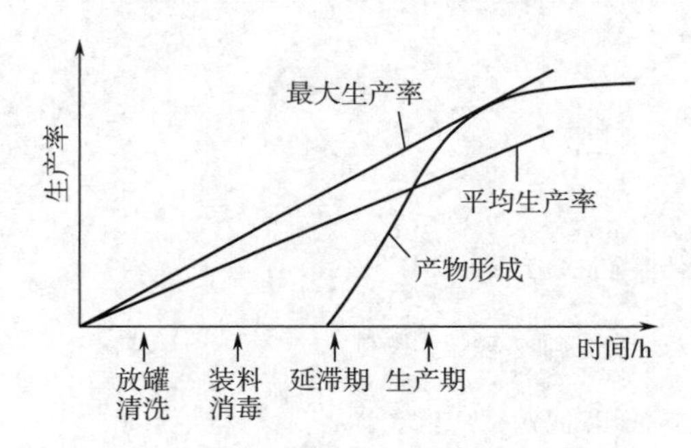

图 5-12　分批培养的生产率

发酵总时间为：

$$t=\frac{1}{\mu}\ln\frac{c_t(X)}{c_0(X)}+t_c+t_f+t_1 \tag{5-70}$$

式中　t_c——放罐清洗时间

t_f——装料消毒时间

t_1——延滞时间

$c_0(X)$——细胞初始浓度

$c_t(X)$——细胞最终浓度

如令 $t_L=t_c+t_f+t_1$，则平均生产率 P 可表示为：

$$p=\frac{c_t(X)-c_0(X)}{\frac{1}{\mu}\ln\frac{c_t(X)}{c_0(X)}+t_L} \tag{5-71}$$

通过方程可以估算发酵过程中各种因素的变化对平均生产率的影响。接种量大，$c_0(X)$

大，发酵时间短，减少t_c和t_f，也能缩短发酵周期。对于短发酵周期（18~70h）而言（如谷氨酸发酵），t_c和t_f非常重要；而对长发酵周期（3d以上）而言（如抗生素生产），t_c和t_f就不太重要了。迄今为止，分批培养是常用的培养方法，广泛用于各种发酵过程。

二、补料分批发酵动力学

补料分批发酵是发酵工业生产中常用的一种发酵方式，现已在氨基酸、抗生素、维生素、酶制剂、单细胞蛋白、有机酸以及有机溶剂等生产中广泛使用，其优点是能够控制发酵液基质浓度，解决基质浓度过高对菌体生长和产物形成阻遏的问题。

补料分批发酵的类型很多，尚未有统一的分类方法，但核心问题是“补加什么”和“怎么补加”。从流加物料的方式看，有反馈流加和无反馈流加；前者包括快速流加、恒速流加和指数流加等，从反应器数目分类又有单级和多级之分；从补加的培养基成分来区分，又可分为单一组分补料和多组分补料等。不管哪种方式，发酵过程中不同的流加方法对细胞密度、生长速度及生产率均有影响，表5-6所示为大肠杆菌在完全培养基上培养时，不同的补料方式的部分动力学数值。

表5-6　　不同补料方式的部分动力学数值

补料方式	细胞浓度/（g/L）	比生长速率/h^{-1}	生产率/[g/（L·h）]
补加葡萄糖，提高最低溶氧浓度	26	0.46	2.3
改变加入蔗糖的量，控制最低溶氧浓度	42	0.36	4.7
加入葡萄糖和铵盐，控制pH	35	0.23	3.9
加入葡萄糖和铵盐，控制pH，低温维持高于临界以上10%	47	0.58	3.6
补加碳源，维持恒定的浓度；以适当比例加入铵盐，控制pH	138	0.55	5.8
以恒定的速度（不导致O_2的供应受到限制）补加碳源	43	0.38	0.8
补加碳源，限制细胞生长，避免乙酸产生	65	0.10~0.14	1.3
补加碳源，控制细胞生长	80	0.12~1.3	6.2

1. 补料分批发酵的理论基础

单一补料分批培养是补料分批培养中的一种类型，其特点是补料一直到培养液达到额定值为止，只有料液输入，没有输出，就是培养过程中不取出培养液。因此发酵液的体积在增加。假定$c_0(S)$为开始时培养基中限制性营养物质的浓度（g/L）；F为培养基的流速（L/h）；V为培养基的体积（L）；F/V为稀释率（h^{-1}），常用D表示，刚接种时培养液中的微生物细胞浓度为$c_0(X)$，若在发酵过程中，细胞生长受一种基质浓度的限制，则在任意时间菌体浓度可用式（5-72）表示：

$$c(X) = c_0(X) + Y_{X/S}[c_0(S) - c(S)] \tag{5-72}$$

由式（5-72）可知，当$c(S)=0$时，微生物细胞的最终浓度为$c_{max}(X)$，假如$c_{max}(X) \gg$

$c_0(\mathrm{X})$，则：

$$c_{max}(\mathrm{X}) = Y_{\mathrm{X/S}}c_0(\mathrm{S}) \tag{5-73}$$

在进行补料分批发酵时，由于培养基的加入，培养液的体积不断发生变化，在整个反应系统中，细胞数量、限制性基质浓度和产物浓度变化可以进行这样的描述：假设菌体浓度为 $c'(\mathrm{X})$，基质浓度为 $c'(\mathrm{S})$，产物浓度为 $c'(\mathrm{P})$。

令：$c'(\mathrm{X}) = c(\mathrm{XV})$，$c'(\mathrm{S}) = c(\mathrm{SV})$，$c'(\mathrm{P}) = c(\mathrm{PV})$

因此，补料分批培养菌体生长速率、基质消耗速率和产物形成速率分别可用式（5-74）、式（5-75）和式（5-76）表示：

$$\frac{\mathrm{d}c(\mathrm{XV})}{\mathrm{d}t}=\mu c(\mathrm{XV}) \tag{5-74}$$

$$\frac{\mathrm{d}c(\mathrm{SV})}{\mathrm{d}t}=Fc_0(\mathrm{S}) - \frac{1}{Y_{\mathrm{X/S}}}\mathrm{d}c(\mathrm{XV}) \tag{5-75}$$

$$\frac{\mathrm{d}c(\mathrm{PV})}{\mathrm{d}t}=Q_{\mathrm{p}}c(\mathrm{XV}) \tag{5-76}$$

就细胞的变化而言，由式（5-74），细胞总量的变化率为：

$$\frac{\mathrm{d}c(\mathrm{XV})}{\mathrm{d}t}=V\frac{\mathrm{d}c(\mathrm{X})}{\mathrm{d}t}+c(\mathrm{X})\frac{\mathrm{d}c(\mathrm{V})}{\mathrm{d}t} \tag{5-77}$$

由于

$$\frac{\mathrm{d}c(\mathrm{XV})}{\mathrm{d}t}=\mu c(\mathrm{XV})$$

如果进行恒速流加，培养基的流速为 F，$\frac{\mathrm{d}c(\mathrm{V})}{\mathrm{d}t}=F$，稀释率为 D，$D=\frac{F}{V}$，

则

$$V\frac{\mathrm{d}c(\mathrm{X})}{\mathrm{d}t}+c(\mathrm{X})F=\mu c(\mathrm{XV})$$

$$\frac{\mathrm{d}c(\mathrm{X})}{\mathrm{d}t}=\mu c(\mathrm{X}) - \frac{F}{V}c(\mathrm{X}) = (\mu-D)\ c(\mathrm{X})$$

即菌体生长速率：

$$\frac{\mathrm{d}c(\mathrm{X})}{\mathrm{d}t}= (\mu-D)\ c(\mathrm{X}) \tag{5-78}$$

同理可得出基质消耗速率：

$$\frac{\mathrm{d}c(\mathrm{S})}{\mathrm{d}t}=D[c_0(\mathrm{S}) - c(\mathrm{S})] - \frac{\mu c(\mathrm{X})}{Y_{\mathrm{X/S}}} \tag{5-79}$$

产物形成速率：

$$\frac{\mathrm{d}c(\mathrm{P})}{\mathrm{d}t}=Q_{\mathrm{p}}c(\mathrm{X}) - Dc(\mathrm{P}) \tag{5-80}$$

随着基质的流加，细胞浓度逐渐增加，限制性基质浓度逐渐降低，最后趋于零，而细胞浓度趋于定值，即$\frac{\mathrm{d}c(\mathrm{X})}{\mathrm{d}t}\approx 0$，$\frac{\mathrm{d}c(\mathrm{S})}{\mathrm{d}t}\approx 0$，此时，细胞进入拟稳态，这时，$\mu\approx D$，但因培养液体积在逐渐增加，所以，稀释率和比生长速率逐渐减少。

由于恒速补料，$\frac{\mathrm{d}c(\mathrm{S})}{\mathrm{d}t}\approx 0$，因此由式（5-79）得：

$$D[c_0(\mathrm{S}) - c(\mathrm{S})]=\frac{\mu c(\mathrm{X})}{Y_{\mathrm{X/S}}}$$

$$F[c_0(\mathrm{S}) - c(\mathrm{S})]=\frac{\mu c\ (\mathrm{XV})}{Y_{\mathrm{X/S}}} \tag{5-81}$$

如果在 $c(\mathrm{X}) = c_0(\mathrm{X})$ 时，以恒定的速度补加培养基，这时，稀释率 D 小于 μ_{m}，发酵过程中随着补料的进行，所有限制性营养物质都很快被消耗。此时，$c(\mathrm{S})\approx 0$，有：

$$Fc_0(\mathrm{S}) \approx \frac{\mu c(\mathrm{XV})}{Y_{\mathrm{X/S}}} = \frac{\mu c'(\mathrm{X})}{Y_{\mathrm{X/S}}} \tag{5-82}$$

式中　F——补料的培养基流速，L/h

$c'(\mathrm{X})$——培养液中微生物细胞浓度，g/L；$c'(\mathrm{X}) = c(\mathrm{XV})$

V——时间 t 时培养基的体积，L

从式（5-82）可以看出补加的营养物质与细胞消耗掉的营养物质相等，因此$\frac{\mathrm{d}c(\mathrm{S})}{\mathrm{d}t}=0$。随着时间的延长，培养液中微生物细胞的量 $c'(\mathrm{X})$ 增加，但细胞的浓度却保持不变，即$\frac{\mathrm{d}c(\mathrm{X})}{\mathrm{d}t}=0$，因而 $\mu \cong D$。这种$\frac{\mathrm{d}c(\mathrm{S})}{\mathrm{d}t}=0$、$\frac{\mathrm{d}c(\mathrm{X})}{\mathrm{d}t}=0$、$\mu \cong D$ 时微生物细胞的培养状态，就称为“准恒定状态”。

根据 Monod 方程：$\mu=\frac{\mu_{\mathrm{m}}c(\mathrm{S})}{K_{\mathrm{S}}+c(\mathrm{S})}$，有 $D=\frac{\mu_{\mathrm{m}}c(\mathrm{S})}{K_{\mathrm{S}}+c(\mathrm{S})}$，

即：

$$c(\mathrm{S}) \approx \frac{DK_{\mathrm{S}}}{\mu_{\mathrm{m}}-D} \tag{5-83}$$

因此，残留的基质应随着 D 的减少而减少，导致细胞浓度的增加。但在分批补料操作中，$c_0(\mathrm{S})$ 将远大于 K_{S}，因此，在所有实际操作中残留基质变化非常小，可当作是零。故只要 $D<\mu$ 和 $K_{\mathrm{S}} \geqslant c_0(\mathrm{S})$，便可达到准稳态。

此时细胞浓度为：

$$c'(\mathrm{X}) = c_0(\mathrm{X}) + FY_{\mathrm{X/S}}c_0(\mathrm{S})t \tag{5-84}$$

在补料分批发酵过程中，虽然存在 $\mu \cong D$，但随着时间的延长，D 与 μ 以相同的速率降低，$D=\frac{F_{\mathrm{t}}}{V_0+F_{\mathrm{t}}t}$，$V_0$ 为原来的体积。要使发酵液中限制性营养物质的浓度保持一定，就不能采用恒速流加，而需要进行变速流加，加料速度随时间呈指数变化，这样，细胞浓度将达到很高的程度，对细胞生长有利。

2. 补料分批发酵的优化

补料分批发酵过程中，补料策略影响发酵的产率，这也是发酵过程控制的关键问题。为了获得最大的产率，需要优化补料策略。通过某一描述比生长速率与比生产速率之间的关系的数学模型，可获得生产过程的最佳方案。

在补料分批发酵过程中，有三个主要的优化目标：①产物的总浓度和总活性最大化；②底物向产物的转化百分比最大化；③产物在单位时间和单位发酵液体积下的产量最大化。显然，这三项互相矛盾的优化目标不可能同时取得最大的数值，因此补料分批发酵的多目标优化问题就更加复杂。但是补料分批发酵中最大的目标是在一定的运转时间下使产量最大化，因此优化的关键问题就是补料优化问题，往往以基质（糖）补料速率为主控制量，pH 和溶解氧为辅助控制量，求取优化控制，使得发酵终止时产物量最高。补料分批发酵优化一般分为三个步骤，即过程建模、最佳解法的计算和解法实现，为此，需要考虑模型与真实过程之间的差异和优化计算的难易。在建模阶段需要考虑的问题之一就是怎样定量描述包括质量平衡中的反应速率。对补料分批发酵过程建立数学模型非常困难，目前

主要有基于动力学机理分析建模、基于人工神经网络建模、基于支持向量机建模及其他建模方法。不过在长期的工业生产过程中，积累了大量的发酵过程批报数据，可以利用那些发酵时间短、产量高的批报数据，来寻找最适宜的基质补料速率、pH 和溶解氧变化的轨迹。比生长速率是补料分批发酵过程中重要的参数之一，这可以从实际补料分批发酵中改变补料的速率，如边界控制实现。在发酵前期，μ 应维持其最大值 μ_m；之后 μ 应保持在 μ_c 以上。这种控制策略可以理解为细胞生长和产物合成的两阶段生产步骤。

三、连续发酵动力学

连续发酵是指以一定的速度向培养系统内添加新鲜的培养基，同时以相同的速度流出培养液，从而使培养系统内培养液的量维持恒定，使微生物细胞能在近似恒定状态下生长的微生物发酵培养方式。连续发酵又称连续培养，它与封闭系统中的分批培养方式相反，是在开放的系统中进行的培养方式。

在连续发酵过程中，微生物细胞所处的环境条件，如营养物质的浓度、产物的浓度、pH 以及微生物细胞的浓度、比生长速率等可以始终基本保持不变，甚至还可以根据需要来调节微生物细胞的生长速率，因此连续发酵的最大特点是微生物细胞的生长速率、产物的代谢均处于恒定状态，可达到稳定、高速培养微生物细胞或产生大量的代谢产物的目的，但是这种恒定状态与细胞周期中的稳定期有本质不同。

1. 单罐连续发酵的动力学

（1）细胞的物料平衡　为了描述恒定状态下生物反应器的特性，必须求出细胞和限制性营养物质的浓度与培养基流速之间的关系方程。对发酵反应系统来说，细胞的物料平衡可表示为：

流入的细胞-流出的细胞+生长的细胞-死去的细胞=积累的细胞

即：
$$\frac{Fc_0(\mathrm{X})}{V}-\frac{F}{V}c(\mathrm{X})+\mu c(\mathrm{X})-kc(\mathrm{X})=\frac{\mathrm{d}c(\mathrm{X})}{\mathrm{d}t} \tag{5-85}$$

式中　$c_0(\mathrm{X})$——流入发酵罐的细胞浓度，g/L

$c(\mathrm{X})$——流出发酵罐的细胞浓度，g/L

F——培养基的流速，L/h

V——发酵罐内液体的体积，L

μ——比生长速率，h^{-1}

k——比死亡速率，h^{-1}

t——时间，h

对普通单级连续发酵而言，$c_0(\mathrm{X})=0$，在多数连续培养中 $\mu \gg k$，所以方程可简化为：

$$-\frac{F}{V}c(\mathrm{X})+\mu c(\mathrm{X})=\frac{\mathrm{d}c(\mathrm{X})}{\mathrm{d}t} \tag{5-86}$$

定义稀释率 $D=\frac{F}{V}$，单位为 h^{-1}。在恒定状态时，有 $\frac{\mathrm{d}c(\mathrm{X})}{\mathrm{d}t}=0$，所以有：

$$\mu=\frac{F}{V} \tag{5-87}$$

即在恒定状态时，比生长速率与稀释率相等，即：

$$\mu=D \tag{5-88}$$

这就表明，在一定范围内，人为调节培养基的流加速率，可以使细胞按照所希望的比生长速率来生长。

（2）限制性营养物质的物料平衡　对生物反应器（发酵罐）而言，营养物的物料平衡可表示为：

流入的营养物-流出的营养物-生长消耗的营养物-维持生命需要的营养物-形成产物消耗的营养物=积累的营养物

$$\frac{F}{V}c_0(\mathrm{S}) - \frac{F}{V}c(\mathrm{S}) - \frac{\mu c(\mathrm{X})}{Y_{\mathrm{X/S}}} - mc(\mathrm{X}) - \frac{Q_{\mathrm{P}}c(\mathrm{X})}{Y_{\mathrm{P/S}}} = \frac{\mathrm{d}c(\mathrm{S})}{\mathrm{d}t} \tag{5-89}$$

式中　$c_0(\mathrm{S})$——流入发酵罐的基质浓度，g/L

$c(\mathrm{S})$——流出发酵罐的基质浓度，g/L

$Y_{\mathrm{X/S}}$——细胞生长的得率系数；L/h

Q_{P}——产物比生产速率，g/g

μ——比生长速率，h^{-1}

$Y_{\mathrm{P/S}}$——产物形成的得率系数

在一定的条件下，$mc(\mathrm{X}) \ll \mu c(\mathrm{X})$，而形成的产物又很少，可忽略不计，又由于$\frac{F}{V}=D$，在恒定状态下$\frac{\mathrm{d}c(\mathrm{S})}{\mathrm{d}t}=0$，$\mu=D$，因此，式（5-89）可简写成：

$$c_0(\mathrm{S}) - c(\mathrm{S}) = \frac{c(\mathrm{X})}{Y_{\mathrm{X/S}}} \tag{5-90}$$

则，

$$c(\mathrm{X}) = Y_{\mathrm{X/S}}\left[c_0(\mathrm{S}) - c(\mathrm{S})\right] \tag{5-91}$$

（3）细胞浓度与稀释率的关系　为了使细胞浓度、营养物的浓度与稀释率之间关联，需要将 Monod 方程应用于连续培养，则有：

$$D=\frac{D_{\mathrm{c}}c(\mathrm{S})}{K_{\mathrm{S}}+c(\mathrm{S})}=\frac{\mu_{\mathrm{m}}c(\mathrm{S})}{K_{\mathrm{S}}+c(\mathrm{S})} \tag{5-92}$$

式中　D_{c}——临界稀释率，即在发酵罐内能达到的最大稀释率

此时，基质浓度可表示为：

$$c(\mathrm{S}) = \frac{DK_{\mathrm{S}}}{\mu_{\mathrm{m}}-D} \tag{5-93}$$

除极少数外，D_{c} 相当于分批发酵的μ_{m}。由式（5-90）和式（5-92），可得到菌体浓度与稀释率、初始基质浓度之间的关系。即

$$c(\mathrm{X}) = Y_{\mathrm{X/S}}\left[c_0(\mathrm{S}) - \frac{DK_{\mathrm{S}}}{\mu_{\mathrm{m}}-D}\right] \tag{5-94}$$

式（5-92）和式（5-93）分别表示了 $c(\mathrm{X})$、$c(\mathrm{S})$ 对培养基稀释率 D 的依赖关系。当稀释率低时，即 D 小时，营养物质被细胞利用，$c(\mathrm{S}) \to 0$，细胞浓度 $c(\mathrm{X}) = Y_{\mathrm{X/S}}c_0(\mathrm{S})$。如果 D 增加，开始 $c(\mathrm{X})$ 呈线性慢慢下降，$c(\mathrm{S})$ 随 D 的增加而缓慢增加，然后，当 $D=D_{\mathrm{c}}=\mu_{\mathrm{m}}$ 时，$c(\mathrm{X})$ 下降到 0，$c(\mathrm{S}) \to c_0(\mathrm{X})$。在方程式（5-94）中，当 $c(\mathrm{X}) = 0$ 时，达到“清洗点”，即有：

$$c_0(\mathrm{S}) = \frac{DK_{\mathrm{S}}}{\mu_{\mathrm{m}}-D} \tag{5-95}$$

由此可得：

$$D_c = \frac{\mu_m c_0(S)}{K_S + c_0(S)} \tag{5-96}$$

D_c受μ_m、K_S和$c_0(S)$的影响，$c_0(S)$越大，D_c越接近μ_m值。

如果，$\frac{c_0(X)}{K_S + c_0(X)} = 1$，则$D_c = \mu_m$。

当D在以上时，不可能达到恒定状态。如果D只稍稍低于μ_m，那么整个系统对外界环境的变化是非常敏感的。随着D的微小变化，$c(X)$将发生巨大的变化。图5-13显示了稀释率对$c(S)$、$c(X)$、t_d和细胞产率的影响。

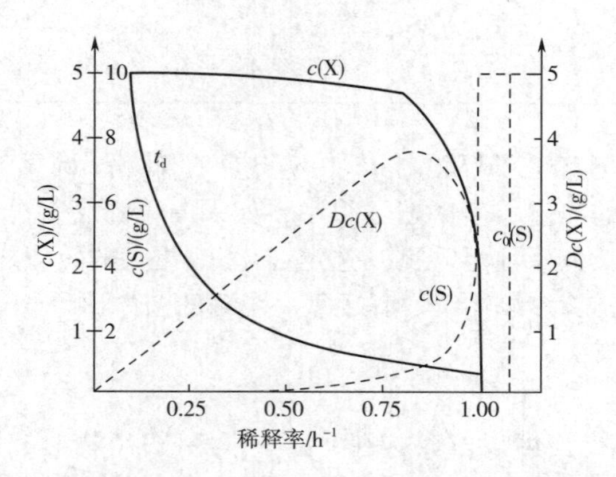

图5-13　稀释率对基质浓度$c(S)$、$c(X)$、t_d和$Dc(X)$的影响

2. 两级连续发酵动力学

两级连续发酵是指两个发酵罐串联起来，图5-14显示了简单的一种两级连续培养示意图。图中F_1为由第一个发酵罐流出的培养液的流速（单位为L/h），V_1、V_2分别为第一个和第2个发酵罐的体积（单位为L），F'为补加到第2个发酵罐的新鲜培养基的流速（单位为L/h），$F_2 = F_1 + F'$，$c_0(S)$和$c_0'(S)$分别为加到第一个和第二个发酵罐内限制性营养物质浓度，$c_1(S)$和$c_2(S)$分别为第一个和第二个发酵罐内剩余限制性营养物质的浓度，$c_1(X)$和$c_2(X)$分别为第一个和第二个发酵罐内细胞浓度。

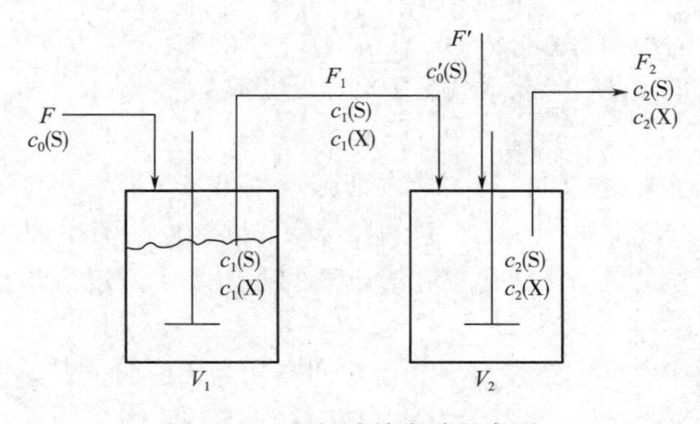

图5-14　两级连续发酵示意图

采用与前述类似的方法，可以推导出在恒定状态下，两级串联发酵罐中每个发酵罐内

物料平衡的结果，如表 5-7 所示。

表 5-7　恒定状态下两级串联发酵罐中每个罐内的物料平衡

发酵罐	细胞的平衡	限制性营养物质的物料平衡
第一个发酵罐	$\mu_1=D_1$	$c_1(\mathrm{X})=Y_{\mathrm{X/S}}[c_0(\mathrm{S})-c_1(\mathrm{S})]$
第二个发酵罐（不补加新鲜培养基）	$\mu_2=D_2\left[1-\frac{c_1(\mathrm{X})}{c_2(\mathrm{X})}\right]$	$c_2(\mathrm{X})=\frac{D_2}{\mu_2}Y_{\mathrm{X/S}}[c_0(\mathrm{S})-c_1(\mathrm{S})]$
第二个发酵罐（补加新鲜培养基）	$\mu_2=D_2-\frac{F_1c_1(\mathrm{X})}{V_2c_2(\mathrm{X})}$	$c_2(\mathrm{X})=\frac{Y_{\mathrm{X/S}}}{\mu_2}\left[\frac{F_1}{V_2}c_1(\mathrm{S})+\frac{F'}{V_2}c_0'(\mathrm{S})-D_2c_2(\mathrm{S})\right]$

由表 5-7 可见，在第二个发酵罐内 μ_2 不等于 D_2，如果不向第二个发酵罐补加新鲜培养基，则第二个发酵罐的净生长速率就会很小；如果向第二个发酵罐内补加新鲜培养基，不仅可以促进细胞的生长，而且可以使 D 选定在比 μ_m 更大的数值。

同样的道理，可以计算多级连续发酵罐每一个罐的菌体比生长速率和细胞浓度，计算相对比较麻烦，可参考有关专著。

3. 连续发酵的产率

（1）菌体的产率　当连续发酵是以生产菌体为目的产物时，菌体产率 P_X 可由下式表示：

$$P_{\mathrm{X}}=Dc(\mathrm{X}) \tag{5-97}$$

或

$$P_{\mathrm{X}}=DY_{\mathrm{X/S}}\left[c_0(\mathrm{X})-\frac{DK_{\mathrm{S}}}{\mu_{\mathrm{m}}-D}\right] \tag{5-98}$$

从避免细胞洗出和减少营养物质流出两方面考虑，为了获得最大产率时的稀释率 D_m，可对上式中的 P_X 对 D 求导数，并使其为零，由此可得：

$$D_{\mathrm{m}}=\mu_{\mathrm{m}}\left(1-\sqrt{\frac{K_{\mathrm{S}}}{K_{\mathrm{S}}+c_0(\mathrm{S})}}\right) \tag{5-99}$$

$$(P_{\mathrm{X}})_{\mathrm{m}}=D_{\mathrm{m}}Y_{\mathrm{X/S}}\left[c_0(\mathrm{S})-\frac{K_{\mathrm{S}}}{\mu_{\mathrm{m}}-D_{\mathrm{m}}}\right]=\mu_{\mathrm{m}}Y_{\mathrm{X/S}}\left(\sqrt{c_0(\mathrm{S})+K_{\mathrm{S}}}-\sqrt{K_{\mathrm{S}}}\right)^2 \tag{5-100}$$

根据式（5-99），$D_m<\mu_m$，而 $D_c=\mu_m$，故有 $D_m<D_c$。

一般情况下，$c_0(\mathrm{S})\gg K_S$，故式（5-100）可变成：

$$(P_{\mathrm{X}})_{\mathrm{m}}=\mu_{\mathrm{m}}Y_{\mathrm{X/S}}c_0(\mathrm{S}) \tag{5-101}$$

需要说明的是，连续发酵时，达到最大细胞产率 $D_mc_m(\mathrm{X})$ 时的稀释率，并不等于达到最大细胞得率 $[\mathrm{d}c_m(\mathrm{X})/\mathrm{d}c_{min}(\mathrm{S})]$ 时的稀释率，因为此时流出液的残留基质浓度 $c(\mathrm{S})$ 值稍高。应用时，应考虑产率、转化率和流出液的残留基质浓度，结合实验数据来进行综合分析对比及经济核算。

（2）代谢产物的产率　连续发酵以获得代谢产物为目的时，产物产率 P_P 为：

$$P_{\mathrm{P}}=Dc(\mathrm{P}) \tag{5-102}$$

产物最大产率应为 $(P_P)_m=D_mc_m(\mathrm{P})$。由于连续发酵实际测出产物的最大浓度，即可得到最高产率。但在考察连续发酵的产率时，从经济的角度出发，一方面要使原料以最大的转化率和最大的产率转化为产物；另一方面使发酵液中含有尽可能高的产物浓度，以降低分离提取的操作费用。因为产物回收的成本与要处理的液体量成正比，而与产物的浓度成反比。一些发酵产物如次生代谢物，其分离提取费用占总成本的40%以上。

与分批发酵相比，如果以菌体为目标产物，则细胞生长得越快（比生长速率越大），连续发酵越有利。如果μ_m过小，则不宜采用连续发酵。

第五节　微生物生物反应器

生物反应器是一个容器，在此容器内，人们对生物有机体进行特定的反应或进行有控制的培养，以生产某种产品。生物反应器最早的形式是发酵罐（fermenter），主要指当时的厌氧发酵容器。随着生产的工业化，有氧发酵得到广泛应用，发酵罐的概念也延伸到有氧发酵，对微生物在反应器内的培养过程也常称为发酵过程。现在的生物反应器不仅包括传统的发酵罐、酶反应器，还包括固定化酶和细胞反应器、动植物细胞培养反应器和光合生物反应器等，本节主要介绍微生物生物反应器。

一、生物反应器的分类

1. 分类

生物反应器有很多种，按照不同的分类角度可以分为各种类型，如表5-8所示。

表5-8　生物反应器的分类

分类依据	反应器名称
按照反应器内流型	理想反应器（柱塞流、全混流）、非理想反应器
按照操作方式	间歇式反应器、半连续式反应器、连续式反应器和膜反应器
按照结构特征	罐式反应器、管式反应器和塔式反应器
按照反应器内部相态	均相反应器和非均相反应器
按照反应器内有机体种类	微生物反应器、动物反应器、植物反应器和酶反应器
按照反应器内气液混合方式	机械搅拌反应器、泵循环反应器、直接通气反应器、连续气相反应器
按照发酵过程是否通氧	通风发酵反应器、嫌气发酵反应器

柱塞流反应器（plug flow）是指流体在反应器内从进口流到出口，中间没有返混，一些固定化细胞培养反应器、膜反应器及管式反应器等属于这种情况。全混流反应器（backmix）是指流体在反应器内经过了充分混合，搅拌罐式反应器是一种典型的全混流反应器。这两类均属于理想生物反应器。而非理想生物反应器内流体的流型介于柱塞流和全混流之间，属于有部分返混的柱塞流。一些具有返混的管式反应器属于非理想生物反应器。间歇反应器、半连续反应器及连续反应器是反应器的三种典型操作方式。间歇式操作是目前微生物发酵工业，尤其是抗生素工业广泛采用的操作方式。连续操作在大规模生产中使用较少，但一些固定化酶反应器、活性污泥处理废水反应器等的操作属于这种操作方式。

罐式反应器径高比在1~3，管式反应器高径比一般大于30，塔式反应器高径比通常大于10。膜式反应器使用各种膜作为反应器内部关键组件，有时膜起分离作用，有时膜起固定化细胞和酶的作用。均相反应器指反应器内只有一相，如均相酶反应器，酶作为催化剂溶解在反应液中，形成单一的液相。非均相反应器内反应物质有两相以上，比如，一般的生物反应器内有固相（生物体）、液相（培养液）、气相（空气），固定床和流化床属于典型的非均相反应器。

由于微生物、动物细胞和植物细胞生长特性有很大差异，因此其反应器的形式大不相同。酶反应器作为一种催化反应器与生物培养反应器有不同的要求。对于需氧生物培养来说，空气和培养液如何混合接触是一个非常重要的因素。目前常用的混合方式有四种：①机械搅拌混合是靠搅拌器的作用将通入培养液内的空气分成大量小气泡，使其与液体充分混合接触；②泵循环反应器依靠一个外置液体循环泵，将液体从反应器出口打回入口，实现液体的循环并与空气进行充分接触；③直接通气混合是将空气通过罐底气体分布器直接通入，实现气液混合接触；④连续气相反应器中的气体从液体表面流过进行气液接触，托盘生物培养属于这种气液接触方式。

2. 微生物生物反应器的发展趋势

微生物生物反应器的研究、开发和设计是生物工程技术的一项重要内容，一种好的微生物生物反应器的出现往往能够大规模降低生产成本，成为生物产品成功商业化的关键。因此，生物反应器的开发一直很活跃，尤其是微生物生物反应器的开发利用。微生物生物反应器的发展趋势可归纳为以下几个方面。

（1）微生物反应器大型化　由于微生物可以悬浮培养，对搅拌的剪切力要求不高，因此，微生物最有条件在大型甚至超大型反应器内生长。目前，生产抗生素的发酵罐容积已达到400m^3；氨基酸的反应器达到300m^3；单细胞蛋白（SCP）的反应器达到2600m^3；用微生物处理废水的生物反应器甚至高达27000m^3。显然，反应器容积增大有利于降低生产成本，获得更好的经济效益。

（2）计算机技术的运用　首先，对反应器内的生物反应过程，根据测定的实验结果建立数学模型，获得能够反映生物过程规律的较精确的表达式，然后将该模型应用于反应器的设计和自动控制中，从而优化反应器的结构和操作。

由于动植物细胞培养可以得到许多高附加值生物制品，如干扰物、单克隆抗体等，细胞培养反应器的开发越来越受重视。目前，细胞生物反应器除了改变搅拌形式、减少剪切力、大量使用各种膜以外，还出现了三维细胞培养反应器，这种反应器模拟细胞在器官组织中的生存条件，使细胞的存活率和生产能力达到较高的水平。

二、厌氧生物反应器

微生物反应器是生产中最基本也是最主要的设备，其作用就是按照发酵过程的工艺要求，保证和控制各种生化反应条件，如温度、压力、供氧量、密封防漏、防止染菌等，促进微生物的新陈代谢，使之能在低消耗下获得较高的产量。发酵酒是利用酵母菌进行兼性厌氧发酵得到的产品，而酒精是酵母菌厌氧发酵的结果，其生物反应器均属厌氧发酵设备。由于其发酵过程不需供氧，所以这类发酵设备较为简单。

1. 酒精发酵设备

为使酒精酵母将糖转化为乙醇，并提高转化率，在设计制造酒精发酵罐时，除了考虑满足酒精酵母生长和积累产物的必要工艺条件外，还应考虑有利于发酵液的冷却、发酵液的排放、设备的清洗、灭菌、维修及设备制造安装方便等问题。

（1）发酵罐结构　该罐罐体为圆柱形，底盖和顶盖均为碟形或锥形，如图 5-15 所示。在酒精发酵过程中，为了回收 CO_2 气体以及所带出的部分酒精，酒精发酵罐普遍采用的是密闭型发酵罐。

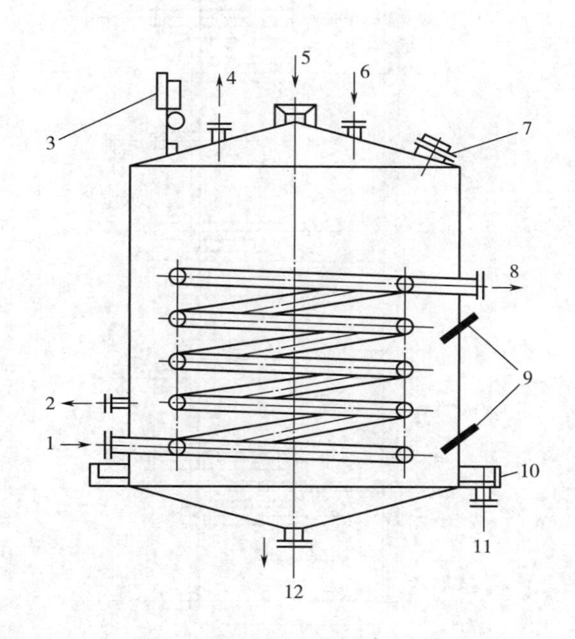

图 5-15　酒精发酵罐

1—冷却水入口　2—取样口　3—压力表

4—CO_2出口　5—冷却水入口　6—料液和酒母入口

7—人孔　8—冷却水出口　9—温度计　10—喷淋水收集槽

11—喷淋水排出口　12—发酵液及污水排出口

（2）发酵罐的冷却问题　由于酒精发酵过程中释放出定量的生化反应热，若不及时移走，将使发酵液温度升高而直接影响酵母菌生长和代谢产物的转化率，因此，罐内应装有冷却装置。对于中小型发酵罐，多采用罐顶、罐外壁喷淋膜状冷却；对于大型发酵罐，由于罐外壁冷却面积不能满足冷却要求，因此采用罐内装有冷却蛇管与罐外壁喷淋联合冷却装置，罐体底部沿罐体四周装有集水槽，废水由集水槽出口排入下水道，以避免发酵车间潮湿和积水，影响车间的卫生和人员操作。此外，也有用罐外列管式喷淋冷却的方法，此法具有冷却发酵液均匀、冷却效率高等优点。

2. 啤酒发酵设备

目前，国内外啤酒厂均已采用大容量的露天发酵罐，即锥底立式发酵罐（conical tank）。啤酒发酵设备已向大型、室外和联合的方向发展。大型化的发酵罐有利于降低主要设备的投资。迄今为止，使用的大型发酵罐容量已达到 1500m^3。

锥底立式发酵罐其优点在于既可作发酵罐，又可作储酒罐，缩短生产周期，其结构如

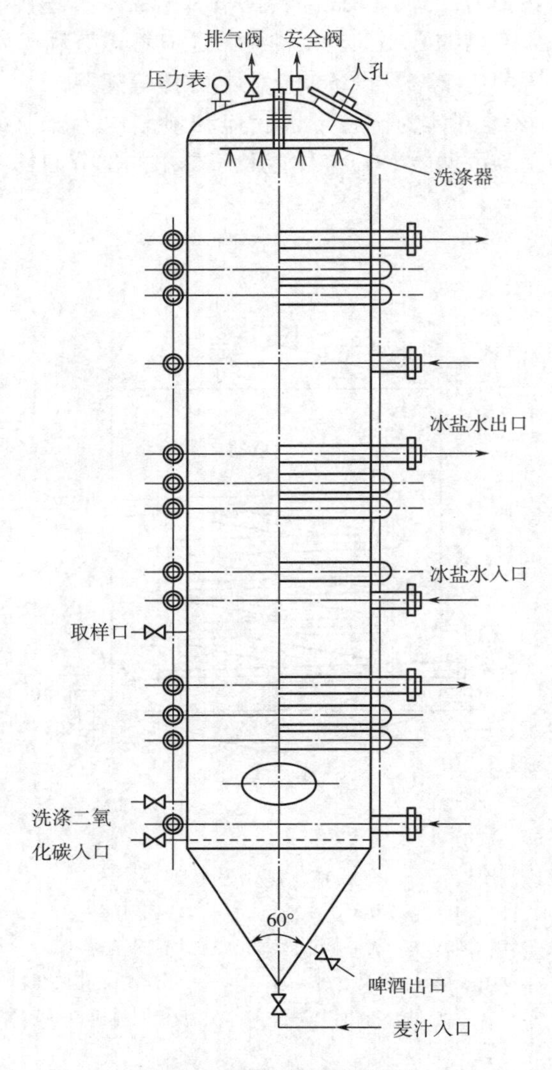

图 5-16　锥底立式发酵罐

图 5-16 所示。罐体用不锈钢板或钢板内涂环氧树脂制成。圆筒部分的径高比为（1：5）~（1：6），直径 2~5m，高度 10~30m，常用的容量为 $200m^3$ 或 $250m^3$。麦芽汁装入高度不宜太高，否则液体静压过大，对流加强，浓度梯度增大，不利于酵母菌对双乙酰的充分还原。锥形罐的装料系数可达 85%~90%，因而设备利用率高。罐锥底角度以 60°~85°为宜，有利于酵母菌的积聚和沉淀。根据罐容量大小不同，需在罐的上、中、下部及锥底各段配有数条带形冷却夹套，通入盐水或者直接通入液氨循环使用，可分为四段冷却，也可将下段与锥底两段合二为一，因此有三段微机温度自动控制系统。冷却夹套外层包扎有 20cm 厚的聚氨酯或聚苯乙烯泡沫硬质塑料作绝热保温层，其外再加一层薄金属板作为保护装置，顶盖和锥底也要有保温措施。如此即可完全置于室外，制成露天发酵罐。罐内装有自动喷射球洗涤装置，罐身中下部装有取样口，并在其上、中、下三段分别设有控制温度的

铂电阻（Pt 100）接口以及冷却剂进出口，可实现对温度、压力、装料高度等参数的微机半自动和自动控制。罐身还装有视镜，以观察发酵罐的内部状况。罐顶装有人孔、压力表、排气阀、安全阀、CO_2排出口以及自动封顶装置等。当发酵罐内压力超过 0. 1MPa 时，CO_2由罐顶排气阀排出，使罐内压力保持在 0. 1MPa 以下，一般为 0. 08MPa。若罐内压力超过 0. 2MPa 时，则罐顶安全阀自动打开，以控制罐中 CO_2含量。罐底锥角处设有无菌麦芽汁和酵母入口，发酵旺盛时，使用全部冷却夹套（工厂称为开冷），维持适宜发酵温度，最终沉积在锥形底部的酵母则打开锥角阀门排出罐外，而成熟的啤酒从锥底侧面啤酒出口放出。有的啤酒厂在啤酒出口处先用可移动管放出酵母泥置于贮养罐中，以便重复使用，但使用酵母最多不超过 5 代，而后再用移动管放出成熟啤酒进行离心分离，除去酒中残余酵母和杂质。

为使发酵过程中能饱和 CO_2，在罐底侧面装有洗涤净化的 CO_2入口，当发酵 CO_2不足时，CO_2从充气管上的小孔吹入发酵液中。锥形罐采用 CIP（clean in place）洗涤系统按预定程序自动进行清洗。此外，还有 CO_2回收系统。

三、好氧液体生物反应器

好氧液体生物反应器采用通风和搅拌来增加氧的溶解速率，满足好氧微生物生长和代谢产物积累的需要，如氨基酸、柠檬酸、酶制剂、抗生素等的发酵生产均已应用。好氧生物反应器按照动力输入的方式，有内部机械搅拌型、外部液体搅拌型和空气喷射提升式三种形式。

1. 机械搅拌通气式发酵罐

机械搅拌通气式发酵罐又称标准式或通用式发酵罐，它是利用机械搅拌器的作用，使空气和发酵液充分混合，促使氧在发酵液中的溶解，以满足微生物发酵的需求。特别适合于放热量大、需氧量高的发酵过程，也是发酵工厂常用类型之一。但此种发酵罐也存在一些缺点，发酵罐内部结构比较复杂，清洗难度大，动力消耗大，特别对于丝状真菌的培养，机械搅拌的剪切力对菌体的发酵不利。

机械搅拌通风发酵罐主要部件包括罐体、搅拌器、挡板、空气分布装置、消泡装置、冷却装置、联轴器和轴封、传动装置等。标准式发酵罐的结构和几何尺寸如图 5-17 所示。

罐体是由圆柱体和两端碟形封头或椭圆封头焊接而成的（小型发酵罐多用法兰连接）密封容器。这种形状的发酵罐受力均匀，死角少，物料容易排出。材料为碳钢或不锈钢，大型发酵罐可用 2~3mm 厚的不锈钢衬里或复合不锈钢制成。罐体厚度大小决定于罐径与罐压的大小。由于在发酵、空罐灭菌或实罐灭菌中需要保持一定的罐压，因此要求发酵罐是一个受压容器。所以，罐体应根据最大使用压力来设计。

标准式发酵罐的罐体各部分的几何尺寸有一定的比例，发酵罐筒身高度（H）与罐内直径（D）之比一般为 $H:D=(1.7\sim4):1$，新型高位发酵罐高度与直径之比在 10 以上，有利于提高空气的利用率。小型发酵罐装有 1~2 组搅拌器，大型发酵罐可装 3 组或 3 组以上，搅拌器的直径（d）与发酵罐直径（D）之比一般为 $d:D=1:(2\sim3)$。两组搅拌器，其直径（d）与搅拌器的间距(S）比为 $d:S=1:(1.5\sim2.5)$；而三组搅拌器 $d:S=1:(1\sim2)$，最上面一组与液面的距离不超过搅拌器直径，最下面一组搅拌器应与风管出口接近，并与罐底的距离 B 一般等于搅拌器的直径 D，但也不宜小于 $0.8D$，否则会

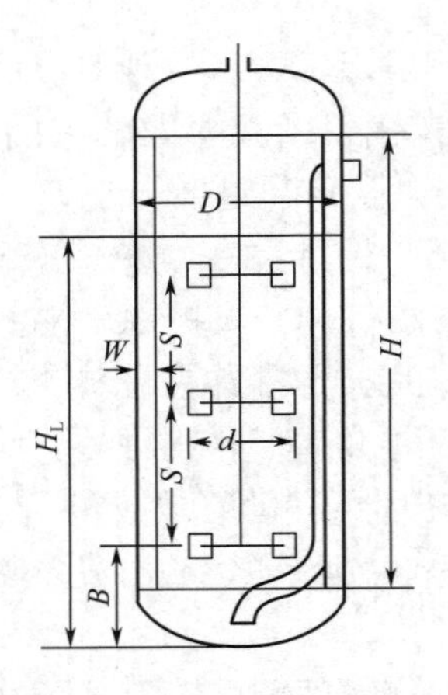

图 5-17　标准式发酵罐的几何尺寸

H—罐身高度　D—罐内直径　d—搅拌器直径　W—挡板的宽度

B—搅拌器距底边间距　S—两搅拌桨的间距　H_L—液位高度

影响液体循环。

为了使发酵液充分被搅动，应根据发酵罐的容积，在搅拌轴上配置多个搅拌器，配置的数量由罐内液位高度、发酵液的特征和搅拌器的直径等因素决定。搅拌轴一般由罐顶伸入罐内，中间用钢条固定在发酵罐的内壁上，下部固定在发酵罐的底部。罐内还设有挡板、消泡器、空气分布装置、轴封和换热装置等。挡板的作用是改变液流方向，将径向流动改变为轴向流动，促使液体激烈翻动，增加溶氧；同时还起到消旋作用。消泡器的作用是利用机械力量将泡沫打破，使废气与料液分离并回收料液，以提高罐的装料量。空气分布装置的作用是向发酵液中吹入无菌空气，并使空气均匀分布，轴封的作用是使发酵罐的罐顶或罐底与搅拌轴之间的缝隙加以密封，防止泄漏和染菌。

2. 自吸式发酵罐

自吸式发酵罐是一种不需要空气压缩机提供加压空气，而依靠特殊设计的机械搅拌吸气装置专门为发酵罐内导入无菌压缩空气，醋厂、酵母厂、制药厂等均采用这种新型设备。机械搅拌自吸式发酵罐示意图如图 5-18 所示。

自吸式发酵罐罐体与通用式发酵罐相同，主要区别在于搅拌器的形状和结构不同。自吸式发酵罐使用的是带中央吸气口的搅拌器，搅拌器由从罐底向上伸入的主轴带动，叶轮旋转时叶片不断排开周围的液体，当流体被甩向外缘时，在转子中心处形成负压，转子转数越大，所造成的负压越大，吸风量也越大，于是将罐外空气通过搅拌器中心的吸气管而吸入罐内，吸入的空气与发酵液充分混合后在叶轮末端排出，并立即通过导轮向罐壁分散，经挡板折流涌向液面，均匀分布。空气吸入管通常用一个端面轴封与叶轮连接，确保不漏气。由于空气靠发酵液高速流动形成的真空自行吸入，气液接触良好，气泡分散较细，从而提高了氧在发酵液中的溶解速率。据报道，在相同空气流量的条件下，自吸式发酵罐溶氧系数比通用式发酵罐高。可是由于自吸式发酵罐的吸入压头和排出压头均较低，需采用高效率、低阻力的空气除菌装置。自吸式发酵罐的缺点是进罐空气处于负压，发酵系统不能保持一定的压力，因而增加了染菌机会；其次是这类罐搅拌转速较高，有可能使菌丝（团）被搅拌器切断，影响菌体的正常生长，不适宜丝状真菌的发酵。

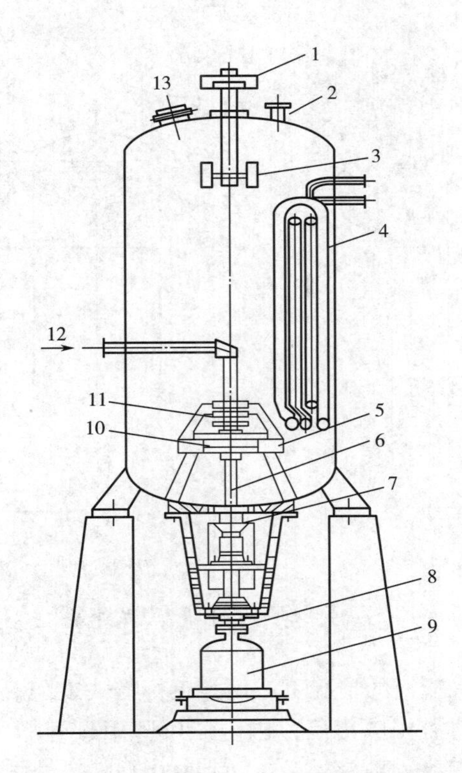

图 5-18　机械搅拌自吸式发酵罐结构示意图

1—消泡转轴　2—排气管　3—消泡器　4—冷却排管　5—定子　6—轴　7—双端面轴
8—联轴器　9—电动机　10—转子　11—单面轴封　12—进风管　13—人孔

3. 空气带升环流式发酵罐

该罐又称循环式通风发酵罐。它是利用空气的动力使液体在循环管内上升，并沿一定线路进行循环。对于糖蜜、水解糖、蔗糖等固形物含量较少的培养基，采用气升式发酵罐更为有利。其结构如图 5-19 所示。

空气带升环流式发酵罐根据环流管安装的位置可分为内循环［图 5-19（1）］与外循环［图 5-19（2）］两种。100m^3空气带升环流式发酵罐由 12~16mm 厚不锈钢柱体和椭圆封头焊接而成。罐内径 3.8m，圆柱形部分高 11.6m，有效容积 80~85m^3，最适径高比为（1∶4）~（1∶6），限制高度为 22~24m。外循环带升式发酵罐外装设上升管，上升管两端与罐底及罐的上部相连接，构成一个循环系统。在上升管的下部装设空气喷嘴，空气以 250~300m/s 的速度喷入上升管，借助喷嘴的作用将空气泡分割成细泡，与上升管内的发酵液密切接触。由于上升管内发酵液的密度小，加上压缩空气的喷流动能，使上升管内的液体上升；而罐内液体受重力作用下降，下降至底部又进入上升管，形成反复循环，以供给发酵所耗的溶解氧，使发酵正常进行。

4. 高位塔式发酵罐

高位塔式发酵罐内装有若干块筛板，压缩空气由罐底导入，经过筛板逐渐上升，气泡在上升过程中带动发酵液同时上升，上升后的发酵液又通过筛板上带有液封作用的降液管下降而形成循环。这种发酵罐的特点是省去了机械搅拌装置，如培养基浓度适宜，而且操

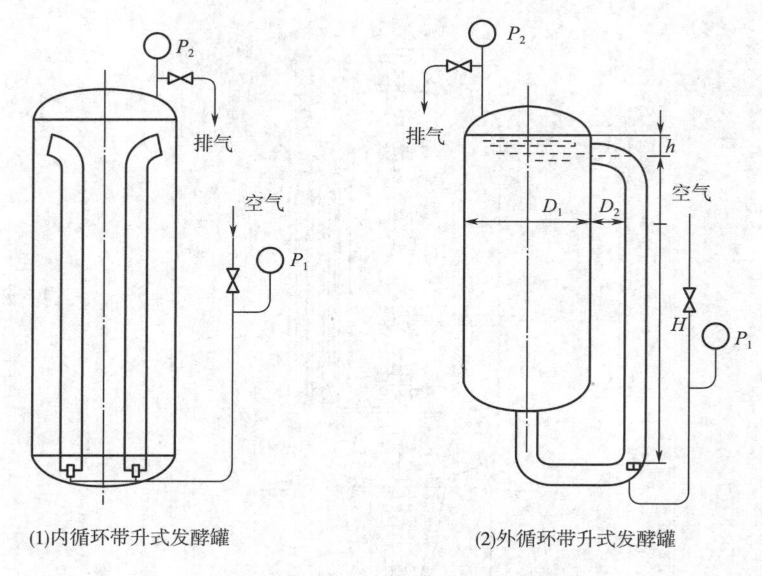

图 5-19　空气带升环流式发酵罐

作得当的话，在不增加空气流量的情况下，可接近标准式发酵罐的发酵水平，但由于液位较高，通入的压缩空气压力需相应提高。国内工厂曾用过容积为 $40m^3$ 的高位塔式发酵罐生产抗生素，该罐直径 2m，H/D 值约为 7，总高为 14m，共装有筛板 6 块，筛板间距为 1. 5m，最下面的一块筛板有直径 10mm 的小孔 2000 个，上面 5 块筛板各有直径 10mm 小孔 6300 个，每块筛板上都有一个 ϕ450mm 的降液管，在降液管下端的水平面与筛板之间的空间则是气液充分混合区。由于筛板对气泡的阻挡作用，使空气在罐内停留较长时间，同时在筛板上大气泡被重新分散，进而提高了氧的利用率。这种发酵罐由于省去了机械搅拌装置，造价比标准发酵罐要低。

四、固态发酵生物反应器

固态发酵（solid state fermentation）是指体系在没有或几乎没有自由水存在下，微生物在固态物质上生长的过程，过程中维持微生物活性需要的水主要为结合水或与固体基质结合的状态。大部分研究者认为固态发酵和固体基质发酵（solid substrates fermentation）是同一概念，可是 Pandey 等却认为固体基质发酵是在无自由水条件下，固体基质作为碳源或氮源的发酵过程，而固态发酵是在无自由水条件下利用天然或惰性底物（如合成泡沫）作为支持物的发酵过程。设计固态反应器需要考虑灭菌、接种、传质、传热、取样、供气、参数的测量和控制等几个方面的问题。迄今为止已有许多类型的固态发酵反应器问世（包括实验室、中试和工业生产），如转鼓式生物反应器、压力脉动反应器、流化床反应器和圆盘式反应器等，部分用于食用菌、单细胞蛋白、生物杀虫剂、酶制剂、动物饲料和土壤修复等方面。

近几年来，随着固态发酵技术在功能食品和酒类酿造方面得到了广泛应用，如酱油、米酒、豆豉、黄酒和白酒等，从传统固态发酵发展到现代固态发酵，在生产抗生素、酶制剂、有机酸、生物活性物质等方面发挥了重大作用，并进一步扩大到生物转化、生物燃料、生物防治、垃圾处理及生物修复等领域，新型固态生物反应器作为潜在的技术引起人们的密切关注。

五、生物反应器的比拟放大

任何一个生物工程产品的研究开发过程都必须经历三个阶段：①实验室研究阶段，在此阶段进行基本的生物细胞（菌种）的筛选和培养基的研究，通常是通过摇瓶培养或在1~5L反应器中进行；②中试阶段，在此阶段参考摇瓶的结果，用小型的发酵反应器进行生物培养或发酵，以进行环境因素在最佳操作条件下的研究，大多使用10~500L规模的发酵反应器进行试验；③工厂化规模，在此阶段进行试验生产直至商业化生产，向社会提供产品，并获得经济效益。

在上述的三个阶段中，虽然进行着同一种反应，若使用不同规模的生物反应器，由于反应溶液的混合状态，质量、热量和动量传递上的差异，从而导致反应速率以及反应时具体过程的差异，因此细胞生长与代谢产物生成的速率也就是细胞代谢流也有差异。如何估计在不同规模的发酵反应器中生物反应的状态，尤其是在反应器放大过程中维持细胞生长与生物反应速率相似，这就涉及生物反应器的比拟放大。换言之，就是指在反应器的设计与操作上，将小型反应器中的最优反应结果转移至工业规模生物反应器中重现的过程。尽管比拟放大方法在传统的化学工业中已有许多成功的先例，但生物发酵过程的复杂性远大于普通的化工过程，影响因素较多，不仅有化工过程的传质与传热、流体动力学以及反应动力学等，而且还有生物细胞的生长、酶系的活力等细胞的生理特征，作为生物工程设备的核心，其比拟放大就成为生物发酵过程放大的关键。

1. 生物反应器的放大目的

在生物反应系统中，存在着三种不同类型的重要过程，即热力学过程、微观反应动力学过程和传递过程，而传递过程受系统规模的影响很大。例如，分散状态的生物细胞的生长与代谢产物的生成是环境条件（如基质浓度、生长因子、抑制剂的浓度、pH、温度等）的函数，这些与反应器的规模基本无关。但另一方面，随着反应器规模的改变，系统内的动量传递过程就相应变化，尤其是搅拌器对生物细胞的搅拌剪切作用随反应器规模增大而增强，不仅影响细胞（团）的分散状态，如絮凝、悬浮、结团等，而且严重时还会使细胞本身产生剪切损伤。

对微生物发酵过程，好氧发酵的放大效应比厌氧发酵更明显，而连续发酵又比间歇发酵突出。具体来说，在小型生物反应器中物质的浓度和压强梯度较小，具有良好的混合特性，表面（即反应器内壁及液面）效应影响较强，湍流剪切强度较低。在大型生物反应器中物质浓度梯度和压强梯度较明显，生物细胞随液体微团运动，在不同的时间可能会处于不同的营养浓度、溶氧浓度、不同的压强环境中，且受到的湍流剪切力较高。所有这些变化，均会对微生物细胞物质和能量的交换产生重大的影响。因此，在生物反应器比拟放大过程中，物质和能量传递的问题就构成了生物反应器比拟放大过程的核心问题。

案例 5-3　纤维床反应器固定化发酵丁酸的中试放大

浙江大学施周铭等基于5L通用发酵罐和纤维床生物反应器（FBB）发酵生产丁酸的研究基础，在5000L体系纤维床上进行丁酸发酵的中试规模放大。在纤维床中试规模放大研究中，获得较好的效果，这一研究对丁酸生物炼制工程的发展具有重要意义。中试纤维床装置如图 5-20 所示。

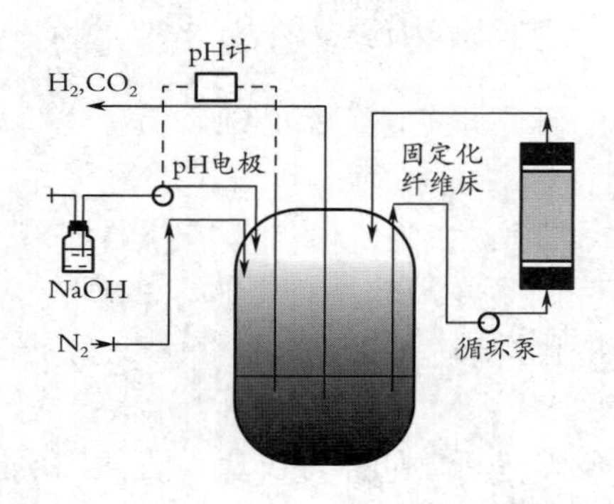

图 5-20 中试固定化纤维床反应器示意图

批次发酵的平均糖酸转化率为 0.48g/g，丁酸生产强度为 0.63g/（L·h），比游离发酵分别提高了 37%和 67%。补料发酵的丁酸浓度为 51.62g/L，与游离发酵相比提高了 40%。结果表明，与实验室规模相比，纤维床反应器能够放大到 1000 倍，能够保持较高的丁酸发酵水平和生产效率。中试纤维床装置由纤维床生物反应器和 $5m^3$ 通用搅拌发酵罐为主体，在纤维床内部装有以钢丝网为支撑的毛巾，按照几何相似原理放大，作为主发酵之用。中试的工艺流程如图 5-21 所示。

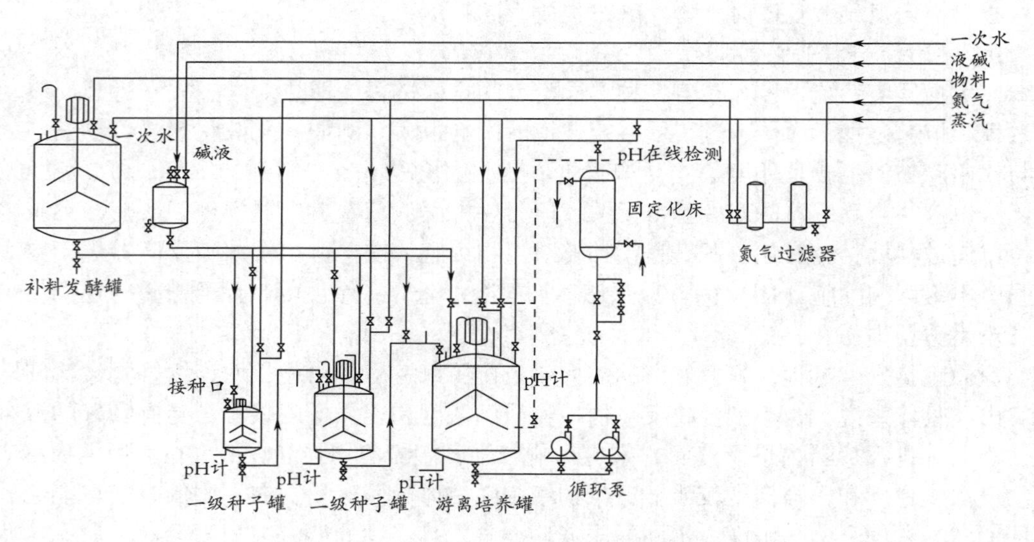

图 5-21 中试装置工艺流程示意图

用于固定化吸附试验的纤维质载体为棉纤维织物（市售纯白色毛巾，厚 5mm，孔隙率>95%，密度 0.25g/cm^3，比表面积>40m^2/m^3）。在 1000mL 血清瓶中培养菌种到 OD_{600} 达到 5 左右，按照 6%接种量接种到小型发酵罐中，当罐体中 OD_{600} 达到 4.0 时，接种到 $5m^3$ 反应器中。然后以 25L/min 的流速使菌液通过 FBB 循环，定时检测罐中菌体浓度、丁酸浓度、残糖及乙酸等。当糖浓度接近于 0.5 时，即进行新的批次或进行补料发酵，补料发酵时，由补料罐泵入600g/L葡萄糖溶液和70g/L的氮源。

应用理论分析和实验研究相结合的方法，总结生物反应系统的内在规律及影响因素，重点研究解决有关的质量传递、动量传递和热量传递问题，以便在反应器的放大过程中尽可能维持乃至提高生物细胞的生长速率、目的产物的生成速率，这就是生物反应器的放大目的。

2. 生物反应器的放大原则

生物反应器的类型很多，所适用的体系也各不相同，因此生物反应器的放大是十分复杂的问题。机械通风搅拌罐的放大过程如图5-22所示。

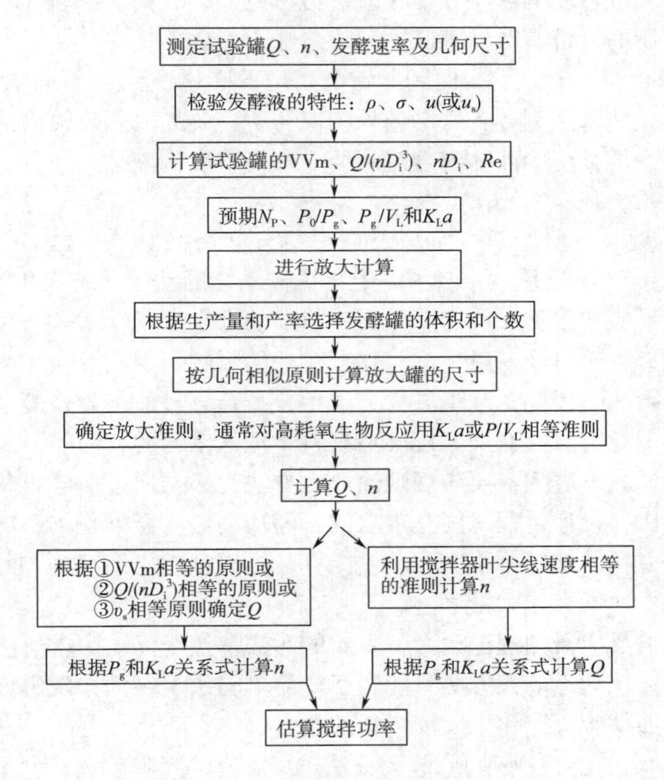

图5-22　机械搅拌罐放大过程

Q—通气速率，m^3/min；n—搅拌转速，r/s；ρ—发酵液的密度，g/cm^3；V_L—发酵罐装液量，m^3；D_i—搅拌叶轮直径，m；P_g—通气功率，kW；Re—雷诺准数；v_s—空截面风速，m/min；σ—表面张力，N/m；VVm—通风比，m^3（空气）/［m^3（发酵液）·min］；u或u_s—发酵液的黏度或表观黏度，后者是对非牛顿流体而言的，Pa·s；P_0/P_g—不通气和通气搅拌功率，kW；K_La—体积溶氧系数，mol（O_2）/（mL·min·atm）；

下面以机械搅拌通风发酵罐为例，介绍一些比拟放大的原则。

（1）几何相似　即按大、小装置各部分几何尺寸比例大致相同放大，但为了避免设备直径过大，大的设备的径高比往往大一些。

（2）恒定等体积功率放大　对于溶氧速度控制的非牛顿发酵液系统，采用 P_g/V 相等准则进行反应器的放大就非常方便，同时也避免了微生物参与所带来的计算 K_La 的困难。

（3）恒定传氧系数 K_La 值　这种方法抓住了传氧这一关键因素，目前应用很多，具体应用时需注意几个问题：①小型试验中要测得准确的 K_La 值，选择合适的计算公式；②注意各计算 K_La 的公式在放大中参数的变化及适用范围；③K_La 恒定需通过 P_g/V_L 和 VVm 的恒定来实现，在反应器几何相似的条件下，P_g 又与 n 相关，因此，对大型反应器，可从 K_La-P_g 和 P_g-n 之间的关联式来确定维持 K_La 恒定时的操作变量 n 的数值。

（4）恒定剪切力、恒定叶端速度放大　由于剪切力与搅拌桨叶端速度成正比，在恒定体积功率放大时一般维持 n^3d^2 不变（n 为搅拌器转速、d 为搅拌器直径）。丝状菌发酵受剪率，特别是搅拌叶端线速度的影响较为显著。剪率越大，有利于菌丝团的破碎和气泡的分散，这对于产物抑制的发酵有重要意义。

（5）恒定的混合时间 t_M　混合时间的定义是把少许具有与搅拌罐内的液体相同物性的液体注入搅拌罐内，两者达到分子水平的均匀混合所需要的时间。混合时间主要与发酵液的黏度有关，通常，低黏度的液体混合时间要少于高浓度的液体。另外，放大罐的体积越大，混合时间就越长。

3. 生物反应器放大方法

（1）理论放大方法　就是建立及求解生物反应系统的动量、质量和能量平衡方程。从理论上来说，化学反应或生化反应速率与反应容器的大小及形状无关。但实际上，由于其反应速率受物质传递、热量及动量传递等物理过程的影响，生物反应不可避免地受反应器类型及三维结构的影响。因此，理论放大方法十分复杂，目前很难在复杂的生物发酵过程放大实际中应用。但此方法具有最系统又最有科学理论依据的方法。

对于机械搅拌通气发酵罐，要应用理论放大方法就必须通过解三维传递方程，且边界条件十分复杂。其次，传递过程之间是耦联的，即从动量衡算方程求解的流动分量必须用于质量与热量平衡方程的求解。再次，动量衡算往往假定反应系统为均相液体，但对好氧生物发酵，培养液中常常存在大量气泡。

总之，对于生物反应器的理论放大，主要的问题是至今仍无法求解生物反应系统中的动量衡算方程。所以，理论放大方法只能用于最简单的系统，例如发酵液是静止的或流动属于滞流的系统，如某些固定化生物反应器的放大。

（2）半理论放大方法　由于理论放大方法难以求解动量衡算方程，为解决此矛盾，可对动量方程进行简化，对搅拌槽反应器或鼓泡塔，已有不少流动模型研究的新进展，其共同点是只考虑液流主体的流动，而忽略局部如搅拌叶轮或罐壁附近的复杂流动。

半理论放大方法是生物反应器设计与放大最普遍的实验研究方法。但是，液流主体模型通常只能在小型实验规模发酵反应器（5~30L）中获得，并非是利用大规模的生产系统中所取得的真实结果，故使用此法进行比拟放大有一定的风险，必须通过实际发酵过程进行检验校正。

（3）数学模型法　在生物反应器中，直接与流体和扩散有关的过程包括搅拌剪切、混合、溶氧传质、热量传递和表观动力学。在放大过程中这些过程均可能会发生变化，其程度取决于所应用的放大标准。而且，对微生物反应系统而言，由于生物细胞的生长、适应、延滞、退化、变异以及对剪切力敏感等特性，生物反应器的比拟放大比普通的化学反应装置更复杂，其过程难度更高。

理论上，生物反应器的开发、设计过程应由下述几个步骤构成：①在较宽的培养条件下对所使用的生物细胞进行试验，以掌握细胞生长动力学及产物生成动力学等特性；②据此确定该微生物发酵的最优的培养基配方和培养条件；③对有关的质量传递、热量传递、动量传递等微观衡算方程进行求解，导出能表达反应器内的环境条件和主要操作变量（如搅拌转速、通气量、搅拌功率、基质流加速率等）之间的关系模型。然后，应用此数学模型，计算优化条件下主要操作变量的取值。

数学模型法是根据有关原理和必要的实验结果，对实际的过程用数学方程的形式加以描述，然后用计算机进行模拟研究、设计和放大。根据建立方法的不同可分为由过程机制推导而得到的“机制模型”、由经验数据归纳而得的“经验模型”和介于两者之间的“混合模型”。机制模型是从分析过程的机制出发而建立起来的严谨的、系统的数学方程式，此模型建立的基础是必须对过程要有深刻而透彻的了解。经验模型是一种以小型实验、中间实验或生产装置上的实测数据为基础而建立的数学模型。混合模型是通过理论分析，确定各参数之间的函数关系的形式，再通过实验数据来确定此函数的数值，也就是把机制模型和经验模型结合而得到的一种模型。

由于生物发酵过程的复杂性，能充分描述生化反应过程的动力学方程异常复杂，某些中间反应方程和有关的酶仍未全部明了，故要求了解某生物发酵生产有关的微分衡算方程仍十分困难或不可能；同时，生物反应要求的最佳环境条件与操作参变量的取值要求有矛盾，例如单位体积搅拌功率对混合与溶氧传质有利，但若搅拌剪切作用过高对生物细胞往往有损伤破坏效果。实际上，通常是使用摇瓶试验来检定菌株性能，确定适宜的培养基组成和培养条件，目前这些试验基本上是应用经验法尝试进行。

（4）因次放大分析法　所谓因次放大分析法就是在放大过程中，维持生物发酵系统参数构成的无因次数群（称为准数）恒定不变，把反应系统的动量、质量、热量衡算以及有关的边界条件、初始条件以无因次形式构建方程用于放大过程。尽管此法的应用有严格的限制，但还是有一定的应用价值。

应用因次分析法进行反应器的比拟放大，一旦获得准数，进行生物反应器的放大就简单了，只要对小型实验室反应装置与大型生产系统的同一准数取相等数值就可以了，但实际上却并不那样简单，虽然均相系统的流动问题较易解决，但对于有传质和传热同时进行的系统或非均质流动系统，问题就变得复杂了，下面仅以机械搅拌罐均质系统为例加以说明。

设小型实验装置与大型生产系统的 Reynolds（Re）准数和 Froud（Fr）准数分别为 Re_m、Fr_m 和 Re_p、Fr_p，根据因次分析比拟放大准则，得：

$$Re_m = Re_p \quad 即\left(\frac{\rho n D_i^2}{\mu}\right)_m = \left(\frac{\rho n D_i^2}{\mu}\right)_p \tag{5-103}$$

$$Fr_m = Fr_p \quad 即\left(\frac{\rho n^2 D_i}{g}\right)_m = \left(\frac{\rho n^2 D_i}{g}\right)_p \tag{5-104}$$

显然，在放大过程中，同时满足式（5-103）和式（5-104）是不可能的。但是，对全挡板条件的机械搅拌反应器，传质特性与 Fr 准数基本无关，故可不予考虑，只要满足 $Re_m = Re_p$ 的条件就够了。但是，对生物反应器来说，混合时间 t_m 和单位体积搅拌功率 P_0/V

是非常重要的两个参数。若按 $Re_m=Re_p$准则放大，那么大型反应器的 P_0/V 值就很低，而混合时间 t_m太大了。所以，在好氧生物反应器的放大时，往往以$(P_0/V)_p=(P_0/V)_m$ 准则放大，但必须满足 $Re>10^4$。当然，对培养液黏度较高的生物反应，假若 $Re_m<10^3$或 $Re_p>10^4$，问题就变得更复杂了。

对于生物反应器，由动量、质量和热量衡算导出的最重要的准数如表 5-9 所示。不同的准数描述的系统以及过程不同，但所有这些准数均可视作时间常数的比值。

表 5-9　　生物反应过程常用的准数

类型	准数名称	物理意义	准数表达式
动量传递	Reynolds	惯性力/黏性力	$Re=\rho v/u$（对搅拌槽反应，$Re=\rho nD_i^2/u$）
	Froude	惯性力/重力	$Fr=v^2/gL$（对搅拌槽反应，$Fr=\rho n^2D_i/g$）
	Weber	惯性力/表面张力	$We=\rho v^2d_p/\sigma$（对搅拌槽反应，$We=\rho n^2D_i^2/\sigma$）
	功率准数		$P_N=P_0/(\rho n^3D_i^5)$
质量传递	Sherwood	总传质/扩散传质	$Sh=kD/D_i$
	Peclet	对流传质/扩散传质	$Pe=vL/D_i$
热量传递	Nussel	总传热/导热	$Nu=aD/\lambda$
	Prandtl	（水力边界层/传热边界层）^{3}	$Pr=V/a$
化学反应	Thiele	微粒内反应速率/微粒内扩散速率	$\phi=R\sqrt{r/(D_ic)}$

由于生物反应器涉及细胞生长与代谢、传质与传热以及搅拌剪切对细胞的损伤等问题，在以因次分析法进行生物反应器放大时，一般先根据具体情况，进行系统的模式分析，找出控制该反应系统的关键机理，兼顾多个相似条件，然后进行放大。

但实际上，要在过程分析得到有一定物理意义的准数并非易事，有时衡算方程也无法建立。图 5-23 说明了如何从衡算方程的建立着手利用因次分析进行反应器放大的过程。

对因次放大法，准数的合理构建是关键，而相关参数的确定是首要步骤。准数的构成需要经验和直觉的结合。如果参数选得太多，则其中一部分可能是无关的或是影响甚微的参数，且组成的准数太多就无法进行放大。但是，若缺了重要准数，系统的行为就无法用数学模型正确表达，系统的放大也成问题。故必须对反应系统进行分析，确定起主导作用的建立，忽略无关的参数，即进行模式分析，其分析有实验方法和理论放大两大类。模式分析实验法的基础，是改变某参数值时对影响系统行为的一种机理施以可预料的影响。

（5）经验放大规则　经验放大法，也是目前进行生物反应器放大最常用的方法，其关键是对放大准则的选择。在实际设计反应器时，一般要根据特定生物反应的具体情况决定。根据不完全调查结果，目前生物发酵工厂所用的好氧生物发酵反应器，应用的经验放大方法的比例如表 5-10 所示。

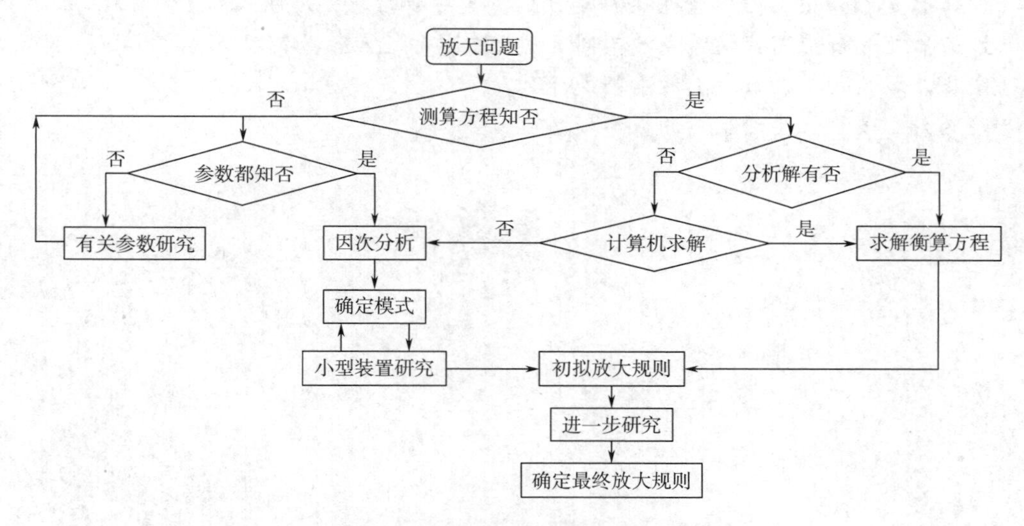

图 5-23　生物反应器的因次分析放大过程

表 5-10　　通气发酵罐放大准则

放大准则	所占比例/%	放大准则	所占比例/%
维持 P_0/V 不变	30	维持搅拌器叶端线速度不变	20
维持 K_La 不变	30	维持培养液溶氧浓度不变	20

综上所述，对于机械搅拌发酵反应器的放大，是需要系统的知识和经验。首先，不同规模的发酵反应器应大体维持几何相，但不是一成不变；为了保持相等的 K_La 和剪切强度，可适当改变几何尺寸比例；最常用的方法是维持体积溶氧系数 K_La 恒定或单位体积搅拌功率不变，有时需兼顾搅拌剪切强度不变或改变不大。实际上，放大设计的成功还需生产实践验证。

思考题

1. 微生物反应有何特征？
2. 试举例说明各种不同得率系数的意义以及表示方法。
3. 比生长速率、基质比消耗速率、产物比生成速率如何描述？
4. 根据菌体生长和产物合成的关系，说明微生物反应有哪几种模式？
5. 生物反应过程为什么是典型的化工过程？
6. 补料分批发酵有何特点？平衡时菌体比生长速率与稀释率有何关系？
7. 连续发酵维持平衡的条件是什么？
8. 分析分批培养中产物比生成速率的表达式，说明在生产过程中如何提高产品的产率。
9. 微生物生长过程中基质平衡有什么意义？
10. 简述生物反应动力学研究的意义。

11. 什么是 Monod 方程？使用条件是什么？各参数的意义是什么？
12. 好氧生物反应器有何特点？不同类型反应器的适应性如何？
13. 微生物生物反应器放大的准则是什么？
14. 为什么要建立生物反应的数学模型？

第六章　生物工艺过程的检测与控制

微生物种类繁多，生物反应过程复杂，为了使生产过程达到预期目的，获得较高的产品得率，只有采取各种不同方法测定微生物代谢过程中代谢变化的各种参数，掌握代谢过程的变化情况，结合代谢控制理论，才能有效控制微生物反应过程。但由于微生物生理特性决定了微生物在发酵过程中需要稳定的环境、特殊的条件以及以氧作为底物的供给，这些多涉及化工生产的某些领域如质量的传递——氧的供给、代谢物的排泄等；热量的传递——微生物呼吸产热，微生物生长与代谢需要合适的温度条件；动量的传递——涉及搅拌轴功率的计算，与溶氧、气液混合的关系；微生物的反应工程——涉及微生物的生长动力学模型，底物消耗动力学模型以及产物生成动力学模型的建立等。因此为了充分表达微生物细胞的生产能力，对某一特定的微生物来讲，就要研究细胞的生长发育和代谢等生物过程以及各种生物、理化和工程环境因素对这些过程的影响。因此研究菌体的生长规律、外界控制因素对过程的影响，优化发酵条件，控制发酵过程，以达到最佳产物得率。本章主要介绍微生物发酵的工艺过程检测与控制。

第一节　生物反应过程变化与参数检测和估计

微生物发酵主要有三种方式，即分批发酵、补料分批发酵和连续发酵。工业上为了防止出现菌种衰退和杂菌污染等问题，大都采用分批发酵或补料分批发酵这两种方式。但各种不同发酵方式菌体代谢变化也不相同，但为了了解其基本变化，仍以分批发酵为基础来说明其代谢规律。

微生物的分批发酵过程，因其代谢产物的种类不同而有一定的差异，但大体上过程是相同的。生产菌经过不同级数的种子培养，达到一定菌体数量后，移种到发酵罐进行纯种发酵，控制合适的发酵条件，对于好氧微生物来说，发酵过程需要通风，发酵产物积累到一定程度即可结束发酵。不同的微生物，由于其生理特点、发酵过程中的变化不完全相同，如霉菌、放线菌的发酵过程中，随着菌体的生长和繁殖，培养液的物理性质、菌体形态和生理状态都可能会发生显著的变化，培养液的表观黏度可能增大、液体的流变学特性改变，进而影响罐内的氧传递、热传递和液体混合等过程。不同菌体在初期和后期的生理活性也不相同。因此，了解菌体在发酵过程中的生长曲线及代谢变化，有利于对发酵过程进行控制。从产物生成来说，代谢变化就是反映发酵过程中的菌体生长、基质消耗和产物生成速率这三者之间的关系。

一、微生物反应过程的代谢变化

1. 初级代谢

初级代谢是生物细胞在生命活动过程中所进行的基本代谢活动，其产物即为初级代谢产物。生物反应过程中，菌体、基质和产物三者均不断发生变化。菌体接入发酵罐后就开始生长、繁殖，达到一定的菌体浓度，其生长过程呈现调整（停滞）期、对数生长期（指数期）、平衡（稳定）期和衰亡期等生长史的特征。但在发酵过程中，即使同一菌种，由于菌体的生理状态与培养条件的不同，各个时期长短也不尽相同。如调整期的长短就随培养条件而有所不同，并与接种物的生理状态有关。对数生长期的菌种移植到与原培养基组成完全相同的新培养基中就不会出现调整期，仍以对数生长期的方式继续繁殖下去。另外，用平衡期以后的菌体接种，即使接种的菌体能够全部生长，也要出现调整期。因此，工业发酵中往往要接入处于对数生长期（特别是中期）的菌体，以尽量缩短调整期。为了获得代谢产物，菌体尚未达到衰退期即进行放罐处理。由于菌体生长繁殖和产物的形成，基质（如葡萄糖）浓度的变化一般是随发酵时间的延长而不断下降，溶解氧浓度也随发酵过程变化而发生变化。初级代谢产物由于没有明显的产物生成期，所以它是随菌体生长不断进行的，有的与菌体生长成平行关系，如乳酸、醋酸、氨基酸和核酸等。环境条件对菌体的代谢有影响，反过来，菌体的代谢活动又会引起环境的变化，因此，在生产过程中需要给予调节和控制，以保证菌体优良性能的发挥。

案例 6-1　谷氨酸发酵过程的代谢变化

在发酵初期，发酵罐接入种子后，菌体处于调整期，适应新的环境，细胞进行呼吸作用，利用贮存物质合成大分子物质和所需的能量，菌体个体长大，但没有分裂，此时糖等基质基本不消耗或很少消耗，pH 稍有上升是因为尿素被分解放出氨所致。菌体经过调整期之后就开始繁殖，并很快进入对数生长期，代谢逐渐旺盛，菌体大量繁殖，个体生长和群体繁殖循环交替进行，培养物的浑浊度（以光密度表示）与菌体增殖情况基本一致，OD_{600}（光密度）直线增长，此时为长菌阶段，极少产谷氨酸，控制发酵条件以有利于长菌。菌体形态与二级种子相同，绝大多数为“V”形分裂，耗糖速度加快，糖作为碳源和能源用于合成细胞成分和合成反应所需要的能量。谷氨酸发酵过程的代谢变化如图 6-1 所示。

谷氨酸发酵中，尿素作为氮源添加在发酵培养基中，称为初尿，发酵过程中添加尿素调节发酵液的 pH。由于谷氨酸生产菌能够产生脲酶，因此能够利用尿素，发酵液 pH 的变化被认为是菌体代谢的综合结果。从图 6-1pH 曲线可以看出，尿素被脲酶分解放出氨使 pH 上升，氨被菌体利用可使 pH 下降，这时需及时补加尿素，补充氮源和调节 pH，这样反复进行，直到发酵结束。由于菌体代谢活动放出热，温度开始上升，一般发酵 5h 左右温度上升，应注意降温。由于菌体不断增加，代谢旺盛，产生 CO_2，排气中 CO_2浓度显著增加。耗氧量很快增加，培养基中的溶解氧下降，排气中的 CO_2浓度也下降。在对数生长期的末期要加大风量，供给充足的氧，并及时流加尿素，供给充分的氮源，促进增殖型菌体向生产型菌体转化。在生物素限量（生物素缺陷型菌株）的情况下，部分菌体内的生物素含量由“丰富转向贫乏”，此部分菌体就停止繁殖，在条件适宜时，开始伸长、膨胀，形成产酸型细胞，开始积累谷氨酸。但是由于菌体增殖并非完全同步，还有部分菌体为增殖型，这是菌体由增殖型向生产型转化的时期，需 10~18h。在此期间，菌体数量达到最大值，培养液的 OD 值与菌体增殖不一致，OD 值除反映菌体增殖外，还反映了菌体的伸长、膨大。这是代谢最旺盛的时期，耗糖加快，谷氨酸生成迅速增加，耗氧速率加快，并接近最大值。菌体完成由增殖型向生产型转化后，菌体均变成产酸型细胞，伸长、膨大、

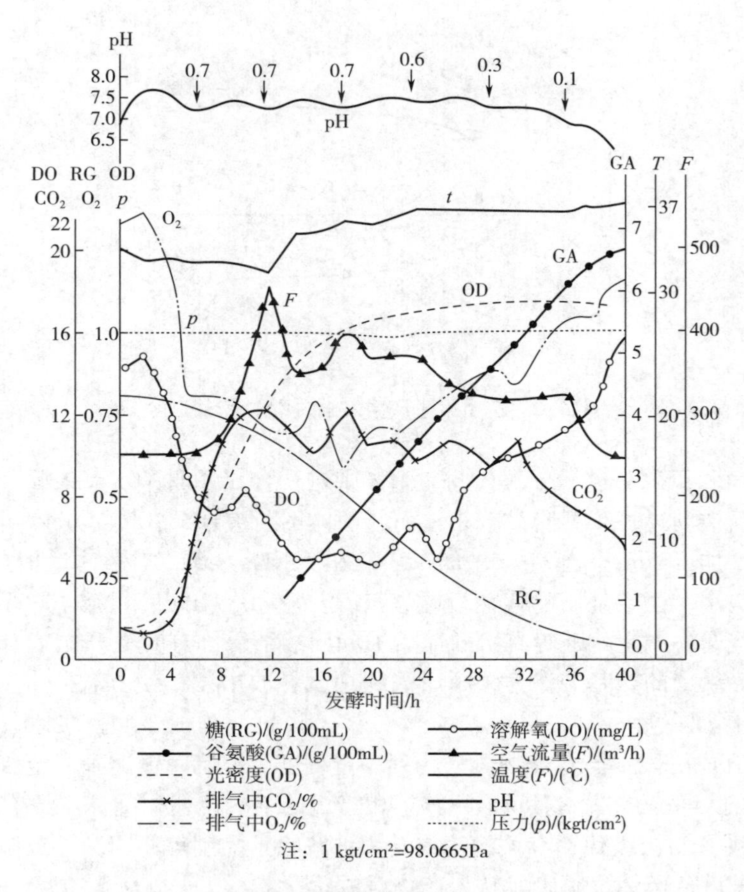

图 6-1　初级代谢产物谷氨酸发酵过程的代谢变化

边缘不整齐、像花生形状。大量积累谷氨酸，耗糖与产酸相适应，产酸达最大值，对糖的转化率达 50%~56%，应继续流加尿素，保证充足的氮源，pH 维持 7.0~7.2。为加快产酸速度适当提高温度，一般为 36~37℃。根据菌体耗氧速率继续供氧，随着发酵的延长，糖已耗尽，产酸增加，菌体活力逐渐降低。发酵后期耗氧减少，可适当降低风量。流加尿素以少量为好，控制 pH6.8~7.0。当残糖降到 1%时，根据发酵情况可将风量降到最低，促进中间产物转向谷氨酸。

2. 次级代谢

次级代谢产物包括大多数的抗生素（antibiotic）、生物碱（alkaloid）和微生物毒素（microbial toxin）等物质。按动力学模型分类，属于非耦联型，即菌体生长与产物形成没有关联，也就是说，菌体生长繁殖阶段（又称生长期）与产物生成阶段（又称生产期）是分开的。次级代谢的变化（以抗生素发酵为代表）如图 6-2 所示，一般分为菌体生长、产物合成和菌体自溶三个阶段。

（1）菌体生长阶段　将种子接入发酵培养基后，在合适的培养条件下，经过一定时间的适应，种子就开始生长和繁殖，直至达到菌体的临界浓度。代谢变化主要是碳源（包括

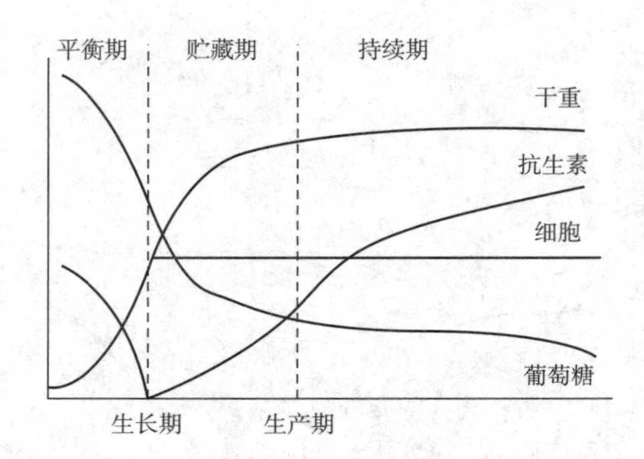

图 6-2　抗生素生产菌发酵过程的代谢变化

糖类、脂肪等）和氮源等进行分解代谢，菌体则进行合成代谢，结果碳源、氮源和磷酸盐等营养物质不断被消耗，浓度明显减小，而新菌体不断被合成，菌体浓度明显增加。随着菌体浓度不断增加，摄氧率也不断增大，溶氧浓度不断下降。当菌体浓度达到临界值时，溶氧浓度降至最小。由于基质的代谢变化，pH 也发生一定改变，有时先开始下降，而后上升，这是糖代谢先产生酮酸等有机酸而后被利用的结果；有时先开始上升而后下降，这是菌体先以培养基中的氨基酸作为碳源而被利用，释放出氨，使 pH 上升，而后氨又被利用使 pH 下降的结果。

（2）产物合成阶段　当营养物质消耗到一定程度，或者菌体达到一定浓度，或者供氧受到限制而使在大量合成菌体期间，积累了相当量的某些代谢中间体，原有酶的活力下降（或消失），出现了与次级代谢有关的酶或其酶被解除了控制等原因，导致菌体的生理状态发生改变，发酵就从菌体生长阶段转入产物合成阶段。

在此期间，产物的产量逐渐增多，直至达到高峰，生产速率也达到最大，直至产物合成能力衰退。如果以菌体 DNA 含量作为菌体生长繁殖的标准来划分菌体生长阶段和产物合成阶段，它们的阶段界限是很明显的，即菌体的生长达到恒定后（即 DNA 含量达到定值）就进入产物合成阶段，开始形成产物。如果以菌体干重作为划分阶段的标准，它们之间就有交叉（图 6-2）。这是由于菌体在产物合成阶段中虽然没有进行繁殖，但多元醇、脂类等细胞内含物仍在积累，使菌体干重增加，因此，就形成了这样的表观现象。在这个阶段中，产生菌的呼吸强度一般无显著变化，菌体物质的合成仍未停止，使菌体的质量有所增加，但基本不繁殖。这个阶段的代谢变化是以碳源和氮源的分解代谢和产物的合成代谢为主，碳、氮等营养物质不断被消耗，产物不断被合成。外界环境的变化很容易影响代谢过程，碳源、氮源和磷酸盐等的浓度必须控制在一定的范围内，发酵液的 pH、培养温度和溶氧浓度等参数的变化，对该阶段的代谢变化都有明显的影响，也须严格控制，才能促使产物不断地被合成。如果这些营养物质过多，则菌体就要进行生长繁殖，抑制产物的合成，使产量降低；如果过少，菌体就易衰老，产物合成能力下降，产率减少。这阶段一般称为产物分泌期，也有人把生产期划分为贮藏期和持续期，前者是细胞积累脂肪和糖，使干重继续增加，开始形成产物；后者是细胞干重不变，但继续耗糖和分泌产物。

（3）菌体自溶阶段　菌体衰老，细胞开始自溶，氨氮含量增加，pH上升，产物合成能力衰退，生产速率下降。发酵到此必须结束，否则产物不仅受到破坏，还会因菌体自溶而给发酵液过滤和产物提取带来困难。

根据发酵过程中的参数变化，可清楚地说明过程中菌体的代谢变化，并反映出碳源、氮源的利用和pH、菌体浓度和产物浓度等参数之间的相互关系。分析研究代谢曲线，还有利于掌握发酵代谢变化的规律和发现工艺控制中存在的问题，有助于改进工艺，提高产物的产量。

二、发酵传感器及过程参数检测与估计

1. 发酵传感器

为了了解发酵过程变量变化的信息，应尽可能通过安装在发酵罐内的各种传感器感知发酵过程的状况，然后由变送器把非电信号转换为标准电信号，让仪表显示、记录，或传送给电子计算机处理。

（1）发酵过程对传感器的要求　用于发酵过程的传感器（sensor），由于所面临的过程及其检测对象的特殊性，故除了常规要求外，还应当满足一些特殊要求。可靠性是传感器最重要的特性，它包括物理强度、出现故障的频率及故障发生的方式。准确性是测量值与已知值或实际值之差的量度，或称为误差。一般以一段时间内（一批或一天）测量指示值的平均值与已知值之差或测量指示值与已知值之间的标准差表示。另外还有响应时间、分辨能力和灵敏度等。特异性是传感器只与被测变量反应而不受过程中其他变量和周围环境条件变化影响的能力。影响特异性的因素除传感器本身的非特异性外，还有对传感器信号的干扰（如电噪声等）。可维修性指的是传感器发生故障或失效后进行修理和校准的可能性及难易程度，这对于任何传感器来说都是非常重要的，除非一次性使用的产品。

发酵过程传感器与发酵液直接接触，因而首先面临一个灭菌问题。一般要求传感器能与发酵液同时进行高压蒸汽灭菌，这对于大部分物理和物理化学传感器来说都没有问题，但有的（如pH和溶氧）传感器在灭菌后需要重新校准。不能耐受蒸汽灭菌的传感器可在罐外用其他方法灭菌后无菌装入。其次是在发酵过程中保持无菌的问题，这就要求与外界大气隔绝，采用的方法有蒸汽汽封、“O”形环密封、套管隔断等。还有一个问题是传感器易被培养基和细胞沾污，这可以通过设计时选用不易沾污的材料如聚四氟乙烯或抛光的不锈钢、与发酵液的接触面不存在容易包藏污垢的死角、形状和结构便于清洗等来克服。

（2）发酵过程的主要在线传感器　在线传感器的缺乏一直是制约发酵过程自控的主要因素。可喜的是经过各学科学者的共同努力，近十多年来在这方面已有很大的发展。下面，选择一些较有价值的传感器做一简要介绍。

可原位蒸汽灭菌的复合pH传感器，用于在线测定发酵液的pH，包括一只玻璃电极和一只通过侧面多孔塞与培养基连通的参比电极。这种pH传感器装在加压护套内，能维持电极内部压力高于发酵液压力，使电极内的电解液通过多孔塞保持向外的正向流动。这种护套还可以在带压状态下使传感器自由插入或退出发酵罐，便于在罐外灭菌，以延长其寿命。pH传感器的一个主要急性故障来源于玻璃电极电缆接头的受潮，故应当使接头密封，

并在密封盒中加入干燥剂以保持干燥。慢性故障通常是多孔塞的沾污以致堵塞，故应当经常清洗以保持清洁。

测定发酵液溶氧（DO）的一般是覆膜氧电极，一种是由置于碱性电解液中的银阴极和铅阳极组成的原电池型，另一种是由管状银阳极、铀丝阴极、氯化银电解液和极化电源组成的极谱型。这两种探头产生的电流都正比于通过膜扩散于探头的氧量。后者由于增加了极化电源，故价格较贵，但比前者更加耐用。

覆膜溶氧电极实际测量的是氧分压，与溶氧浓度并不直接相关，故测量结果称为溶氧压（DOT），一般以空气中氧饱和的百分度表示。1DOT 约相当于 160mmHg（1mmHg≈133Pa）的氧分压。如果发酵液的平衡气体总压发生变化，即使气体组分未发生变化（因为氧分压会成比例地改变），也会改变溶氧电极的读数。由于膜附近流速的波动及气泡的通过，覆膜溶氧探头的输出信号中始终应该有特征性噪声，如果不出现这种噪声，则有可能是发酵液中的氧被耗尽，或探头被培养基或细胞完全覆盖或膜破损。

测发酵液中溶解的 CO_2 分压是十分重要的，因为较高的 CO_2 分压一般会抑制微生物生长并降低次级代谢物的产量。溶 CO_2 探头由一支 pH 探头浸入被可穿透 CO_2 的膜包裹的碳酸氢盐缓冲液中组成，缓冲液与被测发酵液中的 CO_2 分压保持平衡，故缓冲液的 pH 可间接表示发酵液中的 CO_2 分压。

氧化还原电位的测量给出发酵液中氧化剂（电子供体）与还原剂（电子受体）之间平衡的信息。用一种由 Pt 电极和 Ag-AgCl 参比电极组成的复合电极与具有“mV”读数的 pH 计连接，很容易测量出氧化还原电位，它随发酵液中氧化成分与还原成分之比的对数而变化，与 pH 呈线性关系，并受温度与溶氧压的影响。当发酵液中溶氧压很低（如厌氧或氧限制发酵），以致超出溶氧探头的测量下限时，氧化还原单位的测量可以弥补这一信息源的缺失。

（3）生物传感器　生物传感器（biosensor）是对生物物质敏感并将其浓度转换为电信号进行检测的仪器。生物传感器是由固定化的生物敏感材料作识别元件（包括酶、抗体、抗原、微生物、细胞、组织、核酸等生物活性物质），与适当的理化换能器（如氧电极、光敏管、场效应管、压电晶体等）及信号放大装置构成的分析工具或系统。生物传感器的分子识别元件是可以引起某种物理变化或化学变化的主要功能元件，用它识别被测目标，通过识别过程可与被测目标结合成复合物，如抗体和抗原的结合、酶与基质的结合，用现代微电子和自动化仪表技术进行生物信号的再加工，把生物活性表达的信号转换为电信号，达到测量的目的。分子识别元件是生物传感器选择性测定的基础。生物传感器具有接收器与转换器的功能。

延伸阅读：微生物传感器在环境监测中的应用

微生物传感器的原理是利用固定化方法连接监测环境中能够感应毒性或污染物的微生物菌株，然后通过具备信号转换功能的介质将特定信号进行转换并放大，再将其输出。

由于微生物传感器中的微生物细胞是一个个具备生物活性的个体，故采用此法检测环境中的毒性物质或者污染物是具备生物有效性的，而这种优势是一般化学检测手段无法实现的。因此，微生物传感器在环境监测中被越来越多地广泛应用。

（1）监测水质。Cellsens 生物传感器是将大肠杆菌的毒性分析系统作为监测基础，根据细菌呼吸活动情况衡量污染物对细菌的呼吸作用造成的影响，生物传感器将该作用转化为电流，通过电流大小的改变对污染物毒性的高低进行判断，Cellsens 生物传感器在废水监测中已经得到应用。另外，随着微生物传感器技术的投入使用，废水水质的自动监测也得以实现。例如，在生物传感器内细胞膜结合被运输物质存在良好的选择功能，因此细胞可对环境中相应物质实施主动获取，使其发挥相应的生理效应，并采用信号转换器进行实时测定。

（2）监测大气环境。在 SO_2 的监测中，主要使用的是肝微粒体与氧电极结合的生物传感器，对雨水中的亚硫酸盐浓度进行测定，体现 SO_2 的含量。其原理是根据传感器内部的微粒体对亚硫酸盐的氧化过程中对相应量的氧的消耗，使氧电极周围溶解氧浓度降低，导致传感器电力出现相同变化，从而通过对亚硫酸盐浓度测定间接反映 SO_2 的量，该法存在良好的重现性和较高的准确度等特点。在 NO_2 的监测中，则采用氧电极、硝化细菌和多孔渗透膜组成的微生物传感器，测定样品中亚硝酸盐含量，从而推知空气中 NO_x 的浓度，其检测极限为 0.01×10^{-6}mol/L。亚硝酸盐作为硝化细菌唯一的能源，其增加会使传感器的呼吸活性相应增加，在呼吸过程中对氧电极进行监测，溶解氧浓度的降低量间接地反映亚硝酸盐含量，使大气所含的 NO_2 的含量得以体现。

1967 年 S. J. 乌普迪克等制出了第一个生物传感器——葡萄糖传感器。将葡萄糖氧化酶包含在聚丙烯酰胺胶体中加以固化，再将此胶体膜固定在隔膜氧电极的尖端上，便制成了葡萄糖传感器。当改用其他的酶或微生物等固化膜，便可制得检测其对应物的其他传感器。固定感受膜的方法有直接化学结合法、高分子载体法、高分子膜结合法。现已发展了第二代生物传感器（微生物、免疫、酶和细胞生物传感器），研制和开发了第三代生物传感器，即将系统生物技术和电子技术结合起来的场效应生物传感器。生物传感器是用生物活性材料与物理化学换能器有机结合的一门交叉学科技术，是发展生物技术必不可少的一种先进的检测方法与监控方法，也是物质分子水平的快速、微量分析方法。生物传感器的结构分类如图 6-3 所示。

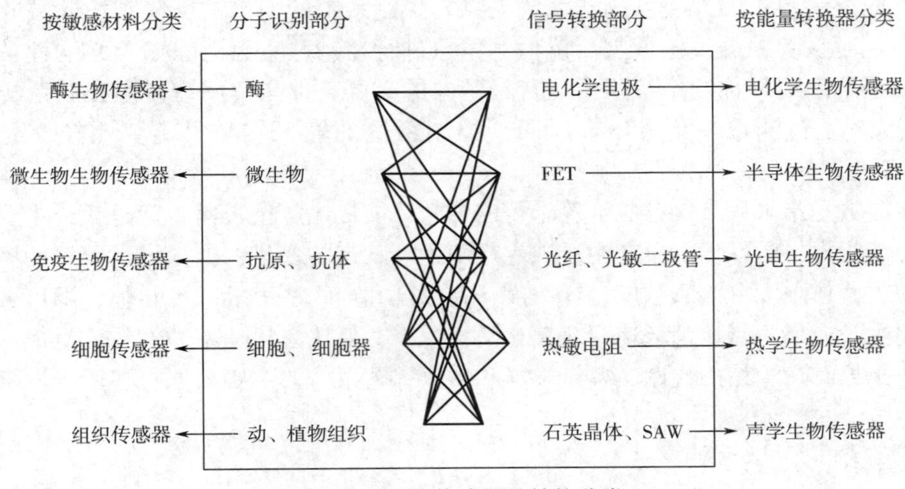

图 6-3　生物传感器的结构分类

20 世纪 90 年代开启了微流控技术，生物传感器的微流控芯片集成为药物筛选与基因诊断等提供了新的技术前景。由于酶膜、线粒体电子传递系统粒子膜、微生物膜、抗原膜、抗体膜对生物物质的分子结构具有选择性识别功能，只对特定反应起催化活化作用，因此生物传感器具有非常高的选择性。生物传感器涉及的是生物物质，主要用于临床诊断检查、治疗时实时监控、发酵工业、食品工业、环境和机器人等方面。

在 21 世纪，生物传感器技术必将是介于信息和生物技术之间的新增长点，在发酵工业、环境保护以及生物技术、临床诊断、食品和药物分析（包括生物药物研究开发）、生物芯片等研究中有着广泛的应用前景。

2. 发酵过程检测的主要参数

微生物发酵是在一定条件下进行的，其代谢变化是通过各种检测参数反映出来的。发酵参数是微生物发酵过程及其菌株的生理生化特征数据，是发酵控制的重要依据。采用各种手段对发酵过程中各种参数实现在线（on-line measurement）或离线（off-line measurement）监控，通过各种参数的时变性，掌握发酵过程变化的规律，为过程控制提供理论依据、操作指导及最有效的控制，达到工业发酵的目标。发酵过程中检测控制的参数主要有三大类：物理参数、化学参数和生物学参数（表 6-1）。生产管理上，对以上参数检测得越多，对发酵状况的认识也就越全面和深入，从而为改进发酵工艺技术，不断提高发酵水平，最经济地获得高附加值的发酵产品提供依据。

发酵过程参数的检测可分为利用检测仪器在线检测和从发酵液中取样进行离线检测两大类。在线检测是指仪器的电极可直接与反应器内的发酵液接触或可连续从反应器中取出样品分析测定，如溶解氧、pH、罐压等；离线检测是指在一定时间内离散取样，在反应器外进行样品处理和分析测定，包括常规的化学分析和自动实验分析系统。检测的参数分为直接参数和间接参数。

直接参数包括反映物理环境和化学变化的参数，如温度、压力、搅拌功率、流加速度、pH、泡沫等。对于在线测定的一些被控变量，一般在生产前预先在控制设备上进行设定，即设定参数变量。在发酵过程中出错或者超过界限，则系统发出报警或进行自动调节，向控制器不断地提供操作系统信息。控制系统的输出被反馈到输入端并与设定值比较，此时系统根据设定值与测量值的偏差进行控制，直至消除偏差，这种系统称为闭环控制系统。闭环控制系统稳定运行最基本的必要条件是负反馈，即控制系统的输出（被控变量）通过测定、变送环节返回到控制系统的输入端与设定值比较，进而进行控制。

间接参数是指采用直接参数计算求得的参数，能提供从生长向生产过渡或主要基质间的代谢过渡指标，是在发酵生产中反映生产菌生理状态的变量，如根据发酵液的菌体量和单位时间的菌体浓度、溶氧浓度、糖浓度、氮浓度和产物浓度等的变化值，即可分别算出菌体的比生长速率、氧比消耗速率、糖比消耗速率、氮比消耗速率和产物比生成速率。这些参数也是控制产生菌的代谢、决定补料和供氧工艺条件的主要依据，多用于发酵动力学的研究中。

表 6-1　　微生物代谢过程控制的参数及意义

	参数种类	参数单位	检测方法	参数的意义及主要作用
物理参数	温度	K,℃	热电偶、热敏电阻等	维持菌体生长、代谢产物合成
	罐压	Pa	隔膜式压力阀	维持罐压，增加溶氧浓度（DO）
	空气流量	m^3/s	流量计	供氧、排废气，提高 K_La
	液体流量	m^3/s	流量计	控制培养基流加速度
	搅拌转数	r/min	转速传感器	混合物料，提高传质和传热
	发酵液黏度	Pa·s	黏度计、传感器	反映培养特征，了解菌体生长
	液位高度	m	传感器	反映操作稳定性、生产效率
	浊度	(透光率)%	取样、光密度	反映细胞生长情况
	密度	kg/m^3	传感器	反映发酵液的性质
	泡沫高度	cm	传感器	反映菌体代谢情况、染菌情况
化学参数	pH	—	pH 传感器	反映菌体细胞生长、产物及副产物形成
	DO	饱和度（%）	复膜氧电极等	反映供氧和耗氧情况
	溶解 CO_2 浓度	饱和度（%）	CO_2 电极	间接反映菌体代谢
	排气氧浓度	%	热磁氧分析仪	反映耗氧情况
	排气 CO_2 浓度	%	红外气体测定仪	反映细胞呼吸情况
	酸碱度	%	传感器	反映细胞代谢情况
	总糖和残糖浓度	%	取样	反映发酵进程
	氧化还原电位	mV	传感器、电位电极	反映菌体代谢
	前体和中间体浓度	%	取样	反映产物合成情况
	加消泡剂的速度	m^3/s	传感器	反映泡沫情况
	补加物料速度	m^3/s	传感器	反映基质利用情况
生物参数	菌体浓度	kg/g	光电法、显微镜	反映菌体生长状况
	菌体中 DNA、RNA 含量	mg/g	取样	反映菌体生长状况
	菌体 ATP、ADP 含量	mg/g	荧光法	反映菌体细胞能量代谢的活力
	菌体 $NADH_2$ 含量	mg/g	荧光法	反映菌体合成能力
	菌体蛋白质含量	mg/g	荧光法	反映菌体生长和产物合成情况
	细胞形态	—	显微镜法	反映菌体生长状况
	产物浓度	g/L，IU	传感器、取样	反映产物合成情况
	呼吸强度	g/（L·h）	间接计算	了解比耗氧速率
	摄氧率	mmol/（L·h）	间接计算	了解耗氧速率

除上述外，还有跟踪细胞生物活性的其他化学参数，如 NAD-NADH 体系，ATP-ADP-

AMP 体系，DNA、RNA、生物合成的关键酶等，需要时可查有关资料。

三、其他重要的检测参数和技术

在发酵过程检测中，除了使用传感器外，还引入了其他一些现代分析技术方法测定参数，其中最重要的是生物量、尾气成分和发酵液成分检测等。

1. 生物量分析

生物量是发酵过程中极其重要的一个变量。发酵过程优化和控制由经验走向模型化，生物量的定量监测或估计量必不可少，但在目前，还不具备理想的直接用来监测生物量的在线传感器，即使是离线分析，结果也不令人满意。分析项目包括干细胞量、细胞中 DNA 含量、沉降量或压缩细胞体积、黏度和浓度。

（1）干细胞量　取一定量发酵液，过滤并洗涤除去可溶物质，将滤饼干燥至恒重而得。此法作为其他测定方法的参比方法。

（2）细胞中 DNA 含量　在发酵过程中大体保持不变，而与营养状况、培养基的组成、代谢及生长速率关系不大。因此，发酵液中 DNA 含量可计算成生物量。

（3）沉降量或压缩细胞体积　用自然静置或离心法测得的沉降量或压缩细胞体积，可作为生物量的粗略估计。

（4）黏度　主要用于指示丝状菌的生长和自溶，而与生物量不直接相关。一般使用旋转式黏度计进行测量。

（5）浓度　用于澄清的发酵液中低浓度非丝状菌的测量，测得的光密度（OD）与细胞浓度呈线性关系。可用任何常规比色计或分光光度计测量，波长一般采用 420～660mn。吸光率要求 3.3～0.5，对于波长在 600～700nm 的入射光，一个吸光率单位大约相当于 1.5g 细胞干重/L。

2. 尾气分析

通风发酵尾气中 O_2 的减少和 CO_2 的增加是发酵液中营养物质好氧代谢的结果。这两种气体的在线分析所获得的耗氧速率（oxygen uptake rate，OUR）和 CO_2 释放率（carbon dioxide release ratio，CRR）是目前有效的微生物代谢活性指示值。目前主要有红外 CO_2 分析仪、顺磁 O_2 分析仪和质谱仪。

3. 发酵液成分分析

发酵液成分的分析对于认识和控制发酵过程也是十分重要的。高效液相色谱法（HPLC）具有分辨率高、灵敏度好、测量范围广、快速及系统特异性等优点。目前已成为实验室分析的主导方法。但进行分析前必须选择适当的色谱柱、操作温度、溶剂系统、梯度等，而且样品要经过亚微米级过滤处理。与适当的自动取样系统连接，HPLC 可对发酵液进行在线分析。

近年来，与自动取样系统连接的流动注射分析（FIA）系统，也应用到发酵液成分的在线分析中。它的基本原理是通过一个旋转进样阀将一定体积的样品溶液“注射”到连续流动的载流中，在严格控制分散的条件下，使样品流同试剂流混合反应，最后流经检测池进行测定。检测部分可以是现有的各种自动分析仪，如分光光度计。

四、发酵过程变量的间接估计

前面提到的能够在线准确测量的过程变量几乎都是环境变量，而一些反映产生菌生理状态的变量却难以在线准确测量。这些变量中，有的和传感器直接测量的变量相关，因此可用相关模型进行估计。通过对生理变量的间接估计实施过程控制，比单纯控制环境变量在提高发酵产率方面常常能起到更加重要的作用。

1. 与基质消耗有关变量的估计

（1）基质消耗率　以补料分批发酵为例，由基质平衡可得：

$$r_s = \frac{F}{V}\left[c_r(S) - c(S)\right] - \frac{dc(S)}{dt} \tag{6-1}$$

式中　r_S——基质消耗率，kg/（m^3·h）

F——补料体积流速，m^3/h

V——发酵液体积，m^3

$c_r(S)$——补料贮罐中基质浓度，kg/m^3

$c(S)$——发酵液中基质浓度，kg/m^3

如果发酵过程达到准稳定状态，即$\frac{dc(S)}{dt}=0$，$c(S)$保持不变，而$c_r(S)$为常数，那么，通过对补料体积流速F和发酵液体积V的在线测量，便可在线估计基质消耗率r_S。

（2）基质消耗总量　这一变量由基质消耗率对时间积分进行估计，即：

$$-\left[\Delta c(S)\right]_{总} = \int_0^t \left\{\frac{F}{V}\left[c_r(S) - c(S)\right] - \frac{dc_m(S)}{dt}\right\} dt \tag{6-2}$$

式中　$-[\Delta c(S)]_{总}$——在t时间内基质总消耗量，kg

当$\frac{dc_m(S)}{dt}=0$，基质消耗总量为补料体积流速和发酵时间的函数。

2. 与呼吸有关变量的估计

如果连续测得排气氧和CO_2浓度，式（6-3）可估算出整个发酵过程中CO_2的释放率，即CRR。

$$CRR = Q_{CO_2}c(X) = \frac{F_{进}}{V}\left[\frac{C_{惰进}C_{CO_2出}}{1-(C_{O_2出}+C_{CO_2进})} - C_{CO_2出}\right]f \tag{6-3}$$

式中　Q_{CO_2}——比二氧化碳释放率，mol CO_2/（g菌·h）

$c(X)$——菌体干重，g/L

F——进气流量，mol/h

$C_{惰进}$、$C_{CO_2进}$——分别为进气中惰性气体、CO_2的体积分数，%

$C_{O_2出}$、$C_{CO_2出}$——分别为排气中氧、CO_2的体积分数，%

V——发酵液的体积，L

f——系数，$f=\frac{273}{273+T_{进}}p_{进}$（$T_{进}$——进气温度，℃；$p_{进}$——进气绝对压强，Pa）

以测定排气CO_2浓度的变化，采用控制流加基质的方法还可以实现对菌体的生长速率和菌体量的控制。

发酵过程中的耗氧速率OUR可通过热磁氧分析仪或质谱仪测量进气和排气中的氧含量，由式（6-4）估算而得：

$$OUR = Q_{O_2}c(X) = \frac{F_{进}}{V}\left[C_{O_2进} - \frac{C_{惰进}C_{O_2出}}{1-(C_{CO_2出}+C_{O_2出})}\right]f \tag{6-4}$$

式中　Q_{O_2}——呼吸强度，mol O_2/（g·h）

OUR——菌体的耗氧速率，mol O_2/（L·h）

3. 与传质有关变量的估计

液相体积氧传递系数，这一变量代表氧由气相至液相传递的难易程度，它与发酵过程控制、放大和反应器设计密切相关。当发酵液中溶氧浓度保持稳定，即发酵过程中的氧传递量与氧消耗量达到平衡时，液相体积氧传递系数可由式（6-5）确定。

$$OTR = OUR = K_L a\ (c^* - c_L) \tag{6-5}$$

式中　OTR（oxygen transfer rate）——氧由气相向液相传递的速率，mol/（m^3·h）

OUR——菌体的耗氧速率，mol O_2/（L·h）

$K_L a$——液相体积氧传递系数，h^{-1}

c^*——与气相氧分压平衡的溶氧浓度，mol/m^3

c_L——液相溶氧浓度，mol/m^3

对于混合良好的小型发酵罐，c^*可取与尾气中氧分压平衡的溶氧浓度。对于大型发酵罐，则溶氧浓度差应取以下对数平均值：

$$(c^* - c_L)_{对数平均} = \frac{(c^*_{进} - c_L) - (c^*_{出} - c_L)}{\ln \dfrac{c^*_{进} - c_L}{c^*_{出} - c_L}} \tag{6-6}$$

式中　$c^*_{进}$/$c^*_{出}$——与通气/尾气中氧分压平衡的液相氧浓度，mol/m^3

于是有：

$$K_L a = \frac{OUR}{(c^* - c_L)_{对数平均}} \tag{6-7}$$

溶氧传感器测定的不是溶氧浓度，而是溶氧分压，它以饱和值（即与气相氧分压平衡的溶氧浓度）的百分数表示。因此，要确知发酵液中的溶氧浓度必须首先估计饱和氧浓度。表6-2列出了标准大气压下氧在纯水和一些溶液中的溶解度，按式（6-8）换算成实际操作压力下的溶解度，可作为估计发酵液中饱和溶氧浓度的参考值。

$$c^* = \frac{p}{101325} c_0^* \tag{6-8}$$

式中　p——实际操作压力，Pa

c_0^*——在101325Pa压力下的饱和溶氧浓度，mol/m^3

于是得发酵液中溶氧浓度：

$$c_L = c^* DOT \tag{6-9}$$

式中　DOT——溶氧传感器测量的溶氧压力，%

表6-2　　标准大气压下氧在纯水和一些溶液中的溶解度

溶液	浓度/（mol/m^3）	温度/℃	氧溶解度/（mol/m^3）
H_2O		20	1.38
		25	1.26
		30	1.16

续表

溶液	浓度/（mol/m³）	温度/℃	氧溶解度/（mol/m³）
葡萄糖	0.7	20	1.21
	1.5	20	1.14
	3.0	20	1.09
蔗糖	0.4	15	1.33
	0.9	15	1.08
	1.2	15	0.96
NaCl	500	25	1.07
	1000	25	0.89
	2000	25	0.71

4. 与细胞生长有关变量的估计

测定微生物细胞生物量的方法有定氮法、DNA 法、测定细胞干重法、测定细胞湿重法、OD 法、生理指标测定法等，虽然方法很多，但对于培养基中含有固形物以及丝状菌来说，都不十分令人满意。因此，这类发酵过程的生物量，一般以间接方法进行估计。估计方法主要有氧消耗率估计和 CO_2 释放率估计两种。

由氧平衡可得：

$$\mathrm{OUR}\cdot V=\frac{1}{Y_{\mathrm{GO}}}\frac{\mathrm{d}c(\mathrm{X})}{\mathrm{d}t}+m_0c(\mathrm{X})+\frac{1}{Y_{\mathrm{PO}}}\frac{\mathrm{d}c(\mathrm{P})}{\mathrm{d}t} \tag{6-10}$$

式中　m_0——以氧消耗为基准的生产菌的维持因素，mol/（g·h）

Y_{GO}——以氧消耗为基准的菌体生产的得率系数，g/mol

Y_{PO}——以氧消耗为基准的产物的得率系数，g/mol

$c(\mathrm{X})$——生物量，g/L

$c(\mathrm{P})$——产物量，g/L

t——发酵时间，h

将式（6-10）按差分方程展开，可得：

$$\mathrm{OUR}(t)\cdot V(t)=\frac{c_{(t+1)}(\mathrm{X})-c_t(\mathrm{X})}{Y_{\mathrm{GO}}}+m_0c(\mathrm{X})+\frac{c_{(t+1)}(\mathrm{P})-c_t(\mathrm{P})}{Y_{\mathrm{PO}}} \tag{6-11}$$

于是有：

$$c_{(t+1)}(\mathrm{X})=Y_{\mathrm{GO}}\left[\mathrm{OUR}(t)\cdot V(t)+\frac{1}{Y_{\mathrm{GO}}}(1-m_0)\,c_t(\mathrm{X})-\frac{c_{(t+1)}(\mathrm{P})-c_t(\mathrm{P})}{Y_{\mathrm{PO}}}\right] \tag{6-12}$$

如果 $c(\mathrm{X})$ 在 $t=0$ 时的 $c_0(\mathrm{X})$ 已知，则可根据 $V(t)$、$c_t(\mathrm{P})$ 的在线测量和 $\mathrm{OUR}(t)$ 的在线估计结果，由式（6-12）递推估计各个时刻的生物量 $c_t(\mathrm{X})$。同理，也可根据 CO_2 释放率估计得出生物量的递推式：

$$c_{(t+1)}(\mathrm{X})=Y_{\mathrm{G/CO_2}}\left[\mathrm{CRR}(t)\cdot V(t)+\frac{1}{Y_{\mathrm{G/CO_2}}}(1-m_{\mathrm{CO_2}})\,c_t(\mathrm{X})-\frac{c_{(t+1)}(\mathrm{P})-c_t(\mathrm{P})}{Y_{\mathrm{P/CO_2}}}\right] \tag{6-13}$$

式中　$m_{\mathrm{CO_2}}$——以 CO_2 释放率为基准的生产菌的维持因素，mol/（g·h）

Y_{G/CO_2}——以 CO_2 释放率为基准的菌体生长的得率系数，g/mol

Y_{P/CO_2}——以 CO_2 释放率为基准的产物形成的得率系数，g/mol

由于 CO_2 的溶解度受 pH 的影响很大，以致影响 CRR 的估计精度，从而使式（6-13）的应用受到一些限制。

由以上生物量的估计结果，可分别得出菌体比生长速率和产物比形成速率的估计值。

菌体比生长速率：
$$\mu(t) \cong \frac{c_{(t+1)}(X) - c_t(X)}{c_t(X)} \tag{6-14}$$

产物比形成速率：
$$Q_P(t) \cong \frac{c_{(t+1)}(P) - c_t(P)}{c_t(P)} \tag{6-15}$$

式中　μ——菌体比生长速率，h^{-1}

Q_P——产物比形成速率，h^{-1}

第二节　微生物反应过程的自动控制

微生物反应过程的自动控制是根据对过程变量的有效测量及对过程变化规律的认识，借助由自动化仪表和电子计算机组成的控制器，操纵其中一些关键变量，使过程向着预定的目标发展。发酵过程自控包含以下三个方面的内容：①与过程的未来状态相联系的控制目的或目标（如要求控制的温度、pH、生物量浓度等）；②一组可供选择的控制动作（如阀门的开、关，泵的开、停等）；③一种能够预测控制动作对过程状态影响的模型（如用加入基质的浓度和速率控制细胞生长率时需要能表达它们之间相关关系的数学式）。这三者是相互联系、相互制约的，组成具有特定自控功能的自控系统。

现代发酵过程普遍使用电子计算机进行过程监控。过程监控计算机在发酵自控中有非常重要的作用：①自发酵过程中采集和存储数据；②用图形和列表方式显示存储的数据；③对存储的数据进行各种处理和分析；④同检测仪表和其他计算机系统进行通信；⑤对模型及其参数进行辨识；⑥实施复杂的控制算法。监控计算机的选择应具有尽可能完善的功能，较低的成本，较高的可靠性，一定的升级能力，简单的运行要求和其他系统的通信能力等。

一、基本自动控制系统

自控系统由控制器和被控对象两个基本要素组成。发酵过程采用的基本自控系统主要有前馈控制、反馈控制和自适应控制。

1. 前馈控制

图 6-4 是对反应器温度实施前馈控制的例子。

如果被控对象动态反应慢，且干扰频繁，则可通过对一些动态反应快的变量（称为干扰量）的测量来预测被控对象的变化，在被控对象尚未发生变化时提前实施控制，这种控制方法称为前馈控制。

在这系统中，冷却水的压力被测量但不控制，但当这一压力发生变化时，控制器提前对冷却水控制阀发出控制动作指令，以避免温度波动。

前馈控制的控制精度取决于干扰量的测量精度以及预报干扰量对控制变量影响的数学模型的准确性。

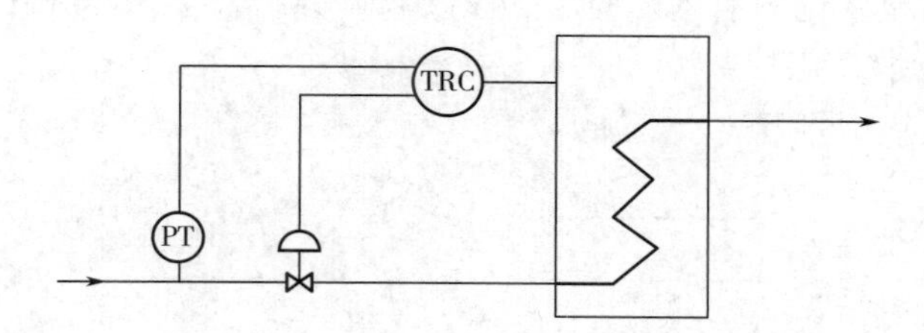

图 6-4　反应器温度的前馈控制系统

PT—压力变送器　TRC—温度变送器

2. 反馈控制

反馈控制系统如图 6-5 所示。

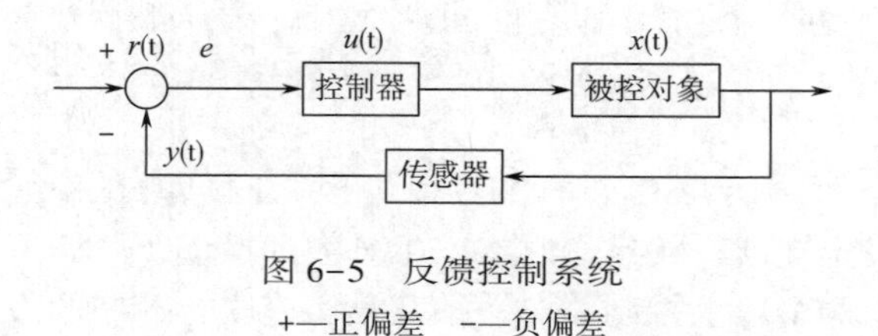

图 6-5　反馈控制系统

+—正偏差　-—负偏差

被控过程的输出量 $x(t)$ 被传感器检测，以检测量 $y(t)$ 反馈到控制系统，控制器使之与预定的值 $r(t)$（设定点）进行比较，得出偏差 e，然后采用某种控制算法根据这一偏差 e 确定控制动作 $\mu(t)$。依据控制算法的不同，反馈控制可分为开关控制、PID 控制和串级反馈控制几种，下面分别叙述。

开关控制是最简单的反馈控制系统，控制阀的动作全开或全关，适合加热和冷却负荷相对稳定的过程。图 6-6 是发酵温度的开关控制系统，它通过传感器感知反应器内的温度。如果低于设定点，冷却水关闭，蒸汽或热水阀打开；如果高于设定点，蒸汽或热水阀关闭，冷水阀打开。

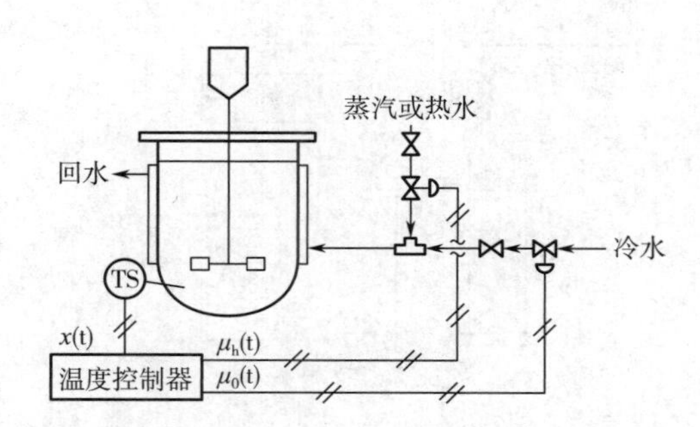

图 6-6　发酵温度的开关控制系统

TS—温度传感器　$x(t)$ —检测器　$\mu_h(t)$ —控制输出量　$\mu_0(t)$ —冷却控制输出量

PID 控制为比例（P）、积分（I）和微分（D）控制，当控制负荷不稳定时采用该控制系统。PID 控制器的控制信号，分别正比于被控过程的输出量与设定点的偏差、偏差相对于时间的积分和偏差变化的速率。控制器以及它们的结合（PI 和 PID）对输入量的阶跃响应情况如图 6-7 所示。

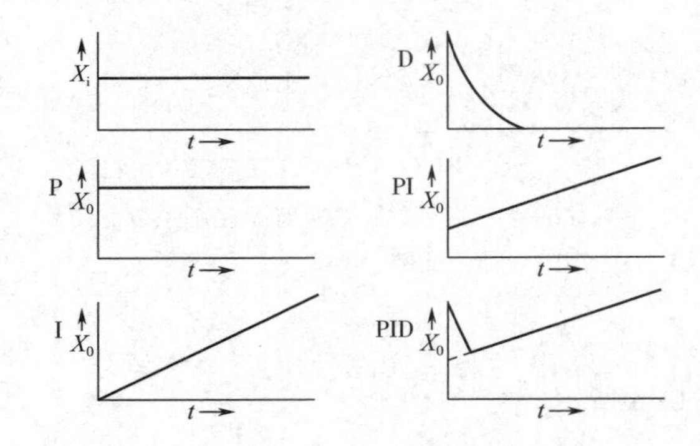

图 6-7　P、I、D、PI 和 PID 控制对输入量的阶跃响应

X_i—输入量　X_0—输出量　t—时间

PI 和 PID 控制器广泛用于发酵过程的控制，但它们只能在接近设定点的情况下才能有效地工作，在远离设定点就开始启用时将产生较大的摆动。

串级反馈控制是由两个以上控制器对一种变量实施联合控制的方法，图 6-7 是对溶氧水平实行串级控制的例子。溶氧被发酵罐内的传感器检知，作为一级控制器的溶氧控制器根据检测结果由 PID 算法计算出控制输出 $\mu_1(t)$，但不用它来直接实施控制动作，而是被作为二级控制器的搅拌转速、空气流量和压力控制器当作设定点接受，二级控制器再由另一个 PID 算法计算出第二个控制输出，用于实施控制动作，以满足一级控制器设定的溶氧水平。

当有多个二级控制器时，可以是同时或顺序控制，如在图 6-8 的情况下，可以先改变搅拌转速，当达到某一预定的最大值后再改变空气流量，最后调节压力。

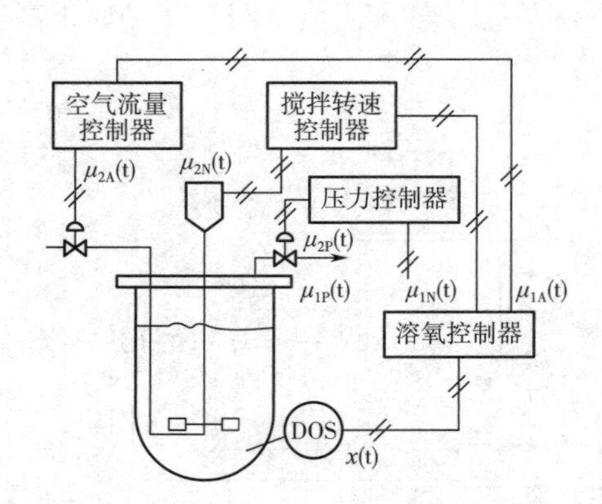

图 6-8　溶氧水平的串级反馈控制

DOS—溶氧传感器　$x(t)$ —检测器　$\mu_1(t)$ ——级控制输出量　$\mu_2(t)$ ——级控制输出量

下标：P—压力　N—搅拌转速　A—空气流量

前馈控制所依赖的数学模型大多数是近似的，加上一些干扰量难以测量，从而限制

了它的单独应用。前馈/反馈控制标准用法是两者控制相结合，取各自之长，补各自之短。图 6-9 为废水处理系统的前馈/反馈控制。假设作为干扰量的输入废水中的悬浮固体含量随时间变化，通过在线分析仪测定后，信号前馈至排放控制器，使排出液的悬浮固体含量保持在设定点上，同时，还根据排出液悬浮固体含量的直接测量对排放率进行反馈控制。

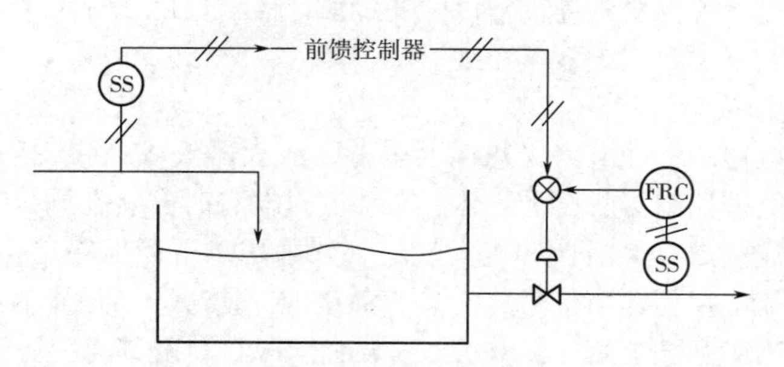

图 6-9　废水处理系统的前馈/反馈控制

SS—悬浮固体含量传感器　FRC—流量记录及控制器

3. 自适应控制

反馈控制系统一般只适用于确定性过程，即过程的数学模型结构和参数都是确定的，过程的全部输入信号又均为时间的确定函数，过程的输出响应也是确定的。但是，发酵过程总的来说是个不确定的过程，也就是说，描述过程动态特性的数学模型从结构到参数都无法确切知道，过程的输入信号也含有许多不可测的随机因素。这种过程的控制，需提出有关的输入、输出信息，对模型及其参数不断进行辨识，使模型逐渐完善，同时自动修改控制器的控制动作，使之适应于实际过程。这种控制系统就称为自适应控制系统，其组成如图 6-10 所示。

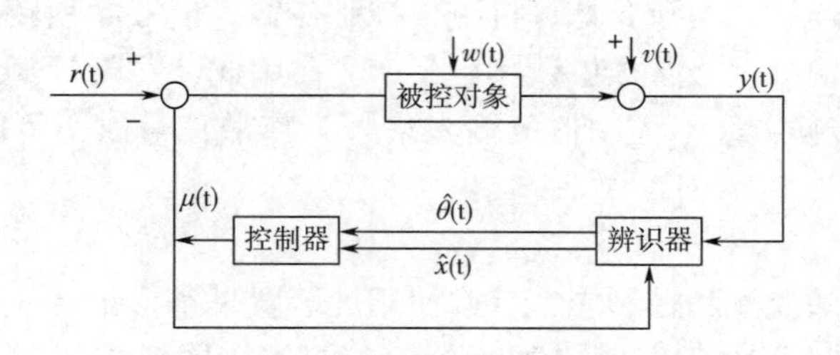

图 6-10　在线辨识自适应控制系统

$r(t)$ —参考输入　$w(t)$ —干扰量　$v(t)$ —量测噪声

$y(t)$ —量测输出　$\hat{\theta}(t)$ —参数估计　$\hat{x}(t)$ —状态估计　$\mu(t)$ —控制输出

图 6-10 中，辨识器根据一定的估计算法在线计算被控对象未知参数 $\hat{\theta}(t)$ 和未知状态 $\hat{x}(t)$ 的估值，控制器利用这些估值以及预定的性能指标，综合产生最优控制输出 $\mu(t)$，这样，经过不断地辨识和控制，被控对象的性能指标将逐渐趋于最优。

二、发酵控制系统的硬件结构

发酵自控系统有传感器、变送器、执行机构等硬件的配置，如图 6-11 所示。

1. 传感器

用于发酵过程检测的传感器前已讨论过。但除了直接测量过程变量的传感器外，一些根据直接测量数据对不可测变量进行估计的变量估计器，也可以称为传感器。这种广义传感器称为“网间”传感器或“算法”传感器。

2. 变送器与过程接口

一种被称作变送器的特殊电路（惠斯通电桥、放大器等），将传感器获得的信息变成标准输出信号，才能被控制器所接受。传感器和变送器有时安装在同一个装置内。为了使传感器与控制器的连接具有灵活性和机动性，一般采用以下标准输出信号：①连续的 0~10V 或 0~20mA 直流电模拟输出信号，为了避免接地，信号应当隔离输出；②二进制编码十进制输出信号应当用标准 RS232、RS423 或 IEEE488 接口及其通信协议传送。

用处理机连接发酵装置对变量进行监测和控制需要数据接口，传递的信号是二进制编码十进制数。广泛使用的 RS232 和 RS423 是标准化的系列传送接口，它们的传送距离较远而传送速度较慢。IEEE488 是字节定向的平行传送接口，它的传送速度相当快，缺点是传送距离有限（15m）。

3. 执行机构和转换器

执行机构是直接实施控制动作的元件，如电磁阀、气动控制阀、电动调节阀、变速电机、正位移泵、蠕动泵等，它反映于控制器输出信号或操作者手动干预而改变控制变量值。执行机构可以连续动作（如控制阀的开启位置、马达或泵的转速），也可以间歇动作（如阀的开、关；泵或马达的开、停等）。与反应器物料直接接触的执行机构要求无渗漏、无死角、能耐受高温蒸汽灭菌、便于精确计量等。

控制器的输入信号就是反应器的输出信号。对于常规电子控制器，连续的模拟输出信号可以直接和控制器连接，当涉及计算机时，控制器输入信号必须转换成数字当量，而与执行机构连接的模拟输出信号必须由数字当量产生。因此，对于计算机控制系统，须使用 A/D 转换器和 D/A 转换器。但控制器的输入信号为离散信号时，可直接使用数字输入和数字输出。

4. 监控过程

在工业发酵过程的监测和控制中，普遍使用的装置是条形记录仪和模拟控制器。条形记录仪用于描绘发酵过程中各变量如温度、pH、溶氧、尾气成分等变化的曲线，这些变量的变化往往与所需产物的生物合成相关，确定这种相关关系后，就可以用模拟控制器将这些变量控制在合适的变化范围内，以利于产物的生成。但是，这种记录仪和控制器不能有效地监测和控制那些不能直接测量的变量如氧消耗率、基质消耗率、比生长速率等，而这些由几个直接测量信号估计的间接变量，可能与产物合成速率更加密切相关。计算机和某些数字化仪表的应用，使这些间接变量的估计和监控成为可能，从而在发酵过程的发展中起着重要的作用。

计算机在发酵过程中的应用有三项主要任务，即过程数据的存储、过程数据分析和生物过程控制。数据的存储包含以下内容：顺序扫描传感器的信号，将其数据条件化、过滤和以一种有序并易于找到的方式存储。数据分析的任务是从测得的数据用规则系统提取所需的信息，求得间接参数，用于反映发酵的状态和性质。过程管理控制器将这些信息显示、打印和作出曲线，并用于过程控制。对于生产规模的生物反应器，计算机主要应用于检测和顺序控制。

现在，生物发酵工业正以其广阔的前景吸引着越来越多的人去研究，发酵过程的计算机优化控制，或者说采用知识工程、专家系统的发酵过程控制系统将是今后发展的必然趋势。为实现发酵过程高级控制系统，尚需在现有计算机监控基础上，建立生化过程数据库，依靠专家的指导、归纳和分析，并利用知识工程的方法发挥和完善数据库的功能。通过人机系统沟通使用者与知识库，然后在生产过程中实现生产的优化控制，这将是一个长期的积累工作。随着计算机技术的不断发展和多学科相互合作，发酵过程参数的优化控制将会呈现出崭新的局面，使发酵工业的前景更加辉煌。

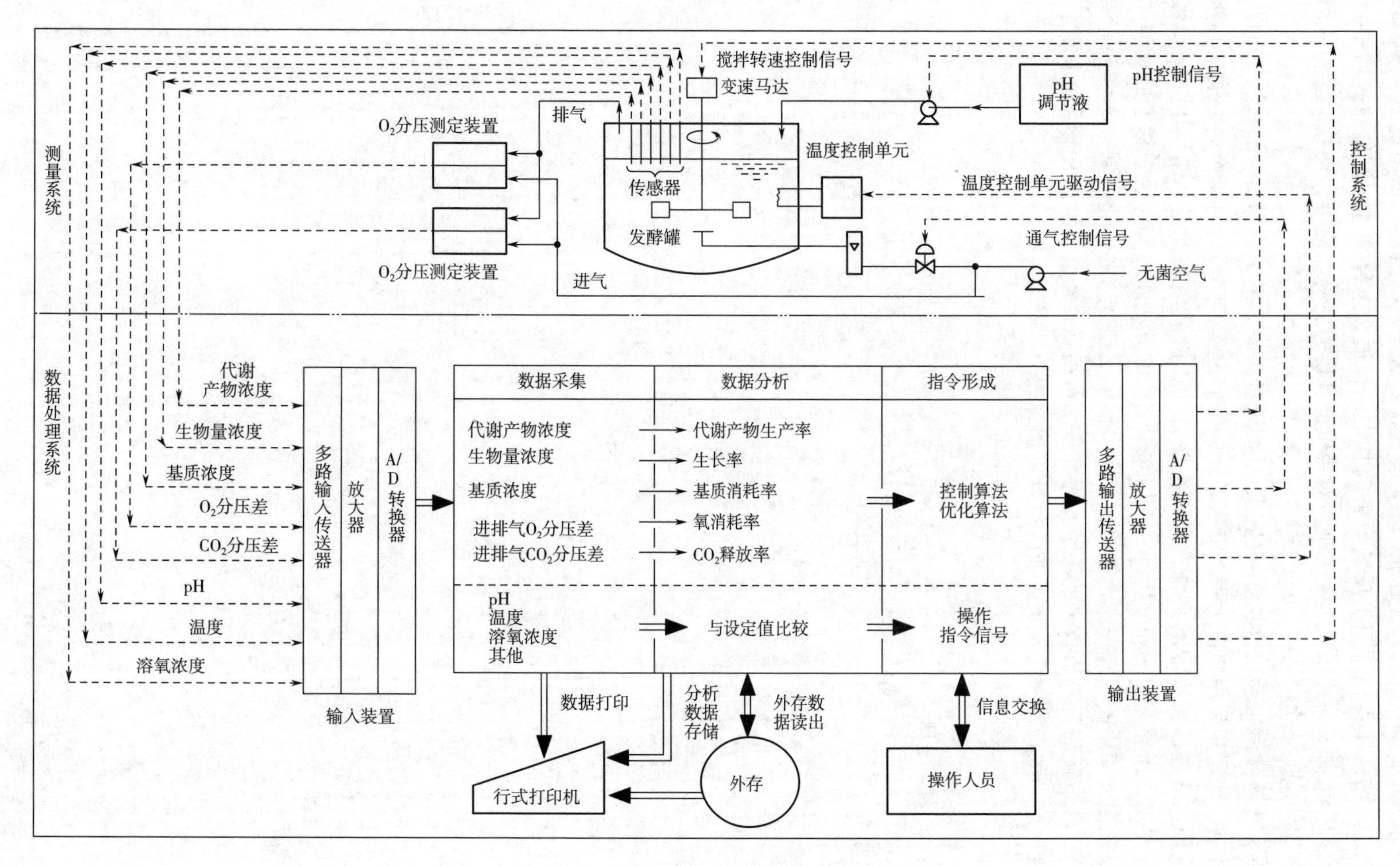

图6-11 发酵过程自动控制的硬件配置

第三节　温度对微生物反应过程的影响及其控制

工业微生物发酵所用的菌体绝大多数是中温菌，如霉菌、放线菌和一般细菌。它们的最适生长温度一般在20~40℃。在发酵过程中，需要维持适当的温度，才能使菌体生长和代谢产物的合成顺利进行。

温度对化学反应速率的影响常用温度系数Q_{10}（每增加10℃，化学反应速率增加的倍数）来表示，在不同温度范围内，Q_{10}的数值是不同的，一般是2~3。而酶反应速率与温度变化的关系也完全符合此规律，也就是说，在一定范围内，随着温度的升高，酶反应速率也增加，但有一个最适温度，超过这个温度，酶的催化活力下降。温度对菌体生长和代谢产物合成的影响往往是不同的。有人考察了不同温度（13~35℃）对青霉菌的生长速率、呼吸强度和青霉素合成速率的影响，结果表明温度对这三种代谢的影响是不同的。按照阿伦尼乌斯方程计算，青霉菌生长的活化能$\Delta E=34$kJ/mol，呼吸活化能$\Delta E=71$kJ/mol，青霉素合成的活化能$\Delta E=112$kJ/mol。从这些数据得知，青霉素合成速率对温度的变化最为敏感，微小的温度变化，就会引起生产速率产生明显的改变，偏离最适温度就会引起产物产量发生比较明显的下降，这说明次级代谢发酵温度控制的重要性。因此温度对菌体的生长和合成代谢的影响是极其复杂的，需要考察它对发酵的影响。

一、温度的影响

温度除影响微生物生长的速度，而且还能改变微生物菌体代谢产物的合成方向，如金霉素链霉菌NRRL B-1287进行四环素发酵，在不同氯离子浓度的培养基中，发酵温度高，有利于四环素的合成，在35℃时就只产四环素，而金霉素合成几乎停止；而在30℃以下时合成的金霉素增多。温度变化还对多组分次级代谢产物的组分比例产生影响，如黄曲霉产生的多组分黄曲霉毒素（aflatoxin），在20℃、25℃和30℃发酵所产生的黄曲霉毒素G_1与黄曲霉毒素B_1比例分别为3∶1、1∶2、1∶1。又如赭曲霉在28℃时则有利于赭曲毒素A的合成，而在10~20℃发酵时，则有利于合成青霉素。温度还能影响微生物的代谢调控机制，在氨基酸生物合成途径中的终产物对第一个合成酶的反馈抑制作用，在20℃低温时就比在正常生长温度37℃时控制更严格。因此，发酵温度变化，不仅影响酶反应速率，还影响产物的合成方向以及各组分的含量。除此之外，温度还对发酵液的物理性质产生影响，如发酵液的黏度、基质和氧在发酵液中的溶解度和传递速率、某些基质的吸收速率等，进而影响发酵动力学特性和产物的生物合成。

二、温度的控制

影响发酵温度变化的因素有产热的因素，还有散热的因素，温度变化是这些因素的综合结果。

1. 最适温度的选择

在发酵过程中，选择最适发酵温度不仅对菌体生长有利，更重要的是对目标代谢产物的合成都有积极的意义。微生物种类不同，所具有的酶系不同，所要求的温度不同。即使是同一微生物，代谢产物不同，其培养条件和最适温度也不同。最适发酵温度是指既适合菌体的生长，又适合代谢产物合成，但最适生长温度与最适生产温度往往是不一致的。各种微生物在一定条件下，都有一个最适的温度范围。如谷氨酸产生菌的最适生长温度为30~34℃，产生谷氨酸的最适温度为36~37℃。在谷氨酸发酵的前期长菌阶段和种子培养阶段应满足菌体生长的最适温度。若温度过高，菌体容易衰老。在发酵的中后期，菌体生长已经停止，为了大量积累谷氨酸，需要适当提高温度，保证菌体大量形成产物，即控制最适生产温度。又如初级代谢产物乳酸发酵，乳酸链球菌的最适生长温度为34℃，而产酸最多的温度为30℃，但发酵速度最高的温度达40℃。次级代谢产物发酵更是如此，如产黄青霉进行青霉素的发酵生产，在2%乳糖、2%玉米浆和无机盐的培养基中，菌体的最适生长温度为30℃，而青霉素合成的最适温度又为24℃。因此对于每一种生物反应，需要选择一个最适的发酵温度。

最适发酵温度随着菌种、培养基成分、培养条件和菌体生长阶段不同而改变。理论上，整个发酵过程中不应只选一个温度，而应根据发酵不同阶段，选择不同的温度。在生长阶段，应选择最适生长温度；在产物分泌阶段，应选择最适生产温度。

2. 温度的控制

发酵温度可根据不同菌种、不同产品进行控制。有人试验青霉素变温发酵，起初5h，维持在30℃，以后降到25℃培养35h，再降到20℃培养85h，最后又提高到25℃，培养40h放罐。在这样条件下所得青霉素产量比在25℃恒温培养条件提高14.7%。又如四环素发酵，在中后期保持稍低的温度，可延长产物分泌期，放罐前24h，培养温度提高2~3℃，就能将发酵单位提高50%以上。这些都说明变温发酵产生的良好结果。但在工业发酵中，由于发酵液的体积很大，升、降温度都比较困难，所以在整个发酵过程中，往往采用一个比较适合的发酵温度，或者在可能条件下进行适当的调整。实际生产中，为了得到很高的发酵效率，获得满意的产物得率，生产上往往采用二级或三级管理温度。

工业生产上，所用的大发酵罐在发酵过程中一般不需要加热，因发酵中释放了大量的发酵热，需要冷却的情况较多。利用自动控制或手动调整的阀门，将冷却水通入发酵罐的夹层或蛇形管中，通过热交换来降温，保持恒温发酵。如果气温较高（特别是我国南方的夏季气温），冷却水的温度又高，致使冷却效果很差，达不到预定的温度，就可采用冷冻盐水进行循环式降温，以迅速降到最适温度。因此大工厂需要建立冷冻站，提高冷却能力，以保证微生物的正常代谢。

发酵温度的恒定常用自动化控制或手动调整阀门来控制冷媒或冷却水的流量大小，以平衡时刻变化的温度，维持在一定的温度下发酵。对于气温较高的季节，冷却水达不到预期冷却效果时，就可采用冷冻盐水进行循环降温，以迅速达到最适发酵温度。

第四节　pH对微生物反应过程的影响及其控制

pH是表征微生物生长及产物合成的重要状态参数之一，也是反映发酵过程中菌体代谢的综合指标，因此必须掌握发酵过程中pH变化的规律，以便在线实时监控，使其一直处于生产的最佳状态水平。

一、发酵过程 pH 的变化

在发酵过程中，pH 的变化决定于所用的菌种、培养基的成分和培养条件。在产生菌的代谢过程中，发酵体系本身具有一定的缓冲能力，生产菌也具有调整和适应周围 pH 的能力，构建最适 pH 的环境。研究者以产生利福霉素 SV 的地中海诺卡菌进行发酵，pH 为 6.0、6.8、7.5 三个出发值，结果发现 pH 在 6.8、7.5 时，最终发酵 pH 都达到 7.5 左右，菌丝生长和发酵单位都达到正常水平；但 pH 为 6.0 时，发酵最终 pH 只达到 4.5，菌体浓度仅为 20%，发酵单位为零。这说明菌体对 pH 虽有一定的自动调节能力，但还是有一定的限度。

培养基中营养物质的代谢，也是引起 pH 变化的重要原因，发酵液 pH 的变化乃是菌体代谢的综合效果。发酵所用的碳源种类不同，pH 变化也不一样。如灰黄霉素发酵的 pH 变化，就与所用碳源种类有密切关系，如以乳糖为碳源，乳糖被缓慢利用，丙酮酸堆积很少，pH 维持在 6~7；如以葡萄糖为碳源，丙酮酸迅速积累，使 pH 下降到 3.6，发酵单位很低。

二、pH 对微生物发酵的影响

从代谢曲线的 pH 变化就可以推测发酵罐中的各种生化反应的进展以及 pH 变化异常的可能原因。在发酵过程中，要选择好发酵培养基的成分及其配比，并控制好发酵工艺条件，才能保证 pH 不会产生明显的波动，维持在最佳的范围内，得到良好的结果。实践证明，维持稳定的 pH，对产物的形成有利。

发酵培养基的 pH 影响发酵过程中各种酶的活性，进而影响代谢产物的合成，其本质是影响微生物生长。pH 对微生物的繁殖和产物合成的影响有以下几个方面。

（1）影响酶的活性，当 pH 抑制菌体中某些酶的活性时，会阻碍菌体的新陈代谢。一般认为，细胞内的 H^+或 OH^-能影响酶蛋白的解离度和电荷情况，改变酶的结构和功能，引起酶活性的改变。但培养基的 H^+或 OH^-并不是直接作用在胞内酶蛋白上，而是首先作用在胞外的弱酸（或弱碱）上，使之成为易于透过细胞膜的分子状态的弱酸（或弱碱），它们进入细胞后，再进行解离，产生 H^+或 OH^-，改变胞内原先存在的中性状态，进而影响酶的结构和活性。所以培养基中 H^+或 OH^-是通过间接作用来产生影响的。

（2）影响微生物细胞膜所带电荷的状态，改变细胞膜的通透性，影响微生物对营养物质的吸收和代谢产物的排泄。pH 还影响菌体细胞膜的电荷状况，引起膜透性发生改变，因而影响菌体对营养物质的吸收和代谢产物的形成等。

（3）影响培养基中某些组分的解离，进而影响微生物对这些成分的吸收。

（4）pH 不同，往往引起菌体代谢过程的不同，使代谢产物的质量和比例发生改变。另外，pH 还会影响某些霉菌的形态。pH 还影响菌体对基质的利用速度和细胞的结构，影响菌体的生长和产物的合成。Collnig 等研究发现产黄曲霉的细胞壁的厚度就随 pH 的增加而减小：其菌丝直径在 pH 6.0 时为 2~3μm；pH 7.4 时为 2~18μm，并呈膨胀酵母状；pH 下降后菌丝形态又会恢复正常。

如同温度对发酵的影响一样，pH 对产物稳定性也有影响。如在 β-内酰胺抗生素沙纳霉素（thienamycin）的发酵中，考察 pH 对产物生物合成的影响时，发现 pH 6.7~7.5，抗生素的产量相当；高于或低于这个范围，合成就受到抑制。在这个 pH 范围内，沙纳霉素的稳定性未受到严重影响，半衰期也无大的变化；但 pH>7.5 时，稳定性下降，半衰期缩短，发酵单位也下降。青霉素在碱性条件下发酵单位低，也与青霉素的稳定性有关。

由于 pH 的高低对菌体生长和产物的合成产生明显的影响，所以在工业发酵中，维持最适 pH 已成为生产成败的关键因素之一。

三、发酵 pH 的确定和控制

1. 最适 pH 的确定

各种不同的微生物，其生长和代谢产物形成对 pH 的要求不同。如果 pH 控制不当，可能严重影响菌体的生长和产物的合成，因此，对微生物发酵来说，都有各自的最适生长 pH 和最适生产 pH。多数微生物生长都有最适 pH 范围，上限大都在 pH 8.5 左右，超过此上限，微生物将无法忍受而自溶；下限以酵母为最低（pH 2.5）。但菌体内的 pH 一般认为是在中性附近。发酵的 pH 又随菌种和产品的不同而不同。由于发酵是多酶复合反应系统，各酶的最适 pH 也不相同，因此，同一菌种，生长最适 pH 可能与产物合成的最适 pH 是不一样的。例如，黑曲霉 pH 2~3 时合成柠檬酸，在 pH 接近中性时积累草酸。谷氨酸生产菌在中性和微碱性条件下积累谷氨酸，在酸性条件下形成谷氨酰胺。谷氨酸发酵在不同阶段对 pH 的要求不同，发酵前期控制 pH 7.5 左右，发酵中期 pH 7.2 左右，发酵后期 pH 7.0，在将近放罐时，为了之后工序提取谷氨酸，以 pH 6.5~6.8 为好。如初级代谢产物丙酮-丁醇的梭状芽孢杆菌发酵，pH 在中性时，菌种生长良好，但产物产量很低，实际发酵适合 pH 为 5~6。次级代谢产物抗生素的发酵更是如此，链霉素产生菌生长的适合 pH 为 6.2~7.0，而合成链霉素的适合 pH 为 6.8~7.4；合成金霉素、四环素的适合 pH 为 5.9~6.3。因此，应该按发酵过程的不同阶段分别控制不同的 pH 范围，使产物的产量达到最大。

最适 pH 是根据实验结果来确定的。将发酵培养基调节成不同的出发 pH 进行发酵，在发酵过程中，定时测定和调节 pH，以分别维持出发 pH，或者利用缓冲液配制培养基来维持。一定时间后观察菌体的生长情况，以菌体生长达到最高值的 pH 为菌体生长的适合 pH。以同样的方法，可测得产物合成的适合 pH。但同一产品的适合 pH，还与所用的菌种、培养基组成和培养条件有关。如青霉素合成的适合 pH，先后报道有 7.2~7.5、7.0 和 6.5~6.6 等不同数值，产生这样的差异，可能是由所用的菌株、培养基组成和发酵工艺不同引起的。在确定适合发酵 pH 时，还应该考虑培养温度的影响，若温度提高或降低，则适合 pH 也可能发生变动。

2. pH 的控制

在各种类型的发酵过程中，最适 pH 与菌体比生长速率、产物比合成速率之间的相互关系有 4 种不同的情况（图 6-12）。①第一种情况是菌体的比生长速率（μ）和产物比生成速率（Q_P）的最适 pH 都在一个相似的较宽的适宜范围内［图 6-12（1）］，这种发酵过程易于控制；②第二种情况是 Q_P（或 μ）的最适 pH 范围很窄，而 μ（或 Q_P）的范围较宽［图 6-12（2）］；③第三种情况是 μ（或 Q_P）对 pH 都很敏感，它们的最适 pH 又是相同的［图 6-12（3）］，第二、第三模式的发酵 pH 应严格控制；④第四种情况更复杂，μ（或 Q_P）和 Q_P 有各自的最适 pH［图 6-12（4）］，应分别严格控制各自的最适 pH，才能优化发酵过程。

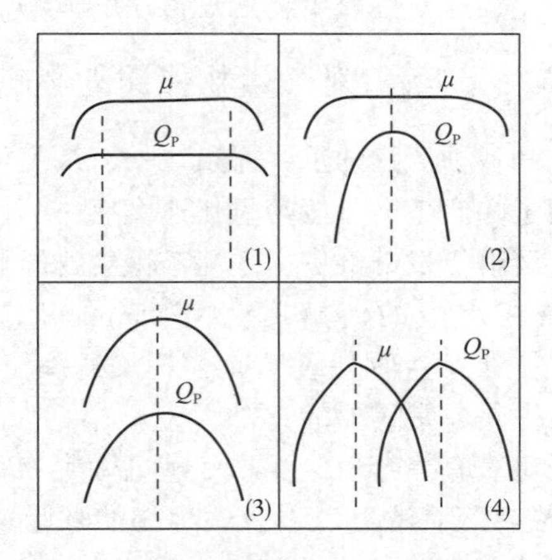

图 6-12　pH 与 μ 和 Q_P 之间的几种关系

控制 pH 在合适的范围内，首先从发酵培养基的基础配方出发，使各成分有个适当的配比，使发酵过程中的 pH 在合适的范围内。因为培养基中含有代谢产酸［如葡萄糖产生酮酸、$(NH_4)_2SO_4$］和产碱（如 $NaNO_3$、尿素）的物质以及缓冲剂（如 $CaCO_3$）等成分，它们在发酵过程中会影响 pH 的变化，特别是 $CaCO_3$ 能与酮酸等反应，而起到缓冲作用，所以其用量比较重要。在分批发酵中，常采用此法来控制 pH 的变化。然后通过加酸/碱或中间补料来控制，特别是补料的方法，效果比较明显。现在常用的是以生理酸性物质［$(NH_4)_2SO_4$］和以生理酸碱性盐［$(Na)_2NO_3$］来控制。它们不仅可以调节 pH，还可以补充氮源。当发酵的 pH 和氨氮含量都低时，补加氨水，就可达到调节 pH 和补充氨氮的目的；反之，pH 较高，氨氮含量又低时，就补加 $(NH_4)_2SO_4$。在加多了消泡剂的个别情况下，还可采用提高空气流量来加速脂肪酸的代谢，以调节 pH。通氨一般是使压缩氨气或工业用氨水（浓度 20%左右），采用少量间歇添加或连续自动流加，可避免一次加入过多造成局部偏碱。氨极易和铜反应产生毒性物质，对发酵产生影响，故需避免使用铜制的通氨设备。

在许多微生物代谢产物的生产中，已成功地采用补料的方法来调节 pH，如氨基酸发酵采用流加尿素的方法，特别是次级代谢产物抗生素的发酵。这种方法，既可以达到稳定 pH 的目的，又可以不断补充营养物质，特别是能产生阻遏作用的物质。少量多次补料，还可解除分解代谢物的阻遏作用，提高产物产量。也就是说，采用补料的方法，可以同时实现补充营养、延长发酵周期、调节 pH 和培养液的特性（如菌体浓度等）等几个目的。成功的例子就是青霉素的补料工艺，利用控制葡萄糖的补加速率来控制 pH 的变化范围（现已实现自动化），其青霉素产量比用恒定的加糖速率和加酸或碱来控制 pH 的产量高 25%。

第五节　溶解氧对微生物反应过程的影响及其控制

对于好氧微生物来说，其生存必须在有分子态氧气（O_2）的存在下，才能进行正常的生理生化反应。好氧微生物，在有溶解氧存在的条件下，分解营养物质，积累代谢产物，实现目标产物的发酵生产。在环境治理方面，利用好氧微生物进行生物代谢以降解有机污染物，使其稳定、无害化，这是好氧生物处理常用的方法。

一、溶解氧对微生物代谢的影响

氧是构成细胞组成成分和各种产物的重要元素之一，细胞生长速率又与发酵液中溶解氧的浓度有关，细胞代谢能量的产生又直接与氧化速度有关，因此，氧是好氧微生物生物反应中的重要底物。氧只有溶解于发酵液中，才能被微生物所利用。在25℃、一个大气压下（101kPa），空气中的氧在水中的溶解度为0.25mmol/L，在发酵液中的溶解度为0.22mmol/L，而发酵液中的大量微生物耗氧迅速（耗氧速率25~100mmol/L及以上），因此，供氧对于好氧微生物来说是非常重要的。

在好氧发酵中，微生物对氧有一个最低要求，满足微生物呼吸的最低氧浓度称为临界溶氧浓度，用$C_{临}$表示。在临界溶氧浓度以下，微生物的呼吸速率随溶解氧浓度降低而显著下降。表6-3列出一些微生物细胞的临界溶氧浓度。

表6-3　一些微生物的临界溶氧浓度

微生物	温度/℃	临界溶氧溶解度/（mol/L）
发光细菌（*Photobacterium*）	24.0	0.0100
大肠杆菌（*Escherichia coli*）	37.8	0.0082
	15.0	0.0031
面包酵母（*Saccharomyces cerevisiae*）	34.8	0.0460
	20.0	0.0037
产黄青霉菌（*PeniciLlium chrysogenum* ）	24.0	0.0220
	30.0	0.0090
米曲霉（*Aspergillus oryzae*）	30.0	0.0200
棕色固氮菌（*Azotobacter vinelandii*）	30.0	0.0180~0.0490

好氧微生物临界溶氧浓度很低，一般为0.003~0.05mmol/L，需氧量一般为25~100mmol/（L·h），其临界溶氧浓度是饱和浓度的1%~25%。一般情况下，发酵行业用空气饱和度来表示溶氧（DO）含量。各种微生物的临界溶氧值以空气氧饱和度表示，如细菌和酵母菌为3%~10%，放线菌为5%~30%，霉菌为10%~15%。

溶氧是需氧发酵控制最重要的参数之一。由于氧在水中的溶解度很小，在发酵液中的溶解度亦如此，因此，需要不断地通风和搅拌，才能满足不同发酵过程对氧的需求。溶氧的大小对菌体生长和产物的形成及产量都会产生不同的影响。如谷氨酸发酵，供氧不足时，谷氨酸积累就会明显降低，产生大量乳酸和琥珀酸。又如薛氏丙酸菌发酵生产维生素B_{12}中，维生素B_{12}的组成部分咕啉醇酰胺（cobinamide，又称B因子）生物合成前期的两种主要酶就受到氧的阻遏，限制氧的供给，才能积累大量的B因子，B因子又在供氧的条件下才转变成维生素B_{12}，因而采用厌氧和供氧相结合的方法，有利于维生素B_{12}的合成。在天冬酰胺酶的发酵中，前期是好氧培养，而后期转为厌氧培养，酶的活力就能大为提高，掌握好转变时机颇为重要。据实验研究，当溶氧浓度下降到45%时，就从好氧培养转为厌氧培养，酶的活力可提高6倍，这就说明控制溶氧的重要性。对抗生素发酵来说，氧的供给就更为重要。如金霉素发酵，在生长期短时间停止通风，就可能影响菌体在生产期的糖代谢途径，由HMP途径转向EMP途径，使金霉素合成的产量减少。金霉素C6上的氧还直接来源于溶解氧，所以，溶氧对菌体代谢和产物合成都有影响。

当不存在其他限制性基质时，溶解氧浓度高于临界值，细胞的比耗氧速率保持恒定；如果溶解氧浓度低于临界值，细胞的比耗氧速率就会大大下降。细胞处于半厌氧状态，代谢活动受到阻遏。只有培养液中保持供氧与耗氧的平衡，才能满足微生物对氧的利用。液体中的微生物只能利用溶解氧，气液界面处的微生物还能利用气相中的氧，强化气液界面也将有利于供氧。

溶氧高虽然有利于菌体生长和产物合成，但溶氧太大有时反而抑制产物的形成。为避免发酵处于限氧条件下，需要考察每一种发酵产物的临界氧浓度和最适溶氧浓度（optimal dissolved oxygen concentration），并使发酵过程保持在最适溶氧浓度。最适溶氧浓度的大小与菌体和产物合成代谢的特性有关，可由实验确定。据报道，青霉素发酵的临界氧浓度为5%~10%，低于此值就会对青霉素的合成带来损失，时间越长，损失越大。而初级代谢的氨基酸发酵，需氧量的大小与氨基酸的合成途径密切相关。

根据发酵需氧要求的不同可分为三类：第一类有谷氨酸（Glu）、谷氨酰胺（Gln）、精氨酸（Arg）和脯氨酸（Pro）等谷氨酸系氨基酸，它们在菌体呼吸充足的条件下，产量才最大，如果供氧不足，氨基酸合成就会受到强烈的抑制，大量积累乳酸和琥珀酸；第二类，包括异亮氨酸（Ile）、赖氨酸（Lys）、苏氨酸（Thr）和天冬氨酸（Asp），即天冬氨酸系氨基酸，供氧充足可得最高产量，但供氧受限，产量受影响并不明显；第三类，有亮氨酸、缬氨酸（Val）和苯丙氨酸（Phe），仅在供氧受限、细胞呼吸受抑制时，才能获得最大量的氨基酸，如果供氧充足，产物生成反而受到抑制。

氨基酸合成的需氧程度产生上述差别的原因，是由它们的生物合成途径不同所引起的，不同的代谢途径产生不同数量的NAD(P)H，当然再氧化所需要的溶氧量也不同。第一类氨基酸是经过乙醛酸循环和磷酸烯醇式丙酮酸羧化系统两个途径形成的，产生的NADH量最多。因此NADH氧化再生的需氧量为最多，供氧越多，合成氨基酸当然也越顺利。第二类的合成途径是产生NADH的乙醛酸循环或消耗NADH的磷酸烯醇式丙酮酸羧化系统，产生的NADH量不多，因而与供氧量关系不明显。第三类，如苯丙氨酸的合成，并不经TCA循环，NADH产量很少，过量供氧，反而起到抑制作用。肌苷发酵也有类似的结果。由此可知，供氧大小与产物的生物合成途径有关。

在抗生素发酵过程中，菌体的生长阶段和产物合成阶段都有一个临界氧浓度，分别为$c'_{临}$和$c''_{临}$，两者的关系有：①大致相同；②$c'_{临}>c''_{临}$；③$c'_{临}<c''_{临}$。

目前，发酵工业中，氧的利用率（oxygen utilization rate）还很低，只有40%~60%，抗生素发酵工业更低，只有2%~8%。好氧微生物的生长和代谢活动都需要消耗氧气，它们只有在氧分子存在的情况下才能完成生物氧化作用。因此，供氧对于需氧微生物是必不可少的。

二、供氧与微生物呼吸代谢的关系

好氧微生物生长和代谢均需要氧气，因此供氧必须满足微生物在不同阶段的需要。由于各种好氧微生物所含的氧化酶系（如过氧化氢酶、细胞色素氧化酶、黄素脱氢酶、多酚氧化酶等）的种类和数量不同，在不同的环境条件下，各种不同的微生物的吸氧量或呼吸强度是不同的。

1. 发酵过程中氧的传递

在好氧发酵中，微生物的供氧过程是气相中的氧首先溶解在发酵液中，然后传递到细胞内呼吸酶的位置上而被利用的，这一系列的传递过程可分为供氧和好氧两个方面。供氧是指空气中的氧气通过气膜、气液界面和液膜扩散到液体主流中。耗氧是指氧分子自液体主流通过液膜、菌丝丛、细胞膜扩散到细胞内。氧在传递过程中必须克服一系列的阻力，才能到达反应部位，被微生物所利用。

描述气液两相间物质传递速率的主要模型有 Whitman 提出的稳态模型和 Higbie 提出的非稳态模型，它们分别以双膜理论和渗透理论为代表。在发酵过程中，常用基于双膜理论的模型来描述氧在气-液两相间的传递速率。双膜理论的基本假设如下：①气泡与包围着气泡的液体之间存在着界面，在界面的气泡一侧存在着一层气膜，在界面的液体一侧存在着一层液膜；气膜内的气体分子和液膜内的液体分子都处于层流状态，气体在双膜内以分子扩散的机制传递，其推动力为浓度差；气泡内除气膜以外的气体分子处于对流状态，称为气相主体，所有点的氧浓度和氧分压相等；液膜以外的液体分子处于对流状态，称为液相主体，所有点的氧浓度相同。②溶解的气体在双膜内的浓度分布不随时间变化，为一稳定状态。③气-液两相界面上，气相氧分压和液相中氧浓度之间达到平衡状态，因此在界面上没有物质传递的阻力。氧传递的过程如图 6-13 所示。

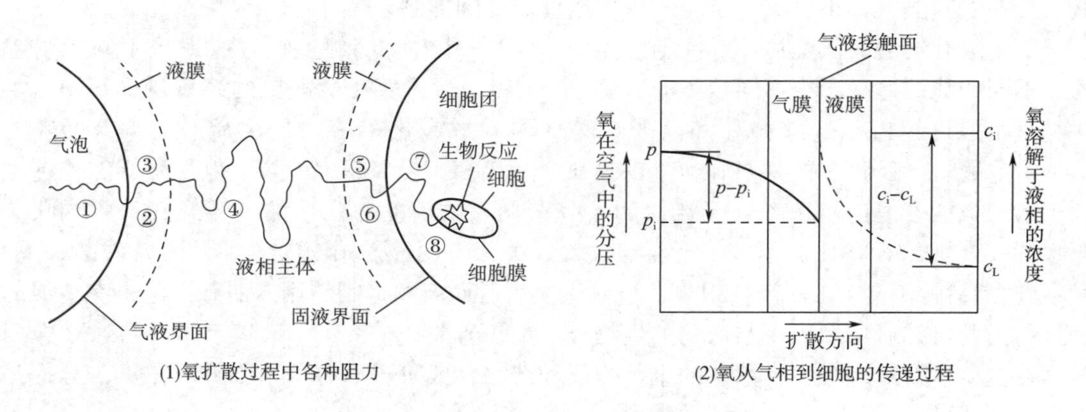

图 6-13　发酵过程氧传递的过程示意图

①气膜传递阻力；②气液界面传递阻力；③液膜传递阻力；④液相传递阻力；⑤细胞或细胞团表面的液膜阻力；⑥固液界面传递阻力；⑦细胞团内的传递阻力；⑧细胞膜与细胞壁阻力

在图 6-13 中，供氧方面的阻力如下：①气膜传递阻力，即气体主流及气液界面间的气膜传递阻力，与通气状况有关；②气液界面传递阻力，只有具备高能量的氧分子才能透到液相中，而其余气体则返回气相；③液膜传递阻力，即从气相界面至液体主流间的液膜阻力，与发酵液的成分和浓度有关；④液相传递阻力，与发酵液的成分有关，通常不作为一项重要的阻力，因液体主流中氧的浓度假定是不变的，当然这只是在适当的搅拌情况下才成立。

耗氧方面的阻力如下：①细胞或细胞团表面的液膜阻力，与发酵液成分和浓度有关；②固液界面传递阻力，与发酵液特性和微生物的生理特性有关；③细胞团内的传递阻力，与微生物的种类、生理特性有关，单细胞微生物不存在这种阻力，丝状菌的这种阻力最为突出；④细胞膜与细胞壁阻力，即氧分子与细胞内呼吸酶系反应时的阻力，与微生物的种类和生理特性有关。以上阻力的相对大小取决于流体力学特征、温度、细胞的活性和浓度、液体的组成、界面特征以及其他因素。

显然，氧从空气泡到细胞的总传递阻力为以上各项传递阻力的总和。

从氧的溶解过程可知，供氧方面的主要阻力是气膜和液膜阻力，所以在工业上常将通入培养液的空气分散成细小的泡沫，尽可能增大气液两相的接触时间，以促进氧的溶解。耗氧方面的主要阻力是细胞团和细胞膜的阻力，搅拌可减少逆向扩散的梯度，因此也可以降低这方面的阻力。

2. 氧传递速率方程

气体溶解于液体是一个复杂的过程，气体中的氧在克服各种阻力进行传递的过程中需要有一定的推动力，如图 6-13（2）所示。氧从空气扩散到气液界面这一段的推动力是空气中的氧分压与界面处氧分压之差，即 $p-p_i$；氧穿过界面溶解于液体，继续扩散到液体中的推动力是界面处的氧浓度与液体中氧浓度之差，即 c_i-c_L，与两个推动力相对应的阻力是气膜阻力和液膜阻力。传质达到稳定时，总的传质速率与串联的各部传质速率相等。通常情况下不可能测定界面处的氧分压和氧浓度，所以可使用总传质系数 K_G 或 K_L 和总推动力 $p-p^*$ 或 c^*-c_L。在稳定状态时，气液界面氧的传递速率为：

$$\mathrm{OTR}=K_G(p-p^*)=K_L(c^*-c_L) \tag{6-16}$$

式中　K_G——以氧分压差为总推动力的总传质系数，kmol/（m^2 · h · MPa）

K_L——以氧浓度差为总推动力的总传质系数，m/h

p^*——与液相中氧浓度相平衡时氧的分压，MPa

c^*——与气相中氧分压平衡时的液相氧的浓度，kmol/m^3

传质系数 K_L 并不包含传质界面积，在气液传质过程中，通常将其作为一项处理，称为体积溶氧系数或液相体积氧传递系数。在单位体积培养液中，氧的传递速率 OTR 可表示为：

$$\mathrm{OTR}=K_La(p-p^*)=K_La(c^*-c_L) \tag{6-17}$$

式中　OTR——单位体积培养液的氧传递速率，kmol/（m^3 · h）

K_La——以浓度差为推动力的体积溶氧系数，h^{-1}

3. 供氧与耗氧的动态关系

培养液中的溶解氧浓度对好氧发酵有很大的影响，而溶解氧浓度取决于氧传递和氧被微生物利用两个方面的相对浓度之差，即溶解氧（DO）浓度是供氧与耗氧平衡的结果。

微生物的吸氧量常用呼吸强度（respiratory strength）和耗氧速率（OUR）两种方法来表示，呼吸强度是指单位质量的干菌体在单位时间内所吸取的氧量，以 Q_{O_2} 表示，单位为 mmol O_2/（g 干菌体 · h）。耗氧速率是指单位体积培养液在单位时间内的吸氧量，以 OUR

(简称r_{O_2}）表示，单位为mmol O_2/（L·h）。呼吸强度可以表示微生物的相对吸氧量，但是，当培养液中有固体成分存在时，对测定有困难，这时可用耗氧速率来表示。微生物在发酵过程中的耗氧速率取决于微生物的呼吸强度和单位体积菌体浓度，可表示为：

$$r_{O_2}=Q_{O_2}c(X) \tag{6-18}$$

式中 r_{O_2}——微生物的耗氧速率，mmol O_2/（L·h）

Q_{O_2}——菌体的呼吸强度，也称为比耗氧速率，mmol O_2/（g干菌体·h）

$c(X)$——发酵液中菌体的浓度，g/L

在发酵生产中，供氧的多少应根据不同的菌种、发酵条件和发酵阶段等具体情况决定。例如谷氨酸发酵在菌体生长期，希望糖的消耗最大限度地用于合成菌体，而在谷氨酸生成期，则希望糖的消耗最大限度地用于合成谷氨酸。因此，在菌体生长期，供氧必须满足菌体呼吸的需氧量，即$r_{O_2}=Q_{O_2}c(X)$，但是供氧并非越多越好，当供氧满足菌体需要，菌体的生长速率达最大值，如果再提高供氧，不但不能促进生长，造成浪费，而且由于高氧水平抑制生长，同时高氧水平下生长的菌体不能有效地产生谷氨酸。若菌体的需氧量得不到满足，则菌体呼吸受到抑制，生长减弱，引起乳酸等副产物的积累，菌体收率降低。与菌体的生长期相比，谷氨酸生成期需要大量的氧。谷氨酸的发酵在细胞最大呼吸速率时，谷氨酸产量最大。因此在谷氨酸生成期要求充分供氧，以满足细胞最大呼吸的需氧量。在条件适当时，谷氨酸生产菌将60%以上的糖转化为谷氨酸。

在发酵过程中，影响耗氧的因素有以下几方面。①培养基的成分和浓度显著影响耗氧。培养液营养丰富，菌体生长快，耗氧量大；发酵浓度高，耗氧量大；发酵过程补料或补糖，微生物对氧的摄取量随之增大。②菌龄影响耗氧。呼吸旺盛，耗氧力强，发酵后期菌体处于衰老状态，耗氧能力自然减弱。③发酵条件影响耗氧。在最适条件下发酵，耗氧量大。发酵过程中，排除有毒代谢产物如二氧化碳、挥发性有机酸和过量的氨，也有利于提高菌体的摄氧量。

发酵过程中，溶氧的任何变化都是供氧与需氧不平衡的结果。故控制溶氧水平可以从氧的供需着手。供氧方面可从式（6-19）考虑。

$$\frac{dc(O_2)}{dt}=K_La\ (c^*-c_L) \tag{6-19}$$

式中 $\frac{dc(O_2)}{dt}$——单位时间内发酵液中溶氧浓度的变化，mmol/（L·h）

如果发酵液中溶氧浓度暂时不变，即供氧等于需氧，则有：

$$K_La\ (c^*-c_L)=Q_{O_2}c(X) \tag{6-20}$$

显然，那些使这一方程，即供氧和需氧失去平衡的因子都会改变溶氧浓度。

三、发酵过程溶解氧的变化及其控制

1. 溶解氧的变化

在发酵过程中，在已有设备和正常发酵条件下，每一种微生物、每种产物发酵的溶氧浓度变化都有自己的规律。溶解氧的变化都是供氧与耗氧不平衡的结果。图6-14表示红霉素发酵过程中溶解氧的变化。

从图6-14中可以看出，在红霉素发酵的前期，产生菌大量繁殖，需氧量不断增加。

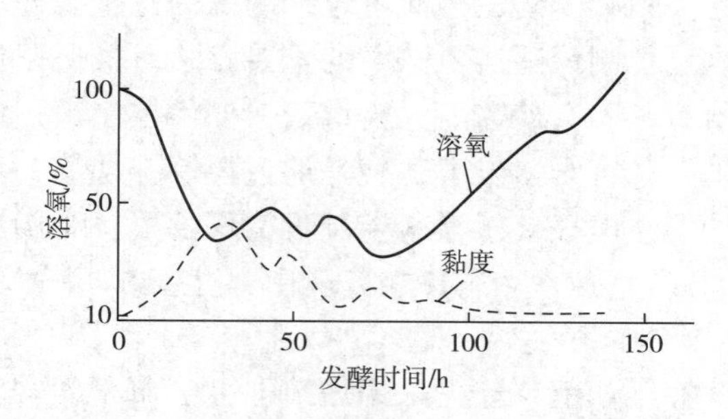

图 6-14　红霉素发酵过程中溶氧和黏度的变化

此时的需氧量超过供氧量，使溶氧浓度明显下降，出现一个低峰（产生菌的摄氧率同时出现一个高峰）。发酵液中的菌体浓度也不断上升，菌体仍在生长繁殖，菌体浓度也出现一个高峰。黏度一般在这个时期也会出现一个高峰阶段。这都说明产生菌正处在对数生长期。过了生长阶段，需氧量有所减少。对于分批发酵来说，溶氧浓度变化比较小。因为菌体已繁殖到一定浓度，进入平衡期，呼吸强度变化也不大，如不补加基质，发酵液的摄氧率变化也不大，供氧能力仍保持不变，溶氧浓度变化也不大。但当外界进行补料（包括碳源、前体、消泡油），则溶氧浓度就会发生改变，变化的大小和持续时间的长短，则随补料时的菌龄、补入物质的种类和剂量不同而不同。如补加糖后，发酵液的摄氧率就会增加，引起溶氧浓度下降，经过一段时间后又逐步回升；如继续补糖，甚至降至临界氧浓度以下，而成为生产的限制因素。溶氧浓度经过一段时间的平稳阶段（如谷氨酸发酵）或随之上升（如抗生素发酵）后，就开始形成产物，溶氧浓度也不断上升。谷氨酸发酵的溶氧低峰在 12~30h，而抗生素发酵的溶氧低峰都在 10~70h，低峰出现的时间和低峰溶氧浓度随菌种、工艺条件和设备供氧能力不同而异。

在生产后期，由于菌体衰老，呼吸强度减弱，溶氧浓度也会逐步上升，一旦菌体自溶，溶氧浓度更会明显上升。

2. 溶解氧浓度控制

发酵液的溶氧浓度，是由供氧和需氧两方面所决定的。也就是说，当发酵的供氧量大于需氧量，溶氧浓度就上升，直到饱和；反之就下降。因此要控制好发酵液中的溶氧浓度，需从这两方面着手。

在供氧方面，主要是设法提高氧传递的推动力和液相体积氧传递系数。结合生产实际，在可能的条件下，采取适当的措施来提高溶氧浓度，如调节搅拌转速或通气速率来控制供氧，提高通风量，调节通风比来达到。通风比是指在单位时间内单位体积的发酵液所需的通风量，不同体积的发酵罐，通风比不同，一般大罐的通风比小，而小罐的通风比大一些，实际生产中，可根据微生物的需氧情况以及产物合成的情况确定。供氧量的大小还必须与需氧量相协调，也就是说要有适当的工艺条件来控制需氧量，使生产菌的生长和产物生成对氧的需求量不超过设备的供氧能力，使生产菌发挥出最大的生产能力。这对生产实际具有重要的意义。

发酵液的需氧量，受菌体浓度、基质的种类和浓度以及培养条件等因素的影响，其中以菌体浓度的影响最为明显。发酵液的摄氧率随菌体浓度增加而按比例增加，但氧的传递速率是随菌体浓度的对数关系减少的，因此可以控制菌的比生长速率比临界值略高一点的水平，达到最适浓度，这是控制最适溶氧浓度的重要方法。最适菌体浓度既能保证产物的比生成速率维持在最大值，又不会使需氧大于供氧。如何控制最适的菌体浓度？这可以通过控制基质的浓度来实现。如青霉素发酵，就是通过控制补加葡萄糖的速率达到最适菌体浓度。现已利用敏感型的溶氧电极传感器来控制青霉素发酵，利用溶氧浓度的变化来自动控制补糖速率，间接控制供氧速率和 pH，实现菌体生长、溶氧和 pH 三位一体的控制体系。

除控制补料速度外，在工业上，还可采用调节温度（降低培养温度可提高溶氧浓度）、中间补水、添加表面活性剂等工艺措施，来改善溶氧水平。

案例 6-2　谷氨酸发酵中溶解氧的控制

在使用生物素缺陷型菌株进行谷氨酸发酵时，在菌体生长期，糖的消耗最大限度地用于合成菌体，供氧必须满足菌体呼吸所需。在谷氨酸生成期，糖的消耗最大限度地用于合成谷氨酸，供氧必须满足细胞最大呼吸需要量。因谷氨酸发酵在细胞最大呼吸速率时，谷氨酸产量最大。在条件适宜时，谷氨酸生产菌能将 70% 的糖转化为谷氨酸。

谷氨酸发酵中影响耗氧的因素有：培养基的成分和浓度、菌龄、发酵条件等。根据菌体的生理特征有其最适的发酵条件。在适宜的发酵条件下，耗氧量大。同时在发酵过程中，排除有毒的代谢产物，如二氧化碳、挥发性有机酸和过剩的氨，也有利于提高菌体的摄氧能力。不同容积的发酵罐，通风比不同。发酵罐的搅拌转数和通风比如表 6-4 所示。

表 6-4　发酵罐的搅拌转数和通风比

罐体积/L	搅拌转数/（r/min）	通风比/［m^3（空气）/m^3（发酵液）/min］
5000	250	1：（0.18~0.2）
10000	200	1：0.12
20000	180	1：0.12
50000	148	1：0.12

注：①搅拌器为六弯叶二挡，叶径比为 0.3~0.35；②发酵罐的径高比为 1：0.25。

通风比在生产中只是大体上的通风控制，较为精确的控制应使用溶氧电极测定进行控制。

在谷氨酸发酵生产中，发酵的不同阶段，通风比不同。前期通风小，中期通风大，后期有略低，应采用梯形通风。

供氧对谷氨酸发酵的影响已阐明一条原则：高氧水平抑制菌体生长，低氧水平阻碍菌体产酸。高氧水平的危害在长菌期，低氧水平的危害在产酸期。实际生产中，一般搅拌转速固定不变，通常调节通风量来调节供氧。控制通风量“两头小，中间大”。

根据菌体生长速度、菌体生长数量、菌体形态变化、耗糖速度、产酸情况、耗氧变化情况，成梯形控制升风、降风。即开始分 2 级或 3 级提风至最大后，保持十几个小时最高风量，再分 2 级或 3 级降风，形成“梯子形”的控制通风。

当菌体生长缓慢、pH 偏高，耗糖慢时，应减少通风量或停止搅拌，小通风，以利长菌；当菌体生长快，耗糖过快时，应适当提高通风量，前期 OD 值增长越快，耗糖越快，通风量提得越高。

一般根据净增 OD 来控制升风时机。

发酵开始后，发酵 4~5h，ΔOD 为 0.25 左右，因菌细胞增加，升一次风；发酵 7~8h，ΔOD 为 0.5 左右，第二次升风；发酵 8~10h，ΔOD 为 0.06~0.65 时，第三次升风到最大风量，促进细胞转型并产酸；之后控制总 ΔOD 在 0.75~0.8，稳定不动；保持最大风量几十小时；发酵 22~24h，RG 将到 3%时，第一次降风；发酵 26~28h，RG 将到 2%时，第二次降风；RG 将到 1%时，第三次降风到接近发酵 0h 通风量，至发酵结束。整个发酵过程控制总 ΔOD 在 0.75~0.8。

四、改善供氧条件的措施

由于氧难溶于水，氧的供应往往成为液态深层发酵的限制因素，尤其是高密度发酵。在发酵过程中，如何解决氧的供应，满足生产菌对氧的需求，是发酵行业的重大问题之一。

1. 增大通风量，提高通风速率

在一定通风量范围时，增大通风量可以明显提高氧的供应效率。但在搅拌转速不变的条件下，通风量增大、通风速率增大，会使传质效率下降，泡沫增大，罐的有效利用率降低。在发酵生产中可根据菌体、产物以及发酵罐的实际情况，控制适当的通风比，满足菌体不同时期的代谢需求。

2. 提高罐压

提高罐压，增加氧的分压，可以提高氧的传质速率，但要注意的是提高罐压也会增加二氧化碳的溶解度，避免对菌体生长和代谢产物形成的影响。

3. 加入氧载体或过氧化氢

氧载体是一种与水不互溶、对微生物无害、具有提高溶氧能力的有机物。相对于水而言，氧气在氧载体物质中溶解度更大。碳氢化合物、碳氟化合物等均可作为氧载体。氧载体发酵体系具有氧传递速度快、能耗低、气泡生成少、剪切力小等特点，因此受到重视。Menge 等以全氟化碳为氧载体，研究了麦角菌（*Claviceps purpurea*）合成麦角肽生物碱的两相系统，通风量可大大减低，也证明了氧在烷烃中的溶解度比在纯水中高得多，特别是氧在十六烷中的溶解度比在纯水中高 8 倍以上。研究结果表明，将十六烷加至青霉素发酵液中作为氧的促进剂，发酵培养基内氧溶解度明显增大。

在发酵培养基中可以添加 H_2O_2，以化学方法产生氧气，提高溶氧，满足微生物好氧发酵的需求。但应注意，过氧化氢对菌体有害，浓度不宜过高，且需要分次添加，避免对微生物生长造成影响。

4. 提高菌体自身对氧的利用能力

透明颤菌血红蛋白（VHb）具有结合氧的特征，透明颤菌血红蛋白基因（*vhb*）启动子在贫氧的条件下能有效地启动该基因的表达，从而提高发酵液中氧的传递速率和利用效率，在限制氧的条件下促进细胞生长和产物合成，从而提高发酵过程中目的产物的产量和收率。克隆透明颤菌血红蛋白基因到目标微生物中，可在分子水平上提高细胞自身对氧的利用能力，并能改善细胞的氧输送效率，满足细胞呼吸及代谢产物形成的需求。

第六节　基质对微生物代谢的影响及其控制

基质即培养微生物的营养物质，是指供微生物生长和产物合成的原料，主要包括碳源、氮源和无机盐等。基质的种类和浓度直接影响到菌体的代谢变化和产物的合成。对于微生物代谢来讲，基质是生产菌代谢的物质基础，既涉及菌体的生长繁殖，又涉及代谢产物的形成。因此基质的种类和浓度与微生物代谢有着密切的关系。所以选择适当的基质和控制适当的浓度，是提高代谢产物产量的重要方法。

一、基质的影响及控制

在实际发酵过程中，基质浓度主要靠补料来维持，所以，发酵过程中一定要控制好补料的时间、数量和基质浓度，使发酵过程按合成产物最大可能的方向进行。

在分批发酵中，当基质过量时，菌体的生长速率与营养成分的浓度无关。但生长速率是基质浓度的函数，如 Monod 方程：

$$\mu=\mu_{m}\frac{c(S)}{K_{S}+c(S)} \tag{6-21}$$

式中　K_S——饱和常数，其物理意义是菌体的生长速率达到最大生长速率一半时的基质浓度

在 $c(S) \ll K_S$ 的情况下，$\mu=\frac{\mu_m}{K_S}c(S)$，比生长速率与基质浓度呈线性关系。在 $c(S) \gg K_S$ 的情况下，$\mu=\mu_m$，即菌体以最大比生长速率生长。生长速率取决于基质的浓度（各种碳源的基质饱和系数 K_S 在 1~10mg/L），当基质浓度 $c(X) > 10K_S$ 时，比生长速率就接近最大值。然而，由于基质浓度过高以及代谢产物的形成，可导致抑制作用，会出现比生长速率下降的趋势。因此营养物质均存在一个上限浓度，在此限度以内，菌体比生长速率则随浓度增加而增加，但超过此上限，浓度继续增加，反而会引起生长速率下降，这种效应通常称为基质抑制作用（substrate inhibiting action），这可能是由于高浓度基质形成高渗透压，引起细胞脱水而抑制生长。这种作用还包括某些化合物（如甲醇、苯酚等）对一些关键酶的抑制，或使细胞结构成分发生变化。一些营养物质的上限浓度（g/L）如下：葡萄糖为 100；NH_4^+ 为 5；PO_4^{3-} 为 10，当葡萄糖浓度高于 350~500g/L，多数微生物不能生长，细胞脱水。

就产物的形成来说，基质浓度过高，培养基过于丰富，有时会使菌体生长过旺，黏度增大，传质差，菌体不得不花费较多的能量来维持其生存环境，即用于非生产的能量大量增加。所以，在分批发酵中，控制合适的基质浓度不但对菌体的生长有利，对产物的形成也有益处。这里主要说明碳源、氮源和无机盐等的影响及控制。

1. 碳源对发酵的影响及控制

碳源可分为快速利用的碳源和缓慢利用的碳源。前者能较迅速地参与代谢、合成菌体和产生能量，并产生分解产物（如丙酮酸等），因此有利于菌体生长，但有的分解代谢产

物对产物的合成可能产生阻遏作用；后者多数为聚合物（也有例外），为菌体缓慢利用，有利于延长代谢产物的合成，特别有利于延长抗生素的分泌期，也为许多微生物药物的发酵所采用。在初级代谢中，如葡萄糖完全阻遏嗜热脂肪芽孢杆菌产生胞外生物素——同效维生素（vitamer，化学构造及生理作用与天然维生素相类似的化合物）的合成。在次级代谢产物如青霉素、头孢菌素 C、核黄素以及生物碱等生产中，乳糖、蔗糖、麦芽糖及半乳糖是最适碳源。因此，控制使用能产生阻遏作用的碳源，或选择最适碳源对提高代谢产物产量是很重要的。

在青霉素的早期研究中，就认识到了碳源的重要性。在迅速利用的葡萄糖培养基中，菌体生长良好，但青霉素合成量很少；相反，在缓慢利用的乳糖培养基中，青霉素的产量明显增加，它们的代谢变化见图 6-15。

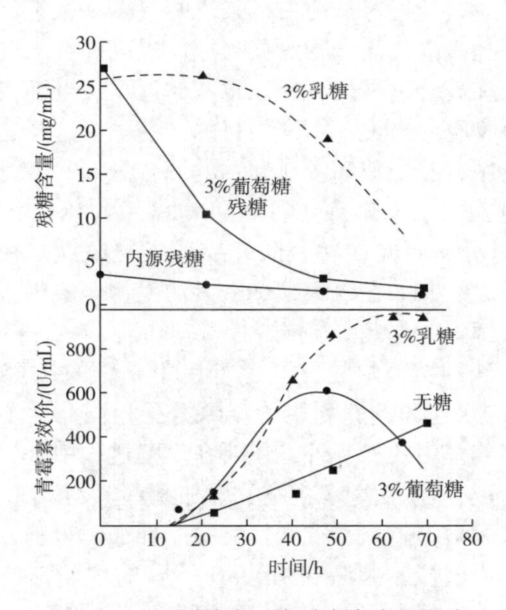

图 6-15 不同糖类对青霉素合成的影响

从图 6-15 可见，糖的缓慢利用是青霉素合成的关键因素。所以缓慢滴加葡萄糖以代替乳糖，仍然可以得到良好的结果。这就说明乳糖之所以是青霉素发酵的良好碳源，并不是它起着前体作用，只是它被缓慢利用的速度恰好适合青霉素合成的要求，其他抗生素发酵也有类似情况。在工业上，发酵培养基中常采用含快速和缓慢利用的混合碳源，就是根据这个原理来控制菌体的生长和产物的合成。

碳源的浓度也有明显的影响。由于营养过于丰富所引起的菌体异常繁殖，对菌体的代谢、产物的合成及氧的传递都会产生不良的影响。若产生阻遏作用的碳源用量过大，则产物的合成会受到明显的抑制；反之，仅仅供给维持量的碳源，菌体生长和产物合成就都停止。所以控制合适的碳源浓度是非常重要的。如在产黄青霉 Wis54-1255 发酵中，给以维持量的葡萄糖 0.022g/（g·h），菌的比生长速率和青霉素的比生成速率都为零，所以必须供给适量的葡萄糖，方能维持青霉素的合成速率。因此，控制适量的碳源浓度，对工业发酵是很重要的。

控制碳源的浓度，可采用经验法和动力学法，即在发酵过程中采用中间补料的方法来控制。这要根据不同代谢类型来确定补糖时间、补糖量和补糖方式。动力学方法是要根据菌体的比生长速率、糖比消耗速率及产物的比生成速率等动力学参数来控制。

2. 氮源的影响和控制

不管是有无机氮源还是有机氮源，对菌体代谢都能产生明显的影响。不同种类、不同浓度的氮源都会影响代谢产物合成的方向和产率。像碳源一样，氮源也有迅速利用的氮源和缓慢利用的氮源。前者如氨基（或铵）态氮的氨基酸（或硫酸铵等）和玉米浆等；后者如黄豆饼粉、花生饼粉、棉籽饼粉等蛋白质。它们的作用不同，快速利用氮源容易被菌体利用，促进菌体生长，但对某些代谢产物的合成，特别是某些抗生素的合成产生调节作用，影响产率。如链霉菌的竹桃霉素发酵中，采用促进菌体生长的铵盐浓度，能刺激菌丝生长，但抗生素产量下降。铵盐还对柱晶白霉素、螺旋霉素、泰洛星等的合成产生调节作用。缓慢利用的氮源对延长次级代谢产物的分泌期、提高产物的产量是有好处的。但一次投入也容易促进菌体生长和养分过早耗尽，以致菌体过早衰老而自溶，从而缩短产物的分泌期。综上所述，对微生物发酵来说，不同的目的产物也要选择适当的氮源及浓度。

发酵培养基一般是选用含有快速和慢速利用的混合氮源。如氨基酸发酵用铵盐（硫酸铵或醋酸铵）和麸皮水解液、玉米浆。如谷氨酸发酵，当 NH_4^+ 供应不足时，就促使形成 α-酮戊二酸；过量的 NH_4^+，反而促使谷氨酸转变成谷氨酰胺。控制适当量的 NH_4^+ 浓度，才能使谷氨酸产量达到最大。又如在研究螺旋霉素的生物合成中，发现无机铵盐不利于螺旋霉素的合成，而有机氮源（如鱼粉）则有利于其形成。

链霉素发酵采用硫酸铵和黄豆饼粉，但也有使用单一的铵盐或有机氮源（如黄豆饼粉）。它们被利用的情况与快速和慢速利用的碳源情况相同。为了调节菌体生长和防止菌体衰老自溶，除了基础培养基中的氮源外，还要在发酵过程中补加氮源来控制浓度。

根据产生菌的代谢情况，可在发酵过程中添加某些具有调节生长代谢作用的有机氮源，如酵母粉、玉米浆、尿素等。如土霉素发酵中，补加酵母粉，可提高发酵单位；青霉素发酵中，后期出现糖利用缓慢、菌浓变稀、pH 下降的现象，补加尿素就可改善这种状况并提高发酵单位；氨基酸发酵中补加尿素，既可以作为氮源，也可以调节发酵液的 pH。

在抗生素发酵工业中，通氨是提高发酵产量的有效措施，如与其他条件相配合，有的抗生素的发酵单位可提高 50%左右。但当 pH 偏高而又需补氮时，就可补加生理酸性物质的硫酸铵，以达到提高氮含量和调节 pH 的双重目的。还可补充其他无机氮源，但需根据发酵控制的要求来选择。

3. 磷酸盐的影响和控制

磷是微生物菌体生长繁殖所必需的成分，也是合成代谢产物所必需的。磷酸盐既能够控制菌体的 DNA、RNA 和蛋白质的合成，也能控制糖的代谢作用。微生物生长良好所允许的磷酸盐浓度为 0.32~300mmol/L，但对次级代谢产物合成良好所允许的最高平均浓度仅为 1.0mmol/L，若提高到 10mmol/L，就明显地抑制其合成。相比之下，菌体生长所允许的浓度比次级代谢产物合成所允许的浓度就大得多，两者平均相差几十倍至几百倍。因此控制磷酸盐浓度对微生物次级代谢产物发酵来说是非常重要的。磷酸盐浓度调节代谢产物合成机制，对于初级代谢产物合成的影响，往往是通过促进生长而间接产生的，对于次级代谢产物来说，机制就比较复杂。

一般是在基础培养基中采用适当的浓度磷酸盐，对于初级代谢来说，要求不如次级代谢那样严格。对抗生素发酵来说，常常是采用生长亚适量（对菌体生长不是最适合但又不影响生长的量）的磷酸盐浓度。其最适浓度取决于菌种特性、培养条件、培养基组成和来源等因素，即使同一种抗生素发酵，不同地区不同工厂所用的磷酸盐浓度也不一致，甚至相差很大。因此磷酸盐的最适浓度，必须结合当地的具体条件和使用的原材料进行实验确定。培养基中的磷含量，还可能因配制方法和灭菌条件不同，引起含量的变化。据报道，利用金霉素链霉菌 949（*S. aureofaciens* 949）进行四环素发酵，菌体生长最适的磷浓度为 65~70μg/mL，而四环素合成最适的磷浓度为 25~30μg/mL；青霉素发酵使用 0.01%的磷酸二氢钾为好。在发酵过程中，有时发现代谢缓慢的情况，还可补加磷酸盐。在四环素发酵中，间歇、微量添加磷酸二氢钾，有利于提高四环素的产量。

除上述主要基质外，还有其他培养基成分影响发酵，如 Cu^{2+}，在以醋酸为碳源的培养基中，能促进谷氨酸产量的提高；Mn^{2+}对芽孢杆菌合成杆菌肽等次级代谢产物具有特殊的作用，必须使用足够的浓度才能促进它们的合成等。

由于基质浓度的影响，使得发酵时起始营养物质浓度不能太高，但是，为了提高产物得率，需要较高的基质浓度，因此在生产中采用补料的方式达到。补料方式有很多种情况，有连续流加、不连续流加或多周期流加。每次流加又可分为快速流加、恒速流加、指数速率流加和变速流加。从补加培养基的成分来分，又可分为单组分补料和多组分补料。以溶氧、pH、呼吸商、排气中 CO_2分压及代谢产物浓度等作为控制参数，通过计算机进行控制。

在发酵生产中，补料策略对发酵至关重要，优化补料速率要根据微生物对营养物质的消耗速率以及所设定的发酵液中最低维持浓度而定。不同发酵产品依据不同，一般以发酵液中残糖浓度为指标。对次级代谢产物的发酵，还原糖浓度控制在 5g/L 左右水平。也有用产物的形成来控制补料，如现代酵母生产时借自动测量尾气中的微量乙醇来严格控制糖蜜的流加，这种方式导致低的生长速率，但其细胞得率接近理论值。不同的补料方式会产生不同的效果。以大肠杆菌为例，通过补料控制溶氧不低于临界值，可使细胞密度大于 40g/L，补入葡萄糖、蔗糖及适当的盐类，并通氨控制 pH，对产率提高有利；用补料方法将生长速率控制在中等水平有利于细胞密度和发酵产率的提高。在谷氨酸发酵中某一生长阶段，生产菌的摄氧速率与基质消耗速率之间存在着线性关系。据此，补料速率可用于控制摄氧速率，将其控制在与基质消耗速率相等的状态。测定补料分批发酵加糖过程中尾气氧浓度，可求得摄氧速率。

青霉素发酵的补料系统是次级代谢产物生产补料的范例。在补料分批发酵中总菌量、黏度和氧需求一直在增加，直到氧受到限制。因此，可通过调节补料速率来控制菌体生长和氧的消耗，使菌体处于半饥饿状态，发酵液中有足够的氧，从而达到高的青霉素生产得率。在对数生长期加入过量的葡萄糖会导致酸的积累，使氧的需求大于发酵的供氧能力；加糖不足又会使发酵液中的有机氮被当作碳源利用，导致 pH 上升和菌体量失调。因此，控制加糖速率使青霉素发酵处于半饥饿状态对青霉素的合成有利。在对数生产期采用计算机控制加糖来维持溶氧和 pH 在一定范围内可显著提高青霉素产率，青霉素发酵的生产期溶氧比 pH 对青霉素合成的影响更大，因为在此期间溶氧为控制因素。青霉素的前体物质对合成青霉素起重要的作用，但发酵液中前体物质含量过多对菌体有危害，故宜少量多次补加，控制在亚抑制水平，以减少前体的氧化，提高前体结合到产物的比例。如菌种RA18生产青霉素，以苯乙酸为前体，其最适维持浓度在1.0~1.2g/L。

为了改善发酵培养基的营养条件和去除部分发酵产物，FBF还可采用“放料和补料”(withdraw and fill) 方法，也就是说，发酵一定时间，产生了代谢产物后，定时放出一部分发酵液（可供提取），同时补充一部分新鲜营养液，并重复进行。这样就可以维持一定的菌体生长速率，延长发酵产物分泌期，有利于提高产物产量，又可降低成本，所以这也是另一个提高产量的FBC方法，但要注意染菌等问题。

总之，发酵过程中，控制基质的种类及其用量是非常重要的，是发酵能否成功的关键，必须根据生产菌的特性和各个产品合成的要求，进行深入细致的研究，方能取得良好的结果。

二、菌体浓度的影响及控制

无论在科学研究上，还是在工业发酵控制上，菌体浓度都是一个重要的参数。菌体(细胞）浓度（简称菌浓，cell concentration）是指单位体积培养液中菌体的含量。菌浓的大小，在一定条件下，不仅反映菌体细胞的多少，而且反映菌体细胞生理特性不完全相同的分化阶段。在发酵动力学研究中，需要利用菌浓参数来算出菌体的比生长速率和产物的比生成速率等有关动力学参数，以研究它们之间的相互关系，探明其动力学规律。

菌浓的大小与菌体生长速率有密切的关系，而菌体的生长速率与微生物的种类和自身的遗传特性有关，不同种类的微生物的生长速率是不一样的，其大小取决于细胞结构的复杂性和生长机制，细胞结构越复杂，分裂所需的时间就越长，如典型的细菌、酵母、霉菌和原生动物的倍增时间分别为45min、90min、3h和6h。菌体的增长还与营养物质和环境条件有密切关系。比生长速率μ大的菌体，菌浓增长也迅速，反之就缓慢。在实际生产中，常用丰富的培养基促使菌体迅速繁殖，菌浓增大，引起溶氧下降。所以，在微生物发酵的研究和控制中，营养物质的含量、培养条件等的控制至关重要。

菌浓的大小对发酵产物的得率有着重要的影响。在适当的比生长速率下，发酵产物的产率与菌体浓度成正比关系，即发酵产物的产率$P=Q_{pm}c(X)$，菌浓越大，产物的产量也越大，如氨基酸、维生素这类初级代谢产物的发酵就是如此。而对抗生素这类次级代谢产物来说，菌体的比生长速率（μ）等于或大于临界生长速率时，也是如此。但是菌浓过高，则会产生其他的影响，营养物质消耗过快，培养液的营养成分发生明显的改变，有毒物质的积累，就可能改变菌体的代谢途径，特别是对培养液中的溶解氧，影响尤为明显。因为随着菌浓的增加，培养液的摄氧率（OUR）按比例增加，表观黏度也增加，流体性质也发生改变，使氧的传递速率（OTR）减少，OUR>OTR时，溶解氧就减少，并成为限制性因素。菌浓增加而引起的溶氧浓度下降，会对发酵产生各种影响。早期酵母发酵，出现过代谢途径改变、酵母生长停滞、产生乙醇的现象；抗生素发酵中，也受溶氧限制，使产量降低。为了获得最高的生产率，需要采用摄氧速率与传氧速率相平衡时的菌体浓度，也就是传氧速率随菌浓变化的曲线和摄氧率随菌浓变化的曲线的交点所对应的菌体浓度，即临界菌体浓度（critical value of cell concentration)。菌体超过此浓度，抗生素的比生成速率和体积产率都会迅速下降。

发酵过程中除要有合适的菌浓外，还需要设法控制菌浓在合适的范围内。菌体的生长速率，在一定的培养条件下，主要受营养基质浓度的影响，所以要依靠调节培养基的浓度来控制菌浓。首先要确定基础培养基配方中各成分要有适当的配比，以保证合适的菌体浓度。然后通过中间补料来控制，如当菌体生长缓慢、菌浓太稀时，则可补加一部分磷酸盐，促进生长，提高菌浓；但补加过多，则会使菌体过分生长，超过临界菌浓，对产物合成有抑制作用。在生产上，还可利用菌体代谢产生的 CO_2 量来控制生产过程的补糖量，以控制菌体的生长和浓度。总之，可根据不同的菌种和产品，采用不同的方法来控制最适的菌体浓度。

第七节　CO_2 和泡沫对微生物代谢的影响及其控制

二氧化碳是微生物的代谢产物，同时，它也是合成所需的一种基质。对微生物生长和发酵具有刺激作用，它是细胞代谢的重要指标。有人把细胞量与累积尾气 CO_2 生成关联。把 CO_2 生成作为一种手段，通过碳质量平衡来估算生长速率和细胞量。溶解在发酵液中的 CO_2 对氨基酸、抗生素等微生物发酵具有抑制作用。

在大多数微生物发酵过程中，由于培养基中有蛋白质类表面活性剂以及其他稳定泡沫的因素存在，在通气条件下，培养液中含有一定量的泡沫，这是正常现象。泡沫的多少一方面与搅拌、通风有关；另一方面，与培养基组成和性质有关。培养基的成分玉米浆、蛋白胨、花生饼粉、酵母粉以及糖蜜等是引起泡沫产生的主要因素，其起泡力随品种、产地以及加工储藏条件而有所不同。另外，还和培养基的配比以及发酵操作有关。糖类本身起泡力较低，但在丰富培养基中高浓度糖增加了发酵液的黏性，起稳定泡沫的作用。糊精含量多也引起泡沫的形成。培养基的灭菌方法、灭菌温度和时间也会改变培养基的性质，从而影响培养基的起泡能力。当发酵感染杂菌和噬菌体时，泡沫异常增多。发酵过程形成的泡沫有两种类型：一种是发酵液液面上的泡沫，气相所占的比例特别大，与液体有较明显的界限，如发酵前期的泡沫；另一种是发酵液中的泡沫，又称流态泡沫（fluid foam），分散在发酵液中，比较稳定，与液体之间无明显的界限。

一、CO_2 影响及其控制

1. CO_2 对菌体生长和产物形成的影响

CO_2 对菌体的生长有直接作用，可使碳水化合物的代谢及微生物的呼吸速率下降。大量实验表明，CO_2 对发酵生产过程具有抑制作用。发酵液中溶解 CO_2 浓度 1.6×10^{-2}mol/L 时，会严重抑制酵母生长。当进气口 CO_2 含量占混合气体充量的 80%时，酵母活力只达到对照组的 80%。一般以 1L/（L · min）的水平通气，发酵液中溶解 CO_2 只达到抑制水平的 10%。

当微生物生长受到抑制时，也阻碍了基质的异化和 ATP 的生成，由此而影响产物的合成。在氨基糖苷类抗生素紫苏霉素（sisomycin）生产中，在 300L 发酵罐从空气进口通入 1%CO_2，发现微生物对基质的代谢极慢，菌丝增长速度降低，紫苏霉素的产量比对照组降低 33%；通入 2%CO_2 时，紫苏霉素的产量比对照组降低 85%，CO_2 的含量超过 3%，则不产生紫苏霉素。

CO_2 对细胞作用的机制是怎样的呢？二氧化碳及 HCO_3^- 都会影响细胞膜结构，它们分别作用于细胞膜的不同位点。CO_2 主要作用在细胞膜的脂肪核心部位，而 HCO_3^- 则影响磷脂亲水头部带电荷表面及细胞膜表面的蛋白质。当细胞膜的脂质相中 CO_2 浓度达临界值时，使膜的流动性及表面电荷密度发生变化，这将导致许多基质的膜运输受阻，影响细胞膜的运输效率，使细胞处于“麻醉”状态，细胞生长受到抑制，形态发生了改变。CO_2 浓度会影响产黄青霉（*Penicillium chrysogenum*）的形态。研究者将产黄青霉菌接种到溶解 CO_2 浓度不同的培养基中，发现菌丝形态发生变化。CO_2 为 0~8%时，菌丝主要是丝状；CO_2 为 15%~22%时，则膨胀，粗短的菌丝占优势；CO_2 分压为 8000Pa 时，则出现球状或椭圆状细胞，致使青霉素合成受阻，其比生成速率降低 40%左右。

CO_2 对发酵的影响很难进行估算和优化，估计在大规模发酵中 CO_2 的作用将成为突出的问题。因发酵罐中 CO_2 的分压是液体深度的函数，10m 深的发酵罐在 1.01×10^5Pa 气压下操作，底部 CO_2 分压是顶部 CO_2 分压的 2 倍。为了排除 CO_2 的影响，必须考虑 CO_2 在培养液中的溶解度、温度及通气情况。CO_2 溶解度大，对菌体生长及代谢不利。

2. 排气中 CO_2 浓度与菌体量、pH、排气氧之间的关系

（1）检测菌体的生长　分析尾气中 CO_2 的含量，记录培养基体积及通气量的变化，用计算机计算 CO_2 的积累量，与合成培养基培养菌体的干重比较，得出对数期菌体生长速率与 CO_2 释放率成正比关系（一般空气进口 O_2 占 20.85%、CO_2 占 0.03%、惰性气体占 79.12%）。如果连续测得排气氧和 CO_2 浓度，可计算出整个发酵过程中 CO_2 的释放率（CRR），计算公式见本章第一节式（6-3）。从测定排气 CO_2 浓度的变化，采用控制流加基质的方法来实现对菌体生长速率和菌体量的控制。

（2）控制补糖速度　发酵液中补加葡萄糖，即增加碳源，排气 CO_2 浓度增加，pH 下降。随着糖耗的增加，CRR 增加。原因是葡萄糖被菌体利用产生 CO_2，其中溶解的 CO_2 使培养液 pH 下降；此外葡萄糖被菌体利用产生有机酸，使 pH 下降。

CO_2 的产生与补料工艺控制密切相关，如在青霉素发酵中，补糖会增加 CO_2 的浓度和降低培养液的 pH。因为补加的糖用于菌体生长、菌体维持和青霉素合成三方面，它们都产生 CO_2。溶解的 CO_2 和代谢产生的有机酸，又使培养液 pH 下降。因此，补糖、CO_2 释放、pH 三者具有相关性，被用于青霉素补料工艺的控制参数，其中以排气中的 CO_2 量的变化比 pH 变化更为敏感，所以，采用 CO_2 释放率作为控制补糖参数。

糖、CO_2、pH 三者的相关性，被青霉素工业生产上用于补料控制的参数，并认为排气二氧化碳的变化比 pH 变化更为敏感，所以通过测定排气 CO_2 释放率来控制补糖速率。

3. 呼吸商与发酵的关系

发酵过程中菌的耗氧速率 OUR 可通过热磁氧分析仪或质谱仪测量进气和排气中的氧含量计算而得。CO_2 释放率与氧消耗率之商称为呼吸商（respiratory quotient），即 RQ 值，可以反映菌体的代谢情况，酵母发酵 RQ=1，糖有氧代谢，仅生成菌体，无产物生成；RQ>1.1，糖经 EMP 途径生成乙醇。RQ 可由式（6-22）估算：

$$RQ=\frac{CRR}{OUR} \tag{6-22}$$

不同基质，菌的 RQ 不同。大肠杆菌（*E. coli*）以延胡索酸为基质，RQ=1.44；以丙酮酸为基质，RQ=1.26；以琥珀酸为基质，RQ=1.12；以乳酸、葡萄糖为基质，RQ 分别为 1.02 和 1.00。

在抗生素发酵中，由于存在菌体生长，维持及产物生成的不同阶段，其RQ值也不一样。青霉素发酵的理论呼吸商，菌体生长0.909，菌体维持RQ=1，青霉素生产RQ=4。从上述情况看，发酵早期，主要是菌体生长，RQ<1；过渡期菌体维持其生命活动，产物逐渐形成，基质葡萄糖的代谢不足，仅用于菌体生长，RQ比生长期略有增加。产物生成对RQ的影响较为明显，如产物还原性比基质大，RQ增加；产物氧化性比基质大，RQ就减少。其偏离程度决定于每单位菌体利用基质所生成的产物量。

实际生产中测定的RQ值明显低于理论值，说明发酵过程中存在着不完全氧化的中间代谢物和除葡萄糖以外的其他碳源。如在发酵过程中加入消泡剂，由于其具有不饱和性和还原性，使RQ值低于葡萄糖为唯一碳源时的RQ值，如青霉素发酵中，试验结果表明，RQ为0.5~0.7，且随葡萄糖与消泡剂加入量之比而波动。

RQ是碳源代谢情况的指示值。在碳源限制及供氧充分的情况下，碳源趋向于完全氧化，RQ应达到完全氧化的理论值，见表6-5。如果碳源过量及供氧不足，可能出现碳源不完全氧化的情况，从而造成RQ异常。

表6-5　一些碳源基质的理论呼吸商

碳源	呼吸商	碳源	呼吸商
葡萄糖	1.0	乳酸	1.0
蔗糖	1.0	甘油	0.85
甲烷	0.5	植物油	0.70
甲醇	0.67		

4. CO_2 浓度的控制

CO_2 在发酵液中的浓度变化与溶氧不同，没有一定的规律。它的大小受到许多因素的影响，如菌体的呼吸强度、发酵液流变学特性、通气搅拌程度和外界压力大小等因素。设备规模大小也有影响，由于 CO_2 的溶解度随压力增加而增大，大发酵罐中的发酵液的静压可达 1×10^5Pa以上，又处在正压发酵，致使罐底部压强可达 1.5×10^5Pa。因此 CO_2 浓度增大，如不改变搅拌转数，CO_2 就不易排出，在罐底形成碳酸，进而影响菌体的呼吸和产物的合成。为了控制 CO_2 的影响，必须考虑 CO_2 在培养液中的溶解度、温度和通气情况。在发酵过程中，如遇到泡沫上升而引起“逃液”时，采用增加罐压的方法来消泡。但这样会增加 CO_2 的溶解度，对菌体生长是不利的。

CO_2 浓度的控制应随它对发酵的影响而定。如果 CO_2 对产物合成有抑制作用，则应设法降低其浓度；若有促进作用，则应提高其浓度。通气和搅拌速率的大小，不但能调节发酵液中的溶解氧，还能调节 CO_2 的溶解度，在发酵罐中不断通入空气，既可保持溶解氧在临界点以上，又可随废气排出所产生的 CO_2，使之低于能产生抑制作用的浓度。因而通气搅拌也是控制 CO_2 浓度的一种方法，降低通气量和搅拌速率，有利于增加 CO_2 在发酵液中的浓度；反之就会减小其浓度。在 $3m^3$ 发酵罐中进行四环素发酵试验，发酵40h以前，通气量减小到 $75m^3/h$，搅拌速率为80r/min，以此来提高 CO_2 的浓度；40h以后，通气量和搅拌速率分别提高到 $110m^3/h$ 和140r/min，以降低 CO_2 浓度，使四环素产量提高25%~30%。

对于通气发酵，利用排气中 CO_2 含量作为 FBC 反馈控制参数，如控制青霉素生产所用的葡萄糖流加的质量平衡法，就是利用 CO_2 的反馈控制。它是依靠精确测量 CO_2 的逸出速度和葡萄糖的流动速度，达到控制菌体的比生长速率和菌浓。

二、泡沫的影响及其控制

1. 泡沫的影响

发酵过程产生少量的泡沫是正常的，泡沫的存在可以增加气液接触面积，有利于氧的传递。但泡沫过多，会造成大量逃液，发酵液从排气管路或轴封逃出而增加染菌机会等，会给发酵带来许多不利因素。发酵过程中泡沫过多：①降低了发酵罐的装料系数，一般发酵罐装料系数为70%左右，泡沫约占所需培养基的10%，泡沫的组成与主体培养基成分不完全相同；②增加了菌体的非均一性，由于泡沫高低变化和处在不同生长周期的微生物随泡沫漂浮，或黏附在罐壁上，使这部分菌体有时在气相环境中生长，引起菌的分化甚至自溶，从而影响了菌群的整体效果；③增加了污染杂菌的机会，发酵液溅到轴封处，容易染菌；④降低氧的传递速率，严重时通气搅拌也无法进行，菌体呼吸受到阻碍，导致代谢异常或菌体自溶，降低产物得率；⑤消泡剂的加入不但增加成本，有时还会影响发酵或影响产物的分离提取。所以，控制泡沫是保证正常发酵的基本条件。

2. 泡沫的控制

泡沫对微生物发酵有一定的影响，因此在发酵过程中应进行控制，可通过：①调整培养基中的成分（如少加或缓加易起泡的原材料）或改变某些物理化学参数（如 pH、温度、通气和搅拌）或者改变发酵工艺（如采用分次投料），以减少泡沫形成，但这些方法的效果有一定的限度；②筛选不产生流态泡沫的菌种，来消除起泡的内在因素，如用杂交方法选出不产生泡沫的土霉素生产菌株；③对于已形成的泡沫，工业上可以采用机械消泡和化学消泡剂消泡或两者同时使用。

机械消泡是利用机械强烈振动或压力变化而使泡沫破裂。有罐内消泡和罐外消泡两种方法，前者是靠罐内消泡桨转动打碎泡沫；后者是将泡沫引出罐外，通过喷嘴的加速作用或利用离心力来消除泡沫。该法的优点是节省原料，减少染菌机会；但消泡效果不理想，仅可作为消泡的辅助方法。

消泡剂消泡是在发酵过程中，人为地加入消泡剂，使泡沫破裂的方法。其作用或者是降低泡沫液膜的机械强度，或者是降低液膜的表面黏度，或者兼有两者的作用，达到消除泡沫的目的。消泡剂均为表面活性剂，具有较低的表面张力。如甘油聚氧乙烯氧丙烯醚（GPE）的表面张力仅为 33×10^{-3} N/m，而青霉素发酵液的表面张力为（60~68）$\times10^{-3}$ N/m。作为生物工业理想的消泡剂，应具备下列条件：①应该在气液界面上具有足够大的铺展系数，才能迅速发挥消泡作用，这就要求消泡剂有一定的亲水性；②应该在低浓度时具有消泡活性；③应该具有持久的消泡或抑泡性能，以防止形成新的泡沫；④应该对微生物、人类和动物无毒性；⑤应该对产物的提取不产生任何影响；⑥不会在使用、运输中引起任何危害；⑦来源方便，成本低；⑧应该对氧传递不产生影响；⑨能耐高温灭菌。

常用的消泡剂主要有天然油脂类、聚醚类、脂肪酸和酯类及聚硅氧烷类 4 大类。其中以天然油酯类和聚醚类在生物发酵中最为常用。天然油脂类有豆油、玉米油、棉籽油、菜籽油和猪油等。油不仅用作消泡剂，还可作为碳源和发酵控制的手段，它们的消泡能力和对产物合成的影响也不相同。例如，土霉素发酵，用豆油、玉米油较好，而亚麻油差一些。油的质量还会影响消泡效果，碘价（表示油分子结构中含有不饱和键的多少）或酸价高的油脂，消泡能力差并会产生不良的影响。油的新鲜程度也有影响，油越新鲜，所含的天然抗氧化剂越多，形成过氧化物的机会少，酸价也低，消泡能力强，副作用也小。植物油与铁离子接触能与氧形成过氧化物，对四环素、卡那霉素的合成不利，故要注意油的贮存保管。聚醚类消泡剂是氧化丙烯或氧化丙烯和环氧乙烷与甘油聚合而成的聚合物。氧化丙烯与甘油聚合而成的称为聚氧丙烯甘油（简称 GP），亲水性较差，在发泡介质中的溶解度小，所以，用于稀薄发酵液中要比用于黏稠发酵液中的效果好。其抑泡性能比消泡性能好，适宜用于基础培养基中，以抑制泡沫的产生。如用于链霉素的基础培养基中，抑泡效果明显，可全部代替食用油，也未发现不良影响，消泡效力相当于豆油的 60~80 倍。氧化丙烯、环氧乙烷与甘油聚合而成的称为聚氧乙烯氧丙烯甘油（简称 GPE 型），又称泡敌，亲水性好，在发泡介质中易铺展，消泡能力强，作用又快，而溶解度相应也大，所以消泡活性维持时间短，因此，用于黏稠发酵液的效果比用于稀薄的好。GPE 用于四环类抗生素发酵中，消泡效果很好，用量为 0.03%~0.035%，消泡能力一般相当于豆油的 10~20 倍。消泡剂大多是溶解度小、分散性稍差的大分子化合物，所以在使用时，要考虑如何降低它的黏度和提高分散性，增强消泡效果。常用的增效方法有：①加载体，即用惰性载体使消泡剂溶解分散，达到增效的目的；②消泡剂并用增效，取各种消泡剂的优点进行互补，达到增效，如 GP 和 GPE 按 1∶1 混合用于土霉素发酵，结果比单独使用 GP 的效力提高 2 倍；③乳化消泡剂，用乳化剂（或分散剂）将消泡剂制成乳剂，以提高分散能力，增强消泡效力，一般只适用于亲水性差的消泡剂。如用吐温-80 制成的乳剂，用于庆大霉素发酵，效力提高 1~2 倍。其他的消泡剂，如聚乙二醇等高碳醇消泡剂多适用于霉菌发酵；聚硅氧烷类较适用于微碱性的细菌发酵。

在生产过程中，消泡的效果除了与消泡剂种类、性质、分子质量大小、消泡剂亲油亲水基团等密切相关外，还和消泡剂使用时加入方法、使用浓度、温度等有很大的关系。消泡剂的选择和实际使用还有许多问题，应结合生产实际加以注意和解决。不管使用哪类消泡剂，均要控制其质量，并要进行发酵试验检验，结合具体发酵产品，试验各种消泡剂的消泡效果，以获得良好的消泡作用。

第八节 微生物反应过程异常判断及污染防治

目前，生物产品生产过程大多为纯种培养过程，需要在无杂菌污染的条件下进行。所谓杂菌污染，就是反应系统出现了除目标微生物以外的其他微生物，导致正常的生产过程出现异常。据报道，国外抗生素发酵染菌率为 2%~5%，国内的青霉素发酵染菌率为 2%，链霉素、红霉素和四环素发酵染菌率为 5%，谷氨酸发酵噬菌体感染率为 1%~2%。微生物反应过程中，如果发生染菌，会影响正常发酵的进行，为了防止染菌，人们采取了一系列措施，如改进生产工艺过程，对反应体系各个环节严格灭菌，加强生产技术管理，从而大大降低了生产过程染菌的概率，从国内外目前的报道来看，在现有的科学技术条件下要做到完全不染菌是不可能的。目前要做的是要提高生产技术水平，强化生产过程管理，防止生产过程染菌的发生。因此在发酵过程中，根据生产实际监测数据，及时对生产过程的异常现象做出分析和判断，一旦发生染菌，应尽快找出污染的原因，并采取相应的有效措施，把染菌造成的损失降到最低。

一、微生物反应过程异常现象

微生物反应过程异常现象是指种子培养和发酵的异常现象，如生产过程中的某些物理参数、化学参数或生物参数发生与原有规律不同的改变，这些改变必然影响到种子质量、发酵水平，使生产蒙受损失。对此，应及时查明原因，加以解决。

1. 种子培养异常

种子培养异常表现在培养的种子质量不合格，种子质量差会给发酵带来较大的影响，然而种子内在质量常被忽视，由于种子培养的周期短，可供分析的数据较少，因此种子异常的原因一般较难确定，也使得由种子质量引起的发酵异常原因不易查清。种子培养异常现象主要有菌体生长缓慢、菌丝结团、菌体老化以及培养液的理化参数变化。

（1）种子生长缓慢　其主要原因有培养基原料质量下降、菌体老化、灭菌操作失误、供氧不足、培养温度不适、酸碱度调节不当等。此外，接种物冷藏时间长或接种物本身质量差、接种量低等也会使菌体数量增长缓慢。

（2）菌丝结团　在培养过程中有些丝状菌容易产生菌丝团，菌丝在表面生长，并向四周伸展，而菌丝团的中央结实，使内部菌丝的营养吸收和呼吸受到很大影响，从而不能正常地生长。菌丝结团的原因很多，诸如通气不良或停止搅拌导致溶解氧浓度不足；原料质量差或灭菌效果差导致培养基质量下降；接种的孢子或菌丝保藏时间长而菌落数少，泡沫多；罐内装料小、菌丝粘壁等会导致培养液的菌丝浓度比较低；接种物种龄短等。

（3）代谢不正常　表现出糖、pH、溶解氧等变化不正常以及菌体浓度和代谢产物不正常。造成代谢不正常的原因很复杂，除与接种物质量和培养基质量差有关外，还与培养环境条件和操作控制等有关。

2. 发酵过程异常

发酵过程所发生的发酵异常现象，形式虽然不尽相同，但均表现出菌体生长速率缓慢、菌体代谢异常或过早老化、耗糖慢、pH 的异常变化、发酵过程中泡沫的异常增多、发酵液颜色的异常变化、代谢产物含量的异常下跌、发酵周期的异常延长以及发酵液的黏度异常增加等。

菌体生长差是由于种子质量差或种子低温放置时间长导致菌体数量较少、停滞期延长、发酵液内菌体数量增长缓慢、外形不整齐。种子质量不好、菌种的发酵性能差、环境条件差、培养基质量不好、接种量太少等均会引起糖、氮的消耗少或间歇停滞，出现糖、氮代谢缓慢的现象。

发酵过程中由于培养基原料质量差，灭菌效果差，加糖、加油过多或过于集中，将会引起 pH 的异常变化。而发酵液 pH 变化是所有菌体代谢反应的综合结果，在发酵的各个时期都有一定规律，pH 的异常变化就意味着发酵的异常。

根据发酵过程出现的异常现象如溶解氧、排气中的 CO_2 含量以及微生物菌体酶活力等的异常变化来检查发酵是否染菌。对于特定的发酵过程要求一定的溶解氧水平，而且在不同的发酵阶段其溶解氧的水平也是不同的（图 6-16）。如果发酵过程中的溶解氧水平发生了异常的变化，一般就是发酵染菌发生的表现。

在正常的发酵过程中，发酵初期菌体处于停滞期，耗氧量很少，溶解氧基本不变；当菌体进入对数生长期，耗氧量增加，溶解氧浓度很快下降，并且维持在一定的水平，在这阶段中操作条件的变化会使溶解氧有所波动，但变化不大；而到了发酵后期，菌体衰老，耗氧量减少，溶解氧又再度上升（图 6-16 实线所示）；当感染噬菌体后，生产菌的呼吸作用受抑制，溶解氧浓度很快上升。发酵过程感染噬菌体后，溶解氧的变化比菌体浓度更灵敏，如图 6-16 虚线所示。

在发酵过程中，有时出现溶氧浓度明显降低或明显升高的异常变化，其原因就是耗氧与供氧出现不平衡，发生了障碍。据已有资料报道，引起溶氧异常下降的可能有下列几种原因：①污染好氧杂菌，大量的溶氧被消耗，可能使溶氧在较短时间内下降到零附近，如果杂菌本身耗氧能力不强，溶氧变化就可能不明显；②菌体代谢发生异常现象，需氧要求增加，使溶氧下降；③某些设备或工艺控制发生故障或变化，也可能引起溶氧下降，如搅拌功率消耗变小或搅拌速度变慢，影响供氧能力，使溶氧降低。又如消泡剂因自动加油器失灵或人为加量太多，也会引起溶氧迅速下降。其他影响供氧的工艺操作，如停止搅拌、闷罐（罐排气封闭）等，都会使溶氧发生异常变化。引起溶氧异常升高的原因，在供氧条件没有发生变化的情况下，主要是耗氧出现改变，如菌体代谢出现异常，耗氧能力下降，使溶氧上升。特别是污染烈性噬菌体，影响最为明显，产生菌尚未裂解前，呼吸已受到抑制，溶氧有可能上升，直到菌体破裂后，完全失去呼吸能力，溶氧就直线上升。

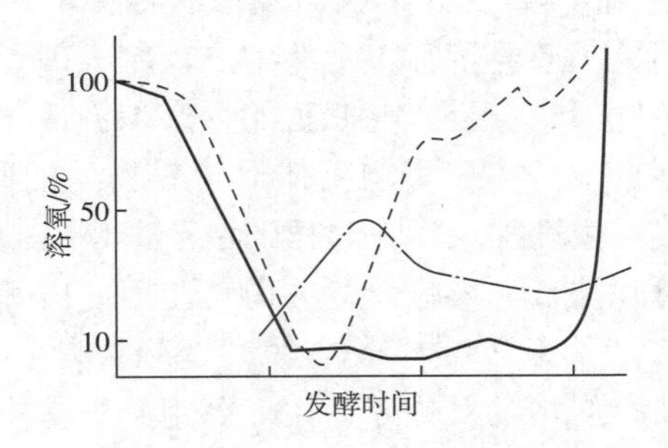

图 6-16　谷氨酸发酵过程中的溶氧曲线

— 正常发酵溶氧曲线；--- 异常发酵溶氧曲线；—·— 异常发酵光密度曲线

由于污染的杂菌好氧性不同，产生溶解氧异常的现象也是不同的。当杂菌是好氧性微生物时，溶解氧的变化是在较短时间内下降，直到接近于零，且在长时间内不能回升；当杂菌是非好氧微生物时，生产菌生长减弱或者污染噬菌体发生溶菌，耗氧量减少，溶解氧升高。对于特定的发酵过程，工艺确定后，排出的气体中 CO_2 含量的变化是有规律的。染菌后，培养基中糖的消耗发生变化，引起排气中 CO_2 含量的异常变化。如杂菌污染时，糖耗加快，CO_2 含量增加，噬菌体污染后，糖耗减慢，CO_2 含量减少。因此，可根据 CO_2 含量的异常变化来判断是否染菌。由上可知，从发酵液中的溶解氧浓度的变化，就可以了解微生物生长代谢是否正常，工艺控制是否合理，设备供氧能力是否充足等问题，帮助查找发酵不正常的原因和控制好发酵生产。

一般在发酵过程中泡沫的消长是有一定的规律的。但是，由于菌体生长差、代谢速度慢、接种物嫩或种子未及时移种而过老、蛋白质类胶体物质多等都会使发酵液在不断通气、搅拌下产生大量的泡沫。除此之外，培养基灭菌时温度过高或时间过长，葡萄糖受到破坏后产生的氨基糖会抑制菌体的生长，也会使泡沫大量产生，从而使发酵过程的泡沫发生异常。

菌体浓度过高或过低在发酵生产过程中菌体或菌丝浓度的变化是按其固有的规律进行的。但是如果罐温长时间偏高，或停止搅拌时间较长造成溶氧不足，或培养基灭菌不当导致营养条件较差，种子质量差，菌体或菌丝自溶等均会严重影响到培养物的生长，导致发酵液中菌体浓度偏离原有规律，出现异常现象。

如果发酵液被噬菌体污染，由于噬菌体侵染的时间、程度不同以及噬菌体的“毒力”和菌株的敏感性不同，所表现的症状也不同。比如氨基酸的发酵过程，感染噬菌体后，常使发酵液的光密度在发酵初期不上升或回降；pH 逐渐上升，可到 8.0 以上，且不再下降或 pH 稍有下降，停滞在 pH 7~7.2，氨的利用停止；糖耗、升温缓慢或停止；产生大量的泡沫，有时使发酵液呈现黏胶状；谷氨酸生产菌增长缓慢或停止；镜检时可发现菌体数量显著减少，甚至找不到完整的菌体；发酵周期延长；发酵液发红、发灰、泡沫很多、难中和，提取分离困难，收率很低等。

二、染菌对微生物反应的影响

发酵过程污染杂菌，就会造成生产过程的异常，会影响生产，轻者影响了产品的收率和产品质量，重者会导致“倒罐”。因此染菌对发酵有很大的影响，不仅造成原材料的浪费，也会造成严重的经济损失，还会扰乱正常的生产秩序，破坏生产计划。如果遇到连续染菌，特别是在找不到染菌原因时，会影响职工的生产积极性。

染菌后，发酵液的黏度增大，不仅影响菌体对营养物质的利用、代谢产物的排出等，导致发酵不彻底，基质的残留浓度加大。有时候还由于菌体自溶，对下游过滤、产物提取分离等造成影响，使过滤时间拉长，影响设备的周转使用，破坏生产平衡，并大幅度降低过滤收率。如果采用有机溶剂萃取工艺提取产物，染菌的发酵液含有更多的水溶性蛋白质，易发生乳化，使水相和溶剂相难以分开。如果采用离子交换工艺，杂菌易黏附在离子交换树脂表面或被离子交换树脂吸附，大大降低离子交换树脂的交换量。

染菌对产品内在或外观质量均有影响。染菌的发酵液含有较多的蛋白质和其他杂质，影响产品的纯度。一些染菌的发酵液经处理过滤后得到澄清的发酵液，放置后会出现浑浊，影响产品的外观。染菌对“三废”处理有影响，使过滤后的废菌体无法利用，发酵染菌的废液，生物需氧量（BOD）增高，增加“三废”治理费用和时间。

总之，发酵过程出现染菌，对发酵产率、提取率、得率、产品质量和“三废”治理等都有很大的影响。因此在生产过程中，应全面分析染菌的原因，有针对性地采取措施，将染菌造成的危害降到最低。

（一）发酵染菌率

为了更好地说明发酵过程染菌的频率，分析染菌的原因，及时采取措施，通常采用不同的染菌率表示。总染菌率是指一年内发酵染菌的批次与总投料批次数之比乘以 100 得到的百分率。设备染菌率是指由于发酵罐或其他设备渗漏等原因造成的染菌率，这样有利于查找因设备缺陷而造成的染菌原因。不同品种发酵的染菌率是指不同品种产品在发酵过程中发生的染菌的频率，其统计有助于查找不同产品发酵生产染菌的原因以及染菌对不同菌种发酵的影响。不同发酵阶段的染菌率是指整个发酵的不同时期如前期、中期和后期三个阶段分别统计发酵染菌的频率，有助于分析和查找染菌的原因。季节染菌率是指不同季节发生染菌的频率，以了解不同季节对生产过程的影响，以便采取相应的措施控制染菌。操作染菌率是指工人操作过程未严格遵守操作规程导致染菌发生，统计此数据，一方面可以分析染菌原因，另一方面可以考核操作工各项操作是否规范以及灭菌操作技术水平等。

（二）发酵染菌原因分析

1. 染菌途径分析

发酵染菌后，一定要找出染菌的原因，以总结防治发酵染菌的经验教训，积极采取必要措施，杜绝染菌的发生。造成发酵染菌的原因有很多，且常因工厂不同而有所不同，但设备渗漏、空气净化达不到要求、种子带菌、培养基灭菌不彻底和技术管理不善等是造成各厂污染杂菌的普遍原因。表6-6是某外企对抗生素发酵染菌原因分析。表6-7是国内某氨基酸厂发酵染菌原因分析。

表6-6　某外企对抗生素发酵染菌原因分析

染菌原因	染菌百分率/%	染菌原因	染菌百分率/%
种子带菌或怀疑种子带菌	9.64	接种管穿孔	0.39
接种时罐压跌零	0.19	阀门渗漏	1.45
培养基灭菌不透	0.79	搅拌轴密封渗漏	2.09
总空气系统有菌	19.9	发酵罐盖漏	1.54
泡沫冒顶	0.48	其他设备渗漏	10.13
夹套穿孔	12.0	操作问题	10.15
盘管穿孔	5.89	原因不明	24.91

表6-7　国内某氨基酸厂发酵染菌原因分析

染菌原因	染菌百分率/%	染菌原因	染菌百分率/%
空气系统染菌	32.05	补料、取样带菌	04.30
设备问题	15.46	种子带菌	1.72
管理和操作不当	11.34	环境污染及原因不明	35.12

由上表以及其他工厂的数据资料分析表明，由于不同厂家技术管理的水平、使用的不同设备以及所采用的工艺不同，而使各种染菌原因的百分率有所差异，但普遍以设备渗漏和空气带菌而染菌较严重。值得注意的不明原因的染菌达25%左右。这表明，目前分析染菌原因的水平还有待进一步提高。

2. 污染杂菌的种类分析

对于每一个发酵过程而言，污染杂菌种类对发酵的影响是不同的。在青霉素的发酵生产中，由于许多杂菌都能产生青霉素酶，因此不管染菌发生在什么时期，都会使青霉素迅速分解破坏，使目标产物得率降低，危害十分严重。但青霉素发酵污染细短产气杆菌比粗大杆菌的危害更大；链霉素的发酵污染细短杆菌、假单胞杆菌和产气杆菌比污染粗大杆菌危害更大；四环素的发酵过程污染双球菌、芽孢杆菌和荚膜杆菌的危害大；柠檬酸的发酵污染青霉菌的危害大；谷氨酸发酵污染噬菌体的危害大，因噬菌体蔓延迅速，难以防治，容易造成连续污染。若生产过程污染的杂菌是耐热的芽孢杆菌，可能是由于培养基或设备灭菌不彻底、设备存在死角等引起；若污染的是球菌、无芽孢杆菌等不耐热杂菌，可能是由于种子带菌、空气过滤效率低、除菌不彻底、设备渗漏或操作问题等引起；若污染的是真菌，就可能是由于设备或冷却盘管的渗漏、无菌室灭菌不彻底或无菌操作不当、糖液灭菌不彻底（特别是糖液放置时间较长）而引起。

利用细菌或放线菌进行的发酵生产容易受噬菌体的污染，由于噬菌体的感染力非常强，传播蔓延迅速，且较难防治，对发酵生产有很大威胁。噬菌体是一种病毒，其直径约0.1pm，可以通过环境污染、设备的渗漏或“死角”、空气系统、培养基灭菌过程、补料过程及操作过程等环节进入发酵系统。噬菌体在自然界中分布很广，在土壤、腐烂的有机物和空气中均有存在。一般来说，造成噬菌体污染必须具备有噬菌体、活菌体、噬菌体与活菌体接触的机会和适宜的环境等条件。噬菌体是专一性的活菌寄生体，脱离寄主噬菌体不能自行生长繁殖，由于作为寄主的菌体大量存在，并且噬菌体对于干燥有相当强的抗性，同时噬菌体有时也能脱离寄主在环境中长期存在。在实际生产中，常由于空气的传播，使噬菌体潜入发酵的各个环节，从而造成污染。因此，环境污染是造成噬菌体感染的主要根源。

3. 染菌规模分析

从染菌的规模来看，主要有三种。

（1）大批量发酵罐染菌　如发生在发酵前期，可能是种子带菌或连消设备引起染菌；如果染菌发生在发酵中期、后期，且这些杂菌类型相同，则一般是空气净化系统存在诸如空气系统结构不合理、空气过滤器介质失效等问题；如果空气带菌量不多，无菌试验时间较长，这就给分析防治空气带菌增加了难度。

（2）部分发酵罐染菌　如果染菌发生在发酵前期，就可能是种子染菌、连消系统灭菌不彻底；如果是发酵后期染菌，则可能是中间补料染菌，如补料液带菌、补料管渗漏等。

（3）个别发酵罐连续染菌（此时如果采用间歇灭菌工艺，一般不会发生连续染菌）个别发酵罐连续染菌，大都是由于设备渗漏造成的，应仔细检查阀门、罐体或罐器是否清洁等。一般设备渗漏引起的染菌，会出现每批染菌时间向前推移的现象。

从发生染菌的时间来分析，也是几种不同情况。染菌发生在种子培养阶段或发酵前期，此时通常是由种子带菌、种子培养基或设备灭菌不彻底，以及接种操作不当或设备因素、无菌空气带菌等原因而引起染菌。发酵后期染菌大部分是由空气过滤不彻底、中间补料染菌、设备渗漏、泡沫顶盖以及操作问题而引起染菌。

三、染菌的检查与判断

在发酵过程中，如何及早发现杂菌的污染并及时采取措施加以处理，是避免染菌造成严重经济损失的重要手段。因此，生产上要求能准确、迅速地检查出杂菌的污染。发酵过程是否染菌应以无菌试验的结果为依据进行判断，目前常用的检查方法主要有显微镜检查法、肉汤培养法、平板（双碟）培养法、发酵过程异常现象观察法等。

1. 显微镜检查法（镜检法）

用革兰染色法对样品进行涂片、染色，然后在显微镜下观察微生物的形态特征，根据生产菌与杂菌的特征进行区别、判断是否染菌。如发现有与生产菌形态特征不同的其他微生物的存在，就可判断发生了染菌。此法检查杂菌最为简单直接，也是最常用的检查方法之一。必要时还可进行特殊染色，如芽孢染色、鞭毛染色或荚膜染色。

2. 肉汤培养法

采用0.3%牛肉膏、0.5%葡萄糖、0.5%氯化钠、0.8%蛋白胨、0.4%的酚红溶液（pH 7.2）的葡萄糖酚红肉汤作为培养基，将待检样品直接接入经完全灭菌后的肉汤培养基中，分别在27℃、37℃下进行培养，随时观察微生物的生长情况，并取样进行镜检，判断是否有杂菌。肉汤培养法常用于检查培养基和无菌空气是否带菌。同时此法也可用于噬菌体的检查。

3. 平板划线培养或斜面培养检查法

将待检样品在无菌平板上划线，根据可能污染的类型分别在不同温度下进行培养，一般24h后即可进行镜检观察判断。有时为了提高平板培养法的灵敏度，也可以将需要检查的样品预先培养几个小时，使杂菌迅速增殖后再划线培养。

无菌试验时，如果肉汤连续三次发生变色反应（由红色变为黄色）或产生浑浊，或平板培养连续三次发现有异常菌落的出现，即可判断为染菌。有时肉汤培养的阳性反应不够明显，而发酵样品的各项参数确有可疑染菌，并经镜检等其他方法确认连续三次样品有相同类型的异常菌存在，也应该判断为染菌。一般来讲，无菌试验的肉汤或培养平板应保存并观察至本批（罐）放罐后12h，确认为无杂菌后才能弃去。无菌试验期间应每6h观察一次无菌试验样品，以便能及早发现染菌。

判断发酵是否染菌应以无菌试验结果为根据。无菌试验的目的为：①监测培养基、发酵罐及附属设备灭菌是否彻底；②监测发酵过程中是否有杂菌从外界侵入；③了解整个生产过程中是否存在染菌的隐患和死角。

4. 双层琼脂平板法

在含有特异宿主细菌的琼脂平板上，噬菌体可产生肉眼可见的噬菌斑，据此可进行噬菌体的计数判断。但因噬菌斑计数方法实际效率难以接近100%（一般偏低，因为有少数活噬菌体可能未引起感染），所以为了准确地表达病毒悬液的浓度（效价或滴度），一般不用病毒粒子的绝对数目而是用噬菌斑形成单位（plague-forming units，pfu）表示，即用双层琼脂平板上形成的噬菌斑进行计数确认。其操作是先在培养皿中倒入底层固体培养基（约10mL/皿），凝固后再倒入含有宿主细菌和一定稀释度噬菌体的半固体培养基（该培养基为上层培养基），当冷却至50℃左右时，加入敏感指示菌如 *E. coli* 菌液0.2mL、一定浓度的噬菌体增殖液0.2~0.5mL，混合后立即倒入上层平板铺平，30℃恒温培养6~12h观察结果，如有噬菌体，则在双层培养基的上层出现透亮无菌圆形空斑——噬菌斑，计算噬菌斑的数量，确定感染噬菌体。

5. 参数与感官观察法

发酵过程出现的异常现象，如溶解氧、pH、尾气中氧气以及CO_2的含量、发酵液的黏度、颜色、泡沫等的异常变化，均是可能污染的重要信息，可根据这些参数的异常现象和生产经验初步判断是否污染。

四、杂菌污染的挽救与处理

针对染菌的种类、染菌的途径、污染的程度以及染菌的时间，生产上采取不同的防治措施。但在生产中，重在于“防”，因此，生产过程中，对于种子培养物，严格无菌检验，不合格的种子坚决不用。对于无菌空气，从净化工艺和设备的设计、过滤介质、生产管理等方面，严格控制，杜绝无菌空气带菌。在培养基灭菌时，严格遵守生产操作规程，确保灭菌彻底。对生产设备，如发酵罐、补料罐冷却盘管、管道阀门等，定期检查，防止设备渗漏、“死角”及管道安装配置不合理等原因造成染菌的可能。总之从各个方面全方位杜绝染菌的发生，工厂必须建立严格的生产操作规程和生产工艺，确保环境卫生，提高职工职业素养，把无菌观念贯穿于生产过程的各个环节，建立健全各项规章制度，堵塞各种可能染菌的途径，做到防患于未然，确保生产正产进行。

发酵过程一旦发生染菌，应根据污染微生物的种类、染菌的时间或杂菌的危害程度等及时进行挽救或处理，同时对有关设备也进行相应灭菌处理。

1. 污染一般杂菌的处理

（1）种子培养期染菌的处理　一旦发现种子受到杂菌的污染，该种子不能再接入发酵罐，同时采用备用种子，选择生长正常、无染菌的种子接入发酵罐，继续进行发酵生产。并视情况采用灭菌处理，对种子罐、管道等进行仔细检查和彻底灭菌。如无备用种子，则可选择一个适当菌龄的发酵罐内的发酵液作为种子，进行“倒种”处理，从而保证发酵生产的正常进行。

（2）发酵前期染菌的处理　当发酵前期发生染菌后，如培养基中的碳、氮源含量还比较高时，此时终止发酵，将培养基加热至规定温度，重新进行灭菌处理后，再接入种子进行发酵；如果此时染菌已造成较大的危害，培养基中的碳、氮源的消耗量大，则可放掉部分料液，补充新鲜的培养基，重新进行灭菌处理后，再接种进行发酵。也可采取降温培养、调节 pH、调整补料量、补加培养基等措施进行处理。

（3）发酵中后期染菌的处理　发酵中后期染菌，可以加入适当的杀菌剂或抗生素以及正常的发酵液，以抑制杂菌的生长，也可采取降低培养温度、降低通风量、停止搅拌、少量补糖等其他措施进行处理。当然如果发酵过程的代谢产物已积累到一定水平，此时产品的含量达到一定值，只要明确是染菌也可放罐。对于没有提取价值的发酵液，废弃前应加热至 120℃以上，保持 30min 后才能排放。

（4）染菌后对设备的处理　染菌后的发酵罐在重新使用前，必须在放罐后进行彻底清洗，空罐加热灭菌至 120℃以上、30min 后才能使用。

2. 噬菌体污染的处理

最有效的防治噬菌体污染的方法是以净化环境为中心的综合防治法，主要有净化生产环境、消灭污染源、改进提高空气的净化度、保证纯种培养、做到种子本身不带噬菌体、轮换使用不同类型的菌种、使用抗噬菌体的菌种、改进设备装置、消灭“死角”、药物防治等措施。

噬菌体的防治是一项系统工程，从培养基制备、培养基灭菌、种子培养、空气净化系统、环境卫生、设备、管道、车间布局及职工工作责任心等诸多方面，分段检查把关，才能做到根治噬菌体的危害。

具体归纳为以下几点：①严格控制活菌体排放，切断噬菌体的“根源”；②做好环境卫生，消灭噬菌体的存在；③严防噬菌体进入种子罐或发酵罐内；④抑制罐内噬菌体的生长。

生产中一旦污染噬菌体，可采取下列措施加以补救。

（1）并罐法　利用噬菌体只能在处于生长繁殖细胞中增殖的特点，当发现发酵罐初期污染噬菌体时，可采用并罐法。即将其他罐批发酵16~18h的发酵液，以等体积混合后继续发酵，利用其活力旺盛的种子，便可正常发酵。但要注意，并入罐的发酵液不能染杂菌，否则两罐都将染菌。

（2）轮换使用菌种或使用抗性菌株　发现噬菌体后，停止搅拌，小通风，降低pH，立即将培养好的要轮换的菌种或抗性菌种，接入发酵罐，并补加1/3正常量的玉米浆（不调pH）、磷盐和镁盐。如pH仍偏高，不开搅拌，适当通风，至pH正常、OD值增长后，再开搅拌正常发酵。

（3）放罐重消法　发现污染噬菌体后，放罐，调pH（可用盐酸，不能用磷酸），补加1/2正常量的玉米浆和1/3正常量的水解糖，适当降低温度重新灭菌，接入2%的种子，继续发酵。

（4）罐内灭噬菌体法　发现噬菌体后，停止搅拌，小通风，降低pH，间接加热到70~80℃，并自顶盖计量器管道（或接种、加油管）内通入蒸汽，自排气口排出。因噬菌体不耐热，加热可杀死发酵液内的噬菌体以及发酵罐壁、管道内的噬菌体。冷却后，如pH过高，停止搅拌，小通风，降低pH，接入2倍量的原菌种，至pH正常后开始搅拌。

当噬菌体污染情况严重，上述方法无法解决时，应调换菌种，或停产全面消毒，待空间和环境噬菌体密度下降后，再恢复生产。

第九节　发酵过程终点的判断与控制

合理判断发酵终点，对提高产物的生产能力和经济效益是很重要的。生产能力是指单位时间内单位罐体积的产物积累量。生产过程不能只单纯追求高生产力，而不顾及产品的成本，必须把二者结合起来，既要有高产量，又要降低成本。不同产品的发酵产品，对其终点的判断标准不同，需综合多方面的因素统筹考虑。

一、发酵终点的判断

发酵过程中有的产物生成与菌体的生长耦联，如初级代谢产物氨基酸等；有的代谢产物的产生与菌体生长无关，即非耦联型，生长阶段不产生产物，直到生长末期，才进入产物分泌期，如抗生素。但是无论是哪种代谢产物，到了发酵末期，菌体的分泌能力都要下降，产物的生产能力相应下降或停止。有的产生菌在发酵末期，营养耗尽，菌体衰老而自溶，释放出体内的分解酶会破坏已形成的产物。因此，合理终止发酵过程，确定放罐时间，需要考虑下列几个因素。

（1）经济因素　发酵过程需要考虑经济因素，也就是要以最低的成本来获得最大生产能力的时间为最适发酵时间。在实际生产中，发酵周期缩短，设备的利用率提高。在生产速率较小（或停止）的情况下，单位体积的产物产量增长就有限，如果继续延长时间，使平均生产能力下降，而动力消耗、管理费用支出、设备消耗等费用仍在增加，因而产物成本增加。所以，需要从经济学角度确定一个合理时间。

（2）产品质量因素　发酵时间长短对后续工艺和产品质量有很大的影响。如果发酵时间太短，势必有过多的尚未利用的营养物质（如可溶性蛋白、脂肪等）残留在发酵液中。这些物质对下游操作提取、分离等工序都不利。如果发酵时间太长，菌体会自溶，释放出菌体蛋白或体内的酶，又会显著改变发酵液的性质，增加过滤工序的难度，这不仅使过滤时间延长，甚至使一些不稳定的产物遭到破坏。所有这些影响，都可能使产物的质量下降，产物中杂质含量增加，故要考虑发酵周期长短对产品质量的影响。

（3）特殊因素　对已有品种的发酵来说，放罐时间都已掌握，在正常情况下，可根据作业计划，按时放罐。但在异常情况下，如染菌、代谢异常（糖耗缓慢等），就应根据具体情况，进行适当处理。为了得到尽量多的产物，应该及时采取措施（如改变温度或补充营养物质等），并适当提前或拖后放罐时间。新品种发酵，更需摸索合理的放罐时间。

合理的放罐时间是根据不同的发酵时间所得的产物产量计算出的发酵罐的生产能力和产品成本，采用生产力高而成本又低的时间，作为放罐时间。

不同的发酵类型，要求达到的目标不同，因而对发酵终点的判断标准也应有所不同。

一般对发酵和原材料成本占整个生产成本主要部分的发酵产品，主要追求提高生产率［kg/（m^3·h）］、得率（kg 产物/kg 基质）和发酵系数［kg 产物/（m^3罐容·h 发酵周期）］。下游技术成本占的比重较大、产品价格较贵，除了高的产率和发酵系数外，还要求高的产物浓度。因此，考虑放罐时间，还应考虑体积生产率（g/L）和总生产率。因此要提高总的生产率，则有必要缩短发酵周期，也就是要在产物合成速率较低时放罐。放罐过早，会残留过多的养分（如糖、脂肪、可溶性蛋白），对提取不利；放罐过晚，菌体自溶，会延长过滤时间，还会使产品的量降低，扰乱提取作业计划。临近放罐时，加糖、补料或加消泡剂都要慎重，因残留物对提取有影响。补料可根据耗糖速度计算到放罐时允许的残留量来控制。一般判断放罐的主要指标有产物浓度、氨基氮、菌体形态、pH、培养液的外观、黏度等。

二、菌体自溶的检测

菌体自溶（cell autolysis）是指微生物因养分的缺乏或处于不利的生长环境下，其自身开始裂解的过程。自溶作用是细胞的自我毁灭（cellular self-destruction），溶酶体将酶释放出来将自身细胞降解。在正常情况下，溶酶体的膜是十分稳定的，不会对细胞自身造成伤害。如果细胞受到严重损伤，造成溶酶体破裂，那么细胞就会在溶酶体酶的作用下被降解。一旦细胞开始自溶，细胞内物质释放，发酵液黏度增大，增加产品分离提取以及纯化的成本。因此发酵后期，密切监视菌体自溶情况对稳产和提高下游工段的产物回收率有重要的意义。有研究者对酵母自溶的基本过程与内部结构的变化进行研究，证实了蛋白水解是自溶的基本动力，而细胞壁的降解是次要的，其典型特征是膜功能的丧失、区域化的破坏及自溶酶的释放。造成自溶的外部因素有化学物质，如高浓度乙醇的产生、碳氮源或氧的缺乏等。

Menel 等评价了不同方法监测菌体自溶程度的效率，如化学和分光光度法、成像分析技术以及酶学分析法。用常规的方法监测生物量与产物浓度等参数的变化，用于反映菌体的自溶情况；由计算机辅助成像分析技术对菌的形态做定量描述，监测有自溶征兆的菌丝所占的比例；监测对自溶起重要作用的一些酶的活性，如蛋白酶和β-1，3-葡聚糖水解酶的活性等。有些菌丝体在生长期就呈现自溶征兆，发酵时间长时更明显，这时菌体总量仍在增长。因为检测对象在某些区域的下降可能被其他区域内的上升所掩盖，细胞量的测定只能反映整个培养物状态的平均值。在发酵后期一直增加的自溶率到最后开始下降，这是由于一些菌丝从大量裂解的菌丝碎片和降解物中获得营养，支持了新的生长点，有人称此过程为“隐性生长”。发酵后期菌体衰老，细胞开始自溶，氨基氮含量增加，造成 pH 上升，而氨基氮的增加与溶酶体破裂释放出的溶酶体酶有关，菌体的自溶就是由溶酶体破裂引起的。在谷氨酸的发酵后期，菌体自溶，细胞内的谷氨酸释放出来，导致发酵液中的谷氨酸量增加，常被误认为是发酵产酸继续上升的过程，未能及时终止发酵过程，给提取分离带来麻烦，所以，及时检测菌体自溶，对降低生产成本、提高生产效率具有积极的意义。

思考题

1. 发酵产品生产中控制的参数有哪些？尾气分析包括哪些内容？排气中二氧化碳控制的意义是什么？
2. 简述发酵过程温度升高的原因及对微生物生长和产物合成的影响。如何对温度进行管理？
3. 生产中为什么要对 pH 进行控制？如何进行控制？
4. 简述临界溶氧浓度的概念及意义。供氧与微生物代谢有何关系？如何控制溶解氧？
5. 温度对发酵有什么影响？如何控制？
6. 发酵过程主要在线传感器有哪些？使用时应注意什么问题？
7. 菌体生长的 pH 与代谢产物形成的 pH 之间有哪几种关系？
8. 试根据 Monod 方程，说明高基质浓度对发酵的影响。
9. 简述发酵异常的各种表现。
10. 工业生产上检查发酵系统是否污染杂菌有哪些方法？
11. 简述生产过程中杂菌污染的途径及防治方法。
12. 噬菌体污染的途径和危害及防止噬菌体感染的措施有哪些？

第七章 固定化细胞发酵技术

固定化细胞是在酶固定化基础上发展起来的一项技术，在实际应用中，固定化细胞超过了固定化酶。固定化细胞保持了胞内酶系的原始状态与天然环境，因而更稳定。固定化细胞（immobilized cells）是指将细胞固定在水不溶性载体上，在一定的空间范围进行生命活动（生长、发育、繁殖、遗传和新陈代谢等）的细胞。由于它们能进行正常的生长、繁殖和新陈代谢，所以又称固定化活细胞或固定化增殖细胞。通过各种方法将细胞和水不溶性载体结合，制备固定化细胞的过程称为细胞固定化。

细胞固定化后，与游离细胞相比，更具有显著优越性。细胞中的酶几乎没有任何损失，仍然保持细胞内原有的多酶系统，对于多步转化反应，优势更加明显。固定化细胞内的多酶系统，对于多步催化转换，如合成干扰素等，其优势更加明显，而且无需辅酶再生。

第一节 细胞固定化方法及评价指标

细胞固定化以后，细胞的自由移动受到限制，即细胞受到物理化学等因素约束或限制在一定的空间界限内，但细胞仍保留催化活性并具有能被反复或连续使用的活力。由于细胞的性能以及固定化的方法、载体材料的性质等因素，在选用固定化细胞作为催化剂时，应考虑底物和产物是否容易通过细胞膜，胞内是否存在产物分解系统和其他副反应系统，这是非常重要的。

细胞固定化方法有包埋法（凝胶包埋法、微囊法和膜截留法）、载体结合法（物理吸附法、离子结合法和共价结合法）、絮凝法（自絮凝法和人工絮凝法）等。不同细胞生产不同产品，其固定化方法也不相同，生产实践中，应选择适宜的固定化方法，以发挥细胞最大的性能，获得最大的产品得率。

一、固定化细胞的方法

1. 包埋法

包埋法是细胞固定化最常用的方法，特别是对于生长的微生物细胞的固定化。包埋法操作简单，从理论上说，细胞和载体间没有束缚，细胞固定化后可保持高活力，然而限制细胞酶活力的因素较多，比如培养基中氧气以及营养物质难以进入包埋体系内部，因此对厌氧微生物细胞的固定更合适。另外，由于底物的扩散效应，这类方法只适用于对小分子底物的催化反应，对于那些作用于大分子底物和产物的反应不适合。包埋法包括以下几种。

（1）凝胶包埋法　在无菌条件下，将生物细胞和凝胶溶液混合在一起，然后经过相应的造粒处理，形成直径为 1~4mm 的胶粒。

（2）膜截留法　也称膜包埋法，通过半透膜的屏障细胞被截留在膜的一侧而实现细胞的固定化。该半透膜允许基质扩散进入细胞和产物扩散流出细胞。膜截留装置常为膜反应器，最简单的为中空纤维反应器，细胞放在反应器壳层进行反应，基质通过管内并通过膜扩散进入壳层被细胞利用，代谢产物扩散返回管内。该法可达到较高的细胞密度，但应控制细胞生长，防止其密度过大，造成膜的破裂。李学梅和林建平等采用海藻酸钙包埋法固定米根霉，在二相流化床生物反应器中，进行重复利用固定化颗粒的间歇操作，以及连续操作制备L-乳酸，固定化米根霉的产酸速率达16~18g/（L·beads·h），反应器生产能力约为传统搅拌罐游离细胞发酵的3倍。

（3）微胶囊法　利用半透性聚合物薄膜将细胞包裹起来，形成微型胶囊，该法目前被广泛应用于实际研究中。生物微胶囊的典型特征是具有一层半透的微囊膜和膜内的液态环境。微囊膜将细胞囊在液态环境中，而允许细胞所需的碳源、氮源、氧、无机盐等小分子物质自由进入和囊内重要代谢产物自由排出；同时，微囊膜能阻止外环境中生物大分子（如抗体等）的进入。因此，生物微胶囊的主要功能是保护膜内细胞和控制物质通过微囊的传递。如新型生物微胶囊SA/CS-$CaCl_2$/PMCG（海藻酸钠/纤维素硫酸钠-氯化钙/聚亚甲基二胍氯化氢）的制备方法可分为一步法和两步法。

用一步法制备时，将一定浓度配比的海藻酸钠和纤维素硫酸钠的水溶液混合，滴入一定浓度配比的氯化钙和PMCG的水溶液中，两组相互发生反应，经过10~60min后，形成了具有一定大小颗粒的胶珠（实心），取出胶珠，放入柠檬酸钠溶液中，经过一定时间液化后，得到中间空心的微胶囊。

二步法制备时，将一定浓度配比的SA与CS的混合液滴入$CaCl_2$溶液中，由于SA和$CaCl_2$的作用，形成强度较弱的胶珠，称为预囊，然后把预囊放入PMCG溶液中进行二次固化，一定时间后取出胶珠，放入柠檬酸钠溶液中液化，得到了中间空心的微胶囊。由于该法容易控制操作条件，易于实现微胶囊性能，获得研究者的青睐。浙江大学张立央采用两步法制备了SA/CS~$CaCl_2$/PMCG生物微胶囊，考察了微囊固定化枯草杆菌半连续发酵生产纳豆激酶的效果，结果表明，生物微囊细胞囊内密度为相应游离细胞的4~5倍，发酵时间缩短，生产速率提高，最高酶活可达到2804U/mL，并建立了一套用于描述微囊化枯草杆菌生产纳豆激酶的动力学模型，为进一步研究奠定了良好的基础。

常用的包埋材料有琼脂、海藻酸钙凝胶、壳聚糖、角叉菜胶、明胶、聚丙烯酰胺凝胶、甲基丙烯酸酯、聚乙烯醇等。包埋法如图7-1（1）、（2）、（3）和（4）所示。

案例7-1　固定化酵母细胞的酒精发酵

海藻酸钠是从褐藻类的海带或马尾藻中提取的一种天然多糖碳水化合物，广泛应用于食品、医药、纺织、造纸等工业中。

海藻酸钠由β-D-甘露糖醛酸（β-D-mannuronic，M）和α-L-古洛糖醛酸（α-L-guluronic，G）两种结构单元构成，其中有三种方式（MM段、GG段和MG段）通过α-1，4-糖苷键连接方式，形成一种无支链的线性嵌段共聚物。海藻酸钠很容易与一些二价阳离子结合，形成凝胶。海藻酸钠常作为包埋材料用于细胞的固定化，多价阳离子（如Ca^{2+}、Al^{3+}）可诱导凝胶形成。海藻酸钙凝胶包埋法的优点如下：①不同分子质量和不同分子组成的藻酸盐，其凝胶形成性质一致，都可用于固定化；②藻酸盐使用浓度较宽，可在0.5%~10%任意选择；③Ca^{2+}浓度在0.05%~2%改变，对凝胶形成影响不大；④不同大小的凝胶珠粒的制备比较方便（0.1~5mm）；⑤细胞固定量较高（可达30g细胞/mL固定化催化剂）；⑥工作温度可在0~80℃；⑦适当地改进包埋方法后，可使被包埋的细胞在凝胶珠内形成克隆。

将微生物的细胞包埋于海藻酸钙凝胶中的方法主要有两种，即外凝胶法和内凝胶法。外凝胶法是将微生物细胞与海藻酸钠溶液混匀后，通过注射器针头或相似的滴注器将上述混合液滴入$CaCl_2$溶液中，Ca^{2+}从外部扩散进入海藻酸钠-细胞混合液珠内，使海藻酸钠转变为不溶的海藻酸钙凝胶，由此将细胞包埋其中，该法应用较广。

一、固定化酵母细胞的制备

1. 酵母乳的制备

将新鲜酵母菌种接种于YDP液体培养基中，在28℃下振荡培养24h（160×200r/min），离心收集细胞（3000r/min，10min），用适当的无菌水洗涤、稀释，使酵母细胞浓度达$5.0\times(10^9\sim10^{10})$个细胞/mL。

2. 酵母细胞的固定化

将溶化好的海藻酸钠冷却至45℃左右，与预热至35℃左右的酵母乳以1∶5的比例混合均匀。用滴管或无菌注射器（针头口径为1mm）将酵母和海藻酸盐的混合物以恒定速度缓慢滴入0.05mol $CaCl_2$溶液的烧杯中，并进行搅拌，即得到包埋酵母的海藻酸盐凝胶颗粒。

将包埋酵母细胞凝胶颗粒在$CaCl_2$溶液中浸泡30min，然后转至500mL三角瓶中，用无菌水洗涤三次后备用。

二、酒精糖化醪的制备

玉米粉和水按1∶4比例调配成淀粉乳，加1%氯化钙，加耐高温α-淀粉酶50U/g玉米粉，常温或高压蒸煮糊化后，并于85~90℃液化60min，注意补充水分。然后冷却至60℃，用H_2SO_4调pH在3.8~4.0，加糖化酶100U/g玉米粉，保温糖化60min，用糖度计测糖度，分装入2只三角瓶中，冷却至28~30℃，加入2%葡萄糖。

三、固定化酵母的酒精发酵

糖化醪中加入固定化酵母颗粒（湿酵母泥1%），用带玻璃弯管的皮塞封口，玻璃管的出口端放入水中进行水封，也可简单采用4层纱布包口，置于28℃恒温培养箱中培养48h。发酵结束后取出三角瓶，测发酵醪pH、残糖。

取醪液100mL加100mL水于蒸馏瓶中，进行蒸馏测酒精含量，计算100g原料的出酒率。

将酵母细胞用载体固定起来进行酒精发酵不仅可以使细胞浓度增加，而且可以多次使用，减少了酵母细胞增殖所消耗的糖分，增加了发酵强度，提高生产效率。目前用于酒精发酵生产的酵母菌种都可以用于固定化。

用可再生的农林植物纤维为原料，利用生物技术制取酒精，是当前国际上所关注的重点课题之一。夏黎明等从休哈塔假丝酵母（*Candida shehatae*）细胞的固定化着手，将1.2%的Al_2O_3添加在质量分数为2%的$CaCl_2$溶液中，形成机械强度较好、富有弹性、糖的利用率高和发酵性能好的凝胶颗粒，并且进一步探讨了固定化细胞的发酵特性，证实了采用固定化增殖细胞发酵己糖和戊糖，固定化凝胶珠的稳定性强，操作简便，发酵速度快，生产周期短，酒精得率高，在可再生资源的综合开发利用方面具有重要的理论价值和广阔的应用前景。

2. 载体结合法

载体结合法是指将细胞附着在预先加工好的载体的外表面上的一种细胞固定化方法。细胞之所以能附在载体基质的表面上，是由于细胞对固体表面有某种亲和力所致。细胞通过物理吸附（范德华力）、静电作用（离子结合或氢键）而附着在载体的表面，如图7-1（5）、（6）、（7）所示。浙江大学的程江峰等选用了无机材料——陶瓷拉西环作为啤酒酵母的吸附固定化载体材料，在填充床反应器中进行啤酒连续快速发酵反应，取得了良好的效果。该材料比表面积大，表面孔隙率高，微孔孔径比较适合于吸附酵母细胞，且耐高温、耐酸碱，机械强度高，易再生，可反复使用。用于细胞固定化的吸附剂载体有硅藻土、氧化铝、硅胶、羟基磷灰石、多孔陶瓷、多孔玻璃、多孔塑料、金属丝网、微载体和中空纤维等。载体结合法制备固定化细胞，操作简便易行，反应条件温和，对细胞活性影响小，但载体和细胞间结合力较弱，细胞容易脱落，同时也可能由于自溶而从载体丢失，所以其使用受到一定限制。但是，该法在动物细胞固定化中却显示出一定优势，因为动物细胞大多数都具有附着特性，能够很好地附着在容器壁、微载体和中空纤维等载体上。其中微载体已有多种商品出售，例如瑞典的Cytodex、美国的Superbeads等，已用于多种动物细胞的固定化，以生产β-干扰素、人组织纤溶酶原活化剂、白细胞介素以及各种疫苗等。还有一种情况是细胞吸附在多孔材料形成的基质中，也属于载体结合法。共价结合法利用细胞表面的反应基团（如氨基、羧基、羟基、巯基、咪唑基）与活化的无机或有机载体反应，形成共价键将细胞固定。用该法制备的固定化细胞一般为死细胞。共价结合法所用的共价耦联试剂易造成细胞的破坏，因此这个方法用于固定化细胞的报道较少。共价结合法用于固定化细胞的发展有赖于新的温和的功能试剂的开发。但也有成功的例子，如有人将藤黄微球菌共价耦联于羟甲基纤维素上仍然保持高的组氨酸氨解酶活性。

此外，还可以利用专一的亲和力来固定细胞。例如，伴刀豆球蛋白A与α-甘露聚糖具有亲和力，而酿酒酵母（*Saccharomyces cerevisiae*）细胞壁上含有α-甘露聚糖，故可将伴刀豆球蛋白A先连接到载体上，然后把酵母连接到活化了的伴刀豆球蛋白A上，即进行了酿酒酵母的固定化。

3. 絮凝法

絮凝法是指在没有载体的情况下，借助加热、絮凝等作用使细胞彼此黏合达到固定化，同时胞内酶系也得到固定。该法主要是利用某些细胞具有形成聚集体或絮凝物颗粒的特点，或是运用多聚电解质诱导形成细胞聚集体，以实现细胞的固定。絮凝法可分自然絮凝法和人工絮凝法，如图7-1（8）、（9）所示。自然絮凝如加热，是将培养好的含葡萄糖异构酶的链霉菌细胞在60~65℃的温度下处理15min，使细胞絮凝成大颗粒，这样就具有固定化细胞的特征。加热可使其他酶失活，而葡萄糖异构酶被固定在细胞内，长时间使用而活力没有明显降低。又如链霉菌细胞用柠檬酸处理，使酶固定在细胞内，若用壳聚糖处理，使之凝聚干燥即成固定化细胞。

近年来，絮凝法在固定化细胞（活细胞或死亡细胞）的应用中有很大发展。从工艺学角度看，这种方法能使反应器单位容积的细胞浓度达到很高水平。使用种类不同的絮凝剂，可促进细胞凝聚。这些絮凝剂包括阳离子聚合电解质、阴离子聚合电解质以及金属化合物。阳离子聚合电解质有聚胺、聚乙烯亚胺和阳离子聚丙烯酰胺等；阴离子聚合电解质有羧基取代的聚丙烯酰胺、聚苯乙烯磺酸盐、聚羧酸等；金属化合物即 Mg^{2+}、Ca^{2+}、Fe^{3+}、Mn^{2+}的氧化物、氢氧化物、硫酸盐、磷酸盐等。

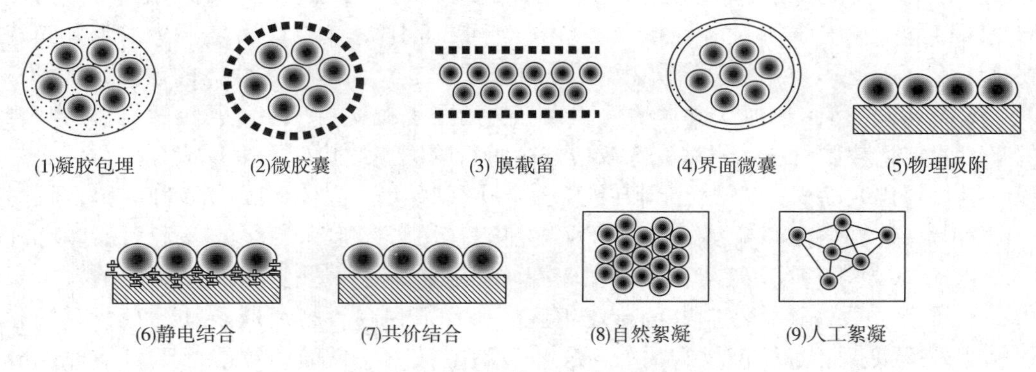

图 7-1　细胞固定化方法示意图

4. 交联法

交联法又称为无载体固定化法，是一种不用载体的工艺方法，通过化学、物理手段使微生物细胞间彼此附着交联。物理交联法是指在微生物培养过程中，适当改变细胞悬浮液的培养条件（如离子强度、温度、pH 等），使微生物细胞之间发生直接作用而颗粒化或絮凝来实现固定，即利用微生物自身的絮凝能力形成颗粒的一种固定化方法，其本质是一种絮凝法。化学交联是利用双功能或多功能试剂与细胞表面的反应基团（如氨基、羧基、羟基、巯基、咪唑基）反应，从而使细胞固定。常用的交联剂包括戊二醛、甲苯二异氰酸酯、双重氮联苯胺，由于交联试剂的毒性，这一方法具有一定的局限性。如用戊二醛交联大肠杆菌，得到的固定化细胞中天冬氨酸酶活性相当于游离细胞的 34. 2%。交联法单独用于固定化细胞，机械强度较差，所以交联法的一个发展方向是和包埋法结合，如应用戊二醛和海藻酸钙等试剂进行双固定化；另一个发展是絮凝交联，就是先利用絮凝剂将菌体细胞形成聚集体，再利用双功能或多功能交联剂与细胞表面的活性基团发生反应，使细胞彼此交联形成稳定的立体网状结构。在这两种情况下，既减小了交联剂对细胞的毒性，又增加了固定化细胞的强度和稳定性。

固定化细胞的方法都涉及细胞本身的饰变或它的微环境的改变，从而使细胞的催化动力学性质发生改变，结果是降低了天然活力。为了长期、连续使用天然状态细胞，还可采用沉淀、透析等方法。例如，多次重复使用菌丝沉淀是最简单的细胞固定化形式之一，并已在工业上应用。影响沉淀生成的因素主要是培养基、pH、氧浓度、振荡等。微生物菌体本身可认为是天然的固定化酶，选择适当的条件，如经过热处理使其他酶失活，而保存所需酶活力。

固定化完整细胞的方法虽有多种，但还没有一种理想的通用方法，各种方法都有其优缺点（表 7-1）。对于特定的应用，必须找到价格低廉、简便的方法，具备高的活力保留性和操作稳定性，而后两点是评价固定化生物催化剂的先决条件。

表 7-1　　不同包埋方法的比较

固定化方法	优点	缺点
包埋法	操作简单、稳定、条件温和、机械强度好、细胞活力高、密度大	网格型包埋的细胞并未与基质结合，需克服凝胶网格的扩散限制。膜截留要控制细胞生长，以免膜破裂
载体共价结合	条件温和、载体可再生、细胞和基质直接接触、传质好	细胞缺乏保护，细胞通过“洗出”损失多，细胞负载量较低。共价结合剂有毒，细胞活性小，应用受到限制
絮凝法	方法简便、费用低，形成的固定化细胞颗粒大	细胞有“洗出”的风险，对操作条件变化敏感，细胞保护不足
交联法	细胞浓度高	化学试剂有毒性，操作稳定性差，机械强度差

固定化酶与固定化细胞在制备方法和应用方法上也基本相同。上述固定化细胞的方法均适合于酶的固定化。对一个特定的目的和过程来说，是采用细胞，还是采用分离后的酶作催化剂，要根据过程本身来决定。一般来说，对于一步或两步的转化过程用固定化酶较合适。对多步转换，采用整细胞显然有利。

二、评价固定化细胞的性能的指标

1. 机械强度

固定化细胞的机械强度是其重要的物理特征。固定化细胞用于不同形式的生物反应器时，必须确定由于催化剂颗粒本身的质量和流体摩擦力对床层的压缩性。许多研究者首先通过实验获得了颗粒固定化细胞变形行为的特征，其中包括：①足以使催化剂颗粒破坏的临界作用力；②弹性系数，即在单位作用力的作用下固定化细胞受压缩的程度；③弹性变形与塑性变形的比值。实验结果表明，在同样大小的作用力下，单颗粒固定化细胞与整个固定床受压缩的情况存在一定的关系。其次，则是直接测定由固定化细胞形成的固定床层的压强降。依靠测定压强降与基质流量，确定固定化细胞装填高度。

当固定化细胞用于机械搅拌式生物反应器时，往往形成悬浮液。此时，固定化细胞颗粒表面的磨蚀现象又与固定化细胞的装载量有关。因此，有人曾根据悬浮液体浑浊程度的增加来测磨蚀速度，并将不同载体材料的表面磨蚀程度加以比较，从而建立起固定化细胞装载量限定值的合理判据。

2. 固定化细胞的活力

不论采用何种固定化细胞的方法，其首要目标是最大限度地保持固定化细胞的活力。

（1）固定化细胞的活力　固定化细胞的活力是固定化细胞催化某一特定化学反应的能力，其大小可用在一定条件下所催化的某一反应的反应速率表示。绝对活力用于估计每单位体积催化剂可能固定的细胞数量。可通过不同的方法表示：①染色法：二乙酸荧光素（FDA）能透过细胞膜，并作为荧光素积蓄在活细胞内，在细胞的非特异性脂酶的催化下，FDA 生成荧光素，从而产生荧光，死亡的细胞没有这种现象，根据这个原理可以判断固定化细胞是否具有活力；②呼吸强度测定：采用氧电极法测定细胞的呼吸作用来表示细胞的存活率；③细胞生长速率：细胞数量或质量的增加可以作为细胞活力的良好指标，可采用湿重法；④基质消耗的速率：利用基质在发酵过程中的消耗来判断固定化细胞的活力。

（2）固定化细胞相对活力　相对活力可用于评定细胞在固定化过程中引起的活力损失。其计算公式为：

$$相对活力=\frac{固定化细胞的总活力}{游离细胞总活力}\times 100\%$$

用不同的方法固定化细胞，其活力可能会有差异。对于活细胞的固定，优先考虑吸附法和包埋法，这样可获得较高的相对活力。而对于非活细胞，交联法具有较高的活力。吸附法一种非常温和的方法，制备的固定化细胞相对活力较高，但是，细胞装载量有限，不利于提高绝对活力。而包埋法固定细胞，可获得较高的细胞装载量，但由于包埋材料、方法不同，获得的相对活力也不同。采用天然高聚物材料如明胶、琼脂、角叉菜聚糖等包埋细胞，其相对活力接近100%。如果能够适当地控制反应温度和反应时间，采用单体或低聚物加以聚合的方法进行细胞的固定，可能会使细胞更加稳定。

3. 固定化细胞的有效因子

固定化细胞反应系统中，生化反应过程是在非均相物系中进行的。用于液相中的营养物质必须通过固相载体扩散到细胞的表面才能发生反应。整个生化反应过程经历几个步骤：首先，限制性基质从主流液体向细胞载体的区域扩散；接着，限制性基质通过载体周围液膜层的中间扩散以及载体内部孔道向深处扩散；然后，在空腔内形成的生物产品通过反方向向液体主流扩散。其中基质通过载体空腔内的扩散称为内扩散，其余称为外扩散。工业发酵过程中，可以尽量降低外扩散阻力，使整个外扩散过程不成为速率的限制步骤，仅仅是营养物质通过载体内复杂孔道的内扩散过程。在内扩散过程限制生化反应的情况下，模拟真实的反应速度，是在速率方程中增加一个有效因子 η。固定化细胞的有效因子定义为实际的生化反应速率与最大可能反应速率（具有活力的所有细胞都参与反应）之比，可简单地用公式表示：

$$\eta=\frac{扩散传质影响下的反应速率}{游离细胞无扩散影响下的反应速率}\times 100\%$$

有效因子的计算方法，可参照有关文献资料。一旦计算得到有效因子的数值，就可以简单地将其与游离细胞反应下的速率相乘，从而得到固定化细胞的真实反应速率。显然，增大有效因子可以增大固定化细胞生化反应速率，从而提高生物反应器的生产能力。实际生产中，提高固定化细胞绝对活性比提高有效因子更为重要。提高绝对活性意味着提高每单位反应体积的转化率，从而大大弥补了有效因子小可能带来的缺陷；而且提高有效因子受到固定化细胞颗粒允许最小直径的限制。显然，降低颗粒直径是增大有效因子的最重要的途径，但当颗粒直径小于0.2mm时，很难在任何大规模生产中使用。

4. 固定化细胞的稳定性

稳定性是用来表征固定化细胞系统动力学特征的第三个参数，包括贮藏稳定性和操作稳定性。贮藏稳定性与贮藏条件有关，此时无基质存在，也不同于反应条件下的温度。操作稳定性的数值通常与反应条件有关，更确切地说，与操作条件有关。固定化细胞的操作稳定性比之处于游离状态的要高得多。这也是完整细胞固定化的一个重要特征。操作稳定性通常用半衰期表示，固定化细胞的半衰期是指在连续测定的条件下，固定化细胞的活力下降为最初活力一半经历的连续工作时间，以 $t_{1/2}$ 表示。固定化细胞的操作稳定性是影响实用的关键因素，也可通过较短时间的操作进行推算。对于活细胞或增殖细胞的情况，有不同的稳定性判据。由于生物细胞不断增殖，菌体数量的增加可能给载体材料稳定性造成影响，最终导致固定化体系破裂。因此，固定化方法和载体材料的机械性能是影响操作稳定性的重要因素。

正如有效因子一样，不应盲目追求过高的操作稳定性。从经济的角度考虑，用单位数量固定化细胞计算的生物反应器生产能力大小是衡量固定化细胞性能的一个重要尺度。在活性很高的情况下，即使几天的操作稳定性也可能被人们所接受。

固定化细胞的操作稳定性与活性、有效因子之间有着密切的联系。无论从理论或生产实践上都可以证明，强化传质可以增加半衰期。固定化细胞颗粒直径越大（有效因子越小），半衰期越长，操作稳定性应该越高。实质上操作稳定性的提高是以牺牲有效因子为代价的。因此任何先进的固定化细胞技术和有关的过程设计都应在活性、有效因子和操作稳定性之间权衡，以便寻求一个最佳的方案。许多事实证明，促进固定化技术进步的关键因素是将工业上重要的生物转化途径与工业上可以接受的活性、有效因子和稳定性有机结合起来。固定化技术的开发还应致力于改善从主流相向固定化细胞相的传递过程，这样才能使固定化技术发挥更大的作用。

三、固定化细胞的特点

由于固定化细胞既有效地利用了游离细胞完整的酶系统和细胞膜的选择通透性，又进一步利用了酶的固定化技术，兼具二者的优点，又比较容易制备，所以在工业生产和科学研究中广泛应用。与天然游离细胞相比，固定化细胞发酵具有更显著的优越性。

（1）固定化载体为细胞生长提供了相对稳定的空间，保证了生物反应器内较高的细胞浓度。

（2）由于细胞被载体固定，因而不会产生流失现象，连续反应的稀释率大大提高；固定化微生物细胞保持了细胞的完整结构和天然状态，稳定性好。从理论上讲，只要载体不解体、不污染，固定化细胞可以长期多次重复使用，简化了操作，减少营养基质的浪费，缩短了发酵生产周期，可提高生产能力。

（3）发酵稳定性好，可以较长时间反复使用或连续使用。一般情况下，将活细胞固定在载体上并使其在连续反应过程中，细胞保持旺盛的生长和繁殖能力，由于细胞不断增殖、更新，反应所需的酶也就可以不断更新，而且反应酶处于天然的环境中，更加稳定，因此，固定化增殖细胞更适于连续使用。

（4）发酵液中含游离细胞较少，有利于产品分离纯化，提高产品质量。

（5）固定化微生物细胞保持了细胞内原有的酶系、辅酶系和代谢调控体系，可以按照原来的代谢途径进行新陈代谢，并进行有效的代谢调节控制，因此，更适合于进行多酶体系（顺序）连续反应，所以说，固定化增殖细胞在发酵工业中最有发展前途。固定化微生物细胞密度提高，可以提高产率。如海藻酸钙凝胶固定化黑曲霉细胞生产糖化酶，产率提高30%以上。用中空纤维固定化大肠杆菌生产β-酰胺酶，产率提高20倍。

当然，固定化细胞技术也有它的局限性，如利用的仅是胞内酶，而细胞内多种酶的存在，会形成不需要的副产物；细胞膜、细胞壁和载体都存在着扩散限制作用；载体形成的孔隙大小影响高分子底物通透性等，但这些缺点不影响它的实用价值。实际上，固定化细胞技术现在已经在工业、农业、医学、环境科学、能源开发等领域广泛应用。随着这一技术的进一步发展和完善，必将取得更加丰硕的成果。

固定化细胞通常只能用于胞外产物的生产，而对于胞内产物来说，采用固定化细胞将会使产物的分离纯化更为复杂。因此，可以考虑除去微生物细胞或植物细胞的细胞壁制成固定化原生质体，则有可能增加细胞膜的通透性，从而使较多的胞内物质分泌到胞外。

细胞经固定化以后，其最适 pH 因固定化方法的不同而有些差异，如用聚丙烯酰胺包埋的大肠杆菌的天冬氨酸酶和产氨短杆菌中的延胡索酸酶的最适 pH 向酸性范围偏移，但用同一种方法包埋的大肠杆菌中的青霉素酰化酶的最适 pH 则没有变动。与 pH 类似，由于细胞固定化方法的不同，也有可能导致最适温度发生不同的变化。一般情况下，细胞经固定化以后，其稳定性会有所提高。被固定在载体内的细胞在形态学上一般没有明显的变化。通过光学显微镜、电子显微镜观测表明细胞的形态与自然细胞没有明显差别。但是，扫描电镜观察到固定化酵母细胞膜有内陷现象。无论用海藻酸钙、聚乙烯醇还是聚丙烯酰胺凝胶包埋，都有类似情况，形成“凹池”的原因尚待进一步研究。

第二节　影响固定化细胞的因素及发酵效果

由于其用途和制备方法的不同，固定化细胞的形状可以是颗粒状、块状、条状、薄膜状或不规则状（与吸附物形状相同）等，目前大多数制备成颗粒状珠体，这是因为不规则形状的固定化细胞易磨损，在反应器内尤其是柱式反应器内易受压变形，流速不好，而采用圆形珠体就可以克服上述缺点。另外，圆形珠体由于其表面积最大，与底物接触充分，所以生产效率相对较高。细胞的固定化可以选择活细胞，还可以选择死细胞，甚至是细胞碎片、细胞器以及处于不同生理状态的细胞。固定化细胞的性能对代谢产物的积累有非常重要的意义，不论哪种固定化方法，均需考虑固定化细胞的机械强度、细胞活性、稳定性以及有效因子等。

固定化细胞发酵体系的影响因素很多，如接种量、载体类型、凝胶体积、基质浓度、环境条件（如培养基组成、温度、pH 以及溶氧浓度）等。近年来，在基因工程菌的固定化以及发酵方面也取得一定的成绩。固定化基因工程菌，可提高质粒的稳定性以及克隆基因产物的表达量，培养条件对固定化工程菌的培养有一定的影响，非生长的基因工程菌的固定化，可提高其半衰期并能稳定操作较长时间，正是基因工程菌的固定化研究推动了固定化技术的发展。

一、影响固定化细胞的因素

1. 固定化载体

理想的载体材料应具有对微生物无毒性、传质性能好、性质稳定、寿命长、价格低廉等特性。它可分为有机高分子载体、无机载体和复合载体三大类。载体对于质粒稳定性以及产物表达量的提高尚无系统的研究，因此有关这一重要因素的信息很少。考察琼脂糖、海藻酸盐以及聚丙烯酸树脂等材料对生产胰岛素原的工程菌的包埋情况后认为，琼脂糖最为有效，因为它既无毒又可迅速释放包埋的胰岛素原。而海藻酸盐和聚丙烯酸树脂只能释放 15%～20%包埋的胰岛素原。所以多孔琼脂糖被选作生产胰岛素原的重组细胞的固定化载体。利用中空纤维膜固定化大肠杆菌生产6-氨基青霉烷酸，可以提高反应器中单位体积青霉素酰化酶的活性而实现高浓度青霉素的裂解。另外还有一些其他载体如硅酮泡沫、棉布和Cyclodex 1微载体等。这些材料毒性低、机械强度及热稳定性高，且具有较好的亲水性。

2. 胶粒浓度和大小

Birbaum等研究认为胶粒在反应器中所占体积越大（即胶粒越多），重组基因生产目的产物的能力越强。在较低接种量的情况下，胰岛素原的产量随着胶粒数量的增加而增加，在胶粒数量过多时，从胶粒中游离出的细胞也会相应增加，但其内部的重组质粒则可保持较高的稳定性。显而易见，若要提高反应器的体积产量，就必须采用高浓度的固定化胶粒。研究表明，凝胶浓度提高后，溶质扩散及溶氧摄取都随之降低，而使转化反应受到影响。同样，在凝胶浓度一定的情况下，胶粒的大小（胶粒直径）影响目的产物的生产，胶粒直径越小则转化率越高。一般采用2%介质浓度固定化重组细胞效果较好一些。

3. 培养基的营养组成和培养条件

（1）培养基的营养组成　在游离细胞体系中，质粒的稳定性会受到营养限制的影响。同样，在固定化体系中，葡萄糖、氮源、磷酸盐及镁盐中任一组分不足都会影响到质粒稳定性。在这些限制性培养基中，游离及固定化系统中的P^+细胞（带有质粒的细胞）均会有所增加，但在固定化体系中情况要好得多。在上述诸因素中，磷酸盐和镁盐对质粒的稳定性影响最显著，这可能是胶粒中活细胞数目减少而造成的。

（2）培养基的pH和温度　温度对固定化细胞活性的影响具体表现在影响酶的活性、质膜的流动性和物质的溶解度，而每一个酶促反应都是在一定的pH条件下进行的，因此，温度和pH同样会影响克隆基因表达胰岛素原的效率。在pH7.0，最佳温度25～30℃，胰岛素原表达量达到最高。Sayadi等研究了温度对大肠杆菌W3101中的pTG201质粒稳定性的影响，实验结果表明31℃时质粒稳定存在于宿主中，温度升高到42℃时游离及固定化系统中质粒稳定性均有所下降，但固定化系统可适当增强重组细胞的热稳定性。这可能是因为介质中P^-细胞（不带质粒的细胞）与P^+细胞相比缺乏竞争力的缘故。为了提高重组菌目标产物的表达量，人们建立了基于温度变化的两步连续固定化细胞培养法。首先在第一反应器中，控制温度31℃，使大肠杆菌处于抑制状态，从而增加质粒的稳定性。从第一个反应器中释放的细胞不断地流入温度为42℃的第二个反应器中，此时重组细胞产生儿茶酚-2，3-二氧化酶。这种温度变化的去抑制作用并不影响胶粒中细胞的活性，但大部分的研究者均选择37℃作为最佳培养温度。研究表明，pH对固定化的哺乳动物细胞发酵有影响，通过控制pH在一定水平可多获得40%的目的产物，固定化体系的pH范围多选择在7.0～7.6。

（3）溶氧浓度　Marin等利用向反应器中通入纯氧的方法提高了固定化大肠杆菌K12细胞中质粒的稳定性。这是因为重组细胞在通纯氧情况下比通空气的生长速度要慢，传代分化数目减少，从而产生P^-细胞的概率降低，即P^+细胞的概率增高，并进而提高重组细胞中质粒的稳定性。胶粒的形态测定显示，通纯氧10h与通空气培养相比，胶粒内部可形成更大的菌落，且菌落占胶粒体积的百分比更大。在通纯氧的情况下，质粒的拷贝数及转化子数目可保持200代不变。Huang等也发现类似的情况，他们认为通纯氧使质粒稳定性增加是由于重组菌生长速率降低及抑制了目的产物产生所致。

（4）接种量　接种量对发酵生产有一定的影响，重组细胞中质粒的稳定程度受接种量的影响。早期的研究表明，在胶粒表面50～150μm附近，固定化细胞呈单层生长，在胶粒内部没有观察到细胞生长。但减少接种量可以使胶粒表面和内部的重组细胞数均有较大程度的提高，可能是由于胶粒中最初的低细胞浓度有利于营养物质和氧气的传递作用，促使细胞生长。

案例 7-2 固定化大肠杆菌生物反应器生产抗生素

由于抗生素的发酵模式是非生长耦联型，因此菌体生长阶段和代谢产物合成阶段所需的营养条件是不同的。采用固定化细胞发酵生产抗生素，从理论上，阻止固定化细胞的增殖是可能的，因而可以使用较稀的培养基来连续合成抗生素。

6-氨基青霉烷酸是青霉素的母核，将青霉素 G 用固定化大肠杆菌青霉素酰化酶作用，水解除去侧链后形成 6-氨基青霉烷酸，也称无侧链青霉素。大肠杆菌 D816 可采用通气搅拌培养法，在蛋白胨、氯化钠、苯乙酸等为主要成分的培养基中，28℃、pH7. 0 条件下可完成转化反应。首先进行大肠杆菌固定化，取湿菌体 100kg，置于 40℃反应罐中，在搅拌下加入 50L 10%戊二醛溶液中，再转移至搪瓷盘中，使之成为 3~5cm 厚的液层，室温放置 2h，再转移至 4℃冷库过夜，待形成固体凝胶后，通过粉碎和过筛，使其成为直径 2mm 左右的颗粒状固定化大肠杆菌细胞，用蒸馏水及 pH7. 5 和 0. 3mol/L 磷酸缓冲液先后充分洗涤，抽干，备用。其次，制备固定化大肠杆菌生物反应器，将上述充分洗涤后的固定化大肠杆菌细胞装填于带保温夹套的填充式反应器中，即成为固定化大肠杆菌反应器，反应器规格为直径 70cm×160cm。再次，进行转化反应。

取 20kg 青霉素 G 钾盐，加入 1000L 配料罐中，用 0. 03mol/L、pH7. 5 的磷酸缓冲液溶解，并使青霉素 G 钾盐浓度为 3%，调节罐中反应液温度到 28℃，维持反应体系的酸度在 pH7. 5~7. 8，以 70L/min 流速使青霉素 G 钾盐溶液通过固定化大肠杆菌反应器进行循环转化，直至转化液酸度不变为止。循环时间一般为 3~4h。反应结束后，放出转化液，再进入下一批反应。

转化液经过滤澄清后，滤液用薄膜浓缩器减压浓缩至 100L 左右，冷却至室温后，于 250L 搅拌罐中加 50L 醋酸丁酯充分搅拌提取 10~15min，取下层水相，加 1%活性炭于 70℃搅拌脱色 30min，滤除活性炭，滤液用 6mol/L HCl 调 pH 至 4 左右，5℃放置结晶过夜，次日滤取结晶，用少量冷水洗涤，抽干，115℃烘 2~3h，得成品 6-氨基青霉烷酸，收率为 70%~80%。

4. 生物反应器的选择

固定化细胞系统的生产能力和在工业上应用上的可行性，在很大程度上取决于反应器的选择，按其用途可以分为两类：①生物转化反应器：其产物的生成与细胞生长无关的生物反应器；②生产初级产物的反应器。影响反应器选择的因素有固定化方法、固定化细胞的形状、颗粒大小、密度、机械强度、底物的性质、抑制作用、流体动力学的特性以及经济因素等。

目前供选择的反应器如下。

（1）连续搅拌罐反应器　适用于有底物抑制的情况。

（2）填充床反应器　又称活塞流反应器，适合滞留时间较长的反应，可解除产物抑制。

（3）流化床反应器　可用于处理黏性强和带颗粒的底物，也可以用于需要供氧或排放气体的反应。

（4）膜反应器　适于需要供氧或排出 CO_2 的反应，但对细胞生长速度快、细胞浓度高、易引起膜破裂的不适用。

（5）转盘式生物反应器　其优点是易于供应氧气、细胞浓度高、发酵液黏度低、所需能量低和操作成本低。

此外还有塔式反应器、纤维固定细胞反应器、筛板反应器和循环床反应器等，但迄今为止还没有一种通用的、理想的反应器，因此必须针对各自研究或生产的对象，选用或研制合适的生物反应器。

由于膜固定化细胞反应器能把高密度细胞固定在膜所形成的空间内，细胞处于自由环境中，免受剪切力损伤，同时还可对产物进行原位分离，消除了抑制效应，便于大规模连续生产，因而使生产率大大提高，已成功地应用于微生物发酵和动植物细胞大规模培养中。

目前，固定化细胞生物反应器在发酵工业、食品工业、能源、医药和环境工程上都具有了一定程度的应用，并且部分研究成果已经完成中试，开始了工业化生产。

二、固定化基因工程菌的发酵效果

固定化细胞不但密度大，而且可增殖，可以进行连续发酵，缩短发酵周期，提高生产能力，发酵稳定性好，并有利于产品的分离和提取。特别是近几年发展的基因工程菌的固定化，有可能使大规模培养过程中重组菌的稳定性问题得到较好的解决。利用基因工程菌来生产目的产物，固定化工程菌的效果更为理想。

固定化微生物在四环素、头孢菌素、杆菌肽、氨苄西林等抗生素方面的应用成果显著，固定化细胞还可用于生化药物和甾体激素的发酵生产。利用固定化细胞大量生产氨基酸，例如固定化 *E. coli* 和 *Pseudomonas putida*，将 DL-丝氨酸和吲哚转化为 L-色氨酸。在 200L 的反应器中，L-色氨酸的产率可达到 110g/L。丝氨酸和吲哚的摩尔转化率可分别达到 91%和 100%，这一过程可以连续化操作。

迄今为止人们构建了许多重组菌用于生产不同的生物活性物质，其中的大部分研究正处于中试放大阶段。重组菌的宿主多选用大肠杆菌，在对这些重组菌进行固定化后，质粒的稳定性及目的产物的表达效率都有了很大提高。在游离重组菌系统中常用抗生素、氨基酸等选择性压力作为稳定质粒的手段，往往在大规模生产中难以应用，而采用固定化后，这种选择压力则可被省去。不同的宿主菌及质粒在固定化系统中均表现出良好的稳定性。因此固定化技术在重组菌生产目的产物的应用中与游离系统相比则更具有优势。

随着基因工程技术的迅速发展及其产业化进程的深入，提高重组菌的稳定性以减少其遗传退变、降低生产成本等问题越来越为人们所关注，部分基因工程菌的固定化及基因表达产物如表 7-2 所示。

表 7-2　基因工程菌固定化细胞及产物生产一览

基因工程菌	包埋介质	质粒	基因产物
E. coli	中空纤维	pBR322	β-内酰胺酶
	硅酮泡沫	pOS101	淀粉酶

续表

基因工程菌	包埋介质	质粒	基因产物
	硅酮聚合物	pBR322	淀粉酶
	琼脂	pBR322	人胰岛素原
	海藻酸盐	pKK233	β-内酰胺酶
	聚丙烯酰胺	pCBH4	氢气
	卡拉胶	pMCT98	β-半乳糖苷酶
	卡拉胶	pTG201	儿茶酚-2，3-二氧化酶
	琼脂	pPAl02	青霉素酰化酶
中国仓鼠细胞	微载体		人干扰素
Bacillus subtilis	海藻酸盐、聚丙烯酰胺、琼脂	pPCB6	胰岛素原
S. cerevisiae	卡拉胶		人绒毛膜促性腺激素

将固定化工程菌和游离工程菌相比较发现，固定化细胞具有高细胞浓度、克隆产物高效表达、稳定性好等特性。

1. 目的产物的产量提高

近年来，随着固定化细胞技术的发展，越来越多的研究者关注固定化细胞。固定化 *E. coli* 在催化反应过程中，其质粒更加稳定，目的基因产物的活力较高，产物易于分离和纯化，可快速大规模催化反应物转化为产物。由英才利用固定 *E. coli* AS1. 881 合成了天冬氨酸，在 pH9. 0、温度 40℃ 的条件下，发酵 48h，产物量达到最高。Trelles 等固定化 *E. coli* BL21c 催化合成腺嘌呤和次黄嘌呤核苷，固定在琼脂糖上的 *E. coli* 细胞发酵 26 批酶活力均未损失，1g 琼脂糖固定化菌株能合成 182g 腺苷，相当于 73g 游离菌的产率。还有研究者观察了海藻酸钠凝胶包埋的 *E. coli* 的效果，发现固定化 *E. coli* BZ18（pTG201）比无选择压力的游离细胞产生目的产物的量高 20 倍。在凝胶表面 50~150μm 距离内观察到有单层活细胞高密度生长，而在胶粒内部则无细胞生长。与之相似，*E. coli* C600（PBR322）在中空纤维膜反应器中也可高密度生长。在固定化体系中，细胞生长得更快，直到达到一个稳定状态，对相对游离体系而言，活细胞数目可达其 11 倍之多。

2. 克隆基因产物的高效表达

在基因工程菌的发酵生产过程中，如何提高工程菌的稳定性，提高基因产物的表达量，常常是人们关注的焦点，其中固定化基因工程菌提高表达量就是研究内容之一。罗世翊研究了 SA-CMC/$CaCl_2$ 微胶囊固定化重组 *E. coli* 萃取发酵生产 L-苯丙氨酸，由于受传质的影响，SA-CMC/$CaCl_2$ 微胶囊固定化培养的延迟期延长了 2h 左右，但 14h 的 L-苯丙氨酸产量约为 10. 40g/L。以 3%的纤维素硫酸钠（NaCS）、4%的聚二烯丙基二甲基氯化铵（PDMDAAC）制备得到的微胶囊固定化重组大肠杆菌萃取发酵生产 L-苯丙氨酸，发酵 22h 的 L-苯丙氨酸产量约为 13. 16g/L，不同的固定载体对产物的表达有一定的影响。

固定化细胞的方法对提高克隆基因产物合成量的影响对培养若干代后的细胞尤其显著。在连续操作的中空纤维膜生物反应器中可得到较高的 β-内酰胺酶产率，并能维持 3 周以上。固定化体系与悬浮体系相比可选择性地获得高产量的β-酰胺酶，固定化反应器运行到第3天和第100天的产量分别是后者的100倍和1000倍。此外，在微载体上固定中国仓鼠细胞生产人干扰素可稳定生产一个月。

3. 质粒的遗传稳定性

质粒的遗传稳定性是基因工程细胞最重要的因素，因为质粒是表达目的基因产物的载体。在固定化体系中P^+细胞可稳定遗传55代，传到第18代时，P^+细胞量是游离细胞的3倍。比较游离的和固定化的细胞在基础和LB培养基中的质粒遗传稳定性，发现在这两种培养基中固定化细胞质粒的遗传稳定性较高。与此相似，质粒pTG201可稳定于3种固定化的大肠杆菌中。在通纯氧的固定化体系中质粒的稳定性和拷贝数可较好地维持，到第200代时仍接近初始的100%。在研究了固定化对pTG201质粒在大肠杆菌W3101中稳定性的影响后发现，酶的产量在解抑制温度42℃时有所提高，但质粒稳定性有所下降。如若采用两步连续培养则可克服质粒的低稳定性问题：第一步是固定化细胞在31℃达抑制的情况下生长以防pTG201的丢失；将释放的细胞连续泵入第二步反应器，并于42℃解抑制的状态下生产高水平的酶。

在固定化体系中，质粒稳定性的提高不能用单一的因素来解释。虽然，P^+、P^-细胞之间有紧密的联系，但事实证明质粒在固定化细胞中的转移是不存在的。早期提出的隔室化理论并不能解释高稳定性，因为细胞生长到第6代就足以将胶粒内部的空间充满。带有pTG201质粒P^+和P^-细胞以87%和13%的比例共同固定化后繁殖了约80代，最后，P^+和P^-细胞在胶粒中比例不变，而与游离细胞体系大不相同。这样就证明了质粒稳定性的提高归功于P^+和P^-细胞无法在胶粒中竞争，以及固定化细胞在胶粒中繁殖缓慢的原因。同时微环境在稳定性方面也发挥了很重要的作用。对于固定化体系可以保护基因的稳定性至今尚无一个确定的解释。然而对于克隆基因分泌产物及其调控机制以及固定化细胞生理学的全面了解可以为重组细胞高稳定性提供更多的信息。就形态和通透性而言，观察重组细胞内部细胞膜、细胞壁组成的变化是很重要的，它可以增加对重组菌中质粒高稳定性的了解。

总之，与游离细胞体系相比，固定化技术可以明显提高基因工程菌的稳定性，并能保持宿主中质粒稳定性和拷贝数，使质粒结构不稳定和缺失现象减少或消失，可以获得更高密度的细胞和大量的克隆基因表达产物，因而可以减少反应器体积，大量减少回收费用。

第三节 固定化技术的应用

固定化细胞的应用范围极广，目前已遍及工业、医学、制药、化学分析、环境保护、能源开发等多个领域。

一、在医药方面的应用

新的药物（包括化学合成药物、天然药物及基因工程药物）不断问世，但将它们应用于临床并不是很顺利，其原因可能有以下几方面：①很多药物尤其是蛋白质类药物，口服很容易被胃蛋白酶分解和胃酸破坏或沉淀；②单纯注射后瞬时血药浓度升高，但马上被肝脏及血液中的酶系统所清除，需要反复注射，不仅增加了治疗费用，而且增加了感染的机会；③肿瘤化疗用细胞毒性物质选择性较差，全身毒副作用严重；④有些药物如反义核酸亲水性强，难以穿过细胞膜；⑤蛋白质类药物容易引起免疫反应；⑥很多药物稳定性差，不耐贮存。以上问题往往不能用简单的药物改构来完成，因此，对药剂学工作者提出了严峻的挑战。

近30年来，药物的新剂型发展很快，已逐步建立了药物理化性质及作用特点的合理给药体系，其核心特点是从时间和空间分布上控制药物的释放。在肿瘤的化学治疗及重组蛋白质类药物制剂中比较重要的几种控释体系有聚合的修饰、凝胶包埋、微球、脂质体及免疫导向等。这几种控释体系都涉及将药物与聚合物载体耦联或固定于某种聚合物载体上，因此也可称为载体药物。

1. 聚合物修饰

聚合物修饰多用于蛋白质类药物。这类药物生物半衰期短、免疫原性强，可用适当的水溶性高分子聚合物加以修饰以改善其性能。例如用甲基壳聚糖对天冬酰胺酶的修饰及聚乙二醇对原核表达重组人血小板生成素分子的修饰等，均可起到降低毒性、延长半衰期的作用。此外，小分子药物也可作用这一系统，如将抗癌药羟基硫胺素及甲氨蝶呤耦联于羧甲基纤维素后注射，可使荷瘤小鼠平均生存时间较对照组延长2倍左右。

2. 凝胶包埋

希望药物能够较长时间地维持一个稳定的血药浓度，可采用凝胶包埋法，即用生物相容性好的高分子聚合物与药物混合制成含有药物的凝胶，植入体内特定部位以达到缓释给药的效果。药物从凝胶中释出后，经周围组织吸收，然后进入血液循环或直接局部作用，避开了首次过敏效应，生物利用度高，作用时间长。例如将博莱霉素与聚乳酸一起溶解后，制成凝胶包埋于动物皮下，较直接注射治疗效果为好，是一种有应用前景的局部化疗给药系统。

与凝胶同属植入控释给药系统的还有硅橡胶管状剂、膜剂、微型剂及微胶囊剂等。此外在基因治疗中，如用红细胞生成素（EPO）基因治疗贫血，可将表达EPO的工程细胞株包埋于一小囊内植入组织中，达到释放EPO的效果。

3. 微球制剂

用高聚物微球包埋或化学耦联药物可制成微球制剂，它具有靶向性、缓冲性及减少耐药性等特点。微球与靶细胞接触，可以通过胞饮进入胞内发生作用而不影响细胞膜通透性，不会产生耐药性，早期使用的微球制剂不被生物降解，多为口服制剂。现用于注射的多为可生物降解成小于1μm的微球，如以生物可降解微球包埋入生长激素肌注动物，血药浓度稳定、不产生抗体，注射部位组织无病变，微球还可用于基因治疗及基因疫苗的载体。

为了改善微球制剂的靶向性能，可以采用改变微球大小、荷电性质、用抗体包被等方法，其中较为突出的是掺入磁性物质制成磁性药物微球。磁性药物微球用于肿瘤化疗，可以在足够强的外磁场引导下，通过动脉注射后富集到肿瘤组织定位，定量地释放药物，达到高效、速效、低毒的效果。除此之外，磁性药物微球可以减少网状内皮系统的吸收，因此可以增加化疗指数，并且可以直接栓塞肿瘤组织的血管，造成坏死。

4. 脂质体

脂质体是磷脂双分子层在水溶液中自发形成的超微型中空小泡，它同微球制剂一样都具有靶向性、长效性，并且可以通过胞饮作用向胞内释放药物从而避免耐药性；此外，还具有更好的生物相容性和可生物降解性，并且无毒性、无免疫原性。脂质体可应用薄膜法、乳化法、冻干法、超声波法等制造，药物的包封率和载药量是脂质体制剂质量控制的重要指标。水溶性、脂溶性、离子及大分子药物都可用脂质体包埋，尤其是反义核酸，基因片段及蛋白质等更显优越性。

脂质体也有一些缺点，如单纯脂质体依靠被动靶向性，因而限制了其在肿瘤化疗中的应用；脂质体在胃肠转运、分布不稳定，缺乏对血管的渗透性。在单纯脂质体的基础上进行化学修饰及改造，可以改善其性能，拓宽其应用。例如，用聚乙二醇类物质修饰脂质体可加强其稳定性，延长在血液循环中的存留时间，改变膜脂组成可以制备 pH 敏感型脂质体，使其将药物主要放于胞内，与热敏脂质体合并，局部加热可以达到化疗与热疗双重杀伤肿瘤的效果，改造后脂质体也可用于口服给药，脂质体表面的抗体可用于主动的免疫导向以治疗结核与肿瘤等，如抗肿瘤药阿霉素脂质体和顺铂脂质体已在国外上市。

5. 导向药物

导向药物具有主动靶向性，将针对肿瘤细胞的单克隆抗体与化疗药物化学交联，可以直接作用于肿瘤细胞产生杀伤作用，并且降低全身毒性。但是抗体药物复合物与肿瘤细胞结合数目有限，难以有效杀伤肿瘤细胞，因而用毒性非常强烈的毒素取代了化疗药物制备免疫毒素，具有更强烈的杀伤效果，免疫毒素还可用于骨髓移植中，供体骨髓 T 细胞选择性杀伤以避免移植物抗宿主病的发生。

除了将药物直接导向靶组织外，还可将药物化学修饰成不显活性的衍生物，导向到靶组织后，被靶组织特异的酶转化为活性药物，称为靶向前体药物。不仅药物可以直接耦联抗体，微球制剂和脂质体制剂同样也可以耦联抗体以增强其靶向性。此外，细胞表面的糖复合物也可作为靶向目标。虽然导向药物的研究是诱人的，但也有很多缺点和待克服的困难。如必须将单抗人源化，以避免鼠单抗引起的免疫反应，肿瘤细胞免疫原性很弱，且不均一性强，迄今很难找到普适性抗体；相对于其他制剂制备较为困难，且存在造价高等问题。

6. 临床治疗

在医学方面，如将固定化的胰岛细胞制成微囊，能治疗糖尿病，用固定化细胞制成的生物传感器可用于医疗诊断。有人将胰岛素固定于聚甲基丙烯酸薄膜上加入培养体系中，可以刺激细胞生长，起到代替血清的作用。如果使用游离的胰岛素，则需用 10 倍甚至 100 倍的剂量才能达到相同的效果。

固定化酶在临床治疗方面，如人体某种酶缺失或异常将导致某种疾病，给人体相应酶的补充可以治疗疾病或缓解症状，称为“酶疗法”。但是游离酶进入机体后容易被水解失活，另外非人原性酶还可能产生抗体及其他毒副作用。如果将酶固定后使用，则可在某一程度上解决上述问题。微小胶囊适于包埋多酶系统，因而可用于代谢异常的治疗或制造人工器官如人工肾脏以代替血液透析。此外，将红细胞的内含物制成微小胶囊，可作为红细胞的代用品以代输血之用。需要注意的是，用于人体内治疗用的固定化载体或胶囊，都应具有良好的生物相容性或是可生物降解性，以避免长期残留对人体带来的不良作用。

二、在废水处理中的应用

固定化细胞在环境保护、产能等领域都有着重要的应用。微生物去除氨氮需经过硝化、厌氧反硝化两个阶段。硝化菌、脱氮菌的增殖速度慢，要想提高去除率，必须要较长的停留时间和较高的细胞浓度，采用固定化细胞技术可以做到这点。固定化细胞技术在处理氨氮废水中的主要优势在于可通过高浓度的固定化细胞，提高硝化和反硝化速度，同时还可以使在反硝化过程低温时易失活的反硝化菌保持较高活性。周定等将脱氮细胞包埋于PVA（聚乙烯醇）中，结果表明在低温、低 pH 的条件下，固定化细胞能够保留比未包埋细胞更高的脱氮活性，减轻溶氧对脱氮的抑制作用，脱氮微生物在固定化载体中可以增殖。

含酚废水的处理普遍采用活性污泥法，但此法存在污泥产率高、易产生污泥流失、处理效率低等缺点。固定化细胞对废水中酚类等有毒物质的降解能力远大于游离细胞。利用固定化混合菌群可降解芳香烃废水。固定化细胞能利用这些物质生长并使之完全降解。与游离细胞相比，固定化细胞具有生长稳定、降解能力强的优点。

由于微生物经固定化后，其稳定性增加，抗生物毒性物质的能力也大大增强，因此可以被广泛地用于各种有机废水中重金属离子的去除。固定化酶也可以用于环境中微量有毒物质的含量测定以便监测环境，另外，固定化的微生物可用于“三废”处理。

固定化技术在光合细菌产氢上的应用越来越受到关注。细胞固定化为微生物提供一种相对稳定的生长环境，防止渗透压对细胞的危害，同时也有利于生物催化剂的连续使用，简化了培养液与生物催化剂的分离步骤，同时对抑制效应也有一定的缓解。刘双江等用海藻酸钠固定 *R. sphaeroides* H 菌株进行豆制品废水产氢实验，氢含量在60%以上，废水 COD 去除率达 41.0%~60.3%。研究还固定 *R. sphaeroides* 进行豆腐废水产氢实验，50h 连续产氢，最大产氢速率达 21L/（h·m^3），有机总碳量（TOC）去除率达 41%。

三、在轻化工方面的应用

固定化细胞在工业的各个方面都显示出广阔的应用前景，在食品、制药等轻工、化工领域的一些用途不胜枚举。固定化酶和固定化细胞除了用作工业催化剂外，现在许多的基因工程的产品都可将工程细胞进行固定化培养后获得。

抗生素是次级代谢产物，属非生长耦联型，以游离细胞采用连续发酵很难生产抗生素。由于抗生素的发酵模式是非生长耦联型，因此生长阶段和代谢产物合成阶段所需的营养条件不同。从理论上，阻止固定化细胞的增殖是可能的，因而可以使用较稀的培养基来连续合成抗生素。6-氨基青霉烷酸是青霉素的母核，用固定化大肠杆菌将青霉素 G 经青霉素酰化酶作用，水解除去侧链后形成 6-氨基青霉烷酸，也称无侧链青霉素。大肠杆菌 D816 可采用通气搅拌培养法，在蛋白胨、氯化钠、苯乙酸等为主要成分的培养基中，28℃、pH7.0 条件下可完成转化反应。

柠檬酸是有机酸中的主要品种，柠檬酸一般以黑曲霉为菌种来生产。在发酵过程中，由于菌体的生长，导致发酵液黏度上升，会影响氧的传递。而采用固定化细胞技术，由于生长被抑制，因而不会影响氧的传递。

此外，在工业方面，还可以利用产葡萄糖异构酶的固定化细胞生产果葡糖浆；利用海藻酸钙或卡拉胶包埋酵母菌，通过批式或连续发酵方式生产啤酒；利用固定化酵母细胞生产酒精或葡萄酒；培养真核基因工程细胞株如 CHO（中国仓鼠卵巢）细胞时，为了促进细胞的生长常需加入血清或外源性生长因子，但这会增加后续纯化工作的困难，并增加成本。

在化学分析方面，酶催化反应具有高度的专一性，可制成各种固定化细胞传感器，可测定醋酸、乙醇、谷氨酸、氨和 BOD 等，因此可以用于化学分析和临床诊断。酶分析法具有灵敏度高、专一性强的优点。使用固定化酶进行酶法分析，提高了酶的稳定性，可以反复使用，并且易于自动化。这方面比较经典的例子是葡萄糖的检测，将葡萄糖氧化酶、过氧化物酶和还原性色素固定于纸片上即可制成糖检测试纸。与此相似的还有乳糖试纸、测定尿素的酶柱等。用固定化酶制成探头，连接到适当的换能系统就制成了酶传感器。

固定化细菌在新化学能源的开发中具有重要作用，例如将植物的叶绿体中铁氧化蛋白氧化酶系统用胶原膜包被，可用于水解和光解产生氢气和氧气。用聚丙烯酰胺凝胶包埋梭状芽孢杆菌 IF0384 株，可以利用葡萄糖生产氢气，并且稳定性好，无需隔氧。该系统如连接上适当的电极和电路系统，则可用于制造微生物电池。该系统可以利用废水中的有机物作为能源，既产能，又处理废水，一举两得。

四、共固定化技术

共固定化（co-immobilization）是将酶、细胞器或细胞同时固定于同一载体中，形成共固定化细胞系统。这种系统稳定，可使几种不同功能的酶、细胞器和细胞协同作用。共固定化技术是在混合发酵技术和固定化技术的基础上发展起来的一种新技术，综合了混合发酵和固定化技术的优点，与用遗传工程构建的细胞相比更有希望在短时间内应用于生产。

共固定化的形式有细胞与细胞，细胞与酶，细胞器与酶。用交联剂（戊二醛和单宁）将死的或活的微生物完整细胞，连同根据需要另外添加的酶一起进行固定化处理，制得固定化单酶或多酶生物催化剂。如将米曲霉产生的乳糖酶与酿酒酵母一起加以固定化，用于连续发酵乳糖、生产酒精。将糖化酶与含 α-淀粉酶的细菌、霉菌或酵母细胞一起共固定，可以直接将淀粉转化成葡萄糖。由于纤维素分解常受其中间产物和末端产物葡萄糖的抑制，若将酵母与纤维二糖酶（β-葡萄糖苷酶）一起进行固定化制得的新型生物反应器，既能将纤维二糖转化为葡萄糖，同时还可以将葡萄糖发酵成酒精，这样更可清除纤维二糖水解产物葡萄糖的抑制作用，也可以进行连续发酵生产酒精。有人将蛋白酶吸附到啤酒酵母的表面，再用戊二醛在单宁溶液中让其交联固定化，这种共固定化的方法用于生产葡萄酒会有低泡沫性和高发酵性的特点。还有人将 β-半乳糖苷酶先共价耦联到海藻酸钠上，然后采用常规方法将其共固定化到酿酒酵母上来发酵乳糖生产乙醇，这些再次说明，共固定化是一种弥补重组 DNA 方法不足的一个有效方法。

另一种酶与细胞固定化的方法是利用细胞作为辅酶的再生系统，以提供酶的作用。例如，利用大肠杆菌的呼吸电子链再生 NAD^+的氧化型，可在共固定化细菌和乙醇脱氢酶系统连续地将乙醇转化为乙醛。很多例子表明，利用原核生物作为辅酶再生系统要比采用细胞器（如叶绿体、线粒体或膜碎片等）容易得多，许多研究者曾试验将细胞器与细胞共固定化在一起，但是，这样并未表现出有很大的应用前景，因为细胞器在遗传上本来就不稳定。对于所有的固定化系统，总是由最差稳定性的组分决定整个系统的稳定性。类似的方法也可以用于共固定化己糖激酶和含有 ATP 再生系统的细胞色素细胞器。

共固定化技术开创了一种新的可能性，常规固定化酶或细胞不能实现对底物的作用，而它能实现。但是，进行固定化时，也会出现一些问题，如共固定化系统中各种成分的比例关系及最佳条件的确定问题。

思考题

1. 简述固定化酶、固定化细胞制备方法与特点。
2. 固定化细胞与游离细胞发酵有何不同?
3. 如何评价固定化细胞?
4. 基因工程菌的固定化有什么意义?
5. 简述固定化技术的其他应用。
6. 为什么要进行共固定化?
7. 试举一例说明固定化细胞的方法和步骤。

第八章　基因工程菌发酵及其调控

基因工程菌（genetically engineered microorganism，GSM）是指以微生物为操作对象，通过基因工程手段将外源基因导入并在细胞中表达的重组菌株，包括细菌、放线菌等原核微生物细胞和酵母、丝状真菌等真核微生物细胞。有时也把基因工程菌称为重组菌（recombinant microorganism），其构建过程包括表达载体的选择、宿主细胞的转化、工程菌的筛选鉴定和遗传稳定性研究等内容。基因工程菌能够按照事先设计表现出新的优良性状，如改善菌种不良特性、大幅度提高产物产量、高效表达外源基因的编码产物等，目前已广泛应用于抗生素、氨基酸、蛋白质、疫苗等生物药物及化工产品的生产中。正确高效表达目的基因的细胞才能用于工业化生产，由于工程菌存在外源基因，大多数情况下由质粒携带，因此在发酵过程中，需要提供最佳的环境条件，使质粒稳定性增强，外源基因的表达效率提高。生产中采用高密度发酵及各种手段对基因工程菌的发酵过程进行调节和控制，并防止基因工程菌对生态环境的影响，以提高目的产物的表达水平。

第一节　基因工程菌的构建

基因工程菌的构建是通过基因工程手段进行生物产品生产的必要条件，所构建的基因工程菌株生产性能是否优良直接影响目标产物的产率以及生产的成败。基因工程菌的构建包括目的基因的克隆、重组表达载体的构建、重组工程菌株的筛选鉴定三个主要环节，基因工程菌的构建过程如图 8-1 所示。

一、目的基因的克隆

目的基因是编码最终蛋白质或多肽产品的特定基因序列，一般情况下是功能结构基因。目的基因的正确性直接决定了最终产物的正确性和活性，是基因工程菌株构建过程中至关重要的一步，因为只要有一个碱基发生变化，就可能导致编码氨基酸的变化，从而影响产物蛋白质的正确编码和生物活性。目的基因的获得方法主要包括：①对于已知基因序列信息的，可通过 PCR 技术在体外进行目的基因的快速扩增与获得；②对于基因片段较小的目的基因序列（<100bp），还可通过化学合成的方式由 DNA 自动合成仪获得；③对于不完全已知序列的目的基因片段，则需要通过较为费时的方法，如基因文库的构建和杂交筛选、染色体步移等技术进行克隆。目前，随着高通量基因组测序技术的发展，大量生物体的基因组已经完成测序，因此在基因工程菌构建过程中，目的基因的克隆主要通过 PCR 的方式获得。目的基因获得手段及特点见表 8-1。

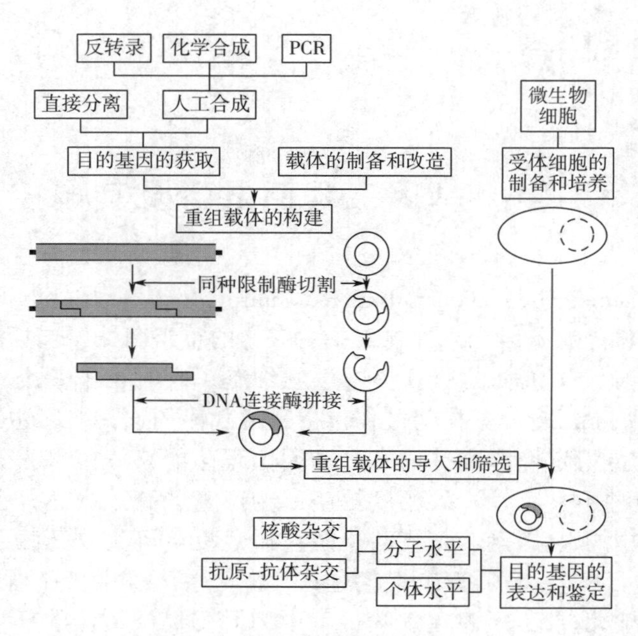

图 8-1 基因工程菌的构建过程

表 8-1 目的基因获得方法特点及比较

方法	优点	不足
化学合成	完全已知序列，更适宜于引物的合成	可合成的基因长度很短
PCR 扩增	简单快速、高效、特异性强	基因序列必须已知且受 DNA 聚合酶活性和保真性限制
文库筛选	可获得很长片段，无碱基错误，适用于未知序列基因克隆	过程复杂，烦琐耗时

1. PCR 扩增目的基因

自 1985 年 Kary Mullis 发明聚合酶链式反应（polymerase chain reaction，PCR）技术以来，体外进行目的基因的克隆变得简单、快速且高效，目前 PCR 扩增技术已成为基因克隆的主要技术手段，该技术的出现也极大地促进了基因工程和分子生物学等领域的快速发展。

（1）PCR 工作原理　PCR 是在体外模拟体内 DNA 复制方式，快速扩增特定基因片段的过程。以 DNA 为模板，在一对特异性引物的指导下，由 DNA 聚合酶催化的扩增特定 DNA 序列的反应过程。PCR 是一个重复性的循环过程，目的片段的数量每经过一个循环的扩增约增加一倍，即呈几何级数增加。每个循环由变性、退火、延伸三个步骤组成：①变性（denaturation），在高温下双链 DNA 模板变性，氢键断裂，解链形成两条单链；②退火（annealing），在低温下寡核苷酸引物与单链模板特定区域结合，形成局部双链区；③延伸（elongation），DNA 聚合酶与双链区结合，在聚合酶的催化下，在引物的 3′-OH 端逐个添加与模板链互补配对的脱氧核糖核苷酸，延伸合成与模板互补的完整的目的片段。

每经过一个循环，新合成的目的基因又可以作为下一轮循环的模板，参与变性、退火、延伸等反应过程。但是，当PCR扩增循环数增加至40个以后，随着聚合酶活性的降低以及底物的耗尽等因素，扩增反应效率急剧下降，PCR产物不再以几何级数增加，而达到一个平台期。

（2）PCR扩增反应体系　PCR扩增反应体系中的组分主要包括模板DNA、一对特异性引物、四种等浓度的脱氧核糖核苷酸（dNTP）、热稳定的DNA聚合酶以及稳定的缓冲液体系。

引物设计对扩增成功、特异性和效率是至关重要的。根据目的基因序列，设计上下游引物，长度一般为15~30bp。引物设计时应注意GC含量在40%~60%，3′端不要以A结尾，防止引物二聚体和发夹结构的形成，避免出现错配等情况导致的非特异条带的产生。退火温度一般在50~65℃，温度越高，特异性越强。

缓冲液是影响PCR反应的一个重要因素，特别是其中的Mg^{2+}能影响反应的特异性和片段扩增的产率。目前最常用的缓冲体系为10~50mmol/L的Tris-HCl（pH8.2~8.3，20℃）、50mmol/L的KCl、1.5mmol/L的Mg^{2+}、0.1g/L的明胶。Mg^{2+}浓度一般为1.5mmol/L左右，Mg^{2+}浓度过低时，酶活力明显降低；过高时，酶可催化非特异性扩增。由于反应体系中的DNA模板、引物和dNTP都可能与Mg^{2+}结合，因此降低了Mg^{2+}的实际浓度。所以反应中Mg^{2+}用量至少要比dNTP浓度高0.5~1.0mmol/L。KCl在50mmol/L时能促进引物退火，大于此浓度时将会抑制聚合酶的活性。在PCR中使用10~50mmol/L Tris-HCl，主要靠其调节pH使DNA聚合酶的作用发挥至最大。

PCR标准缓冲液对大多数模板DNA及引物都是适用的，但对某一特定模板和引物的组合，标准缓冲液并不一定就是最佳条件，因此可根据具体扩增项目进行改进。

（3）PCR扩增参数　PCR扩增参数对PCR的效果有重要的影响。

随着PCR技术的不断发展，目前已衍生出多种不同用途的PCR扩增技术，如逆转录PCR（reverse transcription PCR，RT-PCR）、Overlap PCR以及反向PCR等。RT-PCR是将RNA的逆转录（RT）和cDNA的聚合酶链式扩增反应（PCR）相结合的技术。提取组织或细胞中的总RNA，以其中的mRNA作为模板，采用Oligo（dT）或随机引物利用逆转录酶反转录成cDNA，再以cDNA为模板进行PCR扩增，而获得目的基因。由于真核生物与原核生物基因结构不同，蛋白质编码基因在染色体上通常被多个内含子间隔，因此，直接从基因组上不能获得有用的目的基因，对于这类目的基因就可采用RT-PCR进行基因克隆。

在获得真核生物mRNA以后，经过两个步骤即可得到cDNA，第一步在单引物的介导和逆转录酶的催化下，合成与mRNA互补的cDNA第一条链；第二步加热后cDNA第一条链与mRNA链解离，然后与另一引物退火，并由DNA聚合酶催化引物延伸生成与cDNA第一条链互补的第二条链，得到双链cDNA。

2. 限制性核酸内切酶反应

在获得目的基因片段后，需要将其与合适的克隆载体进行重组连接，首先需要对两者进行限制性核酸内切酶的消化。限制性核酸内切酶（restriction endonuclease）是可以识别并附着特定的脱氧核苷酸序列，并在每条链中特定的两个脱氧核糖核苷酸之间的磷酸二酯键进行切割的一类酶，产生相应的限制性片段。对得到的目的基因片段和克隆载体建立相同酶切反应体系，通过限制性核酸内切酶的消化作用，在目的基因片段和克隆载体两端形成突出黏性末端或平末端，通常优先使用可产生黏性末端的限制性核酸内切酶，以通过黏性末端的碱基互补配对作用提高后续连接效率。酶切体系由目的基因片段或克隆载体、限制性核酸内切酶、缓冲液组成，在适应的酶切温度下作用一定时间，加入 0.5μL 0.5mol/L EDTA 以螯合 Mg^{2+}，终止反应。也可以加入 1/10 的终止缓冲液（1%SDS、50%甘油和 0.05%溴酚蓝），之后进行琼脂糖凝胶电泳分析判断酶切效果。彻底酶切非常重要，因为只有末端完全匹配的目的基因片段与质粒片段才能实现正确连接，不完全酶切会大大降低连接效率，较长时间酶切反应有利于完全切割。

3. 连接反应

将完全酶切消化的目的基因片段与克隆载体片段进行连接反应。DNA 连接反应是在连接酶（ligase）的催化下，将 DNA 双链上相邻的 3′羟基和 5′磷酸基团共价结合，形成 3′，5′-磷酸二酯键，使两条 DNA 链连接起来。常用的连接酶有大肠杆菌 DNA 连接酶和 T4 DNA 连接酶。

酶切后，对相应片段分别进行纯化并回收，目的片段与质粒载体片段按 3∶1~10∶1 摩尔比，建立连接反应体系。连接反应体系由经过相同限制性内切酶消化的基因片段、载体片段、连接酶和缓冲液组成。在连接酶作用温度［一般 16℃，温度升高（>26℃）较难形成环状 DNA］下连接 0.5~8h，使目的基因片段准确地与克隆载体片段相连接，形成重组克隆载体。连接效率偏低时，可适当延长连接反应时间至数小时。

4. 转化与培养

将重组克隆载体人工导入至宿主细胞的过程即为转化（transformation）。对于大肠杆菌，最常用 $CaCl_2$法制备感受态细胞，热击实现转化。将连接体系加入感受态细胞溶液中，置于冰上 30min，42℃热击 45s，之后冰上放置 1~2min。加入 800μL LB 培养基，在 37℃培养 1h，涂布在含有相应抗性筛选的 LB 固体平板上，倒置培养至肉眼可见的单菌落为止。

5. 阳性菌株的筛选鉴定

在 DNA 体外重组实验中，外源 DNA 片段与载体的连接反应物一般不经分离直接用于转化，由于重组率和转化率较低，因此必须使用各种筛选与鉴定手段区分转化子（transformant，含有载体或重组分子的转化细胞）和非转化子（untransformant，不含载体或重组分子的宿主细胞）、阳性重组子（positive recombinant，含有重组 DNA 分子的转化细胞）与假阳性重组子（pseudo-positive recombinant，仅含有空载体的转化细胞）。单菌落的初步鉴定可采用蓝白斑筛选、菌落杂交、菌落 PCR 等高通量鉴定方法。各种鉴定方法与原理见表 8-2，可根据具体情况选择使用。

表 8-2　　转化细胞筛选鉴定的方法与原理

方法	原理	特点
菌落杂交	核酸的分子杂交	费时，筛选量小
抗生素筛选	载体携带选择性遗传标记，培养基中添加相应抗生素	方便快速，筛选量大，有一定假阳性
营养缺陷筛选	载体携带氨基酸或核苷酸的生物合成基因，培养基中缺失相应氨基酸或核苷酸	方便快速，筛选量大，有一定假阳性

续表

方法	原理	特点
蓝白斑筛选	外源基因插入使载体中 *lacZ* 基因失活，菌落呈白斑，反之，呈蓝斑	方便快速，筛选量大，有假阳性
PCR	扩增目的基因	较快，确定序列大小，但不能确定连接方向
限制性酶切图谱	限制性内切酶消化，根据电泳图谱分析片段大小	较快，确定序列大小和连接方向
DNA 测序	Sanger 测序法	费时，成本高，结果最为可靠

二、重组表达载体的构建

表达载体的构建过程与克隆载体构建过程一致，都包括目的基因的扩增、酶切、连接等步骤，可参考克隆载体构建方法。而重组表达载体构建以及最终蛋白质或多肽产物表达成功与否，与重组表达载体的构建策略密切相关，以下着重以载体设计、启动子选择、终止子使用和融合表达策略等方面说明构建策略。

1. 大肠杆菌表达盒的构建

表达载体（expression vector）是用于携带目的基因进入合适的宿主细胞并表达蛋白质或多肽产物的载体。外源基因表达的设计基于生物体内的基因表达结构，在大肠杆菌中，以操纵子模型为基础改进和发展。外源基因表达盒由启动子（promotor）、SD 序列（shine-dalgarno）、目的基因（target gene）、终止子（terminator）组成。表达载体在多克隆位点的上游和下游有转录效率较高的启动子、合适的核糖体结合位点以及强有力的终止子结构，使得克隆在多克隆位点的外源基因均能在宿主细胞中高效表达。

（1）启动子　启动子是一段位于结构基因 5′端上游区的 DNA 序列，能活化 RNA 聚合酶，使之与模板 DNA 准确地相结合并具有转录起始的特异性。启动子本身不被转录。启动子是最关键的元件，决定目的基因表达的启动和效率。由于原核生物的转录和翻译是同步进行的，所以启动子序列之后是核糖体结合位点，它含有 SD 序列（mRNA 与核糖体的结合位点），与 16S rRNA 互补。一般来说，mRNA 与核糖体的结合程度越强，翻译的起始效率就越大，而这种结合程度主要取决于 SD 序列与 16S rRNA 的碱基互补性。大肠杆菌中表达外源基因使用两类启动子，一类来源于大肠杆菌的基因，另一类来源于噬菌体。

最常见的大肠杆菌来源的启动子包括 *lac*、*trp*、*tac*、*ara* 等。*lac* 启动子是由 *lac* 操纵子调控机理发展而来的，该启动子受环腺苷酸（cAMP）激活蛋白（cAMP activating protein，CAP）的正调控和阻遏蛋白 LacI 的负调控，CAP-cAMP 复合物与操纵子结合后，促进了 RNA 聚合酶与启动子结合，开启基因转录。LacI 形成四聚体，与操纵基因结合，阻止转录起始。IPTG（isopropylthio-β-D-galactoside，异丙基-β-D-硫代半乳糖苷）等乳糖类似物是 *lac* 操纵子的诱导物，它与 LacI 结合，解除 LacI 的阻遏作用，激活基因转录。*trp* 启动子来自大肠杆菌的色氨酸操纵子，其阻遏蛋白必须与色氨酸结合才有活性。当缺乏色氨酸时，该启动子开始转录。当色氨酸较丰富时，则停止转录。β-吲哚丙烯酸可竞争性抑制色氨酸与阻遏蛋白的结合，解除阻遏蛋白的活性，促使 *trp* 启动子转录。*tac* 启动子是一组

由 *lac* 和 *trp* 启动子人工构建的杂合启动子，受 LacI 阻遏蛋白的负调节，它的启动能力比 *lac* 和 trp 启动子都强。其中 *tac*1 是由 *trp* 启动子的-35 区加上一个合成的 46bp DNA 片段（包括 Pribnow 盒）和 *lac* 操纵基因构成，*tac*12 是由 *trp* 启动子-35 区和 *lac* 启动子的-10 区，加上 *lac* 操纵子中的操纵基因部分和 SD 序列融合而成。*tac* 启动子受 IPTG 的诱导。

在大肠杆菌中表达外源基因，还可使用噬菌体的启动子。T7 噬菌体启动子是受 T7 RNA 聚合酶高度调控的，启动效率比大肠杆菌 RNA 聚合酶高数倍。如 Novagen 公司开发的 pET 系列商业化载体，就是利用 T7 启动子的高效启动特性实现外源基因的高效表达的，也是有史以来大肠杆菌中表达外源蛋白功能最强大的系统。pET 载体表达外源蛋白同样需要 IPTG 的诱导，以解除 LacI 阻遏蛋白对大肠杆菌基因组上启动 T7 RNA 聚合酶基因转录的 *lac* 启动子以及表达载体上 LacO 的阻遏作用。宿主菌有 BL21（DE3）、HMS174（DE3）等。T7 启动子的优点是只被 T7 RNA 聚合酶特异性识别，而且可持续合成，诱导表达几个小时后目的蛋白通常可占到宿主细胞总蛋白的 50%以上，因此能转录大肠杆菌 RNA 聚合酶不能有效转录的基因。P_L、P_R启动子是 λ 噬菌体启动子，它受温度敏感性阻遏物 *cIts*857 调控，在低温（30℃）下阻遏物有活性，抑制转录，而高温（42℃）下阻遏物失活，驱动转录，对宿主菌有毒性的产物表达非常有利，如 pHUB 系列、pPLc 系列、pKC30、pTrxFus、pRM1/pRM9 等，宿主菌有 M5219、N4830-1、POP2136 等。

（2）SD 序列　因澳大利亚学者夏因（Shine）和达尔加诺（Dalgarno）两人发现该序列的功能而得名。信使核糖核酸（mRNA）翻译起点上游与原核生物 16S rRNA 或真核生物 18S rRNA 3′端富含嘧啶的 7 核苷酸序列互补的富含嘌呤的 3～7 个核苷酸序列（AGGAGG），是核糖体小亚基与 mRNA 结合并形成正确的前起始复合体的一段序列。一般来说，mRNA 与核糖体的结合程度越强，翻译的起始效率就越大，而这种结合程度主要取决于 SD 序列与 16S rRNA 的碱基互补性，其中以 GGAG 4 个碱基序列尤为重要。对多数基因而言，这 4 个碱基中任何一个换成 C 或 T，均会导致翻译效率大幅度降低。SD 序列与起始密码子 AUG 之间的距离是影响 mRNA 转录、翻译成蛋白质的重要因素之一，某些蛋白质与 SD 序列结合也会影响 mRNA 与核糖体的结合，从而影响蛋白质的翻译。另外，真核基因的第二个密码子必须紧接在 ATG 之后，才能产生一个完整的蛋白质。SD 序列后面的碱基若为 AAAA 或 UUUU，则翻译效率最高，而为 CCCC 或 GGGG 的翻译效率分别是最高值的 50%和 25%。mRNA 5′端非编码区自身形成的特定二级结构能协助 SD 序列与核糖体结合，任何错误的空间结构均会不同程度地削弱 mRNA 与核糖体的结合强度。

（3）终止子　终止子在基因的下游，由一个反向重复序列和 T 串组成。反向重复序列使转录产物形成“发卡”，转录物与非模板链 T 串形成若干 rU-dA 碱基对，使 RNA 聚合酶停止移动，释放转录物。TAA 是真核和原核细胞中广泛使用的高效终止密码子。为了防止通读，在终止密码子之后添加加强序列，成为四联终止密码子，如 TAAT、TAAG、TAAA 和 TAAC。

（4）融合表达设计　在目的基因上游或下游设计转运蛋白基因、信号蛋白基因、标签寡肽基因等，构成融合蛋白，可使目的蛋白定向分泌表达，或通过融合标签进行亲和分离纯化，同时能增加产物的溶解性，并防止降解。目前已有的融合蛋白系统，包括硫氧化还原蛋白融合系统、谷胱甘肽 S 转移酶系统、半乳糖苷酶系统、麦芽糖结合蛋白系统等。碱性磷酸酶基因 *pho*A 启动子与信号肽序列融合，可实现分泌表达。

2. 目的基因与表达载体的重组与转化

根据表达载体的限制性核酸内切酶种类以及目的基因序列信息，选取合适的限制性核酸内切酶，对重组克隆载体和表达载体分别进行酶切反应，琼脂糖凝胶电泳分离回收正确的目的基因片段和表达载体片段后进行连接反应，并转化至合适的宿主细胞中。

三、重组工程菌株的筛选鉴定

工程菌的筛选鉴定就是从大量的被转化的宿主菌中筛选出含有完整表达载体或外源基因、遗传性稳定、能够高效表达出目标产物的重组菌，既涉及基因的分子操作，也涉及蛋白表达，而且最终以蛋白表达的结果作为选择的依据。不是构建出来的所有菌株都能对目标产物进行有效表达。因此，必须对宿主菌进行筛选。将表达载体转化到不同的宿主菌株中，常常以目标蛋白质的表达量以及形式为主要考察对象，结合表达载体的稳定性，对转化细胞进行筛选，获得遗传性稳定、高效表达的工程菌株。产物检测对工程菌的取舍具有决定性作用，只有正确高效表达目的基因的细胞才能用于工业化生产。目的基因克隆在表达载体上，具有在宿主细胞中发挥功能的表达控制元件，通过检测这种蛋白质的表达情况、生物学功能或结构来筛选和鉴定工程菌。

1. 筛选和鉴定重组表达菌株

对构建正确的表达载体，经适当的转化方法，导入宿主菌细胞，涂布在含有相应抗生素或互补营养物质的固体平板培养基上，在适宜的温度下生长，长出明显的单菌落。取单菌接种，进行摇瓶或试管液体培养。在对数期取一部分菌液进行菌种保存，作为原始菌种。另一部分菌液提取质粒，对质粒进行 PCR 扩增验证和酶切验证，首先通过 PCR 验证筛选含有外源目的基因的重组表达载体的阳性克隆菌株，同时通过酶切反应筛选质粒的完整性和所含质粒是否为表达载体。对酶切鉴定正确的克隆进行质粒测序，筛选外源编码基因序列准确无误的克隆。

2. 重组工程菌株的表达筛选

将构建的重组工程菌株进行诱导培养，进行重组蛋白的表达，之后通过 SDS-PAGE 蛋白表达情况的检测分析，确定所构建的重组工程菌株是否能够成功地进行目的蛋白的表达；若不能表达目的蛋白，则需从头构建；若可进行目的蛋白的表达，则可继续对重组工程菌株目的蛋白表达条件进行优化，通过对接种量、诱导剂添加量、诱导剂添加时间、诱导时间以及诱导温度等不同的因素进行优化，通过 SDS-PAGE 电泳分析目的蛋白的表达量，确定最佳的表达条件。

对表达产物进行 SDS-PAGE 分析，通过分子质量大小初步确定目的蛋白是否成功表达，之后对表达产物进行凝胶电泳、免疫杂交、末端测序、功能活性分析，鉴定表达产物是否具有正确的结构与活性、是否与目的产物具有相同的功能性。

3. 重组工程菌株的遗传稳定性筛选

通常采用平板稀释技术和平板点种法，以菌种的选择性是否存在来判断质粒的丢失情况，计算质粒的分配稳定性。将工程菌培养液样品适当稀释，均匀涂布于不含抗性标记抗生素的平板上，培养 10~12h，然后随机挑选 100 个菌落接种到含抗性标记抗生素的平板培养基上，培养 10~12h，统计长出的菌落数。每一样品应取 3 次重复的结果，计算出质粒的丢失率，反映质粒的稳定性（stability，ST）。

$$质粒丢失率=\frac{总菌数-带有质粒的菌落数}{总菌数}\times 100\%$$

对于结构稳定性，需要进一步从单菌落中提取质粒，酶切后凝胶电泳或测序分析构建是否发生变化。也可以对单菌落进行目标产物蛋白质的表达分析，由此推断目的基因的结构是否发生改变。

由于基因工程菌大多带有选择性标记的特点，可将其保存在含低浓度选择剂的培养基中，可保证质粒在保藏过程中不会丢失。

4. 重组蛋白的存在形式

在表达分析中，经常需要确定重组蛋白在细胞中的表达部位和存在形式，即在胞外、周质空间或细胞内，是包涵体形式还是可溶性蛋白的形式。取少量的重组工程菌的诱导培养物，离心，分别收集上清液和菌体细胞，处理后进行SDS-PAGE检测分析，如果目标蛋白质在上清液中检出，则为可溶性表达；如果目标蛋白在菌体细胞收集物中检出，则为包涵体形式表达。在进行重组蛋白表达时，尽量选择可溶性表达，以减少后续目标蛋白分离纯化的难度。

案例 8-1　同步发酵纤维二糖和木糖的酿酒酵母工程菌株的构建

利用纤维素秸秆类生物质进行生物燃料的生产是目前研究的热点。纤维素类生物质通过真菌纤维素酶酶解产生纤维二糖，继而在β-葡萄糖苷酶作用下水解成最终产物葡萄糖；半纤维素酶解产生戊糖，主要为木糖和阿拉伯糖。

植物生物质水解物含有约70%的纤维二糖和葡萄糖，30%左右的木糖，因此，要将纤维素类生物质成功转化为生物燃料要求微生物既能有效利用纤维二糖和葡萄糖，还要有效利用戊糖，如木糖。

目前用于生物燃料乙醇生产的酿酒酵母菌株仅发酵葡萄糖而不利用木糖。即使选育获得发酵木糖的酵母工程菌，其木糖利用率也很低，而且只能在葡萄糖完全被消耗掉后才能利用木糖。为了克服这些瓶颈，研究者通过基因工程手段构建能够同时利用木糖和纤维二糖的酵母菌种，使得该酿酒酵母可同步发酵木糖和纤维二糖，提高了纤维素的利用率。

1. 可发酵木糖酿酒酵母基因工程菌株的构建

（1）以树干毕赤酵母 CBS6054 基因组为模板，分别利用引物扩增其木糖还原酶编码基因 *xyl*1、木糖还原酶突变基因 *mxyl*1（XYL1R276H，木糖还原酶第 276 位氨基酸发生突变）、木糖醇脱氢酶编码基因 *xyl*2 和木酮糖激酶 *xks*1。

（2）通过引物从酿酒酵母 D452-2 基因组 DNA 中扩增 *tdh*3 启动子终止子和 *pgk* 启动子终止子序列，通过 Overlap PCR 将基因 *mxyl*1 和 *xyl*2 分别与 *pgk* 启动子进行连接得到融合序列；*xyl*1 与 *tdh*3 启动子进行连接；*xks*1 与 *tdh*3 启动子进行连接，分别得到 PGK_P-mXYL1-PGK_T-PGK_P-XYL2-PGK_T表达框、$TDH3_P$-XYL1-$TDH3_T$表达框和 $TDH3_P$-XYL1-$TDH3_T$表达框。

（3）通过单酶切，将以上表达框分别克隆到载体 pRS405 上，并转化酿酒酵母 D452-2 细胞，筛选得到可利用木糖的阳性重组酿酒酵母菌株 DA24（D452-2 expressing XYL1, mXYL1, XYL2, and XKS1, Isogenic of D452-2 except for leu2:: $TDH3_P$-XYL1-$TDH3_T$, ura3::URA3-PGK_P-mXYL1-PGK_T-PGK_P-XYL2-PGK_T，Ty3::neo-TDH_P-XKS1-TDH_T）。通过对该工程菌株进行发酵研究，结果表明DA24菌株可快速利用木糖产生乙醇，乙醇得率$Y_{乙醇/木糖}$=0.31~0.32g/g。木糖酿酒酵母工程菌的构建如图8-2右边的途径所示。

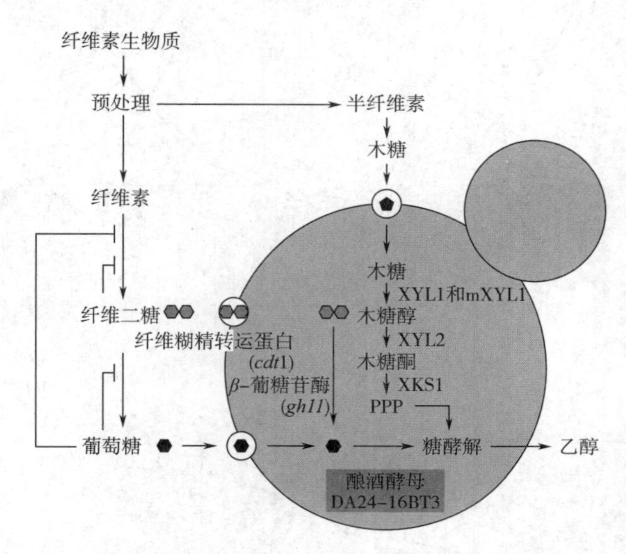

图8-2　木糖酿酒酵母基因工程菌株的构建

2. 同步发酵纤维二糖和木糖酿酒酵母工程菌株的构建

（1）以粗糙脉孢菌基因组为模板，扩增纤维多糖转运蛋白编码基因*cdt*1，克隆至质粒pRS403中，随后将pRS403-cdt1直接转化到已构建好的可利用木糖的重组酿酒酵母DA24中，筛选得到含有CDT-1的重组酿酒酵母菌株。

（2）以粗糙脉孢菌基因组为模板，扩增其β-葡萄糖苷酶编码基因*ghl*1，克隆至质粒pRS425中，随后将pRS425-*ghl*1转化到含有CDT-1的重组菌株中，筛选得到能够代谢纤维二糖和木糖的重组酵母菌株DA24-16BT3。结果表明重组酵母菌株DA24-16BT3可以对纤维二糖和木糖进行同步发酵利用，乙醇得率为0.38~0.39g/g。

（3）对DA24-16BT3重组菌株在不同培养条件下，如40g/L纤维二糖、40g/L木糖、80g/L混合糖（纤维二糖和木糖各40g/L）的利用情况进行了研究，结果发现该重组菌株可有效利用木糖和纤维二糖，且在同步发酵纤维二糖和木糖时，其对两种糖的消耗周期与分开利用时相同，且在同步发酵时的乙醇得率为0.39g/g［图8-3（2）］高于单糖发酵（0.31~0.33g/g），同步发酵时的乙醇产量也由单糖发酵下的0.27g/（L·h）显著提高至0.65g/（L·h）。

第二节　基因工程菌发酵特点及稳定性

随着基因重组技术的不断发展，基因工程菌的发酵技术也越来越受到重视。优良的基因工程菌除了具备高产量及高产率外，还应满足下列要求：① 可利用易得的廉价原料；② 不致病，不产生内毒素；③ 容易进行代谢调控。目前构建基因工程菌所采用的宿主细

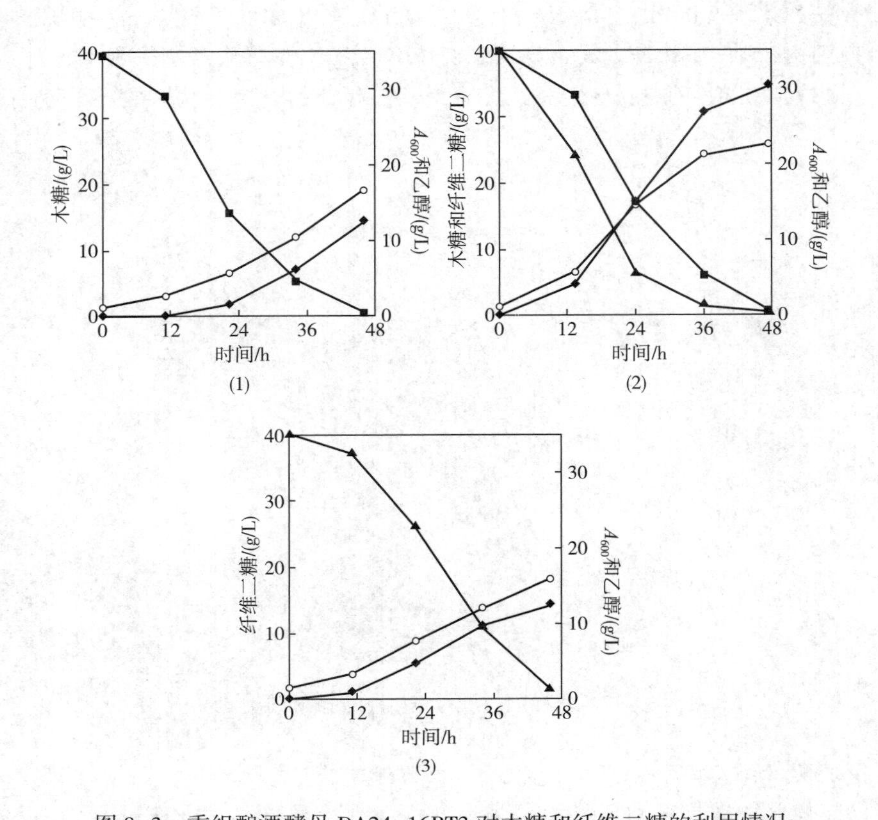

图 8-3　重组酿酒酵母 DA24-16BT3 对木糖和纤维二糖的利用情况

（1）40g/L 木糖单独发酵　（2）40g/L 木糖和 40g/L 纤维二糖混合同步发酵　（3）40g/L 纤维二糖单独发酵

■—木糖量　▲—纤维二糖量　◆—乙醇产量　○—细胞生长速度

胞包括细菌、酵母、霉菌和哺乳动物细胞等，工业规模生产多以大肠杆菌、枯草芽孢杆菌和毕赤酵母等为主。

一、基因工程菌发酵特点

以传统微生物发酵技术为基础，基因工程菌的发酵技术正在逐渐发展成熟。总的来看，基因工程菌发酵与普通微生物发酵并无本质的区别，其发酵工艺大体相同。但由于基因工程菌带有宿主原来不含有的外源基因，发酵的目的是使外源基因高效表达。因此，基因工程菌发酵具有其自身的特点，因此基因工程菌在发酵方法、培养条件以及过程控制等方面与普通微生物发酵还是有差异的，主要体现在以下几个方面。

1. 产物形成的途径不同

普通微生物发酵生产的产品是初级代谢产物或次级代谢产物，是微生物自身基因表达的结果。基因工程菌发酵生产的产品是外源基因表达的产物，其发酵产物是宿主细胞原来没有的，其形成途径是在细胞内增加的一条相对独立的代谢途径，这条额外的代谢途径完全由重组质粒编码确定，代谢速率与重组质粒拷贝数有关，并与细胞的初级代谢有着密切的联系。

2. 遗传稳定性不同

与自然微生物不同，基因工程菌是人工构建的工程菌，遗传不稳定的结果导致无法得到预期的目的基因产物。用基因工程菌生产产品，菌株在传代的过程中，经常出现重组质粒不稳定的现象，质粒的不稳定又有以下几种。

（1）质粒复制的不稳定（plasmid replication instability）　这种不稳定是指基因工程菌复制时出现一定比例不含质粒的子代菌的现象。小质粒都是以滚环形式进行复制的，要经过单链 DNA 中间体阶段。在复制过程中，不正常的起始和终止、延伸时的断裂及错配等都会造成质粒的不稳定，并产生单链质粒和高相对分子质量的畸形质粒。许多金黄色葡萄球菌的衍生质粒在枯草芽孢杆菌中会积累单链质粒，这是因为负链复制起始点在枯草芽孢杆菌中无功能。在质粒中插入外源 DNA 后，会产生高相对分子质量的畸形质粒。

（2）质粒分配的不稳定（plasmid segregation instability）　质粒分配的不稳定是指在细胞分裂时，外源质粒分配不平衡而使子代细胞产生无质粒的现象。已发现起分配功能的是 *par* 基因，其功能是细胞分裂时，主动把质粒分配到子代细胞中。分配不稳定性常经过多个世代的传质之后才明显表现出来。

（3）质粒结构的不稳定（plasmid structural instability）　质粒结构的不稳定是 DNA 从质粒上丢失或碱基重排、缺失所致工程菌性能的改变。由于质粒中 DNA 的缺失（deletion）、插入（insertion）、突变（mutation）、重排（rearrangement）等使质粒 DNA 的序列结构发生了变化，导致复制和表达的不稳定性。基因工程菌的稳定性至少要维持在 25 代以上，质粒作为一种核外遗传物质，一般小质粒比大质粒结构稳定性好，其稳定性最容易受宿主细胞的生长速率、培养基成分、发酵条件等的影响，因此选择适宜的发酵培养基和最适的生产条件，保证质粒稳定性的提高，对基因工程菌的发酵生产至关重要。

（4）表达产物的不稳定　在工程细胞中有时会出现“表达沉默”，外源基因在生物体内并未丢失或损伤，但该基因不表达或表达量极低，这种现象研究者认为是 RNA 干扰现象存在，阻断了基因的表达，实现了细胞水平的沉默。另外还有染色体 DNA 的不稳定性，如整合到染色体上的外源 DNA 在分裂期间发生重组、丢失或表达的沉默。

基因工程菌发酵的主要难点是在工程菌在繁殖过程中表现出的遗传不稳定性和表达产物的不稳定性，这将直接影响到发酵工艺、条件控制和反应器的设计等各个方面。由于基因工程菌稳定性对生产影响较大，所以生产时对菌种要求更严格，每次都要用新鲜菌种，接入的菌种要求含重组质粒达到 100%。相同质粒在不同宿主菌中其稳定性不同，相同宿主菌对不同质粒的稳定性也不同。携有质粒细胞与无质粒细胞的生长速率不同，质粒的复制与表达，对宿主细胞是一种负担。特别是当外源基因大量表达产生特异蛋白时，代谢压力相当大。一般条件下，携有质粒细胞的生长速率低于无质粒细胞。因此，质粒的稳定性与生长速率的变化相关。

除了以上特点外，基因工程菌发酵与传统发酵生产相比，生产规模较小，设备自动化程度要求高，产品附加值高，生产利润大。另外基于生物安全的考虑，发酵操作中一般要防止基因工程菌在自然界的扩散，因此，发酵罐排出的气体或排出的液体均要经过灭菌或过滤除菌等处理，才能保证环境安全。

二、影响基因工程菌稳定性的因素

对基因工程菌来讲，困扰生产的一个主要问题就是其稳定性，工程菌的不稳定将导致得不到理想的产率，甚至得不到预期的目标产物。发酵生产中的各种条件都可能影响工程菌稳定性，因此，在生产实践中，了解影响工程菌稳定性的因素，对于提高目的基因的表达效率和发酵生产率有非常重要的意义。

1. 宿主细胞生长速率对工程菌稳定性的影响

由于基因工程菌携带外源基因，其稳定性主要体现在外源质粒的稳定性。外源质粒的存在一方面大量消耗细胞代谢的中间产物和能量，不可避免地降低含质粒细胞的生长速率；另一方面也将促进质粒及宿主细胞发生突变，其结果要么使质粒丢失，要么使质粒表达产物能力下降。因此在培养基因工程菌时，从严格意义上说，不能算是纯种培养，而是含质粒和不含质粒细胞的混合培养，它们以不同的生长速率生长，互相竞争营养物质。由于不含质粒、少含质粒或突变的细胞生长速率快，在长期的培养过程中它们将具有生长优势，比例不断增加。不含质粒细胞的生长优势，将不利于提高目的基因表达水平。通过在质粒中加入选择性标记，如抗生素抗性标记，就可以抑制不含质粒细胞的生长，保证含质粒细胞占优势，提高目标产物的表达量。通过控制发酵的环境条件，保证基因工程菌适度的比生长速率，获得目标产物的高效表达。

2. 培养基的组成对工程菌稳定性的影响

在不同培养基中，质粒的稳定性不同，质粒丢失概率也有差异。复合培养基营养较丰富，质粒稳定性一般高于合成培养基。在大肠杆菌 HB101 菌株中，首先 pBR322 质粒在磷酸盐限制时最不稳定，其次是葡萄糖和 Mg^{2+} 限制。pBR325 在葡萄糖限制时最不稳定，而对磷酸盐限制表现稳定。一般而言，大肠杆菌对葡萄糖和磷酸盐限制易发生质粒不稳定，有一些质粒对氮源、钾、硫等表现不稳定。对于酵母，限制培养基比丰富培养基更有利于维持质粒的稳定性。对于诱导表达型的基因工程菌，在细胞生长到一定阶段，必须添加诱导物，以解除目标基因的抑制状态，使目的基因正常表达。

3. 发酵操作方式对工程菌稳定性的影响

不同的发酵操作方式，影响工程菌的稳定性，适宜的流加方式有利于提高质粒在非选择性培养基中的稳定性。对枯草杆菌质粒稳定性的研究表明，定期分批流加培养时，质粒稳定性高于间歇培养，但随着培养时间的延长，质粒稳定性下降，在 2~4h 内质粒稳定，6h 以上导致质粒丢失，而采用间歇培养时质粒丢失更快。基因工程菌在对数生长期减少，因为在底物充足时，无质粒的宿主细胞生长快于有质粒的宿主细胞，但在静止期又增加，因为在底物耗尽时，宿主细胞死亡也较快。连续培养而且在无选择压力时，质粒稳定性随稀释速率的增加而下降，但不会完全丢失，如果再加入选择剂，又可提高质粒的稳定性。两段连续培养可克服质粒不稳定性，在菌体生长阶段，添加选择剂，获得高密度工程菌培养物，然后在第二阶段添加诱导物，诱导目标基因的表达。

采用透析培养（dialysis culture）技术培养重组大肠杆菌生产青霉素酰化酶，可使产率提高 11 倍。

4. 固定化技术对工程菌稳定性的影响

基因工程菌或细胞固定化后，在非选择性条件下培养，基因工程菌质粒稳定性和拷贝数增加。研究者用卡拉胶固定基因工程菌，在无选择压力下连续培养，在前80h内未测到质粒丢失，而在游离悬浮细胞培养系统中，在很短的时间内质粒丢失。通入纯氧也能很好地维持质粒稳定性，甚至在200代时接近初始值。在搅拌罐和气升式发酵罐中，游离悬浮培养基因工程酵母，其质粒表现出不稳定性，但在固定化连续操作条件下，能较长时间保持较高的质粒稳定性，这可能与比生长速率的降低有关。固定化提高质粒稳定性的机理可能是微环境所起的作用。

5. 发酵培养条件对质粒稳定性的影响

基因工程菌发酵离不开环境条件，作为外部因素，可以改变菌体的生长状态、代谢过程及强化主流代谢途径。

基因工程菌生长的最适温度往往与发酵温度不一致，这是因为发酵过程中，不仅要考虑生长速率，还要考虑发酵速率、产物生成速率等因素。在表达外源蛋白药物时，在较高温度下有利于表达包涵体，在较低温度下有利于表达可溶性蛋白质。大多数基因工程菌，在一定的温度范围内，随着温度的升高，质粒的稳定性下降。高温培养及某些药物等都会引起质粒的丢失。大肠杆菌往往在30℃左右质粒稳定性最好，而生长最适温度为37℃。对于采用温敏启动子控制的质粒，大肠杆菌由30℃升高到42℃诱导外源基因表达目标产物时，经常伴随质粒的丢失。为此，可以建立基于温度变化的分步连续培养工艺以增加质粒的稳定性。

pH对质粒稳定性的影响与常规微生物发酵相似，基因工程菌的生长和产物生成的pH往往不同，基因工程菌的生长和质粒稳定性的最适pH也不一致。在pH为6.0时，基因工程酵母表达乙肝表面抗原的质粒最稳定；在pH为5.0时，质粒最不稳定。基因工程菌发酵培养过程常常产酸，使环境pH不断下降，生产中要采用有效措施控制pH的变化，确保质粒的稳定。

基因工程菌都是好氧微生物，适宜的溶解氧浓度保证了菌体内的正常氧化还原反应，充足的氧使碳源物质氧化，进行有氧呼吸，氧作为氧化还原呼吸链的最终电子受体，与氢离子结合生成水。供氧不足，基因工程菌将从有氧代谢途径转为无氧代谢来供应能量，但由于无氧代谢（如糖酵解）的能量利用率低，同时碳源物质的不完全氧化会产生乙醇、乳酸、短链脂肪酸等有机酸，这些物质的积累将抑制菌体的生长与代谢，甚至有毒害作用。当溶解氧水平过高，将导致培养基过度氧化，细胞成分由于氧化而分解，也不利于菌体生长代谢。因此，发酵过程中保证充分的供氧显得十分重要。在搅拌罐发酵时，质粒拷贝数通常低于摇瓶培养。搅拌罐中通气较好，生长速率较高，有利于质粒的复制。低溶解氧环境中，质粒稳定性差，可能是氧限制了能量的供应。酵母发酵过程中需要保持70%的溶解氧，才能维持质粒稳定性。

三、提高基因工程菌稳定性的措施

提高基因工程菌的稳定性需要从工程菌的遗传特性和环境两方面考虑：一方面通过基因操作策略构建稳定性高的重组质粒；另一方面通过优化培养条件及过程控制提高质粒稳定性，从而达到提高工程菌稳定性的目的。

1. 合适的宿主菌

宿主菌的遗传特性对质粒的稳定性影响很大。宿主菌的比生长速率、基因重组系统的特性、染色体上是否有与质粒和外源基因同源的序列等都会影响质粒的稳定性。含低拷贝质粒的基因工程菌产生不含质粒的子代菌的频率较大，因而对这类基因工程菌增加质粒拷贝数能提高质粒的稳定性；含高拷贝质粒的基因工程菌产生不含质粒的子代菌的频率较低，但是由于大量外源质粒的存在使含质粒菌的比生长速率明显低于不含质粒菌，不含质粒菌一旦产生后，能较快地取代含质粒菌而成为优势菌，因而对这类菌进一步提高质粒拷贝数反而对质粒的稳定性不利。对同一基因工程菌来说，通过控制不同的比生长速率可以改变质粒的拷贝数。Ryan 等报道了比生长速率对质粒拷贝数和质粒稳定性的影响，在高比生长速率时，质粒拷贝数下降，但质粒稳定性明显增加。

2. 适宜的培养方式

提高质粒稳定性的目的是提高克隆菌的发酵生产率。但研究发现，外源基因表达水平越高，重组质粒往往越不稳定；如果外源基因的表达受到抑制，则重组质粒有可能丢失。因此可以考虑选择适宜的培养方式，如采用二步发酵方式，即分阶段控制发酵过程，在生长阶段使外源基因处于阻遏状态，避免由于基因表达造成质粒不稳定性现象的发生，使质粒稳定地遗传，在获得需要的菌体密度后，再去阻遏或诱导外源基因表达。由于第一阶段外源基因未表达，从而减少了重组菌与质粒丢失菌的比生长速率的差别，增加了质粒的稳定性。连续培养时可以考虑采用多级培养，如在第一级进行生长，维持菌体的稳定性，在第二级进行表达。

3. 施加选择压力

从遗传学角度来说，施加选择压力即是选择某些生长条件使得只有那些具有一定遗传特性的细胞才能生长。在利用基因工程菌进行发酵生产时，采取施加选择压力来消除重组质粒的分配不稳定性，以提高菌体纯度和发酵产率。施加选择压力的方法主要有抗生素添加法、营养缺陷型法、抗生素依赖变异法。

（1）抗生素添加法　在培养基中增加选择性压力如抗生素等，是基因工程菌培养中提高质粒稳定性常用的方法。将含有耐药性基因的重组质粒转入宿主细胞，基因工程菌就获得了耐药性。发酵时在培养基中加入适量的相应抗生素可以抑制无质粒菌的生长，消除重组质粒分裂不稳定的影响，从而提高发酵生产率。添加抗生素在大规模生产时并不可取，加入大量的抗生素会使生产成本增加，另外添加一些容易被水解失活的抗生素只能维持一定时间。

（2）营养缺陷型法　将宿主细胞诱变成某种营养缺陷型细胞，这样在培养过程中只有重组菌才能生长。例如构建带有色氨酸操纵子的重组质粒 pBR392-*trp*，并在该质粒上插入 *ser*B 基因，而宿主细胞是 *ser*B 缺陷型，这样质粒与宿主形成互补，在培养过程中丢失质粒的细胞则不能合成 Ser 而被淘汰。

（3）抗生素依赖变异法　采用诱变的方法，将宿主细胞突变成抗生素依赖型细胞，使其只能在含抗生素的培养基中生长。重组质粒上含有该抗生素非依赖基因，将重组质粒导入细胞后所得到的重组菌就能在不含抗生素的培养基上生长，从而保证重组细胞在培养过程中稳定繁殖。

4. 控制合适的培养条件

基因工程菌所处的环境条件对其质粒的稳定性和表达效率影响很大，对一个已经组建完成的基因工程菌来说，选择最适的培养条件是进行工业化生产的关键步骤。基因工程菌生长繁殖需要的环境条件包括以下两方面。

（1）良好的物理环境　主要有发酵温度、pH、溶氧量等。对于大多数的基因工程菌，在一定的温度范围内，随着温度升高，质粒的稳定性下降。对于大肠杆菌，往往在30℃左右质粒稳定性最好。可以建立基于温度变化的分步连续培养，在第一个反应器中，30℃下进行生长培养，增加质粒稳定性，然后流入第二个反应器中，在42℃下进行诱导产物表达。可见温度的控制相当重要，必须选择适当的诱导时期和适宜的诱导温度。基因工程菌的培养需要维持一定pH和溶氧水平。当溶解氧浓度在非选择性培养基中周期变化时，连续培养酵母的质粒稳定性强烈依赖于生长速率，在较低生长速率下完全稳定。提高氧压力或增加氧浓度能引起细胞内氧化性胁迫，而过渡或稳定阶段缺氧条件限制了产物的形成，降低了质粒稳定性。通入纯氧，可增加质粒稳定性，可能是由于菌体生长速率下降所致。质粒稳定性都随搅拌强度增加而下降，温和的搅拌速率有利于提高质粒的稳定性。因而在发酵过程中需要保持较高的溶氧，通过间歇供氧的方法和通过改变稀释速率的方法都可提高质粒的稳定性。

（2）合适的化学环境　即适宜基因工程菌生长代谢所需的各种营养物质的浓度，发酵培养基的组成和各成分的浓度，及限制各种阻碍生长代谢的有害物质的浓度。在发酵过程中许多参数对基因工程菌的生长有影响，因此在发酵过程中需不断加以调整，从而达到优化控制的目的。某些基因工程菌在复合培养基中具有较高的质粒稳定性，含有有机氮源如酵母抽提物、蛋白胨等营养丰富的复合培养基，提供了基因工程菌生长必需的氨基酸和其他营养物质，其生长也较快。在基本培养基中造成携带质粒的重组菌比例下降的主要原因是重组菌和宿主菌比生长速率的差异。例如用基本培养基培养大肠杆菌W3110（pEC901）时，在发酵过程中未发现其质粒不稳定，但进行连续培养时，发现在低比生长速率（$0.302h^{-1}$）下，重组质粒只可完全维持20代，以后即发生质粒丢失；重组菌比生长速率为$0.705h^{-1}$时，可维持80代左右。

5. 基因工程菌的固定化

固定化可以提高基因重组大肠杆菌的稳定性。基因重组大肠杆菌进行固定化后，质粒的稳定性及目标基因产物的产率都有了很大提高。不同的宿主菌及质粒在固定化系统中均表现出良好的稳定性。质粒pTG201带有A噬菌体的PR启动子、*cI*857阻遏蛋白基因和*xylE*基因（一种报道基因），大肠杆菌W3110（pTG201）在37℃连续培养时，游离细胞培养260代有13%丢失质粒，而用卡拉胶固定化的细胞连续培养240代没有测到细胞丢失质粒。当宿主为大肠杆菌B时质粒稳定性较差，游离细胞经85代连续培养，丢失质粒的菌体占60%以上，而固定化细胞在10~20代培养后丢失质粒的细胞只有9%，以后维持该水平不变。

第三节　基因工程菌发酵及代谢调控

由于基因工程菌的特殊性，基因工程菌发酵工艺设计应以细胞生长和产物高效表达为目标。从发酵工艺考虑，基因工程菌发酵生产的目的是希望获得大量的外源基因产物，尽可能减少宿主细胞本身蛋白的污染。基因工程菌发酵生产时，外源基因的高水平表达，不仅涉及宿主、载体和克隆基因之间的相互关系，而且与其所处的环境条件息息相关。

基因工程菌发酵的过程包括基因工程菌的鉴定与保存、种子的扩大培养、接种与发酵三个基本阶段。其发酵工艺过程与一般微生物发酵所不同的是，首先要对基因工程菌进行筛选鉴定，其次是基因工程菌外源基因高效表达。不同的发酵条件，基因工程菌的代谢途径也许不一样，对下游的纯化技术会造成不同的影响，因此，发酵条件应该考虑如何提高目的基因的稳定表达效果。

一、发酵培养基

发酵培养基的组成既要提高基因工程菌的生长速率，又要保持重组质粒的稳定性，使外源基因能够获得高效表达。

不同基因工程菌利用碳源的能力不同。基因工程菌可利用的碳源包括糖类、有机酸、脂类和蛋白质类。大肠杆菌能利用蛋白胨、酵母粉等蛋白质的降解物作为碳源。酪蛋白水解产生的脂肪酸，在培养基中充当碳源与能源时，是一种迟效碳源。使用不同的碳源对基因工程菌生长和外源基因的表达有较大的影响。使用葡萄糖和甘油时，菌体比生长速率及呼吸强度相差不大，但以甘油为碳源，菌体得率较大，而以葡萄糖为碳源，产生的副产物较多。用甘露糖作碳源，不产生乙酸，但菌体比生长速率及呼吸强度较小。

氮源用于基因工程菌合成氨基酸、蛋白质、核苷和核酸及其他含氮物质。基因工程菌可直接很好地吸收利用无机氮（如氨水、铵盐等），一般不能利用硝基氮，因为缺乏转化 NO_3^-的酶体系，几乎都能利用有机氮源（如蛋白胨、酵母粉、牛肉膏、黄豆饼粉、尿素等）。不同工程菌对氮源的利用能力差异很大，具有很高的选择性。在各种有机氮源中，酪蛋白水解物更有利于产物的合成与分泌。由于蛋白胨等天然成分含有由于目标产物的表达要消耗大量的前体物质及能量，基因工程菌的培养基成分应比普通微生物丰富，特别是蛋白质、多肽及氨基酸类的营养物质应该充分满足目标蛋白质产物表达的需要。

无机盐对基因工程菌的代谢具有重要的调节作用。Ryan 等研究无机磷浓度对重组大肠杆菌生长及克隆基因表达的影响，结果表明在低磷浓度下，尽管最大菌体浓度较低，但比产物生成速率和产物浓度都较高。一般在基因工程菌的培养基中不单独添加各种生长因子。

基因工程菌往往具有营养缺陷或携带选择性标记基因，这些特性保证了基因工程菌的纯正性和质粒的稳定性。选择标记有营养缺陷互补和抗生素抗性。基因工程大肠杆菌、芽孢杆菌、链霉菌、真菌含有抗生素抗性基因，常用卡那霉素、氨苄西林、氯霉素、博来霉素等抗生素作为选择剂；基因工程酵母菌常用氨基酸营养缺陷型，如亮氨酸、组氨酸、赖氨酸、色氨酸等，因此在培养基中必需添加相应的成分。

对于诱导表达型的基因工程菌，在细胞生长到一定阶段，必须添加诱导物，以解除目标基因的抑制状态。使用 *lac* 启动子的表达系统，在基因表达阶段需要异丙基-β-D-硫代半乳糖苷（IPTG）诱导，一般使用浓度为 0.1～2.0mmol/L。对于甲基营养型酵母，需要加入甲醇进行诱导，因为诱导物对产物表达必不可少。

二、发酵工艺参数

基因工程菌发酵工艺控制可参考常规微生物发酵工艺的检测与控制，但要注意工程菌的特殊性，整个工艺控制必须符合工程菌的遗传特性。基因工程菌的发酵工艺参数作为外部因素，控制生长状态、代谢过程及其强度。通过稳定生长期后，调节工艺条件（如降低或升高温度），保证产物的最大合成和释放速率。由于基因工程菌的特殊性，在发酵过程中需要根据其特点，合理控制，以提高表达效率。

1. 温度控制

在利用酵母基因工程菌生产外源蛋白的过程中，有时候较高的温度有利于细胞的高密度发酵，低温培养则有利于提高细胞的生长密度和重组蛋白的表达量，并可缩短培养周期。对于受温度控制诱导表达的酵母工程菌来讲，诱导时菌体的生长状态及诱导持续时间都会对重组蛋白的表达产生极大的影响。升温诱导一般在对数生长后期进行，这时细胞繁殖迅速，对营养和氧的需求量大，细胞旺盛的代谢受到限制，此时诱导有利于外源蛋白的表达。培养重组毕赤酵母时，一般在生长阶段采用较高温度培养（30℃），而在诱导阶段一般采用低温进行诱导（20~25℃），可显著促进外源蛋白的分泌与表达。

2. pH 控制

基因工程菌的生长期、生产期以及质粒稳定性的适宜 pH 往往不同，如在 pH6. 0 时，基因工程酵母表达乙肝表面抗原的质粒最稳定，在 pH5. 0 时，质粒最不稳定。

3. 溶解氧控制

发酵过程中要保证需氧与供氧之间的平衡，不同阶段的溶氧浓度必须控制在临界溶氧浓度以上。

4. 接种量

有人研究大肠杆菌 DH5α 分别以 5%、10%、15%的接种量进行发酵，结果表明 5%接种量，菌体停滞期较长，可能会使菌体老化，不宜表达外源蛋白产物；10%、15%的接种量停滞期极短，菌群迅速繁殖，很快进入对数生长期，适于表达外源蛋白产物。

案例 8-2　基因工程菌干扰素的发酵生产

制备基因工程 α-干扰素的工艺流程如下：

种子→[制备种子液]→[发酵培养]→[粗提]→[精提]→[半成品制备]→[半成品检定]→[分装]→[冻干]→[成品检定]→[包装]

1. 干扰素工程菌的构建

干扰素（interferon，IFN）是人体细胞分泌的一种活性蛋白质，具有广泛的抗病毒、抗肿瘤和免疫调节活性，是人防御系统的重要组成部分。

根据其分子结构和抗原性的差异，有 α、β、γ 和 ω 4 种类型，每型中又有不同的亚型，其差别在于个别氨基酸的差异。人染色体上干扰素的基因拷贝数极少（大约只有 1.5%），加工上又有技术困难，所以不能直接分离干扰素基因，而是通过分离干扰素的 mRNA，再以干扰素的 mRNA 为模板，通过反转录酶等使其形成 cDNA。干扰素 cDNA 的获得是将产生干扰素的白细胞的 mRNA 分级分离，然后将不同部分的 mRNA 注入蟾蜍的卵母细胞，并测定干扰素的抗病毒活性，其中 12S mRNA 的活性最高，因此用这部分 mRNA 合成 cDNA。将 cDNA 克隆到含有四环素和氨苄青霉素抗性基因的质粒 pRB322 中，转化大肠杆菌 K12，获得干扰素基因工程菌。人干扰素 α-2b 基因工程菌为 SW-IFNα-2b/

E. coli DH5，用 P_L启动子。

2. 发酵生产

种子培养基：蛋白胨1%、酵母抽提物0.5%、NaCl 0.5%，高压灭菌121℃，30min。将基因工程菌接种于250mL/1000mL种子培养基的三角瓶中，30℃摇床培养10h，作为发酵罐种子。

发酵培养基：蛋白胨1%、酵母抽提物0.5%、NH_4Cl 0.05%、NaCl 0.05%、Na_2HPO_4 0.6%、$CaCl_2$ 0.001%、KH_2PO_4 0.3%、$MgSO_4$ 0.01%、葡萄糖0.4%、氨苄青霉素50mg/mL及少量的消泡剂，pH6.8。发酵采用10L/15L机械搅拌发酵罐，搅拌转速500r/min，通气量为1∶$1m^3$/（m^3·min），溶氧50%。30℃发酵8h，然后在42℃诱导2~3h，即可完成发酵。

3. 产物的提取与纯化

将冷却后的发酵液进行4000r/min离心30min，除去上清液，得到湿菌体。取100g湿菌体悬浮于500mL浓度为20mmol/L、pH7.0磷酸缓冲液中，于冰浴条件下进行超声波破碎，4000r/min离心30min。取沉淀用100mL 8mol/L尿素溶液、20mmol/L pH7.0的磷酸缓冲液、0.5mmol/L二巯基苏糖醇室温搅拌抽提2h，15000r/min离心30min，将上清用同样的缓冲液稀释至尿素溶液浓度为0.5mol/L，加二巯基苏糖醇至0.1mmol/L，4℃搅拌15h，15000r/min离心30min除去不溶物。上清经截留相对分子质量为10000的中空纤维超滤器浓缩，将此浓缩的人干扰素α-2b溶液经Sephadex G-50层析柱（2cm×100cm）用磷酸缓冲液平衡并洗脱分离，收集人干扰素α-2b部分，即为粗品，须经SDS-PAGE检查。将此粗品再经DE-52柱（2cm×50cm）纯化，上柱后分别用含有0.05mol/L、0.1mol/L、0.15mol/L NaCl的磷酸缓冲液洗涤，收集洗脱液。全过程蛋白质回收率为20%~25%，产品不含杂蛋白，DNA及热源物质含量合格。

4. 质量控制标准和要求

半成品检定：包括干扰素效价测定、蛋白质含量测定、比活性、纯度测定、相对分子质量测定、残余外源DNA含量测定、残余血清IgG含量测定、残余抗生素活性、紫外光谱扫描、肽图测定、等电点测定以及无菌试验、热源试验等。

成品检定：包括冻干制品的物理性状、干扰素的效价、鉴别试验、无菌试验、水分测定、热源试验、安全试验等。

三、基因工程菌表达效率的调节

基因工程菌发酵中，目的基因的表达效率是工程菌产业化成败的关键。要提高目的基因的表达效率，应从工程菌的构建、目的基因的表达方式、目的产物的生物活性、目的产物的表达量和表达水平等方面全面考虑。

当通过基因操作获得重组子后，目的基因的表达效率就成为发酵过程的重要问题。基因表达的过程有转录、翻译及后加工等，每一步的调节和控制都将影响重组基因表达的效率。不同的表达系统具有各自的特点，其表达效率也不相同，如表8-3所示。

表 8-3　　不同表达系统中目标蛋白表达的特点比较

特点	细胞				
	E. coli	*B. subtilis*	*S. cerevisiae*	霉菌	昆虫*
高生长速率	E**	E	VG	G	P
基因系统的可用性	E	G	G	F	R
表达水平	E	VG	VG	VG	G
是否可用廉价培养基	E	R	E	E	P
蛋白质折叠	F	F	F	F	E
简单的糖基化	No	No	Yes	Yes	Yes
复杂的糖基化	No	No	No	No	Yes
低水平蛋白酶活力	F	P	G	G	VG
产物释放到胞外的能力	VG	E	VG	E	E
安全性	VG	VG	E	VG	E

注：* 昆虫细胞与哺乳动物细胞进行糖基化的形式不同。

** E—优秀；VG—非常好；G—好；F—一般；P—差。

如何提高目的基因的表达效率是一个多学科交叉的研究课题。一般来说，宿主细胞高效表达外源基因，基于以下策略：① 优化表达载体的设计，主要优化 SD 序列，具体方法包括组合强启动子和强终止子、增加 SD 序列中与核糖体 16S rRNA 互补配对的碱基序列、调整 SD 序列与起始密码子 ATG 之间的距离及碱基的种类、防止核糖体结合位点附近形成“茎环”结构；② 提高稀有密码子 tRNA 的表达作用，利用大肠杆菌基因对某些密码子的偏爱性，通过点突变等方法将外源基因中的稀有密码子转换为在受体细胞中高频出现的同义密码子；③ 提高外源基因 mRNA 的稳定性；④ 目的蛋白应具有生物活性，如果翻译后蛋白质的结构需要修饰，就应具有目的蛋白结构修饰的基因，获得的目的产物应尽可能与天然蛋白质一致，且具有最高的生物活性；⑤ 目的蛋白能够分泌到细胞周质，特别是应具有分泌型表达系统，能将目标产物分泌到细胞外，产物表达量高，分离过程简单；⑥ 通过质粒设计和培养过程优化等手段，如溶氧、pH、温度和培养基的成分等，尽可能降低不含质粒细胞的比例，保持质粒的稳定性，使目的基因能够长时间在宿主菌中保持和表达；⑦ 进行高密度细胞培养，提高外源蛋白质合成的总量，提高产物的表达水平。基因表达是一个非常复杂的系统，不仅取决于宿主菌特性和表达载体的构建，而且取决于重组菌的培养工程。因此，需从基因表达系统构建和目的基因表达过程这两个方面分析。另外，载体的稳定性、宿主细胞的生理状态都影响目的基因的表达水平。

（一）宿主细胞代谢的调节

外源基因在宿主中过量表达时，将增加宿主负荷，影响宿主代谢与生长，从而影响产物的合成。为保持宿主正常生长速度及重组体稳定性，维持产物的高效表达，必须采用适当方法调节细胞代谢。目前，调节细胞代谢的方法很多，如营养物浓度的调节、基因产物诱导表达、表达载体诱导调节及表达蛋白分泌的调节等。

1. 营养物浓度的调节

在重组菌稳定的条件下，培养过程要获得高效表达，首先应获得尽可能高的细胞生物量，即实现高浓度菌体培养。基因工程宿主通常是维生素或氨基酸营养缺陷型突变株，维生素需要量甚微，培养开始即可加入必需量，但若开始即加入必需量氨基酸，则可能因过量而抑制细胞生长。因此在维持pH恒定的情况下，在整个培养期间采取连续流加营养物质的方式，保持其浓度基本恒定，可保持菌体较恒定的生长速度，以提高表达效率。

2. 基因产物诱导表达

通常宿主细胞处于生长阶段，产物合成速率很低，只有宿主达到生产期时才表达产物，这是生物细胞自身为减轻负荷而存在的生长规律。通常不需添加药物诱导，而若用λcI_{857}温度敏感性阻遏物进行调节，在32℃时，重组DNA *cI*基因表达的阻遏蛋白抑制λP_L启动子下游基因表达，此时细胞生长速度快；当细胞达到生产期时，将培养温度提高至42℃，*cI*基因失活，不产生阻遏蛋白，P_L启动子去阻遏，而外源性基因得以表达，从而提高表达效率。

3. 表达载体诱导调节

通常宿主处于生长期时，抑制重组质粒复制；当达到生产期后，再诱导质粒复制，增加拷贝数，从而可提高表达效率。质粒pCZ101即是用温度控制诱导DNA复制的最好实例，如牛生长激素基因与pCZ101重组DNA，转化宿主后，转化体在25℃培养时，每个细胞质粒仅有10个拷贝，宿主迅速生长；然后将培养温度升至37℃，此时细胞生长速度下降，但重组质粒大量复制，每个细胞达到1000个拷贝，从而使外源性基因实现高效表达。

4. 表达蛋白分泌的调节

外源基因产物是否分泌至细胞外对表达效率影响很大。如果蛋白质产物在细胞内累积，易被其中蛋白酶破坏，还增加宿主负荷，降低表达效率。若产物分泌至细胞外，既减少产物破坏，又减轻宿主负荷，提高了表达效率。目前已可采用多种技术促进产物蛋白质的胞外分泌。通常蛋白质依赖其N-端信号肽顺利地分泌至细胞外，信号肽一般较短，有一个高度疏水核心，蛋白质合成后，信号肽便引导蛋白质透过细胞膜移至细胞外，信号肽被宿主产生的信号肽酶水解，便释放出功能性蛋白。将目的基因与哺乳动物的信号肽融合后，有可能在细菌中实现目的蛋白质的分泌表达，但采用大肠杆菌本身的信号肽将更加有效。常用的大肠杆菌信号肽有PhoA，Lamb，OmpA和STⅡ等。通过与这些信号肽的融合，有多种蛋白质已经实现了分泌型表达，其中包括人生长激素、人干扰素、人表皮生长因子、牛生长因子等。另一类分泌表达系统则从破坏细胞壁的结构着手。例如，将目的蛋白和细胞壁裂解酶的基因同时转化到宿主细胞中，在细菌生长到一定阶段后诱导表达，一方面，目的蛋白质开始表达，另一方面，细胞壁裂解酶的表达将破坏细胞壁的结构，使表达的目的蛋白质释放到胞外。这种方法已经在基因工程菌生产聚羟基烷酸方面取得成功。也有人将表达载体转化到已突变的渗漏型宿主细胞中，从而能使目的蛋白分泌到细胞外。由于上述宿主菌的细胞生理都处于不正常的条件下，在基因工程菌实际培养过程中都难以高表达。

基因工程中，目的基因产物的分泌可借助于天然信号肽的作用来实现，在基因工程中表达的融合蛋白易于分泌至细胞外。此外也可采用固定化细胞培养法促进重组基因蛋白质产物的分泌，如固定化枯草芽孢杆菌基因工程菌表达的胰岛素有50%可分泌至细胞外。

案例 8-3　基因工程菌人胰岛素的发酵生产

1. 重组大肠杆菌生产人胰岛素

用大肠杆菌表达人胰岛素有两个优点：一是表达量高，一般表达产物可以达到大肠杆菌总蛋白量的 20%~30%；二是表达产物为不溶解的包涵体，所以经过水洗后，表达产物的纯度就可达 90%左右，因而易于下游纯化。其缺点是表达出的人胰岛素没有生物活性，需要变性和复性过程。由于胰岛素没有糖链，大肠杆菌系统生产重组人胰岛素时有两条途径，目前以第二条线路为主。第一条是 Ei Lilly 公司在 20 世纪 80 年代初研发的，胰岛素 A 链和 B 链基因分别与半乳糖苷酶基因连接，形成融合基因，分别在基因工程大肠杆菌中表达 A 链和 B 链，发酵生产包涵体融合蛋白，色谱纯化表达胰岛素链。用溴化氢切除 Met-肽链，使 A 链、B 链与半乳糖苷酶分开。然后在适宜条件下 A 链和 B 链共同孵育，通过化学氧化作用，促进链间二硫键的形成，把两条链连接起来，折叠得到有活性的重组人胰岛素。该线路步骤多，收率低，成本高，活性受到抑制，现已淘汰。

第二条线路是仿照胰岛素的天然合成过程，生产胰岛素原，然后经酶水解形成具有活性的重组人胰岛素。首先分离纯化胰岛素原 mRNA，通过 RT-PCR 得到胰岛素原 cDNA，在该 cDNA 的 5′端加上 ATG 起始密码子，通过基因工程技术将该 cDNA 与 β-半乳糖苷酶编码基因相连接构建重组质粒，转化大肠杆菌，构建工程菌。用强启动子构建高效表达载体，如色氨酸启动子，所用诱导物为 3-β-吲哚丙烯酸。重组大肠杆菌进行高密度发酵，当菌体达到一定密度时，把 3-β-吲哚丙烯酸加入发酵液中，诱导胰岛素原的表达。一般胰岛素原表达量可达 3~5g/L。经过发酵表达，纯化得到胰岛素原融合蛋白，继而以溴化氰裂解，纯化得到胰岛素原，再在体外通过酶切除去 C 肽，纯化后得到活性人胰岛素。

2. 重组酵母生产人胰岛素

用酵母表达人胰岛素的优点为，表达产物二硫键的结构域位置正确，不需要复性加工处理。其缺点是表达量低、发酵时间长。

酵母表达载体的结构基因由以下几部分组成：信号肽、前肽序列、蛋白酶切位点和微小胰岛素原。前肽序列是酵母交配因子的前序列，其作用是引导新合成的微小胰岛素原通过正确的分泌途径，即从细胞内质网膜到高尔基体，随后分泌至胞外。在分泌过程中，微小胰岛素原形成结构正确的二硫键，然后由酵母细胞内的蛋白酶在赖氨酸-精氨酸位点将前体肽切除，最后便有正确的微小胰岛素原分泌至细胞外。值得注意的是，该表达结构中的胰岛素 B 链没有第 30 位的苏氨酸，其原因是表达完整的 B 链会使微小胰岛素原的分泌量降低。有正确构象的微小胰岛素原经初步纯化、胰蛋白酶消化和转肽酶反应加上 B30 苏氨酸后形成人胰岛素。

酵母培养基中含有必要的维生素和无机盐，还有纯的单糖或二糖作为碳源和能源。主发酵罐体积为 $80m^3$，最适发酵条件在 pH5，温度 32℃左右。在发酵过程中要防止酵母的呼吸抑制作用发生，因此主发酵罐中要分批加入碳源，并实时测定溶解氧和尾气中的 CO_2 量。

酵母菌分泌单链微小胰岛素原，微小胰岛素原是胰岛素 A 链和 B 链的融合蛋白，连接 A 链、B 链的多肽比胰岛素原 C 肽短。发酵结束后离心去除酵母细胞，培养液经超滤澄清并浓缩，以离子交换吸附和沉淀去除大分子杂质，得到纯化的微小胰岛素原。用胰蛋白酶和羧肽酶处理，得到胰岛素粗品。再经过离子交换色谱、分子筛色谱、两次反相色谱去除连接肽和相关降解杂质，重结晶后得到的终产品纯度达97%以上。

另外，培养后的后处理工序中也必须采取防污措施。例如，菌体的分离通常使用沙氏(Sharpres)型离心机；由于很可能产生气溶胶，故用膜分离法进行浓缩。采取上述措施基本上能够避免培养罐中的基因重组菌外漏，达到工程菌防护的目的。

(二) 提高基因工程菌基因表达水平的措施

当一个重组菌构建完成后，重组菌的生理代谢和培养条件就成为影响目的基因表达效率的重要因素，主要表现在三方面：①与传统细胞培养不同，重组菌存在质粒丢失倾向，而且不含质粒的宿主菌比含质粒的重组菌的比生长速率更快，因而随着培养过程的延长，不含质粒的宿主菌比例将会越来越高，严重影响目的基因的表达效率；②重组菌不仅要维持菌体的正常生长，还要表达外源基因，因此重组菌存在能量分流现象，从而限制了重组菌的高密度培养；③在重组菌中表达的目的蛋白，为细胞的异源物质，往往对细胞存在一定程度的毒性，而且在细胞培养过程中也会积累乙酸等抑制性有机酸，这些抑制性物质将会严重抑制细胞生长和目的基因的高表达。

1. 减少乙酸等抑制性副产物的形成

在基因工程菌培养过程中，特别是在高密度培养条件下，抑制性副产物乙酸往往大量积累，从而严重抑制了菌体生长和目的基因表达。很多科学家采用诸多降低乙酸合成的措施，从而使外源基因的表达水平有很大的提高。另外，提高质粒的稳定性也有利于外源基因的高效表达。

乙酸、丙酸及乳酸分别是基因工程大肠杆菌、枯草杆菌及哺乳动物细胞培养时产生的主要抑制性副产物，它们的积累不但影响细胞生长，而且抑制了产物表达。除了在基因工程的上游采用适当措施敲出有机酸合成基因外，在工程菌培养过程中采取正确的策略也能取得良好的效果。下面以基因工程大肠杆菌为例加以说明。

(1) 控制合适的比生长速率　细菌的比生长速率越大，副产物乙酸的比生成速率就越高。在合成培养基中，当重组菌的生长速率超过某个临界值时便会引起乙酸积累。Riesenberg等发现，在连续培养中，稀释率超过0.2h^{-1}时就能检测到乙酸的存在，比生长速率控制在0.11h^{-1}，乙酸产率大幅度降低，菌体密度达到110g (DCW) /L。太低的比生长速率虽然产酸少且对产物表达不利，因此需要选取合适的比生长速率才能达到高密度、高表达量发酵。

(2) 降低培养温度　将基因工程大肠杆菌的培养温度从37℃降低到26~30℃，可以降低菌体对营养物质的吸收速率，从而减少有机酸的形成，重组*E. coli* KS467诱导产生Proapo A-I的培养温度从37℃降低到30℃，可将乙酸的浓度从10g/L降到5g/L。

(3) 采用发酵与分离相耦合的方法　发酵过程中及时除去发酵液中的乙酸，从而实现重组菌的高密度发酵和产物的高水平表达。

(4) 采用流加发酵的方式　通过限制性流加葡萄糖的量，消除“葡萄糖效应”，降低有机酸的积累，加强重组菌的高效表达。

(5) 改造重组DNA分子的表达系统　在基因工程菌培养过程中，溶解氧是影响工程菌生长和外源基因表达的重要因素。通常情况下，重组菌生长密度达到30~50g/L时，溶解氧就成为菌体生长的限制性因素。通过改造大肠杆菌使之能在贫氧条件下生长，是一种根本性的解除溶氧限制的新策略。已经发现透明颤菌内含有起输送氧作用的血红蛋白基因（*vsb*），通过将血红蛋白基因整合到大肠杆菌宿主中后，大肠杆菌就能在贫氧条件下生长，从而提高了菌体生长密度和外源蛋白的表达产率。如果将血红蛋白基因整合到其他工程宿主菌中，如枯草杆菌和链霉菌，也可以起到增加菌体密度和提高表达水平的作用。

2. 提高工程菌质粒稳定性

基因工程菌质粒的稳定性是提高其表达量的一个重要方面。在构建质粒时，一般都插入了抗生素抗性基因，不但为基因工程菌的筛选提供了方便，而且也为培养过程中提高含质粒细胞比例创造了条件。只要在培养基中加入一定量的抗生素，就可以抑制不含质粒细胞的生长；另外，在质粒构建时应该加入称为 *par* 和 *cer* 的位点，*par* 位点能够在细胞分裂过程中使质粒分布更均匀，*cer* 位点则能够防止多聚体质粒的形成，从而能从源头上提高质粒稳定性。

在基因工程菌的培养过程中，采用细胞生长期和诱导表达时期分开的分段培养策略，即在间歇培养初期不加诱导剂，目的蛋白不表达，细胞便可以将所有的碳源和能源用于细胞的快速生长，而且可以避免细胞生长初期由于诱导表达导致的质粒不稳定性，待细胞密度达到较高水平时加入诱导剂，目的蛋白就能够高水平表达。也有人提出采用培养条件循环控制策略，可以减少不带质粒宿主菌的生长优势，提高含质粒重组菌的比例，从而提高表达产率。此外，采用固定化细胞培养也有利于提高质粒的稳定性。

3. 实现基因工程菌的高密度培养

高密度培养是一个相对概念，一般是指培养液中工程菌的菌体浓度在 50g（DCW）/L 以上，理论上的最高值可达 200g（DCW）/L。高密度培养是大规模制备重组蛋白质过程中不可缺少的工艺步骤。外源基因表达产量与单位体积产量是正相关的，而单位体积产量与细胞浓度和每个细胞平均表达产量呈正相关性，因此高密度培养可以实现在单个菌体对目标基因的表达水平基本不变的前提下，通过单位体积的菌体数量的成倍增加来实现总表达量的提高。高密度培养可以提高发酵罐内的菌体密度，提高产物的细胞水平量，相应地减少了生物反应器的体积，提高单位体积设备生产能力，降低生物量的分离费用，缩短生产周期，从而达到降低生产成本、提高生产效率的目的。

第四节　基因工程菌的高密度发酵

如果能实现基因工程菌的高密度发酵，不仅能提高目的产物的产率，而且能减少培养体积、强化下游分离提取、降低生产成本。

一、影响高密度发酵的因素

高密度发酵是当今基因工程菌发酵的重要发展方向，但存在诸多问题。其一是供氧与需氧的矛盾。由于高密度发酵中细胞密度大，细胞耗氧速率较大，为了防止溶氧浓度过低对细胞生长的影响，必须采取各种措施提高溶氧，满足基因工程菌生长和表达产物的需求。其二是代谢副产物的产生对细胞生长和外源蛋白的表达均有抑制作用。其三是发酵液流变学的改变。由于高密度发酵液的黏度大，表现为非牛顿型流体，对氧的传递和营养物质的传递都产生较大的影响。

二、实现高密度发酵的措施

1. 发酵条件的改进

优化培养基组成、改变生产操作方式也可实现重组菌的高密度培养。另外，可运用现代在线或离线的检测手段，根据细胞代谢反馈的信息，建立工程菌发酵培养的动力学模型，发展先进的补料技术，进一步了解细菌在发酵罐中的实际生长情况，减少有害代谢物生成，确立高密度培养和高密度产物形成的条件，实现基因工程菌的高密度培养。

（1）培养基的选择　高密度发酵过程中基因工程菌在短时间内迅速分裂增殖，使菌体浓度迅速升高，而提高基因工程菌分裂速度的基本条件是必须满足其生长所需的营养物质。因此，在培养基成分的选择上，要尽量选择容易被基因工程菌利用的营养物质。如果以葡萄糖为碳源，葡萄糖需经氧化和磷酸化作用生成1，3-二磷酸甘油醛，才能被微生物利用。如果以甘油作为碳源，它可以直接被磷酸化而被微生物利用，即利用甘油作为碳源可缩短基因工程菌的利用时间，增加分裂繁殖的速度。目前，普遍采用6g/L的甘油作为高密度发酵培养基的碳源。另外，高密度发酵培养基中各组分的浓度也要比普通培养基高2~3倍，才能满足高密度发酵中基因工程菌对营养物质的需求。

（2）建立流加式培养方式　流加方式是实现重组菌的高密度培养的措施之一。指数流加技术能够使反应器中基质的浓度控制在较低的水平，既可以减少乙酸等有害代谢物的生成，又使菌体以一定的比生长速率呈指数增加，还可以通过控制流加速率控制细菌的生长速率，使菌体维持稳定生长，同时又有利于外源蛋白的充分表达。变速流加或梯度增加流加速率也可达到同样的效果。当碳源和氮源等营养物质超过一定浓度时可抑制菌体生长，这就是在分批培养基中增加营养物质浓度而不能产生高细胞密度的原因，因此，高密度发酵以低于抑制阈值的浓度开始，营养物质是在需维持高生长速率时才添加的，所以补料分批发酵已被广泛用于各种微生物的高密度发酵。补料分批发酵中不同的流加方式对菌体的高密度生长和产物的表达有很大的影响。指数流加法比较简单，不需复杂设备，且采用这一方法培养重组大肠杆菌可将比生长速率控制在适宜的范围内，因而广泛用于重组大肠杆菌的高密度发酵生产。比较恒速流加、人工反馈、指数流加三种方式，结果表明指数流加不仅在提高菌体密度、生产强度和产物表达总量方面具有明显优势，而且在生产过程中比生长速率的平均值与设定值非常接近。

（3）提高供氧能力　为提高溶氧浓度，现在的小型发酵罐一般采用空气与纯氧混合通气的方法提高氧分压，也可通过增加发酵罐的压力来达到此目的。此外，向发酵液中添加过氧化氢，在细胞过氧化氢酶的作用下，细菌可放出氧气供自身使用。

高密度发酵的工艺是比较复杂的，仅仅对营养源、溶氧浓度、pH、温度等影响因素单独地加以考虑是远远不够的，因为各因素之间有协同和（或）抵消作用，需要对它们进行综合考虑，对发酵条件进行全面的优化，才可以尽可能地提高菌体密度和基因产物的生成。

2. 构建出产乙酸能力低的工程化宿主菌

高密度培养不仅取决于上游重组表达系统的构建，而且还取决于重组菌的培养工程策略。选择合适的宿主菌可实现重组菌的高密度培养，不同宿主菌或同一宿主菌的不同种和亚种不仅对外源蛋白的表达有很大影响，而且还影响相应的重组菌的高密度培养。重组菌的表达方式、诱导方法等因素也将影响细胞培养能达到的密度和产物表达水平。高密度发酵后期，由于菌体的生长密度较高，培养基中的溶氧饱和度往往比较低，氧气的不足导致菌体生长速率降低和乙酸累积，乙酸的存在对目标基因的高效表达有明显的阻抑作用。这是高密度发酵工艺研究中最迫切需要解决的问题之一。虽然在发酵过程中可采取通氧气、提高搅拌速度、控制补料速度等措施来控制溶氧饱和度，减少乙酸的产生，但从实际应用上看，这些措施都有一定的滞后效应，难以做到比较精确的控制。切断细胞代谢网络上产生乙酸的生物合成途径，构建出产乙酸能力低的工程化宿主菌，是从根本上解决问题的途径之一。

目前已知的大肠杆菌产生乙酸的途径有两条：一是丙酮酸在丙酮酸氧化酶的作用下直接产生乙酸，二是乙酰 CoA 在磷酸转乙酰基酶（PTA）和乙酸激酶（ACK）的作用下转化为乙酸，后者是大肠杆菌产生乙酸的主要途径。根据大肠杆菌葡萄糖的代谢途径，目前应用的代谢工程策略主要有：阻断乙酸产生的主要途径，对碳代谢流进行分流，限制进入糖酵解途径的碳代谢流，引入血红蛋白基因等。随着基因工程技术的日益完善，应用代谢工程技术对重组大肠杆菌进行改造，使之有利于外源蛋白的高表达和高密度发酵，引起了广泛的关注。

（1）阻断乙酸产生的主要途径　可以用基因敲除（gene knockout）技术或基因突变（gene mutation）技术使大肠杆菌的磷酸转乙酰基酶基因 *ptal* 和乙酸激酶基因 *ackA* 缺失或失活，使丙酮酸到乙酸的合成途径被阻断。Bauer 等利用乙酸代谢突变株对氟乙酸钠的抗性，从大肠杆菌 MM294 筛到了磷酸转乙酰基酶突变株 MD050，发酵实验表明，磷酸转乙酰基酶突变株的生长速率并未减缓，但乙酸的分泌水平有了显著的降低，IL-2 的表达也有所增强。

（2）对碳代谢流进行分流　丙酮酸脱羧酶和乙醇脱氢酶Ⅱ可将丙酮酸转化为乙醇。改变代谢流的方向，把假单胞菌的丙酮酸脱羧酶基因 *pdc*1 和乙醇脱氢酶基因 *adh*2 导入大肠杆菌，使丙酮酸的代谢有选择性地向生成乙醇的方向进行，结果使转化子不积累乙酸而产生乙醇，乙醇对宿主细胞的毒性远小于乙酸。

（3）引入血红蛋白基因　根据透明颤菌血红蛋白能提高大肠杆菌在贫氧条件下对氧的利用率的生物学性质，把透明颤菌血红蛋白基因导入大肠杆菌细胞内，以提高其对缺氧环境的耐受力，减少供氧这一限制因素的影响，从而降低菌体产生乙酸所要求的溶氧饱和度阈值。

3. 构建蛋白水解酶活力低的工程化宿主菌

对于以可溶性或分泌形式表达的目标蛋白而言，随着发酵后期各种蛋白水解酶的累积，目标蛋白会遭到蛋白水解酶的降解。为了使对蛋白水解酶比较敏感的目标蛋白也能获得较高水平的表达，需要构建蛋白水解酶活力低的工程化宿主菌。

第五节　基因工程菌发酵过程检测与产物分离提取

基因工程菌发酵是在特定反应器内，在满足细胞的生长、繁殖等生命活动的条件下，生产出目标产物的过程。基因工程菌的生长与代谢时刻影响着发酵过程，选择适宜的参数，进行正确检测和控制发酵条件，使发酵在最优状态下进行是十分重要的。随着发酵控制手段的不断完善，监控发酵的参数越来越详细。目前所采用的发酵装置一般能够在线检测或控制物理参数（转速、温度、压力、体积和流量等）、物理化学参数（pH、溶解氧、二氧化碳尾气分析、氧化还原电位、气相分析）及化学参数（基质/葡萄糖浓度、产物浓度）。

一、基因工程菌发酵过程的检测

1. 物理化学参数的检测

物理化学参数较多，包括温度、pH、溶解氧、废气中的二氧化碳、废气中的氧、补料、泡沫等，这些参数的控制应根据菌体的种类、特点，控制在合适的范围，保证工程菌生长和目标产物的高效表达。基因工程菌发酵的生产水平不仅取决于工程菌本身的性能，还要有合适的环境条件，才能使它的生产能力充分表达出来。为了掌握菌种在发酵过程中的代谢变化规律，可以通过各种监测手段，如取样测定随时间变化的菌体浓度、糖、氮消耗及产物浓度，以及采用传感器测定发酵罐中的培养温度、pH、溶解氧等参数的情况，研究发酵的动力学，建立数学模型，并通过计算机在线控制验证，从而使工程菌处于产物合成的优化环境之中。其检测手段和参数与一般微生物发酵一样，在此不再赘述。

2. 生物学参数的检测

发酵过程中基因工程菌体的形态（morphology）可能发生变化，与之相对应的代谢过程也发生变化。通过显微镜观察，可检测种子质量、区分发酵阶段、控制代谢过程和发酵周期的参数。不同微生物的形态差别很大，形态检测可及早反映是否有污染，以及杂菌的种类，以便于控制。

在基因工程菌的发酵过程中，需要取样对基因工程菌进行真实性试验，主要在含有抗生素或营养缺陷的选择性平板培养基和无选择剂的培养基上，检测细胞所含的质粒数目和质粒结构的变化，确保发酵生产过程中基因工程菌的生化特性和质粒的稳定性，这个过程可与杂菌检测同时进行。如果发酵生产周期短，可在发酵结束时取样，检测菌种和质粒的稳定性，以控制产物的质量。

发酵过程中要根据不同菌种和产品，研究制定控制菌体浓度的方法和策略，特别是如何确定并维持临界菌体浓度很重要，并根据菌体浓度决定适宜的补料量、供氧量等。通常采用中间补料、控制 CO_2 和 O_2 量，把菌体浓度控制在适宜的范围之内，以实现最佳生产水平。

分批培养中，为了保持基因工程菌生长所需的良好微环境，延长其对数生长期，获得高密度菌体，通常把溶氧控制和流加补料措施结合起来，根据基因工程菌的生长规律来调节补料速率，有以下两种方法可实现。

（1）DO-Stat 方法　通过调节搅拌转速和通气速率来控制溶氧在 20%，用固定或手动调节补料的流加速率。通过调节葡萄糖流加速率达到控制菌体比生长速率的目的。

（2）Balanced DO-Stat 方法　通过控制溶氧、搅拌转速及糖的流加速率，使乙酸维持在低浓度，从而获得高密度菌体及高表达产物。溶氧水平及糖的流加速率对菌体代谢的糖酵解途径和氧化途径之间的平衡产生影响，缺氧时将迫使糖代谢进入糖酵解途径，糖的流加速率过大也有类似效应，当碳源供给超过氧化容量时，糖就会进入糖酵解途径而产生乙酸。因此，设计战略是要维持高水平溶氧，并控制糖的流加速率不超过氧化容量，且两者是互相依赖的，由两个耦联的控制回路来实现。

基因工程菌的产物表达水平与菌体的比生长速率有关，控制菌体的比生长速率在最优表达水平可同时获得高密度和高表达。通过调节搅拌转速使菌体的比生长速率达到最优值，即由通气量、起始菌体浓度、培养体积、尾气中 CO_2 和 O_2 分析来计算出某一时刻的真实值，通过计算机反馈来控制转速，或者根据以前的实验数据，预先建立转速的指数控制方程，从而获得所需的菌体比生长速率。

3. 杂菌污染的检测与控制

杂菌检测的主要方法有显微镜检测和平板划线检测两种，显微镜检测方便快速，平板检测需要过夜培养，时间较长。根据检测对象的不同，选用不同的培养基，进行特异性杂菌检测。检测的原则是每个工序或一定时间进行取样检测，确保下道工序无污染。发酵过程中的菌种与杂菌检测情况见表 8-4。

杂菌的检测与控制是十分重要的，杂菌的污染将严重影响产量和质量，甚至倒罐。发酵过程中污染杂菌的原因复杂，归结起来主要有种子污染、设备及其附件渗漏、培养基灭菌不彻底、空气带菌、技术管理不规范等几方面。在生产中，建立并执行完善的管理制度、操作制度与规程，是可以杜绝杂菌污染的。

二、基因工程菌对发酵设备的要求

为了防止基因工程菌丢失携带的质粒，保持基因工程菌的遗传特性，因而对发酵罐的要求十分严格。随着生化工程学和计算机技术的发展，新型自动化发酵罐完全能够满足安全可靠地培养基因工程菌的要求。

常规微生物发酵设备可直接用于基因工程菌的培养。但是微生物发酵和基因工程菌发酵有所不同，微生物发酵主要收获的是它们的初级或次级代谢产物，细胞生长并非主要目标，而基因工程菌发酵是为了获得最大量的基因表达产物，由于这类物质是相对独立于细胞染色体之外的重组质粒上的外源基因所合成的细胞并不需要的蛋白质，因此，培养设备及其控制应满足获得高浓度的受体细胞和高表达的基因产物的要求。

生产企业进行重组菌培养时的设备标准有 LS-1 和 LS-2。LS-2 相当严格，工业生产起码应在 LS-1 的设备标准下培养。LS-1 标准要点是：① 使用防止重组菌体外漏、能在密闭状态下进行内部灭菌的培养装置；② 培养装置的排气由除菌器排出；③ 使用易产气溶胶的设备时，要安装可收集气溶胶的安全箱等。设计用于基因重组菌的培养装置时，不仅要考虑外部杂菌的侵入，还要防止重组菌的外漏。

基因工程菌在发酵培养过程中要求环境条件恒定，不影响其遗传特性，更不能造成所带质粒丢失，因此对发酵罐有特殊要求：要提供菌体生长的最适条件，培养过程不得有污染，保证纯种培养，培养及灭菌过程中不得游离出异物，不能干扰基因工程菌的代谢活动等。为达到上述要求，发酵罐材料的稳定性要好，一般用不锈钢制成，罐体表面光滑、易清洗，灭菌时没有死角。与发酵罐连接的阀门要用膜式阀，不用球形阀；所有的连接接口均要用密封圈封闭，不留“死腔”；搅拌器转速和通气应适当，任何接口处均不得有泄漏，轴封可采用磁力搅拌或双端面密封。空气过滤系统要采用活性炭和玻璃纤维棉材料，并要防止操作中污染杂菌。为避免基因工程菌株在自然界扩散，培养液要经化学处理或热处理后才可排放，发酵罐的排气口要用蒸汽灭菌或微孔滤器除菌后，才可以将废气放出。

三、基因工程产物的分离纯化

传统发酵产品和基因工程产品在分离纯化上的不同，主要表现在下列几方面。

(1) 传统发酵产品多为小分子（工业用酶除外，但它们对纯度要求不高，提取方法较简单)，其理化性能，如平衡关系等数据都已知，因此放大比较有根据；相反，基因工程产品都是大分子，必要数据缺乏，放大多凭经验。

(2) 基因工程产品大多处于细胞内，提取前需将细胞破碎，增添了很多困难。由于第一代基因工程产品都以大肠杆菌作宿主，无生物传送系统，故产品处于胞内。而且发酵液中产物浓度也较低，杂质又多，加上一般大分子较小分子不稳定（如对剪切力)，故分离纯化较困难，因此需考虑多种影响因素，建立合理的分离纯化工艺和方法，才能提高产品收率。

(3) 基因工程生产的蛋白提取的要求纯度更高，对于安全性的要求更为严格。此外，培养后的菌体分离、破碎等处理也必须在安全柜内进行，或是采用密闭型的设备。

1. 建立分离纯化方法的依据

基因工程产物不同，分离纯化的方法也有所差别，在生产实践中应根据不同情况建立有效的分离纯化方法，制订合理的工艺，可从以下几个方面加以考虑。

(1) 依据产物表达形式选择合理的工艺。分泌型表达产物通常体积大、浓度低，因此必须在纯化前进行浓缩处理，以尽快缩小样品的体积，浓缩的方法可采用沉淀和超滤。对破壁后 *E. coli* 的上清液首选亲和分离，其次可选离子交换色谱。周质表达是介于细胞内可溶性表达和分泌型表达之间的一种形式，它避开了细胞内可溶性蛋白质和培养基中蛋白质类杂质，在一定程度上有利于蛋白质的分离和纯化，可将 *E. coli* 用低浓度的溶菌酶处理后，一般采用渗透压休克的方法来获得周质蛋白。对于细胞内不溶性的表达产物——包涵体，纯度较高，可达20%~80%，分离纯化步骤复杂，还需进行复性，才能成为具有一定功能和构象的蛋白质。

(2) 依据分离单元之间的衔接，将不同机制的分离单元进行组合来组成一套分离纯化技术组合，将含量最多的杂质先分离除去，通常采用非特异性、低分辨率的操作单元，如沉淀、超滤和吸附等，其目的是尽快缩小样品的体积，提高产物浓度，去除杂蛋白。将最昂贵、最费时、分辨率高的分离单元放在最后阶段，如离子交换色谱、亲和色谱和凝胶排阻色谱等，以提高分离效果。

(3) 依据分离纯化工艺的要求，使所选工艺有良好的稳定性和重复性；步骤少，时间短；各步骤之间相互适应和协调；工艺过程尽可能少用试剂；各步操作容易、收率高，安全性好。

2. 分离纯化的基本过程

分离和纯化是基因工程产品生产中极其重要的一个环节，由于工程菌不同于一般正常细胞，因此产品的纯化要求也高于一般发酵产品。基因工程产品的分离和纯化一般包括细胞破碎、固-液分离、浓缩与初步纯化、高浓度纯化、成品加工，流程如图 8-4 所示。

3. 变性蛋白的复性

基因工程菌表达系统较多，最常用的表达系统是 *E. coli*，由于其具有低廉性、高效性

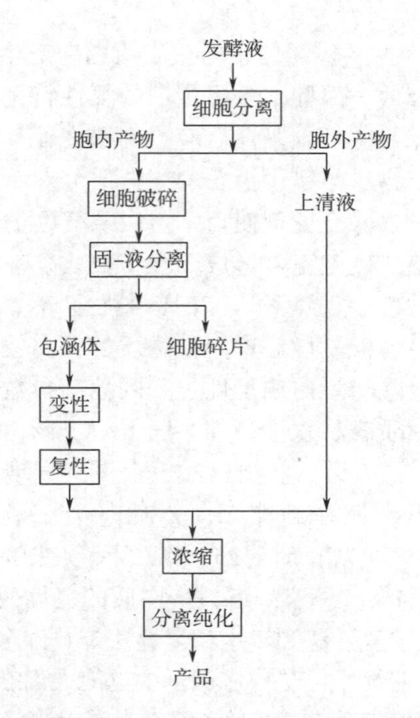

图 8-4　基因工程产品分离纯化的一般流程

和稳定性而在生产中被广泛采用。然而，*E. coli* 表达的重组蛋白经常聚集形成不溶性、无活性的包涵体。虽然，包涵体具有富集目标蛋白质、抗蛋白酶、对宿主毒性小等优点，但包涵体蛋白质的复性率一般较低，这就增加了基因工程产品的成本。如何解决包涵体蛋白复性率低的问题？许多学者提出了解决的办法：其一是从上游水平考虑，如通过改变 *E. coli* 的生长条件，使重组蛋白在 *E. coli* 中呈可溶性表达或者重组蛋白与其他蛋白融合表达或共表达，也可使重组蛋白分泌表达至细胞周质等，从而使表达蛋白具有活性；其二是从生物工程下游技术角度优化复性过程，将包涵体蛋白在体外复性得到生物活性蛋白质。促进包涵体在体外成功复性，将是大量生产重组蛋白最有效的途径之一。

（1）包涵体形成的原因　包涵体的形成有两个原因：其一是蛋白质产物的高水平表达，基因工程菌形成活性蛋白的产率取决于蛋白质合成、蛋白质折叠和蛋白质聚集的速率，在高水平表达时，新生肽链的聚集速率一旦超过蛋白质正确折叠的速率就会导致包涵体的形成；其二是表达蛋白没有正确地折叠，由于重组蛋白在 *E. coli* 中表达时缺乏一些蛋白质折叠过程中需要的酶和辅助因子，如折叠酶和分子伴侣等，蛋白质没有形成有活性的高级构象。

（2）包涵体的分离和溶解　分离包涵体可采用破碎技术，包括高压匀浆、超声破碎等对细胞进行破碎。为了提高破碎率，可加入一定量的溶菌酶，使包涵体释放出来。然后采用蔗糖密度梯度离心法将包涵体和细胞碎片分离，获得纯的包涵体。包涵体可在30℃，有变性剂如脲、盐酸胍或硫氰酸或去垢剂（如 SDS、正十六烷、三甲基胺氯化物等）条件下溶解；对于含有半胱氨酸的蛋白质，还需加入还原剂，如巯基乙醇、二硫苏糖醇、二硫赤藓糖或半胱氨酸。此外，由于金属离子具有氧化催化作用，还需要加入金属螯合剂（如

EDTA）以除去金属离子。

（3）包涵体的复性方法　由于包涵体中的重组蛋白缺乏生物学活性，加上剧烈的处理条件，使蛋白质的高级结构破坏，因此，重组蛋白的复性特别必要。一个有效的、理想的折叠复性方法应具备以下特点：①折叠复性后应得到浓度较高的蛋白质产物，且活性蛋白的回收率高；②正确复性的产物易与错误折叠的蛋白质分离；③折叠过程耗时短，复性方法易于放大。因此，通过缓慢去除变性剂使目标蛋白从变性的完全伸展状态恢复到正常的折叠结构，同时除去还原剂使二硫键正常形成。在蛋白质复性过程中必须根据蛋白质的不同优化过程参数，如蛋白质浓度、温度、pH 和离子强度等。在复性时，应用分子伴侣和折叠酶在体外帮助蛋白质复性，但复性后这两种物质的分离较困难。

复性是一个复杂的过程，除与蛋白质复性过程的控制参数有关外，很大程度上与蛋白质本身的性质有关，有些蛋白质容易复性，如牛胰 RNA 酶有 12 对二硫键，在较宽松的条件下复性效率可达到 95%以上；而另一些蛋白质至今没有发现合适的复性方法，如 IL-11。很多蛋白质的复性效率很低，如在纯化 IL-2 时向十二烷基硫酸钠溶液中加入 Cu^{2+}（0.05% SDS，7.5~30μmol/L $CuCl_2$）时，25~37℃下反应 3h，再加 EDTA 至 1mmol/L 终止反应，复性后的二聚体低于 1%。一般来讲，蛋白质的复性效率在 20%左右。目前，复性的方法有稀释法、透析法、柱上复性法和双水相复性法等。许多复性方法是在反复试验和优化的基础上建立的，且没有普遍性，但从许多例子中也使人们获得一些新的知识，为建立高效的复性方法奠定了基础。相信随着结构生物学、生物信息学、蛋白质工程学以及相关新技术、新设备的发展和完善，在不久的将来，预测和设计最佳复性方案将成为可能。

另外，对于基因工程产品，提取分离时应注意生物安全（biosafety）问题，即要防止菌体扩散，特别对前几步操作，一般要求在密封的环境下操作。例如用密封操作的离心机进行菌体分离时，整个机器处在密闭状态，在排气口装有一个无菌过滤器，同时有一根空气回路以帮助平衡在排放固体时系统的压力，无菌过滤器用来排放过量的气体，但不会使微生物排放到系统外。产品分离提取和精制还应该注意清洁生产，持续运用整体预防的环境战略以期增加生态效率并减降人类和环境的风险。

第六节　基因工程菌的安全性及防护

生物安全，广义的概念包括所有生物及其产品的安全性问题。自基因工程诞生之初，基因工程安全性及其防护问题就受到人们极大的关注。考察工程菌新基因的稳定性、新基因漂移至其他生物体中的风险以及基因工程菌对生态系统的影响等，均是紧紧围绕着基因工程菌的安全性和有效性进行的。目前成为国际社会焦点的生物安全问题主要是指现代生物技术从研究、开发到生产应用全过程中的安全性问题，特别是转基因生物及其产品可能对人体健康和生态环境造成潜在的风险与危害的安全性评价。

一、基因工程产业化的生物安全

关于重组 DNA 潜在危险性问题的争论，在基因工程还处于酝酿阶段时就已经开始。争论的焦点是担心基因工程菌会从实验室逸出，在自然界造成难以控制的危害。1975 年 2 月，美国国家卫生研究院（NIH）在加利福尼亚州 Asilomar 会议中心，举行了一次有 160

位来自17个国家有关专家学者参加的国际会议。会上，代表们对重组DNA的潜在危险性展开了激烈的辩论，尽管在Asilomar会议上代表们意见分歧很大，但在如下三个重要问题上取得了一致的看法：第一，新发展的基因工程技术，为解决一些重要的生物学和医学问题及令人普遍关注的社会问题展现了乐观的前景；第二，新组成的重组DNA生物体的意外扩散，可能会出现不同程度的潜在危险，因此，要开展这方面的研究工作，但要采取严格的防范措施，并建议在严格控制的条件下进行必要的DNA重组实验来探讨这种潜在危险性的实际程度；第三，目前进行的某些实验，即使采取最严格的控制措施，其潜在的危险性仍然极大。将来的研究和实验也许会表明，许多潜在的危险比人们现在所设想的要轻、可能性要小。自从世界上第一家专门制造和生产医药品的基因工程公司Genentech在美国旧金山市诞生以后，科学工作者发现早期人们的许多关于重组DNA研究工作危险性的担心，从今天的观点来看，并没有当初所想象的那么严重。已经做出的许多涉及真核基因的研究表明，早期的许多恐惧事实上是没有依据的。此外，会议极力主张正式制定一份统一管理重组DNA研究的实验准则，并要求尽快发展出不会逃逸出实验室的安全寄主细菌和质粒载体。

1. 基因工程产业化的潜在危险

运用重组DNA技术大规模生产基因工程产品，涉及的安全性问题远比实验室中进行重组DNA实验复杂。主要包括：① 可能因为基因工程菌的泄漏使人或其他生物接触重组体及其代谢产物而被感染，或死菌体及其组分或代谢产物对人体及其他生物造成的毒性、致敏性及其他不可预测的生物学效应；② 小规模试验的情况下原本是安全的供体、载体、受体等实验材料，在大规模生产时完全有可能对人或其他生物的生存环境造成危害；③ 基因工程产品的毒性、致敏性及其他不可预测的生物学效应，或者在短期研究和开发利用期间内是安全的基因工程药物很可能在长期使用后产生无法预料的危害。

（1）原核生物表达系统　原核生物表达系统主要包括*E. coli*和*Bacillus subtilis*等表达系统。*E. coli*表达系统具有易于操作、价格低廉且产物量高等优点，通常是蛋白质表达的首选方法，但是由于原核表达系统缺乏真核细胞翻译后的对肽链二硫键的精确形成、糖基化、磷酸化等的加工和修饰，其表达的目标产物常常形成无活性、不溶性的包涵体，其产品在安全性上存在着一些不容忽视的问题。主要有如下几个方面：① 原核表达系统缺乏对蛋白质产物的糖基化过程，从而造成表达的重组蛋白与天然蛋白存在细微的结构差异，因而在其生理功能上也可能有细微的差异；② 菌体细胞高表达外源蛋白可能对菌体正常生理产生影响，导致错译率提高，一些蛋白质肽链中个别氨基酸的改变有可能改变蛋白质的结构和功能，而目前的分离和纯化方法还不能分开与目标产物只有个别氨基酸差异的杂质；③ 蛋白质的纯度问题，包括蛋白质正确折叠的比例、二硫键的错配率、菌体多糖和杂蛋白的含量等。

由于这些因素，重组蛋白产品在使用时有可能导致机体的一些生理异常反应，如过敏反应、毒副作用以及一些可能由于长期服用引起的慢性生理异常，或影响使用者机体内的代谢平衡，破坏机体正常生理。

（2）真核生物表达系统　目前常用的真核表达系统主要有酵母表达系统和哺乳动物表达系统两类。酵母表达系统表达的蛋白质结构较复杂、分子质量较大，并且可以正确折叠，虽然表达的蛋白质有糖基化修饰，但是糖链结构和组成与天然糖蛋白相差甚远，因此可能影响蛋白质的生物学活性，如 EPO、治疗性抗体等无法使用酵母表达系统，而只能使用哺乳动物细胞表达来生产。因此，哺乳动物已经成为基因工程药物最重要的表达或生产系统。如美国 2000 年以后批准的创新基因工程药物中，用酵母表达的有 2 种，用 *E. coli* 表达的有 4 种，而通过动物细胞培养生产的生物技术产品有 22 种。

从原理上考虑，由于体外细胞培养体系与人体细胞仍有差别，重组动物细胞生产药物，其产品与天然生物制品相比，在生化纯度、偶然污染和致肿瘤方面仍存在一定的危险，有可能导致一些过敏反应和其他生理不良反应，残留在重组产物中的胞内 DNA 也是一个令人担心的问题，因为转化的病毒基因和有活性的致癌基因能在体外将正常的细胞转化为肿瘤细胞。另外，一些哺乳动物细胞的基因组在某些情况下能自发地表达反转录病毒颗粒，污染表达产物，这一现象在生产中也值得注意。当然，基因工程菌生产的蛋白质产品在投放市场前都经过详细的论证、周密的药理试验和多期的临床试验确认有相当的生物安全性后才能批准使用。但是由于表达系统、纯化方法、药理实验及临床试验的手段、标准和具体条件等客观因素的限制，重组药物的生物安全性问题仍不能忽视。

2. 基因工程产业化的生产规范

由于基因工程蕴藏着巨大的商机，世界上许多国家实现了基因工程的产业化，创造了十分可观的经济效益和难以估量的社会效益。但由于工业发展的历程较短，其潜在的危险还难以评估。各国或政府部门针对基因工程菌及其产品生产制定了相应的安全准则，1976 年 6 月 23 日，NIH 在 Asilomar 会议讨论的基础上，制定并正式公布了重组 DNA 研究准则。为了避免可能造成的危险性，准则除了规定禁止若干类型的重组 DNA 实验之外，还制定了许多具体的规定条文。例如，在实验安全防护方面，明确规定了物理防护和生物防护两个方面的统一标准。1986 年经济合作与发展组织（Organization for Economic Co-operation and Development，OECD）发表了《重组 DNA 安全因素》，提出“工业大规模规范”（Good Industrial Large-Scale Practice，GILSP），以生产控制作为安全保护的主要手段，这对于重组 DNA 大规模生产具有深远的意义，之后 1992 年又做出进一步的修订，成为非官方的国际标准。

对基因工程菌的大规模产业化进行安全评估，首先必须对重组 DNA 的受体——宿主菌进行安全评估。OECD 将宿主菌分为以下 4 级。① GILSP：宿主应该是无致病力的、不含外来因子（如致病病毒、噬菌体等），而且在工业生产中有长期安全使用的历史，或有内在的限制措施使它只能在工业装置中获得最佳生长，在环境中只能有限存活而不会导致有害的影响。② 第一类：宿主为不包括在上述 GILSP 级别中的非致病性宿主。③ 第二类：宿主对人有致病性，在直接对其操作时可能引起感染，但是这种感染由于有有效的预防和治疗方法，不会造成严重的流行危害。④ 第三类：宿主为一种不包括在上述第二类中的可致病的有机体，对这种宿主必须谨慎操作，但对这种受体引起的疾病已有有效的预防和治疗方法。如果一种宿主，无论直接操作与否，都可能对人类健康造成严重威胁并导致一种没有有效预防和治疗方法的疾病，应该从第三类中分出，并特别对待。

对重组体的安全性评估可根据宿主的安全等级以及重组体和宿主的比较来进行，如果重组体和宿主一样或者比宿主更安全，就可以认为重组体和宿主的安全等级一样，对环境没有负面影响。工业生产中，对于不同的生物控制等级，需采取相应的物理控制措施。GILSP 只要普通微生物实验室要求标准，其他类则要求相应于实验室的安全等级

（biosafety level，BSL）的物理防护措施。

对于基因工程菌的安全性问题，多数国家都制定了有关DNA重组实验的准则，即在试管内用酶等构建异种DNA的重组分子，并用它转入活细胞中的实验，以及使用重组体的实验应遵循的规程。其目的是保证实验的安全和推动重组DNA的研究。这些准则参照了防止病原微生物污染的措施，以及根据对实验安全度的评定，采用物理密封（P1～P4）和生物学密封（B1和B2）两种方法。物理密封是将重组菌封闭于设备内，以防止传染给实验人员和向外界扩散。物理密封由密封设施、实验室设计和实验注意事项组成。密封程度分为P1、P2、P3和P4级，数字越大，密封水平越高。生物学密封要求用只有在特殊培养条件下才能生存的宿主，同时用不能转移至其他细胞的载体，通过这样组合的宿主载体系统，可以防止重组菌向外扩散。

以迄今为止尚未发生基因工程菌危险事故为依据，安全准则在实际使用中便逐渐地趋于缓和。事实上，自从公布以来，NIH已经对这一准则做了多次修改，放宽了许多限制。就目前的情况而言，只要重组DNA的实验规模不大，不向自然界传播，实际上已不再受任何法则限制。当然，这不是说重组DNA研究已不具有潜在的危险性，相反，作为负责的科学工作者，对此仍须保持清醒的认识。

基因工程药物多为蛋白质或多肽，这些蛋白质或多肽的氨基酸组成、顺序、修饰作用以及构象都会影响药品的生理、药理或毒理作用。欧盟将这类药品分为三组：第一组与人体内蛋白质或多肽的氨基酸组成完全相同，这类药品不需进行安全性试验；第二组与人体内蛋白质或多肽的氨基酸组成相似，仅个别氨基酸有差异，或存在翻译后修饰；第三组与人体内蛋白质或多肽的氨基酸组成完全不同。根据这种分组，进行安全性评价时也区别对待。

DNA重组产品的安全性评价是视各个具体品种的情况提出不同的安全性评价要求，安全性临床设计方案与实验范围需根据不同情况做出不同的规定。对基因工程药品进行毒理学研究是安全性评价的一个主要方法，其内容包括急性毒性试验、重复给药毒性试验、生殖毒性试验、免疫毒性试验、致突变和致癌试验。生产过程中应根据具体基因工程药品类型进行检验。

二、基因工程菌的防护及安全性控制

对于发酵过程来说，基因工程菌防护的重点在于防止基因工程菌的外漏。其首要任务是了解培养微生物在普通通气搅拌罐中可能发生外漏的部位和操作。归纳起来有接种、机械密封、取样、排气、排液（输至下一工序）。针对这些均应采取一些措施以防止工程菌外漏。

1. 接种

向罐内直接接种的方法是不安全的。简单的安全接种法是将种子瓶与培养罐以管相连接后，用无菌空气加压压入的方法。另一种方法是先把种子液在安全柜内移至供接种用的小罐内，再将其与培养罐连接，用蒸汽对连接部分灭菌后，把种子液接入培养罐内。

2. 机械密封

通气搅拌培养罐中罐的搅拌轴须与传动部连接。这部分的轴封使用的是机械密封，有单机械密封和双机械密封之分。前者由单密封面将罐与外界隔开，此密封部分因高速旋转产生摩擦热，故需冷却和润滑。这样一来，即便正常运转，培养液也会一点一点地渗入密封面，很有可能经此流出。同时，灭菌时的热膨胀差也会使流出量增加。还有机械密封受使用寿命所限，在渗漏发生前就应定期更换。所以单机械密封的培养罐不宜用于基因重组菌的培养。双机械密封是用高于罐内压的压力，将贮存于另一润滑液槽中的无菌水压入机械密封部，用作轴封润滑液。这时，上下两部分即使有一部分的密封液渗漏，培养液也几乎无外漏危险。但上下两方同时渗漏时，培养液有可能外漏了。因此，问题在于搅拌轴是由罐的上部还是下部通入。从培养装置的使用优点及搅拌轴长度等角度看，用下搅拌为好。但若考虑培养液外漏的情况，培养基因重组菌时，以用上部搅拌的双机械密封为好。

用磁力方法改变搅拌动力的传动就不必担心机械密封的外漏了。10L 以下的培养装置以往一直是用磁力进行动力传动的，但罐体大，就会出现磁力不足、轴承磨损等问题。目前对于 90L 以下的培养罐，已能用强磁力进行动力传动。现在，基因重组菌的培养罐仍以采用双机械密封的上搅拌方式为多，其次用双机械密封的下搅拌方式。

3. 取样

普通培养罐的取样管道在取样时会流出样品。取样后对样品管道灭菌时，未灭菌的培养液被排至排水管内。对此，必须采取措施，如采用专用的取样工具进行取样，可在培养液不接触外界的条件下取样。用高压灭菌器使其灭菌或连接后用蒸汽灭菌，灭菌结束后将样品从罐中取出送入样品管中。取完所需的样品，卸下之前对取样管道再次灭菌。卸下经灭菌的连接器，在安全柜中卸下样品管。取样中使用的排水管道与废液灭菌贮罐相连，取样及灭菌时产生的排水一并贮存于罐内，经灭菌后排出。此外还设计了各种安全取样用的器具。例如，通过双层橡皮膜用注射器取样；把可移动的完全密封型的球形箱与取样管连接，在此箱中取样等。

但是这些操作都由人工控制，操作中难免出错。为了减少操作人员接近工程菌的机会，尽量不用人工操作而采用自动取样装置最为安全。自动取样方法与人工取样程序大致相同，同时，取样过程因采用程序系统控制而易于变动。取出的样品保存于冷库内，冷库内的空气经滤器过滤。

4. 排气

排出的废气中含有大量气溶胶，在激烈起泡的培养时，培养液呈泡沫状，它们从排气口向外排出，重组菌也容易随之外漏。

以往培养病原菌时，为防止菌体外流，采取加药剂槽的方法，但效果如何尚有疑问。试验证明，排气中的微生物数量随着培养液中菌体浓度和通风速度等的变化而变化。用 5L 培养罐（装液量 2.5L），以搅拌速度 400r/min，通气速度 1∶1m^3/（m^3·min），即 2.5L/min 来培养大肠杆菌，发现每毫升培养液中含 10^9 个菌体，每小时有 150~400 个菌随气排出；而培养酿酒酵母时，每小时从每毫升含 10^8 个菌体培养液的排气中检出 30~70 个。由此可见，虽然培养液中菌体浓度相差很大，但大肠杆菌和酵母菌仍几乎相同程度地从排气中漏出。另外，提高通气速度时，单位体积的排气中大肠杆菌和酵母菌菌数都会增加，通气速度与漏菌数也密切相关。总之，排气中含有相当多的菌，为此，在通用通气搅拌型培养罐上安装排气鼓泡器，以防止激烈起泡时泡沫直接外溢和外部微生物侵入污染。

生产中有 3 种排气方式，以阻止工程菌的外泄。第一种是发酵罐通过排气管排气到鼓泡瓶，再通过膜滤器排出。第二种方式是用电热器对排气进行加热时，在电热器出口处的排气温度被控制在 200℃左右。电热器之后附有冷凝器，使高温的排气冷却，再通过膜滤器排出。这两种方式均在一定时间后，在膜滤器上检出工程微生物，因此还有待于改进。第三种排气除菌系统是先在罐排气口外安装冷却冷凝器，其后才是加热器，排气气体经此加热至60~80℃后，再经过膜滤器和深度型滤器排出，但要防止相对湿度降低，滤器上凝结水汽。无论使用哪种类型的滤器，都应对排气进行去湿处理。使用膜滤器时，因滤器表面凝结水汽，压力损失骤增；深度型滤器除菌效率也会因水汽凝结而下降。膜滤器原来多用于过滤液体，通过流水性滤器的开发，也能应用于气体过滤。

5. 排液

培养后要将培养液输送至贮罐等下一道工序进行，这时也有可能产生气溶胶和重组菌的扩散。安全的方法是在培养开始前就将排液口与下段工序相连接并进行灭菌，这样培养结束即可直接输送培养液。如果排液口未与下段工序相连，而与连接废液灭菌罐的排水管道相接，也是安全的。

重组菌培养罐中，凡有可能外漏重组菌的部分都与连接废液灭菌罐的排污管道相连。可是实际操作者必须小心谨慎，否则难以防止因疏忽而造成的重组菌的扩散。为减少操作误差和操作者接近重组菌的机会，应安装连锁装置，实现自动化操作，人可在监控室进行监视。此外，必须设置警报系统监测培养罐压力，以免发生异常。

基因工程自1973年第一次分子生物学会上提出“人工重组”后已经成为了新兴研究领域，得到了快速的发展，从实验室和临床的基础性研究，到更多的应用研究上，都取得了非常多可喜的成果。对于基因工程的研究与应用无疑促进了生命科学的进一步发展，这种发展已经形成了不可逆转的趋势，进入定向、快速改造生物性状的新时代，受到当前国内外研究人员，甚至爱好者的密切关注。

我国开展基因工程的研究也有好几十年，在逐渐深化的研究中建立了一定规模的体系，如今已经应用在微生物以及动植物的转基因载体受体当中，也克隆出了一些具有目的基因的物种，形成了较多的基因工程药物，还有不少具有特殊性状的转基因动植物活体。而在后续的研究与探索中，这一领域还有着非常巨大的发展潜力。

从全球范围来看，当前有一项重大的合作性基因组测序正在进行与实施当中，我国很早就成为了这个组织的成员国，也努力通过研究做出应有的贡献。伴随着各种功能性基因的不断开发以及相应的转基因技术和分离技术日趋娴熟与完善，转基因获表达的效率无疑大大提高，其在未来的发展必定势不可挡。

正如诸多科学家有所言，“基因工程，前景诱人”。相信在不久的将来，基因工程的研究以及产业化将会取得更大的成就。

思考题

1. 基因工程菌株构建的基本流程是什么？
2. 基因工程菌的不稳定性表现在哪些方面？
3. 影响质粒稳定性的因素有哪些？
4. 在工业生产中如何提高质粒稳定性以及提高外源基因的表达量？
5. 基因工程菌的培养与常规菌种的培养工艺有何不同？
6. 基因工程菌发酵生产中检测与控制的意义何在？
7. 基因工程菌的生产工厂如何进行防护？其意义何在？

第九章　生物物质分离与纯化技术

生物工程技术产业的主要目标是生物工程产品的高效生产，而生物发酵产品一般存在于一个复杂的多相体系发酵液中，只有经过分离和纯化等一系列下游加工和精制过程，才能得到符合要求的生物产品，因此生物产品的分离纯化是生物工程的一个重要组成部分。从发酵液或酶反应液中分离、精制有关产品的过程称为下游加工过程，包括过滤、吸附、萃取、结晶等化学工程单元操作，由于生物产品的特殊性以及对生物分离要求的提高，还必须应用一些生化过程的分离方法，如沉淀、超滤、色谱、电泳等，这些方法与化学工程的传统方法相结合，就构成了生物物质分离的主要技术。

第一节　生物物质分离纯化的特点及分类

生物物质分离与纯化是生物工程产品生产的基本环节。生物产品的自身特征、生产过程的条件限制以及产品的特殊性对产品纯度及杂质含量方面提出了很高的要求，高效的生物物质分离和纯化技术已成为生物工程技术领域的重要工序之一。目前各种传统的分离纯化技术已经广泛应用于工业生产过程中，一些新的分离纯化技术如双水相萃取、超临界流体萃取、反胶束萃取、液膜分离法、泡沫分离法等也逐渐受到工业界的青睐。在当代新技术革命浪潮中，生物产品提纯工艺正朝着电子计算机最优化自动控制的方向迅速发展。

一、生物物质分离与纯化的特点

生物产品的特性对生物分离与纯化技术提出了更高的要求。明确生物物质分离与纯化的原理，设计合理的目的产物的分离与纯化方法，可大大提升生物产品的质量，降低生产成本。生物物质分离与纯化的特点主要体现在以下几个方面。

①目的产物浓度低，纯化难度大。发酵液中目的产物的浓度一般都很低，特别是基因工程发酵液中甚至是极微量的，如维生素 B_2 在发酵液中含量为1.0%~1.5%；重组蛋白含量为0.5%~1.0%。溶液中待提取物质的浓度越低，提取成本越高。此外，发酵液中杂质较多且性质接近，对于终产品纯度要求较高的加工过程来说，常常需要多步纯化操作，造成总收率下降，因此，减少操作步骤十分重要。

②生物活性物质性质不稳定，制备过程易失活。生物活性物质的生理活性大多是在生物体内的温和条件下维持并发挥作用的，目的产物大多对热、酸、碱、重金属、pH以及多种理化因素敏感，容易失活。外部条件不稳定或发生急剧变化，容易引起其生物活性的降低或丧失。因此对分离与纯化过程的操作条件提出了严格要求。比如在纯化蛋白质的过程中，使用极性条件时，要以目标蛋白质的活性和功能不受损害为原则。低温、洁净的环境必不可少，要设法避免和防止不合适的pH、变性剂、去污剂以及自身酶解等诸多因素

对蛋白质活性及功能的影响。

③生物产品质量标准高。很多情况下，医药产品、食品等，其纯度和统一性要求很高，对其中的杂质、热源及具有免疫原性的外源蛋白等有害物质去除率要求极高，对分离设备材质和分离过程中引入的分离介质也有着严格的限制。

④发酵液批次有差异，提取需及时。微生物本身存在一定的变异性，可能导致分批操作的批次差异，要求下游加工过程应具有一定的弹性，做出适当调整以保证产品质量。此外，发酵液放罐后，由于条件改变，发酵会继续向其他代谢途径进行，从而影响产品得率；另一方面，还可能被杂菌污染，使产品降解。因此，发酵结束后，应尽快分离提取。

生物物质分离与纯化过程特性主要体现在生物产品的特殊性、复杂性和对生物产品要求的严格性上。在很多生物产品的生产过程中，其下游过程所需要的投资常占整个投资的主要部分，例如，对传统发酵工业来说，抗生素类药物的分离纯化费用为发酵部分的3~4倍；对维生素和氨基酸等药物，其分离纯化费用为前期制备过程的1.5~2倍；对于新开发的基因药物和各种生物药品，其分离纯化费用可占整个生产费用的80%~90%。由此可以看出，分离与纯化技术直接影响着生物产品的总成本，制约着生物产品工业化生产的进程。在生物大分子药物的生产过程中，分离过程的质量往往决定了整个生物加工过程的成败。开发和研究适合于不同产品的先进分离纯化技术和过程是提高经济效益、顺利实现生物产品工业化生产的重要途径。

生物产品分离与纯化技术多种多样，并不断发展和变化，其基本原理与一般分离过程相同。分离与纯化的核心是选择合适的分离剂，分离剂可以是能量的一种形式，也可以是某一种物质，如干燥过程的分离剂是热能，液-液萃取过程的分离剂是溶剂，离子交换过程则将离子交换树脂作为分离剂。

二、生物物质分离与纯化技术分类

几乎所有的分离与纯化技术都是以组分在两相之间的分配为基础的，因此常通过状态（相）的变化来达到分离的目的。例如沉淀分离就是利用待分离物质从液相进入固相而进行分离的方法。溶剂萃取则是利用物质在两个不相混溶的相之间的转移来达到分离与纯化的目的。所以绝大多数分离方法都涉及第二相。而第二相可以是在分离过程中形成的，也可以是外加的。如蒸发、沉淀、结晶、包含物等，是在分离与纯化过程中待分离组分自身形成第二相；而另一些分离方法，如色谱法、溶剂萃取、电泳、电渗析等，第二相是在分离与纯化过程中人为地加入的。

1. 按分离与纯化过程中初始相与第二相的状态进行分类

按分离与纯化过程中初始相与第二相的状态，对分离与纯化进行分类，如表9-1所示。

表9-1　按初始相与第二相的状态分类

起始相	第二相		
	气态	液态	固态
气态	热扩散	气-液色谱	气-固色谱

续表

起始相	第二相		
	气态	液态	固态
液态	蒸馏、挥发	溶剂萃取 液-液色谱 渗析 超滤	液-固色谱 沉淀 电解沉淀 结晶
固态	升华	选择性溶解	—

2. 按分离与纯化过程的原理分类

按分离与纯化过程的原理，可将分离与纯化过程分为机械分离和传质分离两大类。

（1）机械分离　机械分离是指利用机械力，在分离装置中简单地将两相混合物相互分离的过程，分离对象为两相混合物，相间无物质传递。机械分离针对非均相混合物，根据物质大小、密度的差异，依靠外力作用将两相或多相分开，此过程的特点是相间不发生物质传递，只是简单地将各相加以分离与纯化，如过滤、沉降、离心分离、旋风分离、清洗除尘等。

（2）传质分离　传质分离的原料可以是均相体系，也可以是非均相体系，多数情况下为均相，第二相是由于分离剂的加入而产生的。传质分离针对均相混合物，也包括非均相混合物，通过加入分离剂（能量或物质），使原混合物体系形成新相，在推动力的作用下，物质从一相转移到另一相，达到分离与纯化的目的，此过程的特点是相间发生了物质传递。如在萃取过程中，第二相即是加入的萃取剂。工业上常用的传质分离过程又可分为两大类，即平衡分离过程和速率分离过程。

①平衡分离过程：某些传质分离过程利用溶质在两相中的浓度与达到相平衡时的浓度差为推动力进行分离，称为平衡分离过程。该过程借助分离媒介（如热能、溶剂或吸附剂）使均相混合系统变成两相系统，再以混合物中各组分在处于相平衡的两相中不等同的分配为依据而实现分离，如精馏、萃取（浸取、超临界液体萃取）、吸附、结晶、升华、离子交换等。

②速率分离过程：某些传质分离过程依据溶质在某种介质中移动速率的差异，在压力、化学位、浓度、电势等梯度所造成的推动力下进行分离，称为速率控制分离过程。这类过程所处理的原料和产品通常属于同一相态，仅有组成上的差别，例如膜过滤（微滤、超滤、反渗透、渗析和电渗析等）。

有些传质分离过程还要经过机械分离才能实现物质的最终分离，如萃取、结晶等传质分离过程都需经离心分离来实现液-液、固-液两相的分离。且机械分离的效果也会直接影响传质分离速率和效果，必须同时掌握传质分离和机械分离的原理和方法，合理运用各种分离技术，才能优化生产工艺过程。

在物理学领域中，力、电、磁、热等学科的理论都与分离科学密切相关，如利用重力和压力原理的沉降、离心、过滤等分离方法，利用电磁原理的电泳、电渗析、电解、磁选等分离方法，利用分子的热力学性质的汽化、升华、蒸馏等分离方法，利用分子动力学性质的扩散分离、渗透与反渗透等分离方法。

在化学领域中，有基于分子的物性、相对分子质量与分子体积、分子之间的相互作用原理等创建的萃取、溶解、沉淀、溶剂化、重结晶等分离方法，还有基于物质分子间相互作用力的热力学与动力学性质差异而创建的现代色谱技术等。其中色谱法能够集分离和分析于一体，具有简便、快速、微量的特点，成为分离复杂混合物的理想方法之一，是分离科学中最活跃和最有成效的研究领域。如气-固（吸附）色谱法、气-液（分配）色谱法、液-固（吸附）色谱法、液-液（分配）色谱法、离子交换色谱法、凝胶色谱法、薄层色谱法、超临界流体色谱法及毛细管电泳等均是现代色谱科学的主要形式，可以依据被分离物质的性质，选择合适的方法进行分离。

三、生物物质分离与纯化方法的评价

分离效率是评估分离与纯化技术的重要参数，所选用的分离与纯化方法的效果如何，是否达到了分离的目的，可以用一些参数来评价，包括回收率、分离因子、富集倍数、准确性和重现性等。这里介绍其中较常用的两个参数。

1. 回收率

回收率（R）是评价分离与纯化效果的重要指标，反映了被分离组分在分离与纯化过程中损失的量，代表了分离与纯化方法的准确性和可靠性，回收率（R）的计算公式为：

$$R=\frac{Q}{Q_0}\times 100\%$$

式中　Q、Q_0——分别为分离富集后和分离富集前目标组分的量

R——回收率

在分离和富集过程中，由于挥发、分解或分离不完全，有关设备的吸附作用以及其他人为因素会引起待分离组分的损失。通常情况下对回收率的要求是1%以上常量分析的回收率应大于99%；痕量组分的分离应大于90%或95%。

2. 分离因子

分离因子（β）表示A、B两种成分分离的程度，计算公式为：

$$\beta=\frac{D_A}{D_B}$$

式中　D_A、D_B——分别为物质A、B的分配比

在A、B两种成分共存的情况下，A（目标组分）对B（共存组分）的分离因子越偏离1，分离效果越好。

通常在根据上述准则和实际经验选定了分离方法之后，需要进行的工作是对影响分离的因素进行考察。通过试验设计和反复试验，优化分离工艺条件，这一过程需采用回收率、分离因子等衡量分离效果的指标对分离方法和分离条件进行优化，最后确定适用于生产的分离方法和条件。

第二节　生物物质分离纯化的一般过程

生物物质分离与纯化技术主要包括预处理技术、细胞破碎技术、沉淀技术、萃取技

术、吸附及离子交换技术、色谱技术、膜分离技术、电泳技术、结晶技术、浓缩与干燥技术等。生物产品种类繁多，结构复杂，同时随着对生物产品质量要求的提高，许多新型分离与纯化技术也得到了飞速发展和应用。

一、生物物质分离与纯化的一般过程

由于生物产品种类繁多，其性质千差万别，分离的要求各不相同，这就需要采用不同的分离方法，有时还需要综合利用多种分离方法才能更经济、有效地达到预期分离要求。因此，对于从事生物产品的生产和科技开发的工程技术人员来说，需要了解更多的分离方法，设计适当的分离方案，以便达到不同的分离目的。除了掌握一些常规的分离技术，如蒸馏、吸收、萃取、结晶等，同时还需要掌握各具特色的新型分离技术，如膜分离技术、超临界流体萃取技术、分子蒸馏技术、色谱技术等。

生物分离与纯化的一般工艺过程如图 9-1 所示。一般来说，生物物质分离与纯化过程主要包括 4 个方面：①原料液的预处理和固-液分离；②初步纯化（提取）；③高度纯化（精制）；④成品加工。具体产品的提取和精制工艺需要根据发酵液的特点和产品的要求来设计，如有些可以直接从发酵液中提取，省去固-液分离过程。

生物产品工业化生产过程，产生了大量废气、废水和废渣，对“三废”的处理不但涉及物料的综合利用，还关系到环境污染和生态平衡，需要利用分离手段加以处理，使之符合国家对“三废”排放的要求。总之，在生物产品生产过程中，从原料到下游产品等各个生产环节都必须有分离技术作保证。

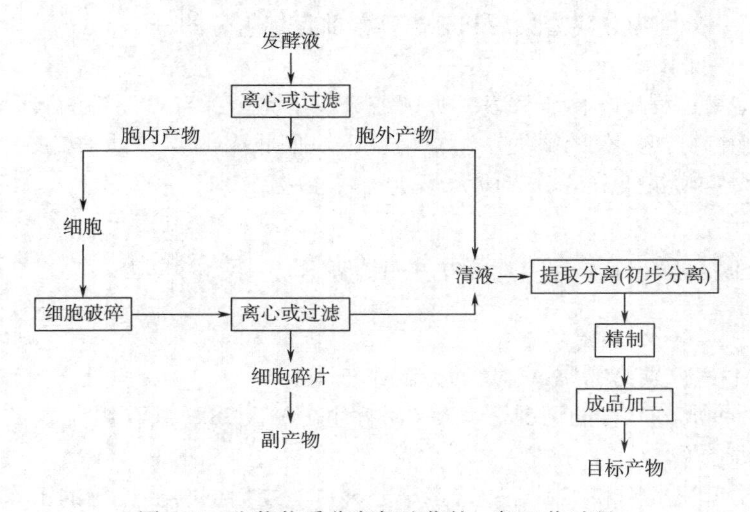

图 9-1　生物物质分离与纯化的一般工艺过程

二、设计分离纯化工艺应考虑的问题

一般在进行分离纯化工艺设计时，应考虑以下几个原则：①工艺流程尽量简单化，应优选可缩短各工序纯化时间的加工条件，降低分离纯化费用。②采用成熟技术和可靠的设备，尽可能采用低成本的材料与设备。③优化不同分离纯化技术的组合，避免相同原理的分离技术多次重复出现。比如分子筛和超滤技术按相对分子质量大小分离，避免重复应用两次以上。④尽可能减少或避免破坏目的产物生物活性的因素。⑤尽量减少新化合物进入待分离系统，避免引起新的化学污染和蛋白质变性失活。⑥采取合理的分离次序，原则是：先低选择性，后高选择性；先高通量，后低通量；先粗分，后精分；先低成本，后高成本。⑥选用适宜的技术检测手段对分离纯化过程进行质量控制。总之，分离纯化步骤尽可能少，尽可能简单、低耗、高效、快速。

第三节　生物物质分离与纯化的单元操作

生物物质的分离纯化技术包括诸多单元操作，只有每一个单元操作达到最优化，才能使整个过程最优化。单元操作可归纳如下：①沉淀分离：盐析、有机溶剂沉淀、选择性变性沉淀、非离子聚合物沉淀等；②层析分离：吸附层析、凝胶层析、离子交换层析、疏水层析、反相层析、亲和层析及层析聚焦等；③电泳分离：SDS-聚丙烯酰胺凝胶电泳、等电聚焦电泳、双向电泳、毛细管电泳等；④离心分离：低速、高速、超速（差速离心、密度梯度）离心分离技术等；⑤膜分离：透析、微滤、超滤、纳滤、反渗透等。

一、提高发酵液的过滤性能

对发酵液进行适当的预处理，从而分离菌体细胞和其他悬浮颗粒（如细胞碎片、核酸及蛋白质的沉淀），并除去部分可溶性杂质和改变发酵液的过滤性能。添加絮凝剂使小颗粒凝聚成较大颗粒以优化其过滤和离心沉降特性，还可通过加热、调节 pH 等措施处理发酵液，使发酵液的黏度下降，便于后续工序的操作，这是生物物质分离纯化中必不可少的首要步骤。

1. 降低液体的黏度

根据流体力学的原理，滤液通过滤饼的速度与液体的黏度成反比，因此，降低液体黏度可以提高过滤效率，通常采用以下三种方法降低发酵液的黏度。①加水稀释：单从过滤操作来看，稀释后发酵液黏度降低，过滤速度提高，但产物浓度也降低了，后处理的负荷增加，此法需慎重。②加热升温法：升温可以有效降低液体黏度，提高过滤速率，但需注意加热的温度和时间，以不影响产物的活性为准。例如，柠檬酸发酵采用 80～90℃处理，既可以终止发酵，使蛋白质等胶体物质变性凝固，降低发酵液黏度，有利于过滤，同时也不会由于温度过高使菌体裂解释放出胞内杂质而增加后续分离难度和成本。③酶解法：发酵液中含有多糖类物质，则可用酶将它们降解成寡糖或单糖，以提高过滤效率，如万古霉素发酵用淀粉作为培养基，发酵液过滤前加入 0.025%的淀粉酶，搅拌 30 min，再加 2.5%硅藻土作为助滤剂，可使过滤效率提高 5 倍。

2. 絮凝

絮凝是指胶体和悬浮物颗粒在絮凝剂的作用下，交联成为粗大絮凝体的过程。絮凝首先从凝聚开始，可以认为凝聚作用是颗粒由小到大的量变过程，而絮凝作用是若干个凝聚作用的结果，当颗粒聚集到一定程度（颗粒粒径为 1～2 cm）时，便会从溶液中沉降进而分离出来。絮凝分离技术主要用于除杂，即去除发酵液中不需要的组分，以便在后续工序中提高目标物质纯度。

3. 调整发酵液的pH

由于pH直接影响发酵液中某些物质的电离度和电荷性质，蛋白质、氨基酸等两性电解质类物质在等电点下溶解度最小，大多数蛋白质的等电点都在酸性范围内（pH 4.0~5.5），因此，利用此特性可以除去或分离两性物质。此外，细胞、细胞碎片以及某些胶体物质在某个pH下也可能趋于絮凝而成为较大的颗粒，有利于过滤。反之，调整pH也可以改变某些物质的电荷性质，使之转入液相，可以减少膜过滤的堵塞和膜污染。

二、发酵液的固-液分离技术

固-液分离技术是除去料液中固态杂质或得到固体产物的关键技术。生物产品固态杂质多指发酵液中的菌体、凝沉后的蛋白质或盐类等；固体产物多指结晶后的蛋白质、酶、核酸、小分子有机物及其盐等。固-液分离常采用的方法有过滤、离心和絮凝。通过固-液分离，可有针对性地提取胞外或胞内产物。

1. 离心分离

离心分离是实现固-液分离的最适手段，通过离心产生的重力场作用使悬浮颗粒沉降。通过离心分离除去密度比溶剂大得多的颗粒物（$>10^{-3}g/cm^3$）。离心分离的效果与固体颗粒粒径有关，颗粒越大，越容易分离，所需离心速率越小。如对发酵液中菌体的分离、谷氨酸结晶和母液的分离均可采用此法。

分离因数和沉降速度是离心力场的基本特性。离心机在运行过程中产生的离心加速度和重力加速度的比值，称为该离心机的分离因数，它是离心机分离能力的主要指标，分离因数越大，物料所受的离心力越大，分离效果越好。另外，颗粒的沉降速度与颗粒的直径有关，直径越大的颗粒沉降速度也越大，分离的效果越好。

离心分离适用于大规模操作过程，但是增大生产能力受到离心机制备材料机械强度的限制。因而，一般标准的离心分离是一种间歇式的单元操作，但也可以设计为连续式大规模操作。常用的离心设备有碟片式离心机、管式离心机和倾析式离心机等。

2. 过滤分离

过滤是以过滤介质两侧的压力差为驱动力，使液体通过过滤介质（膜），固体颗粒不能透过而达到固-液分离的目的。如啤酒的过滤，其目的就是除去酵母以及蛋白质等沉淀物。过滤过程中，通过物料本身的液柱压力差或通过抽真空等方式，即可达到固-液的分离。典型的过滤过程分为过滤阶段、滤饼洗涤阶段、滤饼卸除阶段。将滤饼从滤布中卸除，目的是回收滤饼并减少下一个过滤过程的阻力。上述几个阶段可以是间歇式，也可以是连续式。

3. 沉淀分离

沉淀是一种广泛应用于生物产品（特别是蛋白质）下游加工过程的单元操作，是最简单的生物物质提取纯化方法，一般包括盐析法、等电点沉淀法及有机溶剂沉淀法。所谓沉淀分离就是通过沉淀使固-液分相后，除去留在液相或沉积在固相中的非目的成分。如非目的成分留在固相中，尤其一些原本造成浑浊的成分被沉淀，则沉淀就同时起了分离与澄清的作用；如非目的成分留在液相中，目的物留在沉淀中，则沉淀同时起了分离与浓缩的作用，往往有利于保存或进一步处理。

沉淀技术用于分离纯化是有选择性的，即有选择地沉淀杂质或有选择地沉淀所需成分。对于生物活性物质的沉淀，情况更为复杂，不仅在于沉淀作用能否发生，还要考虑所用沉淀剂或沉淀条件对生物活性物质的结构是否有破坏作用、沉淀剂是否容易除去，对用于食品、医药行业的生物物质提取所需的沉淀剂还应考虑对人体是否有害等。

三、细胞破碎技术

细胞破碎技术是指利用外力破坏细胞壁和细胞膜，使细胞内目标物质释放出来的技术。许多发酵产物都存在于微生物细胞内，如谷胱甘肽、虾青素、花生四烯酸、γ-亚麻酸以及一些基因工程产物，如胰岛素、干扰素、生长激素、白细胞介素-2 等都是胞内产物，分离提取这类产物时，必须将细胞破壁，使产物释放，才能进一步提取和纯化。因此，细胞破碎是提取胞内产物的关键步骤。

1. 物理法

工业化生产中，物理法破碎细胞有高压匀浆破碎法、高速珠磨破碎法和超声波破碎法。

（1）高压匀浆破碎法　该法具有破碎速度快、胞内产物损失小、设备工艺容易放大等特点。其主要设备是高压匀浆机，由高压位移泵和可调节进料速率的针形阀构成。当菌体悬浮液经高压泵加压后，通过阀芯与阀座之间的通道时，在通过阀门时产生高剪切力，悬浮液突然改变方向，向环撞击并产生巨大的冲击力，将细胞破碎，然后排出。一般情况下，高压匀浆机最适用于破碎酵母和细菌细胞。

（2）高速珠磨破碎法　使用珠磨机，使微生物细胞悬浮液与极细的研磨剂（通常是直径<1 mm 的无铅玻璃珠）在搅拌桨作用下充分混合，珠子之间以及珠子和细胞之间的互相剪切、碰撞促进细胞壁破裂，释放出内含物。在珠液分离器的协助下，珠子被滞留在破碎室内，浆液流出，从而实现连续操作。破碎中产生的热量由夹套中的冷却液带走。

（3）超声波破碎法　当超声波在介质中传播时，由于超声波与介质的相互作用，使介质发生物理和化学变化，从而产生一系列超声效应，包括机械效应、空化作用、热效应和化学效应，使细胞破裂，内容物释放。超声破碎设备由超声波发生器和换能器两大部分组成，前者将 50Hz、20Ⅴ电流变成 20kHz 电能供给换能器，换能器随之做纵向机械振动，振动波通过浸入在发酵液中的钛合金变幅杆产生空化效应，激发介质里的生物微粒剧烈振动，引起的冲击波和剪切力使细胞破碎。

2. 化学法

化学法包括酸热法和化学渗透法两种。

（1）酸热法　是利用盐酸对细胞壁中的某些成分（主要是多糖和蛋白质）的水解作用，改变这些物质的空间结构，使原来结构紧密的细胞壁变得疏松，同时经沸水浴处理，造成细胞膨胀并加速水解，破坏细胞壁结构，使细胞内含物外泄释放，如酵母和某些霉菌的细胞破碎可用酸热法。

（2）化学渗透法　是使用某些有机溶剂（如苯、甲苯）、抗生素、表面活性剂（SDS，Triton Ⅹ-100）、络合剂（EDTA）、变性剂（盐酸胍、脲）等化学药品改变细胞壁或膜的通透性，从而使内含物有选择地渗透出来。化学渗透取决于化学试剂的类型以及细胞壁和膜的结构与组成，不同试剂对不同微生物细胞作用的部位和方式有所差异。化学渗透法以前主要用来检测胞内酶活性，经化学试剂处理后，用于检测酶活性的底物等小分子可以渗透到胞内，这样就不必释放胞内酶了。

化学渗透法与机械法相比具有以下优点：对产物释出具有一定的选择性；细胞外形保持完整，碎片少，有利于后续分离；核酸释出量少，浆液黏度低，便于进一步提取。化学渗透法也有自身的缺陷：耗时长，效率低；化学试剂具有毒性；通用性差。

3. 生物法

生物法主要利用生物酶对细胞壁和细胞膜进行消化溶解。常用的有溶菌酶、β-1，3-葡聚糖酶、β-1，6-葡聚糖酶、蛋白酶、甘露糖酶、糖苷酶、肽链内切酶、几丁质酶等，细胞壁溶解酶是多种酶的复合物。溶菌酶主要用于细菌细胞的破碎，而其他酶可用于真核生物细胞如酵母菌细胞的破碎。另外，利用细胞的自溶作用，控制适当的条件（温度、pH、添加激活剂等）可以增强系统自身的溶酶活性，使细胞壁自发溶解，使细胞内容物质释放。

生物酶具有高度专一性，蛋白酶只能水解蛋白质，葡聚糖酶只对葡聚糖起作用，因此利用溶酶系统处理细胞必须根据细胞的结构和化学组成选择适当的酶，并确定相应的使用次序。目前酶溶法仅限于实验室规模应用，虽然酶溶法具有选择性释放产物、核酸泄出量少、细胞外形完整等优点，但是这种方法也存在明显不足：一是溶酶价格高，限制了其大规模利用，若回收溶酶以降低成本，则又增加了分离纯化溶酶的操作；二是酶溶法通用性差，不同微生物需选择不同的酶，而且也不易确定最佳溶解条件。

除上述各种方法外，常用的方法还有反复冻融法、干燥法、渗透压冲击法、冷热交替法等，无论是运用机械法还是非机械法，都要求既能破坏微生物菌体的细胞壁，又要得到生物活性产物。因此，选择合理的破碎方法非常重要。首先要从细胞的种类、特别是细胞壁的类型及其坚韧程度来考虑。第二是目标产物的性质，如产物是否能承受剪切力、对酸碱和温度的耐受力。第三是考虑破碎的规模、破碎的方法和成本等其他因素。大体可以这样考虑，如果目标产物在细胞质内，往往选择机械破碎法；如果目标产物在细胞膜附近，则可选择温和的非机械法；如果目标产物与细胞壁或膜相结合时，可采用机械法和化学法相结合的方法，以促进产物溶解度的提高或缓和操作条件。为提高破碎率，可采用机械法和非机械法相结合的方法。如面包酵母的破碎，可先用细胞壁溶解酶预处理，然后利用高压匀浆机在 95 MPa 压力下匀浆几次，总破碎率可接近 100%，而单独用高压匀浆机的破碎率只有 32%。

细胞破碎的过程中，分析细胞破碎率对于细胞破碎效果的评估、破碎工艺的选择、工艺放大和工艺条件优化等起着非常重要的作用。最常用的检测细胞破碎效果的方法是通过显微镜直接观察染色的活细胞、死细胞以及破碎的细胞，从而计算细胞破碎率。

四、萃取分离技术

萃取是分离液体混合物常用的单元操作，不仅可以提取和浓缩产物，还可以除去部分其他性质类似的杂质，使产物得到初步纯化。因此，萃取操作在发酵和其他相关生物工程产业中应用得非常广泛，且适用于大规模生产。如对抗生素、有机酸、维生素、激素等发酵产物可采用有机溶剂萃取法进行提取。近年来，为适应生物大分子的分离要求，溶剂萃取法和其他新型分离技术相结合，产生了一系列新型萃取技术，如双水相萃取、超临界流体萃取、反胶团萃取和液膜萃取等，可用于酶、蛋白质、多肽、核酸等生物大分子的提取。

1. 萃取分离的原理

利用物质在互不相溶的两相之间溶解度的不同而使物质得到纯化或浓缩的方法称为萃取，有物理萃取和化学萃取两种。例如，在 pH 5.5 时，青霉素在乙酸丁酯中比在水中溶解度大，因而可以将乙酸丁酯加至青霉素发酵液中充分接触，使青霉素被萃取至乙酸丁酯中，达到分离提取青霉素的目的，这属于物理萃取。在萃取操作中，萃取剂的选择直接影响产物提取的效果，要求萃取剂对料液中的溶质有尽可能大的溶解度，而与原溶剂互不相溶或微溶。当萃取剂加入料液中混合静置后分成两相：一相以萃取剂（含溶质）为主称为萃取相；另一相以原溶剂为主，称为萃余相。

萃取是一种扩散分离操作，不同物质在两相中分配平衡的差异是实现萃取分离的主要依据。溶质的分配平衡可用分配定律来描述。

在一定温度及压力条件下，溶质分配在两种互不相溶的溶剂中，达到平衡时溶质在两相中的活度之比为一常数。如果是稀溶液，活度可用浓度代替，平衡时溶质在两相中的浓度之比为一常数。这一常数称为分配系数，用 k 表示：

$$k=\frac{c(\mathrm{Y})}{c(\mathrm{X})}$$

式中　$c(\mathrm{Y})$ ——平衡时溶质在萃取相中的浓度

$c(\mathrm{X})$ ——平衡时溶质在萃余相中的浓度

分配定律适用的条件为：①稀溶液；②溶质与溶剂之间的互溶度没有影响；③必须是同一种分子类型，即不发生缔合或离解。

利用萃取剂与溶质之间的化学反应生成脂溶性复合物，从而实现溶质向有机相的分配，称为化学萃取。萃取剂与溶质之间的化学反应包括离子交换和络合反应等。例如，以季铵盐（如氯化三辛基甲铵，记作 RCl）为萃取剂萃取氨基酸时，阴离子氨基酸（A^-）通过与萃取剂在水相和萃取相间发生下述离子交换反应而进入萃取相。

$$RCl+A^- \longrightarrow RA+Cl^-$$

化学萃取中通常用煤油、己烷、四氯化碳和苯等有机溶剂溶解萃取剂，改善萃取相的物理性质，此时的有机溶剂称为稀释剂。化学萃取可用于氨基酸、抗生素和有机酸等生物产物的分离纯化。

在萃取分离过程中，当完成萃取操作后，为进一步纯化目标产物或便于下一步分离操作的实施，往往需要将目标产物从萃取相转移到水相。这种调节水相条件，将目标产物从萃取相转入水相的萃取操作称为反萃取。一个完整的萃取过程中，常常在萃取和反萃取操作之间增加洗涤操作。洗涤操作的目的是除去与目标产物同时被萃取到萃取相中的杂质，提高反萃液中目标产物的纯度。经过萃取、洗涤和反萃取操作，大部分目标产物进入反萃相（第二水相），而大部分杂质则留在萃余相。

2. 萃取分离方法及其应用

萃取技术根据参与溶质分配的两相相态的不同，常分为液-液萃取、液-固萃取（又称浸取）和超临界流体萃取。以液体为萃取剂时，如果含有目标产物的原料也为液体，则称此操作为液-液萃取；如果含有目标产物的原料为固体，则称此操作为液-固萃取或浸取。以超临界流体为萃取剂时，含有目标产物的原料可以是液体，也可以是固体，称此操作为超临界流体萃取。另外，在液-液萃取中，根据萃取剂的种类和形式的不同又分为有机溶剂萃取（简称溶剂萃取）、双水相萃取、液膜萃取和反胶团萃取等。每种萃取方法各有特点，适用于不同种类生物产物的分离纯化（表9-2）。

表9-2　几种萃取方法的比较

萃取方法		原理	应用
液-固萃取		属于用液体提取固体原料中有效成分的扩散分离操作	多用于提取存在于胞内的有效成分
液液萃取	溶剂萃取	利用溶质在两种互不混溶的液相（通常为水相和有机溶剂相）中溶解度和分配性质的差异进行的分离操作	可用于有机酸、氨基酸、维生素等生物小分子的分离纯化
	双水相萃取	利用物质在互不相溶的两水相间分配系数的差异进行的分离操作	主要用于蛋白质、酶（特别是胞内蛋白）的提取纯化
	反胶团萃取	利用表面活性剂在有机相中形成反胶团，从而在有机相中形成分散的亲水微环境，使生物分子在有机相（萃取相）内存在于反胶团的亲水微环境中	适用于氨基酸、肽和蛋白质等生物分子的分离纯化，特别是蛋白质类生物大分子的分离
超临界流体萃取		利用超临界流体作为萃取剂，对物质进行溶解和分离	适用于脂肪酸、植物碱、醚类、酮类、甘油酯、芳香成分等物质的萃取分离

案例9-1　双水相萃取发酵液中的裂褶菌多糖

裂褶菌多糖（*Schizophyllan* polysaccharide，简称SPG）是从裂褶菌子实体、菌丝体或发酵液中提取出来的一种水溶性多糖，具有抗肿瘤、抗菌消炎、抗辐射、调节机体免疫力等生理活性。近年来，双水相萃取技术在多糖提取方面的研究日益增多，并展现出良好的应用前景。

吴继宏等研究了双水相法提取SPG的工艺条件，并对其进行优化。通过比较不同双水相体系对目标产品萃取率和分配系数的影响，确定最佳双水相体系，并对提取的多糖进行表征。结果表明最佳双水相萃取体系为25%乙醇/20% Na_2CO_3，最适料液比1∶15（体积/质量）时，SPG的萃取率达94.14%±1.59%，蛋白质清除率为93.35%±5.73%；用红外光谱可以推断分离的多糖为裂褶菌多糖，含有呋喃环，糖苷键可能为α型。

1. 双水相系统的选择

首先配制质量分数为15%~25% PEG6000/20%~30%（NH_4）$_2SO_4$、20%~28%乙醇/19%~23%（NH_4）$_2SO_4$、25%~35%乙醇/16%~22% K_2HPO_4、15%~25%乙醇/10%~20% Na_2CO_3的双水相体系各10g。然后以料液比1∶10（体积/质量）加入已除去菌体的裂褶菌发酵液1mL，采用涡旋仪充分混匀，静置5min，待溶液成相完全，4000r/min离心5 min，记录上、下相体积并测定各体系中SPG的相应浓度，计算上下相体积比（R）、SPG在双水相体系中的分配系数（K_{SPG}）及萃取率（Y_{SPG}）。实验结果表明，在实验所选双水相体系条件下，分配系数 K_{SPG} 远小于 1，这说明采用 PEG/无机盐、乙醇/无机盐的双水相体系萃取裂褶菌多糖，SPG 主要集中在下相，这是因为 PEG6000 和乙醇形成的上相存在相对较强的疏水作用和亲和作用，无机盐形成的下相则存在相对较强的静电作用，而目标产物 SPG 是一种水溶性多糖，有较高的极性，因此富集在下相。4 种双水相体系分离 SPG 的最大萃取率均可达 90%以上，综合考虑各种因素及实验结果，选用乙醇/Na_2CO_3 作为后续实验的双水相萃取体系。

2. 考察实验体系提取效果，优化萃取工艺

真菌发酵液中的杂质一般有蛋白质、核酸、色素，因此单因素实验主要以 SPG 的提取率和蛋白质的清除率作为指标对双水相体系进行优化。采用 Spearman 相关性分析对 SPG 萃取率和蛋白质清除率进行分析，从总体看，多糖萃取率和蛋白质清除率呈显著正相关（相关性系数为 0.786，$P<0.05$）；但当 Na_2CO_3 质量分数为 20%时，SPG 萃取率与蛋白质清除率无显著相关性（相关系数为 0.193，$P>0.05$），而且用 BCA 法测得每组实验的蛋白质浓度均较低，所以当碳酸钠质量分数为 20%时，选择使 SPG 的萃取率最大的乙醇质量分数体系，因此优化条件后乙醇的质量分数为 25%，Na_2CO_3 的质量分数为 20%，并作为后续实验中的双水相萃取体系。

SPG 的分配系数 K_{SPG} 随着料液比的增大而增大，而 SPG 萃取率 Y_{SPG} 相应减小。当料液比在 1∶20~1∶5 时，SPG 的萃取率均可达 90%以上；而当料液比为 1∶2.5 时，SPG 萃取率明显下降到 81.10%。这是因为固定总量的双水相体系对 SPG 的萃取能力有一定限制，当 SPG 浓度超过该双水相萃取能力时，下相所能容纳的 SPG 达到饱和，多余的 SPG 转移至上相，导致收率降低。因此，为了能分离到较多的 SPG，料液比不宜选择太大，可在 1∶20至 1∶5 的范围内继续探究最佳料液比。实验结果表明，随着料液比的增大，蛋白质的分配系数 K_{pro} 和清除率 Y_{pro} 变化趋势相同，都是先增大再减小。当料液比为 1∶15 时，蛋白质的分配系数及清除率均达到最大值，清除率高达 93.35%，而其他料液比的清除率几乎都在 80%以下。因此，最终确定 1∶15 为最适料液比。

3. 多糖的表征

采用 KBr 压片法测定 SPG 红外光谱。将 1~2mg SPG 样品与约100mg 干燥 KBr 在研钵中研磨均匀，经压片机压成薄片后在 4000~400cm^{-1} 进行红外光谱扫描测定。结果发现 SPG 在 3600~3200cm^{-1} 处出现一宽峰，这是多糖分子内或分子间 O—H 伸缩振动；2800~3000cm^{-1} 的峰为糖类 C—H 伸缩振动，这个区域的峰为糖类的特征吸收峰；在 1639cm^{-1} 附近的吸收峰主要是酰胺Ⅰ带吸收，归属为 C ═O 的伸缩振动；1385.13cm^{-1} 的峰为 C—H 的变角振动；1259.42cm^{-1} 的峰是磷酸基 P ═O 伸缩振动峰；1000cm^{-1} 附近出现 2 个峰，说明提取的 SPG 可能含有呋喃环；855cm^{-1} 处的吸收峰说明糖苷键可能为 α 型，但课题组前期研究 SPG 结构为含吡喃环的 β 构型多糖，产生差异的原因有待进一步研究验证。

五、吸附和离子交换技术

1. 吸附技术

吸附是利用吸附剂对液体或气体中某一（些）组分具有的选择吸附能力，使其富集在

吸附剂表面的过程，其本质是组分从液相或气相移动到吸附剂表面的过程。被吸附的物质称为吸附质。

根据吸附剂与吸附质之间存在的吸附力性质的不同，可将吸附分成物理吸附、化学吸附和交换吸附3种类型。

（1）物理吸附　吸附剂和吸附质之间的作用力是分子间引力（范德华力）。由于范德华力普遍存在于吸附剂与吸附质之间，因此整个自由界面都能起到吸附作用，故物理吸附无选择性。物理吸附类似于凝聚现象，吸附速率和解吸速率都较快，易达到吸附平衡。但有时吸附速率很慢，这是由于吸附颗粒孔隙内扩散速率控制所致。

（2）化学吸附　利用吸附剂与吸附质之间的电子转移生成化学键，而实现物质的吸附。化学吸附需要很高的活化能，因此需要在较高的温度下进行。化学吸附放出的热量很大，与化学反应相近。化学吸附的选择性较强，即一种吸附剂只对某种或特定几种物质有吸附作用。

（3）交换吸附　吸附表面如由极性分子或离子所组成，则它会吸引溶液中带相反电荷的离子形成双电层，这种吸附称为极性吸附。同时在吸附剂与溶液间发生离子交换，即吸附剂吸附离子后，同时要向溶液中释放出相应摩尔量的离子。离子的电荷是交换吸附的决定性因素，离子所带电荷越多，在吸附表面的相反电荷点上的吸附能力就越强。溶液中的吸附现象较为复杂。各种类型的吸附之间没有明确的界限，有时几种吸附同时发生，很难区别。

2. 离子交换技术

离子交换树脂是具有特殊网状结构的高分子化合物，树脂中互相交联的高分子链之间具有空隙，链间的空隙在充满水的时候成为分子和离子的通道。高分子链上接有可以电离或具有自由电子对的功能基，带电荷的功能基上还结合有与功能基电荷相反的离子。这种离子称为反离子，它可以同外界与其电性相同的离子进行交换。不带电荷而仅有自由电子对的功能基，也可以通过电子对结合极性分子、离子或离子化合物。能解离出阳离子（如H^+）的树脂称为阳离子交换树脂；能解离出阴离子（如Cl^-）的树脂称为阴离子交换树脂。

一般来说，离子交换法具有以下优点：①吸附的选择性高：可以选择合适的离子交换树脂和操作条件，使对所处理的离子具有较高的吸附选择性，因而可以从稀溶液中把它们提取出来，或根据所带电荷性质、化合价、电离程度的不同，将离子混合物加以分离。②适应性强、范围广泛：尤其适用于从大量样品中浓缩微量物质。③多相操作，分离容易：由于离子交换是在固相和液相间操作，通过交换树脂后，固、液相已实现分离，易于操作，便于维护。

案例9-2　离子交换法提取发酵液中的谷氨酸

利用阳离子交换树脂从谷氨酸发酵液中分离谷氨酸是选择性吸附。使发酵液中的残糖及其聚合物、色素、蛋白质等非离子杂质得以分离，经洗脱浓缩，在等电点条件下获得谷氨酸。

1. 吸附顺序（能力）

（1）强酸性阳离子交换树脂RSO_3H　按树脂对这些离子吸附力和亲和力大小，其吸附顺序是：

金属离子>NH_4^+>氨基酸>有机色素。

$Fe^+ > Al^{3+} > Ca^{2+} > Mg^{2+} > K^+ > NH_4^+ > Na^+ > H^+$。

Arg>Lys>His>Phe>Leu>Met>Vai>Gly>Pro>Glu>Ser>Thr>Asp。

（2）弱酸性阳离子交换树脂

$H^+ > Fe^+ > Al^{3+} > Ca^{2+} > Mg^{2+} > K^+ > Na^+$；

Arg>Lys>His。

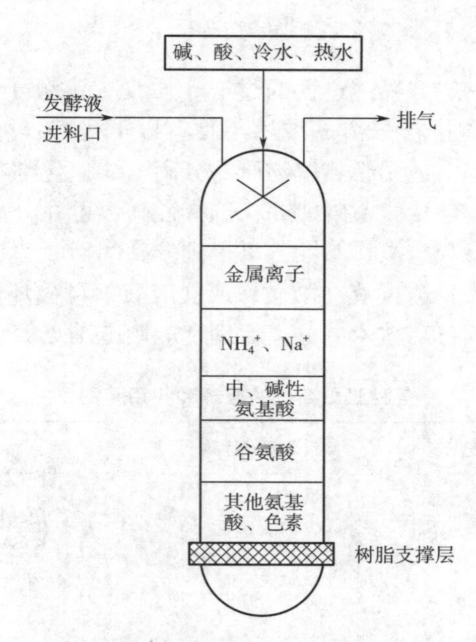

图 9-2　离子交换法提取发酵液中谷氨酸示意图

2. 离子交换的原理

发酵液中的谷氨酸在通过阳离子交换柱时，先向树脂表面扩散，再穿过树脂表面向树脂内部扩散，谷氨酸中的 NH_4^+ 与树脂交换基团 HSO_3^- 的 H^+ 进行交换，交换下来的 H^+ 从树脂内部向表面扩散，由于 H^+ 扩散到溶液中，所以发酵液流经交换柱的流出液，其 pH 会下降。

3. 交换的化学反应方程

强酸性阳离子交换柱提取发酵液中的谷氨酸的化学反应：

交换吸附（pH 5.0~5.5）：$RSO_3H + NH_4^+ \longrightarrow RSO_3NH_4^+ + H^+$

$$Glu + RSO_3^-H^+ \longrightarrow GluSO_3^- -R + H^+$$

洗脱（4%~5%NaOH）：$GluSO_3^- -R + NaOH \longrightarrow Glu + RSO_3Na + H_2O$

树脂再生：阳离子交换树脂经交换、洗脱后成钠型树脂，必须再生成氢型树脂，供下次使用。

$$RSO_3Na + HCl \longrightarrow RSO_3H + NaCl$$

4. 交换层次

谷氨酸发酵液流经阳离子交换树脂柱时，被交换吸附的物质，其分层的大致情况为：

第一层：K^+、Ca^+、Mg^{2+}等金属离子；第二层：NH_4^+、Na^+；第三层：中性和碱性氨基酸；第四层：谷氨酸；第五层：其他氨基酸、有机色素。

5. 离子交换收集液的处理方法

低流分（粗流分）可以上离子交换柱再交换，高流分需要加盐酸调 pH 至 1.5，搅拌均匀，使谷氨酸全部溶解，供等电中和使用；后流分单独上离子交换柱，进行回收。

六、膜分离技术

膜分离是指利用具有一定选择透过性的过滤介质（如高分子薄膜），将不同大小、形状和特性的物质颗粒或分子进行分离的技术。具有以下优势：处理效率高，设备易于放大；可在室温或低温下操作，适用于热敏物质的分离浓缩；化学与机械作用强度最小，可减少发酵产物失活率；无相转变，节省能耗；选择性高，可在分离、浓缩的同时达到部分纯化的目的；选择合适的滤膜与操作参数，可得到较高的回收率；系统可密闭循环，防止外来污染；不外加化学物质，透过液（酸、碱或盐溶液）可循环使用，降低了成本，并减少了对环境的污染。各种膜分离技术的分离原理和应用范围见表 9-3。

表 9-3　各种膜分离法的原理和应用范围

膜分离法	传质推动力	分离原理	应用举例
微滤（MF）	压差（0.05~0.5 MPa）	筛分	除菌，回收菌，细胞收集
超滤（UF）	压差（0.1~1.0 MPa）	筛分	蛋白质、多肽和多糖的回收和浓缩，脱盐，去热源
反渗透（RO）	压差（1.0~10 MPa）	筛分	盐、氨基酸、糖的浓缩，淡水制造
透析（DS）	浓度	筛分	脱盐，除变性剂
电渗析（ED）	电位差	荷电、筛分	脱盐，氨基酸和有机酸的分离
渗透汽化（PV）	压差、温差	溶质与膜的亲和作用	有机溶剂与水的分离，乙醇浓缩

（1）微滤（MF）　又称微孔过滤，属于精密过滤，其基本原理是筛孔分离过程。微滤膜的材质分为有机和无机两大类，有机聚合物有醋酸纤维素、聚丙烯、聚碳酸酯、聚砜、聚酰胺等。无机膜材料有陶瓷和金属等。鉴于微孔滤膜的分离特征，微孔滤膜的应用范围主要是从气相和液相中截留微粒、细菌以及其他污染物，以达到净化、分离、浓缩的目的。对于微滤而言，膜的截留特性以膜的孔径来表征，通常孔径范围在 0.1~1μm，故微滤膜能对大直径的菌体、悬浮固体等进行分离。可作为一般料液的澄清、过滤、空气除菌。一般情况下，微滤膜的纯水透过流速为 1 m^3/（m^2 · min）。近年来以四氟乙烯和聚偏氟乙烯制成的微滤膜已商品化，具有耐高温、耐溶剂、化学稳定性好等优点，使用温度范围为-100~260 ℃。

（2）超滤（UF）　是介于微滤和纳滤之间的一种膜过程，膜孔径在 0.05~1000μm 范围内。超滤是一种能够将溶液进行净化、分离、浓缩的膜分离技术，通常可以理解成与膜孔径大小相关的筛分过程。当含有大分子或微细粒子的溶液在0.1~1.0MPa（外源大气压或真空泵压力）操作压力下通过超滤膜时，溶剂和小分子溶质可以透过，而300~1000ku的可溶性大分子或微细粒子被截留。不同孔径的超滤膜可以分离不同相对分子质量和形状的大分子物质，能截留蛋白质、脂肪、葡萄糖、色素、果胶体、病毒等物质，主要用于分离大分子物质，如蛋白分离浓缩、血浆分离、去热源等。其优点是成本低，操作方便，条件温和，能较好地保持生物大分子生物活性，回收率高。

（3）纳滤（NF）　是介于超滤与反渗透之间的一种新兴的膜分离技术，如将无机盐、葡萄糖、蔗糖等小分子物质从溶剂中分离出来。基于纳滤分离技术的优良特性，其在制药、生物化工、食品工业等诸多领域显示出广阔的应用前景。对于纳滤而言，膜的截留特性是以对标准 NaCl、$MgSO_4$、$CaCl_2$溶液的截留率来表征的，通常截留率范围在60%~90%。

（4）反渗透（RO）　利用反渗透膜只能透过溶剂（通常是水）而截留离子或小分子物质的选择透过性，以膜两侧静压为推动力，而实现的对液体混合物分离的膜过程。反渗透膜可截留所有可溶物（包括盐、糖等分子质量大于150u 的物质），对 NaCl 的截留率在98%以上，出水为无离子水。此技术主要用于浓缩小分子物质，如浓缩乙醇、糖和氨基酸等。反渗透的操作压力高达1.0~10MPa。理想的反渗透膜应该是无孔的，目前常选用带皮层的不对称膜，孔径为0.1~1.0nm。反渗透法能够去除可溶性的金属盐、有机物、细菌、胶体粒子、发热物质，也能截留所有的离子，在生产纯净水、软化水、无离子水、产品浓缩、废水处理方面已有广泛应用。

（5）透析（DS）　是以膜两侧的浓度差为推动力，使溶质从高浓度的一侧通过膜孔扩散到低浓度的一侧，从而达到分离浓缩目的。透析膜具有反渗透膜的无孔特征，也具有超滤膜的极细孔径特征，一般采用对称或不对称膜，可用于分离浓缩大分子物质，去除中、小分子有机物和无机盐。目前主要用于人工肾、生物发酵等过程，在此过程中利用透析膜的渗透作用，选择适宜孔径的膜可使发酵液中的产物和有害代谢产物透过而截留菌体，从而解除发酵体系中产物和有害代谢物对菌体或关键酶的抑制。其缺点是速度慢，处理量小，透析液用量大。

（6）电渗析（ED）　是在直流电场的电位差作用下，使阴、阳离子分别透过相应的离子交换膜，从而达到从溶液中分离电解质的目的。电渗析膜是一种致密的离子交换膜。阳离子交换膜可使聚合物骨架上带有负离子基团，通常是强酸性基团（$—SO_3H$），阴离子交换膜可使膜骨架上带有正离子基团，通常是强碱性基团［$—N(CH_3)_3$］。目前主要用于水处理，如海水淡化、水软化脱盐和工业用水的纯化处理等。发酵工业中可用于啤酒等酿造用水纯化处理、柠檬酸提取、氨基酸分离、乳清液脱盐等。

（7）渗透汽化（PV）　又称渗透蒸发，它是利用膜对液体混合物中组分的溶解和扩散性能的不同，由液相通过均匀的膜进入蒸汽相的物质传递过程。蒸汽态的透过物在真空条件下被吸走，并在膜装置以外冷凝。此过程中，膜起到改变蒸汽-液相平衡的作用，而这一平衡正是蒸馏分离的基本原理。利用渗透汽化法分离工业酒精从而制取无水酒精的过程已经工业化。

由于膜的应用范围很广，因此要求具有较宽范围的性质和操作特性。在选择膜时，应主要考虑的几个指标有分离能力（选择性和脱除率）、分离速度（透水率）以及膜材料的成本等。目前，用于制备膜的有机聚合物有各种纤维素酯、脂肪族和芳香族聚酰胺、聚砜、聚丙烯腈、聚四氯乙烯、聚偏氟乙烯、硅橡胶等。这些聚合物膜按结构和作用特点分为致密膜、微孔膜、非对称膜、复合膜和离子交换膜五类。

七、层析分离技术

层析分离技术精度高、设备简单、操作方便，根据多种原理进行分离的层析法不仅普遍应用于各类成分的定量分析与检测，而且广泛应用于生物物质的制备分离和纯化，成为生物下游加工过程最重要的纯化技术之一。包括以下几种类型。

1. 凝胶过滤层析

凝胶过滤层析（gel filtration chromatography，GFC）是以凝胶粒子（通常称为凝胶过滤介质）为固定相，利用料液中溶质相对分子质量的差别实现分离。凝胶过滤层析也称分子筛层析、排阻层析。利用具有网状结构的凝胶的分子筛作用，根据被分离物质的分子大小不同来进行分离。层析柱中的填料是某些惰性的多孔网状结构物质，多是交联的聚糖(如葡聚糖或琼脂糖）类物质，小分子物质能进入其内部，经历路程较长，而大分子物质却被拦截在凝胶颗粒外部，经历路程短，当混合溶液通过凝胶过滤层析柱时，溶液中的物质就按不同分子质量筛分开了。凝胶层析法已广泛用于酶、蛋白质、氨基酸、多糖、激素、生物碱等物质的分离提纯。凝胶层析的突出优点是层析所用的凝胶属于惰性载体，不带电荷，吸附力弱，操作条件比较温和，可在较广的温度范围下进行，不需要有机溶剂，并且能够维持分离成分的理化性质稳定，对于高分子物质有很好的分离效果。

2. 离子交换层析

离子交换层析是指带电荷物质因电荷作用而在固定相与流动相之间分配得以分离的技术。两性电解质（如蛋白质、氨基酸等）在不同 pH 溶液中所带的净电荷的种类和数量是不同的，因此可以通过改变溶液 pH 和离子强度来影响它们与离子交换介质的吸附作用，从而将其分离开。常用于蛋白质分离的离子交换剂有弱酸型的羧甲基纤维素（CM 纤维素）和弱碱型的二乙基氨基乙基纤维素（DEAE 纤维素）。前者为阳离子交换剂，后者为阴离子交换剂。离子交换层析同样可以用于蛋白质类产物的分离纯化。由于蛋白质有等电点，当蛋白质处于不同的 pH 条件时，其带电状况也不同。阴离子交换剂结合带有负电荷的蛋白质，所以这类蛋白质被留在柱子上，然后通过提高洗脱液中的盐浓度等措施，将吸附在柱子上的蛋白质洗脱下来。结合较弱的蛋白质首先被洗脱下来。反之，阳离子交换基质结合带有正电荷的蛋白质，可以通过逐步增加洗脱液中的盐浓度或提高洗脱液的 pH 将结合的蛋白质洗脱下来。

3. 疏水性相互作用层析

疏水性相互作用层析（hydrophobic interaction chromatography，HC）是以表面耦联弱疏水性基团（疏水性配基）的疏水性吸附剂为固定相，根据蛋白质与疏水性吸附剂之间的弱疏水性相互作用的差别，进行蛋白质类生物大分子分离纯化的洗脱层析法。亲水性蛋白质表面均含有一定量的疏水性基团，疏水性氨基酸（如酪氨酸、苯丙氨酸等）含量较多的蛋白质疏水性基团多，疏水性强。尽管在水溶液中蛋白质具有将疏水性基团折叠在分子内部而表面显露极性和荷电基团的作用，但总有一些疏水性基团或极性基团的疏水部位暴露在蛋白质表面。这部分疏水基团可与亲水性固定相表面耦联的短链烷基、苯基等弱疏水基发生疏水性相互作用，被固定相（疏水性吸附剂）所吸附。

4. 亲和层析

许多生物大分子化合物具有与结构相对应的专一分子可逆结合的特性，如蛋白酶与辅酶、抗原和抗体、激素与其受体、核糖核酸与其互补的脱氧核糖核酸等体系，生物分子间的这种专一结合能力称为亲和力。依据生物大分子物质能与相应专一配基分子可逆结合的原理，采用一定技术，把与目的产物具有特异亲和力的生物分子固定化后作为固定相，则含有目的产物的混合物（流动相）流经此固定相后，可将目的产物从混合物中分离出来，此种分离技术称为亲和层析。与上述其他纯化方法相比，亲和层析能产生更好的纯化效果。另外，此法的优点是迅速，有时仅一步即可达到纯化的目的。

八、结晶法

结晶是使溶质形成晶体从溶液中析出的过程，结晶过程具有高度选择性，只有同类分子或离子才能结合成晶体，因此，晶体是化学性均一的固体，具有一定规则的晶型，以分子（或离子、原子）在空间晶格的结晶点上的对称排列为特征，是制备纯物质的有效方法。水合作用对结晶操作有很大的影响，由于水合作用，溶质从溶液中成为具有一定晶型的水合物析出，晶体水合物含有一定数量的水分子，称为结晶水。如味精就是带一个结晶水的棱柱型八面体晶体。多数生物物质可在一定条件下从溶液中析出形成晶体，从而获得分离。

1. 晶体形成的条件

要形成晶体，溶液必须达到过饱和状态，可采用蒸发多余水分、浓缩溶质或者降低体系的温度，使溶质的溶解度降低，进而析出晶体。根据制备过饱和溶液的方式不同，结晶大致可分为浓缩结晶、冷却结晶、化学反应结晶、盐析结晶等。所谓浓缩结晶是将含有产品的溶液减压蒸发浓缩，使溶液达到过饱和状态，结晶析出溶质。如灰黄霉素经丙酮萃取的萃取液，通过真空浓缩除去丙酮，即可获得晶体。冷却结晶适用于溶解度随温度变化较大的物质，如一水柠檬酸采用先升温浓缩，而后逐渐降温使溶液达到过饱和状态，即可自然结晶。化学反应结晶指微生物某些代谢产物在加入反应剂或调节 pH 后，可以产生新的物质，从而改变溶液浓度，当浓度超过其溶解度时，就会有晶体析出。如将土霉素经脱色后的酸性滤液调节 pH 至 4.5，即可析出土霉素游离碱结晶。盐析结晶是由于某些物质的加入，使溶液中自由水分子数减小，从而提高溶液中欲结晶物质在溶液中的有效浓度，使欲结晶物质在溶液中结晶析出。这类物质可以是一种溶剂或盐类。例如，卡那霉素不溶于乙醇，在卡那霉素脱色液中加入 95%的乙醇，使其终浓度达到 60%~80%，经过一段时间的搅拌，卡那霉素硫酸盐即结晶析出。在普鲁卡因青霉素结晶时，加入一定量 NaCl，可使晶体更易析出。

2. 结晶的过程

结晶的过程一般包括晶核的形成和晶体的长大两个阶段。也就是说，首先在溶液中产生细小的晶核，随后以这些晶核为中心，陆续在晶核表面吸附周围溶质分子，使晶粒不断长大。

在一种普通的溶液中，溶质分子在溶液中呈均匀分散状态，并且进行着不规则的分子运动。如果溶液温度升高，可以使分子动能增加，并使溶液黏度降低，这时溶质分子的运动速度就会加快。当溶液的浓度逐渐升高时，溶质分子密度增加，分子间的距离缩小，分子间的引力随之增加，当溶液浓度达到一定的过饱和程度时，致使这些溶质能够相互吸引，自然聚合形成一种细小的颗粒，这就是所谓的晶核。只有溶液达到过饱和状态，晶核才能形成，如果有外界因素刺激，可以使晶核提前形成。

工业生产中有三种不同的起晶方法：①自然起晶法：在一定温度下，使溶液蒸发进入不稳定区析出晶核。②刺激起晶法：将溶液蒸发至介稳区，通过冷却降温进入不稳区，从而生成一定量的晶核。③晶种起晶法：将溶液蒸发至介稳区的较低浓度，投入一定量和一定大小的晶种，使溶液中的过饱和溶质在所加的晶种表面上长大。

3. 影响结晶速度的因素

影响结晶形成的主要因素是过饱和系数。所谓过饱和系数就是过饱和溶液中实际含有的溶质浓度与相应温度下的溶解度比值。过饱和系数大，则结晶速度就快，反之，形成的晶体容易溶解。适当的过饱和系数有利于晶体的正常生长。生产上，要使晶体持续不断地长大，采用边加料、边结晶的方式，使母液维持一定的过饱和系数，保持一定的结晶速度，从而使晶粒长成所需大小。

液膜的厚度也会影响结晶速度。在结晶过程中，适当的搅拌可以促进晶体的相对运动，从而提高结晶速度，搅拌还可以使温度保持均匀。结晶时的温度与结晶速度成正比关系，不管是浓缩阶段还是育晶阶段，温度一直是影响罐内溶液过饱和系数的因素。特别是在育晶阶段，温度一定，浓度才能保持一定，过饱和系数也会保持一定。在实际操作中，常通过控制罐内的真空度来达到控制温度的目的。结晶过程中，应保持真空度恒定，操作稳定。另外，蒸发速度与结晶速度要相适应，防止微晶产生。因此根据生产实际和设备上的可能性，选择合适的加热蒸汽压力，以维持适宜的有效温度差，既保证罐内晶体以尽可能快的速度增长，又能维持母液浓度，在较大的结晶速度下育晶，这是生产控制的关键。

九、电泳技术

带电颗粒在电场作用下，向着与其电性相反的电极移动的现象，称为电泳（electrophoresis）。带正电荷的粒子向负极方向移动，带负电荷的粒子向正极方向移动。许多生物分子都带有电荷，在电场作用下可发生移动。由于混合物中各组分所带电荷性质、数量以及相对分子质量各不相同，即使在同一电场作用下，各组分的泳动方向和速度也各有差异，所以在一定时间内，根据它们迁移率不同，可实现其分离鉴定。

生物大分子如蛋白质、核酸、多糖等大多都有阳离子和阴离子基团，称为两性离子，它们的静电荷取决于介质的 H^+ 浓度或与其他大分子的相互作用。在电场中，带电颗粒向阴极或阳极迁移，迁移的方向取决于它们带电的性质。利用电泳技术可分离许多生物物质，包括氨基酸、多肽、蛋白质、脂类、核苷、核苷酸以及核酸等，并可用于物质纯度的分析和相对分子质量的测定等。

第四节　生物分离与纯化技术的发展前景

随着基因工程、蛋白质工程、细胞工程、代谢工程等高新生物技术研究工作的广泛展开，各种高附加值的生物新产品不断涌现，对生物分离纯化技术提出了越来越高的要求。与上游过程相比，作为下游过程的生物分离纯化技术难度大、成本高，因而往往步骤烦琐、处理时间长、收率低并且重复性差，严重制约了生物技术的产业化发展。因此有必要加强生物分离纯化过程的研究，以提高单元分离操作效率，同时缩短整个下游过程的流程，从而促进现代生物技术产业的整体优化和发展。生物技术产品在国内和国际市场上的竞争优势最终还要体现在低成本、高质量和无（少）污染上。因此，成本、质量、环保将是生物分离纯化技术永恒发展的方向和动力。

从生物物质分离纯化技术发展趋势来看，可以从以下几个方面所取得的突出成果促进下游工程的发展和突破。

一、传统分离技术的提高和完善

蒸馏、蒸发、过滤、离心、结晶和离子交换等传统技术由于应用面广且技术相对成熟，对其提高和完善将会推动大范围的技术进步，给生产带来可观的经济效益，所以仍应对它们加强深化研究，使其更加完善。如各种新型高效的过滤机械和离心机械的问世、结晶理论和离子交换技术的新进展均提高了产品的收率、质量和生产效率。

二、新分离过程及技术的研究、开发和应用

1. 新型高效分离介质的研究开发

膜、树脂和凝胶是目前主要的新型分离介质。从半渗透膜开始，膜技术已经逐步发展为一个庞大的膜家族，其中膜材料和膜制造工艺是技术关键。膜分离技术在我国的研究报道不少，真正的产业化应用还不多，新型膜材料有待开发，膜的清洗方法有待改进，膜分离技术的产业化应用有待完善。随着膜本身质量的改进和膜装置性能的改善，在下游加工过程的各个阶段，将会越来越多地应用膜技术。

离子交换树脂和大网格吸附树脂是一大类重要的分离介质，在工业分离上已占有重要地位，在生物工程下游技术领域的应用也日趋广泛，并不断出现新型树脂和新技术。

色谱分离是生物大分子分离中一类十分重要的分离技术，属精细分离。DNA 重组技术和其他生物技术产品的产业化促进了色谱分离技术的发展，使其逐渐从实验室走向工业规模，目前已成为生物分离技术研究前沿。如以琼脂糖凝胶作为基质，与各种配基结合后制成各种色谱分离介质，开发出一大类各具特色、对分离生物大分子十分有效的色谱分离技术。

2. 子代分离技术

各种分离技术相互结合、交叉、渗透，形成子代分离技术。这类技术选择性好、分离效率高，能简化下游加工过程，节约能耗，提高加工过程的水平，是今后的主要发展方向之一。如膜技术和萃取、蒸馏、蒸发技术组合形成了膜萃取技术、膜蒸馏及渗透蒸发技术，色谱技术与离子交换技术等结合形成了离子交换色谱技术、等电聚焦色谱技术等。

3. 其他新兴下游技术

由溶剂萃取技术衍生出一大批生物分离技术，如双水相萃取、超临界 CO_2 萃取、反胶团萃取等。它们在细胞碎片的去除、细胞胞内物质及酶、蛋白质、天然生物物质的提取分离方面有独特的优势，在生物工业中具有广阔的应用前景。菌体絮凝技术和菌体细胞破碎

技术的发展为工业化分离菌体细胞和大规模生产胞内物质提供了技术前提。

三、分离技术的集成化

集成化的概念最初是在20世纪70年代随着控制和优化技术的发展而提出的，90年代以来，国际上有些学者把这一概念引入生物分离纯化领域，赋予了集成化新的内涵，将其具体化为：利用已有的和新近开发的生物分离纯化技术将下游过程中的有关步骤进行有效组合，或者把两种以上的分离纯化技术合成为一种更有效的分离纯化技术，以达到提高效率、降低过程能耗和增加生产效益的目的。具体有双水相亲和分配、扩张床吸附、亲和膜、亲和沉降、整合肽-固定化金属离子亲和层析、加压气体抗溶剂结晶、高分子屏蔽与屏蔽电泳、循环亲和层析、电泳萃取等技术。

四、生物反应与生物分离过程的耦合

发酵-分离过程耦合的优点是可以解除终产物的反馈抑制效应，同时简化产物提取过程，缩短生产周期，获得一举多得的效果。如利用半透膜的发酵罐，是在罐中加入吸附树脂以提高发酵单位等。Aradhana 等采用阳离子交换树脂在 2L 的发酵罐中与反应耦合，乳酸得率为0. 929g/g，产率为1. 655g/（L·h），与传统的批式发酵相比［乳酸得率0. 828g/g，产率0. 313g/（L·h）］均有大幅度提高。

五、分离设备的更新和现代化

分离设备对生物分离技术的发展起着重要作用，主要表现在分离成本、工作效率和劳动强度等几个方面。由于存在技术上的快速发展与设备上研究开发经费减少的矛盾，导致分离设备相对滞后。因此分离设备的更新与现代化具有重要现实意义。

总之，生物分离纯化过程是生物技术产品产业化的必要手段和关键环节。发展大规模生物产品分离纯化技术不但要发挥多学科交叉优势，而且要在系统、过程和生物产品分子结构特性等各个层次上深入研究，发挥出最大的作用。

思考题

1. 生物物质体系有何特点？提取之前为什么要进行预处理？
2. 生物物质分离纯化的一般过程包括哪几个阶段？
3. 大规模生产中的提取单元操作有哪些？
4. 简述几种纯化技术的原理。
5. 试针对发酵液中的某种生物物质，设计出分离提取和纯化技术的方案，以提高产物收率。
6. 请查阅资料，简述生物物质分离纯化技术的发展方向和工业化大生产的适应性。

第十章　微生物发酵工业清洁生产与污染治理

我国改革开放以来，工业高速发展，环境污染已成为不容忽视的重大问题。在某些地区，大气、水源、土壤和群众的身心健康已经受到污染物的严重影响。水污染、大气污染、垃圾污染和噪音污染等环境污染已经成为危害人类乃至整个生物圈的公害。水污染的源头来自工业生产、农业生产和大大众生活三个方面。大海接纳来自陆地的巨量污水，导致近岸海水中氮、磷等富营养化现象严重，引起赤潮频发，鱼、虾、蟹、贝产量损失惨重。

工业革命对人类社会现代化的进程起到不可替代的推动作用，但同时也对人类的生活环境造成了巨大的破坏。现代微生物发酵工业以大规模的液体深层发酵为主要特征，发酵产品大都是从发酵液或菌体裂解液中提取分离得到的。一个发酵工厂，每日处理的发酵液少则几吨，多则几百吨甚至上千吨，而产品在发酵液中的含量较高的水平也不超过20%，许多高附加值的产品或大分子产品浓度更低，因此，发酵过程中不可避免地产生了大量的有机废液、废渣，这些有机废弃物是环境污染的源头。随着人们认识水平的不断提高，对生态环境的要求也越来越高，迫切要求在工业生产中减少污染物的排放，实行清洁生产，并对工业污水进行生物法处理，使之达到排放的标准。维护生态环境，实现可持续发展，保护地球，保护我们赖以生存的家园，是每一个人应担负的责任。发酵工业是世界工业体系的重要组成部分，也同样面临着解决环境污染的重要课题。发酵工业实现清洁生产是大势所趋，也是自身发展的必然选择。

第一节　清洁生产的内涵及实施途径

清洁生产（clean production）是总结了几十年来世界各国防治工业污染的经验教训后提出来的一个比较完整科学的新概念。联合国环境规划署（UNEP）于1990年10月正式提出清洁生产计划，希望摆脱传统末端控制技术，使排出废物最少化，整个工业界走向清洁生产。两年之后，UNEP正式将清洁生产定为实现可持续发展的先决条件，同时也是工业界达到改善和保持竞争力以及可盈利性的核心手段之一，并将清洁生产纳入《二十一世纪议程》中。1994年5月，可持续发展委员会再次认定清洁生产是可持续发展的基本条件，并定期研讨制定实施清洁生产的战略，为未来的工业化实现清洁生产指明了发展方向。

我国早就意识到环境对可持续发展的重要意义，对清洁生产也进行了大量有益的探索，多次提出保护环境方针，强调清洁生产的重要性，大力推行清洁生产、实施少废和无废的清洁生产的过程、实施经济可持续发展。2003年1月1日，《中华人民共和国清洁生产促进法》开始实施，进一步表明清洁生产现已成为我国工业污染防治工作的战略内容，成为我国实现可持续发展战略的重要措施和手段。2012 年修订《中华人民共和国清洁生产促进法》，随着该法律的颁布实施，中国清洁生产进入规范化、法治化阶段。2004 年，我国出台了《清洁生产审核暂行办法》，2016 年，将其修订为《清洁生产审核办法》，审核办法规范了清洁生产审核程序，能够更好地指导地方和企业开展清洁生产审核。

在国家清洁生产有关政策的引导下，各地政府制定相应的措施，以推进清洁生产的各项工作。从采用清洁原辅料到废物资源化利用，从全生命周期关注企业绿色发展，清洁生产作为一种创造性思想，真正落到实处将很大程度减少末端治理压力，增强企业绿色竞争力，保障企业可持续发展。清洁生产对提升企业能资源利用效率、加快企业产能升级、改善企业职业健康环境等均有不容忽视的作用，更重要的是，可减轻生态环境日益加重的负担，全球“绿水青山”的愿景也会实现。

一、清洁生产的概念及内涵

清洁生产是一项实现与环境协调发展的系统工程，是指将整体预防的环境战略持续应用于生产过程和产品中，以期减少对人类和环境的风险。清洁生产通过用清洁能源和原材料，采用清洁工艺和设备、无污染或少污染的生产方式，加上科学严格的管理措施，来实现生产清洁的产品。其包括评价生态系统；转化污染物质（“三废”处理），做到无废排放；开发和生产对环境安全的生产工艺和可降解的材料。

在不同的发展阶段或不同的国家，清洁生产的名称不同，但基本内涵是一致的，如“无废工艺”“污染预防”“废物减量化”等，都体现了对产品以及产品生产过程采用预防污染的策略来削减或消灭污染物的产生，从而满足生产可持续发展的需要。

UNEP 总结各国清洁生产的经验并加以分析后认为，清洁生产是一种新的创造性思想，该思想将整体预防的环境战略持续应用于生产过程、产品和服务中，以增加生态效率和减少人类与环境的风险。具体包含以下内容：①对生产过程，要求节约原材料和能源，淘汰有毒原材料，减少、降低所有废弃物的数量和毒性；②对产品，要求减少从原料利用到产品最终处置的全生命周期的不利影响；③对服务，要求将环境因素纳入设计和所提供的服务中。从中可以看出，实施清洁生产包括清洁生产过程、清洁产品和服务三个方面。《中华人民共和国清洁生产促进法》中也明确规定，所谓清洁生产是指不断采取改进设计，使用清洁的能源和原料，采用先进的工艺、技术和设备，改善管理、综合利用，从源头削减污染，提高资源利用效率，减少或者避免生产、服务和产品使用过程中污染物的产生和排放，以减轻或者消除对人类健康和环境的危害。同时，对清洁生产的管理和措施进行了明确的规定。从以上定义可以看出，清洁生产包含了生产者、消费者和全社会对于生产、服务和消费的希望，从资源节约和环境保护两个方面对工业产品生产从设计开始，到产品使用后直至最后处置，给予全过程的要求。

二、实现清洁生产的有效途径

清洁生产的实施可以从加强内部管理、改进工艺技术、废弃资源的合理利用等方面入手，分步实施。

1. 科学规划产业结构

合理布局，调整和优化经济结构和产业产品结构，以解决影响环境的“结构型”污染和资源能源的浪费；同时，在科学区划和地区合理布局方面，进行生产力的科学配置，组织合理的工业生态链，建立优化的产业结构体系，以实现资源、能源和物料的闭路循环，并在区域内削减和消除废物。

2. 强化内部管理

国内外的实践表明，工业污染有相当一部分是由于生产过程管理不善造成的，只要改善管理，改进操作，便可获得明显的削减废物和减少污染的效果。通过落实岗位和目标责任制，杜绝“跑冒滴漏”，防止生产事故，使人为的资源浪费和污染物排放减至最小；加强设备管理，提高设备完好率和运行率；开展物料、能量流程审核；科学安排生产进度，改进操作程序；组织安全文明生产，把绿色文明渗透到企业文化之中等。推行清洁生产的过程也是加强生产管理的过程，在很大程度上丰富和完善了工业生产管理的内涵。

3. 工艺技术改进与创新

在产品设计和原料选择时，优先选择无毒、低毒、少污染的原辅材料替代原有毒性较大的原辅材料，以防止原料及产品对人类和环境的危害。

要节约能源和原材料，提高资源利用水平，做到物尽其用。通过资源、原材料的节约和合理利用，使原材料中的所有组分通过生产过程尽可能地转化为产品，消除废物的产生，实现清洁生产。

4. 改进生产工艺流程

要改进生产工艺，开发新的工艺技术，采用和更新生产设备，淘汰陈旧设备。采用能够使资源和能源利用率高、原材料转化率高、污染物产生量少的新工艺和设备，代替那些资源浪费大、污染严重的落后工艺设备。优化生产程序，减少生产过程中的资源浪费和污染物的产生，尽最大努力实现少废或无废生产。

5. 废弃资源的综合利用

开展资源综合利用，尽可能多地采用物料循环利用系统，如水的循环利用及重复利用，以达到节约资源，减少排污的目的。使废弃物资源化、减量化和无害化，减少污染物排放。

谷氨酸是一种用途很广的发酵产品，生产过程中有许多产污环节，明确这些环节对于清洁生产具有重要的意义。谷氨酸生产过程的产污环节见图 10-1。

从图 10-1 可以看出，淀粉的糖化、谷氨酸发酵以及谷氨酸提取各个环节都有污染物产生，如废水、废渣等排放。因此，为了减少对环境的危害，不管是哪类产品的生产，出发点首先考虑防止和减少污染的产生，实施清洁生产；对产品的全部生产和消费过程的每一环节，都要进行统筹考虑和控制，使所有环节都不产生危害环境、威胁人体健康的物质。

应依靠科技进步，提高企业技术创新能力，开发、推广无废、少废的清洁生产技术设备。加快企业技术改造步伐，提高工艺技术装备和水平，实施清洁生产方案，对提高环境质量，实现可持续发展，很有必要。

第二节　微生物发酵工业清洁生产

工业生产无法完全避免污染的产生，推行清洁生产还需要末端治理，最先进的生产工

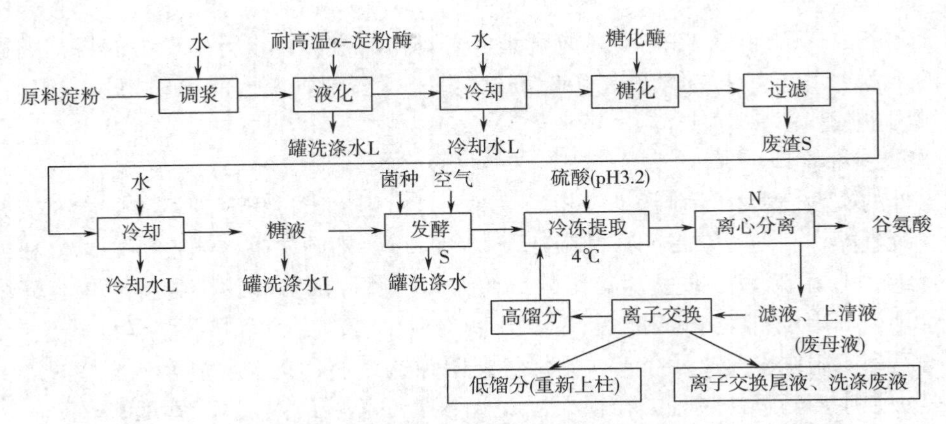

图 10-1 谷氨酸生产流程及产污环节

S—固液 L—废液 N—噪声

艺也不能避免产生污染物，用过的产品也必须进行最终处理。按照目前的情况，发酵工业生产 1t 产品大概排放 15~20m^3有机废水（COD 通常在 $5×10^4$mg/L 以上），如每生产 1t 味精（monosodium glutamate，MSG）产生 25~30m^3高浓度的有机废液，其 COD（chemical oxygen demand，COD）为（4~5）$×10^4$mg/L，BOD（biological oxygen demand，BOD）为 $3×10^4$mg/L 左右；而每生产 1t 柠檬酸产生 COD 高达（1~15）$×10^4$mg/L 的有机废水 15m^3。另外还有洗涤水和冷却水等，大量的发酵液如果没有切实可行、经济效益和环境效益俱佳的先进技术进行处理的话，必然给环境造成严重的污染。因此，虽然清洁生产和末端治理将长期并存，但要尽可能将末端治理的比例降到最低的限度。因此，在发酵工业，对产品生产和消费等各个环节必须实行清洁生产，同时对不可避免产生的污物进行治理，即实施“双控制”的策略，才能保证环保最终目标的实现。

一、清洁生产与末端治理的比较

清洁生产注重生产过程的整体预防或减少污染物的产生，而末端治理只把环境责任放在环保研究、管理等人员身上，仅仅把注意力集中在对生产过程已经产生的污染物的处理上，实际上是一种被动的、消极的做法，资源不能充分利用，浪费的资源还要消耗其他资源和能源来进行处理，这是很不合理的。清洁生产与末端治理比较见表 10-1。

表 10-1 清洁生产与末端治理的比较

比较项目	清洁生产系统	末端治理（不含综合利用）
思考方法	污染物消除在生产过程中	污染物产生后再治理
产生的年代	20 世纪 80 年代末期	20 世纪 70~80 年代
控制过程	生产全过程控制，产品生命周期全过程控制	污染物达标排放控制
控制效果	比较稳定	受产污量影响
产污量	减少	间接可推动减少
排污量	减少	减少
资源利用率	增加	无明显变化
资源消耗	减少	增加（治理污染消耗）

续表

比较项目	清洁生产系统	末端治理（不含综合利用）
产品产量	增加	无明显变化
产品成本	降低	增加（治理污染费用）
经济效益	增加	减少（用于治理污染）
治理污染费用	减少	随排污标准的严格化，费用增加
污染转移	无	有可能
目标对象	全社会	企业及周边环境

末端治理的主要问题表现在以下两个方面。

（1）污染治理与生产过程没有密切结合起来，资源和能源不能在生产过程中得到充分利用。任何一个生产过程中排放的污染物实际上都是物料，如国外发达国家农药生产的收率一般为70%，而国内只有50%~60%，也就是1t产品比国外多排放100~200kg的物料，这不仅对环境产生极大的威胁，同时也严重浪费了资源。因此，改进生产工艺及控制，提高产品的收率，可以大大削减污染物的产生，不但增加经济效益，也减轻了末端治理的负担。

（2）污染物产生后再进行处理，处理设施基建投资大，运行费用高。“三废”处理与处置往往只有环境效益而无经济效益，因而给企业带来沉重的经济负担，使企业难以承受。

二、发酵工业清洁生产的具体措施

1. 改变原料，实现清洁生产

原料改变包括：①原材料替代，即用无毒或低毒代替有毒原材料；②原料提纯净化，即采用精料政策，使用高纯度的物料代替粗原料。安徽丰源集团柠檬酸生产中，原来的原料为山芋干，带渣发酵，存在杂质多，效率低、污染大等问题。通过广泛调研，深入细致分析国内外柠檬酸生产工艺、设备、自动控制以及投资效益等各项指标后，结合企业的具体情况，改变原料，实施以玉米粉直接发酵生产柠檬酸的工业化试验攻关，打破了一些权威专家“玉米粉不能直接发酵生产柠檬酸的”的结论，使我国柠檬酸发酵水平实现了一次新的飞跃，并掀起了一场柠檬酸发酵的技术革命。新原料在柠檬酸生产中应用后，显示出极高的经济效益。在原设备的基础上，企业生产能力提高了30%，产品质量也大幅度提高，节能降耗，并且含糖废水COD降低50%，践行了清洁生产。

2. 改进工艺设备，实现清洁生产

通过工艺设备或重新设计生产设备来提高生产效率，减少废物量。我国发酵液中柠檬酸分离提取技术比发达国家落后，丰源集团采取合作、引进技术和设备等方式，进行消化、融会、创新，采用各种分离提取技术，并在生产实践中取得很大的突破。例如，在L-乳酸生产中应用微滤膜、纳滤膜技术和分子蒸馏技术；在酒精生产中采用渗透汽化膜技术；在赖氨酸生产中应用纳滤膜与ISEP连续离子交换技术等，通过这些技术的实施以及设备的应用，使废物量大大减少，生产成本大大降低，环保治理难度得到很好的控制。

3. 改造生产工艺流程，实现清洁生产

改造生产工艺流程，减少废物产生是指开发和采用低废和无废生产工艺来替代落后的老工艺，提高反应收率和原料利用率，消除和减少废物排放。

案例 10-1　闭路循环提取发酵液中的谷氨酸

江南大学的研究人员成功研究出一条闭路循环提取谷氨酸的工艺，发酵液以批次方式进入闭路循环圈，先经等电结晶和晶体分离，获得主产品谷氨酸，母液除菌体得到菌体蛋白（饲料蛋白），除去菌体后的清母液浓缩，得到的冷凝水排出闭路循环圈；浓缩母液经过脱盐操作，获得结晶硫酸铵，作为化肥，排出闭路循环圈。硫酸铵结晶母液进行焦谷氨酸开环操作和过滤分离，滤渣为高品质的有机肥，排出循环圈，最终得到富含谷氨酸的酸性脱水液替代硫酸，调节下一批次发酵液的 pH，进行等电结晶，物料主体形成闭路循环，以此类推，周而复始。图 10-2 中，实线为循环内的物流，虚线为循环外的物流。进入和流出循环圈的物质如图 10-2 所示。

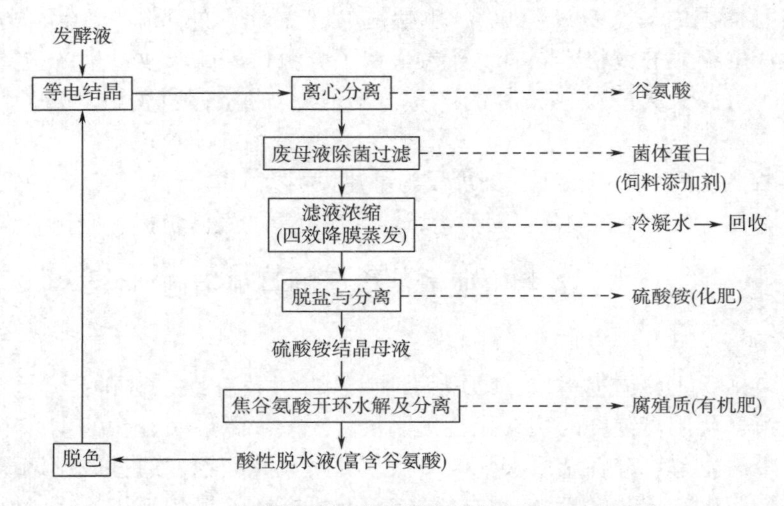

图 10-2　发酵液提取谷氨酸闭路循环新工艺流程图

经过几次循环，闭路循环圈内操作点的物料即可达到平衡或接近平衡，保持各操作点的操作在平衡点进行，可无限循环。此工艺的不足是投资比较大，操作步骤多，易出故障，而且对设备和操作的要求比较高。与现行的工艺比较，闭路循环有许多优点：①革新离子交换工艺，减少离子交换成本；②将冷结晶改为常温等电结晶，节约大量的冷冻电耗，且由于闭路循环工艺损失少，谷氨酸收率高达 95% 以上；③实现物料主体闭路循环，废母液零排放；④冷凝水可作为循环工艺用水，实现废水的零排放；⑤可获得多种副产品，实现资源利用的最大化。经预测，该技术在味精厂实施工程化（年产谷氨酸 8264 万吨，冷冻等电点提取率 80%），则需投资 1000 万元左右，每年可增加收入 600 万~800 万人民币。

4. 废弃资源的综合利用

啤酒生产中会产生大量的废酵母泥。啤酒废酵母中含有丰富的蛋白质、维生素和矿物质等多种营养成分。而蛋白质由氨基酸组成，如甲硫氨酸、丙氨酸、苯丙氨酸、苏氨酸、赖氨酸等，这些氨基酸绝大多数是人体必需氨基酸，因此啤酒废酵母作为人类食品和家畜饲料添加剂都具有很高的营养价值。啤酒废酵母生产饲料酵母粉的工艺流程如下：

啤酒废酵母→贮存→破碎成浆→干燥→产品→装袋

传统工艺用豆粕生产酱油，产品中只含有十几种氨基酸，而用啤酒酵母泥作为原料，采用生物方法结合物理方法使酵母细胞壁裂解，将细胞中含有的蛋白质、核酸水解转化为氨基酸和呈味核苷酸，然后提取水解产物，制成富含 30 多种氨基酸、呈味核苷酸和 B 族维生素等的酿造酱油，营养丰富，色香味俱佳。

回收处理酵母泥，可使废酵母的 COD 去除率大于 85%，有机氮去除率大于 85%，1t 酵母泥可产生 3t 酱油，不仅具有可观的经济效益，而且回收了啤酒酵母泥资源，其环境效益和社会效益也相当可观。

对工业废渣的综合利用方法还有很多，可以利用现代先进的生物加工技术，从工业生产废渣中提取高附加值的产品。如葡萄酒生产中的废渣葡萄籽，可以利用先进的生物提取技术提取高附加值的葡萄籽油；废渣葡萄皮可以提取有较高附加值的原花青素等。

随着生物技术的发展，对工业废渣、废液的综合利用会更好，处理会更彻底，产生更高的经济效益、环境效益和社会效益。发酵工业清洁生产技术的研究和开发工作目前尚在起步阶段，随着可持续发展、循环经济、和谐社会等现代观念的深入人心，其生命力已经显现，并迅速增强。清洁生产结合末端治理，人类将最终实现生产和环境协调发展的美好愿望。

第三节 工业废水污染的指标及处理方法

发酵工业废水的污染物来自于原料、产品和副产品等。发酵工业的废水污染源主要是高浓度的有机废水，如味精厂的结晶母液、酒精生产中的蒸馏废液、发酵产品提取后的发酵废液等。味精厂等电结晶母液 COD 为（5~8）$\times 10^4$mg/L；固形物含量 8%~10%；母液中谷氨酸含量 1.2%~1.5%；硫酸根离子含量 3.5%~4%；菌体蛋白含量 1.0%；铵根含量为 1.0%以及其他一些氨基酸、有机酸、残糖和无机盐。每生产 1t 啤酒要排放废水 12~20m^3，其 COD 为 1500~2000mg/L，BOD 为 1000~1500mg/L。这些废水污染物中有的是固体悬浮物质，流入江河湖泊则造成水体的富营养化；有的废水使水体颜色改变，更有甚者是某些污染物本身是毒性较强的化合物，其 LD_{50} 小于 500mg/kg，给人类生存环境带来较大的危害。

随着工业化的发展，日趋加剧的工业废水污染已对人类的生存安全构成重大威胁，成为人类健康、经济和社会可持续发展的重大障碍。据世界权威机构调查，在发展中国家，各类疾病中有 80%是因为饮用了不卫生的水而传播的，每年因饮用不卫生水至少造成全球 2000 万人死亡。据有关文献报道，使用酵母处理工业废水，处理前废水的 COD_{Cr} 浓度为 67800mg/L，生产酵母后可使废水 COD_{Cr} 的去除 70%~80%，悬浮物降低 90%以上，剩余二次废水的污染浓度大大降低，但 BOD_5 和 COD_{Cr} 比值保持不变，因此废水更有利于生物处理。发酵工业废水处理是解决水污染事件的首要方法，处理后的水必须达到排放标准方可排放到环境中。

目前发酵工业对废水处理均采用生物法，单独采用厌氧生物法或好氧生物法处理高浓度的发酵工业废水，往往不能达到国家排放标准，需要结合其他处理技术进行深度处理。柠檬酸发酵的废水处理主要采用生物处理 Fenton 试剂法、光合细菌法等；酒精发酵过程废水经陶瓷膜过滤后回流到生产系统中，实现资源化最大利用。借鉴酒精废水处理的方法，J. Xu 构建了柠檬酸-沼气双发酵耦联生态体系，产生的柠檬酸废水经厌氧发酵产生沼气，厌氧出水经过进一步预处理可用于柠檬酸体系，循环利用 10 批次，柠檬酸发酵过程稳定。

一、工业废水污染程度的指标与排放标准

工业废水以及生活污水的任意排放，严重影响江河湖泊的水质，导致严重的水质污染。为了有效地解决水质污染的问题，保护水源和水质，就必须通过控制水质的指标来了解水质污染的程度，从而为选择处理的方案、处理的深度和综合治理提供科学依据。

（一）水质指标

水质是指水和其中含有的杂质共同表现出来的物理学、化学和生物学的综合指标。各项水质指标则表示水中杂质的种类、成分和数量，是判断水质好坏的具体衡量标准。水质指标可以概括为物理指标、化学指标和生物指标。物理指标有总固体、悬浮物、浊度、臭与味、颜色和色度等。化学指标主要有生物需氧量（BOD_5）、化学需氧量（COD）、总有机氮、总有机碳、溶解氧、pH 等。生物指标有细菌总数、大肠杆菌、致病菌等。而工业废水水质污染情况的重要指标有有毒物质、有机物质、固体物质、pH、色度等。

1. 有毒和有用物质

一些工业废水中的污染物一方面对人体和生物有毒害作用；另一方面又都是有用的工业原料。因此，有毒和有用物质的含量是污水处理和利用中重要的水质指标。

2. 有机化合物

有机化合物成分比较复杂，通常采用生物需要量和化学需氧量表示有机物的含量。

（1）生物需氧量　以 BOD 表示，指在有氧的条件下，微生物将有机物降解并达到稳定化所需的氧量，它可以间接反映出水中有机物的含量，BOD 值越高，表示水中有机物含量越高，污染越严重。一般状况下，以 20℃的条件下，1L 废水中的有机污染物在好氧微生物作用下进行氧化分解时，5 日所消耗的溶解氧量衡量，单位为 mg/L，常采用 BOD_5 表示。

（2）化学耗氧量　以 COD 表示，在一定条件下，以氧化 1L 水样中还原性物质所消耗的氧化剂的量为指标，折算成每升水样全部被氧化后，需要的氧的毫克数，以 mg/L 表示，它反映了水中受还原性物质污染的程度。该指标也作为有机物相对含量的综合指标之一，COD 值越高，表示水中有机物含量越高。当水中含有有毒有机物时，一般不能准确测定废水中 BOD 的值，采用 COD 值可以较准确地表示水中有机物含量。

常用的氧化剂有高锰酸钾（$KMnO_4$）和重铬酸钾（$K_2Cr_2O_7$）。$KMnO_4$ 的氧化能力较弱，只有一部分有机物可被氧化，而 $K_2Cr_2O_7$ 氧化能力很强，能使绝大部分的有机污染物氧化。因此，常用 $K_2Cr_2O_7$ 测得的耗氧量表示废水中全部有机物含量。

（3）总需氧量　以 TOD 表示，表示水中还原性物质（主要是有机物）在燃烧中变成稳定的氧化物时所需要的氧量。TOD 值能反映几乎全部的有机物（C、H、O、N、P、S）经燃烧变成 CO_2、H_2O、NO_x、SO_2 等时所需的氧量。

（4）总有机碳　以 TOC 表示，指水样中有机碳在高温下燃烧氧化成二氧化碳的量，

以 mg/L 表示（以 C 计）。总有机碳是间接表示水中有机物含量的一个综合指标。

3. 固体物质

水中固体常分为可溶性固体和不溶性悬浮固体。废水中不溶性悬浮固体数量和性质随污染性质和程度而变。总固体（TS）是指单位体积的水样，在 103~105℃蒸发干后，残留物的质量。悬浮固体（SS）指水样经过滤，将截留物蒸干后的残余固体量，是表示水中固体含量的一项重要的水质污染指标。溶解固体（DS）指水样经过滤，通过滤器进入滤液中的固体。

4. pH 以及其他有毒有害物质

表示水质的酸碱度常用 pH，其值的大小对于水中污染物的存在形式和各种水质处理过程都有广泛的影响。酚属于高毒物质，其含量是目前最常用的水质指标之一。有毒物是指那些对微生物、生物和人类有毒害的物质，包括汞、砷、铬、铅等元素和有机致癌物质如 4-硝基联苯、*N*-亚硝基二甲胺等。

（二）废水排放标准

为了人类的健康和人类的生存，世界各国根据本国的具体情况制定了污水排放的具体要求。我国对工业废水排放制定了许多相应的标准，通常称为污水排放标准，根据受纳水体的水质要求，结合环境特点和社会、经济、技术条件，对排入环境的废水中的水污染物和产生的有害因子所做的控制标准，或者说是水污染物或有害因子的允许排放量（浓度）或极限，它是判定排污活动是否违法的依据。污水排放标准可以分为国家排放标准、地方排放标准和行业标准。由于发酵产品林林总总，各地区又不尽相同，具体标准可查阅相关资料，在此不再赘述。

二、生物法处理废水的水质要求

生物法处理废水就是使用生物的方法使污水中的有机污染物矿化，达到净化水质的目的。由于微生物能氧化水中的有机和无机污染物，使之达到排放的标准。所以在废水处理上，广泛使用微生物处理法。如果给予适合的条件，微生物就能以其他生物所达不到的速度生长，氧化分解有机物质，放出二氧化碳和水。为了使微生物有效地处理废水，一般的废水水质满足下列条件。

1. 酸碱度

废水生物处理的实践表明，废水酸碱度以 pH 保持在 6.0~9.0 适宜。但某些污水处理系统的适宜 pH 范围仅仅只是一个很小的范围。为了降低成本，在用活性污泥法处理水时，往往需要对活性污泥进行驯化，以减少或免去酸、碱的投入。一般情况下，若工业废水的 pH 过高或过低，一般用邻近厂的废酸、废碱来调整，但应注意防止带入难以生物降解的或重金属类污染物。

2. 温度

无论是好氧还是厌氧生物，最适的温度为 25~30℃，通常 20~40℃的水温适合其繁殖，可获得理想的处理效果。好氧处理的水温稍低时，较有利于微生物的作用，因为水温高时，水中溶解的氧含量相应减少。

3. 有毒有害物质的浓度

废水中所含有的有毒有害物质，如重金属，应尽量消除，即使有也应在允许的浓度范围，如表 10-2 所示。有些非金属物质如酚、甲醛、苯酚等也有毒性，对微生物酶有抑制作用，影响废水中有机物的生物氧化作用，所以也必须控制其浓度。由于微生物对环境的适应力比较强，在废水处理过程中，逐步提高有毒物的浓度，使微生物适应新的环境，也可以有效地处理含有毒物质的废水，这就是通常所说的微生物驯化处理有毒有害废水的方法。

表 10-2　　废水中有毒有害物质允许浓度

有毒物质	允许浓度/（mg/L）	有毒物质	允许浓度/（mg/L）	有毒物质	允许浓度/（mg/L）
Cr	10	氰化钾	8~9	己内酰胺	100
Cu	1	硫化物	40	苯酚	150
Zn	5	氰（以 CN）	2	甲醇	200
Pb	1	苯	100	甲苯	7
As	0.2	甘油	5	酚	100
Fe	100	间苯二酚	100	甲醛	160

4. 营养物质

微生物是生物法处理废水的生力军，其生长繁殖代谢与废水的营养成分有很大的关系。营养成分主要是碳、氮、磷、硫及微量的钾、钙、镁、铁和维生素等。所以废水处理时，应根据废水的来源考虑添加所缺的营养。生活污水具备上述全部的养分，发酵工业的废水也基本具备微生物处理的要求，满足微生物的营养需要，只是不同类型的发酵工业废水所含的营养成分和比例有差异。

据研究，好氧微生物在处理废水时，其中 C、N、P 含量的比例关系是：

$$C:N:P=100:5:1$$

5. 微生物的数量

微生物是废水处理的主角，在废水处理时，既要有活性强的微生物，又要有足够数量的微生物。为此，既要筛选具有高效处理废水能力的优良菌株，又要对该菌株进行扩大培养，增加微生物的种群和数量。有时需要添加生活污水、污泥回用、补加粪便或采用其他措施接种培养。

6. 溶解氧

好氧生物处理废水正是利用好氧微生物来氧化分解废水中的有机污染物，达到净化水质的目的。经测试，废水溶解氧水平大于 0.3mg/L 时，才不会影响好氧微生物的呼吸速率，故好氧处理废水必须保证足够的供氧，而厌氧处理废水必须隔绝氧气。

三、厌氧生物处理法

厌氧生物处理法的处理对象是高浓度的发酵工业废水、城镇污水、动植物残体及粪便等。早期的处理构筑物有双层沉淀池、普通消化池和高速消化池。其优点在于能耗低，可回收利用生物能源（沼气）；除去单位质量底物产生的微生物（污泥）量少；具有较高的有机物负荷潜力，缺点是处理后出水的 COD 值较高。厌氧反应器是厌氧处理中发生生物氧化反应的主体设备。

近年来，国内外设计了很多新的厌氧生物处理工艺和设备，如厌氧接触消化工艺、厌氧生物滤池、上流式厌氧污泥床（UASB）、厌氧流化床（AFB）、厌氧附着膜膨胀床

(AAFEB)、两段厌氧法和复合厌氧法等。其中 UASB 在氨基酸、抗生素等发酵工业主要用于处理淀粉废水和预处理的发酵液或离子交换废液，其特点是在于上部设置三相分离器，可使厌氧生物污泥自动回沉至下部反应区，因而反应器可维持较高的生物量和较长时间的污泥停留时间。

厌氧消化过程一般可以分为四个步骤：①有机物水解发酵：在微生物细胞分泌的胞外酶作用下，将有机物先水解为各自的单体，如单糖、脂肪酸及氨基酸，再被细菌摄入胞内并通过发酵作用将其分解，并释放出 CO_2、H_2、NH_3及 H_2S 等气体；②在产氢、产乙酸细菌的作用下将各种有机酸和醇进一步分解为乙酸、甲酸、甲醇、H_2和 CO_2等；③产甲烷阶段：在产甲烷细菌的作用下，乙酸及甲酸等通过裂解及还原反应被转化为甲烷（约占70%），H_2和 CO_2则在合成酶的作用下也被合成为甲烷（约占 30%）；④在同型产乙酸菌的作用下将 H_2和 CO_2重新合成为乙酸，这一步在厌氧消化中的贡献不是很大。

四、好氧生物处理法

1. 活性污泥法

（1）基本原理　活性污泥法（activated sludge process）是以活性污泥为主体净化废水或污水的生物处理方法。活性污泥是由细菌、真菌、原生动物和后生动物等各种生物以及金属氢氧化物等无机物所形成的污泥状絮凝物，含有净化废水所用的微生物群体及其所吸附的物质，在处理废水的过程中，活性污泥对废水中的有机物具有很强的吸附和氧化分解能力。活性污泥法处理的关键在于具有足够数量和性能优良的污泥，它是微生物聚集的地方，即微生物高度活动的中心。活性污泥由多种微生物构成，但在活性污泥中起作用的主要是球状细菌和腐生性真菌。除通过微生物的氧化分解、细胞合成处理废水外，优良运转的活性污泥，是以丝状菌为骨架，由球状菌等微生物群体形成的菌胶团（zoogloea）来完成。这种菌胶团把废水包裹在内，进行生物化学的吸附作用。细菌若呈单细胞状态，则不会简单地沉降，而形成菌胶团后就易于沉降，在沉降的过程中，废水中的悬浮物就跟着一同沉降。活性污泥中形成的菌胶团大多是细菌的菌胶团，从对活性污泥中分离的许多细菌进行鉴定得知，这些菌胶团主要有假单胞菌（*Pseudomonas*）、黄杆菌（*Flavobacterium*）、短杆菌（*Brevi bacterium*）、无色杆菌（*Achromobacter*）、气杆菌（*Aerobacter*）、大肠杆菌（*E. coli*）等。因废水的种类不同，活性污泥中有时也会有酵母菌和霉菌。活性污泥中常见的原生动物有鞭毛虫、肉毛虫、纤毛虫和吸管虫。活性污泥成熟时固着型的纤毛虫占优势；后生动物是细菌的二次捕食者，如轮虫、线虫等只能在溶解氧充足时才出现，所以当出现后生动物时标志着处理的水质已有好转。

从其作用机理来说，活性污泥法处理废水的过程应包括下列三个阶段。①借助于生物吸附除去废水中的 BOD。活性污泥的生物吸附能力相当强，生物吸附不仅是单纯的物理化学吸附，还包括借助于微生物的生物化学反应，把有机物作为生物体的储藏物质摄取。②借助于好氧微生物的氧化分解作用除去废水中的 BOD。当生物吸附达到物理化学吸附平衡，生物储藏物质的摄取能力达到饱和时，就进行第二阶段好氧性微生物的氧化分解作用。在此过程中，废水中的溶解性物质透过细胞壁，在细胞内酶的作用下迅速完成氧化、合成等一系列生化反应。③借助于细胞内的呼吸作用氧化细胞物质，达到除去 BOD 的目的。废水中的固形物质则通过微生物分泌的胞外酶，转化成可溶性物质，由细胞内酶进行生化反应，一部分有机物中的C、H、O、N、P、S等相应地氧化分解成CO_2、H_2O、NH_3、PO_4^{3-}、SO_4^{2-}等，并放出能量；另一部分有机物则转化为微生物本身所需的营养物质，组成新的原生质体。这样，污泥中微生物迅速增殖，并分泌黏性物质形成菌胶团。随着BOD的去除，与此呈平衡的生物体内的BOD也相应减少，这时就进入了维持生物体细胞物质氧化的第三阶段。此阶段，通过细胞物质的氧化最终生成二氧化碳、水及氨。活性污泥法处理废水的整个氧化分解过程如下列反应式进行：

有机物氧化：　$C_xH_yO_2 + O_2 \rightarrow CO_2 + H_2O + \Delta E$

细胞物质合成：　$C_xH_yO_2 + NH_3 + O_2 \rightarrow$（细胞物质）$+ CO_2 + H_2O - \Delta E$

细胞物质氧化：　（细胞物质）$+ O_2 \rightarrow CO_2 + H_2O + NH_4^+ + \Delta E$

活性污泥法处理废水就是通过上述一系列氧化分解的过程，使得废水中的BOD除去，悬浮物质发生沉淀、分离，从而使废水得以净化。

活性污泥法处理废水的效果取决于与吸附、氧化有关的活性污泥的沉降性的优劣。当氧化比吸附迟缓时，污泥轻，沉降性变劣；相反，氧化速度过快，污泥破碎，沉降性与吸附能力下降，这样，便不能得到澄清的处理水。因此，活性污泥法处理废水首先要求活性污泥有良好的沉降性。

（2）活性污泥的培养与驯化　在使用活性污泥处理废水时，常需要足够量和足够浓度的活性污泥，这就需要对污泥进行培养和驯化。所谓活性污泥的培养，就是为形成活性污泥的微生物提供一定的适合其生长繁殖的条件，经过一段时间，就会形成一定数量的活性污泥，以达到处理废水要求的污泥浓度。生活污水厂的培菌较为简单，而工业废水处理系统的培菌往往较为困难，但均可采用以下几种方法：①采用多级扩大培养；②干污泥培菌；③工业废水直接培菌；④对有毒和难降解的工业废水只能先以生活污水培菌，然后用工业废水驯化。

为缩短时间，在实际工作中，常常将培养和驯化合二为一。所谓驯化就是在工业废水培菌阶段的后期，将生活污水和外加营养物质的用量减少，发酵工业废水的比例逐渐增加，最后全部受纳工业废水。对工业废水的处理，特别是有毒工业废水，污泥驯化极为必要。污泥驯化的目的是：①特殊物质分离菌的增殖，淘汰不适应菌；②分解菌的相应酶的产生和增加。在驯化期，微生物对有毒物质从低浓度到高浓度有一个适应的过程，必要时要补充营养。用提高毒物浓度和增加水量来提高负荷，负荷提高速率每天增加10%~20%，驯化期COD控制在500mg/L左右。在污泥驯化的过程中，污泥中的微生物发生两个变化：其一是能利用该废水中有机污染物的微生物数量逐渐增加，不能利用的则逐渐淘汰，直至死亡；其二是能适应该废水的微生物，在废水有机物的诱导下，产生能分解利用该物质的诱导酶。

（3）活性污泥的指标　为了增加活性污泥与废水的接触面积，提高处理效果，活性污泥应具有颗粒松散、易于吸附氧化有机物的能力。活性污泥的性能好坏可用以下几项指标衡量。

①活性污泥的浓度：指曝气池中单位体积混合液所含悬浮固体（MLSS）或挥发性悬浮固体（MLVSS）的质量，常用单位g/L或mg/L表示，显然，污泥浓度的大小可间接反映废水中所含微生物的多少。一般活性污泥曝气池内常保持的MLSS浓度在2~6g/L，多为2~4g/L。

②污泥沉降比（SV）：指曝气池中一定量的废水静置 30min 后，沉淀污泥体积与废水体积之比的百分数。SV 的大小可反映曝气池正常运行的污泥量，污泥沉降比越大，越有利于活性污泥与水迅速分离。一般沉降比常在 15%~30%。

③污泥容积指数（SVI）：简称污泥指数（SI），指的是一定量的曝气池废水经 30min 沉淀后，1g 干污泥所占有的污泥容积，单位为 mL/g，实质是反映活性污泥的松散程度，污泥指数越大，污泥越松散，这样具有较大的表面积，可提高废水处理效果。但污泥指数太高，污泥过于松散，其沉降性能降低。一般污泥指数控制在 50~150mL/g 为宜。以上三者之间的关系为：

$$SVI=\frac{SV\text{的百分数}\times 10}{MISS\ (g/L)}$$

例如，曝气池的污泥沉降比为 24%，沉降浓度为 3.0g/L，则污泥容积指数为：

$$SVI=(24\times 10)/3.0=80\ (mg/L)$$

（4）活性污泥处理的工艺流程　废水经过初次沉淀池后，通入含有大量活性污泥的曝气池停留一段时间，废水中的大部分有机物被活性污泥吸附、氧化分解，随后进入二次沉淀池。在沉淀池中，活性污泥受重力作用下沉，上清液即可排放。

活性污泥处理的流程有推流式曝气处理、生物吸附法曝气处理和完全混合曝气处理。图 10-3 为完全混合曝气处理流程。

此流程的特点是由于进行了污泥的回流，保证了曝气池一定的污泥浓度，有利于系统连续运转。为了使曝气池保持较高的反应速率，必须使曝气池内维持足够高的活性污泥浓度。为此，沉淀后的活性污泥又用泵回流至曝气池前端，以重复吸附、氧化分解废水中的有机物。

在正常连续生产的条件下，活性污泥中的微生物不断利用废水中的有机物进行新陈代谢，活性污泥数量不断增加，当超过一定浓度时，可适当排放一部分，即为剩余污泥。

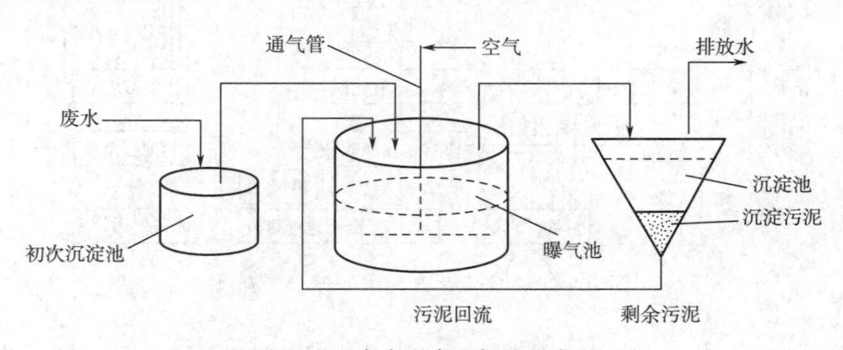

图 10-3　完全混合曝气处理流程

由于活性污泥有较强的生物吸附作用，可以吸附废水中的悬浮物质、胶体物质、色素和有毒物质等。因此，废水经活性污泥法处理后，悬浮物、有色物质、有毒物质以及其他有机物含量大为降低。

案例 10-2　微生物处理赤霉素工业废水

赤霉素是一种广泛存在的植物激素，主要应用于农业生产，可刺激叶和芽的生长，提高产量。目前主要用微生物发酵来生产赤霉素，该法生产赤霉素产生大量的废水，且废水具有以下特征：①废水中有机物浓度高；②其生产过程为周期性，产生的废水变化大，如pH跨度可从pH2~13；③废水颜色深；④废水中含有大量残留菌丝体。因此赤霉素生产产生的废水中含硫量达500mg/L，BOD_5达4000mg/L，废水的萃余液中COD_{Cr}高达130000~170000mg/L。赤霉素生产废水处理工艺流程如图10-4所示。

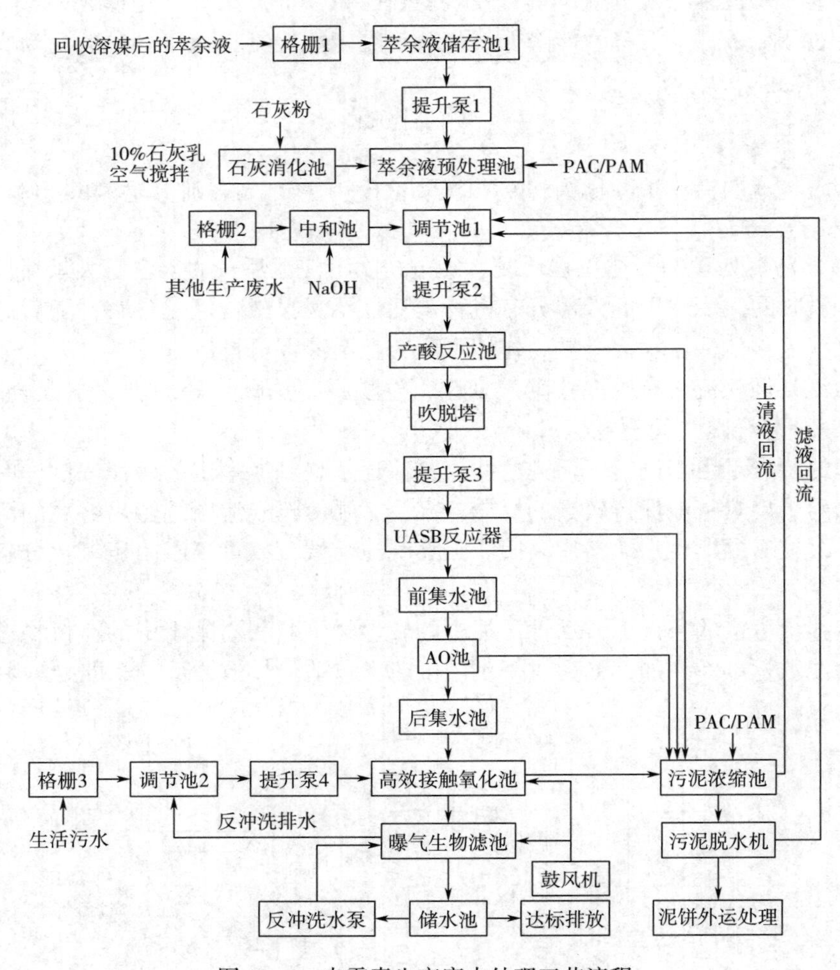

图10-4 赤霉素生产废水处理工艺流程

原废水首先进入中和调节池单独收集，经提升泵提升进入反应沉淀池进行进一步预处理，出水进入一级高效厌氧反应器，在一级厌氧反应器中保持高浓度硫酸盐还原菌（SRB）生长的环境条件，使SRB生长成为优势菌，从而将废水中的硫酸盐还原为硫化氢和二氧化硫的硫化物。一级厌氧反应器中流出的高浓度硫化物废水进入微氧曝气池后，利用无色脱硫杆菌的生物氧化作用，将硫化物氧化为单质硫，含单质硫的废水进入沉淀池沉淀以截留单质硫，从而达到脱硫的目的。去除了大部分硫化物的废水进入二级高效厌氧反应器，即上流式厌氧污泥床（UASB），在反应器中污泥与废水充分接触，形成污泥颗粒，污泥负荷大，适应的进水浓度范围宽，对有机废水有很好的处理效果。

UASB 特点为：操作简单，维护工作量小，不需能耗，且在产甲烷菌的作用下大部分 COD 被转化为甲烷，有机物得到大量降解。若二级厌氧反应器出水仍不达标，则进入好氧处理阶段，即曝气生物滤池。

曝气生物滤池具有生物氧化和截留悬浮固体两个作用，节省了后续沉淀池，具有溶剂负荷大，水力负荷大，水力停留时间短，所需基建投资小，出水水质好，运行能耗和费用少的特点。通过微生物氧化处理，可去除水中的 SS、COD、BOD，硝化、脱氮、除磷，去除 AOX 等有害物质；经 UASB 厌氧→AO→接触氧化→沉淀工艺处理后，高效接触氧化池中的悬浮固体 SS<50mg/L，BOD_5<20mg/L、COD_{Cr}<70mg/L。处理效果达到排放标准，可以进行排放。

几十年来，人们对普通活性污泥法进行了许多工艺方面的研究，如提高进水有机物浓度，提高污水处理能力、效能，强化和扩大活性污泥法的功能，使活性污泥法朝着快速、高效、低耗等多方面发展，一些新的方法不断出现，如吸附-生物降解工艺（AB 法）、间歇式活性污泥法（SBR 法）、循环活性污泥工艺（CAST 或 CASS）以及纯氧曝气法等，在此不再赘述。

2. 生物膜法

随着新型生物滤料的开发和配套技术的不断完善，以生物膜法为代表的废水处理技术得以快速发展。相对于活性污泥法，生物膜具有生物膜体积小、微生物量高、污泥龄较长、水力停留时间较短、生物相对稳定、对毒性物质和冲击负荷具有较强的抵抗性、可实现封闭运转以及处理效果高等优点。近几十年来，该法已广泛应用于城市污水处理和工业废水的二级生物处理，并可与其他方法结合组成新型污水生物处理工艺，应用前景广阔。

（1）生物膜的概念及类型　生物膜主要由微生物细胞和它们所产生的胞外多聚物组成，通常具有孔状结构，含有大量被吸附的溶质和无机颗粒。因此生物膜也可以认为是由有生命的细胞和无生命的无机物组成的。生物膜的组成与特性，以及在载体表面的厚度、分布均匀性，均与营养物、生长条件和细胞分泌的胞外多聚物量等环境条件有关；生物膜的黏弹系数和抗张强度成正比关系。生物膜一般可分为两种，即静止生物膜和颗粒状生物膜。前者一般存在于滴滤池中；而后者通常应用于各种流化床生物膜反应器、升流式厌氧污泥床和气提式悬浮生物膜反应器。生物膜的存在形态有多种，但其物理和结构性质相同，因此，其水力学、质量传递与反应特性类似。

（2）生物膜载体和生物膜的形成　生物膜的形成与其载体和相应的固定技术密切相关。不少无机和有机物质均可作为载体材料，无机载体如各种玻璃、陶瓷、活性炭、碳纤维等；有机载体如各种树脂、塑料、纤维等。从强度、密度和加工成型等方面的性能来说，有机载体更好一些。通常选用商品化的工业载体，特殊情况下，可对载体进行改性。

微生物在其生存环境的 pH 条件下，一般带有负电荷，对表面带正电的载体，易于附着固定。根据微生物的特征与附着机制的不同，微生物在载体表面的固定可分为表面吸附、细胞间的自交联、多聚体的包埋、键联、孔网状载体的截留等方法。各种方法均有其特点和适应范围，实际应用中，需结合反应器的种类、废水特性、场合等合理选择。

由于物理、化学以及生物过程综合作用的结果，形成生物膜，通常可以分为以下几个步骤。

①有机分子从水中向生物膜载体表面运送，其中某些被载体吸附，载体表面被改良。

②水中一些浮游的微生物被传送到改良的载体表面，并被吸附，经过一段时间，部分细胞被解吸。

③被吸附的细胞摄取水中的营养物质，生长繁殖，数量增加，并可能积累产物，部分产物被排出体外。有些产物是胞外多聚物，可以将生物膜紧紧结合在一起。

由此，微生物细胞利用水中的营养物质进行新陈代谢，使得生物膜不断积累。

生物膜上的微生物包括细菌、真菌、藻类以及某些原生动物，甚至后生动物，构成相当复杂的生态体系。某些微生物在生物膜上的生长状况以及存在情况，取决于被处理的污水水质和生物膜所处的环境条件。因此，通过生物膜的生物相可以检查、判断生物膜反应器的运转情况以及水处理的效果。

（3）生物膜的结构特征及废水的净化作用　生物膜的结构特征主要是生物膜的物理、化学、生物化学以及生物学特征，包括生物膜结构、质量、厚度和生物学活性等。

生物膜的微观结构是按照系统的生理功能以及特定环境条件下的最优化原则组合构成的。从结构上分析，生物膜由好氧生物膜层和厌氧生物膜层组成；从功能上考虑，生物膜可划分成营养物质利用区、微生物饥饿区两部分。生物膜的宏观结构是生物膜增长和水力剪切作用的结果。生物膜结构与活性取决于生物膜种群特性、营养物浓度和特性、污水流量、营养质在膜中的扩散系数、反应器的水力条件、生物膜对营养物质的利用速率以及各种物理化学因素。表征生物膜活性的指标有很多种，如 ATP、微生物脱氢酶活性、DNA 等。

生物膜对废水的净化作用，大体可分为生物膜层和废水层。附着在滤料表面的为生物膜层，其中，内层为厌氧层，外层为好氧层。废水层也分附着水层和流动水层两层，附着水层紧靠生物膜好氧层，而流动水层表面与空气接触。附着水层的有机物大多会被生物膜氧化，使有机物浓度降低。同时，空气中的氧随废水层流经生物膜时被微生物所利用，有机物氧化分解产生的 CO_2 等透过附着水，流入流动水流并随空气流流出。

（4）生物膜反应器　生物膜反应器是污水生物处理的主要技术之一。随着对生物膜有关特征的认知和基础理论研究的逐渐加深，已有的实际应用工艺诸如生物滤池和生物转盘等更趋于日益完善，更出现了生物流化床和微孔膜生物反应器等新型的生物膜反应器工艺与系统。在去除污染物方面，研究者从去除不同来源的有机物、微生物等方面更是取得了一定的成果，如冶金沥出液中氰化物的处理、纸浆废水的处理、乳制品废水处理以及饮用水中三氯甲烷的处理等。

生物滤池一直是生物膜反应器的主要形式。包括普通生物滤池、高负荷生物滤池、塔式生物滤池等多种形式，但其主要部分一般由滤料、池体、排水系统以及布水系统组成，其构造如图 10-5 所示。

含有有机物的工业废水，由滤池顶部通入，自上而下地穿过滤料层，由布水装置均匀地分布在滤料的表面，并沿滤料的间隙向下流动，滤料截留了废水中的悬浮物质及微生物，并形成生物膜，微生物吸附滤料表面上的有机物作为营养，很快繁殖，并进一步吸附、分解废水中的有机物，最后进入池底的集水沟，排出池外。

生物滤池的基本流程与活性污泥法基本相似，由初次沉淀池、生物滤池和二次沉淀池三部分构成。在生物滤池中，为防止滤层堵塞，需设置初次沉淀池，以除去废水中的悬浮

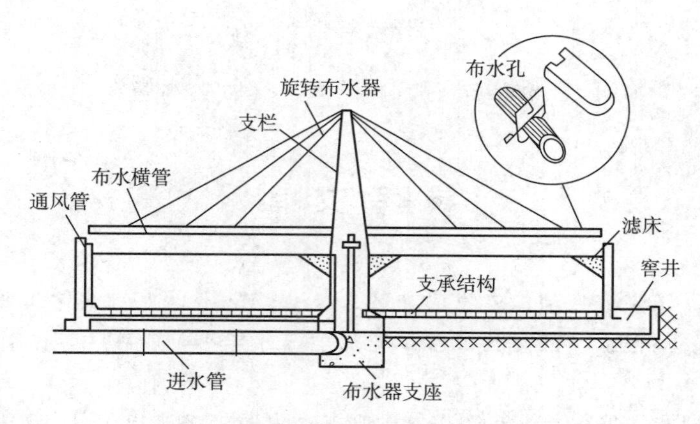

图 10-5　生物滤池的构造示意图

颗粒和胶状颗粒。二次沉淀池用来分离脱落的生物膜。二次沉淀池容积较小，原因是生物膜的含水率比活性污泥小，其沉淀速度较快。

由于生物膜表面的微生物都是好气性的，所以保持通气性是非常必要的。滤料是生物膜的载体，对生物滤池的工作影响较大，滤料不可太细，否则易堵塞，影响处理效果。滤池也不可太深，普通滤池滤料工作层（上层）30~40mm，承托层（下层）50~70mm。高负荷滤池滤料上层 40~70mm，下层 70~100mm。生物膜厚度以 2mm 左右为宜。

生物流化床也称颗粒状生物膜反应器，其生物膜呈颗粒状。在流化床反应器中，支撑生物膜的固相物是流化介质，为了获得足够的生物量和良好的接触条件，流化介质应具有较大的比表面积和较小的颗粒直径，通常采用沙粒、焦炭粒、无烟煤粒和活性炭粒等。一般颗粒直径为 0.6~1.0mm，所提供的比表面积是非常大的，如直径为毫米级的沙粒的比表面积是一般生物滤池的 50 倍。因此，流化床能维持相当高的微生物浓度，比一般的活性污泥法高 10~20 倍，从而使废水降解的速度很快，停留时间很短，废水负荷相当高。

由于流化床综合了介质的流化机理、吸附机理和生物化学机理，过程比较复杂，兼有物理化学法、生物法、活性污泥法和生物膜法的优点，所以，这种方法颇受人们重视，近几十年得到广泛的应用。

另外，利用自然的或人工建造的/修整的池塘、坑洼池，有机污水在其中停留比较长的时间，通过微生物的净化作用使废水得以处理，称为氧化塘法。近十几年来，应用氧化塘处理工业废水发展较快。美国、加拿大对氧化塘应用较多，我国主要用于二级处理，也用它完全处理工业废水。

思考题

1. 清洁生产的内容是什么？如何实现清洁生产？
2. 试举一例说明实施清洁生产的具体措施。
3. 污水治理的意义何在？有哪几种常见的生物处理方法？
4. 简述生物技术在环境治理、资源利用和环境保护方面的应用。
5. 生活饮用水的水质指标有哪些？
6. 简述实施清洁生产对当今社会的意义。

参考文献

[1] 贺小贤，张雯．生物工艺原理（第三版）[M]．北京：化学工业出版社，2015.

[2] 姚汝华，周世水．微生物工程工艺原理（第二版）[M]．上海：华南东理工大学出版社，2013.

[3] 刘惠．现代食品微生物学[M]．北京．中国轻工业出版社，2016.

[4] 李维平．生物工艺学[M]．北京：科学出版社，2010.

[5] 余龙江．发酵工程原理与技术[M]．北京：化学工业出版社，2011.

[6] HE Xiaoxian，HE Po，DING Yong. Contemporary Biotechnology and Bioengineering [M]. Oxford，U. K.：Alpha Science International Ltd. 2014.

[7] 贺小贤，丁勇．现代生物技术与生物工程导论（第二版）[M]．北京：科学出版社，2017.

[8] 张嗣良．发酵工程原理[M]．北京：高等教育出版社，2013.

[9] 贾士儒．生物反应工程原理（第三版）[M]．北京：科学出版社，2012.

[10] 许赣荣，胡鹏刚．发酵工程[M]．北京：科学出版社，2013.

[11] 刘志国．基因工程原理与技术[M]．北京：化学工业出版社，2011.

[12] 赵斌，陈雯莉，何绍江．微生物学[M]．北京：高等教育出版社，2011.

[13] 韩北忠，刘萍，殷丽君．发酵工程[M]．北京：中国轻工业出版社，2013.

[14] 王志龙．萃取微生物转化[M]．北京：化学工业出版社，2012.

[15] 王武．生物技术概论（双语教材）[M]．北京：科学出版社，2012.

[16] 刘波，陶勇．生物制造“细胞工厂”的设计与组装[J]．生物工程学报，2019，35（10）.

[17]（美）沃森．基因分子生物学（影印版国外生命科学优秀教材）[M]．北京：科学出版社，2011.

[18] 于勇，朱新娜，刘萍萍．微生物细胞工厂生产大宗化学品及其产业化进展[J]．生物产业技术，2019（1）：13-18.

[19] 储炬，李友荣．现代工业发酵调控学（第三版）[M]．北京：化学工业出版社，2016.

[20] 李良智，戚漠，李小林，等．系统生物技术在微生物菌种改良中的应用[J]．化工科技，2009，17（1）：46-50.

[21] 葛驰宇、肖怀秋．生物制药工艺学[M]．北京：化学工业出版社，2019.

[22] 张卉．微生物工程[M]．北京：中国轻工业出版社，2010.

[23] 韩德权，王莘，赵辉．微生物发酵工艺学原理[M]．北京：化学工业出版社，2013.

[24]（美）D. G. Rao 主编，李春改编. Introduction to Biochemical Engineering（Second Edition）[M]. 北京：化学工业出版社，2011.
[25] 诸葛健. 工业微生物育种学（第三版）[M]. 北京：科学出版社，2009.
[26] 陈国豪，俞俊棠. 生物工程设备 [M]. 北京：化学工业出版社，2009.
[27] 郭葆玉. 生物技术制药 [M]. 北京：清华大学出版社，2011.